微课版

高等学校理工科化学化工类规划教材

无机化学基础教程（第三版）

牟文生　于永鲜　周　硼 / 编

大连理工大学出版社
Dalian University of Technology Press

图书在版编目(CIP)数据

无机化学基础教程 / 牟文生，于永鲜，周硼编. --
3 版. -- 大连 ：大连理工大学出版社，2023.9
高等学校理工科化学化工类规划教材
ISBN 978-7-5685-4002-5

Ⅰ. ①无… Ⅱ. ①牟… ②于… ③周… Ⅲ. ①无机化
学－高等学校－教材 Ⅳ. ①O61

中国版本图书馆 CIP 数据核字(2022)第 233600 号

无机化学基础教程

WUJI HUAXUE JICHU JIAOCHENG

大连理工大学出版社出版
地址：大连市软件园路 80 号 邮政编码：116023
发行：0411-84708842 邮购：0411-84708943 传真：0411-84701466
E-mail：dutp@dutp.cn URL：https//www.dutp.cn
大连天骄彩色印刷有限公司印刷 大连理工大学出版社发行

幅面尺寸：185mm×260mm 印张：25 字数：607 千字
2007 年 9 月第 1 版 2023 年 9 月第 3 版
2023 年 9 月第 1 次印刷

责任编辑：王晓历 责任校对：齐 欣
封面设计：张 莹

ISBN 978-7-5685-4002-5 定 价：65.00 元

第三版前言

为了适应高等院校对少学时无机化学教材的需求，2007 年我们编写出版了《无机化学基础教程》，随后相继编写出版了与其配套的学习指导书、电子教案和实验教材，形成了该教材的立体化系列。2014 年修订出版了该教材的第二版，改写了氢的化合物，增加了 f 区元素一章，使得教材体系更加完整。并且修订出版了其学习指导书。

《无机化学基础教程》出版以来，在大连理工大学校内相关专业少学时无机化学教学中使用 16 年，取得了良好的教学效果。不少兄弟院校选用该书作为 40～60 学时无机化学课程的教材。该书内容精练，取材得当，思路清晰，利于教学，特别适合少学时无机化学课程使用，受到读者的普遍欢迎和同行专家的高度好评。该书 2009 年荣获首届中国大学出版社优秀教材二等奖，2011 年荣获大连理工大学优秀教材三等奖。

党的二十大提出："要坚持教育优先发展、科技自立自强、人才引领驱动，加快建设教育强国、科技强国、人才强国，坚持为党育人、为国育才，全面提高人才自主培养质量，着力造就拔尖创新人才，聚天下英才而用之。"高等教育要"加强基础学科、新兴学科、交叉学科建设，加快建设中国特色、世界一流的大学和优势学科"。办好人民满意的教育，必须全面贯彻党的教育方针，坚持把立德树人作为根本任务，融入教育各环节、各领域和教学教材体系等各方面。随着高等教育事业的快速发展和教学改革的不断深入，各高等学校对于无机化学课程体系和教学内容的要求在不断发生变化。为了贯彻落实党的二十大精神，适应当前无机化学课程教学的需要，非常有必要对本书再次进行修订。本次修订工作主要包括以下几个方面：

(1)调整了少部分内容，例如，增加了液体的蒸发与饱和蒸气压、相变化与水的相图，以利于教学。

(2)按照新形态教材的要求，每章增加了知识拓展、疑难解答、实验视频和动画图片等数字化资源，读者可以通过扫描二维码阅读观看。

(3)融入课程思政元素,例如,在教材中介绍了荣获国家最高科学技术奖的徐光宪、闵恩泽等化学化工方面著名科学家,引入了碳达峰和碳中和等内容。

(4)删减了少数例题,更换了部分习题,使其更紧密配合主要教学内容。

参加本书修订工作的有牟文生、于永鲜、周硼、宋学志、王加升、颜洋、谭振权、李艳强。全书由牟文生统稿并定稿,颜洋协助做了许多工作。

本书第二版曾得到大连理工大学教材出版基金支持,第三版也获得大连理工大学专项基金支持。感谢大连理工大学及化工学院盘锦分院的大力支持。

与本书相配套的教学资源有《无机化学基础教程学习指导》(第二版,牟文生主编,大连理工大学出版社)和《无机化学基础教程电子教案》(于永鲜主编,大连理工大学出版社)。本书可与大连理工大学无机化学教研室编(牟文生主编)《无机化学实验》(第三、四版,高等教育出版社)配套使用,也可与牟文生主编的《大学化学实验》(大连理工大学出版社)配套使用。

本书虽经多年教学实践和不断修改,但不足之处仍在所难免,恳请读者和同行专家帮助指正。

编　者

2023 年 9 月

读者在使用本书的过程中所有意见和建议请发往:dutpbk@163.com
欢迎访问高教数字化服务平台:https://www.dutp.cn/hep/
联系电话:0411-84708462 84708445

第一版前言

无机化学不但是高等学校化学化工类专业的第一门重要专业基础课，也是环境科学、材料科学、生命科学、冶金地质、轻纺食品、农林医药类专业的第一门化学基础课。本课程对于高等学校全面实施素质教育、培养21世纪创新型人才具有不可忽视的重要地位和作用。

近年来，许多高等学校大幅度削减无机化学课程的学时，而目前使用的许多无机化学教材篇幅很大，难以适合少学时无机化学课程的教学需要。鉴于这种情况，我们编写了这本少学时用《无机化学基础教程》。

本书以"高等工业学校无机化学教学基本要求"为根据，结合编者多年来从事无机化学教学和多次编写无机化学教材的经验，体现了21世纪教育教学改革的精神，反映了多年来教学研究和无机化学国家精品课程建设所取得的成果。在本书的编写过程中，我们力图做到精选教材内容，确保基础理论和基本知识的科学性、系统性、应用性；以"够用"为原则，内容深浅适度，不贪多、不求全，不做更多的扩展和加深；适当介绍学科的新发展，以激发学生兴趣，拓宽知识面；注意了中学化学教材内容的变化，考虑了与后续课程的分工，借鉴了国内外多种大学一年级化学教材，博采众长。本教材内容的叙述以实验事实为根据，力求做到深入浅出，语言简练，通俗易懂，便于自学。

本书的特点是：宏观部分在前，微观部分居中，元素化学在后。以气体和溶液开篇，热力学基础的内容相对集中；化学平衡以气态反应为主；酸碱反应以质子理论为基础来讨论；原子结构部分占有足够的篇幅，力争讲清思路；配位化合物独立成章，以分散计算题的难点。确保了元素化学这一无机化学中心内容的地位。精选了每章习题，注意培养学生分析问题、解决问题的能力。

全书采用中华人民共和国法定计量单位，严格执行国家标准GB 3100～3102—1993《量和单位》，引用新的文献数据，保证教材的科学性和先进性。

本书可与大连理工大学无机化学教研室编、高等教育出版社出版的《无机化学实验》(2004年第二版)、《无机化学电子教案》(2006年第二版)配套使用。本书也可以与大连理工大学无机化学教研室编、大连理工大学出版社出版的《无机化学学习指导》(2006年第五版)配合使用。我们拟编写与本书配套的学习指导书，以利于教学。参加本书编写工作的有：牟文生（第 1、2、8～18 章）、于永鲜（第 3、4 章）、周硼（第 5～7 章）。王慧龙、王春燕参加了部分工作；胡涛绘制了部分插图。全书由牟文生策划、主编并统稿。

在本书的策划、立项和编写过程中，得到大连理工大学教务处、化工学院、环境生命学院、化学系有关领导以及辛剑、孟长功、安永林等教授及教研室各位老师的支持，并且得到大连理工大学教材出版基金的支持。孟长功教授审阅了书稿，并提出了宝贵意见。编者在此一并致以衷心的感谢！

在本书编写过程中，参考了多部国内外无机化学教材，特别是大连理工大学化学教研室编写的《无机化学》（第一至五版），在此也向这些教材的作者表示诚挚的谢意。本书为大连理工大学无机化学教研室几代教师集体劳动的成果。

与本书配套的课件及《无机化学基础教程学习指导》将于近期出版。

限于编者的学识水平，虽然早已着手编写工作，并反复斟酌推敲，但由于教学任务繁重，成书时间仍然很紧，缺点甚至错误之处在所难免，恳请使用本书的师生和同行专家不吝赐教，以期修订时得以改正。

编　者

2007 年 9 月

读者在使用本书的过程中所有意见和建议请发往：dutpbk@163.com
欢迎访问高教数字化服务平台：https://www.dutp.cn/hep/
联系电话：0411-84708462 84708445

目　录

第1章

气体和溶液

世界是由物质组成的。物质处于永恒的运动和变化中。化学是在分子、原子和离子的层次上研究物质的组成、结构、性质和变化规律的一门中心科学。通常物质的聚集状态有气态、液态和固态。其中,气态是一种相对较为简单的聚集状态。在工业生产和科学研究中,许多化学反应是气态物质参与的反应或溶液中发生的化学反应。本章主要讨论气体、液体和稀溶液的基本性质和变化规律。固态物质将在第10章讨论。

拓展阅读

徐光宪及其关于化学定义

1.1 气体定律

气体的基本特征是扩散性和可压缩性。若将一定量的气体引入一密闭容器中,气体分子立即向各个方向扩散,并均匀地充满整个容器。气体也可以被压缩到较小的密闭容器中。不同的气体可以任意比例相互均匀地混合。

1.1.1 理想气体状态方程

通常人们用压力(p)、体积(V)、热力学温度(T)等物理量来描述气体的状态。早在17~18世纪,科学家们通过实验研究,确定了联系 p、V、T 和物质的量(n)之间的数学关系为

$$pV=nRT \tag{1-1}$$

即理想气体状态方程。式中,R 称为摩尔气体常数。在标准状况($T=273.15\ \text{K}$,$p=101\ 325\ \text{Pa}$)下,1.000 mol 气体的体积(摩尔体积)$V_m=22.414\ \text{L}=22.414\times10^{-3}\ \text{m}^3$,代入式(1-1)可以计算出 R 的数值和单位。

$$\begin{aligned}R&=\frac{pV}{nT}=\frac{101\ 325\ \text{Pa}\times22.414\times10^{-3}\ \text{m}^3}{1.000\ \text{mol}\times273.15\ \text{K}}\\&=8.314\ \text{Pa}\cdot\text{m}^3\cdot\text{mol}^{-1}\cdot\text{K}^{-1}\\&=8.314\ \text{J}\cdot\text{mol}^{-1}\cdot\text{K}^{-1}\end{aligned}$$

应用理想气体状态方程时,要注意 R 的值应与压力和体积的单位相对应。

严格地说,式(1-1)只适用于理想气体,即气体分子本身的体积可以忽略、分子之间没有作用力的气体。理想气体实际上并不存在,通常,对于温度不太低、压力不太高的真实气体,可以利用理想气体状态方程进行计算。

【例 1-1】 某氧气钢瓶的容积为 40.0 L,27 ℃时氧气的压力为 1.01 MPa。计算钢瓶内氧气的物质的量。

解 $V=40.0\ \text{L}=4.00\times10^{-2}\ \text{m}^3$,$T=(27+273.15)\ \text{K}=300.15\ \text{K}$,$p=1.01\ \text{MPa}=1.01\times10^{6}\ \text{Pa}$,由 $pV=nRT$ 得

$$n=\frac{pV}{RT}=\frac{1.01\times10^{6}\ \text{Pa}\times4.0\times10^{-2}\ \text{m}^3}{8.314\ \text{J}\cdot\text{mol}^{-1}\cdot\text{K}^{-1}\times300.15\ \text{K}}=16.2\ \text{mol}$$

在不同的特定条件下,理想气体状态方程有不同的表达形式。根据理想气体状态方程还可以求出气体的摩尔质量和密度,推测其分子式。

由于 $n=m/M$,代入式(1-1)得

$$pV=\frac{m}{M}RT$$

则

$$M=\frac{mRT}{pV} \tag{1-2}$$

式中,m 为气体的质量;M 为气体的摩尔质量。

摩尔质量与相对分子质量的关系为

$$M=M_r\ \text{g}\cdot\text{mol}^{-1}$$

又由于气体的密度 $\rho=m/V$,所以式(1-2)可以改写为

$$M=\frac{\rho RT}{p}$$

则

$$\rho=\frac{Mp}{RT} \tag{1-3}$$

1.1.2 气体的分压定律

当不同的气体混合在一起时,如果不发生化学反应,分子本身的体积和分子间的作用力可以忽略,混合气体即为理想气体混合物。混合气体中每种组分气体对容器壁所施加的压力叫作该组分气体的分压力。组分气体的分压力等于在相同温度下该组分气体单独占有与混合气体相同体积时所产生的压力。混合气体的总压力等于各组分气体的分压力之和,这一经验定律称为分压定律,其数学表达式为

拓展阅读

真实气体

$$p=p_1+p_2+\cdots$$

或

$$p=\sum_{\text{B}}p_{\text{B}} \tag{1-4}$$

式中,p 为混合气体的总压;p_{B} 为组分气体 B 的分压。

根据理想气体状态方程,组分气体 B 的分压

$$p_B = \frac{n_B RT}{V} \tag{1-5}$$

混合气体的总压

$$p = \frac{nRT}{V} \tag{1-6}$$

式中，n 为混合气体的物质的量，即各组分气体物质的量之和。

$$n = \sum_B n_B$$

式(1-5) 除以式(1-6) 得

$$\frac{p_B}{p} = \frac{n_B}{n} = x_B$$

则

$$p_B = \frac{n_B}{n} p = x_B p \tag{1-7}$$

式中，x_B 称为组分气体 B 的摩尔分数。

式(1-7)表明，混合气体中某组分气体的分压等于该组分气体的摩尔分数与总压的乘积。

【例 1-2】 某容器中含有 NH_3、O_2、N_2 等气体。其中 $n(NH_3)=0.320\ mol$，$n(O_2)=0.180\ mol$，$n(N_2)=0.700\ mol$，混合气体的总压为 133 kPa。试计算各组分气体的分压。

解 混合气体的物质的量

$$\begin{aligned} n &= n(NH_3)+n(O_2)+n(N_2) \\ &= (0.320+0.180+0.700)\text{mol} \\ &= 1.200\ \text{mol} \end{aligned}$$

$$p(NH_3) = \frac{n(NH_3)}{n} p = \frac{0.320}{1.200} \times 133\ \text{kPa} = 35.5\ \text{kPa}$$

$$p(O_2) = \frac{n(O_2)}{n} p = \frac{0.180}{1.200} \times 133\ \text{kPa} = 20.0\ \text{kPa}$$

$$\begin{aligned} p(N_2) &= p - p(NH_3) - p(O_2) \\ &= (133-35.5-20.0)\text{kPa} \\ &= 77.5\ \text{kPa} \end{aligned}$$

■

在实际工作中常用组分气体的体积分数表示混合气体的组成。混合气体中组分气体 B 的分体积 V_B 等于该组分气体单独存在并具有与混合气体相同温度和压力时占有的体积。根据理想气体状态方程不难导出混合气体中

$$\varphi_B = \frac{V_B}{V} = \frac{n_B}{n} \tag{1-8}$$

式中，φ_B 称为组分气体 B 的体积分数。

代入式(1-7)得

$$p_B = \varphi_B p \tag{1-9}$$

【例 1-3】 某一煤气罐在 27 ℃时气体的压力为 600 kPa，经实验测得其中 CO 和 H_2 的

体积分数分别为 0.60 和 0.10。计算 CO 和 H_2 的分压。

解 $$p(CO)=\varphi(CO)p=0.60\times600\ \text{kPa}=3.6\times10^2\ \text{kPa}$$

$$p(H_2)=\varphi(H_2)p=0.10\times600\ \text{kPa}=60\ \text{kPa}$$

1.2 液 体

像气体一样，液体也是一种流体，它具有一定的体积，但没有固定的形状。液体中分子的运动既不像气体中那么自由，又不像在固体中那么受限制，因此其性质介于气体和固体之间。通常，液体分子做无规则运动，没有确定的位置，分子间的平均距离与气体相比小很多，更接近于固体。因此，液体和固体都被归为凝聚态物质。液体的可压缩比略大于固体而比气体小得多。

1.2.1 液体的蒸发及饱和蒸气压

在敞口容器中，液体表面的分子会克服分子之间的吸引力而逸出表面变成蒸气分子，这一过程被称为蒸发，这一过程会一直进行到全部液体都蒸发掉，但在密闭容器中液体的蒸发是有限度的。在一定温度下，将纯液体引入密闭容器中，液体表面逸出的分子在容器中做无规则运动，其中一些分子与器壁或液面碰撞而进入液体中，这一过程称为凝聚。

液体蒸发时需要克服分子间的吸引力，因此只有能量较高的分子才能克服其他分子对其的吸引而逸出液体表面。显然，蒸发和温度有关，在一定温度下，具有一定能量的分子分数是固定的，所以单位时间内从单位面积上逸出的气体分子数也是一定的，而单位时间进入液体的分子数与蒸气的压力相关。在开始阶段，蒸发过程占优势，但随着气态分子逐渐增多，凝聚的速率增大，当液体的蒸发速度与气体的凝聚速度相等时，气相和液相达到平衡（图 1-1）。此时，液体上方的蒸气所产生的压力称为该液体的饱和蒸气压，简称蒸气压，用符号 p^*，单位是 Pa 或 kPa。

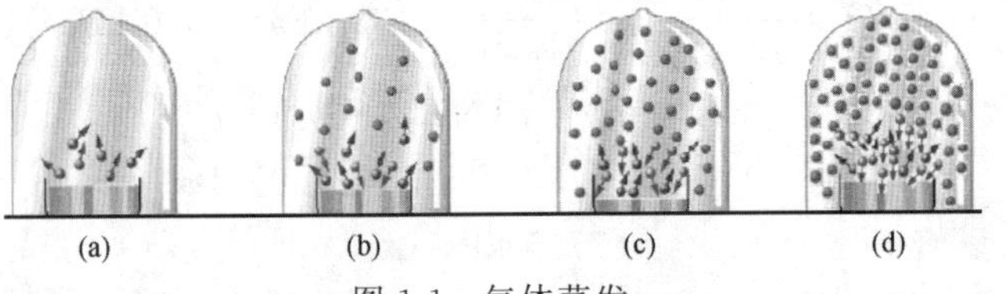

图 1-1 气体蒸发

蒸气压是液体的特征之一，它表示液体分子向外逸出的趋势，其大小与液体的本性有关，而与液体的量无关。在同一温度下，不同种类液体的蒸气压不同，如 20 ℃时，水的蒸气压为 2.34 kPa，乙醇的蒸气压为 5.8 kPa，而乙醚的蒸气压为 57.6 kPa（图 1-2）。通常把蒸气压大的物质叫作易挥发物质，蒸气压小的物质叫作难挥发物质。

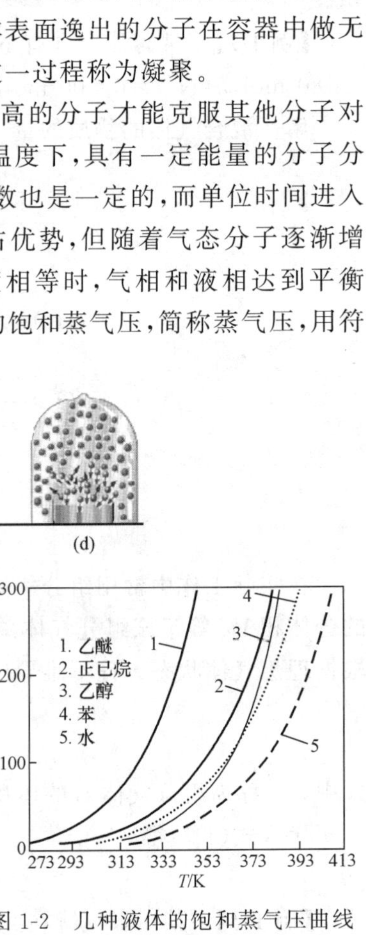

图 1-2 几种液体的饱和蒸气压曲线

液体的蒸气压与温度有关。当温度升高时，液体中能量较高的分子分数增加，因此，液体的蒸气压随温度的升高而增大。表 1-1 列出了不同温度下水的蒸气压。

表 1-1　不同温度下水的蒸气压

t/℃	p^*/kPa	t/℃	p^*/kPa	t/℃	p^*/kPa
0	0.610	30	4.242	70	31.16
5	0.872	40	7.375	80	47.34
10	1.228	50	12.33	90	70.10
20	2.338	60	19.91	100	101.3

从表 1-1 可以看出，随着温度的升高，液体蒸气压逐渐增大，此时液体的表面发生气化，当液体的蒸气压增大到与外界大气压相等时，液体内部也开始气化，内部液体气化产生的大量气泡上升到液体表面，气泡破碎逸出液体，这种现象叫沸腾，此时的温度称为该液体的沸点。显然，液体的沸点与外界大气压有关，外界大气压越大，液体的沸点越高。例如，在大气压为 101.325 kPa 时，水的沸点是 100 ℃；在西藏珠穆朗玛峰顶，大气压约为 32 kPa，水的沸点约为 71 ℃；而高压锅内的最高压力为 230 kPa，水的沸点约为 125 ℃。通常所说的液体的正常沸点是指大气压力为 101.325 kPa 时液体沸腾的温度。

固体也有一定的蒸气压，一般情况下固体的蒸气压较小。表 1-2 列出了不同温度下冰的蒸气压。固体蒸气压也随着温度的升高而增大。

表 1-2　不同温度下冰的蒸气压

t/℃	p^*/kPa	t/℃	p^*/kPa
0	0.610	−10	0.259
−1	0.562	−15	0.165
−2	0.517	−20	0.104
−5	0.401	−25	0.063

1.2.2　相变和水的相图

众所周知，纯物质的气、液和固态三种聚集状态在一定的条件下可以互相转化。例如，冰(固相)受热后可以融化为水(液相)，水受热蒸发变成水蒸气，水蒸气在一定的温度和压力下也可以凝聚为水，也可以凝华为冰，而在极低压环境下(小于 0.006 大气压)，冰会直接升华变水蒸气。这种纯物质的聚集状态的变化就是相变化。

通常，系统中物理性质和化学性质完全相同、且与其他部分有明确界面分隔开来的任何均匀部分叫作相。最常见的相变类型有熔化(从固态到液态)、凝固(从液态到固态)；蒸发(从液态到气态)、凝结(从气态到液态)；升华(由固体直接到气体)和凝华(气相直接变固相)。

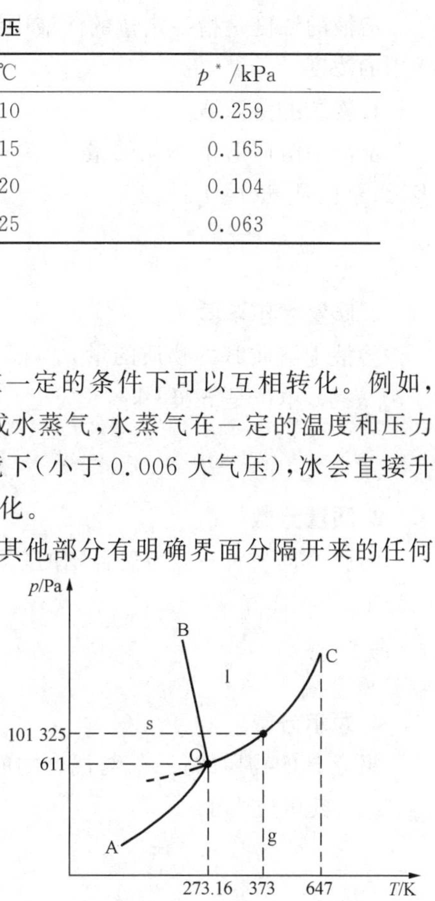

图 1-3　水的相图

一般用相图来表示相平衡系统的组成与一些参数(如温度、压力)之间关系。例如，水的相图(图 1-3)，表示了温度、压力和物质状态三者之间的关系。从图中可以读出水的三相点(O)、临界点(C)等信息。三相点非常重要，被用于定义国际单位制基本单位中的热力学温标。临界点表示了使一物质以液态存在的最高温度或以气态存在的最高压力，当物质的温度、压力超过临界温度、临界压力时，会相变成同时拥有液态及气态特征的流体——超临界流体。

相图上的线被称为“相界”或相平衡线，这是相变发生的地方，线上的每一点都表示相邻两相共存达到平衡。当气相分压等于外界大气压时，气液两相平衡线对应的温度即为沸点，液固两相平衡线对应的温度即为熔点。

相图中被线所划出的部分是单相区，如固相(s)、液相(l)和气相(g)，在同一区域内温度和压力变化时不会出现新相。

1.3 溶 液

在生产实践和科学研究中经常用到溶液，日常生活也与溶液密切相关。本节先简单介绍溶液的浓度，然后讨论稀溶液的依数性。

1.3.1 溶液的浓度的表示方法

溶液的浓度是指一定量的溶液中溶质的含量，浓度的表示方法有多种，这里只介绍几种常用的浓度。

1. 物质的量浓度

溶液中溶质 B 的物质的量 n_B 除以溶液的体积称为物质 B 的物质的量浓度，用符号 c_B 表示，单位是 $mol \cdot L^{-1}$。

$$c_B = \frac{n_B}{V} \tag{1-10}$$

2. 质量摩尔浓度

溶液中溶质 B 的物质的量 n_B 除以溶剂 A 的质量 m_A 称为溶质 B 的质量摩尔浓度，用符号 b_B 表示，单位是 $mol \cdot kg^{-1}$。

$$b_B = \frac{n_B}{m_A} \tag{1-11}$$

3. 质量分数

物质 B 的质量 m_B 与混合物的总质量 m 之比称为 B 的质量分数，用符号 w_B 表示，其单位为 1。

$$w_B = \frac{m_B}{m} \tag{1-12}$$

4. 摩尔分数

组分 B 的物质的量 n_B 与混合物的总物质的量 n 之比称为组分 B 的摩尔分数，用符号 x_B 表示，其单位为 1。

$$x_B = \frac{n_B}{n} \tag{1-13}$$

对于由 A 和 B 两种物质组成的混合物，A 和 B 的摩尔分数分别为

$$x_A = \frac{n_A}{n_A + n_B}$$

和

$$x_B = \frac{n_B}{n_A + n_B}$$

显然有

$$x_A + x_B = 1$$

对于多组分混合物，各组分的摩尔分数之和为 1。

5. 质量浓度

物质 B 的质量 m_B 除以混合物的体积 V 称为物质 B 的质量浓度，用符号 ρ_B 表示，其常用单位是 $g \cdot L^{-1}$ 或 $mg \cdot L^{-1}$。

$$\rho_B = \frac{m_B}{V} \tag{1-14}$$

1.3.2　稀溶液的依数性

溶质溶于溶剂的结果使得溶质和溶剂的性质都发生了变化。溶液的性质与纯溶剂和纯溶质的性质都不相同。溶液的性质可分为两类：第一类性质与溶质的本性及溶质与溶剂的相互作用有关，如溶液的颜色、体积、密度、导电性、黏度等。第二类性质决定于溶质的微粒数，而与溶质的本性几乎无关，如稀溶液的蒸气压下降、稀溶液的沸点升高、稀溶液的凝固点降低和稀溶液的渗透压力等。这些只与溶质的微粒数有关而与溶质本性无关的性质称为稀溶液的依数性质。在非电解质的稀溶液中，溶质粒子之间及溶质粒子与溶剂粒子之间的作用很微弱，因而这种依数性质呈现明显的规律性变化。本节讨论难挥发非电解质稀溶液的依数性质。

1. 稀溶液的蒸气压下降

在溶剂中溶入少量难挥发的溶质后，一部分液面被溶质分子所占据，在单位时间内从液面逸出的溶剂分子相应地减少。当在一定温度下达到平衡时，溶液的蒸气压必定小于纯溶剂的蒸气压，这种现象称为溶液的蒸气压下降。

1887 年，法国化学家 F. M. Raoult 研究了几十种溶液的蒸气压下降与浓度的关系，提出了下列经验公式

$$p = p_A^* x_A \tag{1-15}$$

式中，p 为稀溶液的蒸气压，p_A^* 为溶剂 A 的蒸气压，x_A 为溶剂的摩尔分数。由于 $x_A < 1$，所以 $p < p_A^*$。

若溶液仅由溶剂 A 和溶质 B 组成，则式(1-15)可改写为

$$p = p_A^*(1 - x_B)$$

式中，x_B 为溶质 B 的摩尔分数。

由式(1-15)可得

$$\Delta p = p_A^* - p = p_A^* x_B \tag{1-16}$$

式(1-16)表明，在一定温度下，难挥发非电解质稀溶液的蒸气压下降值与溶质的摩尔分数成

正比，这一结论称为 Raoult 定律。它仅适用于难挥发非电解质稀溶液。在稀溶液中，由于 $n_A \gg n_B$，因此 $n_A + n_B \approx n_A$，则有

$$x_B = \frac{n_B}{n_A + n_B} \approx \frac{n_B}{n_A} = \frac{n_B}{m_A/M_A} = b_B M_A$$

代入式(1-16)中得

$$\Delta p = p_A^* M_A b_B = k b_B \tag{1-17}$$

在一定温度下，溶剂 A 的蒸气压和摩尔质量均为常量，所以 k 也是常量。式(1-17)表明，在一定温度下，难挥发非电解质稀溶液的蒸气压下降与溶质的质量摩尔浓度成正比。这是 Raoult 定律的另一种表达形式。

2. 稀溶液的沸点升高

液体的沸点是指液体的蒸气压等于外界大气压力(通常为 101.325 kPa)时的温度。当溶剂中溶入少量难挥发非电解质时，引起溶液的蒸气压下降。要使稀溶液的蒸气压等于外界大气压力，必须升高温度，这就必然导致难挥发非电解质稀溶液的沸点高于纯溶剂的沸点，这种现象称为稀溶液的沸点升高。图 1-4 表示稀溶液的沸点升高。若纯溶剂的沸点为 T_b^*，溶液的沸点为 T_b，则 T_b 与 T_b^* 之差即为溶液的沸点升高 ΔT_b。溶液的浓度越大，其蒸气压下降越显著，沸点升高也越显著。Raoult 根据实验归纳出溶液的沸点升高 ΔT_b 与溶液的质量摩尔浓度 b_B 之间的关系为

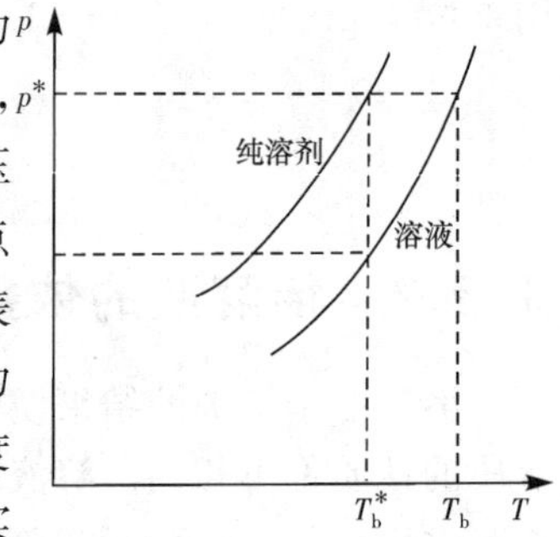

图 1-4 稀溶液的沸点升高

$$\Delta T_b = k_b b_B \tag{1-18}$$

式中，k_b 是溶剂的沸点升高系数，其单位是 $K \cdot kg \cdot mol^{-1}$。

它只与溶剂的性质有关。

表 1-3 列出了常见溶剂的沸点和沸点升高系数。由式(1-18)可以看出，难挥发非电解质稀溶液的沸点升高与溶质 B 的质量摩尔浓度成正比。

表 1-3　常见溶剂的沸点和沸点升高系数

溶剂	T_b^*/K	k_b/($K \cdot kg \cdot mol^{-1}$)	溶剂	T_b^*/K	k_b/($K \cdot kg \cdot mol^{-1}$)
水	373.15	0.512	苯	353.25	2.53
乙醇	351.55	1.22	四氯化碳	349.87	4.95
乙酸	391.05	3.07	三氯甲烷	334.35	3.85
乙醚	307.85	2.02	丙酮	329.65	1.71

【例 1-4】 将 68.4 g 蔗糖 $C_{12}H_{22}O_{11}$ 溶于 1.00 kg 水中，求该溶液的沸点。

解　蔗糖的摩尔质量 $M = 342\ g \cdot mol^{-1}$，其物质的量

$$n(C_{12}H_{22}O_{11}) = \frac{m(C_{12}H_{22}O_{11})}{M(C_{12}H_{22}O_{11})} = \frac{68.4\ g}{342\ g \cdot mol^{-1}} = 0.200\ mol$$

其质量摩尔浓度

$$b(C_{12}H_{22}O_{11}) = \frac{n(C_{12}H_{22}O_{11})}{m(H_2O)} = \frac{0.200\ mol}{1.00\ kg} = 0.200\ mol \cdot kg^{-1}$$

水的 $k_b=0.512\ \mathrm{K\cdot kg\cdot mol^{-1}}$，则

$$\Delta T_b=k_b b(C_{12}H_{22}O_{11})=0.512\ \mathrm{K\cdot kg\cdot mol^{-1}}\times 0.200\ \mathrm{mol\cdot kg^{-1}}=0.102\ \mathrm{K}$$

$$T_b=\Delta T_b+T_b(H_2O)=0.102\ \mathrm{K}+373.15\ \mathrm{K}=373.25\ \mathrm{K}$$

由质量摩尔浓度的定义得

$$b_B=\frac{m_B/M_B}{m_A}$$

代入式(1-18)整理得

$$\Delta T_b=k_b\frac{m_B/M_B}{m_A}$$

$$M_B=\frac{k_b m_B}{\Delta T_b m_A} \tag{1-19}$$

利用式(1-19)可以计算溶质 B 的摩尔质量。

3. 稀溶液的凝固点降低

液体的凝固点是在一定的外压下纯液体与其固体达到平衡时的温度。液体在 101.325 kPa 下的凝固点为液体的正常凝固点。此时固体的蒸气压等于液体的蒸气压。例如，水在常压下的凝固点是 273.15 K，此时液态水和冰的蒸气压都是 0.610 6 kPa。

当溶剂中溶有难挥发性溶质时，溶液的蒸气压低于固体的蒸气压。例如，当水中溶有难挥发性溶质时，溶液的蒸气压就会低于 0.610 6 kPa，蒸气压高的冰就会融化。只有当温度降低到比 273.15 K 更低的某一温度时，冰的蒸气压才会等于溶液的蒸气压，这一温度就是溶液的凝固点。显然，非电解质稀溶液的凝固点总是低于水的凝固点。这种现象称为稀溶液的凝固点降低。图 1-5 为水溶液的凝固点降低。非电解质稀溶液的凝固点降低 ΔT_f 与溶质的质量摩尔浓度 b_B 成正比，即

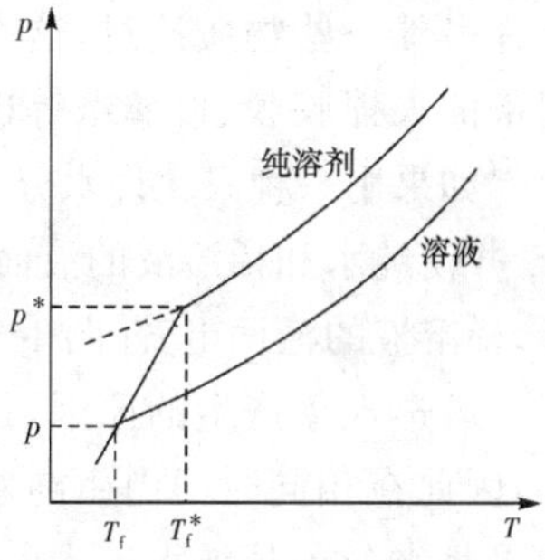

图 1-5　稀溶液的凝固点降低

$$\Delta T_f=k_f b_B \tag{1-20}$$

式中，k_f 叫作溶剂的凝固点降低系数，其单位是 $\mathrm{K\cdot kg\cdot mol^{-1}}$。

它也只与溶剂的性质有关。

常见溶剂的凝固点和凝固点降低系数见表 1-4。

表 1-4　常见溶剂的凝固点和凝固点降低系数

溶剂	T_f^*/K	k_f/(K·kg·mol^{-1})	溶剂	T_f^*/K	k_f/(K·kg·mol^{-1})
水	273.15	1.86	四氯化碳	305.15	32
乙酸	289.85	3.90	乙醚	156.95	1.8
苯	278.65	5.12	萘	353.5	6.9

由质量摩尔浓度的定义和式(1-20)可得

$$M_B=\frac{k_f m_B}{\Delta T_f m_A} \tag{1-21}$$

利用式(1-21),通过测量非电解质溶液的凝固点降低 ΔT_f,可以计算溶质的摩尔质量 M_B。

【例 1-5】 将 0.749 g 某氨基酸溶于 50.0 g 水中,测得其凝固点为 272.96 K,试计算该氨基酸的摩尔质量。

解 溶液的凝固点降低

$$\Delta T_f = T_f^* - T_f = 273.15\ \text{K} - 272.96\ \text{K} = 0.19\ \text{K}$$

水的 $k_f = 1.86\ \text{K}\cdot\text{kg}\cdot\text{mol}^{-1}$,则该氨基酸的摩尔质量

$$M = \frac{k_f m_B}{\Delta T_f m_A} = \frac{1.86\ \text{K}\cdot\text{kg}\cdot\text{mol}^{-1}\times 0.749\ \text{g}}{0.19\ \text{K}\times 50.0\ \text{g}} = 147\ \text{g}\cdot\text{mol}^{-1}$$

应用溶液的沸点升高和凝固点降低都可以测定溶质的摩尔质量,但实际应用中,由于多数溶剂的 k_f 比 k_b 大,溶液的凝固点可以准确测定,因此,常用凝固点降低法。

溶液的凝固点降低还有许多实际应用。例如,冬季在汽车的水箱中加入乙二醇,可以使凝固点降低,防止水结冰冻裂水箱。又如,盐和碎冰的混合物可用作制冷剂。NaCl 和冰混合物的温度可降低到 −22 ℃,$CaCl_2\cdot H_2O$ 和冰混合物的温度可降低到 −55 ℃。

4. 溶液的渗透压

自然界和日常生活中的许多现象都与渗透有关。例如,因失水而发蔫的花草在浇水后又可重新复原;淡水鱼不能生活在海水里;人在淡水中游泳会觉得眼球胀痛。

许多天然或人造的薄膜对物质的透过有选择性,它们只允许某种或某些物质透过,而不允许另外一些物质透过,这类薄膜称为半透膜。动物和人的肠衣、细胞膜等是半透膜。人工制备的火棉胶膜、玻璃纸等也是半透膜。

如果用一种只允许水分子透过而溶质分子不能透过的半透膜把非电解质水溶液和纯水隔开,并使纯水和稀溶液的液面高度相等[图 1-6(a)],经过一段时间后可以观察到纯水的液面下降,稀溶液的液面上升[图 1-6(b)]。水分子通过半透膜从纯水进入溶液的过程称为渗透。

渗透现象产生的原因,是半透膜两侧相同体积内纯水中的水分子数比溶液的水分子数多,因此在相同时间内由纯水通过半透膜进入溶液的水分子数要比由溶液进入纯水的多,其结果是水分子从纯水进入溶液,使溶液一侧的液面升高。溶液液面升高后,由于压力增大,驱使溶液中的水分子通过半透膜的速率加快,当压力增大至某一数值后,相同时间内从膜两侧透过半透膜的水分子数相等,达到渗透平衡。为了阻止渗透发生,必须在稀溶液的液面上施加一额外压力,这种恰好能阻止渗透进行而施加于稀溶液液面上的额外压力称为非电解质稀溶液的渗透压[图 1-6(c)]。渗透压用符号 Π 表示,单位是 Pa。

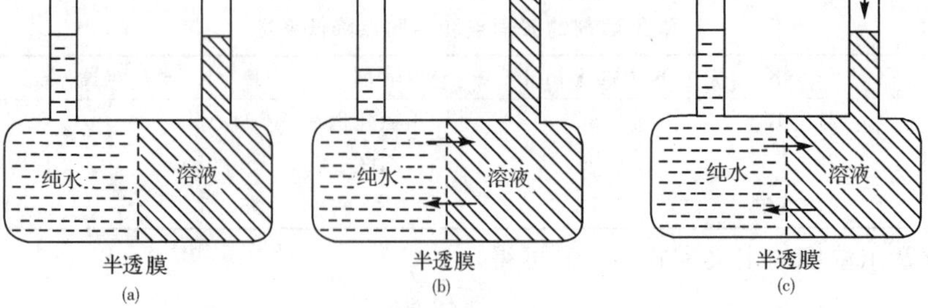

图 1-6 渗透现象和渗透压示意图

1886年，荷兰物理学家van't Hoff在仔细研究了前人的实验数据后指出，非电解质稀溶液的渗透压与浓度和热力学温度的关系为

$$\Pi = c_B RT \tag{1-22}$$

式中，Π是溶液的渗透压，c_B是溶质B的物质的量浓度，R为摩尔气体常数，T是热力学温度。

式(1-22)表明，在一定温度下，非电解质稀溶液的渗透压与溶质的浓度成正比，而与溶质的本性无关。

对于水溶液，如果浓度很小，则$c_B \approx b_B$，式(1-22)可写为

$$\Pi = b_B RT \tag{1-23}$$

通过测量非电解质稀溶液的渗透压，可以计算溶质的摩尔质量，尤其适用于测定高分子化合物的摩尔质量。式(1-22)可改写为

$$\Pi = \frac{m_B/M_B}{V}RT$$

由上式可得

$$M_B = \frac{m_B RT}{\Pi V} \tag{1-24}$$

式中，V为溶液的体积。

渗透压法不能用于测量小分子溶质的摩尔质量。

【例1-6】 20 ℃时将1.00 g血红素溶于水中，配成100 mL溶液，测得其渗透压为0.366 kPa，求血红素的摩尔质量。

解　$T=(20+273.15)\text{K}=293.15\ \text{K}$，　$V=100\ \text{mL}=0.100\ \text{L}$

血红素的摩尔质量

$$M=\frac{mRT}{\Pi V}=\frac{1.00\ \text{g}\times 8.314\ \text{J}\cdot\text{mol}^{-1}\cdot\text{K}^{-1}\times 293.15\ \text{K}}{0.366\ \text{kPa}\times 0.100\ \text{L}}=6.66\times 10^4\ \text{g}\cdot\text{mol}^{-1}$$ ■

把两种不同浓度的非电解质稀溶液用半透膜隔开时，也能产生渗透现象，水分子由浓度较小的稀溶液向浓度较大的稀溶液渗透。若在浓度较大的稀溶液的液面上施加一额外压力，也能阻止渗透发生。但此时在浓度较大的稀溶液液面上所施加的额外压，既不是浓度较大的稀溶液的渗透压，也不是浓度较小的稀溶液的渗透压，而是这两种稀溶液的渗透压的差值。渗透压高的溶液称为高渗透溶液，渗透压低的溶液称为低渗透溶液，如果溶液的渗透压相等，则称为等渗透溶液。

渗透现象和生命科学密切相关，它广泛存在于人与动植物的生理活动中。人和动植物体内的体液和细胞液都是水溶液。通过渗透作用，水分可以从植物的根部输送到几十米高的顶部。在医院给病人输液时要使用等渗透溶液，否则由于发生渗透作用，会使细胞变形或破坏，丧失正常的生理功能。盐碱地上不利于植物的生长，也是渗透现象所导致的。

拓展阅读

等离子体及其化学应用

如果外加在溶液上的压力超过渗透压，则可使溶液中的溶剂分子向纯溶剂方向扩散，使纯溶剂体积增加，这个过程称为反渗透。工业上常利用反渗透技术进行海水的淡化、废水或污水的处理以及一些特殊要求溶液的浓缩。

习 题 1

1-1 何谓理想气体？理想气体状态方程用于真实气体的条件是什么？

1-2 理想气体状态方程在不同条件下有哪些应用？

1-3 2008 年北京奥运会火炬以丙烷为燃料。若 32 ℃时 2.00 L 丙烷的压力为 102 kPa，试计算丙烷的物质的量。

1-4 汽车安全气袋是用氮气充填的，氮气是在汽车发生碰撞时由叠氮化钠与三氧化二铁在火花的引发下反应生成的：

$$6NaN_3(s)+Fe_2O_3(s)\rightarrow 3Na_2O(s)+2Fe(s)+9N_2(g)$$

在 25 ℃，99.7 kPa 下，要产生 75.0 L N_2 需要叠氮化钠的质量是多少？

1-5 丁烷 C_4H_{10} 是一种易液化的气体燃料，计算在 23 ℃，90.6 kPa 下丁烷气体的密度。

1-6 若某气体化合物是氮的氧化物，其中含氮的质量分数 w(N)=30.5%。某一容器中充有该氮氧化合物的质量是 4.107 g，其体积为 0.500 L，压力为 202.65 kPa，温度为 0 ℃。如果不考虑温度对组成和聚集状态的影响，试求：

(1)在标准状况下该气体的密度；

(2)该氧化物的相对分子质量 M_r 和化学式。

1-7 在 0.237 g 某碳氢化合物中，其 w(C)=80.0%，w(H)=20.0%。22 ℃，100.9 kPa 下，体积为 191.7 mL。确定该化合物的化学式。

1-8 在容积为 50.0 L 的容器中，充有 140.0 g CO 和 20.0 g H_2，温度为 300 K。试计算：

(1)CO 与 H_2 的分压；

(2)混合气体的总压。

1-9 在实验中用排水集气法收集制取的氢气。在 23 ℃，100.5 kPa 压力下，收集了 370.0 mL 气体(23 ℃时，水的饱和蒸气压为 2.800 kPa)。试求：

(1)23 ℃时该气体中氢气的分压；

(2)氢气的物质的量。

1-10 在激光放电池中气体是由 2.0 mol CO_2、1.0 mol N_2 和 16.0 mol He 组成的混合物，总压为 0.30 MPa。计算各组分气体的分压。

1-11 10.00 mL NaCl 饱和溶液的质量为 12.00 g，将其蒸干后得 3.17 g NaCl 晶体。计算：

(1)此饱和溶液中 NaCl 的质量浓度；

(2)此饱和溶液中 NaCl 的物质的量浓度；

(3)此饱和溶液中 NaCl 的摩尔分数；

(4)此饱和溶液中 NaCl 的质量摩尔浓度。

1-12 在 298.15 K 时，质量分数为 9.47%的稀 H_2SO_4 溶液的密度为 1.06×10^3 kg·m^{-3}，在该温度下纯水的密度为 997 kg·m^{-3}。计算：

(1)此稀 H_2SO_4 溶液中 H_2SO_4 的质量摩尔浓度；

(2)此稀 H_2SO_4 溶液中 H_2SO_4 的浓度；

(3)此稀 H_2SO_4 溶液中 H_2SO_4 的摩尔分数。

1-13　什么是液体的饱和蒸气压？它与液体的沸点有什么关系？

1-14　25 ℃时水的蒸气压为 3 168 Pa，若一甘油水溶液中甘油的质量分数为 0.100，该溶液的蒸气压为多少？

1-15　溶解 3.24 g 硫于 40 g 苯中，苯的沸点升高 0.81 ℃。若苯的 k_b = 2.53 K・kg・mol^{-1}，则在此溶液中硫分子是由几个硫原子组成的？

1-16　从某种植物中分离出一种未知结构的生物碱，为了测定其相对分子质量，将 19.0 g 该物质溶入 100 g 水中，测得溶液的沸点升高了 0.060 K，凝固点降低了 0.220 K。计算该生物碱的相对分子质量。

1-17　现有两种溶液，一种为 1.50 g 尿素[$CO(NH_2)_2$]溶于 200 g 水中，另一种为 42.75 g 未知物(非电解质)溶于 1 000 g 水中。这两种溶液在同一温度结冰，问未知物的摩尔质量是多少？

1-18　甘油($C_3H_8O_3$)是一种非挥发性物质，易溶于水，若在 250 g 水中加入 40.0g 甘油，计算：

(1)20 ℃时溶液的蒸气压；

(2)溶液的凝固点；

(3)溶液的沸点。

1-19　什么叫作渗透现象？产生渗透现象的条件是什么？什么是渗透压？

1-20　为什么施肥过多植物会枯死？

1-21　为什么海水鱼不能生活在淡水中？

1-22　人体血液的凝固点为 −0.56 ℃，求 37 ℃时人体血浆的渗透压。(已知水的 k_f = 1.86 K・kg・mol^{-1})。

1-23　将 5.0 g 鸡蛋白溶于水配制成 1.0 L 溶液，25 ℃时测得溶液的渗透压为 306 Pa，计算鸡蛋白的相对分子质量。

1-24　将下列水溶液按照其凝固点由高到低的顺序排列。

(1)0.1 mol・L^{-1} $Al_2(SO_4)_3$；

(2)0.2 mol・L^{-1} $CuSO_4$；

(3)0.3 mol・L^{-1} NaCl；

(4)0.3 mol・L^{-1}尿素；

(5)0.6 mol・L^{-1} CH_3COOH；

(6)0.2 mol・L^{-1} $C_6H_{12}O_6$。

第2章

化学反应的能量与方向

本章从化学反应的计量关系开始，讨论化学反应中的质量关系和能量关系及化学反应进行的方向。

2.1 化学反应中的质量关系

2.1.1 化学反应计量式

化学反应是化学研究的核心部分。物质发生化学反应时，遵循质量守恒定律。化学反应方程式是根据质量守恒定律，用元素符号和化学式表示化学变化中质量关系的式子。配平了的化学反应方程式也叫作化学反应计量式。对于任意一个化学反应，其化学反应方程式可以写作

$$a\mathrm{A}+b\mathrm{B}\longrightarrow y\mathrm{Y}+z\mathrm{Z}$$

若将反应物的化学式移项，则有

$$0=-a\mathrm{A}-b\mathrm{B}+y\mathrm{Y}+z\mathrm{Z}$$

此式可简化写作通式

$$0=\sum_{\mathrm{B}}\nu_{\mathrm{B}}\mathrm{B}$$

式中，B 表示分子、离子或原子等反应物和生成物；ν_{B} 称为物质 B 的化学计量数，是量纲一的量。

对于上述一般反应，

$$\nu_{\mathrm{A}}=-a,\quad \nu_{\mathrm{B}}=-b,\quad \nu_{\mathrm{Y}}=y,\quad \nu_{\mathrm{Z}}=z$$

显然，随着反应的进行，反应物不断减少，生成物不断增加，对于反应物，ν_{B} 为负值；对于生成物，ν_{B} 为正值。例如，对于合成氨反应

$$\mathrm{N_2(g)+3H_2(g)\longrightarrow 2NH_3(g)}$$

各反应物和生成物的化学计量数：

$$\nu(\mathrm{N_2})=-1,\quad \nu(\mathrm{H_2})=-3,\quad \nu(\mathrm{NH_3})=2$$

2.1.2 反应进度

为了表示化学反应进行的程度，我国国家标准《量和单位》(GB 3100～3102—1993)中规

定了反应进度 ξ 这一量及其单位。

对于化学反应

$$0=\sum_{B}\nu_B B$$

定义

$$d\xi=\nu_B^{-1}dn_B \tag{2-1}$$

式中，n_B 为 B 的物质的量；ν_B 为 B 的化学计量数；ξ 为反应进度，其单位为 mol。

式(2-1)是反应进度的微分定义式。若反应系统发生有限变化，对式(2-1)进行积分，则得

$$n_B(\xi)-n_B(\xi_0)=\nu_B(\xi-\xi_0) \tag{2-2}$$

式中，$n_B(\xi)$ 和 $n_B(\xi_0)$ 分别代表反应进度为 ξ 和 ξ_0 时 B 的物质的量。

式(2-2)也可以写作

$$\Delta n_B=\nu_B\Delta\xi \tag{2-3}$$

一般反应开始时 $\xi_0=0$，则式(2-3)变为

$$\Delta n_B=\nu_B\xi \tag{2-4}$$

或

$$\xi=\Delta n_B/\nu_B \tag{2-5}$$

随着反应的进行，反应进度逐渐增大。例如，对于合成氨反应：

	$N_2(g)+$	$3H_2(g)\longrightarrow$	$2NH_3(g)$
开始时 n_B/mol	5.0	12.0	0
t_1 时 n_B/mol	4.0	9.0	2.0
t_2 时 n_B/mol	3.0	6.0	4.0

t_1 时的反应进度：

$$\xi_1=\frac{\Delta n(N_2)}{\nu(N_2)}=\frac{4.0\ \text{mol}-5.0\ \text{mol}}{-1}=1.0\ \text{mol}$$

$$\xi_1=\frac{\Delta n(H_2)}{\nu(H_2)}=\frac{9.0\ \text{mol}-12.0\ \text{mol}}{-3}=1.0\ \text{mol}$$

$$\xi_1=\frac{\Delta n(NH_3)}{\nu(NH_3)}=\frac{2.0\ \text{mol}-0\ \text{mol}}{2}=1.0\ \text{mol}$$

由此可见，对于同一化学反应，用不同物种的物质的量变化所算出的反应进度结果都相同。同理，可以求得 t_2 时的反应进度 $\xi_2=2.0$ mol。

应当注意，反应进度与化学反应计量式相对应。上述例子中，若将合成氨反应写作

$$\frac{1}{2}N_2(g)+\frac{3}{2}H_2(g)\longrightarrow NH_3(g)$$

则 t_1 时的反应进度 ξ_1' 等于 ξ_1 的 2 倍。所以，计算反应进度时必须写出相应的化学反应方程式。

2.2 化学反应中的能量关系

化学反应过程往往伴随有能量的变化，化学反应过程中吸收或放出的热量称为反应热。热力学是研究能量相互转换规律的一门科学，应用热力学基本原理研究化学反应的学科称为化学热力学，本节先介绍一些热力学常用术语和基本概念，然后讨论化学反应中的能量关系。

2.2.1 热力学常用术语和基本概念

1. 系统和环境

人们为了研究问题的方便，常把某一部分物质或空间划分出来作为研究对象，这部分物质或空间称为系统。系统之外与系统有密切联系的其他物质或空间称为环境。例如，若只研究烧杯中的水时，水就是系统，而烧杯及其以外的物质或空间就是环境。

根据系统和环境之间物质和能量交换情况的不同，可将系统分为以下三种：

(1)敞开系统：系统与环境之间既有物质交换，又有能量交换。

(2)封闭系统：系统与环境之间有能量交换，但没有物质交换。

(3)隔离系统：系统与环境之间既没有物质交换，也没有能量交换。

2. 状态和状态函数

系统的状态是系统的各种宏观性质的综合表现。系统的状态可以用温度、压力、体积、物质的量等来描述，这些描述系统状态的宏观物理量称为状态函数。当这些物理量都有确定的量值时，系统就处于一定的状态。如果这些性质中的某一个或某些发生变化，则系统的状态也随之发生变化。

状态函数的特点是其量值只取决于系统所处的状态。状态确定了，状态函数即有确定的值。当系统的状态发生变化时，状态函数的变化只与系统变化前后的始态和终态有关，而与系统变化的具体途径无关。

系统的各状态函数之间往往有一定的联系。因此，描述系统状态时，通常只需确定其中某几个状态函数即可，其他状态函数也就随之而定，无须列出系统的所有状态函数。例如，描述理想气体的 p、V、T、n 之间的关系为 $pV=nRT$。如果知道了其中的任意 3 个状态函数，就可以确定第 4 个状态函数。

3. 过程和途径

当系统从始态变到终态时，某些性质发生变化，这种变化称为过程。通常将系统从始态到终态所经历的过程总和称为途径。根据过程发生时的不同条件，常将过程分为以下几种：

(1)恒温过程：系统的始态温度与终态温度相等，并且过程中始终保持这一温度。

(2)恒压过程：系统的始态压力与终态压力相等，并且过程中始终保持这一压力。

(3)恒容过程：系统的始态容积与终态容积相等，并且过程中始终保持这一容积。

2.2.2　热力学第一定律

1. 热和功

当系统的状态发生变化引起系统的能量变化时，必然导致系统与环境之间发生能量的交换。热和功是系统状态发生变化时与环境进行能量交换的两种形式。

(1)热

系统与环境之间由于温度差的存在而引起传递的能量称为热，用符号 Q 表示，其单位为 J。热力学中用 Q 值的正、负来表示热的传递方向：系统从环境吸收热量，Q 为正值，即 $Q>0$；系统向环境放热，Q 为负值，即 $Q<0$。热除了与系统的始态、终态有关之外，还与变化的途径有关，所以热不是状态函数。

(2)功

系统与环境之间除了热之外所传递的其他形式的能量称为功，用符号 W 表示，其单位为 J。热力学中也用 W 值的正、负号表示功的传递方向：环境对系统做功，W 为正值，即 $W>0$；系统对环境做功，W 为负值，即 $W<0$。功也像热一样，与系统变化的途径有关，所以功也不是状态函数。

功的种类很多，有体积功、电功、表面功等。体积功是系统的体积变化时与环境交换的功。例如，一气缸中的气体在恒压下克服外压 p_{ex} 膨胀，推动截面积为 A 的活塞移动距离 l(图 2-1)。若忽略活塞的质量及活塞与气缸壁之间的摩擦力，则系统对环境所做的功

$$W=-p_{ex}Al=-p_{ex}\Delta V=-p_{ex}(V_2-V_1)$$

式中，V_1 和 V_2 分别为膨胀前后气体的体积。

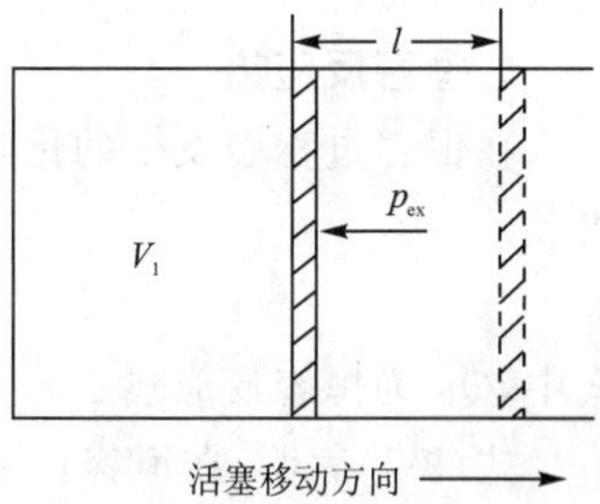

图 2-1　系统膨胀做功

除体积功之外其他形式的功称为非体积功。

2. 热力学能

系统内所含全部能量的总和称为热力学能(过去称为内能)，用符号 U 表示。热力学能包括分子的平动能、转动能、振动能、分子间相互作用的势能、分子内原子间的键能、原子中电子的能量以及核能等。由于系统内部质点运动及相互作用很复杂，所以热力学能的绝对值尚难以确定。在讨论实际问题时只需知道热力学能的改变量(ΔU)就足够了。

热力学能是状态函数，在一定状态下，热力学能应有一定的量值；系统状态变化时，热力学能的改变量只与系统的始态和终态有关，而与变化过程所经历的途径无关。

3. 热力学第一定律

人们经过长期的实践总结出众所周知的能量守恒与转化定律：能量有各种不同的存在形式，不会自生自灭，可以相互转化，在转化的过程中能量的总值不变。这一定律应用到热力学，即为热力学第一定律。

对于一个封闭系统，若其状态Ⅰ的热力学能为 U_1，当此系统从环境吸收的热量为 Q，同时对环境做功为 W，变化到状态Ⅱ时，系统的热力学能变化到 U_2。根据能量守恒与转化定律可得：

$$U_2=U_1+Q+W$$

$$U_2-U_1=Q+W$$

以 ΔU 表示 U_2 和 U_1 之差，即系统热力学能的变化量，则有

$$\Delta U=Q+W \tag{2-6}$$

此式即为热力学第一定律的数学表达式。它表明，系统从状态Ⅰ变化到状态Ⅱ时，其热力学能的变化量等于系统和环境之间传递的热和功的总和。例如，某封闭系统吸收了 45 kJ 的热量，并对环境做了 29 kJ 的功，即 $W=-29$ kJ，则系统热力学能的变化量

$$\Delta U=Q+W=45\ \text{kJ}-29\ \text{kJ}=16\ \text{kJ}$$

2.3 化学反应的焓变

2.3.1 化学反应热

在一定的条件下，化学反应过程中吸收或放出的热量称为反应热。反应热与反应进行的条件有关。

1. 恒容反应热

在恒容过程中发生的化学反应，$\Delta V=0$，若系统不做非体积功，则 $W=0$。根据式(2-6)得

$$Q_V=\Delta U \tag{2-7}$$

式中，Q_V 为恒容反应热。

式(2-7)表明，在恒容且不做非体积功的过程中，封闭系统吸收的热量等于系统热力学能的增加。恒容反应热可以用弹式量热计来测量。

2. 恒压反应热与焓变

通常许多化学反应是在恒压条件下(如在与大气相通的敞口容器中)进行的，系统的压力与环境的压力相等。此过程的反应热称为恒压反应热，用符号 Q_p 表示。在定压过程中，体积功 $W=-p_{ex}\Delta V$，若系统不做非体积功，根据式(2-6)得

$$\Delta U=Q_p-p_{ex}\Delta V$$

$$Q_p=\Delta U+p_{ex}(V_2-V_1)$$

由于恒压过程 $p_1=p_2=p_{ex}$，则

$$\begin{aligned}Q_p&=(U_2-U_1)+(p_2V_2-p_1V_1)\\&=(U_2+p_2V_2)-(U_1+p_1V_1)\end{aligned} \tag{2-8}$$

令

$$H=U+pV \tag{2-9}$$

H 是由 U、p、V 这三个状态函数组成的新的状态函数，热力学上称为焓。则式(2-8)可写作

$$Q_p=H_2-H_1$$

即

$$Q_p=\Delta H \tag{2-10}$$

式(2-10)表明，在恒压且不做非体积功的过程中，封闭系统吸收的热量等于系统焓的增

加。

由焓的定义可以看出，U、p、V 是状态函数，故 H 也是状态函数。与 U 一样，H 的绝对值也不能确定。通常在实际工作中只需要确定系统状态变化时的焓变 ΔH。焓变 ΔH 只与系统的始态和终态有关，而与变化的途径无关。由焓的定义可知，焓变 ΔH 也具有能量的单位。对于吸热反应，$\Delta H>0$；对于放热反应，$\Delta H<0$。恒压反应热可以用杯式量热计来测量。严格地说，温度对反应的焓变是有影响的，但一般影响不大。

反应热与反应进度有关。在恒压条件下，当化学反应

$$0=\sum_{B}\nu_{B}B$$

进行 1 mol 反应进度时反应的焓变称为反应的摩尔焓变，用符号 $\Delta_r H_m$ 表示，则

$$\Delta_r H_m=\frac{\Delta H}{\Delta \xi}$$

同理，在恒容条件下，反应的摩尔热力学能变为

$$\Delta_r U_m=\frac{\Delta U}{\Delta \xi}$$

由式(2-6)和式(2-10)可以推得恒温恒压条件下，

$$\Delta U=\Delta H+W \tag{2-11}$$

对于没有气体参加的反应，体积变化不大，体积功 $W=-p_{ex}\Delta V\approx 0$，则可得到

$$\Delta U\approx\Delta H$$

对于有气体参加的反应，体积功

$$W=-p_{ex}\Delta V=-p_{ex}(V_2-V_1)=-(n_2-n_1)RT=-\Delta nRT$$

Δn 为反应前后气体的物质的量的变化。式(2-11)可以写作

$$\Delta U=\Delta H-\Delta nRT$$

当反应进行 1 mol 反应进度时，则有

$$\Delta_r U_m=\Delta_r H_m-\sum_{B}\nu_{B(g)}RT$$

式中，$\sum_{B}\nu_{B(g)}$ 是反应前后气体物质化学计量数的代数和。

例如，反应

$$2H_2(g)+O_2(g)\longrightarrow 2H_2O(g)$$

$$\sum\nu_{B(g)}=2-2-1=-1$$

经计算可知，W 与 ΔH 相比数值很小，因此通常可以认为

$$\Delta U\approx\Delta H$$

或

$$\Delta_r U_m\approx\Delta_r H_m$$

所以通常只考虑 $\Delta_r H_m$。

2.3.2　热化学方程式

表示化学反应及其标准摩尔焓变之间关系的化学反应方程式叫作热化学方程式。例如

$$2H_2(g)+O_2(g) \longrightarrow 2H_2O(g) \quad \Delta_r H_m^\ominus(298.15\ K)=-483.64\ kJ \cdot mol^{-1} \tag{2-12a}$$

该式表示，在 298.15 K 恒压过程中，反应物和生成物均处于标准状态，反应进行 1 mol 反应进度时，反应的标准摩尔焓变为 $-483.64\ kJ \cdot mol^{-1}$。

上述热化学方程式中，右上角标“⊖”表示热力学标准状态。热力学上对标准状态(简称为标准态)有严格的规定。

(1)气体的标准态是纯气体 B 或气体混合物中组分气体 B 在温度 T 和标准压力 $p^\ominus=100$ kPa 下并表现出理想气体特性的(假想)状态。

(2)液体(或固体)的标准态是纯液体(或固体)在温度 T 和标准压力 $p^\ominus$ 下的状态。

(3)液体溶液中溶质 B 的标准态是在标准压力 $p^\ominus$ 时，其质量摩尔浓度为 $b^\ominus=1\ mol \cdot kg^{-1}$，并表现出无限稀释特征时溶质 B 的(假想)状态。在基础化学教材中，溶液浓度一般都比较小，故通常用 $c^\ominus=1\ mol \cdot L^{-1}$ 代替 $b^\ominus$。

书写热化学方程式时应注意以下几点：

(1)要注明反应物和生成物的聚集状态。物质的聚集状态不同时，反应的标准摩尔焓变会不同。例如

$$2H_2(g)+O_2(g) \longrightarrow 2H_2O(l) \quad \Delta_r H_m^\ominus(298.15\ K)=-571.66\ kJ \cdot mol^{-1} \tag{2-12b}$$

与式(2-12a)相比，产物 H_2O 的聚集状态不同，$\Delta_r H_m^\ominus$ 的值也不同。

(2)$\Delta_r H_m^\ominus$ 是反应进行了 1 mol 反应进度时反应的标准焓变，而反应进度与化学计量数有关，所以用不同化学计量式表示同一反应时，$\Delta_r H_m^\ominus$ 也不同。例如

$$H_2(g)+\frac{1}{2}O_2(g) \longrightarrow H_2O(g) \quad \Delta_r H_m^\ominus(298.15\ K)=-241.82\ kJ \cdot mol^{-1} \tag{2-12c}$$

与式(2-12a)相比，式(2-12c)中各物质的化学计量数均为式(2-12a)中的$\frac{1}{2}$，$\Delta_r H_m^\ominus$ 的值也为式(2-12a)中的$\frac{1}{2}$。

(3)要注明反应温度。温度变化时，反应的标准摩尔焓变会随之改变。

还应当注意，逆反应的 $\Delta_r H_m^\ominus$ 与正反应的 $\Delta_r H_m^\ominus$ 数值相同，正、负号相反。例如

$$H_2O(g) \longrightarrow H_2(g)+\frac{1}{2}O_2(g) \quad \Delta_r H_m^\ominus(298.15\ K)=241.82\ kJ \cdot mol^{-1} \tag{2-12d}$$

式(2-12d)是式(2-12c)的逆反应。

2.3.3 Hess 定律

1840 年化学家 G. H. Hess 根据大量的实验结果总结出一条重要规律：一个化学反应不论是一步完成还是分几步完成，其反应热总是相同的。也就是说，反应的焓变只与反应的始态和终态有关，而与反应的途径无关。这一规律叫作 Hess 定律。Hess 定律的实质是焓是状态函数，其变化与途径无关。

Hess 定律是一个热化学基本定律。根据 Hess 定律可以间接地计算难以用实验的方法直接测定的化学反应热。例如，碳燃烧时可以有两种产物：CO 和 CO_2。后者可从碳直接燃烧得到，其反应热容易测定。而 C 与 O_2 反应生成 CO 的反应热却很难直接测定，因为很难控制 C

和 O_2 反应只生成 CO，而不生成 CO_2。若先用其他方法制取 CO，再用 CO 与 O_2 反应生成 CO_2，根据 Hess 定律则可以较容易地间接求出 C 与 O_2 反应生成 CO 的反应热。

【例 2-1】 已知 298.15 K 时

(1) $C(s)+O_2(g) \longrightarrow CO_2(g) \quad \Delta_r H_m^\ominus(1)=-393.51\ kJ \cdot mol^{-1}$

(2) $CO(g)+\frac{1}{2}O_2(g) \longrightarrow CO_2(g) \quad \Delta_r H_m^\ominus(2)=-282.98\ kJ \cdot mol^{-1}$

计算反应

(3) $C(s)+\frac{1}{2}O_2(g) \longrightarrow CO(g)$ 的 $\Delta_r H_m^\ominus(3)$。

解　CO_2 的生成可以有两种途径：

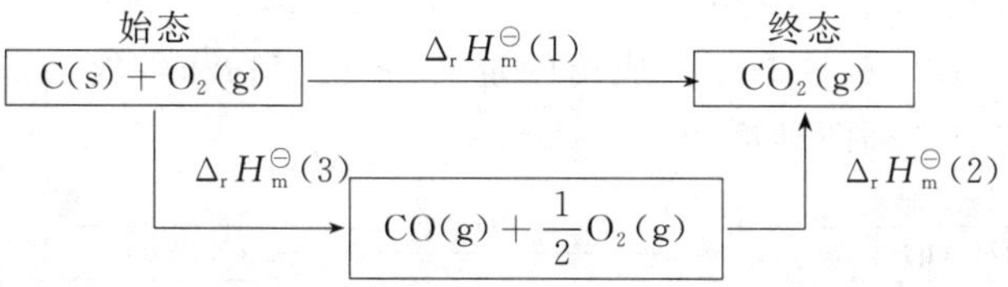

根据 Hess 定律，

$$\Delta_r H_m^\ominus(1)=\Delta_r H_m^\ominus(2)+\Delta_r H_m^\ominus(3)$$

所以

$$\begin{aligned}\Delta_r H_m^\ominus(3) &= \Delta_r H_m^\ominus(1)-\Delta_r H_m^\ominus(2) \\ &= -393.51\ kJ \cdot mol^{-1}-(-282.98\ kJ \cdot mol^{-1}) \\ &= -110.53\ kJ \cdot mol^{-1}\end{aligned}$$

∎

从反应方程式来看，反应(1)－反应(2)＝反应(3)，所以反应热之间的关系为

$$\Delta_r H_m^\ominus(3)=\Delta_r H_m^\ominus(1)-\Delta_r H_m^\ominus(2)$$

由此可见，假如某一反应是一系列反应的净结果，则总反应的焓变必然等于各步反应焓变的代数和。所以可以利用热化学方程式的组合(相加或相减)计算反应的标准摩尔焓变。

2.3.4　标准摩尔生成焓及其应用

1. 标准摩尔生成焓

在温度 T 时，由参考状态的单质生成物质 B($\nu_B=+1$)反应的标准摩尔焓变称为物质 B 的标准摩尔生成焓，用符号 $\Delta_f H_m^\ominus$(B，相态，T)表示，单位为 $kJ \cdot mol^{-1}$。例如

$$H_2(g)+\frac{1}{2}O_2(g) \longrightarrow H_2O(g) \quad \Delta_r H_m^\ominus(298.15\ K)=-241.82\ kJ \cdot mol^{-1}$$

则 $H_2O(g)$ 的标准摩尔生成焓 $\Delta_f H_m^\ominus(H_2O, g, 298.15\ K)=-241.82\ kJ \cdot mol^{-1}$。

应当注意，这里所谓参考状态的单质一般是指在所讨论的温度 T 和标准压力 $p^\ominus$ 下最稳定状态的单质，例如 $H_2(g)$、$Cl_2(g)$、$Br_2(l)$、$I_2(s)$、Hg(l)等。对于有同素异形体的单质，热力学上习惯把 $O_2(g)$、石墨、白磷、正交硫作为参考状态的单质。

根据标准摩尔生成焓的定义，在任何温度下参考状态单质的标准摩尔生成焓为零。

各种物质在 298.15 K 时的标准摩尔生成焓可以从化学手册中查到。本书附录 1 列出了 298.15 K 时一些物质的标准摩尔生成焓。

根据 $\Delta_f H_m^\ominus$ 值的大小可以判断同类型化合物热稳定性的相对高低。例如，298.15 K 时 $\Delta_f H_m^\ominus(Ag_2O,s)=-31.05\ kJ\cdot mol^{-1}$，$\Delta_f H_m^\ominus(Na_2O,s)=-414.22\ kJ\cdot mol^{-1}$，由此可知，$\Delta_f H_m^\ominus$ 数值小的 Na_2O 比 $\Delta_f H_m^\ominus$ 数值大的 Ag_2O 稳定。

2. 用标准摩尔生成焓计算反应的标准摩尔焓变

【例 2-2】 氨的催化氧化反应方程式为

$$4NH_3(g)+5O_2(g)\longrightarrow 4NO(g)+6H_2O(g)$$

用反应物和生成物的标准摩尔生成焓计算 298.15 K 时该反应的标准摩尔焓变。

解 由附录 1 查得，298.15 K 时，

$$\Delta_f H_m^\ominus(NH_3,g)=-46.11\ kJ\cdot mol^{-1},\quad \Delta_f H_m^\ominus(O_2,g)=0$$

$$\Delta_f H_m^\ominus(NO,g)=90.25\ kJ\cdot mol^{-1},\quad \Delta_f H_m^\ominus(H_2O,g)=-241.82\ kJ\cdot mol^{-1}$$

根据质量守恒定律和标准摩尔生成焓的定义，将反应物和生成物都看成由参考状态的单质生成的，则反应有下列两种途径：

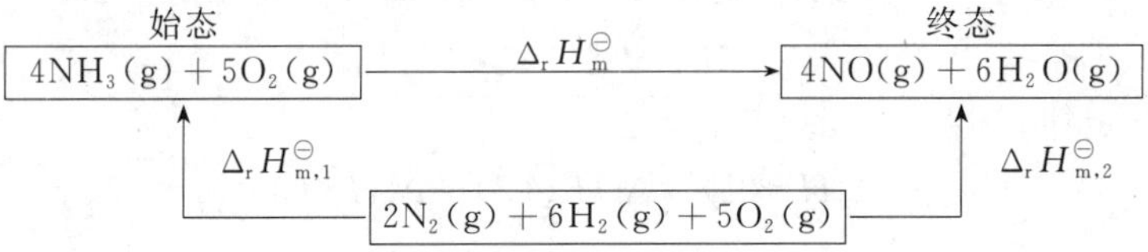

根据 Hess 定律有

$$\Delta_r H_m^\ominus(298.15\ K)=\Delta_r H_{m,2}^\ominus-\Delta_r H_{m,1}^\ominus$$

其中

$$\Delta_r H_{m,1}^\ominus=4\Delta_f H_m^\ominus(NH_3,g)+5\Delta_f H_m^\ominus(O_2,g)$$

$$\Delta_r H_{m,2}^\ominus=4\Delta_f H_m^\ominus(NO,g)+6\Delta_f H_m^\ominus(H_2O,g)$$

代入上式得

$$\begin{aligned}\Delta_r H_m^\ominus(298.15\ K)&=[4\Delta_f H_m^\ominus(NO,g)+6\Delta_f H_m^\ominus(H_2O,g)]-\\&\quad[4\Delta_f H_m^\ominus(NH_3,g)+5\Delta_f H_m^\ominus(O_2,g)]\\&=[4\times 90.25+6\times(-241.82)-4\times(-46.11)-5\times 0]\ kJ\cdot mol^{-1}\\&=-905.48\ kJ\cdot mol^{-1}\end{aligned}$$

由例 2-2 可以得出，在恒温恒压条件下，反应的标准摩尔焓变等于生成物的标准摩尔生成焓之和减去反应物的标准摩尔生成焓之和。

对于一般的化学反应

$$aA+bB\longrightarrow yY+zZ$$

$$\begin{aligned}\Delta_r H_m^\ominus(298.15\ K)&=[y\Delta_f H_m^\ominus(Y,298.15\ K)+z\Delta_f H_m^\ominus(Z,298.15\ K)]-\\&\quad[a\Delta_f H_m^\ominus(A,298.15\ K)+b\Delta_f H_m^\ominus(B,298.15\ K)]\end{aligned}$$

简写为

$$\Delta_r H_m^\ominus(298.15\ K)=\sum \nu_B\Delta_f H_m^\ominus(B,\text{相态},298.15\ K) \tag{2-13a}$$

或

$$\Delta_r H_m^\ominus(298.15\ K)=\sum \nu_P\Delta_f H_m^\ominus(P,\text{相态},298.15\ K)+\sum \nu_R\Delta_f H_m^\ominus(R,\text{相态},298.15\ K) \tag{2-13b}$$

式中，R 为反应物；P 为生成物；ν_R 和 ν_P 分别为反应物和生成物的化学计量数，$\nu_R<0$，$\nu_P>0$。

2.4　熵与熵变

拓展阅读

标准摩尔燃烧焓及其应用

2.4.1　化学反应的自发变化

1. 自发变化

自然界中所发生的变化过程都具有一定的方向性。例如，水总是自动地从高处向低处流；热量总是从高温物体自发地传向低温物体；气体也总是从高压处自发地向低压处扩散。又如，铁在潮湿的空气中易锈；插在硫酸铜溶液中的锌片能置换出单质铜。这些在一定条件下不需外界作用就能自动进行的过程称为自发过程，自发过程的逆过程是非自发的。要使非自发过程得以进行，外界必须做功。例如，欲将水从低处输送到高处，可借助于水泵做机械功来实现；若将热从低温物体传递给高温物体，可通过冷冻机做功来进行。又如，常温下要将水分解为氢气和氧气，可以通过电解的方法来完成。

应该注意的是，能自发进行的反应，其反应速率不一定都很大。有的自发变化开始时需要引发。自发变化的限度(或可能进行的程度)是系统的平衡状态。

化学反应自发进行的方向问题是科学研究和生产实践中非常重要的问题之一。对于给定条件下能自发进行的反应，可以继续对其限度和速率进行研究。对于热力学计算已经表明在任何温度和压力下都不能自发进行的反应则没有研究的必要。

2. 焓变与自发变化

人们通过研究发现，自然界自发过程一般都朝着能量降低的方向进行。系统的能量越低，其状态越稳定。化学反应一般也符合上述能量最低原理。许多放热反应都能够自发地进行。例如

$$H_2(g)+\frac{1}{2}O_2(g)\longrightarrow H_2O(l)\quad \Delta_r H_m^{\ominus}(298.15\ K)=-285.83\ kJ\cdot mol^{-1}$$

$$H^+(aq)+OH^-(aq)\longrightarrow H_2O(l)\quad \Delta_r H_m^{\ominus}(298.15\ K)=-55.84\ kJ\cdot mol^{-1}$$

1878 年，M. Bethelot 和 J. Thomsen 提出，自发的化学反应趋向于使系统放出最多的热。反应放热越多，系统的能量降低得也越多，即系统有趋向于最低能量状态的倾向，称为最低能量原理。对放热反应，$\Delta H<0$，系统的焓减少，反应将会自发进行。以反应的焓变作为判断反应自发性的依据称为反应的焓判据。

最低能量原理是由许多实验事实总结出来的，对于多数放热反应是适用的。但是，实践表明，有些吸热反应($\Delta_r H_m>0$)也能自发进行。

例如，水的蒸发是吸热过程：

$$H_2O(l)\longrightarrow H_2O(g)\quad \Delta_r H_m^{\ominus}=44.0\ kJ\cdot mol^{-1}$$

NH_4Cl 溶于水也是吸热过程，

$$NH_4Cl(s)\longrightarrow NH_4^+(aq)+Cl^-(aq)\quad \Delta_r H_m^{\ominus}=9.76\ kJ\cdot mol^{-1}$$

又如，碳酸钙的分解是吸热反应：

$$CaCO_3(s) \longrightarrow CaO(s) + CO_2(g) \quad \Delta_r H_m^{\ominus} = 178.32\ kJ \cdot mol^{-1}$$

当温度升高到 1 123 K 时，反应就能自发地进行。由此可见，放热($\Delta H<0$)只是反应自发进行的有利因素之一，但不是唯一的因素。不能仅仅把焓变作为判断反应自发性的依据。反应自发性还与其他因素有关。

2.4.2 混乱度与熵

1. 混乱度

人们在研究反应自发性的过程中发现，许多自发过程都朝混乱程度(简称混乱度)增大的方向进行。以上述吸热反应为例可以说明这一点。水分子在冰中有规则地排列，处于较有序的状态。当温度升高到 0 ℃以上时，冰自动地融化为水，水分子的混乱程度增大。当温度再升高，水变为水蒸气时，水分子的混乱度更大。又如，在氯化铵晶体中，NH_4^+ 和 Cl^- 的排列是整齐、有序的，NH_4Cl 溶于水后，溶液中的 $NH_4^+(aq)$、$Cl^-(aq)$ 比晶体溶解前混乱得多。$CaCO_3$ 受热分解后，气相中分子数的增加也使得系统的混乱度增大。由此可见，系统有趋向于最大混乱度的倾向。系统混乱度的增大有利于反应自发地进行。

2. 熵

在热力学中，系统中微观粒子的混乱度用一个新的物理量——熵——来表示，其符号为 S。熵值越大，系统的混乱度就越大。熵是状态函数，熵的变化只与系统的始态和终态有关，而与变化途径无关。

与热力学能 U 和焓 H 不同，熵的绝对值是可以确定的。科学家们通过研究提出了热力学第三定律：0 K 时任何纯净物质完美晶体的熵值等于零，即 $S^*(0\ K)=0$。以此为基准可以确定温度为 T 时物质的熵值 S_T。温度升高，熵值增大。若某纯净物质从 0 K 升高到温度 T，此过程的熵变

$$\Delta S = S_T - S_0 = S_T - 0 = S_T$$

式中，S_T 称为该物质的规定熵。

在温度 T 和标准状态下单位物质的量的纯物质 B 的规定熵称为物质 B 的标准摩尔熵，用符号 $S_m^{\ominus}(B, 相态, T)$ 表示，单位是 $J \cdot mol^{-1} \cdot K^{-1}$。附录 1 中列出了一些物质在 298.15 K 时的标准摩尔熵。由表中数据可见，大多数物质的 $S_m^{\ominus}(298.15\ K)$ 大于零。单质的 $S_m^{\ominus}(298.15\ K)$ 也不等于零。

通过分析一些物质的标准摩尔熵数据可以发现如下规律：

(1)同一物质的聚集状态不同时，$S_m^{\ominus}(g) > S_m^{\ominus}(l) > S_m^{\ominus}(s)$。

(2)分子结构相似的同类物质，摩尔质量越大，其标准摩尔熵越大。例如，298.15 K 时，

$$S_m^{\ominus}(HF) < S_m^{\ominus}(HCl) < S_m^{\ominus}(HBr) < S_m^{\ominus}(HI)$$

(3)摩尔质量相同的物质，结构越复杂的其标准摩尔熵越大。例如，$S_m^{\ominus}(C_2H_5OH, g, 298.15\ K) = 282.70\ J \cdot mol^{-1} \cdot K^{-1}$，$S_m^{\ominus}(CH_3OCH_3, g, 298.15\ K) = 266.38\ J \cdot mol^{-1} \cdot K^{-1}$，因为后者的对称性比前者高。

另外，压力对固态、液态物质的熵值影响较小，但对气态物质的熵值影响较大。压力增大，气态物质的熵值减小。

3. 反应的标准摩尔熵变

熵是状态函数，其变化只与始态和终态有关，而与变化的途径无关。在温度 T 和标准状态下，某反应进行了 1 mol 反应进度时的熵变称为该反应的标准摩尔熵变。298.15 K 时化学反应的标准摩尔熵变可以由反应物和生成物的标准摩尔熵求得。对于化学反应

$$0=\sum_{B}\nu_B B$$

298.15 K 时反应的标准摩尔熵变

$$\Delta_r S_m^{\ominus}(298.15\ K)=\sum \nu_B S_m^{\ominus}(B,相态,298.15\ K) \tag{2-14}$$

即反应的标准摩尔熵变等于生成物的标准摩尔熵之和减去反应物的标准摩尔熵之和。

【例 2-3】 试计算 298.15 K 时反应 $2NO(g)+O_2(g)\longrightarrow 2NO_2(g)$ 的标准摩尔熵变。

解　由附录 1 查得

$$S_m^{\ominus}(NO,g)=210.761\ J\cdot mol^{-1}\cdot K^{-1}$$
$$S_m^{\ominus}(O_2,g)=205.138\ J\cdot mol^{-1}\cdot K^{-1}$$
$$S_m^{\ominus}(NO_2,g)=240.06\ J\cdot mol^{-1}\cdot K^{-1}$$
$$2NO(g)+O_2(g)\longrightarrow 2NO_2(g)$$
$$\begin{aligned}\Delta_r S_m^{\ominus}(298.15\ K)&=2S_m^{\ominus}(NO_2,g)-2S_m^{\ominus}(NO,g)-S_m^{\ominus}(O_2,g)\\&=(2\times240.06-2\times210.761-205.138)J\cdot mol^{-1}\cdot K^{-1}\\&=-146.54\ J\cdot mol^{-1}\cdot K^{-1}\end{aligned}$$

由此可见，$\Delta_r S_m^{\ominus}<0$，298.15 K 标准状态下该反应为熵减小的反应。这是由于该反应中气体的分子数减少，系统的混乱度减小。■

【例 2-4】 试计算 298.15 K 时反应 $CaCO_3(s)\longrightarrow CaO(s)+CO_2(g)$ 的标准摩尔熵变。

解　由附录 1 查得

$$S_m^{\ominus}(CaCO_3,s)=92.9\ J\cdot mol^{-1}\cdot K^{-1}$$
$$S_m^{\ominus}(CaO,s)=39.75\ J\cdot mol^{-1}\cdot K^{-1}$$
$$S_m^{\ominus}(CO_2,g)=213.74\ J\cdot mol^{-1}\cdot K^{-1}$$
$$CaCO_3(s)\longrightarrow CaO(s)+CO_2(g)$$
$$\begin{aligned}\Delta_r S_m^{\ominus}(298.15\ K)&=S_m^{\ominus}(CaO,s)+S_m^{\ominus}(CO_2,g)-S_m^{\ominus}(CaCO_3,s)\\&=(39.75+213.74-92.9)J\cdot mol^{-1}\cdot K^{-1}\\&=160.6\ J\cdot mol^{-1}\cdot K^{-1}\end{aligned}$$

由计算结果可见，该反应 $\Delta_r S_m^{\ominus}>0$，是熵增加的反应。这是由于反应生成了 CO_2 气体，使系统的混乱度增大。■

化学反应的 $\Delta_r S_m^{\ominus}>0$，有利于反应正向自发进行；化学反应的 $\Delta_r S_m^{\ominus}<0$，不利于反应正向自发进行。但是，在例 2-4 中，$CaCO_3$ 的分解反应在常温下不能自发进行，而例 2-3 中 NO 的氧化却能够自发进行。由此可见，仅仅用熵变作为反应自发性的判据是不充分的。熵变是影响反应自发进行方向的又一重要因素，但也不是唯一的因素。判断反应自发进行的方向时不但要考虑焓变和熵变的影响，还要考虑温度的影响。①

---

① 对于与环境之间无物质和能量交换的孤立系统，可以用熵变判断反应的方向。

2.5 Gibbs 函数与反应的方向

拓展阅读

热力学第二定律

2.5.1 Gibbs 函数与 Gibbs 函数变

1878 年，美国物理化学家 J. W. Gibbs 提出了一个综合考虑焓、熵和温度三个因素的新的热力学函数——Gibbs 函数(或吉布斯自由能)G，并用 Gibbs 函数的变化 ΔG 来判断恒温、恒压下反应自发进行的方向。Gibbs 函数的定义为

$$G = H - TS \tag{2-15}$$

由于 H、T、S 都是状态函数，所以 G 也是状态函数。系统的 Gibbs 函数变 ΔG 只与始态、终态有关，与变化的途径无关。在恒温恒压条件下系统发生状态变化时，Gibbs 函数的变化

$$\Delta G = \Delta H - T\Delta S \tag{2-16}$$

式(2-16)称为 Gibbs-Helmholtz 方程。

对于恒温恒压条件下的化学反应，当反应进行了 1 mol 反应进度时，反应的摩尔 Gibbs 函数变

$$\Delta_r G_m = \Delta_r H_m - T\Delta_r S_m \tag{2-17}$$

如果化学反应在恒温恒压和标准状态下进行了 1 mol 反应进度，则式(2-17)可以写作

$$\Delta_r G_m^{\ominus} = \Delta_r H_m^{\ominus} - T\Delta_r S_m^{\ominus} \tag{2-18}$$

式中，$\Delta_r G_m^{\ominus}$ 称为反应的标准摩尔 Gibbs 函数变，单位为 $kJ \cdot mol^{-1}$。

由式(2-18)可以看出，$\Delta_r G_m^{\ominus}$ 是随温度变化而变化的物理量，温度不同时，$\Delta_r G_m^{\ominus}$ 的数值也不同。但是，由于 $\Delta_r H_m^{\ominus}$ 和 $\Delta_r S_m^{\ominus}$ 随温度的变化很小，因此在温度变化范围不大时，常用 $\Delta_r H_m^{\ominus}(298.15\ K)$ 和 $\Delta_r S_m^{\ominus}(298.15\ K)$ 分别代替其他温度时的 $\Delta_r H_m^{\ominus}(T)$ 和 $\Delta_r S_m^{\ominus}(T)$，式(2-18)可以改写为

$$\Delta_r G_m^{\ominus}(T) \approx \Delta_r H_m^{\ominus}(298.15\ K) - T\Delta_r S_m^{\ominus}(298.15\ K) \tag{2-19}$$

应用式(2-19)，通过 $\Delta_r H_m^{\ominus}(298.15\ K)$ 和 $\Delta_r S_m^{\ominus}(298.15\ K)$ 可以近似地求得反应的标准摩尔 Gibbs 函数变。

2.5.2 标准摩尔生成 Gibbs 函数

在温度 T 时由参考状态的单质生成物质 B($\nu_B = +1$)反应的标准摩尔 Gibbs 函数变称为物质 B 的标准摩尔生成 Gibbs 函数，用符号 $\Delta_f G_m^{\ominus}$(B，相态，T)表示，其单位为 $kJ \cdot mol^{-1}$。由此定义可知，在任何温度下参考状态单质的标准摩尔生成 Gibbs 函数等于零，即

$$\Delta_f G_m^{\ominus}(\text{参考状态单质，相态，}T) = 0$$

298.15 K 时物质的 $\Delta_f G_m^{\ominus}$(B，相态，298.15 K)可以从化学手册中查到，本书附录 1 列出了一些常见物质在 298.15 K 时的 $\Delta_f G_m^{\ominus}$。

与计算反应的标准摩尔焓变的方法类似，用参加化学反应的各物质的标准摩尔生成 Gibbs 函数可以计算 298.15 K 时反应的标准摩尔 Gibbs 函数变。对于反应

$$0=\sum_{B}\nu_B B$$

298.15 K 时其标准摩尔 Gibbs 函数变

$$\Delta_r G_m^{\ominus}(298.15\ K)=\sum \nu_B \Delta_f G_m^{\ominus}(B,相态,298.15\ K) \tag{2-20}$$

式(2-20)表明,反应的标准摩尔 Gibbs 函数变等于各生成物的 $\Delta_f G_m^{\ominus}$ 之和减去各反应物的 $\Delta_f G_m^{\ominus}$ 之和。

【例 2-5】 试计算 298.15 K 时过氧化氢分解反应的标准摩尔 Gibbs 函数变。

解

$$2H_2O_2(l) \rightleftharpoons 2H_2O(l)+O_2(g)$$

由附录 1 查得

$$\Delta_f G_m^{\ominus}(H_2O_2,l)=-120.35\ kJ\cdot mol^{-1}$$

$$\Delta_f G_m^{\ominus}(H_2O,l)=-237.129\ kJ\cdot mol^{-1},\quad \Delta_f G_m^{\ominus}(O_2,g)=0$$

$$\begin{aligned}\Delta_r G_m^{\ominus}(298.15\ K)&=2\Delta_f G_m^{\ominus}(H_2O,l)+\Delta_f G_m^{\ominus}(O_2,g)-2\Delta_f G_m^{\ominus}(H_2O_2,l)\\&=[2\times(-237.129)-2\times(-120.35)]kJ\cdot mol^{-1}\\&=-233.56\ kJ\cdot mol^{-1}\end{aligned}$$

■

2.5.3 Gibbs 函数变与反应的方向

热力学研究表明,在恒温恒压不做非体积功的条件下,任何自发过程总是向 Gibbs 函数减少的方向进行。对于化学反应,可以用反应的摩尔 Gibbs 函数变 $\Delta_r G_m$ 判断反应自发进行的方向,即反应的 Gibbs 函数变判据:

$\Delta_r G_m<0$,反应正向自发进行;

$\Delta_r G_m=0$,反应处于平衡状态;

$\Delta_r G_m>0$,反应正向是非自发的,可逆向自发进行。

利用式(2-19)能够计算温度 T 时反应的标准摩尔 Gibbs 函数变 $\Delta_r G_m^{\ominus}(T)$,但 $\Delta_r G_m^{\ominus}(T)$只能用来判断标准状态下反应的方向。实际上很多化学反应都是在非标准态下进行的。根据热力学推导,非标准态下反应的摩尔 Gibbs 函数变 $\Delta_r G_m(T)$与标准状态下反应的摩尔 Gibbs 函数变 $\Delta_r G_m^{\ominus}(T)$之间的关系为

$$\Delta_r G_m(T)=\Delta_r G_m^{\ominus}(T)+RT\ln J \tag{2-21}$$

式(2-21)称为化学反应等温方程。式中,J 称为反应商。对于任意状态的气相反应:

$$aA(g)+bB(g)\longrightarrow yY(g)+zZ(g)$$

$$J=\frac{[p_Y/p^{\ominus}]^y[p_Z/p^{\ominus}]^z}{[p_A/p^{\ominus}]^a[p_B/p^{\ominus}]^b}$$

对于任意状态下水溶液中的反应

$$J=\frac{[c_Y/c^{\ominus}]^y[c_Z/c^{\ominus}]^z}{[c_A/c^{\ominus}]^a[c_B/c^{\ominus}]^b}$$

应当注意,在反应商 J 的表达式中不包括固态或液态的分压或浓度。

【例 2-6】 已知 723 K 时,$p(SO_2)=10.0$ kPa,$p(O_2)=10.0$ kPa,$p(SO_3)=1.0\times10^5$ kPa。试计算此温度下反应 $2SO_2(g)+O_2(g)\longrightarrow 2SO_3(g)$的摩尔 Gibbs 函数变,并判断该

反应进行的方向。

解 由附录1查得该反应相关的热力学数据如下：

	$2SO_2(g)$	$+O_2(g)\longrightarrow$	$2SO_3(g)$
$\Delta_f H_m^{\ominus}(298.15\ K)/(kJ\cdot mol^{-1})$	-296.83	0	-395.72
$S_m^{\ominus}(298.15\ K)/(J\cdot mol^{-1}\cdot K^{-1})$	248.22	205.138	256.76

$$\begin{aligned}\Delta_r H_m^{\ominus}(298.15\ K)&=2\Delta_f H_m^{\ominus}(SO_3,g)-2\Delta_f H_m^{\ominus}(SO_2,g)-\Delta_f H_m^{\ominus}(O_2,g)\\&=[2\times(-395.72)-2\times(-296.83)]kJ\cdot mol^{-1}\\&=-197.78\ kJ\cdot mol^{-1}\end{aligned}$$

$$\begin{aligned}\Delta_r S_m^{\ominus}(298.15\ K)&=2S_m^{\ominus}(SO_3,g)-2S_m^{\ominus}(SO_2,g)-S_m^{\ominus}(O_2,g)\\&=(2\times256.76-2\times248.22-205.138)J\cdot mol^{-1}\cdot K^{-1}\\&=-188.06\ J\cdot mol^{-1}\cdot K^{-1}\end{aligned}$$

根据式(2-19)

$$\Delta_r G_m^{\ominus}(T)\approx\Delta_r H_m^{\ominus}(298.15\ K)-T\Delta_r S_m^{\ominus}(298.15\ K)$$

$$\begin{aligned}\Delta_r G_m^{\ominus}(723\ K)&\approx-197.78\ kJ\cdot mol^{-1}-723\ K\times(-188.06\ J\cdot mol^{-1}\cdot K^{-1})\\&=-61.81\ kJ\cdot mol^{-1}\end{aligned}$$

该反应处于非标准态，其反应商

$$J=\frac{[p(SO_3)/p^{\ominus}]^2}{[p(SO_2)/p^{\ominus}]^2[p(O_2)/p^{\ominus}]}=\frac{(1.00\times10^5/100)^2}{(10.0/100)^2(10.0/100)}=1.00\times10^9$$

代入反应等温方程

$$\begin{aligned}\Delta_r G_m(723\ K)&=\Delta_r G_m^{\ominus}(723\ K)+RT\ln J\\&=-61.81\ kJ\cdot mol^{-1}+8.314\ J\cdot mol^{-1}\cdot K^{-1}\times723\ K\times\ln(1.00\times10^9)\\&=62.76\ kJ\cdot mol^{-1}\end{aligned}$$

计算结果表明，在此非标准态下该反应正向不能自发进行，逆向能自发进行。■

由 Gibbs-Helmholtz 方程可以分析 ΔH、ΔS 和 T 对反应方向的影响：

(1)当 $\Delta H<0$，$\Delta S>0$ 时，在任何温度下，总有 $\Delta G<0$，反应正向自发进行。

(2)当 $\Delta H>0$，$\Delta S<0$ 时，在任何温度下，总有 $\Delta G>0$，反应不能正向自发进行。

(3)如果 $\Delta H<0$，$\Delta S<0$，低温时，若 $|\Delta H|>|T\Delta S|$，则 $\Delta G<0$，反应能正向自发进行；高温时，若 $|\Delta H|<|T\Delta S|$，则 $\Delta G>0$，反应不能正向自发进行。

(4)如果 $\Delta H>0$，$\Delta S>0$，低温时，若 $\Delta H>T\Delta S$，则 $\Delta G>0$，反应不能正向自发进行；高温时，若 $\Delta H<T\Delta S$，则 $\Delta G<0$，反应能正向自发进行。

在后两种情况下，温度的高低决定了反应的方向，所以总存在一个反应方向发生转变时的温度，称为转变温度。根据式(2-17)可以估算这一温度。例如，对于碳酸钙分解的反应，$\Delta_r H_m^{\ominus}(298.15\ K)=178.32\ kJ\cdot mol^{-1}$，$\Delta_r S_m^{\ominus}(298.15\ K)=160.59\ J\cdot mol^{-1}\cdot K^{-1}$，常温时反应正向不能自发进行。当温度升高到 $T_{转}$ 时，$\Delta_r G_m=0$，$\Delta_r H_m=T_{转}\Delta_r S_m$。若忽略温度、压力对 $\Delta_r H_m$ 和 $\Delta_r S_m$ 的影响，则有

$$T_{转}=\frac{\Delta_r H_m^{\ominus}(298.15\ K)}{\Delta_r S_m^{\ominus}(298.15\ K)}\tag{2-22}$$

对于 $CaCO_3$ 的分解反应

$$T_{转}=\frac{178.32\ \mathrm{kJ \cdot mol^{-1}}}{160.59\ \mathrm{J \cdot mol^{-1} \cdot K^{-1}}}=1\ 110\ \mathrm{K}$$

习　题　2

2-1　化学反应方程式中系数与化学计量数有何异同？

2-2　热力学能是状态函数，而 $\Delta U=Q+W$，Q 和 W 都不是状态函数。如何解释？

2-3　某封闭系统中充有气体，吸收了 45 kJ 的热，又对环境做了 29 kJ 的功，计算系统的热力学能的变化。

2-4　在 0 ℃，101.325 kPa 下，氦气体积为 875 L。38.0 ℃时，该气体定压下膨胀至 997 L，计算这一过程中系统所做的体积功。

2-5　什么是热化学方程式？书写热化学方程式应注意什么？

2-6　已知反应 $N_2(g)+3H_2(g) \rightleftharpoons 2NH_3(g)$ 的 $\Delta_r H_m^{\ominus}(298.15\ \mathrm{K})=-92.22\ \mathrm{kJ \cdot mol^{-1}}$，则反应 $\frac{1}{2}N_2(g)+\frac{3}{2}H_2(g) \rightleftharpoons NH_3(g)$ 的 $\Delta_r H_m^{\ominus}(298.15\ \mathrm{K})$ 为多少？反应 $2NH_3(g) \rightleftharpoons N_2(g)+3H_2(g)$ 的 $\Delta_r H_m^{\ominus}(298.15\ \mathrm{K})$ 又为多少？

2-7　什么是标准摩尔生成焓？所有单质的标准摩尔生成焓都等于零吗？

2-8　写出与 $NaCl(s)$、$H_2O(l)$、$C_6H_{12}O_6(s)$、$PbSO_4(s)$ 的标准摩尔生成焓相对应的生成反应方程式。

2-9　已知下列热化学反应方程式：

(1) $C_2H_2(g)+\frac{5}{2}O_2(g) \longrightarrow 2CO_2(g)+H_2O(l)$　　$\Delta_r H_m^{\ominus}(1)=-1\ 300\ \mathrm{kJ \cdot mol^{-1}}$

(2) $C(s)+O_2(g) \longrightarrow CO_2(g)$　　$\Delta_r H_m^{\ominus}(2)=-394\ \mathrm{kJ \cdot mol^{-1}}$

(3) $H_2(g)+\frac{1}{2}O_2(g) \longrightarrow H_2O(l)$　　$\Delta_r H_m^{\ominus}(3)=-286\ \mathrm{kJ \cdot mol^{-1}}$

计算 $\Delta_f H_m^{\ominus}(C_2H_2, g)$。

2-10　已知 298.15 K 时，下列热化学方程式：

(1) $C(s)+O_2(g) \longrightarrow CO_2(g)$　　$\Delta_r H_m^{\ominus}(1)=-393.51\ \mathrm{kJ \cdot mol^{-1}}$

(2) $2H_2(g)+O_2(g) \longrightarrow 2H_2O(l)$　　$\Delta_r H_m^{\ominus}(2)=-571.66\ \mathrm{kJ \cdot mol^{-1}}$

(3) $CH_3CH_2CH_3(g)+5O_2(g) \longrightarrow 3CO_2(g)+4H_2O(l)$　　$\Delta_r H_m^{\ominus}(3)=-2\ 220\ \mathrm{kJ \cdot mol^{-1}}$

由上述热化学方程式计算 298.15 K 时的 $\Delta_f H_m^{\ominus}(CH_3CH_2CH_3, g)$。

2-11　用 $\Delta_f H_m^{\ominus}$ 数据计算下列反应的 $\Delta_r H_m^{\ominus}$。

(1) $4Na(s)+O_2(g) \longrightarrow 2Na_2O(s)$

(2) $2Na(s)+2H_2O(l) \longrightarrow 2NaOH(aq)+H_2(g)$

(3) $2Na(s)+CO_2(g) \longrightarrow Na_2O(s)+CO(g)$

2-12　计算下列反应的 $\Delta_r H_m^{\ominus}(298.15\ \mathrm{K})$。

(1) $C_2H_4(g)+O_3(g) \longrightarrow CH_3CHO(g)+O_2(g)$

(2) $O_3(g)+NO(g) \longrightarrow NO_2(g)+O_2(g)$

(3) $SO_3(g)+H_2O(l) \longrightarrow H_2SO_4(aq)$

(4)$2NO(g)+O_2(g) \longrightarrow 2NO_2(g)$

2-13 航天飞机的火箭助推器以金属铝和高氯酸铵为燃料，其反应为

$$3Al(s)+3NH_4ClO_4(s) \longrightarrow Al_2O_3(s)+AlCl_3(s)+3NO+6H_2O(g)$$

计算该反应的 $\Delta_r H_m^\ominus(298.15\ K)$。

2-14 方铅矿(PbS)在空气中加热得到氧化铅(PbO)：$PbS(s)+\frac{3}{2}O_2(g) \longrightarrow PbO(s)+SO_2(g)$。然后，用碳还原氧化铅：$PbO(s)+C(s) \longrightarrow Pb(s)+CO(g)$。计算上述反应的 $\Delta_r H_m^\ominus(298.15\ K)$。

2-15 重铬酸铵受热分解反应实验室"火山"方程式如下：

$$(NH_4)_2Cr_2O_7(s) \xrightarrow{\triangle} N_2(g)+4H_2O(g)+Cr_2O_3(s)$$

计算该反应的 $\Delta_r H_m^\ominus(298.15\ K)$。

2-16 单质硅的生产过程中有三个重要反应：

(1) 二氧化硅被还原为粗硅：$SiO_2(s)+2C(s) \longrightarrow Si(s)+2CO(g)$

(2) 硅被氯氧化生成四氯化硅：$Si(s)+2Cl_2(g) \longrightarrow SiCl_4(g)$

(3) 四氯化硅被镁还原生成纯硅：$SiCl_4(g)+2Mg(s) \longrightarrow 2MgCl_2(s)+Si(s)$

计算上述各反应的 $\Delta_r H_m^\ominus$。

2-17 联氨(N_2H_4)和二甲基联氨[$N_2H_2(CH_3)_2$]均可用作火箭燃料。它们的燃烧反应分别为

$$N_2H_4(l)+O_2(g) \longrightarrow N_2(g)+2H_2O(g)$$

$$N_2H_2(CH_3)_2(l)+4O_2(g) \longrightarrow 2CO_2(g)+4H_2O(g)+N_2(g)$$

计算联氨和二甲基联氨燃烧反应的 $\Delta_r H_m^\ominus(298.15\ K)$(已知二甲基联氨的生成焓 $\Delta_f H_m^\ominus(N_2H_2(CH_3)_2,l)=42.0\ kJ \cdot mol^{-1}$，其余所需数据由附表中查出)。

2-18 判断下列反应哪些是熵增加的过程，并说明理由。

(1)$I_2(s) \longrightarrow I_2(g)$；

(2)$CO_2(s) \longrightarrow CO_2(g)$；

(3)$2CO(g)+O_2(g) \longrightarrow 2CO_2(g)$；

(4)$CaCl_2(l) \xrightarrow{电解} Ca(l)+Cl_2(g)$。

2-19 指出下列各组物质中标准熵由小到大的顺序。

(1)$O_2(l)$，$O_3(g)$，$O_2(g)$；

(2)$Na(s)$，$NaCl(s)$，$Na_2CO_3(s)$，$NaNO_3(s)$；

(3)$H_2(g)$，$F_2(g)$，$Br_2(g)$，$Cl_2(g)$，$I_2(g)$。

2-20 下列各热力学函数中，何者的数值为零？

(1)$\Delta_f G_m^\ominus(O_3,g,298.15\ K)$； (2)$\Delta_f G_m^\ominus(I_2,s,298.15\ K)$；

(3)$\Delta_f G_m^\ominus(Br_2,s,298.15\ K)$； (4)$S_m^\ominus(H_2,g,298.15\ K)$；

(5)$\Delta_f H_m^\ominus(N_2,g,298.15\ K)$； (6)$S_m^\ominus(Ar,s,0\ K)$。

2-21 碱金属与氯气反应生成盐(氯化物)：

$$2M(s)+Cl_2(g) \longrightarrow 2MCl(s) \qquad (M=Li、Na、K)$$

用附录 1 中的数据，计算每种碱金属氯化物生成反应的 $\Delta_r S_m^\ominus$。

2-22　在 25 ℃下，$CaCl_2(s)$溶解于水：$CaCl_2(s) \xrightarrow{H_2O} Ca^{2+}(aq) + 2Cl^-(aq)$的过程是自发的。计算其标准摩尔熵变。

2-23　用附录 1 中的数据计算 25 ℃下反应：$CoCl_2(s) + 6H_2O(l) \longrightarrow CoCl_2 \cdot 6H_2O(s)$的 $\Delta_r H_m^\ominus$、$\Delta_r G_m^\ominus$ 和 $\Delta_r S_m^\ominus$。

2-24　以含硫化镍的矿物为原料，经高炉熔炼得到含一定杂质的粗镍。粗镍再经过 Mond 法转化为纯度达 99.90%～99.99%的高纯镍，相应反应为

$$Ni(s) + 4CO(g) \rightleftharpoons Ni(CO)_4(g)$$

(1)判断该反应是熵增反应还是熵减反应。

(2)利用附录 1 中的数据，计算 25 ℃时该反应的 $\Delta_r H_m^\ominus$ 和 $\Delta_r S_m^\ominus$。

(3)当该反应的 $\Delta_r G_m^\ominus = 0$ 时，温度为多少？

2-25　25 ℃时，Ag_2CO_3 的分解反应为

$$Ag_2CO_3(s) \rightleftharpoons Ag_2O(s) + CO_2(g)$$

(1)求反应的 $\Delta_r G_m^\ominus(298.15\ K)$。

(2)若空气中 CO_2 的体积分数为 0.03%，通过计算说明空气中放置的 Ag_2CO_3 能否自发分解？

2-26　通过计算说明在 298.15 K 与标准状态下，用碳还原 Fe_2O_3 生成 Fe 和 CO_2 的反应在热力学上是否可能？若要反应自发进行，温度最低为多少？

2-27　已知下列反应在 1 073 K 和 1 273 K 时的 $\Delta_r G_m^\ominus$ 的值：

反应式	$\Delta_r G_m^\ominus$ (1 073 K)/(kJ · mol^{-1})	$\Delta_r G_m^\ominus$ (1 273 K)/(kJ · mol^{-1})
$2Zn(s) + O_2(g) \rightleftharpoons 2ZnO(s)$	−486	−398
$2C(s) + O_2(g) \rightleftharpoons 2CO(g)$	−413	−449

试求：1 073 K 和 1 273 K 时反应 $ZnO(s) + C(s) \rightleftharpoons Zn(s) + CO(g)$的 $\Delta_r G_m^\ominus$。

2-28　在一定温度下 $Ag_2O(s)$和 $AgNO_3(s)$受热均能分解。相关反应为

$$Ag_2O(s) \rightleftharpoons 2Ag(s) + \frac{1}{2}O_2(g)$$

$$2AgNO_3 \rightleftharpoons Ag_2O(s) + 2NO_2(g) + \frac{1}{2}O_2(g)$$

假定反应的 $\Delta_r H_m^\ominus$、$\Delta_r S_m^\ominus$ 不随温度的变化而改变，估算 Ag_2O 和 $AgNO_3$ 按上述反应方程式进行分解时的最低温度，并确定 $AgNO_3$ 分解的最终产物。

2-29　(1)计算 298.15 K 时反应：$C_2H_6(g, p^\ominus) \rightleftharpoons C_2H_4(g, p^\ominus) + H_2(g, p^\ominus)$的 $\Delta_r G_m^\ominus$，并判断在标准状态下反应向何方进行。

(2)计算 298.15 K 时反应：$C_2H_6(g, 80\ kPa) \rightleftharpoons C_2H_4(g, 3.0\ kPa) + H_2(g, 3.0\ kPa)$的 $\Delta_r G_m$，并判断反应向何方进行。

第3章

化学反应速率

研究化学反应通常要考虑反应的现实性问题。化学反应的现实性属于化学动力学研究的范畴。化学动力学研究化学反应进行的快慢，即反应的速率，反应物如何变成生成物，中间经过哪些步骤，即反应的机理问题。本章首先介绍化学反应速率的基本概念，然后讨论影响反应速率的因素，并从分子水平予以说明。

3.1 化学反应速率的概念

各种化学反应进行的速率不尽相同，差别甚至极大。有些反应进行得很快，例如，酸碱中和反应、有些沉淀反应、爆炸反应等可在瞬间内完成；有些反应则进行得很慢，例如，常温下氢气和氧气混合可以几十年都不会生成一滴水；某些放射性元素的衰变需要亿万年的时间。反应速率是用来表示化学反应进行快慢的物理量。

在一定条件下，化学反应一旦开始，各反应物的量不断减少，各生成物的量不断增加。参与反应的各物种的物质的量不断变化，单位时间内反应物或生成物的物质的量随时间的变化称为转化速率。然而，这种表示方法不够简捷。当化学反应 $0=\sum_{B}\nu_{B}B$ 在温度不变和定容条件下进行时，化学反应速率是通过单位时间间隔内某反应物或某生成物浓度的变化来表示的。物质浓度的变化可以采用化学分析和仪器分析的方法测定。

3.1.1 平均速率和瞬时速率

1. 平均速率

反应的平均速率是在某一时间间隔内浓度变化的平均值。例如，五氧化二氮在 CCl_4 中的分解反应为

$$N_2O_5(CCl_4)\longrightarrow N_2O_4(CCl_4)+\frac{1}{2}O_2(g)$$

分解产物之一 O_2 在 CCl_4 中不溶解，可以收集起来，并准确地测定其体积。有关实验数据见表 3-1。

表 3-1　　　**40.00 ℃ 5.00 mL CCl_4 中 N_2O_5 的分解速率实验数据**

t/s	$V_{STP}(O_2)$/mL	$c(N_2O_5)/(mol \cdot L^{-1})$	$r/(mol \cdot L^{-1} \cdot s^{-1})$
0	0.00	0.200	7.29×10^{-5}
300	1.15	0.180	6.46×10^{-5}
600	2.18	0.161	5.80×10^{-5}
900	3.11	0.144	5.21×10^{-5}
1 200	3.95	0.130	4.69×10^{-5}
1 800	5.36	0.104	3.79×10^{-5}
2 400	6.50	0.084	3.04×10^{-5}
3 000	7.42	0.068	2.44×10^{-5}
4 200	8.75	0.044	1.59×10^{-5}
5 400	9.62	0.028	1.03×10^{-5}

从表 3-1 中可以看出，$t_1 = 0$ s 时，$c_1(N_2O_5) = 0.200\ mol \cdot L^{-1}$；$t_2 = 300$ s 时，$c_2(N_2O_5) = 0.180\ mol \cdot L^{-1}$。

$$\bar{r} = -\frac{\Delta c(N_2O_5)}{\Delta t} = -\frac{c_2(N_2O_5) - c_1(N_2O_5)}{t_2 - t_1}$$
$$= \frac{-(0.180 - 0.200)\ mol \cdot L^{-1}}{(300-0)\ s}$$
$$= 6.66 \times 10^{-5}\ mol \cdot L^{-1} \cdot s^{-1}$$

对大多数化学反应来说，反应开始后，各物种的浓度每时每刻都在变化着，化学反应速率随时间不断改变，平均反应速率不能确切地反映这种变化。瞬时速率才能确切地表明化学反应在某一时刻的速率。

2. 瞬时速率

化学反应的瞬时速率等于时间间隔 $\Delta t \to 0$ 时的平均速率的极限值。

$$r = \lim_{\Delta t \to 0} \bar{r} = \lim_{\Delta t \to 0} \frac{-\Delta c(N_2O_5)}{\Delta t} = -\frac{dc(N_2O_5)}{dt} \tag{3-1}$$

通常可用作图法来求得瞬时速率。以 c 为纵坐标，以 t 为横坐标，画出 c-t 曲线。曲线上某一点切线斜率的绝对值就是对应于该点横坐标 t 时的瞬时速率。

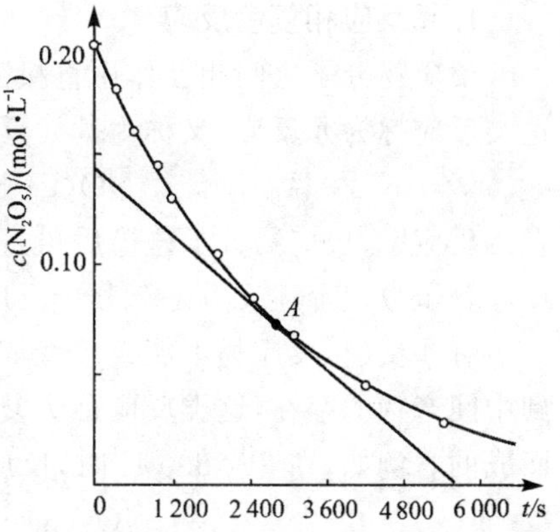

图 3-1　$c(N_2O_5)$-t 关系

【例 3-1】 在 40.00 ℃下，N_2O_5 在 CCl_4 中的分解反应速率的实验数据见表 3-1。用作图法计算出 $t = 2\ 700$ s 的瞬时速率。

解　根据表 3-1 中给出的实验数据作图，得到 $c(N_2O_5)$-t 曲线(图 3-1)。通过 A 点($t = 2\ 700$ s)作切线，再求出此切线斜率为

$$\frac{0 - 0.144}{(55.8 - 0) \times 10^2} = -2.58 \times 10^{-5}$$

2 700 s 时以 N_2O_5 浓度变化表示的瞬时速率 $r = 2.58 \times 10^{-5}\ mol \cdot L^{-1} \cdot s^{-1}$。与表 3-1 中的瞬时反应速率数据对比，正处于$(3.04 \sim 2.44) \times 10^{-5}\ mol \cdot L^{-1} \cdot s^{-1}$ 之间，基本合理。■

3.1.2 用反应进度定义的反应速率

化学反应速率可以用反应物浓度随时间的减少表示，也可以用生成物浓度随时间的增加来表示。然而，由于化学反应计量式中反应物和生成物的计量数可能不同，用反应物或生成物浓度随时间的变化率来表示反应速率时，其数值未必一致。若采用反应进度 ξ 随时间的变化率来表示反应速率，则可使反应速率的表示方法简捷明了。

对于任意一个化学反应 $0=\sum_{B}\nu_{B}B$，其反应速率可定义为

$$r \xlongequal{\text{def}} \frac{1}{V}\frac{d\xi}{dt} \xlongequal{\text{恒容}} \frac{1}{\nu_B}\frac{dc_B}{dt} \tag{3-2}$$

式中，V 为体积；ν_B 为物质 B 的化学计量数。

以这种方式定义的反应速率，与用哪一种反应物或生成物表示无关。对于一般的化学反应，有

$$aA+bB \longrightarrow yY+zZ$$

$$r=-\frac{1}{a}\frac{dc_A}{dt}=-\frac{1}{b}\frac{dc_B}{dt}=\frac{1}{y}\frac{dc_Y}{dt}=\frac{1}{z}\frac{dc_Z}{dt}$$

3.2 浓度对反应速率的影响

影响反应速率的因素有反应物的浓度、反应温度和催化剂等。这里先定量地讨论反应物浓度对反应速率的影响。其他影响因素将在后面几节讨论。

3.2.1 反应速率方程

1. 元反应和复合反应

反应物分子之间相互作用直接变成生成物，没有可用宏观实验方法检测到的中间产物，这类反应称为元反应(又称为基元反应)。例如

$$NO(g)+O_3(g) \longrightarrow NO_2(g)+O_2(g)$$

在元反应中，反应物分子碰撞后可直接得到生成物分子，其中直接参加反应的分子数目叫作反应分子数。上述反应是双分子反应，还有单分子反应和三分子反应。

有些反应，反应物不能直接变成生成物，而是要经过某些中间产物，用实验方法可检测到中间产物的存在，这类反应称为复合反应。复合反应是由两个或两个以上的元反应组合而成的。例如，在 $T<500$ K 时，反应

$$NO_2(g)+CO(g) \longrightarrow NO(g)+CO_2(g)$$

由两步元反应组成：

(1)$NO_2+NO_2 \longrightarrow NO_3+NO$(慢)

(2)$NO_3+CO \longrightarrow NO_2+CO_2$(快)

用可见光谱可以检测到中间产物 NO_3 的存在，但该物质没有被从反应混合物中分离出来，可见 NO_3 在第一步反应中生成后，很快又被第二步反应消耗掉。在两个元反应中，第一步

反应慢,称为该反应的控制步骤。一个复合反应过程中所经历的真实步骤的集合称为反应历程或反应机理。

2. 质量作用定律

元反应的反应速率与各反应物浓度幂的乘积成正比,其中幂指数为反应方程式中该反应物的系数,这就是元反应的质量作用定律。例如,元反应

$$NO(g)+O_3(g)\longrightarrow NO_2(g)+O_2(g)$$

$$r=kc(NO)c(O_3)$$

此式称为该反应的速率方程。实际上,大多数反应都是复合反应,不能根据质量作用定律直接给出其反应速率与反应物浓度之间的定量关系,只能根据实验数据确定。

3. 反应速率方程

对于一般的化学反应,有

$$aA+bB\longrightarrow yY+zZ$$

通过实验可以确定其反应速率与反应物浓度间的定量关系为

$$r=kc_A^{\alpha}c_B^{\beta} \tag{3-3}$$

该式称为化学反应速率方程。式中,c_A 和 c_B 分别为反应物 A 和 B 的浓度,单位为 $mol\cdot L^{-1}$;α 和 β 分别称为对于 A 和 B 的反应级数,α 和 β 是量纲一的量。反应级数不一定等于化学反应方程中该物种的化学式的系数,通常,$\alpha\neq a$,$\beta\neq b$。如果 $\alpha=1$,表示该反应对物种 A 为一级反应;如果 $\beta=2$,该反应对物种 B 是二级反应;$\alpha+\beta$ 称为反应的总级数。反应级数可以是零、正整数、分数,也可以是负数。一级和二级反应比较常见。如果是零级反应,反应物浓度不影响反应速率。

k 称为反应速率系数。反应速率系数在数值上等于各反应物浓度均为 $1.0\ mol\cdot L^{-1}$ 时的反应速率。k 的单位为 $[c]^{1-(\alpha+\beta)}[t]^{-1}$。反应级数不同,其单位不同。对于零级反应,$k$ 的单位为 $mol\cdot L^{-1}\cdot s^{-1}$;一级反应 k 的单位为 s^{-1};二级反应 k 的单位为 $mol^{-1}\cdot L\cdot s^{-1}$。$k$ 不随浓度而改变,但受温度的影响,通常温度升高,反应速率系数 k 增大。

反应速率系数 k 是表明化学反应速率相对大小的物理量。

3.2.2 用初始速率法确定反应速率方程

化学反应速率方程式定量地表达了浓度对化学反应速率的影响。对于大多数反应,各反应级数是正值,即 $\alpha>0$,$\beta>0$,因此增大反应物的浓度,常使反应速率增大。对于复合反应,α、β 不能根据化学方程式中相应反应物的系数来推测,只能根据实验来确定。初始速率法是确定反应速率方程式的最简单方法。

在一定条件下,反应刚刚开始时的速率为初始速率。由于反应刚刚开始,不受其他因素如生成物或其他副反应的干扰,求得的反应级数最为可靠。具体做法是,对于反应

$$aA+bB\longrightarrow yY+zZ$$

设其速率方程为 $r=kc_A^{\alpha}c_B^{\beta}$。先保持反应物 B 的浓度不变,只改变反应物 A 的初始浓度,速率方程变为 $r=k'c_A^{\alpha}$,其中 $k'=kc_B^{\beta}$,用初始速率法获得两个以上不同 c_A 条件下的反应速率(r),就可以确定反应物 A 的反应级数(α)。采用同样的方法,保持反应物 A 的浓度不变,只

改变反应物B的初始浓度，可以确定反应物B的反应级数(β)。这种由反应物初始浓度的变化确定反应速率方程的方法，称为初始速率法。

【例 3-2】 295 K 时，测得反应 $2NO(g)+Cl_2(g) \longrightarrow 2NOCl(g)$ 在不同反应物浓度时的初始反应速率数据如下：

实验编号	$c(NO)/(mol \cdot L^{-1})$	$c(Cl_2)/(mol \cdot L^{-1})$	$r/(mol \cdot L^{-1} \cdot s^{-1})$
1	0.100	0.100	8.0×10^{-3}
2	0.500	0.100	2.0×10^{-1}
3	0.100	0.500	4.0×10^{-2}

试确定该反应的速率方程式，并计算反应的速率系数。

解 设反应的速率方程式为

$$r=k[c(NO)]^{\alpha}[c(Cl_2)]^{\beta}$$

将三组数据代入速率方程得

$$r_1=8.0\times10^{-3}\ mol \cdot L^{-1} \cdot s^{-1}=k(0.100\ mol \cdot L^{-1})^{\alpha}(0.100\ mol \cdot L^{-1})^{\beta} \quad (1)$$

$$r_2=2.0\times10^{-1}\ mol \cdot L^{-1} \cdot s^{-1}=k(0.500\ mol \cdot L^{-1})^{\alpha}(0.100\ mol \cdot L^{-1})^{\beta} \quad (2)$$

$$r_3=4.0\times10^{-2}\ mol \cdot L^{-1} \cdot s^{-1}=k(0.100\ mol \cdot L^{-1})^{\alpha}(0.500\ mol \cdot L^{-1})^{\beta} \quad (3)$$

式(2)除以式(1)得：$25=5.00^{\alpha}$，所以 $\alpha=2$；式(3)除以式(1)得：$5.0=5.00^{\beta}$，所以 $\beta=1$。

该反应的速率方程为

$$r=k[c(NO)]^2 c(Cl_2)$$

该反应对 NO 是二级反应，对 Cl_2 是一级反应，总反应级数为 3。

将表中任意一组数据代入反应速率方程，可求得反应速率系数(k)。现将第一组数据代入，得

$$k=\frac{r}{[c(NO)]^2 c(Cl_2)}=\frac{8.0\times10^{-3}\ mol \cdot L^{-1} \cdot s^{-1}}{(0.100\ mol \cdot L^{-1})^2(0.100\ mol \cdot L^{-1})}$$

$$=8.0\ mol^{-2} \cdot L^2 \cdot s^{-1}$$

3.3 温度对反应速率的影响

一般情况下，温度不影响反应的级数，温度对反应速率的影响主要反映在温度对反应速率系数的影响。对于大多数化学反应，温度升高，反应速率系数增大，反应速率增加。

1884 年，van't Hoff 根据实验归纳得到一个近似的经验规则，即

$$\frac{k_{T+10\ K}}{k_T}=2\sim4$$

式中，$k_{T+10\ K}$ 和 k_T 分别表示温度为 $T+10$ K 和 T 时反应的速率系数。

此式说明，当温度每升高 10 K，反应速率变为原来的 2～4 倍。在数据缺乏或不要求精确计算结果时，可以根据此式粗略地估计温度对反应速率的影响。

1889 年，瑞典化学家 S. A. Arrhenius 在总结前人工作的基础上，结合大量的实验事实提出了更为精确地表示反应速率与温度关系的经验公式，即

$$k=k_0 e^{-E_a/RT} \quad (3\text{-}4)$$

该式称为 Arrhenius 方程。式中，E_a 为实验活化能，单位为 $kJ \cdot mol^{-1}$；k_0 为指前参量，又称为频率因子。E_a 与 k_0 是两个经验参量，当温度变化范围不大时，被视为与温度无关。

Arrhenius 方程式还有其他形式。将指数形式的 Arrhenius 方程式(3-4)两边取对数得

$$\ln\{k\}=\ln\{k_0\}-\frac{E_a}{RT} \tag{3-5}$$

该式为 Arrhenius 方程式的对数形式。它表明 $\ln\{k\}$ 与 $\{1/T\}$ 之间为直线关系，直线的斜率为 $-E_a/R$，截距为 $\ln\{k_0\}$。若通过实验测得不同温度下的反应速率系数，可通过作图求得 E_a。

【例 3-3】 实验测得反应 $2N_2O_5(CCl_4) \longrightarrow 2N_2O_4(CCl_4)+O_2(g)$ 的反应速率系数如下：

表 3-2　$2N_2O_5(CCl_4) \longrightarrow 2N_2O_4(CCl_4)+O_2(g)$ 不同温度下的 k 值

T/K	k/s^{-1}	$\{1/T\}$	$\ln\{k\}$
298.15	0.469×10^{-4}	3.35×10^{-3}	-9.967
303.15	0.933×10^{-4}	3.30×10^{-3}	-9.280
308.15	1.82×10^{-4}	3.25×10^{-3}	-8.612
313.15	3.62×10^{-4}	3.19×10^{-3}	-7.924
318.15	6.29×10^{-4}	3.14×10^{-3}	-7.371

试根据实验数据求反应的活化能 E_a。

解　利用实验数据以 $\ln\{k\}$ 对 $\{10^3/T\}$ 作图，得到一条直线(图 3-2)。直线的斜率为 -1.24×10^4 K，即

$$-1.24\times10^4\ K=-E_a/R$$

$$E_a=1.24\times10^4\ K\times8.314\ J\cdot mol^{-1}\cdot K^{-1}$$
$$=103\ kJ\cdot mol^{-1}$$

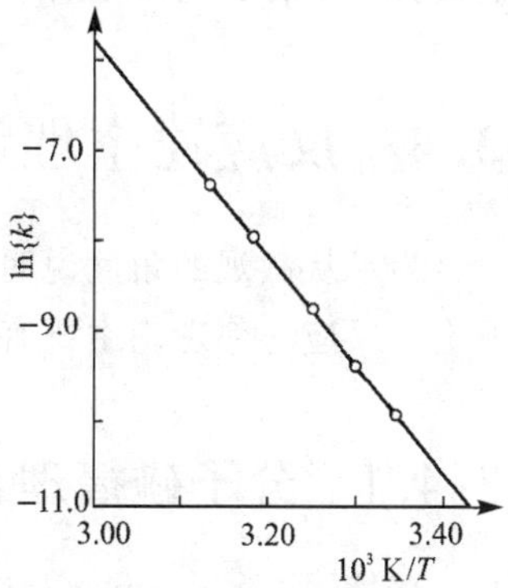

图 3-2　CCl_4 中 N_2O_5 分解反应的 $\ln\{k\}$-$\{1/T\}$ 关系

若已知两个不同温度下的反应速率系数 k 值时，也可以求得反应的活化能 E_a。根据式(3-5)，T_1 时有

$$\ln\{k_1\}=\ln\{k_0\}-E_a/(RT_1)$$

T_2 时，有

$$\ln\{k_2\}=\ln\{k_0\}-E_a/(RT_2)$$

当温度变化范围不大时，k_0 和 E_a 可被看作常量；将两式相减，得

$$\ln\frac{k_2}{k_1}=\frac{E_a}{R}\left(\frac{1}{T_1}-\frac{1}{T_2}\right) \tag{3-6}$$

已知某温度下反应的速率系数 k 和反应活化能 E_a，根据式(3-6)也可计算另一温度下的反应速率系数 k。

【例 3-4】 丙酮(撑)二羧酸 $CO(CH_2COOH)_2$ 在水溶液中的分解反应为

$$CO(CH_2COOH)_2 \longrightarrow CH_3\overset{\overset{\large O}{\|}}{C}CH_3+2CO_2$$

已知该反应在 283 K 和 333 K 时的反应速率系数分别为 $1.08\times10^{-4}\ s^{-1}$ 和 $5.48\times10^{-2}\ s^{-1}$。计算：(1)该反应的活化能；(2)303 K 时的反应速率系数。

解 已知 $T_1=283\ \mathrm{K}$，$k_1=1.08\times10^{-4}\ \mathrm{s^{-1}}$；$T_2=333\ \mathrm{K}$，$k_2=5.48\times10^{-2}\ \mathrm{s^{-1}}$。

(1)由式(3-6)可得

$$
\begin{aligned}
E_a &= R\frac{T_1T_2}{T_2-T_1}\ln\frac{k_2}{k_1} \\
&= 8.314\ \mathrm{J\cdot mol^{-1}\cdot K^{-1}}\left(\frac{283\ \mathrm{K}\times333\ \mathrm{K}}{333\ \mathrm{K}-283\ \mathrm{K}}\right)\ln\frac{5.48\times10^{-2}}{1.08\times10^{-4}} \\
&= 97.6\ \mathrm{kJ\cdot mol^{-1}}
\end{aligned}
$$

(2)将 E_a 值和 $T_1=283\ \mathrm{K}$，$k_1=1.08\times10^{-4}\ \mathrm{s^{-1}}$，$T_3=303\ \mathrm{K}$ 代入式(3-6)中，得

$$
\begin{aligned}
\ln\{k_3\} &= \frac{97.6\times10^3\ \mathrm{J\cdot mol^{-1}}}{8.314\ \mathrm{J\cdot mol^{-1}\cdot K^{-1}}}\left(\frac{303\ \mathrm{K}-283\ \mathrm{K}}{283\ \mathrm{K}\times303\ \mathrm{K}}\right)+\ln(1.08\times10^{-4}) \\
&= -6.395
\end{aligned}
$$

$$k_3=1.67\times10^{-3}\ \mathrm{s^{-1}}$$

由式(3-6)可以看出，对同一反应来说，在高温区，升高一定温度时，(T_1T_2)较大，k 值增大的倍数小；而在低温区，升高同样温度时，k 值增大的倍数相对较大。因此，采用加热的方法来提高反应速率对那些在较低温度下进行的反应更有效。

由式(3-6)还可以看出，对于不同的反应，升高相同温度时，E_a 大的反应，k 值增大的倍数大；E_a 小的反应，k 值增大的倍数小。

3.4 反应速率理论简介

为了从微观的角度说明浓度和温度等因素对反应速率的影响，下面简单介绍反应速率理论。反应速率理论主要有分子碰撞理论和过渡状态理论。

3.4.1 分子碰撞理论

1918 年，W. Lewis 在气体分子动理论的基础上提出了分子碰撞理论。该理论认为，两种反应物分子之间必须相互碰撞才有可能发生化学反应。碰撞是分子间发生反应的必要条件。气体分子动理论计算表明，单位时间内分子的碰撞次数是很大的。例如，在标准状况下，每秒钟每升体积内分子间的碰撞可达 10^{32} 次甚至更多(碰撞频率与温度、分子大小、分子的质量以及浓度等因素有关)，但并不是每次碰撞都发生反应，否则反应都会瞬间完成。实际上，只有少数分子间的碰撞才是有效的。

在化学反应过程中，反应物分子内原子间的一部分化学键断裂，同时形成新的化学键。反应物分子必须具有足够高的摩尔临界能 E_c，才有可能发生化学反应。这种能够发生反应的碰撞称为有效碰撞。具有足够高能量($\geqslant E_c$)、能够发生有效碰撞的分子称为活化分子。

在反应系统中，反应物分子的能量差别很大。气体分子的能量分布(图 3-3)类似于分子的速度分布。图中的横坐标为能量，纵坐标 $\Delta N/(N\Delta E)$表示具有能量 $E\sim(E+\Delta E)$范围内单位能量区间的分子数 ΔN 与分子总数 N 的比值(分子分数)。曲线下的总面积表示分子分数的总和为 100%。根据气体分子动理论，气体分子的能量分布只与温度有关。少数分

子的能量较低或较高，多数分子的能量接近平均值。分子的平均动能 $\overline{E}_k$ 位于曲线极大值右侧附近。阴影部分的面积表示能量 $E \geqslant E_c$ 的活化分子分数。阴影面积越大，活化分子分数越大，反应越快。

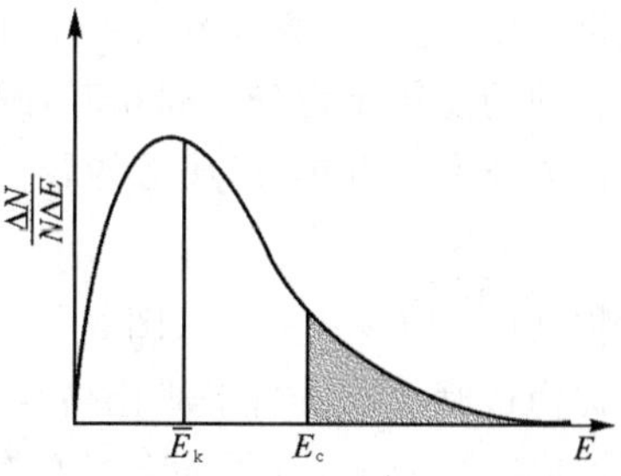

图 3-3　气体分子的能量分布和活化能

Arrhenius 曾指出，在化学反应中，由普通分子转化为活化分子所需要的能量叫作活化能。也有人将活化分子所具有的最低能量与分子的平均能量之差称为活化能。后来，Tolman 从统计平均的角度将活化能解释为活化分子的平均能量 E^* 与反应物分子平均能量 $\overline{E}_k$ 之差，即

$$E_a = E^* - \overline{E}_k \tag{3-7}$$

活化能越大，图 3-3 中阴影部分面积越小，反应速率越小。反之，活化能越小，反应速率就越大。

发生有效碰撞时，活化分子除了具有足够的能量外，还必须有适当的方位，否则尽管碰撞的分子有足够高的能量，反应也不能发生。例如，反应 $NO_2(g) + CO(g) \longrightarrow NO(g) + CO_2(g)$ 的过程中，NO_2 与 CO 两种分子间的碰撞情况如图 3-4 所示。总之，碰撞的分子只有同时满足了能量要求和适当的碰撞方位时，才能发生反应。

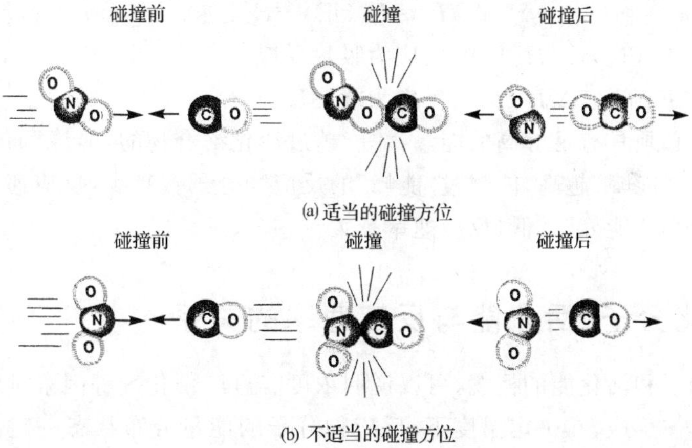

图 3-4　碰撞方位和化学反应

3.4.2　过渡状态理论

过渡状态理论又称为活化络合物理论，这个理论是 1930 年 H. Eyring 在统计力学和量子力学的基础上提出的。它考虑了反应物分子的内部结构及运动状况，从分子角度更为深刻地说明了化学反应过程及其能量变化。

过渡状态理论认为：反应的首要条件仍是反应物分子必须相互碰撞，但两个具有足够能量的反应物分子相互碰撞时，原来的化学键要断裂，新的化学键要形成，原子将要重新排列，经过一个中间的过渡状态，形成一种活化络合物。达到这个过渡状态需要一定的活化能。仍以反应 $NO_2(g) + CO(g) \longrightarrow NO(g) + CO_2(g)$ 为例来说明。当 NO_2 分子与 CO 分子以一

定速度、适当的方位相互接近到一定程度时，分子所具有的动能转化为分子间相互作用的势能，分子中原子的价电子发生重排，形成势能较高的很不稳定的活化络合物 O—N···O···C—O（图 3-5）。活化络合物所处的状态称为过渡状态。由于活化络合物势能 E_{ac} 较高，它一经形成很快分解，有可能分解为较稳定的产物，也可能分解为原来的反应物。

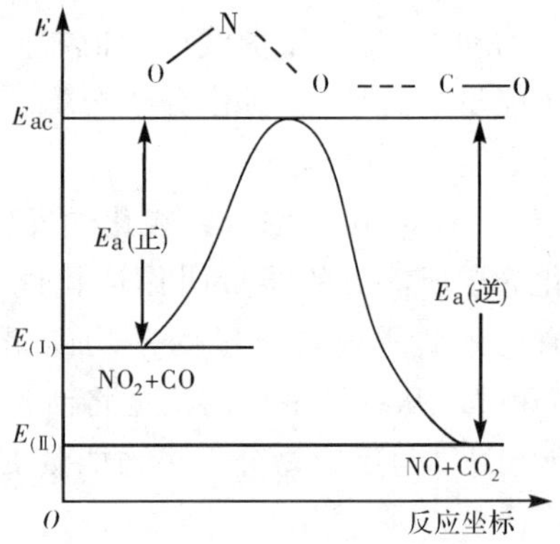

图 3-5　反应过程的能量变化

$$NO_2(g) + CO(g) \rightleftharpoons \text{O—N}\cdots\text{O}\cdots\text{C—O} \rightleftharpoons NO(g) + CO_2(g)$$

过渡状态和始态的能量差称为正反应的活化能，即

$$E_a(\text{正}) = E_{ac} - E_{(\text{I})}$$

过渡状态和终态的能量差称为逆反应的活化能，即

$$E_a(\text{逆}) = E_{ac} - E_{(\text{II})}$$

由此可以推得，正、逆反应活化能之差等于反应的摩尔焓变，即

$$\Delta_r H_m = E_a(\text{正}) - E_a(\text{逆})$$

若 $E_a(\text{正}) > E_a(\text{逆})$，$\Delta_r H_m > 0$，反应为吸热反应；

若 $E_a(\text{正}) < E_a(\text{逆})$，$\Delta_r H_m < 0$，反应为放热反应。

反应物分子必须具有足够高的能量，才能越过活化络合物的“能峰”而转化为产物分子。反应活化能越大，“能峰”越高，能越过“能峰”的反应物分子数越少，反应速率就越小。反之，反应的活化能越小，“能峰”越低，反应速率越大。

3.4.3　活化分子、活化能与反应速率的关系

应用活化分子和活化能的概念，可以说明浓度、温度、催化剂等因素对反应速率的影响。

对于某一具体反应，在一定温度下，反应物分子的能量分布状态一定，即反应物分子中活化分子所占的分数是一定的。因此单位体积内的活化分子的数目与单位体积内的反应物分子的总数成正比，即单位体积内活化分子的数目与反应物的浓度成正比。当增加反应物浓度时，单位体积内活化分子的数目增加，反应速率增大。

当反应物浓度一定时，升高反应的温度时，一方面反应物分子碰撞频率增加，反应速率加快；而更主要的是较多的分子因温度升高而获得能量，转化为活化分子，使单位体积内活化分子的分数增加，图 3-6 中阴影面积增大，使单位体积内活化分子的总数增加，反应速率增大。

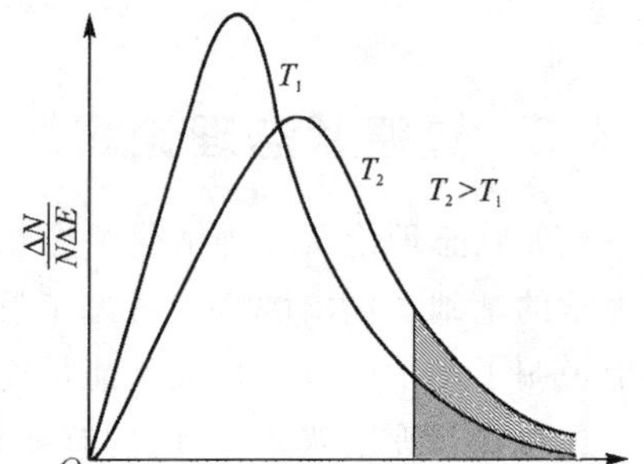

图 3-6　不同温度下的分子能量分布曲线

3.5　催化剂及其对反应速率的影响

3.5.1　催化剂及其特点

拓展阅读

绿色化学与催化的主要奠基人阂恩泽

在一个化学反应中加入少量某种物质就能显著加快反应速率，而其本身的化学性质和数量在反应前后基本不变，这种物质被称为该反应的催化剂。催化剂加快反应速率的作用称为催化作用。

催化剂具有下列特点：

(1)催化剂能通过改变反应途径而同等程度地降低正逆反应的活化能。

(2)催化剂只能使热力学上可能的反应缩短达到平衡的时间，但不能改变反应的始态和终态，因此不改变平衡状态(或平衡常数)。

(3)催化剂有选择性，即某一催化剂只对某个特定反应具有催化作用；同一反应物选择不同的催化剂将有利于不同产物的生成。例如

$$C_2H_5OH \xrightarrow[Cu]{200\ ℃} CH_3CHO + H_2$$

$$C_2H_5OH \xrightarrow[Al_2O_3]{350\ ℃} C_2H_4 + H_2O$$

(4)每种催化剂只有在特定条件下才能体现出它的活性，否则将失去活性或发生催化剂中毒。

3.5.2　催化反应与催化作用

有催化剂参加的反应称为催化反应。催化剂与反应物在同一相中的催化反应称为均相催化。例如，过氧化氢在碘离子存在时的分解反应是典型的均相催化反应。

$$2H_2O_2(aq) \xrightarrow{I^-} O_2(g) + 2H_2O(l)$$

催化剂与反应物处于不同相中的催化反应称为多相催化。通常气体或液体反应物与固体催化剂相接触，反应在催化剂表面的活性中心上进行。汽车尾气的催化转化是多相催化的实例之一。尾气中的 NO 和 CO 被转化为无毒的 N_2 和 CO_2，以减少对大气的污染。

$$2NO(g) + 2CO(g) \xrightarrow{Pt,Pd,Rh} N_2(g) + 2CO_2(g)$$

催化剂加快反应速率的原因在于改变了反应途径，降低了反应的活化能。实验证明，在没有催化剂时，H_2O_2 分解反应的活化能为 $E_{a,1} = 76\ kJ \cdot mol^{-1}$；若在 H_2O_2 水溶液中加入少量 KI 溶液，可以加快 H_2O_2 的分解，此时测得其活化能 $E_{a,2} = 57\ kJ \cdot mol^{-1}$(图 3-7)。由于加入催化剂，改变了反应的途径，降低了反应的活化能，从而增加了单位体积内活化分子的分数(图 3-8)，使单位体积内活化分子的总数大大增加，反应速率大大加快。

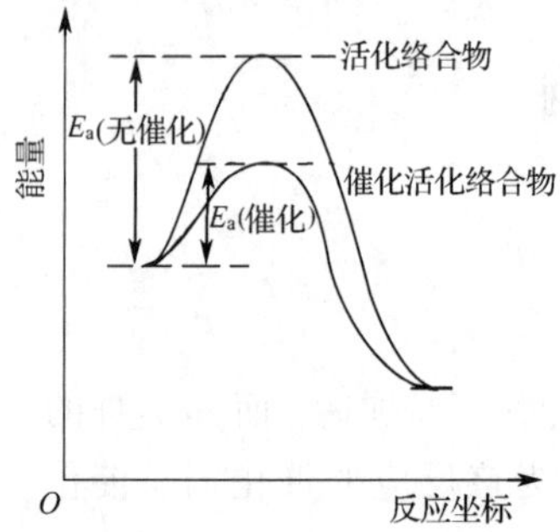

图 3-7 催化剂改变反应途径

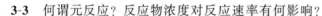

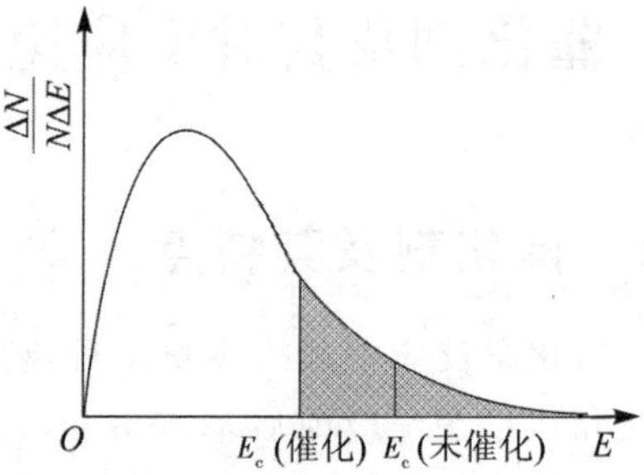

图 3-8 催化作用前、后活化分子分数的变化

习 题 3

拓展阅读

生命体中的酶催化剂

3-1 如何表示化学反应速率？平均速率和瞬时速率的关系是什么？

3-2 对于反应 $S_2O_8^{2-}(aq)+3I^-(aq)\rightleftharpoons 2SO_4^{2-}(aq)+I_3^-(aq)$，如用不同反应物或生成物表示其反应速率，它们之间的关系是什么？

3-3 何谓元反应？反应物浓度对反应速率有何影响？

3-4 反应级数与反应分子数有何不同？

3-5 反应速率系数的单位与反应级数有何关系？

3-6 已知下列反应及其速率方程：

(1) $2NO_2(g)+F_2(g)\longrightarrow 2NO_2F(g)$ $\quad r=kc(NO_2)c(F_2)$

(2) $3NO(g)\longrightarrow N_2O(g)+NO_2(g)$ $\quad r=kc(NO)$

(3) $2NO_2Cl(g)\longrightarrow 2NO_2(g)+Cl_2(g)$ $\quad r=kc(NO_2Cl)$

(4) $3I^-(aq)+H_3AsO_4(aq)+2H^+(aq)\longrightarrow I_3^-(aq)+H_3AsO_3(aq)+H_2O(l)$

$r=kc(H_3AsO_4)c(I^-)c(H^+)$

确定上述反应中哪些为一级反应？哪些为二级反应？哪些为三级反应？

3-7 在酸性溶液中，草酸被高锰酸钾氧化的反应方程式为

$$2MnO_4^-(aq)+5H_2C_2O_4(aq)+6H^+(aq)\longrightarrow 2Mn^{2+}(aq)+10CO_2(g)+8H_2O(l)$$

其反应速率方程式为

$$r=kc(MnO_4^-)c(H_2C_2O_4)$$

确定各反应物种的反应级数和总反应的级数。反应速率系数的单位是什么？

3-8 A 与 B 在某一容器中反应。实验测得数据如下：

$c_A/(mol\cdot L^{-1})$	$c_B/(mol\cdot L^{-1})$	$r/(mol\cdot L^{-1}\cdot s^{-1})$	$c_A/(mol\cdot L^{-1})$	$c_B/(mol\cdot L^{-1})$	$r/(mol\cdot L^{-1}\cdot s^{-1})$
1.0	1.0	1.2×10^{-2}	1.0	1.0	1.2×10^{-2}
2.0	1.0	2.3×10^{-2}	1.0	2.0	4.8×10^{-2}
4.0	1.0	4.9×10^{-2}	1.0	4.0	1.9×10^{-1}
8.0	1.0	9.6×10^{-2}	1.0	8.0	7.6×10^{-1}

(1)确定该反应的级数,写出反应速率方程。

(2)计算反应速率系数 k。

3-9 一氧化氮同氧反应生成二氧化氮:$2NO(g)+O_2(g)\longrightarrow 2NO_2(g)$。25 ℃ 时有关该反应的实验数据如下:

	$c(NO)/(mol \cdot L^{-1})$	$c(O_2)/(mol \cdot L^{-1})$	$r/(mol \cdot L^{-1} \cdot s^{-1})$
1	0.002 0	0.001 0	2.8×10^{-5}
2	0.004 0	0.001 0	1.1×10^{-4}
3	0.002 0	0.002 0	5.6×10^{-5}

(1)写出反应速率方程式;

(2)计算 25 ℃ 时反应速率系数 k;

3-10 1 073 K 时,反应 $2NO(g)+2H_2(g)\longrightarrow N_2(g)+2H_2O(g)$ 的反应物浓度与反应速率的实验数据如下:

$c(NO)/(mol \cdot L^{-1})$	$c(H_2)/(mol \cdot L^{-1})$	$r/(mol \cdot L^{-1} \cdot s^{-1})$
0.002 0	0.006 0	3.2×10^{-6}
0.004 0	0.006 0	1.3×10^{-5}
0.004 0	0.003 0	6.4×10^{-6}

(1)对不同反应物反应级数各为多少?

(2)写出反应速率方程。

(3)反应速率系数为多少?

3-11 某温度下,在碱性溶液中发生反应:

$$ClO^-(aq)+I^-(aq)\longrightarrow IO^-(aq)+Cl^-(aq)$$

以初始速率法确定的初始速率实验数据为

	$c(I^-)/(mol \cdot L^{-1})$	$c(ClO^-)/(mol \cdot L^{-1})$	$c(OH^-)/(mol \cdot L^{-1})$	$r/(mol \cdot L^{-1} \cdot s^{-1})$
1	0.003 0	0.001 0	1.00	1.8×10^{-4}
2	0.003 0	0.002 0	1.00	3.6×10^{-4}
3	0.006 0	0.002 0	1.00	7.2×10^{-4}
4	0.003 0	0.001 0	0.50	3.6×10^{-4}

(1)写出反应速率方程式;

(2)计算反应速率系数 k。

3-12 环丙烷异构化生成丙烯:

$$\begin{matrix} H_2C-CH_2 \\ \diagdown \ C \ \diagup \\ H_2 \end{matrix} \longrightarrow H_2C=CH-CH_3$$

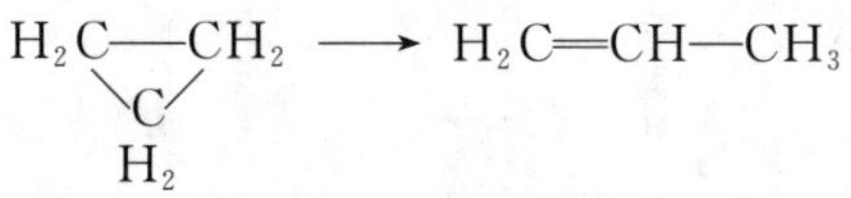

该反应活化能 $E_a=271\ kJ \cdot mol^{-1}$,$k_0=1.0\times10^{15}\ s^{-1}$。计算 250 ℃ 下反应的速率系数 k。

3-13 某二级反应在不同温度下的反应速率系数如下:

T/K	$k/(mol^{-1} \cdot L \cdot min^{-1})$	T/K	$k/(mol^{-1} \cdot L \cdot min^{-1})$
645	6.17×10^{-3}	714	77.6×10^{-3}
676	21.9×10^{-3}	752	251×10^{-3}

(1)画出 $\lg\{k\}$-$\{\frac{1}{T}\}$图；

(2)计算反应活化能 E_a；

(3)计算 700 K 时的反应速率系数 k；

3-14 二氧化氮的分解反应 $2NO_2(g) \longrightarrow 2NO(g) + O_2(g)$，319 ℃时，$k_1 = 0.498\ mol^{-1} \cdot L \cdot s^{-1}$；354 ℃时，$k_2 = 1.81\ mol^{-1} \cdot L \cdot s^{-1}$。计算该反应的活化能 E_a 和 383 ℃时反应速率系数 k。

3-15 反应 $2NOCl(g) \longrightarrow 2NO(g) + Cl_2(g)$，350 K 时，$k_1 = 9.3 \times 10^{-6}\ s^{-1}$；400 K 时，$k_2 = 6.9 \times 10^{-4}\ s^{-1}$。计算该反应的活化能 E_a 以及 450 K 下的反应速率系数 k。

3-16 在高原某地，水的沸点为 92 ℃。在海滨某地 3 min 可以煮熟的鸡蛋，在高原却花了 4.5 min 才煮熟。计算煮熟鸡蛋这一“反应”的活化能。

3-17 环丁烷分解反应：

$$\begin{array}{c} H_2C—CH_2 \\ |\quad\ \ | \\ H_2C—CH_2 \end{array}(g) \longrightarrow 2H_2C{=}CH_2(g)$$

$E_a = 262\ kJ \cdot mol^{-1}$，600 K 时，$k_1 = 6.10 \times 10^{-8}\ s^{-1}$，当 $k_2 = 1.00 \times 10^{-4}\ s^{-1}$ 时，温度是多少？该分解反应的反应级数为多少？写出其速率方程式。

3-18 什么是活化分子？什么是活化能？正逆反应活化能与反应焓变的关系是什么？

3-19 如何用活化分子和活化能说明浓度、温度和催化剂对反应速率的影响？

3-20 298.15 K 时，反应 $2N_2O(g) \longrightarrow 2N_2(g) + O_2(g)$ 的 $\Delta_r H_m^{\ominus} = -164.1\ kJ \cdot mol^{-1}$，$E_a = 240\ kJ \cdot mol^{-1}$。该反应被 Cl_2 催化，反应的 $E_a = 140\ kJ \cdot mol^{-1}$。催化后反应速率提高了多少倍？催化反应的逆反应活化能是多少？

* **3-21** 已知反应：$2Ce^{4+}(aq) + Tl^{+} \longrightarrow 2Ce^{3+}(aq) + Tl^{3+}(aq)$在没有催化剂的情况下，该反应速率很小。$Mn^{2+}$是该反应的催化剂，其催化反应机理被认定为

①$Ce^{4+} + Mn^{2+} \longrightarrow Ce^{3+} + Mn^{3+}$ （慢）

②$Ce^{4+} + Mn^{3+} \longrightarrow Ce^{3+} + Mn^{4+}$ （快）

③$Mn^{4+} + Tl^{+} \longrightarrow Mn^{2+} + Tl^{3+}$ （快）

(1) 试判断该反应的控制步骤，其对应的反应分子数是多少？

(2) 写出该反应的速率方程式。

(3) 确定该反应的中间产物有哪几种？

(4) 该反应是均相催化，还是多相催化？

第4章

化学平衡

第3章讨论了化学反应速率及其影响因素，解决了化学反应的现实性问题。反应的限度问题则是另一个非常重要的课题。本章首先介绍化学平衡及标准平衡常数，然后讨论影响化学平衡的因素；并将进一步讨论 Gibbs 函数变与化学平衡的关系。

4.1 可逆反应与化学平衡

4.1.1 可逆反应

各种化学反应进行的限度大不相同，即反应物转化为生成物的程度各有不同。有些反应进行的限度非常大，例如，氯酸钾在二氧化锰催化下的分解反应为

$$2KClO_3(s) \xrightarrow{MnO_2} 2KCl(s) + 3O_2(g)$$

几乎可以进行到底。而通常 KCl 不能与 O_2 直接反应生成 $KClO_3$。像这种实际上只能向一个方向进行的反应叫作不可逆反应。

大多数化学反应都是可逆的。例如，在一定温度下，密闭容器中的氢气和碘蒸气能发生反应，生成碘化氢气体，即

$$H_2(g) + I_2(g) \longrightarrow 2HI(g)$$

在同样条件下，充入密闭容器中的碘化氢能分解为氢气和碘蒸气，即

$$2HI(g) \longrightarrow H_2(g) + I_2(g)$$

上述两个反应同时向相反的两个方向进行，可以合写成

$$H_2(g) + I_2(g) \rightleftharpoons 2HI(g) \tag{4-1}$$

符号“$\rightleftharpoons$”表示可逆。通常将化学反应方程式中从左向右进行的反应叫作正反应，从右向左进行的反应叫作逆反应。这种在同一条件下，既可以正向进行又可以逆向进行的反应，被称为可逆反应。

由于正、逆反应共处于同一系统内，在密闭容器中可逆反应不能进行到底，即反应物不能全部转化为生成物。

4.1.2 化学平衡状态

仍以上述反应为例，将氢气和碘蒸气混合物置于密闭容器中，加热至 425 ℃。当反应开

始时，系统中只有反应物 $H_2(g)$ 和 $I_2(g)$，正反应速率 $r_{正}$ 最大，逆反应速率 $r_{逆}$ 为零。随着反应进行，$H_2(g)$ 和 $I_2(g)$ 的浓度逐渐减小，$r_{正}$ 逐渐减小。与此同时，由于 HI(g) 的生成，逆反应也开始发生，且 $r_{逆}$ 逐渐增大。开始时 $r_{正}>r_{逆}$，随着 $H_2(g)$ 和 $I_2(g)$ 的消耗，HI(g) 的生成，$r_{正}$ 减小，$r_{逆}$ 增大。直至某一时刻，正反应速率等于逆反应速率，如图 4-1 所示。此时，系统中各物种的浓度或分压不再随时间的变化而改变，反应系统所处的状态称为化学平衡状态。

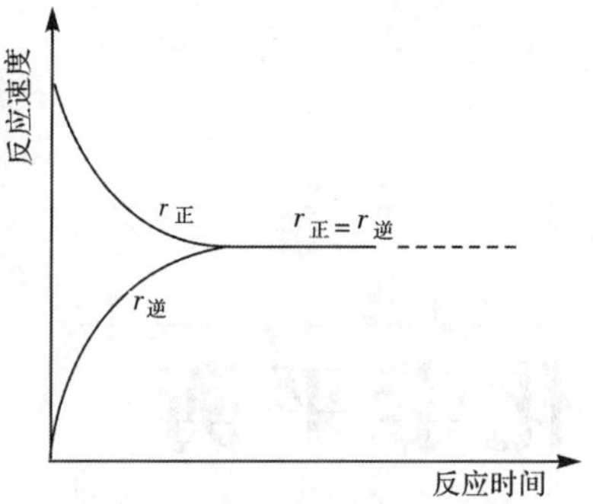

图 4-1　$r_{正}$，$r_{逆}$ 与时间的关系

化学平衡具有如下特点：

(1)在一定条件下，可逆反应达到化学平衡状态时，平衡组成不再随时间发生变化；

(2)化学平衡是动态平衡，从微观上看正、逆反应仍在进行；

(3)在相同的条件下，只要反应开始时各种原子的数目相同，平衡组成与达到平衡的途径无关；

(4)化学平衡是在一定条件下建立的，条件发生变化时，原来的平衡会被破坏，直至建立新的化学平衡。

4.2　标准平衡常数

4.2.1　标准平衡常数表达式

进一步研究发现，可逆反应达到化学平衡之后，参加反应的各物种的浓度或分压之间存在着一定的数量关系。例如，对于 425.4 ℃时反应为

$$H_2(g)+I_2(g)\rightleftharpoons 2HI(g)$$

尽管 $H_2(g)$ 和 $I_2(g)$ 的初始分压不同，平衡时各物种分压也不同，但是平衡时，$\frac{[p(HI)]^2}{p(H_2)p(I_2)}$ 数值却是一个常数(表 4-1)，称为实验平衡常数。

表 4-1　425.4 ℃ $H_2(g)+I_2(g)\rightleftharpoons 2HI(g)$ 系统的组成

序号	开始时各组分分压 p/kPa			平衡时各组分分压 p/kPa			$\frac{[p(HI)]^2}{p(H_2)p(I_2)}$
	$p(H_2)$	$p(I_2)$	$p(HI)$	$p(H_2)$	$p(I_2)$	$p(HI)$	
1	64.74	57.78	0	16.88	9.92	95.72	54.72
2	65.95	52.53	0	20.68	7.26	90.54	54.60
3	62.02	62.51	0	13.08	13.57	97.88	53.98
4	61.96	69.49	0	10.64	18.17	102.64	54.49
5	0	0	62.10	6.627	6.627	48.85	54.34
6	0	0	26.98	2.877	2.877	21.23	54.45

热力学中的平衡常数为标准平衡常数，用 $K^{\ominus}$ 表示，又称为热力学平衡常数。由于热力学中对物质的标准状态做了规定，平衡时各物种均以各自的标准状态为参考态，所以上述反

应的标准平衡常数表示为

$$K^{\ominus}=\frac{[p(\mathrm{HI})/p^{\ominus}]^2}{[p(\mathrm{H_2})/p^{\ominus}][p(\mathrm{I_2})/p^{\ominus}]}$$

对一般的化学反应而言，当温度一定时，有

$$a\mathrm{A(g)}+b\mathrm{B(aq)}+c\mathrm{C(s)}\rightleftharpoons x\mathrm{X(g)}+y\mathrm{Y(aq)}+z\mathrm{Z(l)}$$

其标准平衡常数的表达式为

$$K^{\ominus}=\frac{(p_{\mathrm{X}}/p^{\ominus})^x(c_{\mathrm{Y}}/c^{\ominus})^y}{(p_{\mathrm{A}}/p^{\ominus})^a(c_{\mathrm{B}}/c^{\ominus})^b} \tag{4-2}$$

或

$$K^{\ominus}=\prod(p_{\mathrm{B}}/p^{\ominus})^{\nu_{\mathrm{B}}}(c_{\mathrm{B}}/c^{\ominus})^{\nu_{\mathrm{B}}} \tag{4-3}$$

对于标准平衡常数表达式，应注意以下几点：

(1)在标准平衡常数表达式中，各组分的浓度或分压必须是反应达到平衡时的浓度或分压。

(2)在标准平衡常数表达式中，各物种均以各自的标准态为参考态。所以，对于气体，其分压要除以 $p^{\ominus}(=100\ \mathrm{kPa})$；对于溶液中的某溶质，其浓度要除以 $c^{\ominus}(=1\ \mathrm{mol\cdot L^{-1}})$；对于液体或固体，其标准态为相应的纯液体或纯固体，因此，其相应物理量不出现在标准平衡常数的表达式中(称其活度为1)。$K^{\ominus}$是量纲一的量。

标准平衡常数表达式中的分子是平衡时生成物$(p_{\mathrm{B}}/p^{\ominus})$的幂或$(c_{\mathrm{B}}/c^{\ominus})$的幂的乘积，其分母是平衡时反应物$(p_{\mathrm{B}}/p^{\ominus})$的幂或$(c_{\mathrm{B}}/c^{\ominus})$的幂的乘积。$(p_{\mathrm{B}}/p^{\ominus})$的幂或$(c_{\mathrm{B}}/c^{\ominus})$的幂的指数等于配平了的化学反应方程式中该物种化学式的系数。因此，标准平衡常数表达式必须与化学反应计量式相对应。例如

$$\mathrm{H_2(g)}+\mathrm{I_2(g)}\rightleftharpoons 2\mathrm{HI(g)}$$

$$K_1^{\ominus}=\frac{[p(\mathrm{HI})/p^{\ominus}]^2}{[p(\mathrm{H_2})/p^{\ominus}][p(\mathrm{I_2})/p^{\ominus}]}$$

$$\frac{1}{2}\mathrm{H_2(g)}+\frac{1}{2}\mathrm{I_2(g)}\rightleftharpoons \mathrm{HI(g)}$$

$$K_2^{\ominus}=\frac{[p(\mathrm{HI})/p^{\ominus}]}{[p(\mathrm{H_2})/p^{\ominus}]^{1/2}[p(\mathrm{I_2})/p^{\ominus}]^{1/2}}$$

$$2\mathrm{HI(g)}\rightleftharpoons \mathrm{H_2(g)}+\mathrm{I_2(g)}$$

$$K_3^{\ominus}=\frac{[p(\mathrm{H_2})/p^{\ominus}][p(\mathrm{I_2})/p^{\ominus}]}{[p(\mathrm{HI})/p^{\ominus}]^2}$$

显然，这三个标准平衡常数之间的关系为 $K_1^{\ominus}=(K_2^{\ominus})^2=(K_3^{\ominus})^{-1}$。

标准平衡常数只是温度的函数，与分压或浓度无关。对于同一类型的反应，在相同温度下，标准平衡常数的数值越大，表示反应进行得越完全。

4.2.2 标准平衡常数的计算

1. 多重平衡规则

有时某一个(总)化学反应计量式可由多个化学反应的计量式经过组合得到。例如，

1 123 K 时,化学反应计量式

$$C(s)+CO_2(g)+2Cl_2(g) \rightleftharpoons 2COCl_2(g) \quad ①$$

$$K_1^\ominus=\frac{[p(COCl_2)/p^\ominus]^2}{[p(CO_2)/p^\ominus][p(Cl_2)/p^\ominus]^2}$$

可以看作是由以下两个化学反应计量式线性组合而成:

$$C(s)+CO_2(g) \rightleftharpoons 2CO(g) \quad ②$$

$$K_2^\ominus=\frac{[p(CO)/p^\ominus]^2}{p(CO_2)/p^\ominus}$$

$$CO(g)+Cl_2(g) \rightleftharpoons COCl_2(g) \quad ③$$

$$K_3^\ominus=\frac{p(COCl_2)/p^\ominus}{[p(CO)/p^\ominus][p(Cl_2)/p^\ominus]}$$

即化学反应计量式(1)=(2)+2×(3),所以

$$\frac{[p(CO)/p^\ominus]^2}{p(CO_2)/p^\ominus}\cdot\frac{[p(COCl_2)/p^\ominus]^2}{[p(CO)/p^\ominus]^2[p(Cl_2)/p^\ominus]^2}$$

$$=\frac{[p(COCl_2)/p^\ominus]^2}{[p(CO_2)/p^\ominus][p(Cl_2)/p^\ominus]^2}=K_1^\ominus$$

由此可见,若某一个(总)化学反应计量式是由多个化学反应的计量式经过线性组合所得,则这个(总)化学反应的标准平衡常数就等于组合前的各化学反应的标准平衡常数幂的乘积(或商)。这一结论被称为多重平衡规则。

2. 反应的标准摩尔 Gibbs 函数变与标准平衡常数

在第 2 章中讨论过,用 $\Delta_r G_m$ 来判断反应的方向。随着反应进行,气体物质的分压或溶液中溶质的浓度在不断变化,直至达到平衡。在化学热力学中,推导出了 $\Delta_r G_m$ 与系统组成间的关系,即反应的等温方程:

$$\Delta_r G_m(T)=\Delta_r G_m^\ominus(T)+RT\ln J \quad (4\text{-}4)$$

式中,$\Delta_r G_m(T)$是温度为 T 的非标准状态下反应的 Gibbs 函数变;J 为反应商。当反应达到平衡时,$\Delta_r G_m=0$,$J=K^\ominus$,代入等温方程可得

$$\Delta_r G_m^\ominus(T)=-RT\ln K^\ominus(T) \quad (4\text{-}5)$$

根据此式可以由 $\Delta_r G_m^\ominus$ 计算反应的标准平衡常数。

将式(4-5)代入式(4-4)中,得

$$\Delta_r G_m(T)=-RT\ln K^\ominus+RT\ln J \quad (4\text{-}6)$$

【例 4-1】 根据附录 1 的数据计算合成氨反应:$N_2(g)+3H_2(g) \rightleftharpoons 2NH_3(g)$的 $\Delta_r G_m^\ominus$(673 K)和$K^\ominus$(673 K)。

解 由附录 1 查出 298.15 K 时各反应物和生成物的 $\Delta_f H_m^\ominus$ 和 $S_m^\ominus$:

	$N_2(g)$	+	$3H_2(g)$	$\rightleftharpoons$	$2NH_3(g)$
$\Delta_f H_m^\ominus/(kJ\cdot mol^{-1})$	0		0		−46.11
$S_m^\ominus/(J\cdot mol^{-1}\cdot K^{-1})$	191.61		130.684		192.45

$$\Delta_r H_m^\ominus(298.15\ K)=2\Delta_f H_m^\ominus(NH_3,g)-\Delta_f H_m^\ominus(N_2,g)-3\Delta_f H_m^\ominus(H_2,g)$$

$$=2\times(-46.11)kJ\cdot mol^{-1}$$

$=-92.22\ \text{kJ}\cdot\text{mol}^{-1}$

$$\Delta_r S_m^\ominus(298.15\ \text{K})=2S_m^\ominus(\text{NH}_3,\text{g})-S_m^\ominus(\text{N}_2,\text{g})-3S_m^\ominus(\text{H}_2,\text{g})$$
$$=(2\times192.45-191.61-3\times130.684)\text{J}\cdot\text{mol}^{-1}\cdot\text{K}^{-1}$$
$$=-198.76\ \text{J}\cdot\text{mol}^{-1}\cdot\text{K}^{-1}$$

$$\Delta_r G_m^\ominus(673\ \text{K})=\Delta_r H_m^\ominus(298.15\ \text{K})-673\ \text{K}\times\Delta_r S_m^\ominus(298.15\ \text{K})$$
$$=-92.22\ \text{kJ}\cdot\text{mol}^{-1}-673\ \text{K}\times(-198.76)\text{J}\cdot\text{mol}^{-1}\cdot\text{K}^{-1}$$
$$=41.55\ \text{kJ}\cdot\text{mol}^{-1}$$

$$\ln K^\ominus=\frac{-\Delta_r G_m^\ominus(T)}{RT}=\frac{-41.55\ \text{kJ}\cdot\text{mol}^{-1}}{8.314\ \text{J}\cdot\text{mol}^{-1}\cdot\text{K}^{-1}\times673\ \text{K}}=-7.426$$

$K^\ominus(673\ \text{K})=5.96\times10^{-4}$ ■

3. 标准平衡常数的实验测定

确定标准平衡常数数值的最基本的方法是通过实验测定。只要知道某温度下，各反应物的初始分压或浓度以及平衡时某一物种的分压或浓度，根据化学反应的计量关系，可推算出平衡时其他反应物和生成物的分压或浓度。然后将其代入标准平衡常数表达式，就可以计算出反应的标准平衡常数。

【例 4-2】 将 1.00 mol SO_2 和 1.00 mol O_2 充入容积为 5.00 L 的密闭容器中。1 000 K 时反应 $2SO_2(g)+O_2(g)\rightleftharpoons 2SO_3(g)$ 达到平衡时，生成 0.85 mol SO_3。计算 1 000 K 时该反应的标准平衡常数。

解　此反应是气相反应，可以物质的量为基准计算标准平衡常数。

	$2SO_2(g)$ +	$O_2(g)$ ⇌	$2SO_3(g)$
开始时 n_B/mol	1.00	1.00	0
变化的 n_B/mol	−0.85	−0.85/2	0.85
平衡时 n_B/mol	1.00−0.85	1.00−0.85/2	0.85

$$n(SO_2)=(1.00-0.85)\text{mol}=0.15\ \text{mol}$$
$$n(O_2)=(1.00-0.85/2)\text{mol}=0.575\ \text{mol}$$

$$p(SO_3)=\frac{n(SO_3)RT}{V}=\frac{0.85\ \text{mol}\times8.314\ \text{J}\cdot\text{mol}^{-1}\cdot\text{K}^{-1}\times1\ 000\ \text{K}}{5.00\ \text{L}}$$
$$=1\ 413\ \text{kPa}$$

$$p(SO_2)=\frac{n(SO_2)RT}{V}=\frac{0.15\ \text{mol}\times8.314\ \text{J}\cdot\text{mol}^{-1}\cdot\text{K}^{-1}\times1\ 000\ \text{K}}{5.00\ \text{L}}$$
$$=249\ \text{kPa}$$

$$p(O_2)=\frac{n(O_2)RT}{V}=\frac{0.575\ \text{mol}\times8.314\ \text{J}\cdot\text{mol}^{-1}\cdot\text{K}^{-1}\times1\ 000\ \text{K}}{5.00\ \text{L}}$$
$$=956\ \text{kPa}$$

代入标准平衡常数表达式

$$K^\ominus=\frac{[p(SO_3)/p^\ominus]^2}{[p(SO_2)/p^\ominus]^2[p(O_2)/p^\ominus]}=\frac{(1\ 413/100)^2}{(249/100)^2(956/100)}$$
$$=3.37$$

该反应在恒温恒容条件下进行，各组分气体的分压与其物质的量成正比，因此也可以气体的分压为基准进行计算。

化学反应的标准平衡常数是表示化学反应进行限度大小的物理量。如果 $K^{\ominus}$ 的数值很大，说明反应能进行得比较完全；如果 $K^{\ominus}$ 的数值很小，表明反应正向进行的程度很小，反应进行得很不完全。$K^{\ominus}$ 越小，反应进行得越不完全。

反应进行的程度也常用平衡转化率来表示。物质 B 的平衡转化率 α_B 定义为

$$\alpha_B \xlongequal{\text{def}} \frac{n_{B,0} - n_{B,eq}}{n_{B,0}} \tag{4-7}$$

式中，$n_{B,0}$ 为反应开始时 B 的物质的量；$n_{B,eq}$ 为平衡时 B 的物质的量。$K^{\ominus}$ 越大，往往 α_B 也越大。

例如，在例 4-2 中，SO_2 的平衡转化率：

$$\begin{aligned}\alpha(SO_2) &= \frac{n_0(SO_2) - n_{eq}(SO_2)}{n_0(SO_2)} \times 100\% \\ &= \frac{(1.00 - 0.15)\text{mol}}{1.00\ \text{mol}} \times 100\% \\ &= 85.0\%\end{aligned}$$

由于反应开始时 O_2 是过量的，所以使得 SO_2 的平衡转化率较大。

对于恒温恒容下的气相反应，也可以用分压的变化来计算平衡转化率。

4.2.3 平衡组成的计算

如果已知反应的标准平衡常数和反应系统开始时的组成，可以计算反应达到平衡时系统的组成。

【例 4-3】 已知 1 073 K 时，反应 $CO(g) + H_2O(g) \rightleftharpoons CO_2(g) + H_2(g)$ 的 $K^{\ominus} = 1.00$。如果 CO 和 H_2O 的初始浓度均为 0.30 mol·L^{-1}，计算 1 073 K 时恒容条件下反应达到平衡时各组分气体的分压及 CO 的平衡转化率。

解 此反应在恒温恒容条件下进行，各组分气体的分压与其物质的量浓度成正比，因此可以分压为基准进行计算。反应开始时

$$\begin{aligned}p_0(CO) &= c_0(CO)RT = 0.30\ \text{mol}\cdot\text{L}^{-1} \times 8.314\ \text{J}\cdot\text{mol}^{-1}\cdot\text{K}^{-1} \times 1\,073\ \text{K} \\ &= 2\,676\ \text{kPa}\end{aligned}$$

$$\begin{aligned}p_0(H_2O) &= c_0(H_2O)RT = 0.30\ \text{mol}\cdot\text{L}^{-1} \times 8.314\ \text{J}\cdot\text{mol}^{-1}\cdot\text{K}^{-1} \times 1\,073\ \text{K} \\ &= 2\,676\ \text{kPa}\end{aligned}$$

设平衡时 CO_2 和 H_2 的分压为 x kPa。

	$CO(g)$	$+ H_2O(g) \rightleftharpoons$	$CO_2(g)$	$+ H_2(g)$
开始时 p_B/kPa	2 676	2 676	0	0
变化的 p_B/kPa	$-x$	$-x$	x	x
平衡时 p_B/kPa	$2\,676-x$	$2\,676-x$	x	x

代入标准平衡常数表达式：

$$K^{\ominus}=\frac{[p(CO_2)/p^{\ominus}][p(H_2)/p^{\ominus}]}{[p^{\ominus}(CO)/p^{\ominus}][p(H_2O)/p^{\ominus}]}=\frac{(x/100)^2}{[(2\ 676-x)/100]^2}$$

$$=\frac{x^2}{(2\ 676-x)^2}=1.00$$

$$\frac{x}{2\ 676-x}=1.00,\quad x=2\ 676-x$$

解得

$$x=1\ 338$$

则平衡时

$$p(CO_2)=p(H_2)=1\ 338\ \text{kPa}$$

$$p(CO)=p(H_2O)=(2\ 676-1\ 338)\text{kPa}=1\ 338\ \text{kPa}$$

CO 的平衡转化率也可以用分压的变化计算：

$$\alpha(CO)=\frac{p_0(CO)-p(CO)}{p_0(CO)}\times 100\%$$

$$=\frac{(2\ 676-1\ 338)\text{kPa}}{2\ 676\ \text{kPa}}\times 100\%$$

$$=50.00\%$$

■

4.3　化学平衡的移动

化学平衡是在一定条件下达到的动态平衡。宏观上反应不再进行，但是微观上正、逆反应仍在进行，并且两者的速率相等。外界条件(如浓度、压力和温度等)对化学平衡会产生影响。当外界条件改变时，平衡状态将被破坏，直到在新条件下建立新的平衡状态。这种因外界条件改变使化学反应从一种平衡状态转变到另一种平衡状态的过程叫作化学平衡的移动。

4.3.1　浓度对化学平衡的影响

化学反应的标准平衡常数 $K^{\ominus}$ 是温度的函数。温度一定时，$K^{\ominus}$ 的数值是一定的。浓度的变化不影响 $K^{\ominus}$ 的数值，但能引起反应商 J 的数值变化。通过比较反应的标准平衡常数 $K^{\ominus}$ 和反应商 J，可以判断化学平衡移动的方向。

由式(4-6)

$$\Delta_r G_m=-RT\ln K^{\ominus}+RT\ln J$$

可知

$J<K^{\ominus}$，$\Delta_r G_m<0$，反应正向进行；

$J=K^{\ominus}$，$\Delta_r G_m=0$，反应处于平衡状态；

$J>K^{\ominus}$，$\Delta_r G_m>0$，反应逆向进行。

因此，可以用 J 和 $K^{\ominus}$ 的比较判断反应的方向，称为反应商判据。

对于在溶液中进行的化学反应，平衡状态时，$J=K^{\ominus}$。若增加反应物的浓度或减少生成物的浓度，反应商减小，使 $J<K^{\ominus}$，平衡向正反应方向移动。相反，若增加生成物的浓度或减少反应物的浓度，反应商增大，使 $J>K^{\ominus}$，平衡向逆反应方向移动。

【例 4-4】 已知 25 ℃时，反应 $Fe^{2+}(aq)+Ag^{+}(aq) \rightleftharpoons Fe^{3+}(aq)+Ag(s)$ 的标准平衡常数 $K^{\ominus}=3.20$。在含有 $1.00\times10^{-2}\ mol\cdot L^{-1}\ AgNO_3$，$0.100\ mol\cdot L^{-1}\ Fe(NO_3)_2$ 和 $1.00\times10^{-3}\ mol\cdot L^{-1}\ Fe(NO_3)_3$ 的溶液中，(1)反应向哪一方向进行？(2)平衡时，Ag^{+}、Fe^{2+}、Fe^{3+} 的浓度各为多少？(3) Ag^{+} 的平衡转化率为多少？(4)如果保持 Ag^{+}、Fe^{3+} 的初始浓度不变，只将 Fe^{2+} 的初始浓度增大到 $0.300\ mol\cdot L^{-1}$，求在此条件下 Ag^{+} 的平衡转化率，并与(3)中的平衡转化率进行比较。

解 (1) 计算反应开始时的反应商

$$J=\frac{c(Fe^{3+})/c^{\ominus}}{[c(Fe^{2+})/c^{\ominus}][c(Ag^{+})/c^{\ominus}]}=\frac{1.00\times10^{-3}}{0.100\times1.00\times10^{-2}}=1.00$$

$J<K^{\ominus}$，反应正向进行。

(2) 计算平衡组成

	$Fe^{2+}(aq)$	$+Ag^{+}(aq)$	$\rightleftharpoons$	$Fe^{3+}(aq)+Ag(s)$
开始时 $c_B/(mol\cdot L^{-1})$	0.100	1.00×10^{-2}		1.00×10^{-3}
转化的 $c_B/(mol\cdot L^{-1})$	$-x$	$-x$		x
平衡时 $c_B/(mol\cdot L^{-1})$	$0.100-x$	$1.00\times10^{-2}-x$		$1.00\times10^{-3}+x$

$$K^{\ominus}=\frac{c(Fe^{3+})/c^{\ominus}}{[c(Fe^{2+})/c^{\ominus}][c(Ag^{+})/c^{\ominus}]}=\frac{1.00\times10^{-3}+x}{(0.100-x)(1.00\times10^{-2}-x)}=3.20$$

$$3.20x^{2}-1.352x+2.20\times10^{-3}=0$$

解得

$$x=1.56\times10^{-3}$$

平衡时，$c(Ag^{+})=8.44\times10^{-3}\ mol\cdot L^{-1}$，$c(Fe^{2+})=9.84\times10^{-2}\ mol\cdot L^{-1}$，$c(Fe^{3+})=2.56\times10^{-3}\ mol\cdot L^{-1}$。

(3) 在溶液中的反应可被看作是定容反应，因此平衡转化率可用浓度的变化计算：

$$\alpha_1(Ag^{+})=\frac{c_0(Ag^{+})-c_{eq}(Ag^{+})}{c_0(Ag^{+})}=\frac{1.56\times10^{-3}}{1.00\times10^{-2}}\times100\%=15.6\%$$

(4) 设在新的条件下 Ag^{+} 的平衡转化率为 α_2。则平衡时，有

$$c(Fe^{2+})=(0.300-1.00\times10^{-2}\alpha_2)\ mol\cdot L^{-1}$$

$$c(Ag^{+})=1.00\times10^{-2}(1-\alpha_2)\ mol\cdot L^{-1}$$

$$c(Fe^{3+})=(1.00\times10^{-3}+1.00\times10^{-2}\alpha_2)\ mol\cdot L^{-1}$$

代入标准平衡常数表达式得

$$\frac{1.00\times10^{-3}+1.00\times10^{-2}\alpha_2}{(0.300-1.00\times10^{-2}\alpha_2)\times[1.00\times10^{-2}(1-\alpha_2)]}=3.20$$

解得

$$\alpha_2=43.4\%$$

$\alpha_2(Ag^{+})>\alpha_1(Ag^{+})$。这是由于增加了 $c(Fe^{2+})$，使平衡向右移动，Ag^{+} 的转化率有所提高。

对于可逆反应，若提高某一反应物的浓度，平衡将向着减少反应物浓度和增加生成物浓度的方向移动。在化工生产中，常利用这一原理来提高另一反应物的转化率。

4.3.2 压力对化学平衡的影响

压力的变化对液相和固相反应的影响很小。对于有气体参加的化学反应，压力的变化不改变标准平衡常数的数值，但可能改变反应商的数值，引起化学平衡移动。压力对化学平衡的影响分以下几种情况讨论。

1. 部分反应气体分压变化

如果反应在恒温恒容条件下进行，达到平衡状态之后，若增大反应物的分压或减小生成物的分压，能使反应商减小，导致 $J<K^{\ominus}$，平衡将向正向移动。相反，若减小反应物的分压或增大生成物的分压，则使反应商增大，导致 $J>K^{\ominus}$，平衡将向逆向移动。这种情况与浓度变化对平衡移动的影响一致。

2. 体积改变引起压力的变化

对于有气体参与的化学反应

$$aA(g)+bB(g)\rightleftharpoons yY(g)+zZ(g)$$

达到平衡时

$$J=K^{\ominus}=\frac{[p_Y/p^{\ominus}]^y[p_Z/p^{\ominus}]^z}{[p_A/p^{\ominus}]^a[p_B/p^{\ominus}]^b}$$

若在定温下将反应系统的体积压缩至原来的 $1/x(x>1)$，系统的总压力和各组分气体的分压都将增大到原来的 x 倍，此时反应商

$$J=\frac{[xp_Y/p^{\ominus}]^y[xp_Z/p^{\ominus}]^z}{[xp_A/p^{\ominus}]^a[xp_B/p^{\ominus}]^b}=x^{\sum\nu_{B(g)}}K^{\ominus}$$

对于 $\sum\nu_{B(g)}>0$ 的反应，即气体分子数增加的反应，$x^{\sum\nu_{B(g)}}>1, J>K^{\ominus}$，平衡向逆向移动，即向气体分子数减少的方向移动。

对于 $\sum\nu_{B(g)}<0$ 的反应，即气体分子数减少的反应，$x^{\sum\nu_{B(g)}}<1, J<K^{\ominus}$，平衡向正向移动，即向气体分子数减少的方向移动。

对于 $\sum\nu_{B(g)}=0$ 的反应，即气体分子数不变的反应，$x^{\sum\nu_{B(g)}}=1, J=K^{\ominus}$，平衡不发生移动。

总之，对于 $\sum\nu_{B(g)}\neq 0$ 的反应，如果系统被压缩，总压和各组分气体的分压增大相同倍数，平衡向气体分子数减少的方向移动，即向减小压力的方向移动。相反，定温膨胀能使平衡向气体分子数增加的方向移动。

【例 4-5】 在 308 K 和 100 kPa 下，某容器中反应：

$$N_2O_4(g)\rightleftharpoons 2NO_2(g)$$

达到平衡时，N_2O_4 的转化率为 27.2%。(1)计算该反应的标准平衡常数 $K^{\ominus}$。(2)在相同温度下，若反应在 200 kPa 下达到平衡，N_2O_4 的转化率为多少？

解 (1)此反应在恒温恒压条件下进行，应以物质的量为基准进行计算，设开始时 N_2O_4

的物质的量为 1.00 mol。N_2O_4 的转化率 $\alpha_1=27.2\%=0.272$，则

	$N_2O_4(g)$ $\rightleftharpoons$	$2NO_2(g)$
开始时 n_B/mol	1.00	0
平衡时 n_B/mol	1.00−0.272	2×0.272

气体的总物质的量

$$n_1=(0.728+0.544)\text{mol}=1.272\ \text{mol}$$

平衡时系统中各组分气体的分压

$$p(N_2O_4)=\frac{n(N_2O_4)}{n_1}p_1=\frac{0.728}{1.272}\times100\ \text{kPa}=57.2\ \text{kPa}$$

$$p(NO_2)=\frac{n(NO_2)}{n_1}p_1=\frac{0.544}{1.272}\times100\ \text{kPa}=42.8\ \text{kPa}$$

$$K^{\ominus}=\frac{[p(NO_2)/p^{\ominus}]^2}{p(N_2O_4)/p^{\ominus}}=\frac{(42.8/100)^2}{57.2/100}=0.320$$

(2)设在总压 $p_2=200$ kPa 下反应达到平衡时，N_2O_4 的转化率为 α_2。

	$N_2O_4(g)\rightleftharpoons$	$2NO_2(g)$
开始时 n_B/mol	1.00	0
平衡时 n_B/mol	$1.00-\alpha_2$	$2\alpha_2$

气体的总物质的量

$$n_2=[(1.00-\alpha_2)+2\alpha_2]\text{mol}=(1.00+\alpha_2)\text{mol}$$

达到新平衡时各组分气体的分压：

$$p(N_2O_4)=\frac{1.00-\alpha_2}{1.00+\alpha_2}p_2$$

$$p(NO_2)=\frac{2\alpha_2}{1.00+\alpha_2}p_2$$

$$K^{\ominus}=\frac{[p(NO_2)/p^{\ominus}]^2}{p(N_2O_4)/p^{\ominus}}=\frac{\left(\dfrac{2\alpha_2}{1.00+\alpha_2}\times\dfrac{200}{100}\right)^2}{\dfrac{1.00-\alpha_2}{1.00+\alpha_2}\times\dfrac{200}{100}}=\frac{(2\alpha_2)^2\times2}{1.00^2-\alpha_2^2}=0.320$$

解方程得

$$\alpha_2=19.6\%$$

由计算结果可见，在 308 K 和 100 kPa 下 N_2O_4 的转化率为 27.2%；而在 308 K 和 200 kPa 下，N_2O_4 的转化率为 19.6%，这表明增大系统的总压力，平衡向逆向移动，即向气体分子数减少的方向移动。

3. 惰性气体(稀有气体)的影响

在反应系统中引入惰性气体(不参与化学反应的气体)，对化学平衡的影响要视具体情况而定。

(1)在定温定容下已达到平衡的系统中引入惰性气体时，气体的总压力增大，各反应物和生成物的分压不变，所以，$J=K^{\ominus}$，平衡不移动。

(2)在定温定压下已达到平衡的系统中引入惰性气体时，由于总压力不变，系统的体积将增大，各反应物和生成物的分压都将减小相同的倍数，对于 $\sum \nu_{B(g)} \neq 0$ 的反应，$J \neq K^{\ominus}$，平衡将向气体分子数增加的方向移动。

综上所述，系统总压力对化学平衡的影响，关键在于各反应物和生成物的分压是否改变，同时要考虑反应前、后气体分子数是否变化。

4.3.3　温度对化学平衡的影响

与浓度和压力对化学平衡的影响不同，温度对化学平衡的影响是因为温度的改变引起标准平衡常数变化，从而使化学平衡发生移动。

温度变化对 $K^{\ominus}$ 的影响与反应的标准摩尔焓变有关。根据 Gibbs-Helmholtz 方程

$$\Delta_r G_m^{\ominus}(T) = \Delta_r H_m^{\ominus}(T) - T\Delta_r S_m^{\ominus}(T)$$

及 $\Delta_r G_m^{\ominus}(T)$ 与 $K^{\ominus}(T)$ 的关系

$$\Delta_r G_m^{\ominus}(T) = -RT\ln K^{\ominus}(T)$$

可得

$$-RT\ln K^{\ominus}(T) = \Delta_r H_m^{\ominus}(T) - T\Delta_r S_m^{\ominus}(T) \tag{4-8}$$

即

$$\ln K^{\ominus}(T) = -\frac{\Delta_r H_m^{\ominus}(T)}{RT} + \frac{\Delta_r S_m^{\ominus}(T)}{R} \tag{4-9}$$

由于温度对 $\Delta_r H_m^{\ominus}$ 和 $\Delta_r S_m^{\ominus}$ 的影响比较小，在温度变化范围不大时，可以用 $\Delta_r H_m^{\ominus}$(298.15 K)和 $\Delta_r S_m^{\ominus}$(298.15 K)分别代替 $\Delta_r H_m^{\ominus}(T)$ 和 $\Delta_r S_m^{\ominus}(T)$，则式(4-9)可以写作

$$\ln K^{\ominus}(T) = -\frac{\Delta_r H_m^{\ominus}(298.15\ \text{K})}{RT} + \frac{\Delta_r S_m^{\ominus}(298.15\ \text{K})}{R} \tag{4-10}$$

由式(4-10)可见，$\ln K^{\ominus}(T)$ 与 $1/T$ 呈直线关系，直线的斜率为 $-\Delta_r H_m^{\ominus}/R$。当温度为 T_1 时，有

$$\ln K^{\ominus}(T_1) = -\frac{\Delta_r H_m^{\ominus}(298.15\ \text{K})}{RT_1} + \frac{\Delta_r S_m^{\ominus}(298.15\ \text{K})}{R} \tag{4-11}$$

温度为 T_2 时，有

$$\ln K^{\ominus}(T_2) = -\frac{\Delta_r H_m^{\ominus}(298.15\ \text{K})}{RT_2} + \frac{\Delta_r S_m^{\ominus}(298.15\ \text{K})}{R} \tag{4-12}$$

式(4-12)－式(4-11)得

$$\ln \frac{K^{\ominus}(T_2)}{K^{\ominus}(T_1)} = \frac{\Delta_r H_m^{\ominus}(298.15\ \text{K})}{R}\left(\frac{1}{T_1} - \frac{1}{T_2}\right) \tag{4-13}$$

由式(4-13)可以看出，温度对标准平衡常数的影响与 $\Delta_r H_m^{\ominus}$ 有关：

对于吸热反应，$\Delta_r H_m^{\ominus} > 0$，当温度升高($T_2 > T_1$)时，$K^{\ominus}(T_2) > K^{\ominus}(T_1)$，即 $K^{\ominus}$ 增大，则 $K^{\ominus} > J$，平衡向正反应方向移动。

对于放热反应，$\Delta_r H_m^{\ominus} < 0$，当温度升高($T_2 > T_1$)时，$K^{\ominus}(T_2) < K^{\ominus}(T_1)$，即 $K^{\ominus}$ 减小，则 $K^{\ominus} < J$，平衡向逆反应方向移动。

式(4-13)给出了标准平衡常数与温度和 $\Delta_r H_m^{\ominus}$ 之间的定量关系。如果已知 $\Delta_r H_m^{\ominus}$(298.15 K)和某一温度下的标准平衡常数,可以利用式(4-13)计算另一温度下的标准平衡常数。如果已知两种不同温度下的标准平衡常数,也可以利用式(4-13)求出反应的标准摩尔焓变。

【例 4-6】 已知 500 K 时反应

$$CH_4(g)+H_2O(g) \rightleftharpoons CO(g)+3H_2(g)$$

的 $K^{\ominus}=5.86\times10^{-3}$,$\Delta_r H_m^{\ominus}(298.15\ K)=206.10\ kJ\cdot mol^{-1}$。试计算 700 K 时该反应的 $K^{\ominus}$。

解 将 $T_1=500\ K$,$K^{\ominus}(500\ K)=5.86\times10^{-3}$,$T_2=700\ K$,$\Delta_r H_m^{\ominus}(298.15\ K)=206.10\ kJ\cdot mol^{-1}$ 代入式(4-13):

$$\ln\frac{K^{\ominus}(700\ K)}{5.86\times10^{-3}}=\frac{206.10\ kJ\cdot mol^{-1}}{8.314\ J\cdot mol^{-1}\cdot K^{-1}}\left(\frac{1}{500\ K}-\frac{1}{700\ K}\right)$$

$$=14.16$$

$$\ln K^{\ominus}(700\ K)=14.16+\ln(5.86\times10^{-3})$$

$$=14.16-5.14=9.02$$

$$K^{\ominus}(700\ K)=8.3\times10^{3}$$

该反应为吸热反应,温度升高,$K^{\ominus}$ 增大。 ■

4.3.4 Le Châtelier 原理

总结以上浓度、压力、温度对化学平衡的影响可知,系统处于平衡状态时,如果增加反应物的浓度,平衡向减小反应物浓度的方向移动;如果压缩体积,增大平衡系统的压力,平衡($\sum \nu_{B(g)}\neq0$)向气体分子数减少的方向移动,即向压力减小的方向移动;如果升高温度,平衡向吸热方向移动,即向降低温度的方向移动。根据上述结论,Le Châtelier 归纳出一条普遍的规律:如果改变平衡系统的条件之一(浓度、压力或温度),平衡就向能减弱这种改变的方向移动。这一定性判断平衡移动方向的原理称为 Le Châtelier 原理。

该原理不仅适用于化学平衡系统,也适用于相平衡系统,但它不适用于尚未达到平衡的系统。

拓展阅读

化学平衡与反应速率原理的综合应用

习 题 4

4-1 化学平衡状态有哪些特征?为什么说化学平衡是动态平衡?

4-2 标准平衡常数与实验平衡常数有什么区别?

4-3 下列叙述是否正确?并说明之。

(1)标准平衡常数大,反应正向进行的程度一定也大;

(2)在定温条件下,某反应系统中反应物开始时的浓度和分压不同,则平衡时系统的组成不同,标准平衡常数也不同;

(3)在一定温度下,反应 $A(aq)+2B(s) \rightleftharpoons C(aq)$ 达到平衡时,必须有 B(s)存在;同时,

平衡状态又与 B(s)的量无关；

(4)二氧化硫被氧气氧化为三氧化硫的反应方程式可写成如下两种形式：

① $2SO_2(g)+O_2(g)\rightleftharpoons 2SO_3(g)$　$K_1^\ominus$

② $SO_2(g)+\frac{1}{2}O_2(g)\rightleftharpoons SO_3(g)$　$K_2^\ominus$

则 $K_2^\ominus=\sqrt{K_1^\ominus}$。

4-4　写出下列反应的标准平衡常数 $K^\ominus$ 的表达式：

(1)$CH_4(g)+H_2O(g)\rightleftharpoons CO(g)+3H_2(g)$

(2)$C(s)+H_2O(g)\rightleftharpoons CO(g)+H_2(g)$

(3)$2MnO_4^-(aq)+5H_2O_2(aq)+6H^+(aq)\rightleftharpoons 2Mn^{2+}(aq)+5O_2(g)+8H_2O(l)$

(4)$2NO_2(g)+7H_2(g)\rightleftharpoons 2NH_3(g)+4H_2O(l)$

4-5　在一定温度下，二硫化碳能被氧氧化，其反应方程式与标准平衡常数如下：

① $CS_2(g)+3O_2(g)\rightleftharpoons CO_2(g)+2SO_2(g)$　$K_1^\ominus$

② $\frac{1}{3}CS_2(g)+O_2(g)\rightleftharpoons \frac{1}{3}CO_2(g)+\frac{2}{3}SO_2(g)$　$K_2^\ominus$

试确定 $K_1^\ominus$、$K_2^\ominus$ 间的关系。

4-6　已知下列两反应的标准平衡常数：

① $XeF_6(g)+H_2O(g)\rightleftharpoons XeOF_4(g)+2HF(g)$　$K_1^\ominus$

② $XeO_4(g)+XeF_6(g)\rightleftharpoons XeOF_4(g)+XeO_3F_2(g)$　$K_2^\ominus$

确定下列反应的标准平衡常数 $K^\ominus$ 与 $K_1^\ominus$、$K_2^\ominus$ 间的关系：

$$XeO_4(g)+2HF(g)\rightleftharpoons XeO_3F_2(g)+H_2O(g)\quad K^\ominus$$

4-7　已知 1 362 K 时下列反应的标准平衡常数：

① $H_2(g)+\frac{1}{2}S_2(g)\rightleftharpoons H_2S(g)$　$K_1^\ominus=0.80$

② $3H_2(g)+SO_2(g)\rightleftharpoons H_2S(g)+2H_2O(g)$　$K_2^\ominus=1.8\times10^4$

计算 1 362 K 时反应：$4H_2(g)+2SO_2(g)\rightleftharpoons S_2(g)+4H_2O(g)$的标准平衡常数 $K^\ominus$。

4-8　将 1.500 mol NO、1.000 mol Cl_2 和 2.500 mol NOCl 在容积为 15.0 L 的容器中混合。230 ℃下，反应 $2NO(g)+Cl_2(g)\rightleftharpoons 2NOCl(g)$达到平衡时测得有 3.060 mol NOCl 存在。计算平衡时 NO 的物质的量和该反应的标准平衡常数 $K^\ominus$。

4-9　在 700 K，100 kPa 下。反应 $2SO_2(g)+O_2(g)\rightleftharpoons 2SO_3(g)$达到平衡时，$SO_2$ 为 0.21 mol、SO_3 为 10.3 mol、O_2 为 5.36 mol、N_2 为 84.12 mol。若反应前后系统的温度、压力不变，试求：

(1)该温度下反应的 $K^\ominus$。

(2)反应开始时 SO_2、O_2、N_2 的物质的量。

(3)SO_2 的转化率。

4-10　在 600 ℃，100 kPa 下发生如下反应：

$$A(g)\rightleftharpoons B(g)+C(g)$$

反应达到平衡时，A 的转化率为 39%。压力不变，700 ℃时，A 的转化率为 50%。求：

(1)该反应在 600 ℃和 700 ℃时 $\Delta_r G_m^\ominus$ 各为多少？推测该反应是吸热反应还是放热反应？是熵增过程还是熵减过程？

(2)若 600 ℃时，压力为 200 kPa，平衡时 A 的转化率是多少？

4-11 反应$\frac{1}{2}Cl_2(g)+\frac{1}{2}F_2(g) \rightleftharpoons ClF(g)$，在 298 K 和 398 K 下，测得其标准平衡常数分别为 9.3×10^9 和 3.3×10^7。

(1)计算 $\Delta_r G_m^\ominus(298\ K)$；

(2)若 298～398 K 范围内 $\Delta_r H_m^\ominus$、$\Delta_r S_m^\ominus$ 基本不变，计算 $\Delta_r H_m^\ominus$ 和 $\Delta_r S_m^\ominus$。

4-12 在 673 K 时，N_2 与 H_2 以 1∶3 的体积比于密闭容器中反应：$N_2(g)+3H_2(g) \rightleftharpoons 2NH_3(g)$。反应达到平衡时，氨的体积分数为 40%。

(1)求该反应的标准 Gibbs 函数变；

(2)求该温度下的 $K^\ominus$；

(3)试估计平衡时所需要的总压力。

4-13 在 420 K，101.3 kPa 时反应：

$$PCl_5(g) \rightleftharpoons PCl_3(g)+Cl_2(g)$$

的 $\Delta_r H_m^\ominus=88.00\ kJ\cdot mol^{-1}$，$\Delta_r G_m^\ominus=8.00\ kJ\cdot mol^{-1}$，则在什么温度下，$PCl_5$ 的分解率是 420 K 时的两倍。(设 $\Delta_r H_m^\ominus$、$\Delta_r S_m^\ominus$ 与温度无关。)

4-14 甲醇可以通过反应 $CO(g)+2H_2(g) \rightleftharpoons CH_3OH(g)$来合成，225 ℃时该反应的 $K^\ominus=6.08\times10^{-3}$。假定开始时 $p(CO)$∶$p(H_2)=1$∶2，平衡时 $p(CH_3OH)=50.0\ kPa$。计算 CO 和 H_2 的平衡分压。

4-15 光气(又称碳酰氯)的合成反应为：$CO(g)+Cl_2(g) \rightleftharpoons COCl_2(g)$，100 ℃下该反应的 $K^\ominus=1.50\times10^8$。若反应开始时，在 1.00 L 容器中 $n_0(CO)=0.035\ 0\ mol$，$n_0(Cl_2)=0.027\ 0\ mol$，$n_0(COCl_2)=0.010\ 0\ mol$，通过计算反应商判断反应方向，并计算平衡时各物种的分压。

4-16 苯甲醇脱氢可用来生产香料苯甲醛。523 K 时，反应 $C_6H_5CH_2OH(g) \rightleftharpoons C_6H_5CHO(g)+H_2(g)$的 $K^\ominus=0.558$。

(1)若将 1.20 g 苯甲醇放在 2.00 L 容器中并加热至 523 K，平衡时，苯甲醛的分压是多少？

(2)平衡时苯甲醇的分解率是多少？

4-17 反应：$PCl_5(g) \rightleftharpoons PCl_3(g)+Cl_2(g)$。

(1)523 K 时，将 0.700 mol PCl_5 注入容积为 2.00 L 的密闭容器中，平衡时有 0.500 mol PCl_5 分解。试计算该温度下的标准平衡常数 $K^\ominus$和 PCl_5 的分解率。

(2)若在上述容器中已达到平衡后，再加入 0.100 mol Cl_2，则 PCl_5 的分解率与(1)的分解率相比相差多少？

(3)若在注入 0.700 mol PCl_5 的同时，就注入了 0.100 mol Cl_2，则平衡时 PCl_5 的分解率为多少？比较(2)和(3)所得结果，可以得出什么结论？

4-18 乙烷裂解生成乙烯：$C_2H_6(g) \rightleftharpoons C_2H_4(g)+H_2(g)$，已知在 1 273 K，100.0 kPa 下，反应达到平衡时，$p(C_2H_6)=2.62\ kPa$，$p(C_2H_4)=48.7\ kPa$，$p(H_2)=48.7\ kPa$。计算

该反应的标准平衡常数 $K^\ominus$。在实际生产中可在定温定压下采用加入过量水蒸气的方法来提高乙烯的产率(水蒸气作为惰性气体加入),试以平衡移动的原理加以说明。

4-19　将 Cl_2、$H_2O(g)$、$HCl(g)$、O_2 四种气体混合后,反应:

$$2Cl_2(g)+2H_2O(g)\rightleftharpoons 4HCl(g)+O_2(g)\quad \Delta_r H_m^\ominus>0$$

达到平衡。根据 Le Châtelier 原理,讨论反应在下列条件改变时对相关各物理量的平衡数值有何影响?(操作条件中没有注明的,是指温度不变和体积不变):

(1)增大容器体积,$n(H_2O,g)$如何变化?

(2)加入 O_2,$n(H_2O,g)$、$n(O_2,g)$、$n(HCl,g)$如何变化?

(3)减小容器体积,$n(Cl_2,g)$、$p(Cl_2)$、$K^\ominus$如何变化?

(4)升高温度,$K^\ominus$、$p(HCl)$如何变化?

(5)加入 N_2,$n(HCl,g)$如何变化?

(6)加催化剂,$n(HCl,g)$如何变化?

4-20　下列叙述是否正确?

(1)对放热反应,温度升高,标准平衡常数 $K^\ominus$ 变小,正反应速率系数变小,逆反应速率系数变大。

(2)催化剂使正、逆反应速率系数增大相同的倍数,而不改变平衡常数。

(3)在一定条件下,某气相反应达到了平衡,在温度不变的条件下,压缩反应系统的体积,系统的总压增大,各物种的分压也增大相同倍数,平衡必定移动。

4-21　碘在水中溶解度很小,但在含有 I^- 的溶液中的溶解度增大,这是因为发生了反应:

$$I_2(aq)+I^-(aq)\rightleftharpoons I_3^-(aq)$$

测得不同温度下的该反应的标准平衡常数。结果如下:

t/℃	3.8	15.3	25.0	35.0	50.2
$K^\ominus$	1 160	841	689	533	409

(1)画出 $\ln K^\ominus$-$1/T$ 图;

(2)估算该反应的 $\Delta_r H_m^\ominus$;

(3)计算 298.15 K 下该反应的 $\Delta_r G_m^\ominus$。

4-22　氨被氧气氧化的反应有:

$$4NH_3(g)+3O_2(g)\rightleftharpoons 2N_2(g)+6H_2O(g)$$

$$4NH_3(g)+5O_2(g)\rightleftharpoons 4NO(g)+6H_2O(g)$$

增加氧气的分压,对上述哪一个反应的平衡移动产生更大的影响?并解释之。

第5章

酸碱解离平衡

酸和碱是工农业生产、科学研究以及日常生活中常见的物质。酸碱反应是人们所熟悉的一类重要反应。本章在简要介绍酸碱质子理论的基础上，讨论水溶液中弱酸和弱碱的解离平衡、盐的水解平衡以及缓冲溶液 pH 的计算。

5.1 酸碱质子理论简介

人们对于酸碱的认识经历了一个由浅入深、由表及里、由现象到本质的过程。最初人们认为有酸味、能使石蕊变红色的物质是酸；而有涩味、滑腻感，能使红色石蕊变蓝的物质是碱。后来人们又从酸的组成上来定义酸。1777 年法国化学家 A. L. Lavoisier 提出了所有的酸都含有氧元素。1810 年，英国化学家 S. H. Davy 从盐酸不含有氧的这一事实出发，指出酸中的共同元素是氢而不是氧。1884 年，瑞典物理化学家 S. Arrhenius 提出了酸碱电离理论，重新定义了酸和碱：在水溶液中电离所生成的阳离子全部是 H^+ 的物质称为酸；在水溶液中电离所生成的阴离子全部是 OH^- 的物质称为碱。酸碱的中和反应生成盐和水。

Arrhenius 酸碱电离理论至今虽然还在广泛应用，但这种理论有其局限性。它把酸和碱只限于水溶液，并且把碱只看作氢氧化物。氨呈碱性，但在其水溶液中并不存在 NH_4OH；许多物质在非水溶液中不能电离出氢离子和氢氧根离子，但却也表现出酸和碱的性质。对于这些现象，电离理论无法说明。

后来人们又提出了溶剂理论、质子理论、电子理论和软硬酸碱理论。

5.1.1 酸碱质子理论的基本概念

1923 年，丹麦化学家 J. N. Brønsted 和英国化学家 T. M. Lowry 同时独立地提出了酸碱质子理论，又称为 Brønsted-Lowry 酸碱理论。

质子理论将能释放出质子的分子或离子定义为酸，将能接受质子的分子或离子定义为碱。酸是质子的给予体，碱是质子的接受体。例如，HCl、HAc、NH_4^+、$[Al(H_2O)_6]^{3+}$ 都能给出质子，它们都是质子酸。

$$\underset{\text{酸}}{HCl} \longrightarrow H^+ + \underset{\text{碱}}{Cl^-}$$

$$\underset{\text{酸}}{HAc} \rightleftharpoons H^+ + \underset{\text{碱}}{Ac^-}$$

$$\underset{\text{酸}}{NH_4^+} \rightleftharpoons H^+ + \underset{\text{碱}}{NH_3}$$

$$\underset{\text{酸}}{[Al(H_2O)_6]^{3+}} \rightleftharpoons H^+ + \underset{\text{碱}}{[Al(OH)(H_2O)_5]^{2+}}$$

酸失去质子后余下的部分是质子碱。例如，Cl^-、Ac^-、NH_3、$[AlOH(H_2O)_5]^{2+}$ 都是相应酸的质子碱，它们都能接受质子。

质子酸和质子碱的关系可以用下列通式表示：

$$\underset{\text{酸}}{HA} \rightleftharpoons H^+ + \underset{\text{碱}}{A^-}$$

有些分子或离子既能给出质子变成碱，又能接受质子变成酸，例如

$$H_2O \rightleftharpoons H^+ + OH^-$$

$$H_2O + H^+ \rightleftharpoons H_3O^+$$

$$H_2PO_4^- \rightleftharpoons H^+ + HPO_4^{2-}$$

$$H_2PO_4^- + H^+ \rightleftharpoons H_3PO_4$$

这样的物质称为两性物质。酸式盐的酸根 HSO_4^-、HSO_3^-、HS^-、HCO_3^-、HPO_4^{2-} 等都是两性物质，$[Al(OH)(H_2O)_5]^{2+}$、$[Al(OH)_2(H_2O)_4]^+$ 等也是两性物质。

根据质子理论，酸给出质子后生成相应的碱，而碱结合质子后又生成相应的酸，酸与碱之间的这种依赖关系称为共轭关系。相应的一对质子酸碱称为共轭酸碱对，它们之间的关系是：酸给出质子后生成其共轭碱，碱接受质子后生成其共轭酸。常见的共轭酸碱对见表 5-1。

表 5-1　　常见的共轭酸碱对

名称	共轭酸	共轭碱
高氯酸	$HClO_4$	ClO_4^-
盐酸	HCl	Cl^-
硫酸	H_2SO_4	HSO_4^-
硝酸	HNO_3	NO_3^-
水合氢离子	H_3O^+	H_2O
硫酸氢根离子	HSO_4^-	SO_4^{2-}
磷酸	H_3PO_4	$H_2PO_4^-$
亚硝酸	HNO_2	NO_2^-
醋酸	CH_3COOH	CH_3COO^-
碳酸	H_2CO_3	HCO_3^-
氢硫酸	H_2S	HS^-
铵离子	NH_4^+	NH_3
氢氰酸	HCN	CN^-
水	H_2O	OH^-

酸碱质子理论认为：酸碱在水溶液中的电离（或称为解离）是质子转移反应。例如，HF 在水溶液中解离，给出 H^+ 后生成其共轭碱 F^-，而 H_2O 接受 H^+ 生成其共轭酸 H_3O^+：

$$\underset{\text{酸(1)}}{HF(aq)} + \underset{\text{碱(2)}}{H_2O(l)} \rightleftharpoons \underset{\text{酸(2)}}{H_3O^+(aq)} + \underset{\text{碱(1)}}{F^-(aq)}$$

又如，NH_3 在水溶液中的解离反应是：

$$\underset{\text{酸(1)}}{H_2O(l)} + \underset{\text{碱(2)}}{NH_3(aq)} \rightleftharpoons \underset{\text{酸(2)}}{NH_4^+(aq)} + \underset{\text{碱(1)}}{OH^-(aq)}$$

在这里，H_2O 给出质子变成其共轭碱 OH^-，而 NH_3 接受质子成为其共轭酸 NH_4^+。

由此可见，在酸的解离反应中，H_2O 是碱；在碱的解离反应中，H_2O 是酸。水是既能给出质子又能接受质子的两性物质之一，从其自身解离反应中也可以看出：

$$\underset{\text{酸(1)}}{H_2O(l)} + \underset{\text{碱(2)}}{H_2O(l)} \xrightleftharpoons{H^+} \underset{\text{酸(2)}}{H_3O^+(aq)} + \underset{\text{碱(1)}}{OH^-(aq)}$$

电离理论中盐类的水解反应实际上也是离子酸碱的质子转移反应。例如，NaAc 的水解反应为

$$\underset{\text{碱(1)}}{Ac^-(aq)} + \underset{\text{酸(2)}}{H_2O(l)} \xrightleftharpoons{H^+} \underset{\text{碱(2)}}{OH^-(aq)} + \underset{\text{酸(1)}}{HAc(aq)}$$

又如，NH_4Cl 的水解反应为

$$\underset{\text{酸(1)}}{NH_4^+(aq)} + \underset{\text{碱(2)}}{H_2O(l)} \xrightleftharpoons{H^+} \underset{\text{酸(2)}}{H_3O^+(aq)} + \underset{\text{碱(1)}}{NH_3(aq)}$$

酸碱中和反应也是质子转移反应。

酸碱质子理论还适用于气相和非水溶液中的酸碱反应。例如，HCl 与 NH_3 在气相中反应实质也是质子转移反应：

$$\underset{\text{酸(1)}}{HCl} + \underset{\text{碱(2)}}{NH_3} \xrightleftharpoons{H^+} \underset{\text{酸(2)}}{NH_4^+} + \underset{\text{碱(1)}}{Cl^-}$$

液氨是常见的非水溶剂，其自身解离反应也是质子转移反应：

$$\underset{\text{酸(1)}}{NH_3(l)} + \underset{\text{碱(2)}}{NH_3(l)} \rightleftharpoons \underset{\text{酸(2)}}{NH_4^+(am)}①+ \underset{\text{碱(1)}}{NH_2^-(am)}$$

同水作为溶剂时一样，液氨也是两性物质。NH_3 的共轭碱是氨基离子 NH_2^-，NH_3 的共轭酸是铵离子 NH_4^+。

*5.1.2 酸和碱的相对强弱

酸和碱在溶液中的强度是指酸给出质子能力和碱接受质子能力的强弱。给出质子能力强的物质是强酸，接受质子能力强的物质是强碱；反之，给出质子能力弱的是弱酸，接受质子能力弱的是弱碱。酸和碱的强度不仅取决于其本身的性质，还与溶剂的性质等因素有关。强弱是相对的，在水溶液中，比较酸碱强弱的标准就是溶剂水。例如，在 HAc 水溶液中，有

$$HAc + H_2O \rightleftharpoons H_3O^+ + Ac^-$$

同样，在 HCN 水溶液中，有

$$HCN + H_2O \rightleftharpoons H_3O^+ + CN^-$$

在这两个反应中，HAc 和 HCN 都是酸，给出 H^+ 的能力却不同。通过比较 HAc 和 HCN 的

---

① am 表示液氨。

解离常数可以确定，HAc 比 HCN 的酸性强。以 H_2O 这个碱作为比较的标准，可以区分 HAc 和 HCN 给出质子能力的强弱，这就是溶剂水的“区分效应”。强酸在水中“百分之百”地解离，例如

$$HClO_4 + H_2O \longrightarrow H_3O^+ + ClO_4^-$$
$$HCl + H_2O \longrightarrow H_3O^+ + Cl^-$$
$$HNO_3 + H_2O \longrightarrow H_3O^+ + NO_3^-$$

$HClO_4$、HCl、HNO_3 分子在水溶液中并不存在，它们的质子全部与 H_2O 结合生成 H_3O^+。因此，在水中能够稳定存在的最强酸是 H_3O^+。水能够同等程度地全部夺取 $HClO_4$、HCl、HNO_3 等这些强酸的质子，以水这种碱不能区分它们之间给出质子能力的差别；或者说，水对这些强酸没有区分作用，拉平了它们之间的强弱差别。这种作用称为溶剂水的“拉平效应”。如果要区分强酸的强弱，必须选取比水更弱的碱作为溶剂。例如，以纯醋酸为溶剂，$HClO_4$ 则不能完全解离，它与醋酸发生如下反应：

$$HClO_4 + CH_3COOH \rightleftharpoons [CH_3C(OH)_2]^+ + ClO_4^-$$

其他强酸也能发生类似的反应，以纯醋酸做溶剂对水中的强酸产生了“区分效应”。

所以区分强酸要选用弱碱，同样，强碱对弱酸也有“区分效应”。

同样，水对弱碱和强碱也分别存在着“区分效应”和“拉平效应”。OH^- 是水中能够存在的最强碱。要区分比 OH^- 更强碱的强弱，应选取比 H_2O 的酸性更弱的酸作为溶剂。

根据酸碱质子理论，酸和碱之间有一定的强弱对应关系：强酸的共轭碱是弱碱，强碱的共轭酸是弱酸；反之，弱酸的共轭碱是强碱，弱碱的共轭酸是强酸。

酸碱反应是争夺质子的过程，结果总是强碱夺取了强酸的质子转化为弱酸，强酸则给出质子转化为弱碱。酸碱反应的方向是强酸与强碱反应生成相应的弱碱和弱酸。

较强的酸(1)＋较强的碱(2)⟶较弱的碱(1)＋较弱的酸(2)

例如

$$HF + CN^- \longrightarrow F^- + HCN \qquad K^{\ominus} = 10^6$$

酸碱质子理论扩大了酸和碱的范畴，加深了人们对酸碱的认识。但是，质子理论也有局限性。它只限于质子的给予和接受，对于无质子参与的酸碱反应则无法解释。

1923 年，美国化学家 G. N. Lewis 提出了酸碱电子理论。Lewis 认为：酸是任何可以接受电子对的分子或离子，是电子对的接受体，必须具有可以接受电子对的空轨道。碱则是可以给出电子对的分子或离子，是电子对的给予体，必须具有未共用的孤对电子。酸碱之间以共价配键相结合，形成酸碱加合物。例如

$$H^+ + :OH^- \longrightarrow H \leftarrow OH$$
$$H^+ + :NH_3 \longrightarrow [H \leftarrow NH_3]^+$$

Lewis 酸碱电子理论的适用范围比质子理论更广泛。例如

$$BF_3 + :F^- \longrightarrow [F \rightarrow BF_3]^-$$
$$Ag^+ + 2:NH_3 \longrightarrow [H_3N \rightarrow Ag \leftarrow NH_3]^+$$

典型的 Lewis 酸碱加合物是配合物，将在第 11 章中详细讨论。

5.2 水的解离平衡和溶液的 pH

拓展阅读

重要的非水溶剂——液氨

水是最重要的常用溶剂。许多生物和环境化学反应以及化工生产都是在水溶液中进行的，下面主要讨论水溶液中的化学平衡。

5.2.1 水的解离平衡

按照酸碱质子理论，水的自身解离平衡可表示为

$$H_2O(l)+H_2O(l) \rightleftharpoons H_3O^+(aq)+OH^-(aq)$$

在纯水中 H_3O^+ 和 OH^- 的浓度相等，并且都很小。一定温度下，该反应达到平衡时，$c(H_3O^+)$和 $c(OH^-)$的乘积是恒定的。根据热力学中对溶质和溶剂标准状态的规定，水解离反应的标准平衡常数表达式为

$$K_w^\ominus=[c(H_3O^+)/c^\ominus][c(OH^-)/c^\ominus] \tag{5-1a}$$

通常可简写为

$$K_w^\ominus=\{c(H_3O^+)\}\{c(OH^-)\}^{①} \tag{5-1b}$$

按照电离理论，水的解离平衡为

$$H_2O(l) \rightleftharpoons H^+(aq)+OH^-(aq)$$

平衡常数表达式为

$$K_w^\ominus=\{c(H^+)\}\{c(OH^-)\} \tag{5-1c}$$

$K_w^\ominus$ 称为水的离子积常数。25 ℃时，$K_w^\ominus=1.0\times10^{-14}$。在稀溶液中，水的离子积常数不受浓度的影响，但随温度的升高，$K_w^\ominus$ 会明显地增大(表 5-2)

表 5-2 不同温度下水的离子积常数 $K_w^\ominus$

t/℃	$K_w^\ominus$	t/℃	$K_w^\ominus$
0	1.15×10^{-15}	40	2.87×10^{-14}
10	2.96×10^{-15}	50	5.31×10^{-14}
20	6.87×10^{-15}	90	3.73×10^{-13}
25	1.01×10^{-14}	100	5.43×10^{-13}

5.2.2 溶液的 pH

在纯水中，$c(H_3O^+)=c(OH^-)$。如果在纯水中加入少量的 HCl 或 NaOH 形成稀溶液，$c(H_3O^+)$和 $c(OH^-)$将发生改变，引起水的解离平衡的移动。达到新的平衡时，$c(H_3O^+)\neq c(OH^-)$。但只要温度保持恒定，$\{c(H_3O^+)\}\{c(OH^-)\}=K_w^\ominus$ 将保持不变。若已知$c(H_3O^+)$，可求得 $c(OH^-)$；反之，若已知 $c(OH^-)$，则可求得 $c(H_3O^+)$。

溶液中 H_3O^+ 浓度或 OH^- 浓度的大小反映了溶液酸碱性的强弱。当 $c(H_3O^+)$在

① $\{c\}$是物质的量浓度 c 的数值。

$10^{-14} \sim 10^{-1}$ mol·L^{-1} 时，通常习惯上以 $c(H_3O^+)$的负对数，即 pH 来表示溶液酸碱性的相对强弱。

$$pH=-\lg\{c(H_3O^+)\} \tag{5-2}$$

与 pH 对应的还有 pOH，也可以用来表示溶液酸碱性的相对强弱，即

$$pOH=-\lg\{c(OH^-)\} \tag{5-3}$$

25 ℃时，在水溶液中，有

$$K_w^\ominus=\{c(H_3O^+)\}\{c(OH^-)\}=1.0\times10^{-14}$$

将等式两边分别取负对数，得

$$-\lg K_w^\ominus=-\lg\{c(H_3O^+)\}-\lg\{c(OH^-)\}=14.00$$

令

$$pK_w^\ominus=-\lg K_w^\ominus$$

则

$$pK_w^\ominus=pH+pOH=14.00 \tag{5-4}$$

pH 是用来表示水溶液酸碱性强弱的一种标度。pH 越小，$c(H_3O^+)$越大，溶液的酸性越强，碱性越弱。溶液的酸碱性与 $c(H_3O^+)$以及 pH 的关系如下：

酸性溶液　$c(H_3O^+)>10^{-7}$ mol·L^{-1}$>c(OH^-)$，pH$<7<$pOH

中性溶液　$c(H_3O^+)=10^{-7}$ mol·L^{-1}$=c(OH^-)$，pH$=7=$pOH

碱性溶液　$c(H_3O^+)<10^{-7}$ mol·L^{-1}$<c(OH^-)$，pH$>7>$pOH

pH 用于表示 $c(H_3O^+)$或 $c(OH^-)$在 1 mol·L^{-1} 以下的溶液的酸碱性。对于 $c(H_3O^+)>1$ mol·L^{-1} 或 $c(OH^-)>1$ mol·L^{-1} 的溶液通常直接用 $c(H_3O^+)$或$c(OH^-)$表示溶液的酸碱性。

在实际工作中用 pH 试纸通常能较准确测定溶液的 pH。精确地测定溶液的 pH 则需要用 pH 计。

5.2.3　酸碱指示剂

用 pH 试纸测定溶液的 pH 方便快捷。pH 试纸是用多种酸碱指示剂的混合溶液浸制而成的。在化学分析中，酸碱滴定也要选用酸碱指示剂，以便准确地控制滴定终点。

酸碱指示剂一般是有机弱酸或有机弱碱。溶液的 pH 改变时，由于质子转移引起指示剂的分子或离子结构发生变化，使其在可见光范围内发生了吸收光谱的改变，因而呈现不同的颜色。

几种常用的酸碱指示剂见表 5-3。每种指示剂都有一定的变色范围，这种变色范围取决于指示剂的解离平衡。

表 5-3　　几种常用酸碱指示剂的变色范围

指示剂	变色范围 pH	颜色变化	指示剂	变色范围 pH	颜色变化
百里酚蓝	1.2～2.8	红～黄	甲基红	4.4～6.2	红～黄
甲基黄	2.9～4.0	红～黄	溴百里酚蓝	6.2～7.6	黄～蓝
甲基橙	3.1～4.4	红～黄	中性红	6.8～8.0	红～黄橙
溴酚蓝	3.0～4.6	黄～紫	酚酞	8.0～10.0	无～红
溴甲酚绿	4.0～5.6	黄～蓝	百里酚酞	9.4～10.6	无～蓝

用酸碱指示剂测定溶液的 pH 是很粗略的，只能知道溶液的 pH 在某一个范围内。

5.3　弱酸和弱碱的解离平衡

弱酸和弱碱在水溶液中大部分以分子形式存在，它们与水发生质子转移反应，只能部分解离出阳、阴离子。弱酸、弱碱在水溶液中的解离平衡完全服从化学平衡的一般规律。

5.3.1　一元弱酸、弱碱的解离平衡

1. 一元弱酸的解离平衡

在一元弱酸 HA 的水溶液中存在着下列解离平衡（或电离平衡）：

$$HA(aq)+H_2O(l) \rightleftharpoons H_3O^+(aq)+A^-(aq)$$

通常可简写为

$$HA \rightleftharpoons H^+ + A^-$$

平衡时 $c(HA)$、$c(H_3O^+)$和 $c(A^-)$之间有下列关系

$$K_a^\ominus(HA)=\frac{[c(H_3O^+)/c^\ominus][c(A^-)/c^\ominus]}{[c(HA)/c^\ominus]} \tag{5-5a}$$

或

$$K_a^\ominus(HA)=\frac{\{c(H_3O^+)\}\{c(A^-)\}}{\{c(HA)\}} \tag{5-5b}$$

式中，$K_a^\ominus(HA)$称为弱酸 HA 的解离常数。

弱酸解离常数的大小表明了酸的相对强弱。在相同温度下，解离常数大的酸给出质子的能力强，其酸性较强。例如，25 ℃时，$K_a^\ominus(HCOOH)=1.8\times10^{-4}$，$K_a^\ominus(CH_3COOH)=1.8\times10^{-5}$。当浓度相同时，甲酸溶液的酸性比乙酸强。$K_a^\ominus$ 受温度的影响变化不大。25 ℃时，常见弱酸的解离常数见附录 2。

弱酸的解离常数可以通过实验测定，即用 pH 计测定一定浓度弱酸溶液的 pH，再经过计算来确定。如果已知弱酸的解离常数 $K_a^\ominus$，就可以计算出一定浓度的弱酸溶液的平衡组成。实际上，在弱酸溶液中同时存在着弱酸和水的两种解离平衡，它们之间相互联系，相互影响。通常 $K_a^\ominus \gg K_w^\ominus$，当 $c(HA)$不是很小时，H_3O^+ 主要来自 HA 的解离。因此，计算弱酸 HA 溶液中的 $c(H_3O^+)$时，可以不考虑水解离产生的 H_3O^+。

【例 5-1】　计算 25 ℃时 0.10 mol·L^{-1}HAc(醋酸)溶液中 H_3O^+、Ac^-、HAc、OH^- 的

浓度及溶液的 pH。

解　由附录 2 查得 $K_a^{\ominus}(\mathrm{HAc})=1.8\times10^{-5}$。设平衡时 HAc 解离了 x mol·L^{-1}。

$$\mathrm{HAc(aq)+H_2O(l)\rightleftharpoons H_3O^+(aq)+Ac^-(aq)}$$

开始浓度/(mol·L^{-1})　0.10　　0　　0

平衡浓度/(mol·L^{-1})　$0.10-x$　　x　　x

$$K_a^{\ominus}(\mathrm{HAc})=\frac{\{c(\mathrm{H_3O^+})\}\{c(\mathrm{Ac^-})\}}{\{c(\mathrm{HAc})\}}=\frac{x^2}{0.10-x}=1.8\times10^{-5}$$

解得

$$x=1.3\times10^{-3}$$

$$c(\mathrm{H_3O^+})=c(\mathrm{Ac^-})=1.3\times10^{-3}\ \mathrm{mol\cdot L^{-1}}$$

$$c(\mathrm{HAc})=(0.10-1.3\times10^{-3})\ \mathrm{mol\cdot L^{-1}}\approx0.10\ \mathrm{mol\cdot L^{-1}}$$

溶液中的 OH^- 来自水的解离。由 $K_w^{\ominus}=\{c(\mathrm{H_3O^+})\}\{c(\mathrm{OH^-})\}$ 得

$$c(\mathrm{OH^-})=\frac{1.0\times10^{-14}}{1.3\times10^{-3}}\mathrm{mol\cdot L^{-1}}=7.7\times10^{-12}\ \mathrm{mol\cdot L^{-1}}$$

由 H_2O 本身解离出来的 $c(\mathrm{H_3O^+})=c(\mathrm{OH^-})=7.7\times10^{-12}$ mol·L^{-1}，远远小于 1.3×10^{-3} mol·L^{-1}，因此可以忽略水解离所产生的 H_3O^+。

$$\mathrm{pH}=-\lg\{c(\mathrm{H_3O^+})\}=-\lg(1.3\times10^{-3})=2.89$$

弱酸或弱碱在水溶液中的解离程度常用解离度(或电离度)α 表示。弱酸 HA 的解离度定义为：弱酸 HA 达到解离平衡时已解离弱酸的浓度与弱酸初始浓度的比值，即

$$\alpha(\mathrm{HA})=\frac{c_0(\mathrm{HA})-c_{eq}(\mathrm{HA})}{c_0(\mathrm{HA})}\times100\%$$

例如，在例 5-1 中，0.10 mol·L^{-1} HAc 的解离度

$$\alpha=\frac{1.3\times10^{-3}}{0.10}\times100\%=1.3\%$$

弱酸(或弱碱)解离度的大小也可以表示酸(或碱)的相对强弱。在温度、浓度相同的条件下，解离度大的酸，$K_a^{\ominus}$ 大，其酸性强；解离度小的酸，$K_a^{\ominus}$ 小，其酸性弱。

弱酸的解离度不仅与 $K_a^{\ominus}$ 有关，还与浓度有关。解离度也可以通过实验测定。经过化学分析确定了弱酸 HA 的精确浓度，再用 pH 计测定其 pH，进而可计算出 $c(\mathrm{H_3O^+})$、α 和 $K_a^{\ominus}$。

解离常数和解离度都可以用来表示弱酸或弱碱的相对强弱，它们之间的定量关系可以推导如下。

以 HA(aq)的解离平衡为例，设 HA 的初始浓度为 c，平衡时解离度为 α，则

$$\mathrm{HA(aq)+H_2O(l)\rightleftharpoons H_3O^+(aq)+A^-(aq)}$$

平衡浓度　$c(1-\alpha)$　　$c\alpha$　　$c\alpha$

$$K_a^{\ominus}(\mathrm{HA})=\frac{\{c\alpha\}^2}{\{c(1-\alpha)\}}=\frac{\{c\}\alpha^2}{1-\alpha}$$

当 $\{c\}/K_a^{\ominus}(\mathrm{HA})>400$ 时，$1-\alpha\approx1$，则

$$K_a^{\ominus}(\mathrm{HA})=\{c\alpha^2\}$$

$$\alpha=\sqrt{\frac{K_{a}^{\ominus}(HA)}{\{c\}}} \tag{5-6}$$

式(5-6)表明，在一定温度下，一元弱酸的解离度随弱酸浓度的减小而增大，这一关系叫作稀释定律。即 $K_{a}^{\ominus}$ 保持不变，当溶液被稀释时，α 增大。

利用式(5-6)可以推出一元弱酸溶液中 $c(H_3O^+)$ 的近似计算公式。根据 α 的定义有

$$\alpha=\frac{\{c(H_3O^+)\}}{\{c\}}$$

代入式(5-6)得

$$\frac{\{c(H_3O^+)\}}{\{c\}}=\sqrt{\frac{K_{a}^{\ominus}(HA)}{\{c\}}}$$

所以

$$\{c(H_3O^+)\}=\sqrt{K_{a}^{\ominus}(HA)\cdot\{c\}} \tag{5-7}$$

应用式(5-7)时要注意是否符合近似条件。

2. 一元弱碱的解离平衡

一元弱碱的解离平衡与一元弱酸的解离平衡原理相同。在弱碱 B 的溶液中，存在下列解离反应：

$$B(aq)+H_2O(l) \rightleftharpoons BH^+(aq)+OH^-(aq)$$

平衡时

$$K_{b}^{\ominus}(B)=\frac{\{c(BH^+)\}\{c(OH^-)\}}{\{c(B)\}} \tag{5-8}$$

$K_{b}^{\ominus}$ 称为一元弱碱的解离常数(见附录 2)。当 $\{c(B)\}/K_{b}^{\ominus}(B)>400$ 时，可以推导出：

$$\{c(OH^-)\}=\sqrt{K^{\ominus}(B)\{c(B)\}} \tag{5-9}$$

和

$$\alpha=\sqrt{\frac{K_{b}^{\ominus}(B)}{\{c(B)\}}} \tag{5-10}$$

【例 5-2】 已知 25 ℃时，0.20 mol·L^{-1} 氨水的 pH 为 11.27。计算溶液中 OH^- 的浓度、氨的解离常数 $K_{b}^{\ominus}$ 和解离度。

解 由 pH=11.27 可以求得

pOH=14.00−11.27=2.73，　$c(OH^-)=10^{-2.73}\ \mathrm{mol\cdot L^{-1}}=1.9\times10^{-3}\ \mathrm{mol\cdot L^{-1}}$

$$c(NH_4^+)=1.9\times10^{-3}\ \mathrm{mol\cdot L^{-1}}$$

$$NH_3(aq)+H_2O(l) \rightleftharpoons NH_4^+(aq)+OH^-(aq)$$

$$K_{b}^{\ominus}(NH_3)=\frac{\{c(NH_4^+)\}\{c(OH^-)\}}{\{c(NH_3)\}}=\frac{(1.9\times10^{-3})^2}{0.20-1.9\times10^{-3}}=1.8\times10^{-5}$$

$$\alpha=\frac{1.9\times10^{-3}}{0.20}\times100\%=0.95\%$$

5.3.2 多元弱酸的解离平衡

多元弱酸的解离是分步进行的。前面所讨论的一元弱酸的解离平衡原理仍然适用于多

元弱酸的解离平衡。以碳酸①为例，其在水溶液中的解离分两步进行。

第一步：

$$H_2CO_3(aq)+H_2O(l)\rightleftharpoons H_3O^+(aq)+HCO_3^-(aq)$$

$$K_{a1}^{\ominus}(H_2CO_3)=\frac{\{c(H_3O^+)\}\{c(HCO_3^-)\}}{\{c(H_2CO_3)\}}=4.2\times10^{-7}$$

第二步：

$$HCO_3^-(aq)+H_2O(l)\rightleftharpoons H_3O^+(aq)+CO_3^{2-}(aq)$$

$$K_{a2}^{\ominus}(H_2CO_3)=\frac{\{c(H_3O^+)\}\{c(CO_3^{2-})\}}{\{c(HCO_3^-)\}}=4.7\times10^{-11}$$

实际上，在多元弱酸溶液中，除了的酸自身的分步解离平衡之外，还有溶剂水的解离平衡。它们能同时达到平衡。这些平衡中有相同的物种 H_3O^+，平衡时 $c(H_3O^+)$保持不变，并且满足各平衡常数表达式的数量关系。但是各平衡的 $K^{\ominus}$ 数值大小不同，它们解离出来的 H_3O^+ 的浓度对溶液中 H_3O^+ 的总浓度贡献不同。多数多元酸的 $K_{a1}^{\ominus}$，$K_{a2}^{\ominus}$，…都相差很大(见附录 2)。在 $K_{a1}^{\ominus}\gg K_{a2}^{\ominus}$ 和 $K_{a1}^{\ominus}\gg K_{w}^{\ominus}$ 的情况下，溶液中的 H_3O^+ 主要来自第一步解离反应，计算溶液中的 $c(H_3O^+)$可按一元弱酸的解离平衡作近似处理。

【例 5-3】　计算 0.010 mol·L^{-1} H_2CO_3 溶液中 H_3O^+、H_2CO_3、HCO_3^-、CO_3^{2-} 和 OH^- 的浓度以及溶液的 pH。

解　设由 H_2CO_3、HCO_3^-、H_2O 中解离的 H_3O^+ 浓度分别为 x mol·L^{-1}、y mol·L^{-1}、z mol·L^{-1}，因为$K_{a1}^{\ominus}(H_2CO_3)\gg K_{a2}^{\ominus}(H_2CO_3)$，$K_{a1}^{\ominus}(H_2CO_3)\gg K_{w}^{\ominus}$，所以，溶液中的 H_3O^+ 主要来自 H_2CO_3 的第一步解离反应，即 $x+y+z\approx x$，则

$$H_2CO_3(aq)+H_2O(l)\rightleftharpoons H_3O^+(aq)+HCO_3^-(aq)$$

平衡浓度/(mol·L^{-1})　$0.010-x$　　　x　　　x

$$K_{a1}^{\ominus}=\frac{\{c(H_3O^+)\}\{c(HCO_3^-)\}}{\{c(H_2CO_3)\}}=\frac{x^2}{0.010-x}=4.2\times10^{-7}$$

由于$\{c\}/K_{a1}^{\ominus}>400$，所以 $0.010-x\approx0.010$，则

$$\frac{x^2}{0.010}=4.2\times10^{-7},\quad x=6.5\times10^{-5}$$

$$c(H_3O^+)=c(HCO_3^-)=6.5\times10^{-5}\ \text{mol}\cdot\text{L}^{-1}$$

$$c(H_2CO_3)\approx0.010\ \text{mol}\cdot\text{L}^{-1}$$

CO_3^{2-} 是在碳酸的第二步解离中产生的，即

$$HCO_3^-(aq)+H_2O(l)\rightleftharpoons H_3O^+(aq)+CO_3^{2-}(aq)$$

平衡浓度/(mol·L^{-1}) $6.5\times10^{-5}-y$　　　$6.5\times10^{-5}+y$　　　y

$$K_{a2}^{\ominus}=\frac{\{c(H_3O^+)\}\{c(CO_3^{2-})\}}{\{c(HCO_3^-)\}}=\frac{(6.5\times10^{-5}+y)y}{6.5\times10^{-5}-y}=4.7\times10^{-11}$$

由于 $6.5\times10^{-5}/K_{a2}^{\ominus}\gg400$，所以 $6.5\times10^{-5}\pm y\approx6.5\times10^{-5}$，则

---

① 实际上，CO_2 溶解在水中主要以 CO_2 的形式存在，仅有少部分同水反应生成 H_2CO_3。这里的$c(H_2CO_3)$表示了两者浓度的总和。在 25 ℃和 $p(CO_2)=100$ kPa 下，每升水可溶解的 CO_2 约为 0.034 mol。

$$y=4.7\times10^{-11}$$

$$c(CO_3^{2-})\approx4.7\times10^{-11}\ mol\cdot L^{-1}$$

OH^- 来自 H_2O 的解离平衡，即

$$H_2O(l)+H_2O(l) \rightleftharpoons H_3O^+(aq) + OH^-(aq)$$

平衡浓度/$(mol\cdot L^{-1})$ $\qquad 6.5\times10^{-5}+y+z \qquad z$

$$K_w^\ominus=\{c(H_3O^+)\}\{c(OH^-)\}=(6.5\times10^{-5}+y+z)z=1.0\times10^{-14}$$

由于 $K_{a1}^\ominus\gg K_{a2}^\ominus, K_{a1}^\ominus\gg K_w^\ominus$，则 $6.5\times10^{-5}+y+z\approx6.5\times10^{-5}$，所以

$$6.5\times10^{-5}z=1.0\times10^{-14},\quad z=1.5\times10^{-10}$$

$$c(OH^-)=1.5\times10^{-10}\ mol\cdot L^{-1}$$

$$pH=-lg\{c(H_3O^+)\}=-lg(6.5\times10^{-5})=4.19$$ ■

由上述计算过程可见，多元弱酸的解离平衡较一元弱酸复杂，需要注意的是，同一溶液中同一物种的浓度应同时满足两个以上的平衡。通过上述分析，得到如下结论：

(1)多元弱酸的解离是分步进行的，一般 $K_{a1}^\ominus\gg K_{a2}^\ominus\gg K_{a3}^\ominus$，溶液中的 H^+ 主要来自多元弱酸的第一步解离，计算 $c(H^+)$ 或 pH 时可只考虑第一步解离，按一元弱酸处理。酸的强度也用 $K_{a1}^\ominus$ 来衡量。

(2)对仅含有二元弱酸的溶液，$K_{a1}^\ominus\gg K_{a2}^\ominus$ 时，酸根离子的浓度 $c(A^{2-})=K_{a2}^\ominus(H_2A)$，而与弱酸的初始浓度无关。但这个结论不适用于三元弱酸溶液。例如，在磷酸溶液中，有

$$c(PO_4^{3-})\neq K_{a2}^\ominus(H_3PO_4)$$

(3)在二元弱酸 H_2A 中，$c(H_3O^+)\neq2c(A^{2-})$。若将二元弱酸 H_2A 的两步解离平衡相加，得

$$H_2A(aq)+H_2O(l)\rightleftharpoons H_3O^+(aq)+HA^-(aq) \qquad K_{a1}^\ominus$$

$$+\ HA^-(aq)+H_2O(l)\rightleftharpoons H_3O^+(aq)+A^{2-}(aq) \qquad K_{a2}^\ominus$$

$$\overline{H_2A(aq)+2H_2O(l)\rightleftharpoons 2H_3O^+(aq)+A^{2-}(aq)}$$

根据多重平衡规则，有

$$K^\ominus=\frac{\{c(H_3O^+)\}^2\{c(A^{2-})\}}{\{c(H_2A)\}}=K_{a1}^\ominus K_{a2}^\ominus$$

$$\{c(A^{2-})\}=\frac{K_{a1}^\ominus K_{a2}^\ominus\{c(H_2A)\}}{\{c(H_3O^+)\}^2}$$

若在二元弱酸溶液中加入强酸，则 $c(H_3O^+)$ 主要来自强酸的全部解离产生的 H_3O^+。由于 $\{c(A^{2-})\}$ 与 $\{c(H_3O^+)\}^2$ 成反比，因此，可以通过加入强酸改变溶液 pH 的方法来控制溶液中的 $c(A^{2-})$。

5.4 盐的水解平衡

按照电离理论，盐是酸碱反应的产物。盐类多数为强电解质，在水中完全解离为阴、阳离子。由强酸强碱所形成的盐解离产生的阴、阳离子不水解，其水溶液为中性。其他盐类在水中解离所产生的阴、阳离子中有些能发生水解反应。按照酸碱质子理论，水解反应属于质

子转移反应，这些水解的离子称为离子酸或离子碱。盐溶液的酸碱性取决于这些离子酸和离子碱的相对强弱。

5.4.1　强酸弱碱盐(离子酸)的水解

强酸弱碱盐通常在水中完全解离，生成的阳离子在水溶液中发生水解反应，它们的水溶液呈酸性。例如，NH_4Cl 在水中全部解离，有

$$NH_4Cl(s) \xrightarrow{H_2O(l)} NH_4^+(aq) + Cl^-(aq)$$

$Cl^-(aq)$不水解，而 $NH_4^+(aq)$与 H_2O 发生质子转移反应，有

$$NH_4^+(aq) + H_2O(l) \rightleftharpoons NH_3(aq) + H_3O^+(aq)$$

该反应的标准平衡常数为离子酸 NH_4^+ 的解离常数，其表达式为

$$K_a^{\ominus}(NH_4^+) = \frac{\{c(H_3O^+)\}\{c(NH_3)\}}{\{c(NH_4^+)\}}$$

$K_a^{\ominus}(NH_4^+)$又称为 NH_4^+ 的水解常数，也可以用 $K_h^{\ominus}(NH_4^+)$表示。$K_a^{\ominus}(NH_4^+)$与 NH_3 的解离常数 $K_b^{\ominus}(NH_3)$之间有一定的联系，即

$$K_a^{\ominus}(NH_4^+) = \frac{\{c(H_3O^+)\}\{c(NH_3)\}}{\{c(NH_4^+)\}} \times \frac{c(OH^-)}{c(OH^-)} = \frac{K_w^{\ominus}}{K_b^{\ominus}(NH_3)}$$

$$K_a^{\ominus}(NH_4^+)K_b^{\ominus}(NH_3) = K_w^{\ominus}$$

水溶液中任何一对共轭酸碱的解离常数及 $K_w^{\ominus}$ 之间的关系都符合下列通式，即

$$K_a^{\ominus}K_b^{\ominus} = K_w^{\ominus} \tag{5-11}$$

利用式(5-11)可以由 $K_w^{\ominus}$ 和 $K_a^{\ominus}$ 计算离子碱的 $K_b^{\ominus}$；反之，亦可以由 $K_w^{\ominus}$ 和 $K_b^{\ominus}$ 求得离子酸的 $K_a^{\ominus}$。

确定了离子酸或离子碱的水解常数之后，就可以采用与计算一般弱酸、弱碱平衡组成相同的方法来计算盐溶液的平衡组成、pH 及水解度(h)。所谓盐的水解度即离子酸或离子碱的解离度，其定义为

$$h = \frac{\text{已水解盐的浓度}}{\text{盐的初始浓度}} \times 100\% \tag{5-12}$$

水解度用于表示盐水解程度的大小。

【例 5-4】　计算 0.10 mol·L^{-1} NH_4Cl 溶液的 pH 和 NH_4^+ 的解离度。

解　由附录 2 查得 $K_b^{\ominus}(NH_3) = 1.8 \times 10^{-5}$，则

$$K_a^{\ominus}(NH_4^+) = \frac{K_w^{\ominus}}{K_b^{\ominus}(NH_3)} = \frac{1.0 \times 10^{-14}}{1.8 \times 10^{-5}} = 5.6 \times 10^{-10}$$

$$NH_4^+(aq) + H_2O(l) \rightleftharpoons NH_3(aq) + H_3O^+(aq)$$

平衡浓度/(mol·L^{-1})　$0.10 - x$　　　x　　　x

代入水解常数表达式，则

$$\frac{x^2}{0.10 - x} = 5.6 \times 10^{-10}, \quad x = 7.5 \times 10^{-6}$$

由于水解常数很小，可以采用近似方法计算。

$$c(H_3O^+)=7.5\times10^{-6}\ mol\cdot L^{-1},\quad pH=-\lg 7.5\times10^{-6}=5.12$$

NH_4^+ 的水解度为

$$h(NH_4^+)=\frac{7.5\times10^{-6}}{0.10}\times100\%=0.007\ 5\%$$

或者

$$\alpha(NH_4^+)=\sqrt{\frac{K_a^\ominus(NH_4^+)}{\{c\}}}=\sqrt{\frac{5.6\times10^{-10}}{0.10}}=0.007\ 5\%$$

许多水合金属离子(如$[Fe(H_2O)_6]^{3+}$、$[Al(H_2O)_6]^{3+}$等)中,金属离子半径小、所带正电荷较多,它们的水溶液呈现酸性。这也是由于水合金属离子与溶剂水之间发生质子转移反应引起的。例如

$$[Fe(H_2O)_6]^{3+}(aq)+H_2O(l)\rightleftharpoons[Fe(OH)(H_2O)_5]^{2+}(aq)+H_3O^+(aq)$$

影响盐类水解平衡的因素有温度和浓度。盐的水解反应是中和反应的逆反应,是吸热反应,$\Delta_r H_m^\ominus>0$。随着温度升高,水解常数增大,水解加剧。例如,将 $Fe(NO_3)_3$ 溶液加热,颜色逐渐加深,甚至生成红棕色沉淀。稀释定律也适用于盐类的水解反应,当温度一定时,盐的浓度越小,水解度越大。

有些强酸弱碱盐溶液由于水解而生成沉淀,例如

$$SnCl_2(aq)+H_2O(l)\rightleftharpoons Sn(OH)Cl(s)+HCl(aq)$$

$$SbCl_3(aq)+H_2O(l)\rightleftharpoons SbOCl(s)+2HCl(aq)$$

$$Bi(NO_3)_3(aq)+H_2O(l)\rightleftharpoons BiONO_3(s)+2HNO_3(aq)$$

为了抑制水解的发生,应加入相应的酸,使水解平衡向左移动。配制这类溶液时,通常先将其盐溶于较浓的相应酸中,然后再加水稀释到一定浓度。有时人们利用水解反应来提纯和制备化合物,例如,在无机化工产品的生产过程中,利用 Fe^{3+} 水解生成 $Fe(OH)_3$ 沉淀,再经过滤将铁杂质除去。

实验视频

$SbCl_3$ 的水解

5.4.2 强碱弱酸盐(离子碱)的水解

强碱弱酸盐在水中完全解离生成的阳离子(如 Na^+、K^+)不水解,但阴离子在水中发生水解反应,其水溶液显碱性。例如,在 NaAc 水溶液中,有

$$Ac^-(aq)+H_2O(l)\rightleftharpoons HAc(aq)+OH^-(aq)$$

该反应的标准平衡常数表达式为

$$K_b^\ominus(Ac^-)=\frac{\{c(HAc)\}\{c(OH^-)\}}{\{c(Ac^-)\}}=\frac{K_w^\ominus}{K_a^\ominus(HAc)}$$

式中,$K_b^\ominus(Ac^-)$是离子碱 Ac^- 的解离常数,即为 Ac^- 的水解常数。

由附录 2 中查到$K_a^\ominus(HAc)$,即可以计算 $K_b^\ominus(Ac^-)$和盐溶液的平衡组成及 pH。

多元强碱弱酸盐溶液也呈碱性,它们在水中解离产生的阴离子(如 CO_3^{2-},PO_4^{3-} 等)是多元离子碱,它们的水解反应也是分步进行的,每一步解离(水解)常数与其相应的共轭酸的解离常数之间的关系也符合式(5-11)。例如,Na_2CO_3 水溶液中的水解反应分两步进行,即

$$CO_3^{2-}(aq)+H_2O(l)\rightleftharpoons HCO_3^-(aq)+OH^-(aq)$$

第一级水解常数

$$K_{b1}^{\ominus}(CO_3^{2-})=\frac{K_w^{\ominus}}{K_{a2}^{\ominus}(H_2CO_3)}=\frac{1.0\times10^{-14}}{4.7\times10^{-11}}=2.1\times10^{-4} \qquad (5\text{-}12a)$$

$$HCO_3^-(aq)+H_2O(l)\rightleftharpoons H_2CO_3(aq)+OH^-(aq)$$

第二级水解常数

$$K_{b2}^{\ominus}(CO_3^{2-})=\frac{K_w^{\ominus}}{K_{a1}^{\ominus}(H_2CO_3)}=\frac{1.0\times10^{-14}}{4.2\times10^{-7}}=2.4\times10^{-8} \qquad (5\text{-}12b)$$

由于

$$K_{a1}^{\ominus}(H_2CO_3)\gg K_{a2}^{\ominus}(H_2CO_3)$$

所以

$$K_{b1}^{\ominus}(CO_3^{2-})\gg K_{b2}^{\ominus}(CO_3^{2-})$$

由此可见，CO_3^{2-} 的第一级水解反应是主要的。在计算 Na_2CO_3 溶液的 pH 时，可只考虑第一步水解反应。

【例 5-5】 计算 25 ℃时 0.10 $mol\cdot L^{-1}$ Na_3PO_4 溶液的 pH。

解 Na_3PO_4 是三元强碱弱酸盐。PO_4^{3-} 的水解常数在化学手册中是查不到的，但可根据共轭酸碱的解离常数和 $K_w^{\ominus}$ 的关系求得。由附录 2 中查得其共轭酸 HPO_4^{2-} 的解离常数 $K_{a3}^{\ominus}(H_3PO_4)=4.5\times10^{-13}$，所以

$$K_{b1}^{\ominus}(PO_4^{3-})=\frac{K_w^{\ominus}}{K_{a3}^{\ominus}(H_3PO_4)}=\frac{1.0\times10^{-14}}{4.5\times10^{-13}}=0.022$$

$$PO_4^{3-}(aq)+H_2O(l)\rightleftharpoons HPO_4^{2-}(aq)+OH^-(aq)$$

平衡浓度/$(mol\cdot L^{-1})$　$0.10-x$　　　x　　　x

$$K_{b1}^{\ominus}(PO_4^{3-})=\frac{\{c(HPO_4^{2-})\}\{c(OH^-)\}}{\{c(PO_4^{3-})\}}=\frac{x^2}{0.10-x}=0.022$$

因为 $K_{b1}^{\ominus}(PO_4^{3-})$ 较大，$0.10-x\neq0.10$，所以不能近似计算。解一元二次方程得

$$x=0.037$$

$$c(OH^-)=0.037\ mol\cdot L^{-1}$$

$$pH=14.00+\lg\{c(OH^-)\}=14.00+\lg0.037=12.57$$

■

5.4.3 弱酸弱碱盐的水解

弱酸弱碱盐在水溶液中完全解离出的阴、阳离子都能发生水解反应。例如，在 NH_4Ac 溶液中，NH_4^+ 和 Ac^- 的水解反应为

$$NH_4^+(aq)+H_2O(l)\rightleftharpoons NH_3(aq)+H_3O^+(aq)$$

$$Ac^-(aq)+H_2O(l)\rightleftharpoons HAc(aq)+OH^-(aq)$$

两式相加得总反应，即

$$NH_4^+(aq)+Ac^-(aq)\rightleftharpoons NH_3(aq)+HAc(aq)$$

$$K_h^\ominus = \frac{\{c(NH_3)\}\{c(HAc)\}}{\{c(NH_4^+)\}\{c(Ac^-)\}} \times \frac{\{c(H_3O^+)\}\{c(OH^-)\}}{\{c(H_3O^+)\}\{c(OH^-)\}}$$

$$= \frac{K_w^\ominus}{K_a^\ominus(HAc)K_b^\ominus(NH_3)} = \frac{1.0\times10^{-14}}{1.8\times10^{-5}\times1.8\times10^{-5}}$$

$$= 3.1\times10^{-5}$$

由此可见，NH_4^+ 的水解与 Ac^- 的水解相互促进，双水解的趋势比两者的单一水解（$K_h^\ominus$ 均为 5.6×10^{-10}）的趋势都大。

对于一般的弱酸弱碱盐，则有

$$K_h^\ominus = \frac{K_w^\ominus}{K_a^\ominus K_b^\ominus} \tag{5-13}$$

弱酸弱碱盐溶液的酸碱性取决于 $K_a^\ominus$ 和 $K_b^\ominus$ 的相对大小。例如，$K_a^\ominus(HAc) = K_b^\ominus(NH_3)$，$NH_4Ac$ 溶液呈中性；$K_a^\ominus(HF) > K_b^\ominus(NH_3)$，$NH_4F$ 溶液呈酸性；$K_a^\ominus(HCN) < K_b^\ominus(NH_3)$，$NH_4CN$ 溶液呈碱性。

从理论上可以推导出弱酸弱碱盐溶液中氢离子浓度的近似计算公式为

$$\{c(H_3O^+)\} = \sqrt{\frac{K_w^\ominus K_a^\ominus}{K_b^\ominus}} \tag{5-14}$$

限于教材的篇幅，这里不再介绍详细的推导过程。由式(5-14)可见，在一定条件下，$c(H_3O^+)$ 与弱酸弱碱盐的浓度无关，但盐的初始浓度也不能太小。

5.4.4 酸式盐溶液的酸碱性

多元酸的酸式盐（如 $NaHCO_3$、NaH_2PO_4、Na_2HPO_4、邻苯二甲酸氢钾 $KHC_8H_4O_4$ 等），溶于水后完全解离生成的阴离子既能给出质子又能接受质子，属于两性物质。例如，在 $NaHCO_3$ 水溶液中，HCO_3^- 能发生解离反应，即

$$HCO_3^-(aq) + H_2O(l) \rightleftharpoons H_3O^+(aq) + CO_3^{2-}(aq)$$

$$K_{a2}^\ominus(H_2CO_3) = \frac{\{c(H_3O^+)\}\{c(CO_3^{2-})\}}{\{c(HCO_3^-)\}} = 4.7\times10^{-11} \tag{1}$$

同时也能发生水解反应，即

$$HCO_3^-(aq) + H_2O(l) \rightleftharpoons H_2CO_3(aq) + OH^-(aq)$$

$$K_{b2}^\ominus(CO_3^{2-}) = \frac{\{c(H_2CO_3)\}\{c(OH^-)\}}{\{c(HCO_3^-)\}} = \frac{K_w^\ominus}{K_{a1}^\ominus(H_2CO_3)} = 2.4\times10^{-8} \tag{2}$$

酸式盐溶液的酸碱性可以通过比较解离常数和水解常数的相对大小来确定。例如，$K_{a2}^\ominus(H_2CO_3) < K_{b2}^\ominus(CO_3^{2-})$，$NaHCO_3$ 溶液呈碱性。又如，$K_{a2}^\ominus(H_3PO_4) > K_{b3}^\ominus(PO_4^{3-})$，$NaH_2PO_4$ 溶液呈酸性。

酸式盐溶液平衡组成的计算非常复杂，这里不做详细讨论。从理论上可以推导出计算 $NaHCO_3$ 溶液中 $c(H_3O^+)$ 的近似公式为

$$\{c(H_3O^+)\} = \sqrt{K_{a1}^\ominus(H_2CO_3)K_{a2}^\ominus(H_2CO_3)}$$

对于一般的酸式盐溶液，则有

$$\{c(H_3O^+)\}=\sqrt{K^{\ominus}_{a,n}K^{\ominus}_{a,n+1}} \qquad (5\text{-}15)$$

由式(5-15)可见，$c(H_3O^+)$与酸式盐的初始浓度无关。

5.5　缓冲溶液

溶液的 pH 是影响许多化学反应的因素之一。生物体内的各种生化反应也要严格地在一定的 pH 范围才能正常进行。例如，人体内血液的 pH 要保持在 7.35～7.45，否则将有生命危险。因此应用缓冲溶液控制反应系统的 pH 非常重要。

实验视频

同离子效应

5.5.1　同离子效应与缓冲溶液

1. 同离子效应

根据 Le Châtelier 原理，在弱酸或弱碱的溶液中，某一物种浓度的改变将导致解离平衡发生移动。例如，由例 5-1 计算结果可知，0.10 mol · L^{-1} HAc 溶液的 pH＝2.89，解离度为 1.3%。若在该溶液中加入少量 $NH_4Ac(s)$，用 pH 试纸测得其 pH 为 5 左右。实验表明，加入 $NH_4Ac(s)$后，$c(Ac^-)$增大，HAc 的解离平衡

$$HAc(aq)+H_2O(l)\rightleftharpoons H_3O^+(aq)+Ac^-(aq)$$

向左移动，HAc 的解离度降低，$c(H_3O^+)$减小，溶液的酸性减弱。

【例 5-6】　在 0.10 mol · L^{-1} 的 HAc 溶液中加入 NH_4Ac 晶体，使 NH_4Ac 浓度为 0.10 mol · L^{-1}。计算该溶液的 pH 和 HAc 的解离度 α。

解　加入的 $NH_4Ac(s)$完全解离为 $NH_4^+(aq)$和 $Ac^-(aq)$，则 Ac^- 的浓度为 0.10 mol · L^{-1}。

$$HAc(aq)+H_2O(l)\rightleftharpoons H_3O^+(aq)+Ac^-(aq)$$

平衡浓度/(mol · L^{-1})　$0.10-x$　　x　　$0.10+x$

$$K^{\ominus}_a(HAc)=\frac{\{c(H_3O^+)\}\{c(Ac^-)\}}{\{c(HAc)\}}=\frac{x(0.10+x)}{0.10-x}=1.8\times10^{-5}$$

由于加入 NH_4Ac 使平衡向左移动，解离出的 H_3O^+ 浓度变小，所以

$$0.10\pm x\approx0.10,\quad x=1.8\times10^{-5}$$

$$c(H_3O^+)=1.8\times10^{-5}\,\text{mol}\cdot L^{-1},\quad pH=4.74$$

$$\alpha=\frac{1.8\times10^{-5}}{0.10}\times100\%=0.018\%$$

与 0.10 mol · L^{-1} HAc 溶液相比，0.10 mol · L^{-1} HAc 和 0.10 mol · L^{-1} NH_4Ac 混合溶液中，HAc 的解离度大大降低。

同理，在弱碱溶液中加入与弱碱溶液含有相同离子的强电解质，也会使弱碱的解离平衡向生成弱碱的方向移动，降低弱碱的解离度。由此可以得出结论：在弱酸或弱碱溶液中分别加入与这种弱酸或弱碱含有相同离子的强电解质，使弱酸或弱碱的解离度降低，这种作用称为同离子效应。

显然，在弱酸或弱碱溶液中分别加入强酸或强碱，也会产生同离子效应。

2. 缓冲溶液

先比较下列两组实验事实：在两份 50 mL 纯水中分别加入 1 滴(0.05 mL)1.0 mol·L^{-1} HCl(aq)和 1 滴 1.0 mol·L^{-1} NaOH(aq)，用 pH 计测得两种溶液的 pH 分别为 3.00 和 11.00。而在两份 50 mL 由 0.10 mol·L^{-1} HAc 和 0.10 mol·L^{-1} NaAc 组成的混合溶液中也分别加入 1 滴 1.0 mol·L^{-1} HCl(aq)和 1 滴 1.0 mol·L^{-1} NaOH(aq)，用 pH 计测得的 pH 分别为 4.73 和 4.75，与加酸、碱之前相比变化很小。

由此可见，在纯水中加入少量强酸或强碱，pH 变化明显，即纯水不具有保持 pH 相对稳定的性能。但在 HAc 和 NaAc 这对共轭酸碱组成的溶液中，加入少量的强酸或强碱，溶液的 pH 改变很小，表明这类溶液具有缓解氢离子浓度变化、保持 pH 基本不变的性能。同样，质子酸 NH_4Cl 与其共轭碱 NH_3 的混合溶液等也都具有这种性质。这种具有能保持 pH 相对稳定性能的溶液(也就是不因加入少量强酸或强碱而显著改变 pH 的溶液)叫作缓冲溶液。通常缓冲溶液由弱酸及其共轭碱组成。例如，人类体液中存在 H_2CO_3-HCO_3^-、$H_2PO_4^-$-HPO_4^{2-} 和 NH_3-NH_4^+ 缓冲系统。

3. 缓冲作用原理

缓冲溶液为什么能保持 pH 相对稳定，不因加入少量强酸或强碱而引起 pH 较大的变化？下面以弱酸 HA 及其共轭碱 A^- 为例加以说明。在 HA 溶液中发生解离反应为

$$HA(aq)+H_2O(l) \rightleftharpoons H_3O^+(aq)+A^-(aq)$$

反应达到平衡时，有

$$K_a^{\ominus}(HA)=\frac{\{c(H_3O^+)\}\{c(A^-)\}}{\{c(HA)\}}$$

$$\{c(H_3O^+)\}=K_a^{\ominus}(HA)\frac{\{c(HA)\}}{\{c(A^-)\}}$$

由于 $K_a^{\ominus}(HA)$是常数，所以 $c(H_3O^+)$取决于 $c(HA)/c(A^-)$。如果组成缓冲溶液的弱酸及其共轭碱的浓度相对都比较大，当加入少量强碱时(不考虑所引起溶液体积的变化)，OH^- 与 HA 反应生成 A^- 和 H_2O，导致 $c(A^-)$略有增大，$c(HA)$略有减小，但 $c(HA)/c(A^-)$变化不大，所以 $c(H_3O^+)$变化也很小。同样，当加入少量盐酸时，H_3O^+ 与 A^- 反应，生成 HA 和 H_2O，使 $c(A^-)$略有减小，$c(HA)$略有增大。但由于 $c(HA)/c(A^-)$变化不大，所以 $c(H_3O^+)$变化也很小。不难理解，如果将缓冲溶液加水稀释，pH 基本保持不变。

5.5.2 缓冲溶液 pH 的计算

计算缓冲溶液 pH 的基本方法实质上是弱酸或弱碱平衡组成的计算，所不同的是要考虑同离子效应。例如，HAc 和 Ac^- 组成的缓冲溶液 pH 的计算可用例 5-6 中的方法。

对于一般弱酸 HA 与其共轭碱 A^- 所组成的缓冲溶液，若 HA 和 A^- 的初始浓度分别为 c_a mol·L^{-1} 和 c_s mol·L^{-1}，则有

$$HA(aq)+H_2O(l) \rightleftharpoons H_3O^+(aq)+A^-(aq)$$

平衡浓度/(mol·L^{-1})　c_a-x　　　x　　　c_s+x

由解离常数的表达式得

$$\{c(H_3O^+)\}=K_a^{\ominus}(HA)\frac{\{c(HA)\}}{\{c(A^-)\}}$$

将等式两边分别取负对数,得

$$-\lg\{c(H_3O^+)\}=-\lg K_a^{\ominus}(HA)-\lg\frac{c(HA)}{c(A^-)}$$

$$pH=pK_a^{\ominus}(HA)-\lg\frac{c(HA)}{c(A^-)}=pK_a^{\ominus}(HA)-\lg\frac{c_a-x}{c_s+x}$$

如果 $K_a^{\ominus}(HA)$很小,由于同离子效应,$c_a-x\approx c_a$,$c_s+x\approx c_s$,则

$$pH=pK_a^{\ominus}(HA)-\lg\frac{c_a}{c_s} \tag{5-16a}$$

或

$$pH=pK_a^{\ominus}(HA)-\lg\frac{c_0(HA)}{c_0(A^-)} \tag{5-16b}$$

式(5-16b)称为 Henderson-Hasselbalch 方程,用于计算酸性缓冲溶液的 pH。

对于弱碱 B 与其共轭酸 BH^+ 所组成的缓冲溶液,也可以从 BH^+ 的水解平衡推导出计算其 pH 的相应公式。若 B 和 BH^+ 的初始浓度分别为 c_b mol·L^{-1} 和 c_s mol·L^{-1},则

$$BH^+(aq)+H_2O(l)\rightleftharpoons B(aq)+H_3O^+(aq)$$

平衡浓度/(mol·L^{-1})　c_s-x　　　c_b+x　　　x

水解常数

$$K_a^{\ominus}(BH^+)=\frac{\{c(B)\}\{c(H_3O^+)\}}{\{c(BH^+)\}}=\frac{K_w^{\ominus}}{K_b^{\ominus}(B)}$$

所以

$$\{c(H_3O^+)\}=\frac{K_w^{\ominus}}{K_b^{\ominus}(B)}\frac{c(BH^+)}{c(B)}$$

将等式两边分别取负对数,得

$$pH=pK_w^{\ominus}-pK_b^{\ominus}(B)+\lg\frac{c(B)}{c(BH^+)}$$

25 ℃时,有

$$pH=14.00-pK_b^{\ominus}(B)+\lg\frac{c_b+x}{c_s-x}$$

如果 $K_w^{\ominus}/K_b^{\ominus}(B)$很小,则 $c_b+x\approx c_b$,$c_s-x\approx c_s$

$$pH=14.00-pK_b^{\ominus}(B)+\lg\frac{c_b}{c_s} \tag{5-17a}$$

或

$$pH=14.00-pK_b^{\ominus}(B)+\lg\frac{c_0(B)}{c_0(BH^+)} \tag{5-17b}$$

式(5-17b)用于计算 NH_3-NH_4Cl 这类碱性缓冲溶液的 pH。

【例 5-7】 在 50.0 mL 的 0.150 mol·L^{-1} NH_3(aq)和 0.200 mol·L^{-1} NH_4Cl 缓冲溶液中加入 1.00 mL 0.100 mol·L^{-1} 的 HCl 溶液。计算加入 HCl 溶液前后溶液的 pH 各为多少?

解 加盐酸之前

$$\begin{aligned} pH &= 14.00 - pK_b^{\ominus}(NH_3) + \lg\frac{c_0(NH_3)}{c_0(NH_4^+)} \\ &= 14.00 + \lg(1.8\times10^{-5}) + \lg\frac{0.150}{0.200} \\ &= 9.14 \end{aligned}$$

加入 1.00 mL 0.100 mol·L^{-1} HCl 溶液之后,可认为这时溶液的总体积为(50.0+1.00) mL。HCl 全部解离产生的 H_3O^+ 与缓冲溶液中的 NH_3 反应生成 NH_4^+,使 NH_3 的浓度减小,而 NH_4^+ 的浓度增加。

	$NH_3(aq) + H_2O(l) \rightleftharpoons$	$NH_4^+(aq)$ +	$OH^-(aq)$
加入 HCl 前浓度/(mol·L^{-1})	0.150	0.200	
加入 HCl 后平衡浓度/(mol·L^{-1})	$\frac{0.150\times50.00-0.100\times1.00}{50.0+1.00}-x$ $=0.145-x$	$\frac{0.200\times50.0+0.100\times1.00}{50.0+1.00}+x$ $=0.198+x$	x

$$\frac{x(0.198+x)}{0.145-x}=1.8\times10^{-5},\quad x=1.3\times10^{-5}$$

$$c(OH^-)=1.3\times10^{-5}\,mol\cdot L^{-1}$$

$$pH=14.00+\lg1.3\times10^{-5}=9.11$$

■

5.5.3 缓冲溶液的选择与配制

从缓冲作用原理的讨论和缓冲溶液 pH 的计算都可以看出,缓冲溶液的 pH 主要由 $pK_a^{\ominus}(HA)$或 $14.00-pK_b^{\ominus}(B)$决定。其次还与 $c_0(HA)/c_0(A^-)$或 $c_0(B)/c_0(BH^+)$有关。

在化学分析中定义:使缓冲溶液的 pH 改变 1.0 所需的强酸或强碱的量,称为缓冲能力。所以要保证较强的缓冲能力,应使缓冲溶液的 pH 尽可能接近 $pK_a^{\ominus}$ 或($14.00-pK_b^{\ominus}$),此外,共轭酸碱的浓度应当足够大。

对于弱酸 HA 及其共轭碱 A^- 组成的缓冲溶液,$pK_a^{\ominus}-1$ 到 $pK_a^{\ominus}+1$ 这一 pH 范围内,缓冲作用有效,此范围叫作缓冲范围。与此相对应的 $c_0(HA)/c_0(A^-)$应在 1/10~10/1。表 5-4 列出了常见的缓冲溶液及其缓冲范围。

表 5-4　常见的缓冲溶液及其缓冲范围

弱酸	共轭碱	$pK_a^{\ominus}$	缓冲范围
醋酸(HAc)	醋酸钠(NaAc)	1.8×10^{-5}	3.7~5.7
磷酸二氢钠(NaH_2PO_4)	磷酸氢二钠(Na_2HPO_4)	6.2×10^{-8}	6.2~8.2
氯化铵(NH_4Cl)	氨水(NH_3)	5.6×10^{-10}	8.3~10.3
碳酸氢钠($NaHCO_3$)	碳酸钠(Na_2CO_3)	4.7×10^{-11}	9.3~11.3
磷酸氢二钠(Na_2HPO_4)	磷酸钠(Na_3PO_4)	4.5×10^{-13}	11.3~13.3

在选择和使用缓冲溶液时应注意：

(1)除了 H_3O^+ 或 OH^- 参与的反应之外，缓冲溶液不能与反应物或生成物发生其他副反应。

(2)所选缓冲溶液中，弱酸的 $pK_a^\ominus$ 或弱碱的 $14.00-pK_b^\ominus$ 应尽可能接近所要求的 pH，使得缓冲能力较强。

在选定了适当缓冲范围的缓冲溶液系统之后，根据所要求的 pH、缓冲溶液的体积以及共轭酸碱的浓度，可以计算出所需共轭酸碱的体积或物质的量。

【例 5-8】 欲配制 1.00 L pH 为 5.00 的缓冲溶液，其中 HAc 的浓度为 $0.200\ \text{mol}\cdot\text{L}^{-1}$。试计算所需 $2.00\ \text{mol}\cdot\text{L}^{-1}$ HAc 的体积和 $NaAc\cdot 3H_2O$(摩尔质量为 $136.1\ \text{g}\cdot\text{mol}^{-1}$)晶体的质量。

解　对于 HAc-NaAc 缓冲溶液，可用式(5-16)进行计算。

$$\text{pH}=pK_a^\ominus(\text{HAc})-\lg\frac{c_a}{c_s}$$

$\text{pH}=5.00$，$K_a^\ominus=1.8\times10^{-5}$，$c_a=0.200$ 代入上式，得

$$5.00=-\lg 1.8\times10^{-5}-\lg\frac{0.200}{c_s}$$

解得 $c_s=0.360$，即

$$c_0(\text{NaAc})=0.360\ \text{mol}\cdot\text{L}^{-1}$$

所需 $NaAc\cdot 3H_2O$ 的质量

$$m=0.360\ \text{mol}\cdot\text{L}^{-1}\times1.00\ \text{L}\times136.1\ \text{g}\cdot\text{mol}^{-1}=49.0\ \text{g}$$

所需 $2.00\ \text{mol}\cdot\text{L}^{-1}$ HAc 溶液的体积为

$$V=\frac{0.200\ \text{mol}\cdot\text{L}^{-1}\times1.00\ \text{L}}{2.00\ \text{mol}\cdot\text{L}^{-1}}=0.100\ \text{L}$$

称取 49.0 g $NaAc\cdot 3H_2O$，溶于少量水中，再加入 0.100 L $2.00\ \text{mol}\cdot\text{L}^{-1}$ HAc 溶液，稀释至 1.00 L，即可配成所需要的 $\text{pH}=5.00$ 的缓冲溶液。

从相关化学手册中可以查到常用缓冲溶液的配制方法。

拓展阅读

人体血液中的缓冲系统

习　题　5

5-1　何谓质子酸？何谓质子碱？何谓两性物质？

5-2　写出下列质子酸的共轭碱：

HCN，HSO_4^-，HNO_2，HF，H_3PO_4，HIO_3，$[Al(OH)(H_2O)_5]^{2+}$，$[Zn(H_2O)_6]^{2+}$

5-3　写出下列质子碱的共轭酸：

$HCOO^-$，ClO^-，S^{2-}，CO_3^{2-}，HSO_3^-，$P_2O_7^{4-}$，$C_2O_4^{2-}$，CH_3NH_2

5-4　根据酸碱质子理论，确定下列物种哪些是酸，哪些是碱，哪些是两性物质？

SO_3^{2-}，H_3AsO_3，$Cr_2O_7^{2-}$，HCO_3^-，BrO^-，$H_2PO_4^-$，HS^-，H_3PO_3

5-5　计算下列溶液中的 $c(H_3O^+)$、$c(OH^-)$ 和 pOH：

(1)柠檬汁的 pH＝3.40；　(2)葡萄酒的 pH＝3.70；

(3)某海域海水的 pH＝8.70；　(4)儿童胃液的 pH＝4.00；

(5)某酸雨的 pH=4.22；　　　　(6)唾液的 pH=7.20。

5-6 计算下列溶液的 pH：

(1)将 100 mL 2.0×10^{-3} mol·L^{-1} HCl 和 400 mL 1.0×10^{-3} mol·L^{-1} $HClO_4$ 混合；

(2)混合等体积的 0.20 mol·L^{-1} HCl 和 0.10 mol·L^{-1} NaOH；

(3)将 pH 为 8.00 和 10.00 的 NaOH 溶液等体积混合；

(4)将 pH 为 2.00 的强酸和 pH 为 13.00 的强碱溶液等体积混合；

5-7 何谓弱酸或弱碱的解离常数？何谓解离度？两者之间的关系与区别是什么？

5-8 次氯酸可用于水处理或用作游泳池消毒剂。实验测得 0.150 mol·L^{-1} HClO 的 pH=4.18。计算 $K_a^{\ominus}$(HClO)。

5-9 实验测得 0.010 mol·L^{-1} 甲酸(HCOOH)溶液的 pH 为 2.90。试计算该溶液的解离度及解离常数 $K_a^{\ominus}$。

5-10 阿司匹林(Asprin)的有效成分是乙酰水杨酸($HC_9H_7O_4$)，其 $K_a^{\ominus}=3.0\times10^{-4}$。在水中溶解 0.65 g 乙酰水杨酸，最后稀释至 65 mL。计算该溶液的 pH。

5-11 已知 25 ℃时氨水的解离常数 $K_b^{\ominus}=1.8\times10^{-5}$。计算 0.10 mol·$L^{-1}$ 氨水溶液中 OH^- 的浓度、溶液的 pH 和解离度。

5-12 麻黄素($C_{10}H_{15}ON$)是一种碱，$K_b^{\ominus}(C_{10}H_{15}ON)=1.4\times10^{-4}$。

(1)写出麻黄素与水反应的离子方程式，即麻黄素这种弱碱的解离反应方程式；

(2)写出麻黄素的共轭酸，并计算其 $K_a^{\ominus}$ 值。

5-13 已知 H_2S 的 $pK_{a1}^{\ominus}=6.91$，$pK_{a2}^{\ominus}=12.90$。试计算饱和 H_2S 溶液(浓度为 0.10 mol·L^{-1})中 H_2S、H^+、HS^-、S^{2-} 的浓度及溶液的 pH。

5-14 水杨酸(邻羟基苯甲酸，$C_7H_4O_3H_2$)是二元弱酸。25 ℃下，$K_{a1}^{\ominus}=1.06\times10^{-3}$，$K_{a2}^{\ominus}=3.6\times10^{-14}$。计算 0.065 mol·$L^{-1}$ $C_7H_4O_3H_2$ 溶液中各物种的浓度和 pH。

5-15 写出下列各种盐水解反应的离子方程式，并判断这些盐溶液的 pH 大于 7，等于 7，还是小于 7。

(1)NaF；　　(2)$SnCl_2$；　　(3)$SbCl_3$；

(4)$Bi(NO_3)_3$；　　(5)Na_2S；　　(6)NH_4HCO_3。

5-16 下列各物种浓度均为 0.10 mol·L^{-1}，试按 pH 由小到大的顺序排列起来。

NaBr，　HBr，　NH_4Br，　$(NH_4)_2CO_3$，　Na_3PO_4，　Na_2CO_3

5-17 计算下列盐溶液的 pH：

(1)0.10 mol·L^{-1} NaCN；　　(2)0.010 mol·L^{-1} Na_2CO_3；

*(3)0.10 mol·L^{-1} NaH_2PO_4；　　*(4)0.10 mol·L^{-1} Na_2HPO_4。

5-18 什么是同离子效应？什么是缓冲溶液？举例说明缓冲作用的原理。

5-19 计算下列各溶液的 pH：

(1)20.0 mL 0.10 mol·L^{-1} NaOH 和 20.0 mL 0.10 mol·L^{-1} NH_4Cl 溶液混合；

(2)20.0 mL 0.10 mol·L^{-1} HCl 和 20.0 mL 0.10 mol·L^{-1} NH_3(aq)混合；

(3)20.0 mL 0.10 mol·L^{-1} HCl 和 20.0 mL 0.20 mol·L^{-1} NH_3(aq)混合；

(4)20.0 mL 0.20 mol·L^{-1} HAc 和 20.0 mL 0.20 mol·L^{-1} NaOH 溶液混合；

(5)20.0 mL 0.10 mol·L^{-1} HCl 和 20.0 mL 0.20 mol·L^{-1} NaAc 溶液混合；

5-20　在 50.0 mL 0.10 mol·L^{-1} HAc 与 0.10 mol·L^{-1} NaAc 组成的缓冲溶液中加入 1.0 mL 0.10 mol·L^{-1} HCl(aq)，溶液的 pH 为多少？若再加入 2 mL 0.10 mol·L^{-1} NaOH(aq)，溶液的 pH 又为多少？

5-21　计算下列各溶液的 pH：

(1)300.0 mL 0.500 mol·L^{-1} H_3PO_4 与 250.0 mL 0.300 mol·L^{-1} NaOH 的混合溶液；

(2)300.0 mL 0.500 mol·L^{-1} H_3PO_4 与 500.0 mL 0.500 mol·L^{-1} NaOH 的混合溶液；

(3)300.0 mL 0.500 mol·L^{-1} H_3PO_4 与 400.0 mL 1.00 mol·L^{-1} NaOH 的混合溶液。

5-22　缓冲溶液的 pH 是由哪些因素决定的？选择缓冲溶液要注意哪些原则？

5-23　根据酸、碱的解离常数，应选取何种酸及其共轭碱来配制 pH＝4.50 和 pH＝10.50 的缓冲溶液，其共轭酸、碱的浓度比应是多少？

5-24　欲配制 250 mL pH 为 5.00 的缓冲溶液，应在 125 mL 1.0 mol·L^{-1} NaAc 溶液中加入多少毫升 6.0 mol·L^{-1} HAc 溶液？

5-25　今有 2.00 L 0.500 mol·L^{-1} NH_3(aq) 和 2.00 L 0.500 mol·L^{-1} HCl 溶液，若只用这两种溶液配制 pH＝9.00 的缓冲溶液，不再加水，最多能配制多少升缓冲溶液？其中 $c(NH_3)$、$c(NH_4^+)$ 各为多少？

第6章

沉淀-溶解平衡

第5章讨论的弱酸弱碱在水溶液中的解离平衡是单相离子平衡。在难溶强电解质的饱和溶液中存在着沉淀-溶解平衡，即难溶电解质与溶解产生的离子之间的多相离子平衡。这种平衡广泛地应用于工业生产、生物化学、医学及生态学领域。

本章首先讨论沉淀-溶解平衡和溶度积常数，然后应用溶度积规则讨论沉淀的生成与溶解，以及pH对沉淀-溶解平衡的影响，最后讨论沉淀的转化。

6.1 溶度积常数

物质的溶解性常用溶解度来定量地表示。在一定温度下，某物质在100 g水中溶解达到饱和时所含溶质的质量称为该物质在水中的溶解度。本章主要讨论溶解度小于0.1 g/100 gH_2O的微溶和难溶强电解质的沉淀-溶解平衡。

6.1.1 溶度积

在一定温度下，将难溶电解质的晶体放入水中时，会发生溶解和沉淀两个过程。将硫酸钡晶体放入水中时，晶体表面的Ba^{2+}和SO_4^{2-}在水分子的作用下，不断进入溶液中，成为水合离子，这一过程称为$BaSO_4(s)$的溶解。与此同时，溶液中的$Ba^{2+}(aq)$和$SO_4^{2-}(aq)$在不断运动中相互碰撞或与未溶解的$BaSO_4(s)$表面碰撞，会以$BaSO_4$沉淀的形式析出，这一过程称为$BaSO_4(s)$的沉淀。难溶电解质的溶解和沉淀过程是可逆的。在一定条件下，当溶解和沉淀速率相等时，反应达到了一种动态的多相离子平衡，可表示为

$$BaSO_4(s) \underset{\text{沉淀}}{\overset{\text{溶解}}{\rightleftharpoons}} Ba^{2+}(aq) + SO_4^{2-}(aq)$$

该反应的标准平衡常数表达式为

$$K_{sp}^{\ominus} = [c(Ba^{2+})/c^{\ominus}][c(SO_4^{2-})/c^{\ominus}] \qquad (6\text{-}1)$$

或简写为

$$K_{sp}^{\ominus} = \{c(Ba^{2+})\}\{c(SO_4^{2-})\}$$

$K_{sp}^{\ominus}$ 叫作溶度积常数，简称溶度积。$c(Ba^{2+})$和$c(SO_4^{2-})$分别为饱和溶液中Ba^{2+}和SO_4^{2-}的浓度。

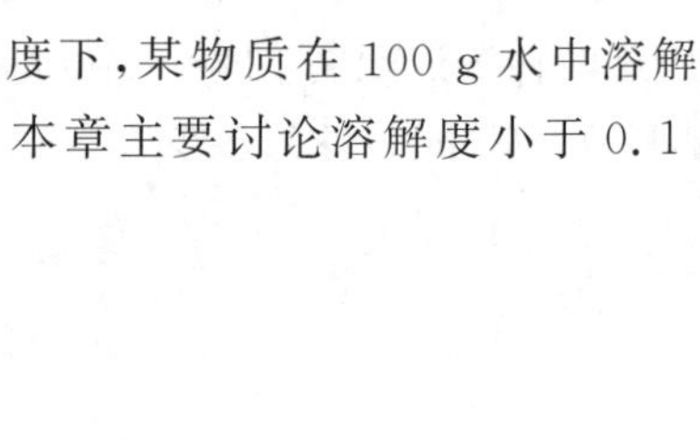

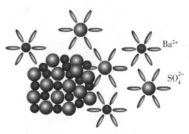

图 6-1 溶解与沉淀过程

对于一般的沉淀反应

$$A_nB_m(s) \rightleftharpoons nA^{m+}(aq) + mB^{n-}(aq)$$

其溶度积的通式为

$$K_{sp}^{\ominus}(A_nB_m) = [c(A^{m+})/c^{\ominus}]^n[c(B^{n-})/c^{\ominus}]^m \tag{6-2}$$

或

$$K_{sp}^{\ominus}(A_nB_m) = \{c(A^{m+})\}^n\{c(B^{n-})\}^m$$

溶度积等于沉淀-溶解平衡时离子浓度幂的乘积，每种离子浓度的指数与化学计量式中该离子的系数相等。溶度积可通过实验测得，也可由热力学函数计算得到。常见难溶电解质的溶度积常数见附录 3。

难溶电解质的溶度积常数只与温度有关。温度升高，多数难溶电解质的溶度积增大。

应当注意，在多相离子平衡系统中，必须有未溶解的固相存在，否则就不能保证系统处于平衡状态。

6.1.2　溶度积和溶解度的相互换算

溶度积和溶解度都可以用来表示难溶电解质的溶解性，它们之间可以相互换算。

1. 由溶解度计算溶度积

在溶度积的表达式中，离子浓度必须是物质的量浓度，其单位为 $mol \cdot L^{-1}$。而溶解度的单位往往是 $g/100\ gH_2O$。难溶电解质饱和溶液是极稀的溶液，可将溶剂水的质量看作与溶液的质量相等，因此很容易计算出饱和溶液的浓度，并换算出溶度积。

【例 6-1】 在 25 ℃下，将固体 AgCl 放入纯水中，达到沉淀-溶解平衡时，测得 AgCl 的溶解度为 $1.92 \times 10^{-3} g \cdot L^{-1}$。试求该温度下 AgCl 的溶度积。

解　已知 $M_r(AgCl) = 143.3$，先将 AgCl 的溶解度换算为以 $mol \cdot L^{-1}$ 为单位的溶解度，即

$$s = \frac{1.92 \times 10^{-3}\ g \cdot L^{-1}}{143.3\ g \cdot mol^{-1}} = 1.34 \times 10^{-5}\ mol \cdot L^{-1}$$

假设在 AgCl 饱和溶液中，溶解了的 AgCl 完全解离，即

$$AgCl(s) \rightleftharpoons Ag^+(aq) + Cl^-(aq)$$

平衡浓度为　　　　s　　　s

$$K_{sp}^{\ominus}(AgCl) = \{c(Ag^+)\}\{c(Cl^-)\} = \{s\}^2 = (1.34 \times 10^{-5})^2 = 1.80 \times 10^{-10}$$ ■

2. 由溶度积计算溶解度

【例 6-2】 已知 25 ℃时 Ag_2CrO_4 的溶度积为 1.1×10^{-12}，试求 $Ag_2CrO_4(s)$ 在水中的溶解度(单位：$g \cdot L^{-1}$)。

解　设 $Ag_2CrO_4(s)$ 的溶解度为 $x\ mol \cdot L^{-1}$。

$$Ag_2CrO_4(s) \rightleftharpoons 2Ag^+(aq) + CrO_4^{2-}(aq)$$

平衡浓度/$(mol \cdot L^{-1})$　　　$2x$　　　x

$$K_{sp}^{\ominus}(Ag_2CrO_4) = \{c(Ag^+)\}^2\{c(CrO_4^{2-})\} = (2x)^2 \cdot x = 1.1 \times 10^{-12}$$

$$x = 6.5 \times 10^{-5}$$

$M_r(Ag_2CrO_4) = 331.7$，Ag_2CrO_4 在水中的溶解度为

$$s=6.5\times10^{-5}\ \mathrm{mol\cdot L^{-1}}\times331.7\ \mathrm{g\cdot mol^{-1}}=2.2\times10^{-2}\ \mathrm{g\cdot L^{-1}}$$

在例 6-1 和例 6-2 中，AgCl 是 AB 型难溶电解质，其化学式中阳、阴离子数之比为 1∶1；Ag_2CrO_4 是 A_2B 型难溶电解质，其化学式中，阳、阴离子数之比为 2∶1。

对于相同类型的难溶电解质，$K_{sp}^{\ominus}$ 大者，其溶解度也大。例如

	AgCl	AgBr	AgI
$K_{sp}^{\ominus}$	1.8×10^{-10}	5.3×10^{-13}	8.3×10^{-17}
$s/(\mathrm{mol\cdot L^{-1}})$	1.3×10^{-5}	7.3×10^{-7}	9.1×10^{-9}

对于不同类型的难溶电解质，$K_{sp}^{\ominus}$ 大者，其溶解度不一定大。例如，例 6-1 和例 6-2 中，$K_{sp}^{\ominus}(AgCl)>K_{sp}^{\ominus}(Ag_2CrO_4)$，但 AgCl 的溶解度却比 Ag_2CrO_4 的小。这是由于两者的 $K_{sp}^{\ominus}$ 与 s 的换算关系不同所致。只有同一类型的难溶电解质才可以通过溶度积来比较它们溶解度的相对大小。对于不同类型的难溶电解质，必须通过计算而不能直接由它们的溶度积来比较其溶解度的相对大小。

溶度积常数描述的是未溶解的固相与溶液中的离子之间的平衡，由 $K_{sp}^{\ominus}$ 计算得来的溶解度是离子溶解度。实际上，难溶电解质的饱和溶液中可能同时存在多种平衡（如分子的部分解离、分步解离、离子的水解等），它们会影响难溶电解质的溶解度。因此，实测溶解度往往大于离子溶解度。尽管如此，溶度积和溶解度的相互换算在只需要确定溶解度数量级的情况下仍然有用。许多难溶电解质的实际溶解度与由溶度积算出的溶解度属于同一数量级。

6.2 沉淀的生成和溶解

同其他化学平衡一样，难溶电解质的沉淀-溶解平衡也是在一定条件下达到的动态平衡。如果条件改变，沉淀-溶解平衡将会向生成沉淀或沉淀溶解的方向移动。

6.2.1 溶度积规则

对于难溶电解质的多相离子平衡，有

$$A_nB_m(s) \rightleftharpoons nA^{m+}(aq)+mB^{n-}(aq)$$

其反应商（在这里又可称为难溶电解质的离子积）J 表达式为

$$J=[c(A^{m+})/c^{\ominus}]^n[c(B^{n-})/c^{\ominus}]^m$$

或简写为

$$J=\{c(A^{m+})\}^n\{c(B^{n-})\}^m$$

依据平衡移动原理，比较 J 与 $K_{sp}^{\ominus}$，可以得出：

(1) $J>K_{sp}^{\ominus}$，平衡向左移动，从溶液中析出沉淀。

(2) $J=K_{sp}^{\ominus}$，溶液为饱和溶液，溶液中的离子与沉淀之间处于动态平衡状态。

(3) $J<K_{sp}^{\ominus}$，溶液为不饱和溶液，无沉淀析出；若原来系统中有沉淀，平衡向右移动，沉淀溶解。

这就是沉淀-溶解平衡的反应商判据，称为溶度积规则，可用来判断沉淀的生成或溶解。

例如，在 0.10 mol·L^{-1} Na_2CO_3 溶液中逐滴加入 0.10 mol·L^{-1} $BaCl_2$ 溶液，当

$$J=\{c(Ba^{2+})\}\{c(CO_3^{2-})\}>K_{sp}^{\ominus}(BaCO_3)$$

时，会析出 $BaCO_3$ 白色沉淀。随着 $c(Ba^{2+})$ 增大，沉淀量逐渐增多，$c(CO_3{}^{2-})$ 逐渐减小。

如果在上述含有 $BaCO_3$ 沉淀的溶液中逐滴加入盐酸溶液，$BaCO_3$ 沉淀会逐渐溶解，并有大量气泡生成。这是因为盐酸解离出的 H^+ 与 CO_3^{2-} 反应生成 CO_2 和 H_2O，使得溶液中的 $c(CO_3^{2-})$ 降低，当

$$J=\{c(Ba^{2+})\}\{c(CO_3{}^{2-})\}<K_{sp}^{\ominus}(BaCO_3)$$

时，$BaCO_3$ 会逐渐溶解。

【例 6-3】 25 ℃时，某溶液中 $c(SO_4^{2-})$ 为 6.0×10^{-4} mol·L^{-1}。若在 40.0 L 该溶液中加入 2.40 L 0.010 mol·L^{-1} $BaCl_2$ 溶液。(1)试判断是否能生成 $BaSO_4$ 沉淀；(2)如果有 $BaSO_4$ 沉淀生成，计算平衡时溶液中 SO_4^{2-} 的浓度。

解 (1)由附录 3 查得 $K_{sp}^{\ominus}(BaSO_4)=1.1\times10^{-10}$。

两种溶液混合后，有

$$c_0(SO_4^{2-})=\frac{6.0\times10^{-4}\ \text{mol}\cdot\text{L}^{-1}\times40.0\ \text{L}}{(40.0+2.40)\ \text{L}}=5.7\times10^{-4}\ \text{mol}\cdot\text{L}^{-1}$$

$$c_0(Ba^{2+})=\frac{0.010\ \text{mol}\cdot\text{L}^{-1}\times2.40\ \text{L}}{(40.0+2.40)\ \text{L}}=5.7\times10^{-4}\ \text{mol}\cdot\text{L}^{-1}$$

$$J=\{c_0(Ba^{2+})\}\{c_0(SO_4^{2-})\}=(5.7\times10^{-4})^2=3.2\times10^{-7}$$

$J>K_{sp}^{\ominus}(BaSO_4)$，所以有 $BaSO_4$ 沉淀生成。

(2)设 Ba^{2+} 与 SO_4^{2-} 反应生成 $BaSO_4$ 沉淀后，达到平衡时两种离子的浓度均为 x mol·L^{-1}，则

	$BaSO_4(s) \rightleftharpoons Ba^{2+}(aq)$	$+\ SO_4^{2-}(aq)$
开始浓度/(mol·L^{-1})	5.7×10^{-4}	5.7×10^{-4}
平衡浓度/(mol·L^{-1})	x	x

$$K_{sp}^{\ominus}(BaSO_4)=\{c(Ba^{2+})\}\{c(SO_4{}^{2-})\}=x^2=1.1\times10^{-10}$$

$$x=1.0\times10^{-5}$$

平衡时，有

$$c(Ba^{2+})=c(SO_4^{2-})=1.0\times10^{-5}\ \text{mol}\cdot\text{L}^{-1}$$

6.2.2 同离子效应与盐效应

如果在难溶电解质的饱和溶液中加入易溶的强电解质，将影响难溶电解质的溶解度。下面主要讨论影响溶解度的两种效应——同离子效应和盐效应。

1. 同离子效应

在难溶电解质的饱和溶液中加入含有相同离子的强电解质时，难溶电解质的多相离子平衡将向生成难溶电解质的方向移动，使其溶解度降低。

【例 6-4】 计算 25 ℃时 Ag_2CrO_4 晶体在 0.010 mol·L^{-1} K_2CrO_4 溶液中的溶解度。

解 由附录 3 查得 25 ℃时 $K_{sp}^{\ominus}(Ag_2CrO_4)=1.1\times10^{-12}$。设 Ag_2CrO_4 在 0.010 $mol\cdot L^{-1}$ K_2CrO_4 溶液中的溶解度为 x $mol\cdot L^{-1}$，则

$$Ag_2CrO_4(s)\rightleftharpoons 2Ag^+(aq)+CrO_4^{2-}(aq)$$

初始浓度/($mol\cdot L^{-1}$)　　0　　0.010

平衡浓度/($mol\cdot L^{-1}$)　　$2x$　　$0.010+x$

$$K_{sp}^{\ominus}(Ag_2CrO_4)=\{c(Ag^+)\}^2\{c(CrO_4^{2-})\}$$
$$=(2x)^2(0.010+x)$$
$$=1.1\times10^{-12}$$

由于 $K_{sp}^{\ominus}$ 很小，$0.010+x\approx0.010$，则有

$$(2x)^2\times0.010=1.1\times10^{-12}$$
$$x^2=\frac{1.1\times10^{-12}}{4\times0.010}=2.75\times10^{-11}$$
$$x=5.2\times10^{-6}$$

Ag_2CrO_4 在 0.010 $mol\cdot L^{-1}$ K_2CrO_4 溶液中溶解度为 5.2×10^{-6} $mol\cdot L^{-1}$。 ■

由例 6-2 可知，Ag_2CrO_4 在纯水中的溶解度为 6.5×10^{-5} $mol\cdot L^{-1}$。由此可见，由于相同离子 CrO_4^{2-} 的存在，使得 Ag_2CrO_4 的溶解度比其在纯水中的降低。这种由于加入含有相同离子的易溶强电解质而使难溶电解质的溶解度降低的作用称为同离子效应。

同离子效应在分析鉴定和分离提纯中应用很广泛。在实际工作中，常用沉淀试剂来沉淀溶液中的离子。根据同离子效应，加入适当过量的沉淀试剂可使沉淀反应趋于完全。一般情况下，只要溶液中被沉淀的离子浓度$\leqslant1.0\times10^{-5}$ $mol\cdot L^{-1}$，即认为这种离子沉淀完全了。在洗涤沉淀时也常应用同离子效应。为了减少洗涤过程中沉淀的损失，常用与沉淀含有相同离子的溶液来洗涤，而不用纯水洗涤。

但是，加入沉淀试剂太多时，往往会发生其他反应，而使沉淀的溶解度增大。例如，在 AgCl 沉淀中加入过量盐酸，可以生成配离子$[AgCl_2]^-$，而使 AgCl 溶解度增大，甚至能溶解。

2. 盐效应

实验证明，有时在难溶电解质的溶液中加入易溶强电解质，难溶电解质的溶解度比在纯水中的大。例如，AgCl 在 KNO_3 溶液中的溶解度比其在纯水中的大，并且 KNO_3 的浓度越大，AgCl 的溶解度也越大(表 6-1)。这是由于加入易溶强电解质后，溶液中各种离子的总浓度增大，离子间的静电作用增强。在 Ag^+ 周围有更多的阴离子(主要是 NO_3^-)，形成了所谓的"离子氛"；在 Cl^- 周围有更多的阳离子(主要是 K^+)，也形成了"离子氛"，使 Ag^+、Cl^- 受到较强的牵制作用，降低了它们的有效浓度，因而在单位时间内 Ag^+、Cl^- 与沉淀表面碰撞次数减少，沉淀速率小于难溶电解质的溶解速率，平衡向溶解的方向移动；当达到新的平衡时，难溶电解质的溶解度将会增大。这种由于加入易溶强电解质而使难溶电解质溶解度增大的作用，叫作盐效应。

表 6-1　AgCl 在 KNO_3 溶液中的溶解度　(25 ℃)

$c(KNO_3)/(mol\cdot L^{-1})$	$s(AgCl)/(10^{-5}\ mol\cdot L^{-1})$	$c(KNO_3)/(mol\cdot L^{-1})$	$s(AgCl)/(10^{-5}\ mol\cdot L^{-1})$
0.00	1.278	0.005 00	1.385
0.001 00	1.325	0.010 0	1.427

产生盐效应的并不只限于加入盐类，如果在不发生其他化学反应的前提下，加入强酸或强碱同样能使溶液中各种离子总浓度增大，有利于离子氛的形成，也能使难溶电解质的溶解度增大。

加入具有相同离子的电解质，在产生同离子效应的同时，也能产生盐效应。所以在利用同离子效应降低沉淀溶解度时，如果沉淀试剂过量太多，将会引起盐效应，使沉淀的溶解度增大。这种效应也称为盐效应。

6.2.3　分步沉淀

如果溶液中含有两种或两种以上可被沉淀的离子，当加入某种沉淀试剂时，这些离子则可能与沉淀试剂先后发生反应，生成不同沉淀。例如，在 1.0 L 含有 1×10^{-3} mol·L^{-1} I^- 和相同浓度 Cl^- 的溶液中，加入 1 滴(0.05 mL) 1×10^{-3} mol·L^{-1} $AgNO_3$ 溶液，此时先有 AgI 黄色沉淀析出。如果继续滴加 $AgNO_3$ 溶液才有 AgCl 白色沉淀析出。这种沉淀先后析出的现象叫作分步沉淀。

上述实验事实可以通过计算加以说明。

$$AgI(s) \rightleftharpoons Ag^+(aq) + I^-(aq)$$

$$\{c(Ag^+)\}\{c(I^-)\} = K_{sp}^{\ominus}(AgI)$$

AgI 沉淀开始析出时所需要的 Ag^+ 最低浓度为

$$c_1(Ag^+) = \frac{K_{sp}^{\ominus}(AgI)}{\{c(I^-)\}}\ \text{mol}\cdot\text{L}^{-1} = \frac{8.3\times10^{-17}}{1.0\times10^{-3}}\ \text{mol}\cdot\text{L}^{-1}$$

$$= 8.3\times10^{-14}\ \text{mol}\cdot\text{L}^{-1}$$

$$AgCl(s) \rightleftharpoons Ag^+(aq) + Cl^-(aq)$$

$$\{c(Ag^+)\}\{c(Cl^-)\} = K_{sp}^{\ominus}(AgCl)$$

AgCl 沉淀开始析出时 Ag^+ 的最低浓度为

$$c_2(Ag^+) = \frac{K_{sp}^{\ominus}(AgCl)}{\{c(Cl^-)\}}\ \text{mol}\cdot\text{L}^{-1} = \frac{1.8\times10^{-10}}{1.0\times10^{-3}}\ \text{mol}\cdot\text{L}^{-1}$$

$$= 1.8\times10^{-7}\ \text{mol}\cdot\text{L}^{-1}$$

由此可见，AgI 开始沉淀时所需要的 Ag^+ 浓度比 AgCl 开始沉淀所需要的 Ag^+ 浓度小得多。当在含有相同浓度的 I^- 和 Cl^- 的溶液中加入 $AgNO_3$ 稀溶液时，Ag^+ 浓度逐渐增大，当 $\{c(Ag^+)\}\{c(I^-)\} \geqslant K_{sp}^{\ominus}(AgI)$ 时，AgI 沉淀先开始析出。只有当 $c(Ag^+)$ 增大到一定程度时，即当 $\{c(Ag^+)\}\{c(Cl^-)\} \geqslant K_{sp}^{\ominus}(AgCl)$ 时，才会有 AgCl 沉淀析出。可以简单地说，在溶液中相应的离子积先达到或超过其溶度积的沉淀先析出。

对于 AgI 和 AgCl 这种同一类型的难溶电解质，在被沉淀离子浓度相同或相近的情况下，逐滴慢慢加入沉淀试剂时，溶度积小的沉淀先析出，溶度积大的沉淀后析出。

在上述例子中，当 AgCl 沉淀开始析出时，即当 $c_2(Ag^+) = 1.8\times10^{-7}$ mol·L^{-1} 时，溶液中 I^- 的浓度为

$$c(I^-) = \frac{K_{sp}^{\ominus}(AgI)}{\{c_2(Ag^+)\}}\ \text{mol}\cdot\text{L}^{-1} = 4.6\times10^{-10}\ \text{mol}\cdot\text{L}^{-1} \ll 1.0\times10^{-5}\ \text{mol}\cdot\text{L}^{-1}$$

此时，I^- 早已被沉淀完全了。因此，可以利用分步沉淀的方法分离 AgI、AgCl。

当 AgI 和 AgCl 两种沉淀都析出（共沉淀）时，Ag^+ 浓度同时满足两个多相离子平衡。

如果溶液中的 $c(Cl^-) > 2.2\times10^6 c(I^-)$（海水中的情况就与此类似），当逐滴加入 $AgNO_3$ 试剂时，先达到 AgCl 沉淀析出所需要的 Ag^+ 浓度，AgCl 沉淀先析出。显然，分步沉淀的次序不但与溶度积有关，还与溶液中相应被沉淀离子的浓度有关。

实验视频

分步沉淀

当溶液中存在的可被沉淀离子与沉淀试剂生成不同类型的难溶电解质时，必须通过计算判断沉淀的先后次序。沉淀开始析出时所需沉淀试剂浓度小的难溶电解质先析出，也是离子积 J 先达到溶度积的难溶电解质先析出沉淀。

【例 6-5】 某溶液中含有 $0.10\ mol\cdot L^{-1}\ Cl^-$ 和 $1.0\times10^{-3}\ mol\cdot L^{-1}\ CrO_4^{2-}$。通过计算说明：(1)当逐滴加入 $AgNO_3$ 溶液时，哪一种沉淀先析出？(2)当第二种沉淀析出时，第一种离子是否已被沉淀完全？（忽略由于加入 $AgNO_3$ 溶液所引起的体积变化）

解 在溶液中加入 $AgNO_3$ 试剂时，可能发生如下反应，即

$$Ag^+(aq)+Cl^-(aq)\rightleftharpoons AgCl(s,白色)$$

$$\{c_1(Ag^+)\}\{c(Cl^-)\}=K_{sp}^{\ominus}(AgCl)=1.8\times10^{-10}$$

$$2Ag^+(aq)+CrO_4^{2-}(aq)\rightleftharpoons Ag_2CrO_4(s,砖红色)$$

$$\{c_2(Ag^+)\}^2\{c(CrO_4^{2-})\}=K_{sp}^{\ominus}(Ag_2CrO_4)=1.1\times10^{-12}$$

生成 AgCl 沉淀所需要的 Ag^+ 最低浓度为

$$c_1(Ag^+)=\frac{1.8\times10^{-10}}{0.10}\ mol\cdot L^{-1}=1.8\times10^{-9}\ mol\cdot L^{-1}$$

生成 Ag_2CrO_4 沉淀所需要的 Ag^+ 最低浓度为

$$c_2(Ag^+)=\sqrt{\frac{1.1\times10^{-12}}{1.0\times10^{-3}}}\ mol\cdot L^{-1}=3.3\times10^{-5}\ mol\cdot L^{-1}$$

$c_1(Ag^+)\ll c_2(Ag^+)$，所以在溶液中逐滴加入 $AgNO_3$ 时，AgCl 沉淀先析出，Ag_2CrO_4 沉淀后析出。

当 Ag_2CrO_4 沉淀开始析出时，溶液中 Ag^+ 浓度为 $3.3\times10^{-5}\ mol\cdot L^{-1}$，这时 Cl^- 浓度为

$$c(Cl^-)=\frac{1.8\times10^{-10}}{3.3\times10^{-5}}\ mol\cdot L^{-1}=5.5\times10^{-6}\ mol\cdot L^{-1}$$

$c(Cl^-)<1.0\times10^{-5}\ mol\cdot L^{-1}$，说明 Cl^- 被沉淀完全。■

6.3 pH 对沉淀-溶解平衡的影响

某些难溶电解质（如难溶金属氢氧化物和难溶弱酸盐）的沉淀和溶解反应受溶液 pH 的影响。根据实际需要控制溶液的 pH 可以使难溶电解质溶解，或者使其从溶液中析出。

6.3.1 pH 对难溶金属氢氧化物沉淀-溶解平衡的影响

在含有难溶金属氢氧化物 $M(OH)_n$ 的水溶液中存在下列沉淀-溶解平衡，即

$$M(OH)_n(s) \rightleftharpoons M^{n+}(aq) + nOH^-(aq)$$

$$K_{sp}^{\ominus}(M(OH)_n) = [c(M^{n+})/c^{\ominus}][c(OH^-)/c^{\ominus}]^n$$

或简写为

$$K_{sp}^{\ominus}(M(OH)_n) = \{c(M^{n+})\}\{c(OH^-)\}^n$$

金属氢氧化物 $M(OH)_n$ 的溶解度等于溶液中金属离子的浓度 $c(M^{n+})$，即

$$s = c(M^{n+}) = \frac{K_{sp}^{\ominus}(M(OH)_n)}{\{c(OH^-)\}^n} \text{mol} \cdot L^{-1} \tag{6-3}$$

或

$$s = \frac{K_{sp}^{\ominus}(M(OH)_n)}{(K_w^{\ominus})^n}\{c(H^+)\}^n \text{ mol} \cdot L^{-1}$$

很明显，溶液的 pH 会影响金属氢氧化物的溶解度。

若溶液中可被沉淀金属离子的浓度为 $c(M^{n+})$，则氢氧化物开始沉淀时 OH^- 的最低浓度为

$$c(OH^-) = \sqrt[n]{\frac{K_{sp}^{\ominus}(M(OH)_n)}{\{c(M^{n+})\}}} \text{ mol} \cdot L^{-1}$$

当 M^{n+} 被沉淀完全时，其浓度≤1.0×10^{-5} mol·L^{-1}，则 OH^- 的最低浓度为

$$c(OH^-) = \sqrt[n]{\frac{K_{sp}^{\ominus}(M(OH)_n)}{1.0\times10^{-5}}} \text{ mol} \cdot L^{-1}$$

利用上述两式可以分别计算出常见难溶金属氢氧化物开始沉淀时和沉淀完全时的 OH^- 浓度及溶液的 pH。根据计算结果可以确定能否控制一定的 pH 范围而将不同的金属离子分离开。例如，对于含有 0.10 mol·L^{-1} Fe^{3+} 和 0.10 mol·L^{-1} Ni^{2+} 的溶液，若调节溶液的 pH 将 Fe^{3+} 除去，沉淀完全时，有

$$c(OH^-) = \sqrt[3]{\frac{K_{sp}^{\ominus}(Fe(OH)_3)}{c(Fe^{3+})}} \text{ mol} \cdot L^{-1} = \sqrt[3]{\frac{2.8\times10^{-39}}{1.0\times10^{-5}}} \text{ mol} \cdot L^{-1}$$

$$= 6.5\times10^{-12} \text{ mol} \cdot L^{-1}$$

$$c(H^+) = \frac{1.0\times10^{-14}}{6.5\times10^{-12}} \text{ mol} \cdot L^{-1} = 1.5\times10^{-3} \text{ mol} \cdot L^{-1}$$

$$pH = -\lg(1.5\times10^{-3}) = 2.82$$

而 $Ni(OH)_2$ 沉淀开始析出时，有

$$c(OH^-) = \sqrt{\frac{K_{sp}^{\ominus}(Ni(OH)_2)}{c(Ni^{2+})}} \text{ mol} \cdot L^{-1} = \sqrt{\frac{5.0\times10^{-16}}{0.10}} \text{ mol} \cdot L^{-1}$$

$$= 7.1\times10^{-8} \text{ mol} \cdot L^{-1}$$

$$c(H^+) = \frac{1.0\times10^{-14}}{7.1\times10^{-8}} \text{ mol} \cdot L^{-1} = 1.4\times10^{-7} \text{ mol} \cdot L^{-1}$$

$$pH = -\lg(1.4\times10^{-7}) = 6.85$$

由上述计算结果可见，两者 pH 相差较大，将溶液的 pH 控制在 2.82～6.85，可以使 $Fe(OH)_3$ 沉淀完全，而不生成 $Ni(OH)_2$ 沉淀，从而将两种离子分离开。在实际应用中，为了除掉 Fe^{3+}，一般控制 pH 在 4 左右，就能将 Fe^{3+} 杂质除去。对于其他金属离子，若两者

pH 很接近，则不能利用生成难溶氢氧化物的方法将两者分开。

利用生成难溶金属氢氧化物分离金属离子时，常使用缓冲溶液控制 pH。

【例 6-6】 在 0.20 L 0.50 $mol \cdot L^{-1} MgCl_2$ 溶液中加入等体积的 0.10 $mol \cdot L^{-1}$ 氨水溶液。(1) 试通过计算判断有无 $Mg(OH)_2$ 沉淀生成。(2) 为了不使 $Mg(OH)_2$ 沉淀析出，加入 $NH_4Cl(s)$ 的质量至少为多少？(设加入固体 NH_4Cl 后溶液的体积不变)

解 (1) $MgCl_2$ 溶液与氨水溶液等体积混合，在发生反应之前，$MgCl_2$ 和 NH_3 的浓度分别为原来的一半。

$$c(Mg^{2+})=\frac{0.50\ mol \cdot L^{-1}}{2}=0.25\ mol \cdot L^{-1}$$

$$c(NH_3)=\frac{0.10\ mol \cdot L^{-1}}{2}=0.050\ mol \cdot L^{-1}$$

混合后的 $c(OH^-)$ 可由 NH_3 的解离平衡算出，即

$$NH_3(aq)+H_2O(l) \rightleftharpoons NH_4^+(aq)+OH^-(aq) \qquad ①$$

设平衡时 $c(OH^-)$ 为 x $mol \cdot L^{-1}$，则

$$K_b^{\ominus}(NH_3)=\frac{\{c(NH_4^+)\}\{c(OH^-)\}}{\{c(NH_3)\}}=\frac{x^2}{0.050-x}=1.8\times10^{-5}$$

$$x=9.5\times10^{-4}$$

$$c(OH^-)=9.5\times10^{-4}\ mol \cdot L^{-1}$$

判断是否有 $Mg(OH)_2$ 沉淀生成，即

$$Mg(OH)_2(s) \rightleftharpoons Mg^{2+}(aq)+2OH^-(aq) \qquad ②$$

$$J=\{c(Mg^{2+})\}\{c(OH^-)\}^2=0.25\times(9.5\times10^{-4})^2=2.3\times10^{-7}$$

查得 $K_{sp}^{\ominus}(Mg(OH)_2)=5.1\times10^{-12}$，$J>K_{sp}^{\ominus}$，所以有 $Mg(OH)_2$ 沉淀析出。

(2) 为了使 $Mg(OH)_2$ 沉淀刚好不析出，加入 $NH_4Cl(s)$，溶液中的 $c(NH_4^+)$ 增大，平衡①向左移动，使 $c(OH^-)$ 减小。

设加入 $NH_4Cl(s)$ 后溶液中的 $NH_4{}^+$ 浓度为 y $mol \cdot L^{-1}$。将反应①×2－反应②得

$$Mg^{2+}(aq)+2NH_3(aq)+2H_2O(l) \rightleftharpoons Mg(OH)_2(s)+2NH_4^+(aq)$$

平衡浓度/$(mol \cdot L^{-1})$ 0.25 0.050 y

$$K^{\ominus}=\frac{\{c(NH_4^+)\}^2}{\{c(Mg^{2+})\}\{c(NH_3)\}^2}=\frac{[K_b^{\ominus}(NH_3)]^2}{K_{sp}^{\ominus}(Mg(OH)_2)}=\frac{(1.8\times10^{-5})^2}{5.1\times10^{-12}}=64$$

$$\frac{y^2}{0.25\times(0.050)^2}=64, \quad y=0.20$$

$$c(NH_4^+)=0.20\ mol \cdot L^{-1}$$

$M_r(NH_4Cl)=53.5$。若不析出 $Mg(OH)_2$ 沉淀，加入 $NH_4Cl(s)$ 的质量至少应为

$$m(NH_4Cl)=0.20\ mol \cdot L^{-1}\times0.40\ L\times53.5\ g \cdot mol^{-1}=4.3\ g$$

此题也可以先由 $K_{sp}^{\ominus}$ 和 $c(Mg^{2+})$ 计算 $c(OH^-)$，然后再由 NH_3 的解离平衡计算 $c(NH_4{}^+)$。■

6.3.2 pH 对金属硫化物沉淀-溶解平衡的影响

许多金属硫化物难溶于水，而且它们的溶度积常数彼此有一定的差异，并各有特定的颜

色。实际中常利用硫化物的这些性质来分离或鉴定某些金属离子。

金属硫化物是二元弱酸 H_2S 的盐。以 MS 为例,其在水溶液中的多相离子平衡为

$$MS(s) \rightleftharpoons M^{2+}(aq) + S^{2-}(aq) \quad ①$$

$$K_{sp}^{\ominus}(MS) = [c(M^{2+})/c^{\ominus}][c(S^{2-})/c^{\ominus}]$$

或简写为

$$K_{sp}^{\ominus}(MS) = \{c(M^{2+})\}\{c(S^{2-})\}$$

S^{2-} 的浓度与 H_2S 的两级解离常数和溶液的 pH 有关。

$$H_2S(aq) + H_2O(l) \rightleftharpoons H_3O^+(aq) + HS^-(aq) \quad ②$$

$$K_{a1}^{\ominus}(H_2S) = \frac{\{c(H_3O^+)\}\{c(HS^-)\}}{\{c(H_2S)\}}$$

$$HS^-(aq) + H_2O(l) \rightleftharpoons H_3O^+(aq) + S^{2-}(aq) \quad ③$$

$$K_{a2}^{\ominus}(H_2S) = \frac{\{c(H_3O^+)\}\{c(S^{2-})\}}{\{c(HS^-)\}}$$

式②加式③得

$$H_2S(aq) + 2H_2O(l) \rightleftharpoons 2H_3O^+(aq) + S^{2-}(aq) \quad ④$$

$$K_{a1}^{\ominus}(H_2S)K_{a2}^{\ominus}(H_2S) = \frac{\{c(H_3O^+)\}^2\{c(S^{2-})\}}{\{c(H_2S)\}}$$

式①减式④得

$$MS(s) + 2H_3O^+(aq) \rightleftharpoons M^{2+}(aq) + H_2S(aq) + 2H_2O(l)$$

$$K_{spa}^{\ominus} = \frac{\{c(M^{2+})\}\{c(H_2S)\}}{\{c(H_3O^+)\}^2} = \frac{K_{sp}^{\ominus}(MS)}{K_{a1}^{\ominus}(H_2S)K_{a2}^{\ominus}(H_2S)} \quad (6\text{-}4)$$

$K_{spa}^{\ominus}$ 称为 MS 在酸中的溶度积常数(表 6-2)。实际上,$K_{sp}^{\ominus}(MS)$ 与 H_2S 的解离常数一样,在不同文献中数据可能不同,导致 $K_{spa}^{\ominus}$ 也可能不同。溶度积规则同样适用于硫化物在酸溶液中的沉淀-溶解平衡。

表 6-2　某些难溶金属硫化物的 $K_{spa}^{\ominus}$　(25 ℃)

硫化物	$K_{spa}^{\ominus}$	硫化物	$K_{spa}^{\ominus}$
MnS(肉色)	3×10^{10}	PbS(黑色)	3×10^{-7}
FeS(黑色)	6×10^{2}	SnS(棕色)	1×10^{-5}
CoS(黑色)	3	CdS(黄色)	8×10^{-7}
NiS(黑色)	8×10^{-1}	CuS(黑色)	6×10^{-16}
β-ZnS(白色)	2×10^{-2}	Ag_2S(黑色)	6×10^{-30}
α-ZnS(白色)	3×10^{-4}	HgS(黑色)	2×10^{-32}

【例 6-7】 25 ℃时,分别向(1)0.010 $mol\cdot L^{-1}$ $FeSO_4$ 溶液和(2)0.10 $mol\cdot L^{-1}$ $CuSO_4$ 溶液中通入 $H_2S(g)$,使其成为 H_2S 饱和溶液,$c(H_2S)=0.10\ mol\cdot L^{-1}$。并用 HCl(aq)调节溶液的 pH,使 $c(HCl)=0.30\ mol\cdot L^{-1}$。试判断能否有 FeS 和 CuS 沉淀生成。

解 已知 $c(Fe^{2+})=0.010\ mol\cdot L^{-1}$,$c(Cu^{2+})=0.10\ mol\cdot L^{-1}$,$c(H_3O^+)=0.30\ mol\cdot L^{-1}$,$c(H_2S)=0.10\ mol\cdot L^{-1}$。

(1)　$$FeS(s) + 2H_3O^+(aq) \rightleftharpoons Fe^{2+}(aq) + H_2S(aq) + 2H_2O(l)$$

$$J=\frac{\{c(Fe^{2+})\}\{c(H_2S)\}}{\{c(H_3O^+)\}^2}=\frac{0.010\times0.10}{0.30^2}=0.011$$

$J<K^{\ominus}_{spa}(FeS)$，所以无 FeS 沉淀生成。

(2) $$CuS(s)+2H_3O^+(aq)\rightleftharpoons Cu^{2+}(aq)+H_2S(aq)+2H_2O(l)$$

$$J=\frac{\{c(Cu^{2+})\}\{c(H_2S)\}}{\{c(H_3O^+)\}^2}=\frac{0.10\times0.10}{0.30^2}=0.11$$

$J>K^{\ominus}_{spa}(CuS)$，所以有 CuS 沉淀生成。

金属硫化物在酸中的溶解度有较大的差异：

(1)$K^{\ominus}_{spa}$ 较大的硫化物，如 MnS，不仅在稀 HCl 中溶解，而且在 HAc 中也能溶解。MnS 只有在氨碱性溶液中加入 H_2S 饱和溶液才能生成沉淀。

(2)FeS 和 β-ZnS 等硫化物的 $K^{\ominus}_{spa}>10^{-2}$，它们在稀盐酸(0.30 mol·L^{-1})中溶解；CdS 和 PbS 在稀盐酸中不溶，在浓酸盐中溶解(此时酸溶解和配位溶解同时存在)。可控制溶液中 $c(H_3O^+)=0.30$ mol·L^{-1}，使 CdS 沉淀，而 Zn^{2+} 仍留在溶液中。

实验视频

MnS 的生成

(3)CuS 和 Ag_2S 在浓 HCl 中不溶，在硝酸中能发生氧化还原溶解，即

$$3CuS(s)+2NO_3^-(aq)+8H^+(aq)\longrightarrow 3Cu^{2+}(aq)+2NO(g)+3S(s)+4H_2O(l)$$

(4)HgS 是 $K^{\ominus}_{spa}$ 非常小的硫化物，在盐酸、硝酸中都不溶解，但在王水[$V(HCl):V(HNO_3)=3:1$ 的混合溶液]中溶解，即

$$3HgS(s)+2NO_3^-(aq)+12Cl^-(aq)+8H^+(aq)\longrightarrow 3[HgCl_4]^{2-}(aq)+3S(s)+2NO(g)+4H_2O(l)$$

这一过程包括了配位溶解和氧化还原溶解。

6.4 沉淀的转化

有些难溶电解质的沉淀不溶于酸，也不能用其他方法将其直接溶解，但可以加入一种沉淀试剂将其转化为另一种难溶电解质，然后再设法将后一种沉淀溶解。这种将一种难溶电解质转化为另一种难溶电解质的过程叫作沉淀的转化。例如，锅炉内壁上所结的锅垢含有难溶于酸的 $CaSO_4$，可以用 Na_2CO_3 溶液将其转化为疏松的 $CaCO_3$，然后将 $CaCO_3$ 溶于酸，这样就可以将锅垢除去了。

【例 6-8】 若使 0.010 mol $CaSO_4$ 在 1.0 L Na_2CO_3 溶液中全部转化为 $CaCO_3$，试计算 Na_2CO_3 溶液的初始浓度。

解 由附录 3 查得 $K^{\ominus}_{sp}(CaSO_4)=7.1\times10^{-5}$，$K^{\ominus}_{sp}(CaCO_3)=4.9\times10^{-9}$。

沉淀转化反应为

$$CaSO_4(s)+CO_3^{2-}(aq)\rightleftharpoons CaCO_3(s)+SO_4^{2-}(aq)$$

$$K^{\ominus}=\frac{c(SO_4^{2-})}{c(CO_3^{2-})}=\frac{c(SO_4^{2-})}{c(CO_3^{2-})}\frac{c(Ca^{2+})}{c(Ca^{2+})}$$

$$=\frac{K^{\ominus}_{sp}(CaSO_4)}{K^{\ominus}_{sp}(CaCO_3)}=\frac{7.1\times10^{-5}}{4.9\times10^{-9}}=1.4\times10^4$$

0.010 mol $CaSO_4$ 在 1.0 L Na_2CO_3 溶液中完全转化为 $CaCO_3$ 时，$c(SO_4^{2-})=0.010$ $mol \cdot L^{-1}$，设 $c(CO_3^{2-})=x$ $mol \cdot L^{-1}$，代入平衡常数表达式，即

$$K^{\ominus}=\frac{0.010}{x}=1.4\times10^{4}$$

$$x=7.1\times10^{-7}$$

由于 0.010 mol $CaSO_4$ 完全转化消耗了 0.010 $mol \cdot L^{-1}$ Na_2CO_3，所以 Na_2CO_3 溶液的初始浓度为

$$c_0(Na_2CO_3)=(7.1\times10^{-7}+0.010)\,mol \cdot L^{-1}$$

$$\approx 0.010\ mol \cdot L^{-1}$$

由例 6-8 可见，从溶度积较大的沉淀转化为溶度积较小的沉淀，转化反应的平衡常数较大($K^{\ominus}>1$)，转化比较容易实现。如果是溶度积较小的沉淀转化为溶度积较大的沉淀，标准平衡常数 $K^{\ominus}<1$，这种转化往往比较困难，但在一定条件下也是能够实现的。

【例 6-9】 如果在 1.0 L Na_2CO_3 溶液中将 0.010 mol $BaSO_4$ 全部转化为 $BaCO_3$，试计算所需 Na_2CO_3 溶液的初始浓度。

解　　$BaSO_4(s)+CO_3^{2-}(aq) \rightleftharpoons BaCO_3(s)+SO_4^{2-}(aq)$

平衡浓度/($mol \cdot L^{-1}$)　　x　　　　　　0.010

$$K^{\ominus}=\frac{c(SO_4^{2-})}{c(CO_3^{2-})}=\frac{K_{sp}^{\ominus}(BaSO_4)}{K_{sp}^{\ominus}(BaCO_3)}=\frac{1.1\times10^{-10}}{2.6\times10^{-9}}=0.042$$

代入平衡浓度，则

$$\frac{0.010}{x}=0.042,\quad x=0.24$$

Na_2CO_3 溶液的初始浓度为

$$c_0(Na_2CO_3)=(0.01+0.24)\,mol \cdot L^{-1}=0.25\ mol \cdot L^{-1}$$

$BaSO_4$ 是比 $BaCO_3$ 更难溶的电解质。计算结果表明，在 1.0 L Na_2CO_3 溶液中转化 0.010 mol $BaSO_4$ 所需要 Na_2CO_3 的浓度比转化相同物质的量的 $CaSO_4$ 所需要的 Na_2CO_3 的浓度大得多。如果将难溶的沉淀转化为较易溶的沉淀，二者的溶度积相差越大，$K^{\ominus}$ 越小，转化越困难。

实验视频

沉淀的转化

习　题　6

6-1　什么是溶度积？溶度积与溶解度之间有什么关系？

6-2　写出下列难溶化合物的沉淀-溶解反应方程式及其溶度积常数表达式。

(1) CaC_2O_4；　(2) Li_2CO_3；　(3) $Al(OH)_3$；

(4) Ag_3PO_4；　(5) PbI_2；　(6) Bi_2S_3。

拓展阅读

沉淀反应在医学中的应用

6-3　“溶度积大的难溶电解质，其溶解度也一定大”，这种说法是否正确？

6-4　已知下列各物质的溶解度，假定溶液体积近似等于溶剂体积，计算它们的溶度积。

(1) TlCl，0.29 g/100 mL；　(2) $Ce(IO_3)_4$，1.5×10^{-2} g/100 mL；

(3) $Gd_2(SO_4)_3$，3.98 g/100 mL；　　(4) InF_3，4.0×10^{-2} g/100 mL。

6-5 根据 AgI 的溶度积计算：

(1) AgI 在纯水中的溶解度（$g\cdot L^{-1}$）；

(2) 在 0.001 0 $mol\cdot L^{-1}$ KI 溶液中 AgI 的溶解度（$g\cdot L^{-1}$）；

(3) 在 0.010 $mol\cdot L^{-1}$ $AgNO_3$ 溶液中 AgI 的溶解度（$g\cdot L^{-1}$）。

6-6 已知 $K_{sp}^{\ominus}(CaF_2)=1.5\times10^{-10}$，求：(1) 在纯水中；(2) 在 0.10 $mol\cdot L^{-1}$ NaF 溶液中；(3) 在 0.20 $mol\cdot L^{-1}$ $CaCl_2$ 溶液中，CaF_2 的溶解度（$g\cdot L^{-1}$）。

6-7 根据 $Mg(OH)_2$ 的溶度积计算：

(1) $Mg(OH)_2$ 在水中的溶解度（$mol\cdot L^{-1}$）；

(2) $Mg(OH)_2$ 饱和溶液中的 $c(Mg^{2+})$、$c(OH)^-$ 和 pH；

(3) $Mg(OH)_2$ 在 0.010 $mol\cdot L^{-1}$ NaOH 溶液中的溶解度（$mol\cdot L^{-1}$）；

(4) $Mg(OH)_2$ 在 0.010 $mol\cdot L^{-1}$ $MgCl_2$ 溶液中的溶解度（$mol\cdot L^{-1}$）。

6-8 根据溶度积规则说明下列事实。

(1) $CaCO_3(s)$ 能溶解于 HAc 溶液中；

(2) $Fe(OH)_3(s)$ 能溶解于稀 H_2SO_4 溶液中；

(3) MnS(s) 溶于 HAc，而 ZnS(s) 不溶于 HAc，能溶于稀 HCl 溶液中；

(4) $SrSO_4$ 难溶于稀 HCl 溶液中；

6-9 根据平衡移动原理，解释下列情况下 Ag_2CO_3 溶解度的变化。

(1) 加 $AgNO_3(aq)$；　(2) 加 $HNO_3(aq)$；　(3) 加 $Na_2CO_3(aq)$。

6-10 某溶液中含有 0.10 $mol\cdot L^{-1}$ Li^+ 和 0.10 $mol\cdot L^{-1}$ Mg^{2+}，滴加 NaF 溶液（忽略体积变化），哪种离子最先被沉淀出来？当第二种沉淀析出时，第一种被沉淀的离子是否沉淀完全？两种离子有无可能分离开？

6-11 某溶液中含有 Ag^+、Pb^{2+}、Ba^{2+}、Sr^{2+}，各种离子浓度均为 0.10 $mol\cdot L^{-1}$。如果逐滴加入 K_2CrO_4 稀溶液（溶液体积变化略而不计），通过计算说明上述多种离子的铬酸盐开始沉淀的顺序。

6-12 (1) 在 10.0 mL 0.015 $mol\cdot L^{-1}$ $MnSO_4$ 溶液中，加入 5.0 mL 0.15 $mol\cdot L^{-1}$ $NH_3(aq)$，是否能生成 $Mn(OH)_2$ 沉淀？

(2) 在上述 10.0 mL 0.015 $mol\cdot L^{-1}$ $MnSO_4$ 溶液中先加入 0.495 g $(NH_4)_2SO_4$ 晶体，然后再加入 5.0 mL 0.15 $mol\cdot L^{-1}$ $NH_3(aq)$，是否有 $Mn(OH)_2$ 沉淀生成？

6-13 在某混合溶液中 Fe^{3+} 和 Zn^{2+} 的浓度均为 0.010 $mol\cdot L^{-1}$。加碱调节 pH，使 $Fe(OH)_3$ 沉淀出来，而 Zn^{2+} 保留在溶液中。通过计算确定分离 Fe^{3+} 和 Zn^{2+} 的 pH 范围。

6-14 (1) 在 0.10 $mol\cdot L^{-1}$ $FeCl_2$ 溶液中，不断通入 $H_2S(g)$，若不生成 FeS 沉淀，溶液的 pH 最高不应超过多少？

(2) 在 pH 为 1.00 的某溶液中含有 $FeCl_2$ 与 $CuCl_2$，两者的浓度均为 0.10 $mol\cdot L^{-1}$，不断通入 $H_2S(g)$ 时，有哪些沉淀生成？各种离子浓度分别是多少？

6-15 某溶液中含有 Pb^{2+} 和 Zn^{2+}，两者的浓度均为 0.10 $mol\cdot L^{-1}$；在室温下通入 $H_2S(g)$ 使之成为 H_2S 饱和溶液，并加 HCl 控制 S^{2-} 浓度。为了使 PbS 沉淀出来，而 Zn^{2+} 仍留在

溶液中,则溶液中的 H^+ 浓度最低应是多少？此时溶液中的 Pb^{2+} 是否被沉淀完全？

6-16　在下列溶液中不断通入 H_2S 使之饱和:(1)0.10 mol·L^{-1}$CuSO_4$;(2)含有 0.10 mol·L^{-1}$CuSO_4$ 与 1.0 mol·L^{-1}HCl 的混合溶液,分别计算在这两种溶液中残留的 Cu^{2+} 浓度。

6-17　在含有 0.010 mol·L^{-1}Zn^{2+}、0.10 mol·L^{-1}HAc 和 0.050 mol·L^{-1}NaAc 的溶液中,不断通入 H_2S(g)使之饱和,问沉淀出 ZnS 之后,溶液中残留的 Zn^{2+} 是多少？(虽然是缓冲系统,pH 的微小变化也会引起 Zn^{2+} 浓度的变化,这一点要考虑)。

6-18　人的牙齿表面有一层釉质,其组成为羟基磷灰石 $Ca_5(PO_4)_3OH$($K_{sp}^{\ominus}=6.8\times10^{-37}$)。为了防止蛀牙,人们常使用含氟牙膏,其中的氟化物可使羟基磷灰石转化为氟磷灰石 $Ca_5(PO_4)_3F$($K_{sp}^{\ominus}=1\times10^{-60}$)。写出这两种难溶化合物相互转化的离子方程式,并计算相应的标准平衡常数。

6-19　如果用 $Ca(OH)_2$ 溶液来处理 $MgCO_3$ 沉淀,使之转化为 $Mg(OH)_2$ 沉淀,这一反应的标准平衡常数是多少？若在 1.0 L $Ca(OH)_2$ 溶液中溶解 0.004 5 mol $MgCO_3$,则 $Ca(OH)_2$ 的最初浓度至少应为多少？

6-20　将 0.010 mol $AgNO_2$ 晶体溶解在 0.10 L 0.50 mol·L^{-1} 盐酸中,最后溶液中 Ag^+ 和 Cl^- 的浓度各是多少？此时溶液中是否存在 $AgNO_2$ 沉淀？

6-21　试根据以下数据讨论 $BaCrO_4$ 在 HAc(2.0 mol·L^{-1})、NaAc(2.0 mol·L^{-1})溶液中的溶解情况。

$$Cr_2O_7^{2-}+H_2O \Longleftrightarrow 2CrO_4^{2-}+2H^+$$

$$K^{\ominus}=2.4\times10^{-15}\qquad K_{sp}^{\ominus}(BaCrO_4)=2.0\times10^{-10}\qquad K_a^{\ominus}(HAc)=1.8\times10^{-5}$$

第7章

氧化还原反应

化学反应可以分为两大类：一类是非氧化还原反应，例如酸碱反应和沉淀反应；另一类是广泛存在的氧化还原反应。氧化还原反应与电化学有密切联系。本章先讨论氧化值的概念和氧化还原反应方程式的配平，然后以原电池及其电动势作为实验基础，重点讨论电极电势及其影响因素，最后讨论电极电势的应用。

7.1 氧化还原反应的基本概念

人们经过对化学反应的不断研究，认识到氧化还原反应实质上是一类有电子转移(或得失)的反应。在氧化还原反应中，得到电子的物质叫作氧化剂，失去电子的物质叫作还原剂。还原剂是电子的给予体，氧化剂是电子的接受体。还原剂失去电子的过程叫作氧化，氧化剂得到电子的过程叫作还原。氧化和还原是同时发生的，例如

$$Zn(s)+Cu^{2+}(aq) \rightleftharpoons Zn^{2+}(aq)+Cu(s)$$

Zn(s)失去电子被氧化，是还原剂；Cu^{2+}得到电子被还原，是氧化剂。

7.1.1 氧化值

在氧化还原反应中，由于发生电子转移，某些原子的价电子层结构会发生变化，导致原子带电状态的改变，为了描述元素的原子被氧化的程度，人们提出了氧化态的概念。表示元素氧化态的代数值称为元素的氧化值，又称为氧化数。1970年，国际纯粹和应用化学联合会(IUPAC)定义了氧化值的概念：氧化值是指某元素的一个原子的荷电数。该荷电数是假定把每一化学键的电子指定给电负性更大的原子而求得的。对于以共价键结合的多原子分子或离子，原子间共用电子对靠近电负性大的原子，而偏离电负性小的原子。可以认为，电子对偏近的原子带负电荷，电子对偏离的原子带正电荷。这样，原子所带电荷实际上是人为指定的形式电荷。原子所带形式电荷数就是其氧化值。确定氧化值的规则如下：

(1)在单质中，元素的氧化值为零。

(2)在单原子离子中，元素的氧化值等于离子所带的电荷数。

(3)在中性分子中，各元素氧化值的代数和为零。在多原子离子中，各元素氧化值的代数和等于离子所带电荷数。

(4)在所有氟化物中，氟的氧化值为－1。

(5)碱金属和碱土金属在化合物中的氧化值分别为＋1 和＋2。

(6)在大多数化合物中，氢的氧化值为＋1；只有在 NaH、CaH_2 等金属氢化物中，氢的氧化值为－1。

(7)氧在化合物中的氧化值通常为－2，但是在 H_2O_2、Na_2O_2、BaO_2 等过氧化物中，氧的氧化值为－1。在 KO_2 等超氧化物中氧的氧化值为－1/2。

氧化值虽然不能确切地表示分子中原子的真实电荷数，但元素的氧化值的改变与氧化还原反应中得失电子密切相关。在氧化还原反应中，如果某元素的原子失去电子，其氧化值增大；相反，如果某元素的原子得到电子，其氧化值减小。氧化值增大的物质是还原剂，氧化值减小的物质是氧化剂。例如，金属锌与硫酸铜溶液发生下列反应

$$Zn(s)+Cu^{2+}(aq) \rightleftharpoons Zn^{2+}(aq)+Cu(s) \tag{7-1}$$

在该反应中，Zn 被氧化，锌元素的氧化值由 0 升高到＋2，即

$$Zn(s) \rightleftharpoons Zn^{2+}(aq)+2e^- \tag{7-1a}$$

Cu^{2+} 被还原，铜元素的氧化值由＋2 降低到 0，即

$$Cu^{2+}(aq)+2e^- \rightleftharpoons Cu(s) \tag{7-1b}$$

任何氧化还原反应都是由两个“半反应”组成的，一个是还原剂被氧化的半反应；另一个是氧化剂被还原的半反应。在半反应中，同一元素的两个不同氧化值的物种组成了电对。电对中氧化值较大的物种为氧化型，氧化值较小的物种为还原型。通常，电对表示为氧化型/还原型。例如，由 Zn^{2+} 与 Zn 所组成的电对可表示为 Zn^{2+}/Zn；由 Cu^{2+} 与 Cu 所组成的电对可表示为 Cu^{2+}/Cu。任何氧化还原反应系统都是由两个电对构成的。如果以侧标(1)和(2)分别标记两个电对，则氧化还原反应方程式可写为

$$\text{还原型(1)}+\text{氧化型(2)} \rightleftharpoons \text{氧化型(1)}+\text{还原型(2)}$$

式中，还原型(1)为还原剂，氧化型(2)为氧化剂。

在氧化还原反应中，失电子与得电子，氧化与还原，还原剂与氧化剂既是对立的，又是相互依存的矛盾双方，共处于同一氧化还原反应中。

7.1.2　氧化还原反应方程式的配平

专题释疑

氧化值与化合价

配平氧化还原方程式的方法有氧化值法和离子-电子法等。本书只介绍后一种方法。配平氧化还原反应方程式必须遵循下列原则：

(1)根据质量守恒定律，方程式两边各种元素的原子总数必须各自相等。

(2)反应中氧化剂得到的电子数必须等于还原剂失去的电子数。方程式两边各物种的电荷数的代数和必须相等。

配平氧化还原反应方程式的步骤主要如下：

(1)根据氧化值的变化写出主要反应物和生成物的离子式。

(2)分别写出氧化剂被还原和还原剂被氧化的半反应。

(3)分别配平两个半反应方程式，使每个半反应方程式等号两边各种元素的原子总数各自相等，且电荷数也相等。

(4)根据两个半反应方程式得、失电子数目的最小公倍数，将两个半反应方程式中各项

分别乘以相应的系数。然后将二者合并，消去电子，即得到配平的氧化还原反应的离子方程式。有时按要求还应将其改写为分子方程式。下面举例说明。

【例 7-1】 配平反应方程式，即

$$KMnO_4 + K_2SO_3 \xrightarrow{\text{在酸性溶液中}} MnSO_4 + K_2SO_4$$

解 (1)写出主要的反应物和生成物的离子式，即

$$MnO_4^- + SO_3^{2-} \longrightarrow Mn^{2+} + SO_4^{2-}$$

(2)写出两个半反应中的电对，即

$$MnO_4^- \longrightarrow Mn^{2+} \qquad (a)$$

$$SO_3^{2-} \longrightarrow SO_4^{2-} \qquad (b)$$

(3)分别配平两个半反应：

在酸性溶液中，MnO_4^- 被还原为 Mn^{2+}，反应式(a)的右边比左边氧原子数少，应在反应式左边加 8 个(氧原子减少数目的两倍)H^+，右边加 4 个 H_2O。

$$MnO_4^- + 8H^+ \longrightarrow Mn^{2+} + 4H_2O \qquad (c)$$

反应式(c)左边比右边多 5 个正电荷，应在左边加 5 个电子，使两边电荷数的代数和相等，即

$$MnO_4^- + 8H^+ + 5e^- \rightleftharpoons Mn^{2+} + 4H_2O \qquad (d)$$

在酸性溶液中，SO_3^{2-} 被氧化为 SO_4^{2-}，反应式(b)的右边比左边氧原子数目多，应在反应式的左边加 1 个(与氧原子数增加的数目相同)H_2O，在反应式的右边加 2 个 H^+，即

$$SO_3^{2-} + H_2O \longrightarrow SO_4^{2-} + 2H^+ \qquad (e)$$

反应式(e)右边比左边多 2 个正电荷，应在右边加上 2 个电子，即

$$SO_3^{2-} + H_2O \rightleftharpoons SO_4^{2-} + 2H^+ + 2e^- \qquad (f)$$

(4)将两个半反应方程式合并，写出配平的离子方程式：

半反应(d)和(f)中得、失电子的最小公倍数是 10，将式(d)乘 2，式(f)乘 5，然后将二式相加消去电子和相同的分子或离子。

$$2MnO_4^- + 16H^+ + 10e^- \rightleftharpoons 2Mn^{2+} + 8H_2O$$

$$+ \quad 5SO_3^{2-} + 5H_2O \rightleftharpoons 5SO_4^{2-} + 10H^+ + 10e^-$$

$$2MnO_4^- + 5SO_3^{2-} + 6H^+ \rightleftharpoons 2Mn^{2+} + 5SO_4^{2-} + 3H_2O$$

在配平的离子反应式中加上不参与反应的阳离子或阴离子，写出相应的分子式，即得到配平的分子方程式。

该反应是在酸性溶液中进行的，一般以不引入其他杂质为原则，应加入稀 H_2SO_4 为好。该反应的化学方程式为

$$2KMnO_4 + 5K_2SO_3 + 3H_2SO_4 \rightleftharpoons 2MnSO_4 + 6K_2SO_4 + 3H_2O$$ ■

应当注意，配平酸性溶液中的氧化还原反应时，半反应和总反应中都不能出现 OH^-。

【例 7-2】 氯气在热的氢氧化钠溶液中反应生成氯化钠和氯酸钠，试配平该反应方程式。

解 该反应的主要反应物和生成物为

$$Cl_2 \longrightarrow Cl^- + ClO_3^-$$

在该反应中，氯元素的氧化值从0分别变为+5和-1。像这种同一元素的氧化值既有增大又有减小的反应称为歧化反应。

该反应的两个半反应为

$$Cl_2 \longrightarrow ClO_3^-$$

$$Cl_2 \longrightarrow Cl^-$$

分别配平这两个半反应。在碱性溶液中，氧原子多的一边应加 H_2O，另一边应加 OH^-，即

$$Cl_2 + 12OH^- \longrightarrow 2ClO_3^- + 6H_2O$$

左边比右边多10个负电荷，应在右边加10个电子，即

$$Cl_2 + 12OH^- \rightleftharpoons 2ClO_3^- + 6H_2O + 10e^-$$

Cl_2 还原为 Cl^- 的半反应容易配平，即

$$Cl_2 + 2e^- \rightleftharpoons 2Cl^-$$

将后一半反应乘5后与前一半反应相加，即

$$\begin{array}{rl} Cl_2 + 12OH^- & \rightleftharpoons 2ClO_3^- + 6H_2O + 10e^- \\ +\quad 5Cl_2 + 10e^- & \rightleftharpoons 10Cl^- \\ \hline 6Cl_2 + 12OH^- & \rightleftharpoons 2ClO_3^- + 10Cl^- + 6H_2O \end{array}$$

等式两边同除以2得

$$3Cl_2 + 6OH^- \rightleftharpoons ClO_3^- + 5Cl^- + 3H_2O$$

加上 Na^+ 后，相应的分子方程式为

$$3Cl_2 + 6NaOH \rightleftharpoons NaClO_3 + 5NaCl + 3H_2O$$

应当注意，配平碱性溶液中的氧化还原反应时，半反应和总反应中都不能出现 H^+。

采用离子-电子法配平氧化还原反应，适用于水溶液中发生的反应，能反映氧化还原反应的本质。应用此方法的关键是配平两个半反应。还要特别注意反应的酸碱性条件。

7.2 原电池及其电动势

7.2.1 原电池

既然氧化还原反应是有电子转移的反应，采用一定的装置就有可能利用氧化还原反应产生电流。这种能将化学能转变为电能的装置称为原电池。普遍用作实例的原电池是铜-锌原电池，即Daniell电池。

1. 铜-锌原电池

如果将一块锌片浸在硫酸铜溶液中，很快就能观察到红色的金属铜不断地沉积在锌片上，同时，锌片会不断地溶解。在这一过程中，锌原子将电子直接转移给铜离子，发生了氧化还原反应，即

$$Zn(s) + Cu^{2+}(aq) \rightleftharpoons Zn^{2+}(aq) + Cu(s)$$

$$\Delta_r G_m^{\ominus}(298.15\ K) = -212.55\ kJ \cdot mol^{-1}$$

$$\Delta_r H_m^\ominus(298.15\ K) = -218.66\ kJ \cdot mol^{-1}$$

这是一个正向自发的反应，有热量放出，由于反应是在同一溶液中进行的，故没有电流产生，化学能转变为热能。

1863 年，英国化学家 J. F. Daniell 根据上述反应组装了一个原电池（图 7-1）：在盛有 $ZnSO_4$ 溶液的烧杯中插入锌片；在盛有 $CuSO_4$ 溶液的烧杯中插入铜片，两个烧杯之间用倒置的 U 形管连通。一般情况下，U 形管中充满用饱和 KCl 溶液浸泡的琼脂，这种 U 形管称为盐桥。在锌片和铜片之间用导线串联一个检流计，接通电路以后可以观察到：

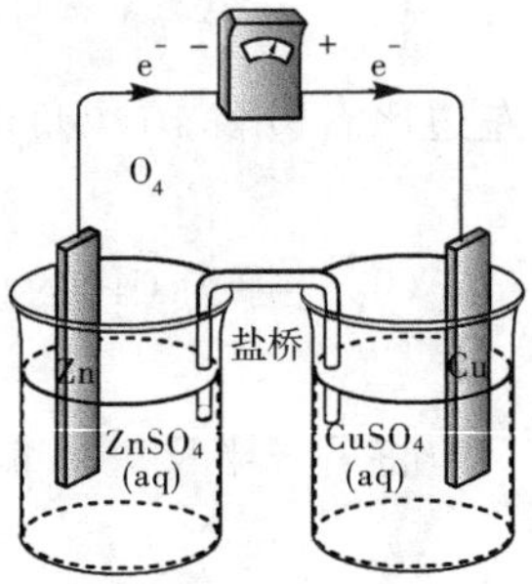

图 7-1 铜-锌电池

(1)检流计指针发生偏转，表明电路中有电流通过。根据检流计指针偏转方向可以判定锌片为负极，铜片为正极，电子流动的方向从负极到正极，电流的方向从正极到负极。

(2)在铜片上有金属铜沉积出来，而锌片则逐渐溶解。

锌做负极，Zn 失去电子变成 Zn^{2+} 进入溶液，发生氧化反应，即

$$Zn(s) \rightleftharpoons Zn^{2+}(aq) + 2e^-$$

铜做正极，硫酸铜溶液中的 Cu^{2+} 从铜片上获得电子，成为铜原子而沉积在铜片上，发生还原反应，即

$$Cu^{2+}(aq) + 2e^- \rightleftharpoons Cu(s)$$

(3)放入盐桥，指针才发生偏转；取出盐桥，检流计指针回至零点。这表明盐桥起着沟通电路的作用。

溶液中的电流通路是靠离子迁移完成的。Zn 失去电子形成 Zn^{2+} 进入 $ZnSO_4$ 溶液，因 Zn^{2+} 增多而使 $ZnSO_4$ 溶液带过剩的正电荷。同时，由于 Cu^{2+} 变为 Cu，使得 $CuSO_4$ 溶液中 SO_4^{2-} 相对较多而带过剩的负电荷。溶液不能保持电中性，将阻止放电作用继续进行。由于盐桥中阴离子 Cl^- 可向 $ZnSO_4$ 溶液扩散和迁移，阳离子 K^+ 则向 $CuSO_4$ 溶液扩散和迁移，分别中和过剩电荷，保持溶液的电中性，因而放电作用不间断地进行，一直到锌片全部溶解或 $CuSO_4$ 溶液中的 Cu^{2+} 几乎完全沉积出来。

在上述装置中，组成氧化还原总反应的两个“半反应”分别在两处进行，电子不是直接由还原剂转移给氧化剂，而是通过外电路进行转移。电子有规则地定向流动，从而产生了电流，实现了由化学能到电能的转化。类似这种借助于自发的氧化还原反应产生电流的装置都叫作原电池。

铜-锌原电池是由两个“半电池”组成的。锌和锌盐溶液组成一个“半电池”，铜和铜盐溶液组成另一个“半电池”。半电池有时也称为电极。分别在两个半电池中发生的氧化或还原反应叫作半电池反应或电极反应。氧化和还原的总反应称为电池反应。

2. 原电池符号

在原电池中，给出电子的电极为负极，接受电子的电极为正极。在负极上发生氧化反应，在正极上发生还原反应。

一个实际的原电池装置可用简单的符号来表示，称为电池符号。铜-锌原电池的电池符号为

$$Zn(s)|ZnSO_4(c_1) \,\vdots\vdots\, CuSO_4(c_2)|Cu(s)$$

对于电池符号通常规定：将负极写在左边，将正极写在右边；从左到右依次用化学式表示组

成原电池的各相物质；同时，应标明离子或电解质溶液的浓度①、气体的压力、纯液体或纯固体的相态。用“|”表示相与相间的界面，用“¦¦”表示盐桥。

从理论上讲，借助于任何自发的氧化还原反应都可以构成原电池。例如，可以将氧化还原反应

$$2Fe^{3+}(aq)+Sn^{2+}(aq) \rightleftharpoons 2Fe^{2+}(aq)+Sn^{4+}(aq)$$

组成一个原电池。在一个烧杯中放入含有 Fe^{3+} 和 Fe^{2+} 的溶液，在另一个烧杯中放入含有 Sn^{2+} 和 Sn^{4+} 的溶液。在两个烧杯中插入铂片做导体（铂和石墨这类只起导电作用、不参与氧化或还原反应的导体叫作惰性电极）。再用盐桥、导线等连接起来成为原电池。

负极上发生氧化反应，即

$$Sn^{2+}(aq) \rightleftharpoons Sn^{4+}(aq)+2e^-$$

正极上发生还原反应，即

$$Fe^{3+}(aq)+e^- \rightleftharpoons Fe^{2+}(aq)$$

电池符号为

$$Pt|Sn^{2+}(c_1),Sn^{4+}(c_1') ¦¦ Fe^{3+}(c_2),Fe^{2+}(c_2')|Pt$$

7.2.2　原电池的电动势

将原电池的两个电极用导线连接起来，在电路中会有电流通过，这说明两个电极之间有一定的电势差存在（构成原电池的两个电极具有不同的电极电势），导致电池中电流的产生。

当原电池放电时，两极间的电势差将比该电池的最大电压小。这是因为电流通过电池需要消耗能量做功，导致电压降低。电流越大，电压降低得越多。因此，只有电路中没有电流通过时，电池才具有最大电压。当通过原电池的电流趋于零时，两电极间的最大电势差称为原电池的电动势，以 E_{MF} 表示。正极的电极电势 $E_{(+)}$ 减去负极的电极电势 $E_{(-)}$ 等于电池的电动势，即

$$E_{MF}=E_{(+)}-E_{(-)} \tag{7-2}$$

用数字电压表来测定电池的电动势时，电路中的电流很小，完全可以略而不计。因此，可由电压表上所显示的电压来确定电池的电动势，也可以用电位差计来测定原电池的电动势。

原电池的电动势与系统组成有关。当电池中各物种均处于各自的标准态时，测得的电动势称为标准电动势，以 $E_{MF}^{\ominus}$ 表示。例如，当铜-锌原电池中 $c(Zn^{2+})=c(Cu^{2+})=1.0\ mol\cdot L^{-1}$ 时，由于 Zn(s) 和 Cu(s) 均为纯物质，在这种标准状态下，测得的电动势 $E_{MF}^{\ominus}$ 为 1.100 V。

7.2.3　原电池的电动势与反应的 Gibbs 函数变

由测得的原电池的电动势可以计算电池内氧化还原反应的 Gibbs 函数变。借助于氧化还原反应产生电流的原电池放电时电流无限小，可以近似地看作是可逆电池。在可逆电池中，反应自发进行产生电流可以做电功。根据物理学原理，电流所做的电功等于电路中所通过的电荷量与电势差的乘积，即

---

① 严格讲，应该是离子或电解质的活度。活度的概念及有关计算将在物理化学教学中讨论。

电功＝电荷量×电势差

可逆电池所做的最大电功为

$$W_{max}=-nFE_{MF} \tag{7-3}$$

式中，n 为电子的物质的量；F 为 Faraday 常数，其数值为 96 485 C·mol^{-1}；nF 为总电荷量。

热力学研究表明，在定温定压下系统的 Gibbs 函数变等于非体积功，即

$$\Delta_r G=W_{max} \tag{7-4}$$

即根据式(7-3)、式(7-4)得

$$\Delta_r G=-nFE_{MF} \tag{7-5a}$$

当电池反应进行 1 mol 反应进度时

$$\Delta_r G_m=-zFE_{MF} \tag{7-5b}$$

式中，z 为电池反应中得失的电子数。式(7-5b)表明了可逆电池中系统的 Gibbs 函数变等于系统所做的最大电功。

如果可逆电池反应是在标准状态下进行的，则有

$$\Delta_r G_m^{\ominus}=-zFE_{MF}^{\ominus} \tag{7-6}$$

根据式(7-5b)和式(7-6)可以由电池反应的 Gibbs 函数变计算电池电动势，反之，也可以通过测定原电池电动势的方法求 $\Delta_r G_m^{\ominus}$，进而确定某些离子的 $\Delta_f G_m^{\ominus}$。

【例 7-3】 在 298 K 下，实验测得铜-锌原电池

$$Zn(s)|Zn^{2+}(1.0\ mol\cdot L^{-1})\ \vdots\vdots\ Cu^{2+}(1.0\ mol\cdot L^{-1})|Cu(s)$$

的标准电动势 $E_{MF}^{\ominus}=1.100$ V。

(1) 计算电池反应：$Zn(s)+Cu^{2+}(aq)\rightleftharpoons Zn^{2+}(aq)+Cu(s)$ 的 $\Delta_r G_m^{\ominus}$；

(2) 若已知 $\Delta_f G_m^{\ominus}(Zn^{2+},aq)=-147.06\ kJ\cdot mol^{-1}$，计算 $\Delta_f G_m^{\ominus}(Cu^{2+},aq)$。

解 (1) $Zn(s)+Cu^{2+}(aq)\rightleftharpoons Zn^{2+}(aq)+Cu(s)$

$$\begin{aligned}\Delta_r G_m^{\ominus}&=-zFE_{MF}^{\ominus}=-2\times 96\ 485C\cdot mol^{-1}\times 1.100\ V\\&=-212.27\ kJ\cdot mol^{-1}\end{aligned}$$

(2) $\Delta_r G_m^{\ominus}=[\Delta_f G_m^{\ominus}(Zn^{2+},aq)+\Delta_f G_m^{\ominus}(Cu,s)]-[\Delta_f G_m^{\ominus}(Cu^{2+},aq)+\Delta_f G_m^{\ominus}(Zn,s)]$

$$\begin{aligned}\Delta_f G_m^{\ominus}(Cu^{2+},aq)&=\Delta_f G_m^{\ominus}(Zn^{2+},aq)-\Delta_r G_m^{\ominus}\\&=(-147.06+212.27)\ kJ\cdot mol^{-1}\\&=65.21\ kJ\cdot mol^{-1}\end{aligned}$$

7.3 电极电势

7.3.1 电极电势的基本概念

1. 电极电势的产生

用导线和盐桥把铜、锌两个半电池连接起来，电路中有电流通过，说明两个电极之间存在电势差。为什么这两个电极的电势不相同呢？电极电势又是怎样产生的呢？

当把金属 M 浸入其离子的盐溶液中，两者就组成了半电池。金属表面的金属离子受极

性水分子的作用，有溶解到溶液中成为水合金属离子的趋势。金属越活泼，或溶液中金属离子的浓度越小，这种溶解的趋势越大。同时，溶液中的水合金属离子也有从金属表面获得电子沉积在金属表面的趋势。金属越不活泼，或溶液中金属离子浓度越大，这种沉积的趋势越大。当溶解和沉积达到平衡时，在金属和溶液两相界面附近形成带相反电荷的双电层（图 7-2）。如果金属溶解的趋势大于金属离子沉积的趋势，金属表面带负电荷，而界面附近的溶液带正电荷[图 7-2(a)]；反之，若金属离子沉积的趋势大于金属溶解的趋势，金属表面带正电荷，而界面附近的溶液带负电荷[图 7-2(b)]。无论是上述情况中的哪一种，由于形成双电层，在金属与其盐溶液之间都会产生电势差，这种电势差称为该金属的电极电势。电极电势用符号 $E(M^{n+}/M)$ 表示，其单位为 V。

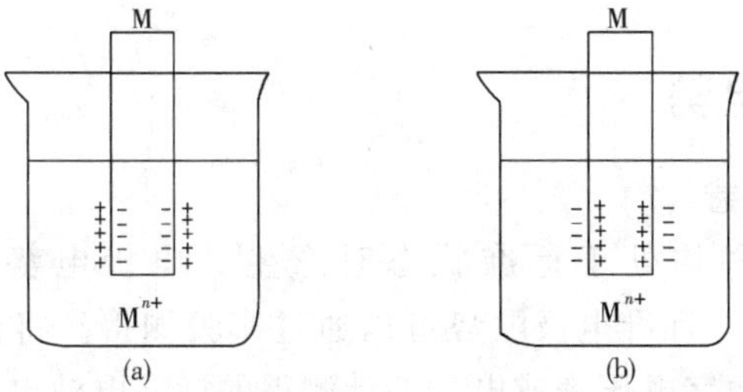

图 7-2　双电层

金属电极电势的大小主要取决于金属的本性，此外还与金属离子的浓度和温度等因素有关。

2. 标准氢电极

原电池的电动势是构成原电池的两个电极间的最大电势差，即电池的电动势等于正极电极电势 $E_{(+)}$ 减去负极的电极电势 $E_{(-)}$，有

$$E_{MF}=E_{(+)}-E_{(-)}$$

但是，每个电极电势的绝对值尚无法测定。通常选取一个电极作为比较的基准，称为参比电极。将其他电对的电极电势与此电极的电极电势做比较，从而确定出各电对的电极电势的相对值。通常选用标准氢电极作为参比电极，其构造如图 7-3 所示。将镀有铂黑的铂片浸入含有氢离子的酸溶液中，并不断通入纯净的氢气，使溶液被氢气所饱和。氢电极的半电池符号为

$$H^+|H_2(g)|Pt$$

其电极反应为

$$2H^+(aq)+2e^- \rightleftharpoons H_2(g)$$

电化学和热力学中规定标准氢电极的电极电势为零，即 $E^{\ominus}(H^+/H_2)=0$。

氢电极的优点是其电极电势随温度变化改变得很小，但是它对使用条件却要求得十分严格。因此，在实际工作中往往采用其他电极作为参比电极。最常用的参比电极是甘汞电极，如图 7-4 所示，甘汞电极的半电池符号为

$$Cl^-|Hg_2Cl_2(s)|Hg$$

其电极反应为

$$Hg_2Cl_2(s)+2e^- \rightleftharpoons 2Hg(l)+2Cl^-(aq)$$

饱和甘汞电极的电极电势为 0.241 5 V。

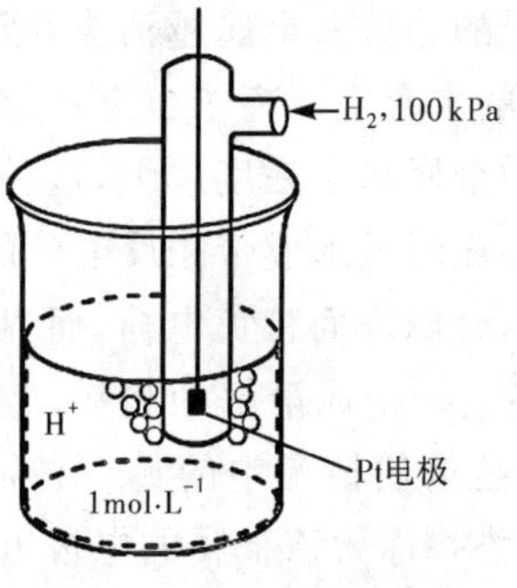

图 7-3　氢电极构造示意图

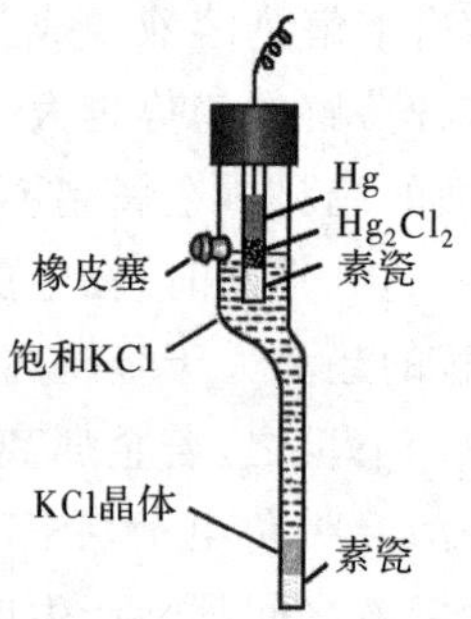

图 7-4　甘汞电极

7.3.2　标准电极电势

1. 标准电极电势的概念

电极反应中的各物种均处于标准状态时产生的电极电势称为标准电极电势，用 $E^{\ominus}$(氧化型/还原型)表示。标准电极电势可以通过实验测得。将待测电极作为正极，与标准氢电极组成原电池，用数字电压表或电位差计测得的标准电池电动势，即该电极的标准电极电势。例如，将标准铜电极与标准氢电极组成原电池，有

$(-)Pt|H_2(100\ kPa)|H^+(1.0\ mol \cdot L^{-1})\ ¦¦\ Cu^{2+}(1.0\ mol \cdot L^{-1})|Cu(+)$

正极反应为

$$Cu^{2+}(aq)+2e^- \rightleftharpoons Cu(s)$$

负极反应为

$$H_2(g) \rightleftharpoons 2H^+(aq)+2e^-$$

电池反应为

$$Cu^{2+}(aq)+H_2(g) \rightleftharpoons Cu(s)+2H^+(aq)$$

相应的标准电池电动势为

$$E^{\ominus}_{MF}=E^{\ominus}_{(+)}-E^{\ominus}_{(-)}=E^{\ominus}(Cu^{2+}/Cu)-E^{\ominus}(H^+/H_2)$$

实验测得 $E^{\ominus}_{MF}=0.340\ V$，由于 $E^{\ominus}(H^+/H_2)=0$，代入上式，则有

$$0.340\ V=E^{\ominus}(Cu^{2+}/Cu)-0$$

所以

$$E^{\ominus}(Cu^{2+}/Cu)=0.340\ V$$

同理以标准锌电极为正极，与标准氢电极组成原电池，有

$$E^{\ominus}_{MF}=E^{\ominus}(Zn^{2+}/Zn)-E^{\ominus}(H^+/H_2)$$

测得 $E^{\ominus}_{MF}=-0.762\ V$，代入式中得

$$E^{\ominus}(Zn^{2+}/Zn)=-0.762\ V$$

按照同样的方法可以测得其他电对的标准电极电势。298.15 K 时各电对的标准电极电势见附录 4。由于测定时都将标准氢电极作为负极，而将其他标准电极作为正极，所以附录 4 中的标准电极电势均为标准还原电极电势。

各种电对的标准电极电势数据可从化学手册中查到。利用这些数据可以计算任意两电

对组成原电池的标准电动势 $E_{MF}^{\ominus}$。电极电势大的电对为正极，电极电势小的电对为负极，两者标准电极电势之差等于标准电动势，即

$$E_{MF}^{\ominus}=E_{(+)}^{\ominus}-E_{(-)}^{\ominus}$$

例如，对于标准铜电极和标准锌电极组成的原电池，有

$$Zn(s)|Zn^{2+}(1.0\ mol\cdot L^{-1})\ \vdots\vdots\ Cu^{2+}(1.0\ mol\cdot L^{-1})|Cu(s)$$

用正极的电极反应为

$$Cu^{2+}(aq)+2e^{-}\rightleftharpoons Cu(s)\qquad E^{\ominus}(Cu^{2+}/Cu)=0.340\ V$$

减负极的电极反应为

$$Zn^{2+}(aq)+2e^{-}\rightleftharpoons Zn(s)\qquad E^{\ominus}(Zn^{2+}/Zn)=-0.762\ V$$

得到电池反应为

$$Cu^{2+}(aq)+Zn(s)\rightleftharpoons Cu(s)+Zn^{2+}(aq)$$

$$\begin{aligned}E_{MF}^{\ominus}&=E^{\ominus}(Cu^{2+}/Cu)-E^{\ominus}(Zn^{2+}/Zn)\\&=0.340\ V-(-0.762\ V)\\&=1.102\ V\end{aligned}$$

对于根据任意一个氧化还原反应所组成的原电池，发生还原反应的电对做正极，发生氧化反应的电对做负极。算出的 $E_{MF}^{\ominus}$ 可能大于零，也可能小于零。

***2. 标准电极电势与电极反应 $\Delta_r G_m^{\ominus}$ 的关系**

利用热力学数据也可以算出标准电极电势。例如，25 ℃时将标准锌电极和标准氢电极组成一个原电池。

负极反应为

$$Zn^{2+}(aq)+2e^{-}\rightleftharpoons Zn(s)\tag{1}$$

$$\Delta_r G_{m(1)}^{\ominus}=\Delta_f G_m^{\ominus}(Zn,s)-\Delta_f G_m^{\ominus}(Zn^{2+},aq)$$

正极反应为

$$2H^{+}(aq)+2e^{-}\rightleftharpoons H_2(g)\tag{2}$$

$$\Delta_r G_{m(2)}^{\ominus}=\Delta_f G_m^{\ominus}(H_2,g)-2\Delta_f G_m^{\ominus}(H^{+},aq)$$

式(2)－式(1)得电池反应为

$$Zn(s)+2H^{+}(aq)\rightleftharpoons Zn^{2+}(aq)+H_2(g)$$

$$\Delta_r G_m^{\ominus}=\Delta_r G_{m(2)}^{\ominus}-\Delta_r G_{m(1)}^{\ominus}$$

由于 $\Delta_f G_m^{\ominus}(Zn,s)=0$，$\Delta_f G_m^{\ominus}(H_2,g)=0$，热力学中规定 $\Delta_f G_m^{\ominus}(H^{+},aq)=0$，则有

$$\Delta_r G_{m(1)}^{\ominus}=-\Delta_f G_m^{\ominus}(Zn^{2+},aq)$$

$$\Delta_r G_{m(2)}^{\ominus}=0$$

所以

$$\Delta_r G_m^{\ominus}=-\Delta_r G_{m(1)}^{\ominus}=\Delta_f G_m^{\ominus}(Zn^{2+},aq)$$

又由于

$$E_{MF}^{\ominus}=E^{\ominus}(H^{+}/H_2)-E^{\ominus}(Zn^{2+}/Zn)=-E^{\ominus}(Zn^{2+}/Zn)$$

所以由

$$\Delta_r G_m^{\ominus}=-zFE_{MF}^{\ominus}$$

得

$$\Delta_r G^{\ominus}_{m(1)} = -zFE^{\ominus}(Zn^{2+}/Zn)$$

推广到一般的电极反应为

$$\text{氧化型} + ze^- \rightleftharpoons \text{还原型}$$

$$\Delta_r G^{\ominus}_m = -zFE^{\ominus}(\text{氧化型/还原型})$$

在上述例子中，查附录 1 可知 $\Delta_f G^{\ominus}_m(Zn^{2+}, aq) = -147.06\ kJ \cdot mol^{-1}$，所以由

$$\Delta_r G^{\ominus}_{m(1)} = -\Delta_f G^{\ominus}_m(Zn^{2+}, aq) = -zFE^{\ominus}(Zn^{2+}/Zn)$$

得

$$E^{\ominus}(Zn^{2+}/Zn) = \frac{\Delta_f G^{\ominus}_m(Zn^{2+}, aq)}{zF} = \frac{-147.06\ kJ \cdot mol^{-1}}{2 \times 96\ 485\ C \cdot mol^{-1}}$$

$$= -0.762\ 09\ V$$

7.3.3 Nernst 方程

标准电极电势表中的数据是 298.15 K 和标准状态下测得的，用这些数据只能计算 298.15 K 时的标准电池电动势。氧化还原反应大都是在非标准状态下进行的。当温度、浓度(或压力)改变时，电对的电极电势会随之变化，电池电动势也会随之而变。

1. 电池反应的 Nernst 方程

在第 2 章中曾介绍过化学反应的等温方程为

$$\Delta_r G_m(T) = \Delta_r G^{\ominus}_m(T) + RT\ln J$$

将

$$\Delta_r G_m(T) = -zFE_{MF}(T) \tag{7-7}$$

和

$$\Delta_r G^{\ominus}_m(T) = -zFE^{\ominus}_{MF}(T) \tag{7-8}$$

代入等温方程，得

$$-zFE_{MF}(T) = -zFE^{\ominus}_{MF}(T) + RT\ln J$$

等式两边同时除以 $-zF$ 得

$$E_{MF}(T) = E^{\ominus}_{MF}(T) - \frac{RT}{zF}\ln J \tag{7-9}$$

式中，$E_{MF}(T)$ 和 $E^{\ominus}_{MF}(T)$ 分别为温度 T 时电池的电动势和标准电动势；z 为电池反应方程式中得失电子数；F 为 Faraday 常数($96\ 485\ C \cdot mol^{-1}$)；$J$ 为电池反应的反应商。

式(7-9)最先是由德国化学家 W. Nernst 提出来的，叫作 Nernst 方程，这是电化学中的基本方程。由 Nernst 方程可以看出温度、反应商 J 中的浓度或气体压力对电动势的影响。这里要特别指出的是，$E^{\ominus}_{MF}(T)$ 也随温度变化而改变。

通常由化学手册中查得的标准电极电势都是 298.15 K 的数据。将 $T = 298.15\ K$，$R = 8.314\ J \cdot mol^{-1} \cdot K^{-1}$，$F = 96\ 485\ C \cdot mol^{-1}$ 代入式(7-9)得

$$E_{MF}(298.15\ K) = E^{\ominus}_{MF}(298.15\ K) - \frac{0.025\ 7\ V}{z}\ln J \tag{7-10a}$$

如果以常用对数表示，则

$$E_{MF}(298.15\ K)=E_{MF}^{\ominus}(298.15\ K)-\frac{0.0592\ V}{z}\lg J \tag{7-10b}$$

式(7-10)称为电池反应的 Nernst 方程，利用它们可以计算 298.15 K 时电池反应的非标准电动势。应当注意，电池反应的 Nernst 方程要与电池反应相对应。例如，对应 298.15 K 时电池反应为

$$2Fe^{3+}(aq)+Sn^{2+}(aq) \rightleftharpoons 2Fe^{2+}(aq)+Sn^{4+}(aq)$$

的 Nernst 方程为

$$E_{MF}=E_{MF}^{\ominus}-\frac{0.0592\ V}{2}\lg\frac{[c(Fe^{2+})/c^{\ominus}]^2[c(Sn^{4+})/c^{\ominus}]}{[c(Fe^{3+})/c^{\ominus}]^2[c(Sn^{2+})/c^{\ominus}]}$$

2. 电极反应的 Nernst 方程

由电池反应的 Nernst 方程可以推导出电极反应的 Nernst 方程。仍以上述电池反应为例，由于

$$E_{MF}=E_{(+)}-E_{(-)}=E(Fe^{3+}/Fe^{2+})-E(Sn^{4+}/Sn^{2+})$$

$$E_{MF}^{\ominus}=E_{(+)}^{\ominus}-E_{(-)}^{\ominus}=E^{\ominus}(Fe^{3+}/Fe^{2+})-E^{\ominus}(Sn^{4+}/Sn^{2+})$$

所以电池反应的 Nernst 方程可改写为

$$\begin{aligned}
&E(Fe^{3+}/Fe^{2+})-E(Sn^{4+}/Sn^{2+})\\
&=E^{\ominus}(Fe^{3+}/Fe^{2+})-E^{\ominus}(Sn^{4+}/Sn^{2+})+\\
&\quad\left[\frac{0.0592\ V}{2}\lg\frac{[c(Fe^{3+})/c^{\ominus}]^2}{[c(Fe^{2+})/c^{\ominus}]^2}-\frac{0.0592\ V}{2}\lg\frac{c(Sn^{4+})/c^{\ominus}}{c(Sn^{2+})/c^{\ominus}}\right]\\
&=\left[E^{\ominus}(Fe^{3+}/Fe^{2+})+0.0592\ V\lg\frac{c(Fe^{3+})}{c(Fe^{2+})}\right]-\\
&\quad\left[E^{\ominus}(Sn^{4+}/Sn^{2+})+\frac{0.0592\ V}{2}\lg\frac{c(Sn^{4+})}{c(Sn^{2+})}\right]
\end{aligned}$$

将正极和负极分别考虑，对于正极有

$$Fe^{3+}(aq)+e^{-} \rightleftharpoons Fe^{2+}(aq)$$

$$E(Fe^{3+}/Fe^{2+})=E^{\ominus}(Fe^{3+}/Fe^{2+})+0.0592\ V\lg\frac{c(Fe^{3+})}{c(Fe^{2+})}$$

对于负极有

$$Sn^{4+}(aq)+2e^{-} \rightleftharpoons Sn^{2+}(aq)$$

$$E(Sn^{4+}/Sn^{2+})=E^{\ominus}(Sn^{4+}/Sn^{2+})+\frac{0.0592\ V}{2}\lg\frac{c(Sn^{4+})}{c(Sn^{2+})}$$

推广到一般的电极反应为

$$a\ \text{氧化型}+ze^{-} \rightleftharpoons y\ \text{还原型}$$

$$E(\text{氧化型}/\text{还原型})=E^{\ominus}(\text{氧化型}/\text{还原型})+\frac{0.0592\ V}{z}\lg\frac{\{c(\text{氧化型})\}^a}{\{c(\text{还原型})\}^y} \tag{7-11}$$

式中，z 为电极反应中转移的电子数。$\{c(\text{氧化型})\}^a$ 和 $\{c(\text{还原型})\}^y$ 分别为电极反应中氧化型各物种和还原型各物种的浓度幂。对于有气体参加的电极反应，则用气态物种的分压与标准压力比值的幂代入。

有些电对的电极电势还与溶液的酸碱性有关。例如，298.15 K 时，电极反应为

$$MnO_4^-(aq)+8H^+(aq)+5e^- \rightleftharpoons Mn^{2+}(aq)+4H_2O$$

的 Nernst 方程为

$$E(MnO_4^-/Mn^{2+})=E^{\ominus}(MnO_4^-/Mn^{2+})+\frac{0.059\,2\ V}{5}\lg\frac{\{c(MnO_4^-)\}\{c(H^+)\}^8}{\{c(Mn^{2+})\}}$$

又如，298.15 K 时电极反应为

$$2ClO^-(aq)+2H_2O(l)+2e^- \rightleftharpoons Cl_2(g)+4OH^-(aq)$$

$$E(ClO^-/Cl_2)=E^{\ominus}(ClO^-/Cl_2)+\frac{0.059\,2\ V}{2}\lg\frac{[c(ClO^-)/c^{\ominus}]^2}{[p(Cl_2)/p^{\ominus}][c(OH^-)/c^{\ominus}]^4}$$

电极反应的 Nernst 方程反映了非标准电极电势与标准电极电势以及浓度或分压之间的关系，是电化学中的重要方程之一。应用 Nernst 方程可以计算 298.15 K 时的非标准电极电势。

由电极反应的 Nernst 方程可以看出浓度（或分压）对电极电势的影响：氧化型的浓度（或分压）增大，电极电势增大；还原型的浓度（或分压）增大，电极电势减小。

【例 7-4】 已知 298.15 K 时 $E^{\ominus}(O_2/H_2O)=1.229\ V$。试计算 $p(O_2)=21.3\ kPa$，$pH=4.00$ 时的电极电势 $E(O_2/H_2O)$。

解 溶液的 $pH=4.00$，$c(H^+)=1.0\times10^{-4}\ mol\cdot L^{-1}$。

电极反应为

$$O_2(g)+4H^+(aq)+4e^- \rightleftharpoons 2H_2O(l)$$

$$E(O_2/H_2O)=E^{\ominus}(O_2/H_2O)+\frac{0.059\,2\ V}{4}\lg[p(O_2)/p^{\ominus}][c(H^+)/c^{\ominus}]^4$$

$$=1.229\ V+\frac{0.059\,2\ V}{4}\lg\left[\frac{21.3}{100}\times(1.0\times10^{-4})^4\right]$$

$$=0.982\ V$$

由计算结果可以看出，由于氧化型 O_2 的分压低于标准压力（100 kPa），H^+ 浓度小于 $1.0\ mol\cdot L^{-1}$，所以导致电极电势比 $E^{\ominus}(O_2/H_2O)$ 小。

3. 沉淀的生成对电极电势的影响

有些电极反应中的离子由于生成难溶电解质沉淀，也会大大降低溶液中相应离子的浓度，使得电极电势显著地改变。

【例 7-5】 已知 298.15 K 时，$E^{\ominus}(Ag^+/Ag)=0.799\ V$，$K_{sp}^{\ominus}(AgCl)=1.8\times10^{-10}$。在 Ag^+ 和 Ag 组成的半电池中加入 Cl^-，生成 AgCl 沉淀，并使 $c(Cl^-)=1.0\ mol\cdot L^{-1}$。计算 $E(Ag^+/Ag)$ 和 $E^{\ominus}(AgCl/Ag)$。

解 由于系统中生成 AgCl 沉淀，所以存在下列沉淀-溶解平衡，即

$$AgCl(s) \rightleftharpoons Ag^+(aq)+Cl^-(aq)$$

$$K_{sp}^{\ominus}(AgCl)=\{c(Ag^+)\}\{c(Cl^-)\}$$

$c(Cl^-)=1.0\ mol\cdot L^{-1}$，所以有

$$\{c(Ag^+)\}=\frac{K_{sp}^{\ominus}(AgCl)}{\{c(Cl^-)\}}=K_{sp}^{\ominus}(AgCl)$$

对于电极反应，有

$$Ag^{+}(aq)+e^{-} \rightleftharpoons Ag(s)$$

$$\begin{aligned} E(Ag^{+}/Ag) &= E^{\ominus}(Ag^{+}/Ag)+0.059\ 2\ \text{V}\lg\{c(Ag^{+})\} \\ &= E^{\ominus}(Ag^{+}/Ag)+0.059\ 2\ \text{V}\lg K_{sp}^{\ominus}(AgCl) \\ &= 0.799\ \text{V}+0.059\ 2\ \text{V}\lg(1.8\times10^{-10}) \\ &= 0.222\ \text{V} \end{aligned}$$

该系统中 $c(Ag^{+})$很小，实际上的电极反应为

$$AgCl(s)+e^{-} \rightleftharpoons Ag(s)+Cl^{-}(aq)$$

当 $c(Cl^{-})=1.0\ \text{mol}\cdot\text{L}^{-1}$ 时，此电极反应处于标准状态，测得的电极电势即为 AgCl/Ag 电对的标准电极电势，所以有

$$\begin{aligned} E^{\ominus}(AgCl/Ag) &= E^{\ominus}(Ag^{+}/Ag)+0.059\ 2\ \text{V}\lg K_{sp}^{\ominus}(AgCl) \\ &= 0.222\ \text{V} \end{aligned}$$

■

由此可见，由于生成 AgCl 沉淀，使得氧化型 Ag^{+} 的浓度显著降低，导致电极电势明显减小。

相反，如果电对中的还原型离子生成沉淀，电极电势会增大。例如，$E^{\ominus}(Cu^{2+}/CuI) > E^{\ominus}(Cu^{2+}/Cu^{+})$。

如果电对中的氧化型离子和还原型离子都生成沉淀，电极电势的变化取决于两种沉淀 $K_{sp}^{\ominus}$ 的相对大小。若 $K_{sp}^{\ominus}$(氧化型)$<K_{sp}^{\ominus}$(还原型)，则电极电势减小。例如，$K_{sp}^{\ominus}(Fe(OH)_3) < K_{sp}^{\ominus}(Fe(OH)_2)$，所以 $E^{\ominus}(Fe(OH)_3/Fe(OH)_2) < E^{\ominus}(Fe^{3+}/Fe^{2+})$。

除了沉淀的生成对电极电势产生影响之外，生成弱电解质或配合物也会引起电极电势的变化，后者将在第 11 章中讨论。

7.4　电极电势的应用

拓展阅读

温度对电池电动势的影响

电极电势是电化学中的一个重要物理量，在许多方面有重要应用，下面讨论其在无机化学中的一些应用。

7.4.1　比较氧化剂或还原剂的相对强弱

根据附录 4 中标准电极电势数值的大小可以比较氧化剂或还原剂的相对强弱，其中的电极反应都是还原反应，相应的 $E^{\ominus}$ 数值都是标准还原电极电势。电对的 $E^{\ominus}$ 值越大，其氧化型得电子能力越强，是强氧化剂，而还原型则是弱还原剂。相反，电对的 $E^{\ominus}$ 值越小，其还原型失电子能力越强，是强还原剂，而其氧化型则是弱氧化剂。

在附录 4 中，标准电极电势按 $E^{\ominus}$ 值由小到大的顺序排列。由表中数据可以确定，排在最前面的电对是 Li^{+}/Li，其标准电极电势最小，所以 Li 是最强的还原剂。排在最后的电对是 F_2/HF，其标准电极电势最大，所以 F_2 是最强的氧化剂。

【例 7-6】 从下列电对中选出最强的氧化剂和最强的还原剂，并分别排出各氧化型的氧化能力和各还原型的还原能力的强弱顺序。

$$MnO_4^{-}/Mn^{2+},Cu^{2+}/Cu,Fe^{3+}/Fe^{2+},I_2/I^{-},Cl_2/Cl^{-},Sn^{4+}/Sn^{2+}$$

解 由附录 4 中查出各电对的电极反应及标准电极电势如下：

$MnO_4^-(aq)+8H^+(aq)+5e^- \rightleftharpoons Mn^{2+}(aq)+4H_2O(l)$ $E^\ominus=1.512\ V$

$Cu^{2+}(aq)+2e^- \rightleftharpoons Cu(s)$ $E^\ominus=0.339\ 4\ V$

$Fe^{3+}(aq)+e^- \rightleftharpoons Fe^{2+}(aq)$ $E^\ominus=0.769\ V$

$I_2(s)+2e^- \rightleftharpoons 2I^-(aq)$ $E^\ominus=0.534\ 5\ V$

$Cl_2(g)+2e^- \rightleftharpoons 2Cl^-(aq)$ $E^\ominus=1.360\ V$

$Sn^{4+}(aq)+2e^- \rightleftharpoons Sn^{2+}(aq)$ $E^\ominus=0.153\ 9\ V$

通过比较可以看出，其中 $E^\ominus(MnO_4^-/Mn^{2+})$ 最大，氧化型物种 MnO_4^- 是最强的氧化剂；$E^\ominus(Sn^{4+}/Sn^{2+})$ 最小，还原型物种 Sn^{2+} 是最强的还原剂。

各氧化型氧化能力由强到弱的顺序为

$$MnO_4^-,Cl_2,Fe^{3+},I_2,Cu^{2+},Sn^{4+}$$

各还原型还原能力由强到弱的顺序为

$$Sn^{2+},Cu,I^-,Fe^{2+},Cl^-,Mn^{2+}$$

工业生产和实验室常用的强氧化剂有 $KMnO_4$、K_2CrO_7、H_2O_2、HNO_3 等；常用的强还原剂有 Zn、Fe、Sn^{2+}、I^- 等。

7.4.2 判断氧化还原反应进行的方向

在第 2 章中讨论过，化学反应正向自发进行的条件是 $\Delta_r G_m<0$。对于氧化还原反应，$\Delta_r G_m$ 与电池电动势之间的关系为

$$\Delta_r G_m=-zFE_{MF}$$

如果 $\Delta_r G_m<0$，则 $E_{MF}>0$，反应能正向自发进行。如果 $\Delta_r G_m>0$，则 $E_{MF}<0$，反应逆向自发进行。因此，可以用 E_{MF} 作为氧化还原反应方向的判据。

氧化还原反应的电动势判据实质上仍是 Gibbs 函数变判据。氧化还原反应的电池电动势等于氧化剂电对（对应于原电池的正极）的电极电势与还原剂电对（对应于原电池的负极）的电极电势之差，即

$$E_{MF}=E_{(+)}-E_{(-)}=E_{(氧)}-E_{(还)}$$

氧化还原反应自发进行的方向总是得电子能力强的氧化剂与失电子能力强的还原剂之间发生反应，即

$$强还原剂(1)+强氧化剂(2) \longrightarrow 弱氧化剂(1)+弱还原剂(2)$$

【例 7-7】 判断在酸性溶液中 H_2O_2 与 Fe^{2+} 混合时，能否发生氧化还原反应。若能反应，写出反应方程式，并计算标准电池电动势。

解 H_2O_2 中氧元素的氧化值为−1，处于中间氧化态，既可以失去电子被氧化为 O_2，又可以得到电子被还原成 H_2O。在酸性溶液中相应的半反应分别为

$$O_2(g)+2H^+(aq)+2e^- \rightleftharpoons H_2O_2(aq) \qquad E^\ominus=0.694\ 5\ V$$

$$H_2O_2(aq)+2H^+(aq)+2e^- \rightleftharpoons 2H_2O(l) \qquad E^\ominus=1.763\ V$$

Fe^{2+} 也是中间氧化值的物种，既可做还原剂被氧化为 Fe^{3+}，又可以做氧化剂被还原为 Fe。在酸性溶液中的两个有关电极反应及其 $E^\ominus$ 值为

$$Fe^{3+}(aq)+e^- \rightleftharpoons Fe^{2+}(aq) \qquad E^\ominus=0.769\ V$$

$$Fe^{2+}(aq)+2e^- \rightleftharpoons Fe(s) \qquad E^\ominus=-0.408\ 9\ V$$

比较上述半反应的 $E^\ominus$ 值可知：电对 H_2O_2/H_2O 的 $E^\ominus$ 值最大，该电对的氧化型物种是其中最强的氧化剂。如果 H_2O_2 与 Fe^{2+} 反应，Fe^{2+} 应做还原剂，而还原剂必须是 $E^\ominus$ 值较小电对的还原型。所以，H_2O_2 与 Fe^{2+} 在酸性溶液中混合时能自发地发生氧化还原反应，生成 Fe^{3+} 和 H_2O，反应方程式为

$$H_2O_2(aq)+2Fe^{2+}(aq)+2H^+(aq) \rightleftharpoons 2Fe^{3+}(aq)+2H_2O(l)$$

$$\begin{aligned} E_{MF}^\ominus &= E^\ominus(H_2O_2/H_2O)-E^\ominus(Fe^{3+}/Fe^{2+}) \\ &= 1.763\ V-0.769\ V \\ &= 0.994\ V \end{aligned}$$

通常从化学手册中只能查到标准电极电势 $E^\ominus$。严格地说，由正负极 $E^\ominus$ 算得的 $E_{MF}^\ominus$ 只能用来判断在标准状态下氧化还原反应的方向。人们根据经验提出如下规则：$E_{MF}^\ominus>0.2$ V，反应正向进行；$E_{MF}^\ominus<-0.2$ V，反应逆向进行；当 $-0.2\ V<E_{MF}^\ominus<0.2$ V 时，反应可能正向进行，也可能逆向进行，所以必须计算 E_{MF}，用来判断反应进行的方向。这一经验规则在多数情况下是适用的。例 7-7 中，$E_{MF}^\ominus=0.994\ V>0.2$ V，反应能正向进行。

【例 7-8】 已知 25 ℃时，$E^\ominus(MnO_2/Mn^{2+})=1.229\ 3$ V，$E^\ominus(Cl_2/Cl^-)=1.360$ V。

(1)试判断在 25 ℃时的标准状态下反应

$$MnO_2(s)+4HCl(aq) \rightleftharpoons MnCl_2(aq)+Cl_2(g)+2H_2O(l)$$

能否正向进行。

(2)通过计算说明为什么实验室中能用 $MnO_2(s)$ 与浓盐酸反应制取 $Cl_2(g)$。

解 (1)正极反应为

$$MnO_2(s)+4H^+(aq)+2e^- \rightleftharpoons Mn^{2+}(aq)+2H_2O(l) \quad E^\ominus=1.229\ 3\ V$$

负极反应为

$$Cl_2(g)+2e^- \rightleftharpoons 2Cl^-(aq) \quad E^\ominus=1.360\ V$$

$$\begin{aligned} E_{MF}^\ominus &= E^\ominus(MnO_2/Mn^{2+})-E^\ominus(Cl_2/Cl^-) \\ &= 1.229\ 3\ V-1.360\ V \\ &= -0.131\ V<0 \end{aligned}$$

所以在标准状态下上述反应不能正向进行。

(2)在实验室中制取 $Cl_2(g)$ 时，用的是浓盐酸，其浓度为 12 $mol \cdot L^{-1}$。$c(H^+)=12$ $mol \cdot L^{-1}$，$c(Cl^-)=12\ mol \cdot L^{-1}$，并假定 $c(Mn^{2+})=1.0\ mol \cdot L^{-1}$，$p(Cl_2)=100$ kPa。应用 Nernst 方程式可以分别计算上述两个电对的电极电势为

$$\begin{aligned} E(MnO_2/Mn^{2+}) &= E^\ominus(MnO_2/Mn^{2+})-\frac{0.059\ 2\ V}{2}\lg\frac{c(Mn^{2+})/c^\ominus}{[c(H^+)/c^\ominus]^4} \\ &= 1.229\ 3\ V-\frac{0.059\ 2\ V}{2}\lg\frac{1}{12^4} \\ &= 1.357\ V \end{aligned}$$

$$E(Cl_2/Cl^-)=E^\ominus(Cl_2/Cl^-)-\frac{0.059\ 2\ V}{2}\lg\frac{[c(Cl^-)/c^\ominus]^2}{p(Cl_2)/p^\ominus}$$

$=1.360\ V-0.0592\ V\lg 12$

$=1.296\ V$

$E_{MF}=1.357\ V-1.296\ V=0.061\ V>0$

因此，可以用 MnO_2 与浓盐酸反应制取 Cl_2。此题的 E_{MF} 也可以用电池反应的 Nernst 方程计算。■

7.4.3 确定氧化还原反应进行的限度

氧化还原反应的限度是以标准平衡常数的大小来表示的。电化学中通过反应的标准 Gibbs 函数变可以推导出原电池的标准电动势和平衡常数之间的关系。由

$$\Delta_r G_m^{\ominus}=-zFE_{MF}^{\ominus}$$

和

$$\Delta_r G_m^{\ominus}=-RT\ln K^{\ominus}$$

可得

$$RT\ln K^{\ominus}=zFE_{MF}^{\ominus}$$

298.15 K 时，有

$$\ln K^{\ominus}=\frac{zE_{MF}^{\ominus}}{0.0257\ V} \tag{7-12}$$

或

$$\lg K^{\ominus}=\frac{zE_{MF}^{\ominus}}{0.0592\ V} \tag{7-13}$$

应用上述两式可以通过 $E_{MF}^{\ominus}$ 计算氧化还原反应的标准平衡常数。

【例 7-9】 试计算 298.15 K 时反应

$$Zn(s)+Cu^{2+}(aq) \rightleftharpoons Zn^{2+}(aq)+Cu(s)$$

的标准平衡常数。

解 由附录 4 查得 $E^{\ominus}(Cu^{2+}/Cu)=0.3394\ V$，$E^{\ominus}(Zn^{2+}/Zn)=-0.7621\ V$。

$$Zn(s)+Cu^{2+}(aq) \rightleftharpoons Zn^{2+}(aq)+Cu(s)$$

$$E_{MF}^{\ominus}=E^{\ominus}(Cu^{2+}/Cu)-E^{\ominus}(Zn^{2+}/Zn)$$

$$=0.3394\ V-(-0.7621\ V)$$

$$=1.1015\ V$$

$$\lg K^{\ominus}=\frac{zE_{MF}^{\ominus}}{0.0592\ V}=\frac{2\times 1.1015\ V}{0.0592\ V}=37.213$$

$$K^{\ominus}=1.63\times 10^{37}$$

$K^{\ominus}$ 值很大，说明反应向右进行得很完全。■

上述讨论只限于热力学范畴，没有涉及反应速率问题。一般来说，氧化还原反应的速率比较小，特别是有结构复杂的含氧酸根参与的反应更是如此。有时虽然正负极的电极电势之差很大，反应进行的程度应该很大，但由于反应速率很小，实际上却观察不到反应发生。例如，MnO_4^- 与 Ag 在酸性溶液中的反应就属于这种情况。

$$MnO_4^-(aq)+5Ag(s)+8H^+(aq) \rightleftharpoons Mn^{2+}(aq)+5Ag^+(aq)+4H_2O(l)$$

$$
\begin{aligned}
E_{\mathrm{MF}}^{\ominus} &= E^{\ominus}(\mathrm{MnO_4^-/Mn^{2+}}) - E^{\ominus}(\mathrm{Ag^+/Ag}) \\
&= 1.512\ \mathrm{V} - 0.799\ 1\ \mathrm{V} \\
&= 0.713\ \mathrm{V} > 0.2\ \mathrm{V}
\end{aligned}
$$

所以 $E^{\ominus}$ 大的反应不一定就快。

根据氧化还原反应的标准平衡常数与原电池的标准电动势之间的定量关系，可以通过实验测定原电池电动势的方法来计算弱酸的解离常数、水的离子积、难溶电解质的溶度积或配离子的稳定常数。

【例 7-10】 已知 298.15 K 时下列电极反应及 $E^{\ominus}$ 值，即

$$\mathrm{Ag^+(aq) + e^- \rightleftharpoons Ag(s)} \quad E^{\ominus} = 0.799\ 1\ \mathrm{V} \qquad ①$$

$$\mathrm{AgBr(s) + e^- \rightleftharpoons Ag(s) + Br^-(aq)} \quad E^{\ominus} = 0.073\ 17\ \mathrm{V} \qquad ②$$

试求 298.15 K 时 AgBr 的溶度积常数。

解　将这两个半反应组成一个原电池：

$$\mathrm{Ag(s)\,|\,AgBr(s)\,|\,Br^-(1.0\ mol\cdot L^{-1})\ \|\ Ag^+(1.0\ mol\cdot L^{-1})\,|\,Ag(s)}$$

电极反应①减电极反应②得到电池反应，即

$$\mathrm{Ag^+(aq) + Br^-(aq) \rightleftharpoons AgBr(s)} \quad K^{\ominus} = \frac{1}{K_{\mathrm{sp}}^{\ominus}(\mathrm{AgBr})}$$

$$
\begin{aligned}
E_{\mathrm{MF}}^{\ominus} &= E^{\ominus}(\mathrm{Ag^+/Ag}) - E^{\ominus}(\mathrm{AgBr/Ag}) \\
&= 0.799\ 1\ \mathrm{V} - 0.073\ 17\ \mathrm{V} \\
&= 0.725\ 9\ \mathrm{V}
\end{aligned}
$$

$$\lg K^{\ominus} = \frac{zE_{\mathrm{MF}}^{\ominus}}{0.059\ 2\ \mathrm{V}} = \frac{0.725\ 9\ \mathrm{V}}{0.059\ 2\ \mathrm{V}} = 12.262$$

$$K^{\ominus} = 1.83 \times 10^{12}$$

$$K_{\mathrm{sp}}^{\ominus}(\mathrm{AgBr}) = \frac{1}{K^{\ominus}} = \frac{1}{1.83 \times 10^{12}} = 5.46 \times 10^{-13}$$ ■

上述电池反应看上去不是氧化还原反应，但实际上电对 $\mathrm{Ag^+/Ag}$ 与 AgBr/Ag 能组成原电池并产生电流。其原因是正负极的 $\mathrm{Ag^+}$ 浓度不同。在标准状态下，$\mathrm{Ag^+/Ag}$ 半电池中的 $c(\mathrm{Ag^+}) = 1.0\ \mathrm{mol\cdot L^{-1}}$，而 AgBr/Ag 半电池中的 $c(\mathrm{Ag^+}) = K_{\mathrm{sp}}^{\ominus}\ \mathrm{mol\cdot L^{-1}}$。显然，$E^{\ominus}(\mathrm{Ag^+/Ag}) > E^{\ominus}(\mathrm{AgBr/Ag})$，所以能够产生电势差。这类由于两电极中相同物种浓度不同而产生电动势的原电池称为浓差电池。

7.4.4　元素电势图

如果某元素能形成三种或三种以上氧化值的物种，它们之间可以组成多种不同的电对，则各电对的标准电极电势及其关系可用图的形式表示出来。

按元素的氧化值由高到低的顺序，从左到右写出各物种的分子式或离子式，各不同氧化值物种之间用直线连接起来，在直线上标明两者所组成电对的标准电极电势。这种图叫作元素电势图。例如，在酸性溶液中氧元素的电势图如下：

$E_{\mathrm{A}}^{\ominus}/\mathrm{V}$　　$\mathrm{O_2} \overset{0.694\ 5}{\text{——}} \mathrm{H_2O_2} \overset{1.763}{\text{——}} \mathrm{H_2O}$

$\mathrm{O_2}$ 与 $\mathrm{H_2O}$ 之间（下方连线）：1.229

从元素电势图上可以看出同一元素不同氧化值物种氧化能力或还原能力的相对强弱。除此之外，元素电势图还有以下两方面的应用。

1. 判断中间氧化值物种能否歧化

歧化反应是中间氧化值物种中的一种自身氧化还原反应。应用元素电势图很容易直观地判断中间氧化值物种能否歧化。

【例 7-11】 在酸性溶液中，铜元素的电势图为

$$Cu^{2+} \xrightarrow{0.1607\ V} Cu^{+} \xrightarrow{0.5180\ V} Cu$$

铁元素的电势图为

$$Fe^{3+} \xrightarrow{0.769\ V} Fe^{2+} \xrightarrow{-0.4089\ V} Fe$$

试根据铜元素和铁元素的有关电对的标准电极电势，分别推测在酸性溶液中 Cu^{+} 和 Fe^{2+} 能否发生歧化反应。

解 铜元素的相关电极反应为

$$Cu^{2+}(aq) + e^{-} \rightleftharpoons Cu^{+}(aq) \quad E^{\ominus} = 0.1607\ V \qquad ①$$

$$Cu^{+}(aq) + e^{-} \rightleftharpoons Cu(s) \quad E^{\ominus} = 0.5180\ V \qquad ②$$

式②－式①，得

$$2Cu^{+}(aq) \rightleftharpoons Cu^{2+}(aq) + Cu(s)$$

$$\begin{aligned} E^{\ominus}_{MF} &= E^{\ominus}(Cu^{+}/Cu) - E^{\ominus}(Cu^{2+}/Cu^{+}) \\ &= 0.5180\ V - 0.1607\ V \\ &= 0.3573\ V \end{aligned}$$

$E^{\ominus}_{MF} > 0$，反应能正向进行，说明 Cu^{+} 在酸性溶液中不稳定，能够发生歧化反应。

铁元素的相关电极反应为

$$Fe^{3+}(aq) + e^{-} \rightleftharpoons Fe^{2+}(aq) \quad E^{\ominus} = 0.769\ V \qquad ③$$

$$Fe^{2+}(aq) + 2e^{-} \rightleftharpoons Fe(s) \quad E^{\ominus} = -0.4089\ V \qquad ④$$

式④－2×式③，得

$$3Fe^{2+}(aq) = 2Fe^{3+}(aq) + Fe(s)$$

$$\begin{aligned} E^{\ominus}_{MF} &= E^{\ominus}(Fe^{2+}/Fe) - E^{\ominus}(Fe^{3+}/Fe^{2+}) \\ &= -0.4089\ V - 0.769\ V \\ &= -1.178\ V \end{aligned}$$

$E^{\ominus}_{MF} < 0$，该电池反应不能从左向右进行，表明酸性溶液中 Fe^{2+} 不能歧化。 ■

由上述例题可以得出判断歧化反应能否发生的一般规则。假设某元素的电势图为

$$A \xrightarrow{E^{\ominus}_{左}} B \xrightarrow{E^{\ominus}_{右}} C$$

若 $E^{\ominus}_{右} > E^{\ominus}_{左}$，B 既是电极电势大的电对的氧化型，又是电极电势小的电对的还原型，既可做氧化剂，也可做还原剂，则 B 能够发生歧化反应。相反，若 $E^{\ominus}_{右} < E^{\ominus}_{左}$，则 B 不能发生歧化反应。

2. 计算某些未知的标准电极电势

应用元素电势图很容易从某些电对的已知标准电极电势计算出另一些电对的未知标准电极电势。假设某元素的电势图如下：

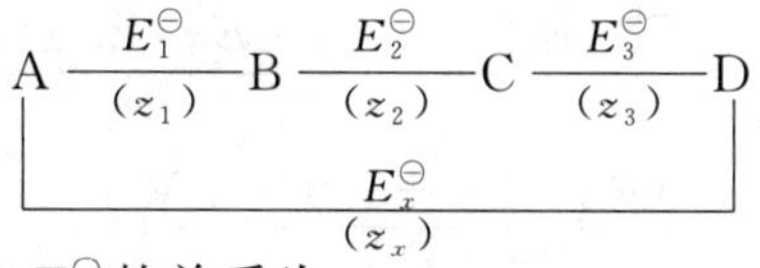

则相应的电极反应及 $\Delta_r G_m^{\ominus}$ 和 $E^{\ominus}$ 的关系为

$$
\begin{array}{lll}
 & A+z_1 e^- \rightleftharpoons B① & \Delta_r G_{m(1)}^{\ominus}=-z_1 F E_1^{\ominus} \\
 & B+z_2 e^- \rightleftharpoons C & \Delta_r G_{m(2)}^{\ominus}=-z_2 F E_2^{\ominus} \\
+ & C+z_3 e^- \rightleftharpoons D & \Delta_r G_{m(3)}^{\ominus}=-z_3 F E_3^{\ominus} \\
\hline
 & A+z_x e^- \rightleftharpoons D & \Delta_r G_{m(x)}^{\ominus}=-z_x F E_x^{\ominus}
\end{array}
$$

其中

$$z_x=z_1+z_2+z_3$$

由

$$\Delta_r G_{m(x)}^{\ominus}=\Delta_r G_{m(1)}^{\ominus}+\Delta_r G_{m(2)}^{\ominus}+\Delta_r G_{m(3)}^{\ominus}$$

得

$$z_x F E_x^{\ominus}=z_1 F E_1^{\ominus}+z_2 F E_2^{\ominus}+z_3 F E_3^{\ominus}$$

化简为

$$z_x E_x^{\ominus}=z_1 E_1^{\ominus}+z_2 E_2^{\ominus}+z_3 E_3^{\ominus} \tag{7-14}$$

或

$$E_x^{\ominus}=\frac{z_1 E_1^{\ominus}+z_2 E_2^{\ominus}+z_3 E_3^{\ominus}}{z_x}$$

根据式(7-14)，很容易计算出其中某一电对的 $E^{\ominus}$ 值。

【例 7-12】 已知在碱性溶液中溴元素的部分电势图如下：

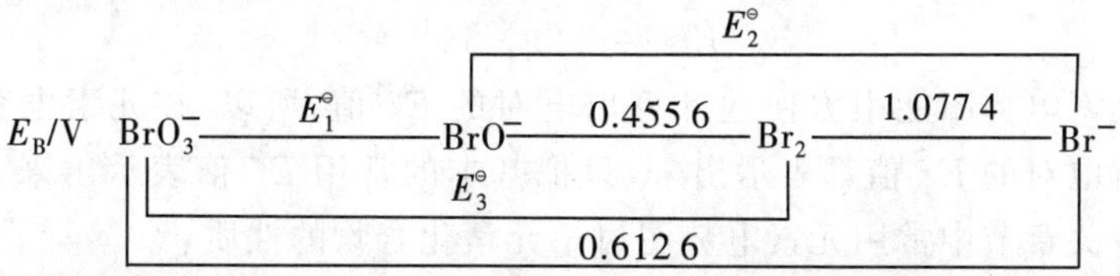

(1)试计算 $E_1^{\ominus}$、$E_2^{\ominus}$ 和 $E_3^{\ominus}$ 的值。(2)判断其中哪些物种能够歧化；(3)25 ℃时将 $Br_2(l)$ 与 Na(OH)(aq)混合，写出反应的离子方程式，并计算其标准平衡常数。

解 (1)根据式(7-14)，有

$$
\begin{aligned}
E_1^{\ominus} &=\frac{6E^{\ominus}(BrO_3^-/Br^-)-E^{\ominus}(BrO^-/Br_2)-E^{\ominus}(Br_2/Br^-)}{4} \\
&=\frac{6\times 0.612\,6\ V-0.455\,6\ V-1.077\,4\ V}{4} \\
&=0.535\,7\ V
\end{aligned}
$$

① 这里略去了各物种的电荷。

$$E_2^{\ominus} = \frac{E^{\ominus}(BrO^-/Br_2) + E^{\ominus}(Br_2/Br^-)}{2}$$

$$= \frac{0.455\ 6\ V + 1.077\ 4\ V}{2}$$

$$= 0.766\ 5\ V$$

$$E_3^{\ominus} = \frac{6E^{\ominus}(BrO_3^-/Br^-) - E^{\ominus}(Br_2/Br^-)}{5}$$

$$= \frac{6 \times 0.612\ 6\ V - 1.077\ 4\ V}{5}$$

$$= 0.519\ 6\ V$$

(2)对于中间氧化值的 Br_2，其 $E^{\ominus}_{右} > E^{\ominus}_{左}$，即 $E^{\ominus}(Br_2/Br^-) > E^{\ominus}(BrO^-/Br_2)$，所以 Br_2 在碱性溶液中可以歧化为 BrO^- 和 Br^-。

对于另一个中间氧化值物种 BrO^-，其 $E^{\ominus}_{右}$ 也大于 $E^{\ominus}_{左}$，即 $E_2^{\ominus} > E_1^{\ominus}$ 或 $E^{\ominus}(BrO^-/Br^-) > E^{\ominus}(BrO_3^-/BrO^-)$，所以 BrO^- 在碱性溶液中也能歧化为 BrO_3^- 和 Br^-。

(3)由于常温下 Br_2 和 BrO^- 的歧化反应都很快，所以 25 ℃时将 $Br_2(l)$ 与 NaOH(aq)混合，$Br_2(l)$ 会歧化为 BrO_3^- 和 Br^-，反应的离子方程式为

$$3Br_2(l) + 6OH^-(aq) \rightleftharpoons BrO_3^-(aq) + 5Br^-(aq) + 3H_2O(l)$$

$$E_{MF}^{\ominus} = E^{\ominus}(Br_2/Br^-) - E^{\ominus}(BrO_3^-/Br_2)$$

$$= 1.077\ 4\ V - 0.519\ 6\ V$$

$$= 0.557\ 8\ V$$

$$\lg K^{\ominus} = \frac{zE_{MF}^{\ominus}}{0.059\ 2\ V} = \frac{5 \times 0.557\ 8\ V}{0.059\ 2\ V} = 47.111$$

$$K^{\ominus} = 1.29 \times 10^{47}$$

由于应用元素电势图能很方便地计算出电对的 $E^{\ominus}$ 值，所以，在元素电势图上经常不把所有电对的 $E^{\ominus}$ 值都表示出来，只把基本的常用 $E^{\ominus}$ 值表示出来。在元素化学的各有关章节中常用元素电势图讨论元素化合物的性质。

拓展阅读

新型化学电源简介

习　题　7

7-1　什么是氧化值？如何确定元素的氧化值？在氧化还原反应中，元素的氧化值怎样变化？

7-2　判断下列氧化还原反应中哪些元素的氧化值有变化，指出氧化剂和还原剂。

(1) $2H_2O_2(aq) \rightleftharpoons O_2(g) + 2H_2O(l)$

(2) $2Cu^{2+}(aq) + 4I^-(aq) \rightleftharpoons 2CuI(s) + I_2(aq)$

(3) $2Mn^{2+}(aq) + 5S_2O_8^{2-}(aq) + 8H_2O(l) \rightleftharpoons 2MnO_4^-(aq) + 10SO_4^{2-}(aq) + 16H^+(aq)$

(4) $2CrO_4^{2-}(aq) + 2H^+(aq) \rightleftharpoons Cr_2O_7^{2-}(aq) + H_2O(l)$

(5) $SnCl_4^{2-}(aq) + HgCl_2(aq) \rightleftharpoons Hg(l) + SnCl_6^{2-}(aq)$

(6) $SO_2(g) + I_2(aq) + 2H_2O(l) \rightleftharpoons H_2SO_4(aq) + 2HI(aq)$

(7) $HgI_2(s)+2I^-(aq) \rightleftharpoons HgI_4^{2-}(aq)$

(8) $3I_2(aq)+6NaOH(aq) \rightleftharpoons 5NaI(aq)+NaIO_3(aq)+3H_2O(l)$

7-3　指出下列各化学式中画线元素的氧化值。

$Ba\underline{O_2}$，$K\underline{O_2}$，$\underline{O}F_2$，$H\underline{C}HO$，$\underline{C_2}H_5OH$，$K_2\underline{Xe}F_6$，$K\underline{H}$，$\underline{Mn_2}O_7$，$K\underline{Br}O_4$，$Na\underline{N}H_2$，$Na\underline{Bi}O_3$，$Na_2\underline{S_2}O_3$，$Na_2\underline{S_4}O_6$。

7-4　配平氧化还原反应方程式的原则是什么？用离子-电子法配平的关键步骤是什么？

7-5　完成并配平下列在酸性溶液中发生反应的方程式。

(1) $KMnO_4(aq)+H_2O_2(aq)+H_2SO_4(aq) \longrightarrow MnSO_4(aq)+K_2SO_4(aq)+O_2(g)$

(2) $PH_4^+(aq)+Cr_2O_7^{2-}(aq) \longrightarrow P_4(s)+Cr^{3+}(aq)$

(3) $As_2S_3(s)+ClO_3^-(aq) \longrightarrow Cl^-(aq)+H_2AsO_4^-(aq)+SO_4^{2-}(aq)$

(4) $CuS(s)+HNO_3(aq) \longrightarrow Cu(NO_3)_2(aq)+S(s)+NO(g)+H_2O(l)$

(5) $S_2O_3^{2-}(aq)+Cl_2(aq)+H_2O(l) \longrightarrow SO_6^{2-}(aq)+Cl^-(aq)+H^+(aq)$

(6) $CH_3OH(aq)+Cr_2O_7^{2-}(aq) \longrightarrow CH_2O(aq)+Cr^{3+}(aq)$

(7) $PbO_2(s)+Mn^{2+}(aq)+SO_4^{2-}(aq) \longrightarrow PbSO_4(s)+MnO_4^-(aq)$

(8) $P_4(s)+HClO(aq) \longrightarrow H_3PO_4(aq)+Cl^-(aq)+H^+(aq)$

7-6　完成并配平下列在碱性溶液中发生反应的方程式。

(1) $N_2H_4(aq)+Cu(OH)_2(s) \longrightarrow N_2(g)+Cu(s)$

(2) $ClO^-(aq)+Fe(OH)_3(s) \longrightarrow Cl^-(aq)+FeO_4^{2-}(aq)$

(3) $CrO_4^{2-}(aq)+CN^-(aq) \longrightarrow CNO^-(aq)+Cr(OH)_3(s)$

(4) $Br_2(l)+IO_3^-(aq) \longrightarrow Br^-(aq)+IO_4^-(aq)$

(5) $Bi(OH)_3(s)+Cl_2(g)+NaOH(aq) \longrightarrow NaBiO_3(s)+NaCl(aq)+H_2O(l)$

(6) $SO_3^{2-}(aq)+MnO_4^-(aq) \longrightarrow SO_4^{2-}(aq)+MnO_2(s)$

(7) $Cr(OH)_4^-(aq)+H_2O_2(aq) \longrightarrow CrO_4^{2-}(aq)+H_2O(l)$

(8) $CrI_3(s)+Cl_2(g) \longrightarrow CrO_4^{2-}(aq)+IO_4^-(aq)+Cl^-(aq)$

7-7　什么是原电池？原电池的正极和负极各发生什么反应？

7-8　原电池放电时，其电动势如何变化？当电池反应达到平衡时，电动势为多少？

7-9　半电池(A)是由镍片浸在 1.0 $mol \cdot L^{-1}$ $NiSO_4$ 溶液中组成的，半电池(B)是由锌片浸在 1.0$mol \cdot L^{-1}$ $ZnSO_4$ 溶液中组成的。当将半电池(A)和(B)分别与标准氢电极连接组成原电池时，测得各半电池的电极电势为

(A) $Ni^{2+}(aq)+2e^- \rightleftharpoons Ni(s)$　　　　$|E^\ominus|=0.236$ V

(B) $Zn^{2+}(aq)+2e^- \rightleftharpoons Zn(s)$　　　　$|E^\ominus|=0.762$ V

(1)当半电池(A)和(B)分别与标准氢电极连接组成原电池时，发现两种金属电极均溶解。试确定各半电池的电极电势。

(2)在 Ni、Ni^{2+}、Zn、Zn^{2+} 中，哪一种是最强的氧化剂？哪一种是最强的还原剂？

(3)当将金属镍放入 1.0 $mol \cdot L^{-1}ZnSO_4$ 溶液中时，能否有反应发生？将金属锌浸入 1.0 $mol \cdot L^{-1}NiSO_4$ 溶液中会发生什么反应？写出反应方程式。

7-10 已知下列原电池符号：

(1)$Zn(s)|Zn^{2+}(c_1)$ ¦¦ $H^+(c_2)|H_2(g,p^{\ominus})|Pt$

(2)$Cu(s)|Cu^{2+}(c_1)$ ¦¦ $Fe^{3+}(c_2),Fe^{2+}(c_3)|Pt$

(3)$Cd(s)|Cd^{2+}(c_1)$ ¦¦ $Ag^+(c_2)|Ag(s)$

写出各原电池的电极反应和电池反应。

7-11 试计算 25 ℃由下列反应构成电池的 $E_{MF}^{\ominus}$ 和反应的 $\Delta_r G_m^{\ominus}$。

$$Cd(s)+Pb^{2+}(aq)\rightleftharpoons Cd^{2+}(aq)+Pb(s)$$

7-12 某电极反应为

① $M^{z+}(aq)+ze^- \rightleftharpoons M(s)$　$E_1^{\ominus}$，$\Delta_r G_{m(1)}^{\ominus}$

当将上述电极反应式乘以某一数值 $a(a>0)$，得

② $aM^{z+}(aq)+aze^- \rightleftharpoons aM(s)$　$E_2^{\ominus}$，$\Delta_r G_{m(2)}^{\ominus}$

则 $E_1^{\ominus}=E_2^{\ominus}$，$a\Delta_r G_{m(1)}^{\ominus}=\Delta_r G_{m(2)}^{\ominus}$，为什么？由此能得出什么结论？

7-13 在下列常见氧化剂中，如果使 $c(H^+)$增加，哪些物种的氧化性增强？哪些物种的氧化性不变？

$$Cl_2,Cr_2O_7^{2-},Fe^{3+},MnO_4^-,PbO_2,NaBiO_3,O_2,H_2O_2$$

7-14 下列叙述是否正确？

(1)在氧化还原反应中，氧化剂一定是电极电势大的电对的氧化型，还原剂是电极电势小的电对的还原型；

(2)对于电极反应，$\Delta_r G_m=-zFE$；

(3)ClO_3^- 在碱性溶液中的氧化性强于在酸性溶液中的氧化性；

(4)在 $Fe^{3+}(aq)+e^- \rightleftharpoons Fe^{2+}(aq)$这一电极反应中，当 pH 增大时，Fe(Ⅲ)的氧化性不改变；

(5)原电池中正极电对的氧化型物种浓度或分压增大，电池电动势增大；同样，负极电对的氧化型物种浓度或分压增大，电池电动势也增大。

7-15 计算下列原电池的电动势，写出相应的电池反应。

(1)$Zn|Zn^{2+}(0.010\ mol\cdot L^{-1})$ ¦¦ $Fe^{2+}(0.001\ 0\ mol\cdot L^{-1})|Fe$

(2)$Pt|Fe^{2+}(0.010\ mol\cdot L^{-1}),Fe^{3+}(0.10\ mol\cdot L^{-1})$ ¦¦ $Cl^-(2.0\ mol\cdot L^{-1})|Cl_2(p^{\ominus})|Pt$

(3)$Ag|Ag^+(0.010\ mol\cdot L^{-1})$ ¦¦ $Ag^+(0.10\ mol\cdot L^{-1})|Ag$

7-16 某原电池中的一个半电池是由金属钴浸在 1.0 $mol\cdot L^{-1}Co^{2+}$ 溶液中组成的；另一半电池则由铂(Pt)片浸在 1.0 $mol\cdot L^{-1}Cl^-$ 溶液中，并不断通入 $Cl_2[p(Cl_2)=100.0\ kPa]$组成。测得其电动势为 1.642 V；钴电极为负极。

(1)写出电池反应方程式；

(2)由附录 4 查出 $E^{\ominus}(Cl_2/Cl^-)$，计算 $E^{\ominus}(Co^{2+}/Co)$；

(3)$p(Cl_2)$增大时，电池的电动势将如何变化？

(4)当 Co^{2+} 浓度为 0.010 $mol\cdot L^{-1}$，其他条件不变时，计算电池的电动势。

7-17 在25 ℃下，有一原电池(−)A | A^{2+} ¦¦ B^{2+} | B(+)，当 $c(A^{2+})=c(B^{2+})=0.500\ mol \cdot L^{-1}$ 时，其电动势为+0.360 V。若使 $c(A^{2+})=0.100\ mol \cdot L^{-1}$，$c(B^{2+})=1.00\times10^{-4}\ mol \cdot L^{-1}$，则该电池的电动势是多少伏？

7-18 根据电池反应 $Zn(s)+2H^+(?\ mol \cdot L^{-1}) \rightleftharpoons Zn^{2+}(1.00\ mol \cdot L^{-1})+H_2(100\ kPa)$ 组成一个原电池。298.15 K时测其电动势为0.46 V，求氢电极溶液的pH是多少？

7-19 在含有 Cl^-、Br^-、I^- 的混合溶液中，欲使 I^- 氧化为 I_2，而 Br^- 和 Cl^- 不被氧化，在常用的氧化剂 $Fe_2(SO_4)_3$ 和 $KMnO_4$ 中应选哪一种(酸性介质)？

7-20 根据相关电对的 $E^{\ominus}$ 值，判断下列反应在298.15 K、标准状态下能否自发进行。

(1) $2Ag(s)+Cu^{2+}(aq) \rightleftharpoons 2Ag^+(aq)+Cu(s)$

(2) $Sn^{4+}(aq)+2I^-(aq) \rightleftharpoons Sn^{2+}(aq)+I_2(s)$

(3) $2Fe^{2+}(aq)+O_2(g)+4H^+(aq) \rightleftharpoons 2Fe^{3+}(aq)+2H_2O(l)$

(4) $Zn(s)+MgCl_2(aq) \rightleftharpoons ZnCl_2(aq)+Mg(s)$

7-21 根据标准电极电势，判断下列氧化剂的氧化性由强到弱的次序。

$$Cl_2, Cr_2O_7^{2-}, MnO_4^-, Cu^{2+}, Fe^{3+}, Br_2$$

7-22 根据标准电极电势，判断下列还原剂的还原性由强到弱的次序。

$$Fe^{2+}, Sn^{2+}, I^-, Zn, Sn, SO_3^{2-}, H_2S, Br^-, I^-$$

7-23 已知某原电池的正极是氢电极[$p(H_2)=100.0\ kPa$]，负极的电极电势是恒定的。当氢电极中pH=4.008时，该电池的电动势为0.412 V；如果氢电极中所用的溶液改为一未知 $c(H^+)$ 的缓冲溶液，又重新测得原电池的电动势为0.427 V。计算该缓冲溶液的 $c(H^+)$ 和pH。若缓冲溶液中 $c(HA)=c(A^-)=1.0\ mol \cdot L^{-1}$，求该弱酸HA的解离常数。

7-24 计算下列反应的 $E^{\ominus}_{MF}$、$\Delta_r G^{\ominus}_m$ 和 $\Delta_r G_m$：

(1) $Sn^{2+}(0.10\ mol \cdot L^{-1})+Hg^{2+}(0.010\ mol \cdot L^{-1}) \rightleftharpoons Sn^{4+}(0.020\ mol \cdot L^{-1})+Hg(l)$

(2) $Cu(s)+2Ag^+(0.010\ mol \cdot L^{-1}) \rightleftharpoons 2Ag(s)+Cu^{2+}(0.010\ mol \cdot L^{-1})$

(3) $Cl_2(g, 10.0\ kPa)+2Ag(s) \rightleftharpoons 2AgCl(s)$

7-25 由附录4中查出 $E^{\ominus}(Cu^+/Cu)$，$E^{\ominus}(CuI/Cu)$。

(1)试计算 $K^{\ominus}_{sp}(CuI)$；

(2)计算298 K下反应 $CuI(s) \rightleftharpoons Cu^+(aq)+I^-(aq)$ 的 $\Delta_r G^{\ominus}_m$。

7-26 298 K时，在 Fe^{3+}、Fe^{2+} 的混合溶液中加入NaOH溶液时，有 $Fe(OH)_3$、$Fe(OH)_2$ 沉淀生成(假设无其他反应发生)。当沉淀反应达到平衡时，保持 $c(OH^-)=1.0\ mol \cdot L^{-1}$。求 $E(Fe^{3+}/Fe^{2+})$ 和 $E^{\ominus}(Fe(OH)_3/Fe(OH)_2)$。

7-27 已知25 ℃时，$K^{\ominus}_{sp}(Co(OH)_2)=5.92\times10^{-15}$，$E^{\ominus}(Co(OH)_3/Co(OH)_2)=0.17\ V$，计算 $K^{\ominus}_{sp}(Co(OH)_3)$。

7-28 已知下列电极反应的标准电极电势：

$$Cu^{2+}(aq)+2e^- \rightleftharpoons Cu(s) \quad E^{\ominus}=0.3394\ V$$

$$Cu^{2+}(aq)+e^- \rightleftharpoons Cu^+(aq) \quad E^{\ominus}=0.1607\ V$$

(1)计算反应：$Cu^{2+}(aq)+Cu(s) \rightleftharpoons 2Cu^+(aq)$ 的 $K^{\ominus}$；

(2)已知 $K_{sp}^{\ominus}(CuCl)=1.7\times10^{-7}$，计算反应：

$$Cu^{2+}(aq)+Cu(s)+2Cl^{-}(aq)\rightleftharpoons 2CuCl(s)$$

的标准平衡常数 $K^{\ominus}$。

7-29 由附录 4 中查出酸性溶液中 $E^{\ominus}(MnO_4^-/MnO_4^{2-})$，$E^{\ominus}(MnO_4^-/MnO_2)$，$E^{\ominus}(MnO_2/Mn^{2+})$，$E^{\ominus}(Mn^{3+}/Mn^{2+})$。

(1)画出锰元素在酸性溶液中的元素电势图；

(2)计算 $E^{\ominus}(MnO_4^{2-}/MnO_2)$ 和 $E^{\ominus}(MnO_2/Mn^{3+})$；

(3)MnO_4^{2-} 能否歧化？写出相应的反应方程式，并计算该反应的 $\Delta_r G_m^{\ominus}$ 与 $K^{\ominus}$；还有哪些物种能歧化？

(4)计算 $E^{\ominus}(MnO_2/Mn(OH)_2)$。

7-30 已知 25 ℃时，氯元素在碱性溶液中的电势图，试计算出 $E_1^{\ominus}(ClO_3^-/ClO^-)$，$E_2^{\ominus}(ClO_4^-/Cl^-)$ 和 $E_3^{\ominus}(ClO^-/Cl_2)$ 的值。

氯元素在碱性溶液中的电势图 $E_B^{\ominus}/V$：

$$ClO_4^- \xrightarrow[(z=2)]{0.3979} ClO_3^- \xrightarrow[(z=2)]{0.2706} ClO_2^- \xrightarrow[(z=2)]{0.6807} ClO^- \xrightarrow[(z=1)]{E_3^{\ominus}=?} Cl_2 \xrightarrow[(z=1)]{1.360} Cl^-$$

$ClO_3^- \to ClO^-$：$E_1^{\ominus}$ $(z=4)$

$ClO^- \to Cl^-$：0.8902 $(z=2)$

$ClO_4^- \to Cl^-$：$E_2^{\ominus}=?$ $(z=8)$

7-31 铅酸蓄电池的电极反应为

负极：$Pb(s)+HSO_4^-(aq)\longrightarrow PbSO_4(s)+H^+(aq)+2e^-$

正极：$PbO_2(s)+HSO_4^-(aq)+3H^+(aq)+2e^-\longrightarrow PbSO_4(s)+2H_2O(l)$

计算铅酸蓄电池的标准电动势 $E_{MF}^{\ominus}$。

7-32 丙烷燃料电池的电极反应为

$$C_3H_8(g)+6H_2O(l)\rightleftharpoons 3CO_2(g)+20H^+(aq)+20e^-$$

$$5O_2(g)+20H^+(aq)+20e^-\rightleftharpoons 10H_2O(l)$$

(1)指出正极反应和负极反应；

(2)写出电池反应方程式；

(3)计算 25 ℃下丙烷燃料电池的标准电动势 $E_{MF}^{\ominus}$[已知 $\Delta_f G_m^{\ominus}(C_3H_8,g)=-23.5\ kJ\cdot mol^{-1}$]。

第8章

原子结构

自然界中的物质种类繁多，性质千差万别。这些物质都是由原子组成的。本章首先讨论氢原子的结构，然后讨论多电子原子的结构，最后讨论元素性质的周期性变化规律。

8.1 氢原子光谱与 Bohr 理论

人们对于原子结构的认识经历了漫长的历史时期。早在公元前 5 世纪，古希腊哲学家 Demokritos 就提出了哲学上原子的概念。1803 年英国科学家 J. Dalton 提出了原子论之后，人们对原子结构进行了多方面的研究和探讨。1897 年，英国物理学家 J. J. Thomson 通过实验测得了电子的荷质比。1909 年，美国科学家 R. A. Millikan 通过油滴实验测得了电子的电量。1911 年，英国物理学家 E. Rutherford 通过 α 粒子散射实验证明了原子核的存在，提出了行星式原子结构模型。

8.1.1 氢原子光谱

氢原子光谱是人们认识原子结构的实验基础之一，对于探索原子核外电子的运动状态起过不小的作用。在一个熔接着两个电极且抽成高真空的玻璃管内，装进极少量氢气。在电极上加上电压，使之放电，管中发出光。此光通过棱镜分光，在黑色屏幕上可见到 4 条颜色不同的谱线：H_α、H_β、H_γ、H_δ，分别呈现红、青、蓝紫和紫色（图 8-1）。它们的频率 ν 分别为 $4.57\times10^{14}\ s^{-1}$，$6.17\times10^{14}\ s^{-1}$，$6.91\times10^{14}\ s^{-1}$ 和 $7.31\times10^{14}\ s^{-1}$。

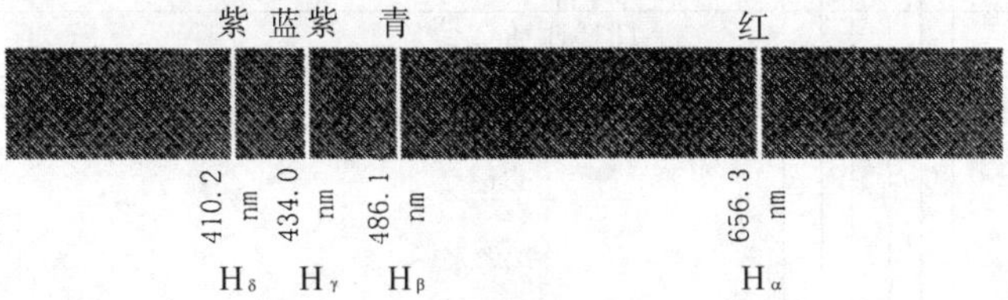

图 8-1 氢原子光谱（可见光区）

人们通过研究发现氢原子光谱中各谱线的频率有一定的规律性。1885 年，瑞士物理教师 J. J. Balmer 提出氢原子光谱中可见光区谱线频率符合下列公式

$$\nu = 3.289 \times 10^{15}\left(\frac{1}{2^2}-\frac{1}{n^2}\right)\quad s^{-1} \tag{8-1}$$

当 $n=3,4,5,6$ 时，算出的频率分别等于氢原子光谱中上述 4 条谱线的频率。

式(8-1) 是在实验事实的基础上总结归纳的一个经验公式。式中的数字及 n 各代表什么意义,如何从理论上解释原子光谱,则需要人们进一步研究。

8.1.2 Bohr 理论

1913 年丹麦物理学家 N. Bohr 接受了 Planck 的量子论、Einstein 的光子学说,在 Rutherford 行星式原子模型的基础上,提出了原子结构理论。Bohr 理论的假设如下:

(1)原子核外的电子不能沿着任意轨道运动,而只能在有确定半径和能量的特定轨道上运动,电子在这些轨道上运动时并不辐射能量。原子所处的这些稳定的状态称为定态。

(2)在正常情况下,原子中的电子尽可能处在离核最近的轨道上。这时原子的能量最低,即原子处于基态。当原子受到辐射、加热或通电时,获得能量后电子可以跃迁到离核较远的轨道上去,即电子被激发到高能量的轨道上,这时原子处于激发态。

(3)处于激发态的电子不稳定,可以跃迁到离核较近的轨道上,同时释放出光能。光的频率决定于离核较远轨道的能量与离核较近轨道的能量之差,即

$$h\nu = E_2 - E_1 = \Delta E \tag{8-2}$$

式中,E_2 为离核较远轨道的能量,E_1 为离核较近轨道的能量,ν 为光的频率,h 为 Planck 常量,其值为 6.626×10^{-34} J·s。

Bohr 理论可以解释氢原子光谱的产生和不连续性。氢原子在基态时不会发光。当氢原子得到能量激发时,电子由基态跃迁到能量较高的激发态。但处于激发态的电子回到能量较低的轨道时以光的形式释放出能量。因为两个轨道即两个能级间的能量差是确定的,所以发射出来的光具有确定的频率。可见光区的 4 条谱线就是电子从 $n=3,4,5,6$ 能级分别跃迁至 $n=2$ 能级时所放出的辐射(图 8-2)。因为能级是不连续的,即量子化的,所以氢原子光谱是不连续的线状光谱,每条谱线有各自的频率。

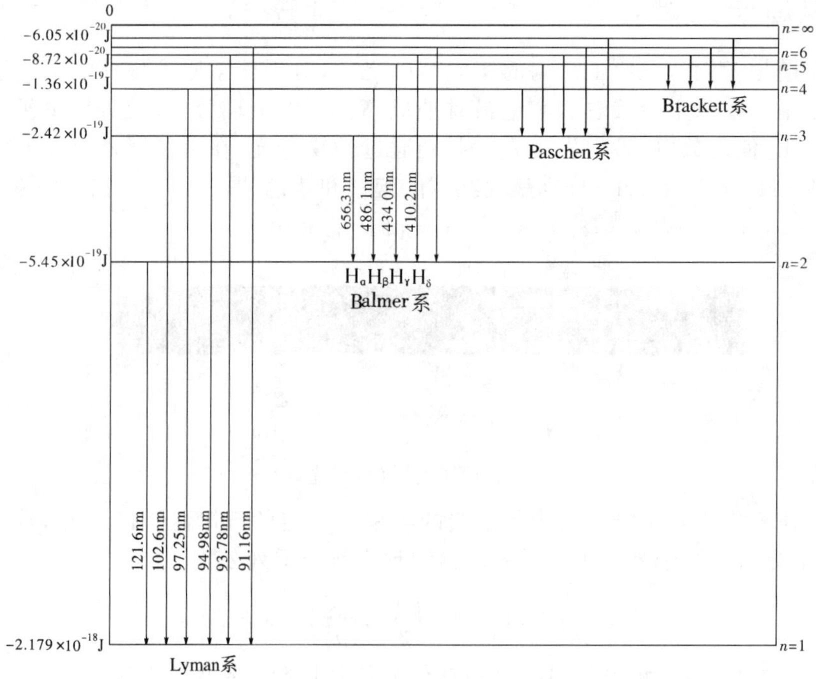

图 8-2 氢原子光谱与氢原子能级

后来，人们陆续发现紫外光区内电子从较高能级回到基态（$n=1$）时辐射出来的谱线（Lyman 线系）以及红外光区内的线系（Paschen 系、Brackett 系等）。

1913 年瑞典物理学家 J. R. Rydberg 提出了普遍适用于各条谱线的频率公式，即

$$\nu = 3.289 \times 10^{15}\left(\frac{1}{n_1^2}-\frac{1}{n_2^2}\right)\quad \mathrm{s}^{-1} \tag{8-3}$$

式中，n_1、n_2 为正整数，而且 $n_2 > n_1$。可见这里的 n_1、n_2 与式(8-2)的 n 均为能级代号。

图 8-2 中氢原子各能级能量值均为负数，表示原子核对电子具有吸引作用。如果电子吸收了足够的能量处于离核无穷远的能级（原子电离），即 $n=\infty$，电子与核之间不再有吸引力，因此，相对于核而言该电子能量为零。氢原子其他比 $n=\infty$ 低的能级，能量皆低于零，均为负值。

将式(8-3)代入式(8-2)，可以导出氢原子光谱中各能级间的能量关系式为

$$\begin{aligned}\Delta E &= h\nu \\ &= 6.626 \times 10^{-34}\ \mathrm{J\cdot s} \times 3.289 \times 10^{15}\left(\frac{1}{n_1^2}-\frac{1}{n_2^2}\right)\mathrm{s}^{-1} \\ &= 2.179 \times 10^{-18}\left(\frac{1}{n_1^2}-\frac{1}{n_2^2}\right)\ \mathrm{J}\end{aligned}$$

即

$$\Delta E = R_{\mathrm{H}}\left(\frac{1}{n_1^2}-\frac{1}{n_2^2}\right) \tag{8-4}$$

式中，R_{H} 为常量，其值为 2.179×10^{-18} J。当 $n_1=1$，$n_2=\infty$ 时，$\Delta E=2.179\times10^{-18}$ J，即氢原子的电离能①。由此可见，经验公式(8-1)、式(8-3)中的常数 $3.289\times10^{15}\ \mathrm{s}^{-1}$ 就是氢原子的电离能除以 Planck 常量后所得到的商。

由公式(8-4)可算出氢原子各能级的能量。令 $n_2=\infty$，$E_1=-\Delta E$，将 n_1 值代入式(8-4)，得到

$$n_1=1,\ E_1=-\frac{R_{\mathrm{H}}}{1^2}=-2.179\times10^{-18}\ \mathrm{J}$$

$$n_1=2,\ E_2=-\frac{R_{\mathrm{H}}}{2^2}=-5.448\times10^{-19}\ \mathrm{J}$$

$$\vdots$$

$$n_1=n,\ E_n=-\frac{R_{\mathrm{H}}}{n^2}$$

这些就是图 8-2 中左边所标明的氢原子各能级的能量。

Bohr 理论提出了能级的概念，引入量子化条件，成功地解释了氢原子光谱。但是，Bohr 原子模型不能解释多电子原子的光谱，也不能说明氢原子光谱的精细结构。Bohr 理论的局限性在于它没有摆脱经典力学的束缚，没有认识到电子运动的波粒二象性，不能全面反映微

---

① 能量若以 $\mathrm{kJ\cdot mol^{-1}}$ 计，则需乘以 Avogadro 常数：$2.179\times10^{-18}\ \mathrm{J}\times6.022\times10^{23}\ \mathrm{mol^{-1}}\times10^{-3}\ \mathrm{kJ\cdot J^{-1}}=1\,312\ \mathrm{kJ\cdot mol^{-1}}$

观粒子的运动规律。

8.2 核外电子的运动状态

8.2.1 电子的波粒二象性

早在发现电子时人们就已经认识到其粒子性，但电子具有波动性却不容易被认识。1924 年，法国年轻的物理学家 L. de Broglie 受光的波粒二象性的启发，提出一种假设，认为：既然光具有波粒二象性，则电子等微观粒子也应有波动性。他指出，具有质量为 m，运动速度为 v 的粒子，相应的波长应为

$$\lambda = \frac{h}{mv} = \frac{h}{p} \tag{8-5}$$

式中，p 为动量。

式(8-5)称为 de Broglie 关系式，它将电子的粒子性（p 是粒子性的特征）与波动性（λ 是波动性的特征）定量地联系起来。此式表明：粒子的动量越大，相应波的波长就越短。

1927 年，美国物理学家 C. J. Davisson 和 L. H. Germer 应用镍晶体进行的电子衍射实验证实了 de Broglie 的假设：电子具有波动性。将一束电子流经一定电压加速后通过金属单晶体，在感光底片的屏幕上，得到一系列明暗相间的衍射环纹（图 8-3）。

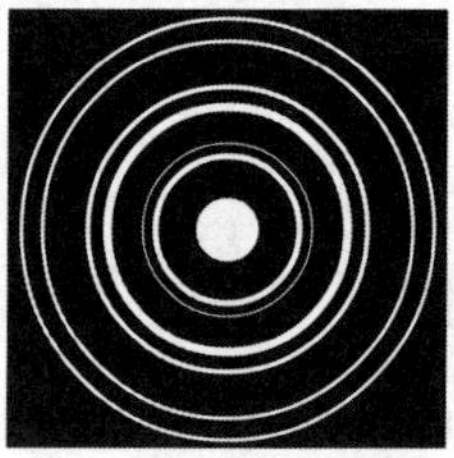

图 8-3　金的电子衍射图

任何运动物体都可按 de Broglie 关系式计算其波长。但是，宏观物体的波长极短以致根本无法测量（例如，质量为 1.0×10^{-2} kg，运行速度为 1.0×10^{3} m·s^{-1} 的枪弹，其波长为 6.6×10^{-35} m）。所以宏观物体的波动性难以察觉，主要表现为粒子性，服从经典力学的运动规律。只有像电子、原子等微观粒子才表现出波粒二象性。

8.2.2 Schrödinger 方程与三个量子数

由于微观粒子具有波粒二象性，其运动规律不能用经典力学来描述，而要用量子力学来描述。1926 年奥地利物理学家 E. Schrödinger 根据 de Broglie 关系式，联系光的波动方程，提出了描述微观粒子运动规律的波动方程，称为 Schrödinger 方程，即

$$\frac{\partial^2\psi}{\partial x^2} + \frac{\partial^2\psi}{\partial y^2} + \frac{\partial^2\psi}{\partial z^2} = -\frac{8\pi^2 m}{h^2}(E-V)\psi \tag{8-6}$$

它是一个二阶偏微分方程。式中，ψ 是粒子空间坐标的函数，叫作波函数；E 是总能量；V 是势能；m 是微观粒子的质量；h 是 Planck 常量；x、y 和 z 为空间坐标。

对于氢原子系统，m 是电子的质量，势能 V 是原子核对电子的吸引，$V = \dfrac{-Ze^2}{4\pi\varepsilon_0 r}$，其中 Z

为核电荷数，e 为电子电荷，ε_0 为真空介电常数，r 为电子离核的距离。将 $V=\dfrac{-Ze^2}{4\pi\varepsilon_0 r}$ 代入式(8-6) 即得到氢原子的 Schrödinger 方程。

Schrödinger 方程是量子力学中的基本方程，它将体现微观粒子的粒子性的物理量 m、E、V、坐标等和波动性的物理量 ψ 结合在一起，从而正确地反映出微观粒子的运动状态。

解 Schrödinger 方程可以得到波函数 ψ 和相应的能量 E。波函数是一系列函数的关系式，而不是某些确定的数值。每一个 ψ 表示核外电子的一种运动状态。解 Schrödinger 方程需要较高的数学基础，这里只简单地介绍求解思路和得到的重要结论，以便于理解量子数的引入，重点在于讨论氢原子 Schrödinger 方程的解——波函数及其表示方法。

在求解氢原子的 Schrödinger 方程时，首先要进行坐标变换，把直角坐标 x、y、z 变换成球坐标 r、θ、ϕ。直角坐标和球坐标的关系(图 8-4)为

$$x=r\sin\theta\cos\phi$$
$$y=r\sin\theta\sin\phi$$
$$z=r\cos\theta$$
$$r=\sqrt{x^2+y^2+z^2}$$

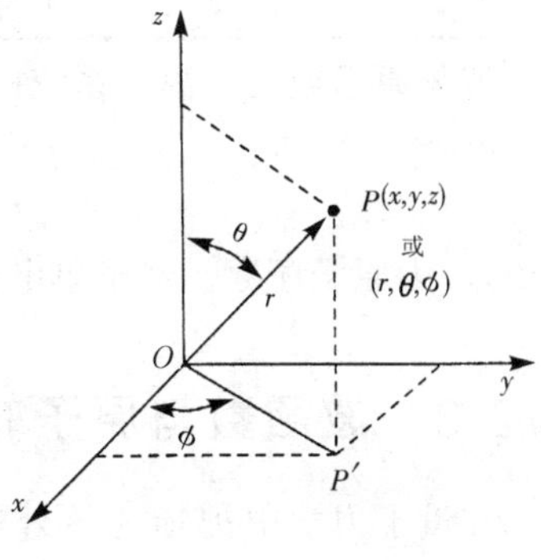

图 8-4　氢原子坐标系

经过坐标变换，得到氢原子在球坐标系中的 Schrödinger 方程①。再进行变量分离，将含有三个变量 r、θ、ϕ 的偏微分方程化成三个各自只含一个变量的常微分方程，然后分别求解，得到 $R(r)$、$\Theta(\theta)$ 和 $\Phi(\phi)$。将 $R(r)$、$\Theta(\theta)$ 和 $\Phi(\phi)$ 相乘，即得到波函数 $\psi(r,\theta,\phi)$ 为

$$\psi(r,\theta,\phi)=R(r)\Theta(\theta)\Phi(\phi) \tag{8-7}$$

通常将与角度有关的 $\Theta(\theta)$ 和 $\Phi(\phi)$ 合并，令

$$Y(\theta,\phi)=\Theta(\theta)\Phi(\phi)$$

则式(8-7)变为

$$\psi(r,\theta,\phi)=R(r)Y(\theta,\phi)$$

式中，$R(r)$ 称为波函数的径向部分，$Y(\theta,\phi)$ 称为波函数的角度部分。

在求解 $R(r)$、$\Theta(\theta)$ 和 $\Phi(\phi)$ 的过程中，为了使结果有意义，即保证解的合理性，需要引入三个量子数 n、l 和 m。这三个量子数的取值和它们之间的关系如下：

(1) 主量子数 $n=1,2,3,\cdots$；

(2) 角量子数 $l=0,1,2,\cdots,n-1$；

(3) 磁量子数 $m=+l,\cdots,0,\cdots,-l$。

引进一组取值允许的量子数 n、l 和 m，才能解得一个合理的波函数 $\psi_{n,l,m}(r,\theta,\phi)$。例如，当 $n=1,l=0,m=0$ 时，解得的波函数 $\psi_{1,0,0}$ 即为氢原子的基态波函数。氢原子的一些波函数见表 8-1。

---

① $\dfrac{1}{r}\dfrac{\partial}{\partial r}\left(r^2\dfrac{\partial\psi}{\partial r}\right)+\dfrac{1}{r^2\sin\theta}\dfrac{\partial}{\partial\theta}\left(\sin\theta\dfrac{\partial\psi}{\partial\theta}\right)+\dfrac{1}{r^2\sin^2\theta}\dfrac{\partial^2\psi}{\partial\phi^2}+\dfrac{8\pi^2 m}{h^2}\left(E+\dfrac{e^2}{4\pi\varepsilon_0 r}\right)\psi=0$

表 8-1 氢原子的一些波函数(a_0 为 Bohr 半径)

n	l	m	轨道	$\psi_{n,l,m}(r,\theta,\phi)$	$R_{n,l}(r)$	$Y_{l,m}(\theta,\phi)$
1	0	0	1s	$\sqrt{\frac{1}{\pi a_0^3}}\,e^{-r/a_0}$	$2\sqrt{\frac{1}{a_0^3}}\,e^{-r/a_0}$	$\sqrt{\frac{1}{4\pi}}$
2	0	0	2s	$\frac{1}{4}\sqrt{\frac{1}{2\pi a_0^3}}\left(2-\frac{r}{a_0}\right)e^{-r/2a_0}$	$\sqrt{\frac{1}{8a_0^3}}\left(2-\frac{r}{a_0}\right)e^{-r/2a_0}$	$\sqrt{\frac{1}{4\pi}}$
2	1	0	$2p_z$	$\frac{1}{4}\sqrt{\frac{1}{2\pi a_0^3}}\left(\frac{r}{a_0}\right)e^{-r/2a_0}\cos\theta$	$\sqrt{\frac{1}{24a_0^3}}\left(\frac{r}{a_0}\right)e^{-r/2a_0}$	$\sqrt{\frac{3}{4\pi}}\cos\theta$
2	1	+1	$2p_x$	$\frac{1}{4}\sqrt{\frac{1}{2\pi a_0^3}}\left(\frac{r}{a_0}\right)e^{-r/2a_0}\sin\theta\cos\phi$	$\sqrt{\frac{1}{24a_0^3}}\left(\frac{r}{a_0}\right)e^{-r/2a_0}$	$\sqrt{\frac{3}{4\pi}}\sin\theta\cos\varphi$
2	1	−1	$2p_y$	$\frac{1}{4}\sqrt{\frac{1}{2\pi a_0^3}}\left(\frac{r}{a_0}\right)e^{-r/2a_0}\sin\theta\sin\phi$	$\sqrt{\frac{1}{24a_0^3}}\left(\frac{r}{a_0}\right)e^{-r/2a_0}$	$\sqrt{\frac{3}{4\pi}}\sin\theta\sin\varphi$

解氢原子或类氢离子系统的 Schrödinger 方程还得到总能量为

$$E_n=-R_H\frac{Z^2}{n^2} \tag{8-8}$$

式中,Z 为原子序数。对于单电子系统,能量只与主量子数 n 有关。

8.2.3 波函数与原子轨道

在量子力学中把描述核外电子运动状态的单电子波函数 $\psi_{n,l,m}(r,\theta,\phi)$ 称为原子轨道。不同条件(n,l,m)下的波函数表示电子的不同运动状态,叫作不同的原子轨道。通常按光谱学上的习惯,用下列符号来表示原子轨道:

l	0	1	2	3	4
轨道符号	s	p	d	f	g

例如,$n=1,l=0,m=0$ 的波函数称为 1s 轨道;$n=2,l=0,m=0$ 的波函数称为 2s 轨道;$n=2,l=1,m=0$ 的波函数称为 $2p_z$ 轨道;$n=3,l=2,m=0$ 的波函数称为 $3d_{z^2}$ 轨道。

注意,这里的原子轨道与宏观物体的运动轨道不同,它只是描述原子中电子运动状态的函数关系式,一个原子轨道代表原子核外电子的一种运动状态。

由氢原子 Schrödinger 方程解得的函数 $\psi(r,\theta,\phi)$ 是球坐标 r、θ、ϕ 的函数,对于这样由三个变量决定的函数,在三维空间难以画出其图像。通常分别从 ψ 的径向部分 $R(r)$ 和角度部分 $Y(\theta,\phi)$ 两方面讨论它们的图像。

在 $n=1,l=0,m=0$ 的条件下,解 Schrödinger 方程得到的氢原子的基态波函数为

$$\psi_{1s}=R(r)Y(\theta,\phi)=\sqrt{\frac{1}{\pi a_0^3}}\,e^{-r/a_0}$$

其中

$$R(r)=2\sqrt{\frac{1}{a_0^3}}\,e^{-r/a_0},\quad Y(\theta,\phi)=\sqrt{\frac{1}{4\pi}}$$

① ψ_{2p_x} 和 ψ_{2p_y} 是由 $\psi_{2,1,1}$ 和 $\psi_{2,1,-1}$ 线性组合而成:

$$\psi_{2p_x}=\frac{1}{\sqrt{2}}(\psi_{2,1,1}+\psi_{2,1,-1}),\quad \psi_{2p_y}=\frac{1}{\sqrt{2}}(\psi_{2,1,1}-\psi_{2,1,-1})$$

式中，$a_0 = 52.9\text{pm}$，称为 Bohr 半径。

1s 的 $R(r)$ 只与 r 有关，当 r 从 0 趋近于 ∞ 时，R 从最大值 $2\sqrt{\frac{1}{a_0^3}}$ 趋近于 0，如图 8-5 所示。

1s 的 $Y(\theta,\phi)$ 为常数，不管 θ、ϕ 如何变化，Y 值保持不变，其图形必然是一个以 Y 为半径的球面，它是一种球形对称图形（图 8-6）。

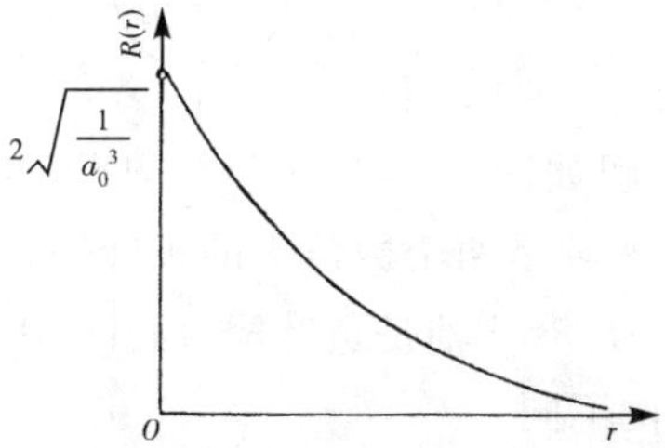

图 8-5　1s 波函数的 $R(r)$-r 图

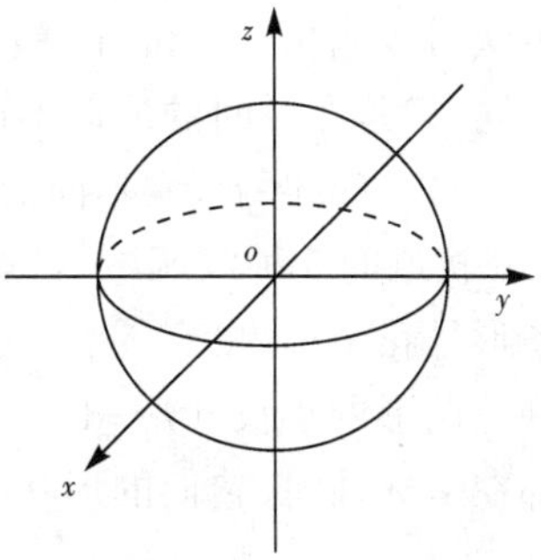

图 8-6　1s 波函数的角度部分

$\psi_{1s}(r,\theta,\phi)$ 的图形应同时考虑 $R(r)$ 与 $Y(\theta,\phi)$ 两个部分。既然 $Y(\theta,\phi)$ 为常数，则 $\psi_{1s}(r,\theta,\phi)$ 只是电子离核距离 r 的函数，而与 θ、ϕ 无关。

在 $n=2, l=0, m=0$ 的条件下，解 Schrödinger 方程可以得到氢原子的另一个波函数 ψ_{2s}：

$$\psi_{2s} = R(r)Y(\theta,\phi)$$

$$= \frac{1}{2\sqrt{2}}\left(\frac{1}{a_0}\right)^{\frac{3}{2}}\left(2-\frac{r}{a_0}\right)e^{-r/2a_0}\sqrt{\frac{1}{4\pi}}$$

2s 的角度部分 $Y(\theta,\phi)$ 与 1s 的相同，其图形也是球形对称的。但 2s 的径向部分 $R(r)$ 与 1s 不同。在半径为 $2a_0$ 的球面上，函数值为 0，数学上把这种函数值为 0 的面称为节面。节面的存在正是微观粒子波动性的一种特殊表现。

在 $n=2, l=1, m=0$ 的条件下，可解出氢原子的一个 2p 态的波函数，即

$$\psi_{2p_z} = \frac{1}{4}\sqrt{\frac{1}{2\pi a_0^3}}\left(\frac{r}{a_0}\right)e^{-r/2a_0}\cdot\cos\theta$$

其中

$$R(r) = \frac{1}{2\sqrt{6}}\left(\frac{1}{a_0}\right)^{3/2}\left(\frac{r}{a_0}\right)e^{-r/2a_0}$$

$$Y(\theta,\phi) = \sqrt{\frac{3}{4\pi}}\cos\theta$$

与 ψ_{2s} 不同，ψ_{2p_z} 除了与 r 有关外，还与 θ 有关。因为波函数的角度部分 $Y(\theta,\phi)$ 的值随 θ 的变化而改变。令 $A=\sqrt{\frac{3}{4\pi}}$，则 $Y_{2p_z} = A\cos\theta$，算出不同角度 θ 时的 Y_{2p_z} 值，列表如下：

θ	0°	30°	60°	90°	120°	150°	180°
$\cos\theta$	1	0.866	0.5	0	−0.5	−0.866	−1
Y_{2p_z}	A	$0.866A$	$0.5A$	0	$-0.5A$	$-0.866A$	$-A$

以 A 为单位长度，将不同 θ 时的 Y_{2p_z} 作图，得到两个等径外切的圆，如图 8-7 所示。如果将所得的图形再绕 z 轴转 180°($\phi=0°\sim180°$)，可得两个外切等径球面，这就是 Y_{2p_z} 的空间立体图像。图中的正、负号表示 Y_{2p_z} 的正、负值。

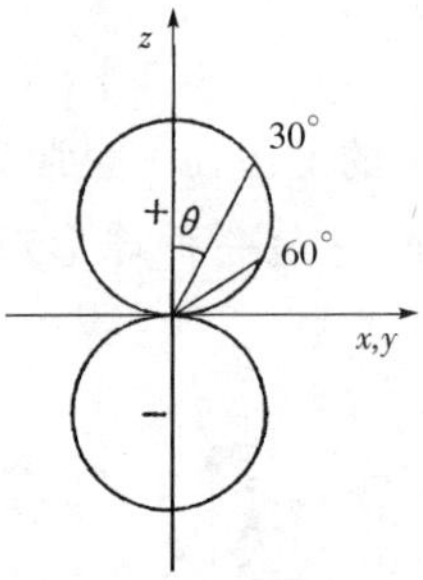

图 8-7　$2p_z$ 轨道的角度部分

用类似方法可以画出 $2p_x$ 和 $2p_y$ 轨道角度部分的图形，它们与 Y_{2p_z} 的形状相同，只是在空间的取向不同(图 8-8)。

在 $n=3, l=2$ 的条件下，取不同的 m 值(−2，−1，0，+1，+2)可以得到 3d 轨道的 5 种波函数，其相应的角度分布图如图 8-9 所示。这些图形呈花瓣形，也有＋、－号。其中，d_{z^2} 沿 z 轴是两个数值大的正叶瓣，而在 xy 平面附近出现轮胎形的小负叶瓣；$d_{x^2-y^2}$ 沿 x 轴是正叶瓣，沿 y 轴是负叶瓣；而 d_{xy}、d_{xz} 和 d_{yz} 的四个叶瓣都在坐标轴间，它们的形状相同，仅仅是方位不同。

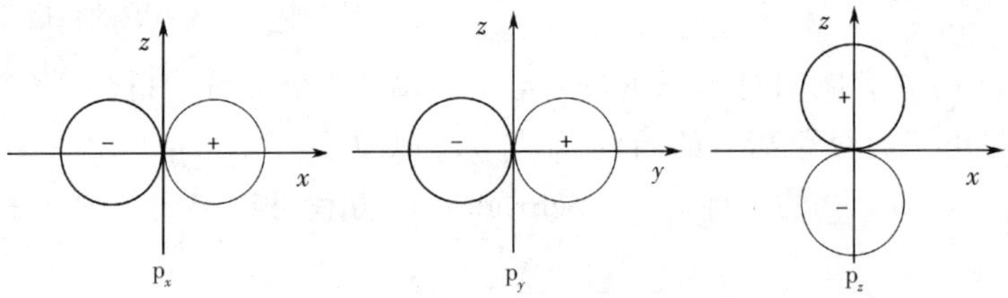

图 8-8　p 轨道的角度部分

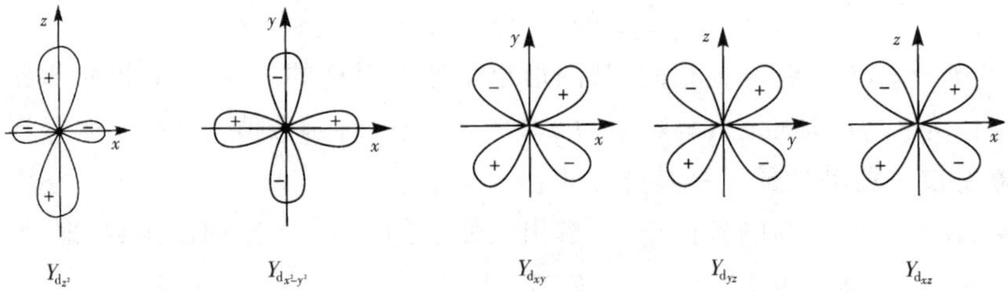

图 8-9　d 轨道角度部分(平面图)

8.2.4　第四个量子数——自旋量子数

解氢原子 Schrödinger 方程的过程中，引入了三个量子数 n、l、m，得到一系列合理的波函数，即原子轨道。但这还无法解释下列实验事实：在使用高分辨率的分光镜观察氢原子光谱时，会发现每一条谱线又分裂为几条波长相差甚微的谱线，即氢原子光谱的精细结构。

1925 年，S. Goudsmit 和 G. Uhlenbeck 为了解释上述现象提出了电子自旋的假设，认为电子除了围绕原子核的轨道运动之外，还有自旋运动。电子的自旋运动只有两种方式，由自

旋量子数 m_s 决定。m_s 的取值分别为 $+\frac{1}{2}$ 和 $-\frac{1}{2}$。通常分别用 ↑ 和 ↓ 表示电子的两种自旋方式。

O. Stern 和 W. Gerlach 通过实验证实了电子自旋现象的存在：将一束银原子流通过窄缝，再通过一不均匀磁场，结果原子束在磁场中分裂，有一部分向左偏转，另一部分向右偏转。这可以用银原子中 $5s^1$ 电子自旋有两种方式来解释。

综上所述，一组取值合理的三个量子数 n、l、m 可以决定一个原子轨道。但原子中的每一个电子的运动状态必须用 n、l、m、m_s 四个量子数来描述。取值合理的四个量子数的组合代表了一个核外电子的运动状态。量子数、电子层、轨道和电子容量的关系见表 8-2。

表 8-2　量子数、电子层、轨道和电子容量的关系

主量子数 n	1	2		3			4			
电子层	K	L		M			N			
角量子数 l	0	0	1	0	1	2	0	1	2	3
电子亚层	s	s	p	s	p	d	s	p	d	f
磁量子数 m	0	0	0 ±1	0	0 ±1	0 ±1 ±2	0	0 ±1	0 ±1 ±2	0 ±1 ±2 ±3
原子轨道	1s	2s	2p	3s	3p	3d	4s	4p	4d	4f
轨道数	1	1	3	1	3	5	1	3	5	7
	1	4		9			16			
自旋量子数 m_s	$\pm\frac{1}{2}$	$\pm\frac{1}{2}$	$\pm\frac{1}{2}$	$\pm\frac{1}{2}$	$\pm\frac{1}{2}$	$\pm\frac{1}{2}$	$\pm\frac{1}{2}$	$\pm\frac{1}{2}$	$\pm\frac{1}{2}$	$\pm\frac{1}{2}$
电子最大容量	2	2	6	2	6	10	2	6	10	14
	2	8		18			32			

8.2.5　概率密度与电子云

1. Heisenberg 不确定原理

1927 年，德国物理学家 W. Heisenberg 提出了著名的不确定原理：对于运动中的微观粒子，不能同时准确地确定其位置和动量。不确定原理的数学表达式为

$$\Delta x \cdot \Delta p \geqslant \frac{h}{4\pi} \tag{8-9}$$

式中，Δx 为微观粒子位置(或坐标)的不确定度；Δp 为微观粒子动量的不确定度。

式(8-9)表明，微观粒子位置的不确定度 Δx 越小，则相应它的动量的不确定度 Δp 就越大。例如，当原子中电子的运动速度为 $10^6\ m \cdot s^{-1}$ 时，若要使其位置的测量精确到 10^{-10} m，利用不确定原理求得的电子速度的测量误差将达到 $10^7\ m \cdot s^{-1}$，此值比电子本身的运动速度还大。这就是说，电子的位置若能准确地测定，其动量就不可能准确地测定。不确定原理揭示了 Bohr 原子理论的缺陷(电子轨道和动量是确定的)。原子中的电子没有确定的轨道。

不确定原理反映了微观粒子的波粒二象性，它并不意味着微观粒子的运动规律是不可认识的。微观粒子所具有的波动性可以与粒子行为的统计性规律联系在一起，以“概率密

度”来描述原子中电子的运动特征。

2. 波函数的物理意义

波函数 ψ 虽然用于描述核外电子的运动状态，但其物理意义曾经引起科学家的争议。现在一般认为 ψ 本身并没有明确的物理意义，而 $|\psi|^2$ 表示电子在原子空间的某点附近单位微体积内出现的概率，即 ψ^2 表示电子出现的概率密度。而电子在核外空间某区域内出现的概率等于概率密度与该区域体积的乘积。

为了形象地表示电子在核外空间出现的概率分布情况，可用小黑点的疏密程度来表示电子在核外空间各处的概率密度 ψ^2。黑点密的地方表示电子在那里出现的概率密度大，黑点疏的地方就表示电子在那里出现的概率密度小。这种图形称为电子云图，也就是 ψ^2 的图像。由此可见，电子云就是概率密度的形象化描述。

1s 电子云（图 8-10）是球形对称的，1s 电子在原子核附近出现的概率密度最大，离核越远，概率密度越小。2s 电子云（图 8-11）有两个概率密度大的区域，一个离核较近，一个离核较远，在这两个密集区之间有一个概率密度为零的节面。对 ns 电子云，则有 $(n-1)$ 个节面。

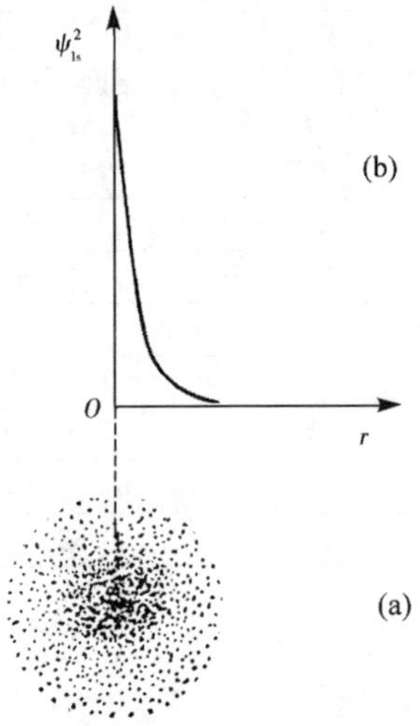

图 8-10　1s 电子云图(a) 和 1s 的 ψ^2-r 图(b)

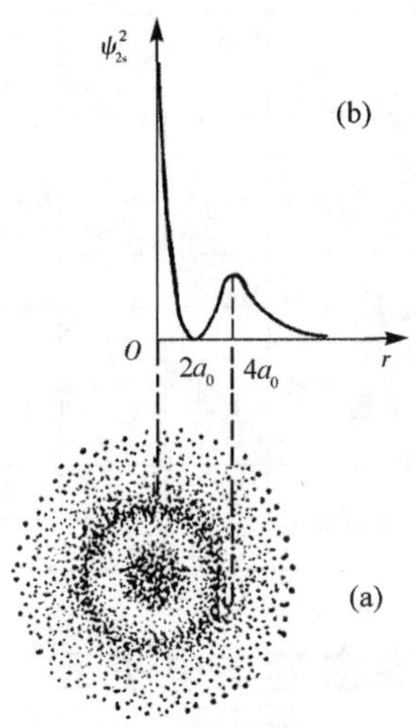

图 8-11　2s 电子云图(a) 和 2s 的 ψ^2-r 图(b)

通常也用界面图来表示电子云。例如，图 8-12 所示的 1s 电子云界面图是一个等密度面，在此界面之外发现电子的概率很小（如 < 10%），在界面之内发现电子的概率则很大（如 > 90%）。通常认为在界面外发现电子的概率可忽略不计。

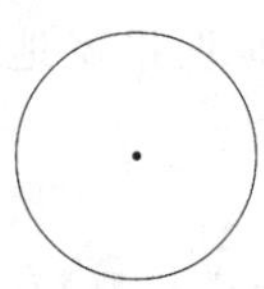

图 8-12　1s 电子云的界面图

p 电子云和 d 电子云角度部分的图形如图 8-13 所示。电子云的角度分布图与原子轨道的角度分布图的形状相似，但有两点区别：第一，原子轨道的角度分布有正、负号之分，而电子云的角度分布都为正值，因为 Y 值经平方以后已经没有正、负号的区别了。第二，电子云的角度分布比原子轨道的角度分布要“瘦”一些，这是因为 Y 值小于 1，所以 Y^2 值更小。

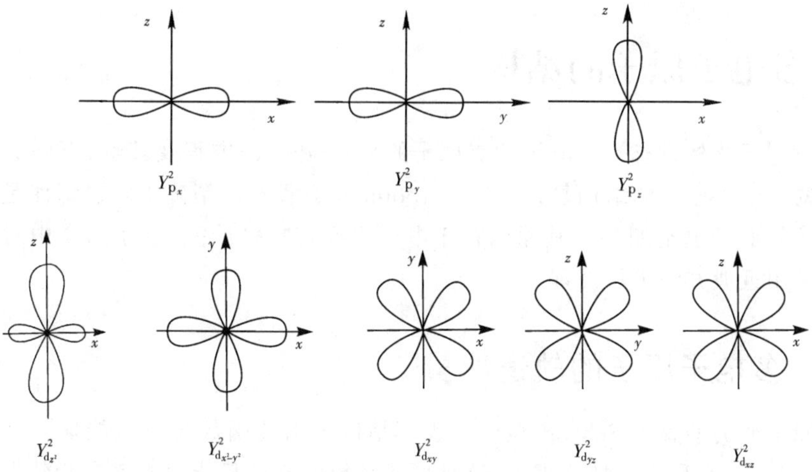

图 8-13　p、d 电子云角度分布图

3. 径向分布函数图

电子在核外出现的概率还与空间体积有关。因为

$$概率 = 概率密度 \times 体积 = \psi^2 \cdot d\tau$$

式中，$d\tau$ 为空间微体积。

如果考虑一个离核距离为 r，厚度为 dr 的薄层球壳，由于以 r 为半径的球面的面积为 $4\pi r^2$，球壳的体积为 $d\tau = 4\pi r^2 dr$。则在此球壳内电子出现的概率为 $4\pi r^2\psi^2 dr$。令 $D(r) = 4\pi r^2\psi^2$，并把 $D(r)$ 叫作径向分布函数。它是半径 r 的函数。以 $D(r)$ 为纵坐标，半径 r 为横坐标，所做的图叫作径向分布函数图。图 8-14 是氢原子的 1s 轨道的径向分布函数图。

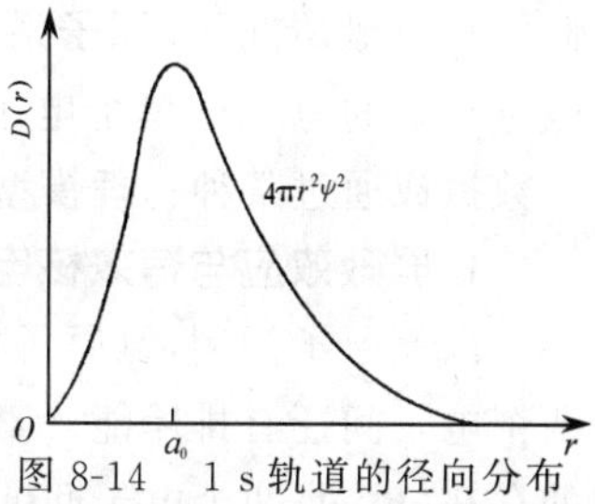

图 8-14　1 s 轨道的径向分布函数 $D(r)$-r

由图 8-14 可见，$D(r)$ 在 $r = 52.9$ pm 处有极大值。因为近核处虽然 ψ^2 值最大，而 r 很小，$D(r)$ 不会很大，在远离核处，尽管 r 很大，但此处 ψ^2 变小，$D(r)$ 也不会很大。

氢原子的几种状态的径向分布函数图如图 8-15 所示。

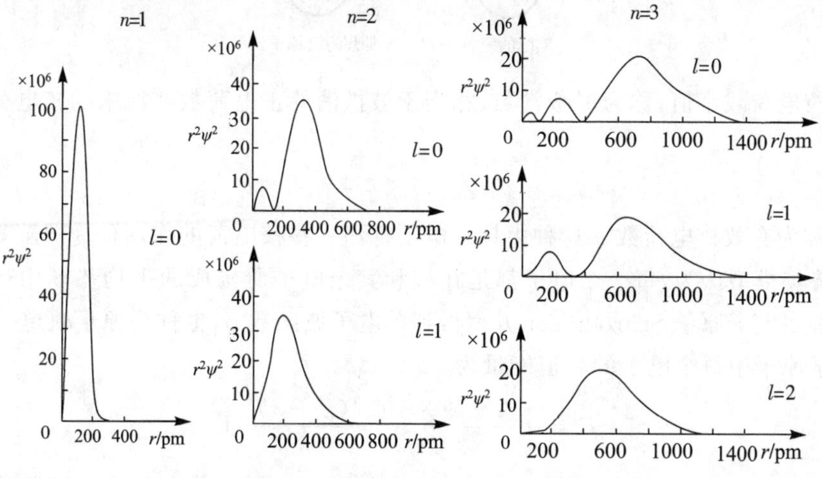

图 8-15　氢原子的径向分布函数

8.3 多电子原子的结构

前面讨论了核外只有一个电子的氢原子的Schrödinger方程及其解 ψ 和 E。核外电子数多于一个的多电子原子的结构复杂，其 Schrödinger 方程难以精确求解。即使是原子核外有两个电子的氦原子也是如此。其原因在于电子之间存在排斥能，量子力学中对于多电子原子的结构采用近似方法进行处理。

8.3.1 多电子原子的轨道能量

从氢原子或类氢离子 Schrödinger 方程可精确解出波函数与轨道能量。多电子原子系统的 Schrödinger 方程难以精确求解，这种原子系统的能量只能由光谱实验数据经过理论分析得到。这样得到的数据是整个原子处于各种状态时的能量。原子处于基态时的能量最低。在一般情况下，原子系统的能量可看作各单个电子在某个原子轨道上运动对原子系统能量贡献的总和。单个电子在原子轨道上运动的能量叫作轨道能量，它可以借助于某些实验数据或通过某种物理模型进行计算而求得。

1. 屏蔽效应与有效核电荷

以氦原子为例，氦原子核内含 2 个质子，核外有 2 个电子。除了核与电子间的吸引能外，两个电子间还有排斥能。氦原子的 Schrödinger 方程难以精确求解的根源是排斥能 e^2/r_{12} 的存在（r_{12} 是两个电子间的距离），解决问题的一种途径是采用近似处理法。

中心势场法是求解多电子原子 Schrödinger 方程的一种近似方法。当考虑氦原子核对核外第一个电子的吸引作用时，第二个电子对所考虑电子的排斥作用可以看成电子云分散在原子核周围，类似于一个电子对另一个电子产生了电荷屏蔽，从而削弱了原子核对该电子的吸引力。氦原子的核电荷 Z 被抵消了一部分，如下所示：

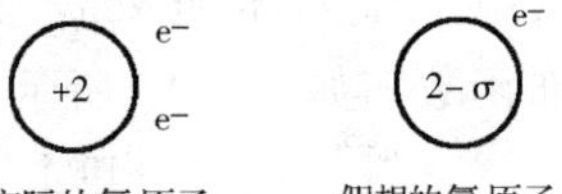

实际的氦原子　　假想的氦原子

图中，σ 是核电荷减小值，称为屏蔽常数，相当于被抵消的正电荷数。原来的核电荷数 Z 减少为 Z^*。

$$Z^* = Z - \sigma$$

式中，Z^* 称为有效核电荷数。这种由核外电子抵消一些核电荷的作用称为屏蔽效应。

中心势场模型认为，每一个电子都是在核和其余电子所构成的平均势场中运动。借此近似方法解多电子原子 Schrödinger 方程得到单电子波函数 ψ，也称为原子轨道。

多电子原子中每个电子的轨道能量为

$$E = \frac{-2.179 \times 10^{-18}(Z-\sigma)^2}{n^2}\ \mathrm{J}$$

由上式可见，σ 的大小影响到各电子的轨道能量。对某一电子来说，σ 的数值既与起屏蔽作用的电子的多少以及这些电子所处的轨道有关，也与该电子本身所在的轨道有关。一般来讲，内层电子对外层电子的屏蔽作用较大，同层电子的屏蔽作用较小，外层电子对内层电子可近似地看作不产生屏蔽作用。由于屏蔽作用与被屏蔽电子所在的轨道有关，原子轨道的能量不仅取决于主量子数 n，而且取决于角量子数 l。n 相同时，随着 l 的增大，能级依次增高。各亚层的能级高低顺序为

$$E_{ns} < E_{np} < E_{nd} < E_{nf}$$

1930 年，美国化学家 J. C. Slater 提出了计算屏蔽常数 σ 的经验规则，称为 Slater 规则。本书对此不做进一步介绍。

2. Pauling 近似能级图

美国化学家 L. Pauling 根据光谱实验数据及理论计算结果，总结出多电子原子轨道的近似能级图（图 8-16）。图中用小圆圈代表原子轨道。能量相近的轨道为一组，称为能级组。能级组的能量按 1，2，3，… 的顺序依次增高。

拓展阅读

Slater 规则与有效核电荷

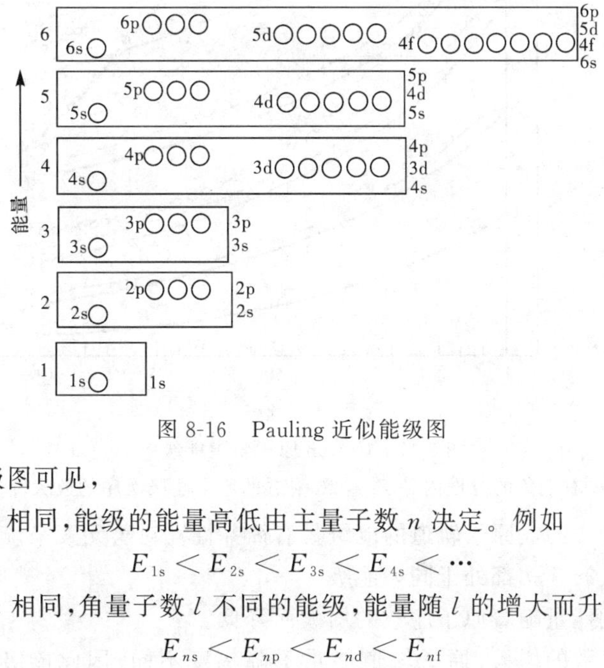

图 8-16　Pauling 近似能级图

由 Pauling 近似能级图可见，

(1) 角量子数 l 相同，能级的能量高低由主量子数 n 决定。例如

$$E_{1s} < E_{2s} < E_{3s} < E_{4s} < \cdots$$

(2) 主量子数 n 相同，角量子数 l 不同的能级，能量随 l 的增大而升高。例如

$$E_{ns} < E_{np} < E_{nd} < E_{nf}$$

(3) 主量子数 n 和角量子数 l 均不相同时，能级的能量次序比较复杂，有时会出现“能级交错”现象。例如

$$E_{4s} < E_{3d} < E_{4p}$$

Pauling 近似能级图简单明了，基本上反映了多电子原子核外电子按能量由低到高的填充次序。但按这种能级图，所有元素的原子轨道能级次序都相同。

3. Cotton 原子轨道能级图

1962 年，美国化学家 F. A. Cotton 注意到原子轨道的能量和原子序数有关，提出了新的原子轨道能级图（图 8-17）。

Cotton 原子轨道能级图定性地表明了原子序数改变时，原子轨道能量的相对变化。由此能级图可以看出：

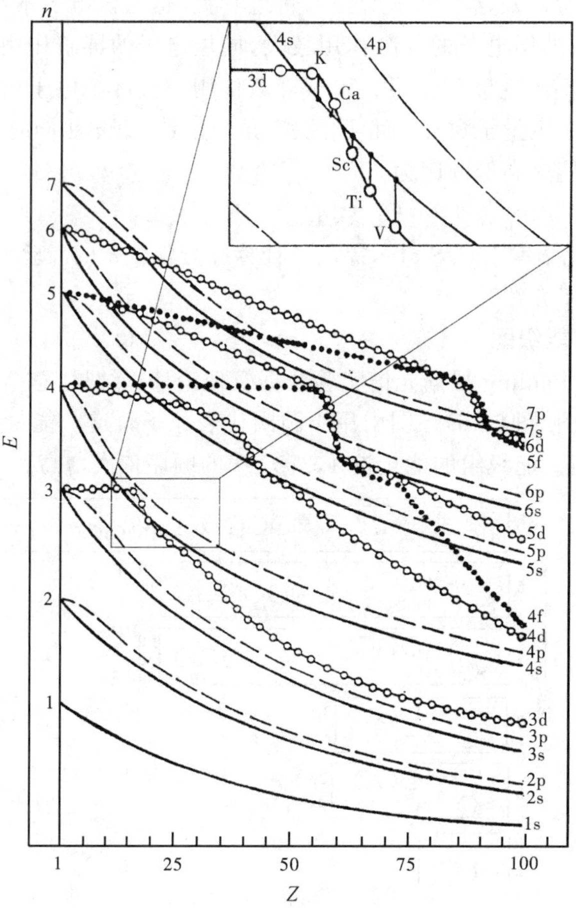

图 8-17　Cotton 原子轨道能级图

* 右上角的方框内是 $Z=20$ 附近的原子能级次序的放大图

(1) 原子序数为 1 的氢原子轨道的能级具有简并性。对氢元素来说，其主量子数相同的各个轨道（如 3s、3p、3d 等）都处于同一能级。

(2) 原子轨道的能量随着原子序数的增大而降低。

(3) 随着原子序数的增大，原子轨道能量下降幅度不同，因此能级曲线产生了相交现象。例如，K 和 Ca 的 3d 与 4s 轨道的能量高低次序为：$E_{3d} > E_{4s}$；而对于原子序数较小或较大的其他元素，$E_{3d} < E_{4s}$。

4. 钻穿效应

在多电子原子中，每个电子既被其他电子所屏蔽，也对其他电子起屏蔽作用。在原子核附近出现概率较大的电子可更多地避免其他电子的屏蔽，受到原子核的较强的吸引而更靠近核。这种电子进入原子内部空间的作用叫作钻穿效应。其实质是由于电子运动具有波动性，可在原子中的任何区域出现。也就是说，最外层电子有时也会出现在近核处，只是概率较小而已。

钻穿效应可以由原子轨道的径向分布函数图说明，一般近似地借用氢原子径向分布函数图。对于 n 相同 l 不同的轨道，l 越小的轨道其径向分布函数图上峰的个数越多①，第一个小峰钻得越深，离核越近。由图 8-18 可见，2s 比 2p 多一个离核较近的小峰，说明 2s 电子比 2p 电子钻穿能力强，从而受到的屏蔽较小，能量比 2p 低。一般钻穿能力大小的次序为

$$ns > np > nd > nf$$

由此可解释能级分裂这一光谱实验结果为

$$E_{ns} < E_{np} < E_{nd} < E_{nf}$$

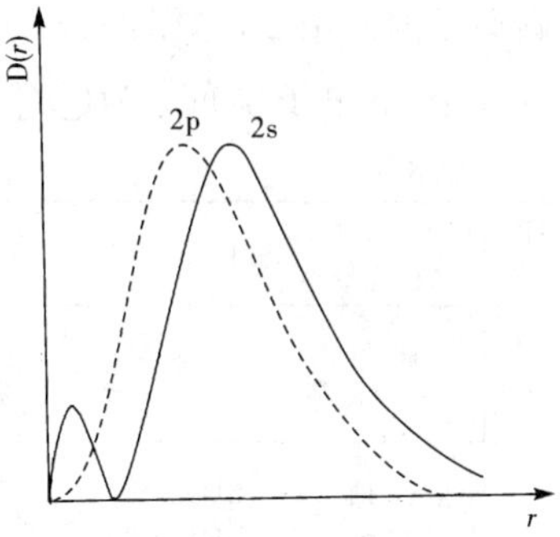

图 8-18　2s 与 2p 轨道径向分布

对于"能级交错"问题，也可以利用 3d 和 4s 轨道的径向分布函数图加以说明。从图 8-19 中可以看出，4s 轨道局部有离核较近的小峰，但 3d 轨道从整体来看又比 4s 轨道离核较近些。在说明钾原子和钙原子 4s 轨道能级低于 3d 时，认为小峰影响起了主导作用，但在说明钪原子和钛原子等的 4s 轨道能量高于 3d 的情况时，则认为是后者在起主导作用。

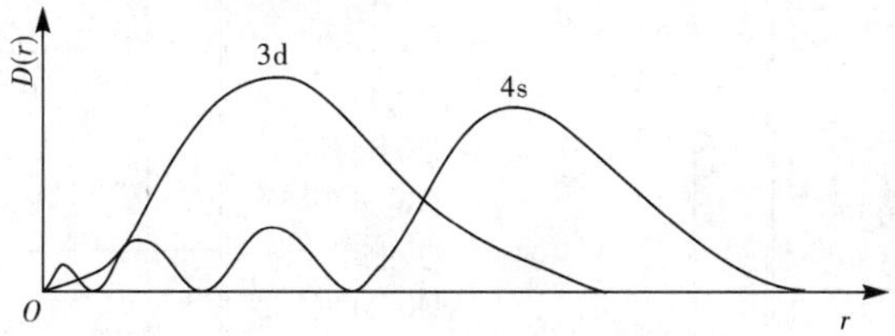

图 8-19　3d 与 4s 轨道的径向分布函数图

8.3.2　核外电子的排布

人们通过光谱和磁性实验测定得到基态多电子原子的电子分层排布情况(表 8-3)。表中周期号数对应于电子外层主量子数 $n=1,2,3,4,\cdots$。表中 1s、2s、2p、… 为电子亚层或原子轨道。

人们根据原子光谱实验和量子力学理论，总结出下列原子中电子排布的三个原理或规则。

(1) 最低能量原理

电子在原子轨道上的分布，要尽可能使整个原子系统能量最低。表 8-3 中的电子排布体现了原子系统能量最低这一原理。

(2) Pauli 不相容原理

每个原子轨道最多能容纳两个自旋方式相反的电子。或者说，同一原子中不能有四个量子数完全相同的电子。这一原理是由奥地利物理学家 W. Pauli 提出来的。

(3) Hund 规则

在 n 相同和 l 相同的轨道上分布的电子，应尽可能分占 m 值不同的轨道，并且自旋平行。这是德国物理学家 F. H. Hund 根据大量光谱实验数据总结出来的。按照 Hund 规则，

① n 相同 l 不同的各径向分布函数曲线最大峰离核的平均距离大致相同，但峰数多少不同，峰的数目 $= n - l$。例如，4s 有 4 个峰，3d 有 1 个峰。

碳原子的两个 2p 电子的排布，应为(↑)(↑)( )，而不是(↑↓)( )( )，也不是(↑)(↓)( )。同理，氮原子的 3 个 2p 电子排布应为(↑)(↑)(↑)。

表 8-3　原子的电子排布*

周期	原子序数	元素符号	电子结构
1	1	H	$1s^1$
1	2	He	$1s^2$
2	3	Li	$[He]2s^1$
2	4	Be	$[He]2s^2$
2	5	B	$[He]2s^2 2p^1$
2	6	C	$[He]2s^2 2p^2$
2	7	N	$[He]2s^2 2p^3$
2	8	O	$[He]2s^2 2p^4$
2	9	F	$[He]2s^2 2p^5$
2	10	Ne	$[He]2s^2 2p^6$
3	11	Na	$[Ne]3s^1$
3	12	Mg	$[Ne]3s^2$
3	13	Al	$[Ne]3s^2 3p^1$
3	14	Si	$[Ne]3s^2 3p^2$
3	15	P	$[Ne]3s^2 3p^3$
3	16	S	$[Ne]3s^2 3p^4$
3	17	Cl	$[Ne]3s^2 3p^5$
3	18	Ar	$[Ne]3s^2 3p^6$
4	19	K	$[Ar]4s^1$
4	20	Ca	$[Ar]4s^2$
4	21	Sc	$[Ar]3d^1 4s^2$
4	22	Ti	$[Ar]3d^2 4s^2$
4	23	V	$[Ar]3d^3 4s^2$
4	24	Cr	$[Ar]3d^5 4s^1$
4	25	Mn	$[Ar]3d^5 4s^2$
4	26	Fe	$[Ar]3d^6 4s^2$
4	27	Co	$[Ar]3d^7 4s^2$
4	28	Ni	$[Ar]3d^8 4s^2$
4	29	Cu	$[Ar]3d^{10} 4s^1$
4	30	Zn	$[Ar]3d^{10} 4s^2$
4	31	Ga	$[Ar]3d^{10} 4s^2 4p^1$
4	32	Ge	$[Ar]3d^{10} 4s^2 4p^2$
4	33	As	$[Ar]3d^{10} 4s^2 4p^3$
4	34	Se	$[Ar]3d^{10} 4s^2 4p^4$
4	35	Br	$[Ar]3d^{10} 4s^2 4p^5$
4	36	Kr	$[Ar]3d^{10} 4s^2 4p^6$
5	37	Rb	$[Kr]5s^1$
5	38	Sr	$[Kr]5s^2$
5	39	Y	$[Kr]4d^1 5s^2$
5	40	Zr	$[Kr]4d^2 5s^2$
5	41	Nb	$[Kr]4d^4 5s^1$
5	42	Mo	$[Kr]4d^5 5s^1$
5	43	Tc	$[Kr]4d^5 5s^2$
5	44	Ru	$[Kr]4d^7 5s^1$
5	45	Rh	$[Kr]4d^8 5s^1$
5	46	Pd	$[Kr]4d^{10}$
5	47	Ag	$[Kr]4d^{10} 5s^1$
5	48	Cd	$[Kr]4d^{10} 5s^2$
5	49	In	$[Kr]4d^{10} 5s^2 5p^1$
5	50	Sn	$[Kr]4d^{10} 5s^2 5p^2$
5	51	Sb	$[Kr]4d^{10} 5s^2 5p^3$
5	52	Te	$[Kr]4d^{10} 5s^2 5p^4$
5	53	I	$[Kr]4d^{10} 5s^2 5p^5$
5	54	Xe	$[Kr]4d^{10} 5s^2 5p^6$
6	55	Cs	$[Xe]6s^1$
6	56	Ba	$[Xe]6s^2$
6	57	La	$[Xe]5d^1 6s^2$
6	58	Ce	$[Xe]4f^1 5d^1 6s^2$
6	59	Pr	$[Xe]4f^3 6s^2$
6	60	Nd	$[Xe]4f^4 6s^2$
6	61	Pm	$[Xe]4f^5 6s^2$
6	62	Sm	$[Xe]4f^6 6s^2$
6	63	Eu	$[Xe]4f^7 6s^2$
6	64	Gd	$[Xe]4f^7 5d^1 6s^2$
6	65	Tb	$[Xe]4f^9 6s^2$
6	66	Dy	$[Xe]4f^{10} 6s^2$
6	67	Ho	$[Xe]4f^{11} 6s^2$
6	68	Er	$[Xe]4f^{12} 6s^2$
6	69	Tm	$[Xe]4f^{13} 6s^2$
6	70	Yb	$[Xe]4f^{14} 6s^2$
6	71	Lu	$[Xe]4f^{14} 5d^1 6s^2$
6	72	Hf	$[Xe]4f^{14} 5d^2 6s^2$
6	73	Ta	$[Xe]4f^{14} 5d^3 6s^2$
6	74	W	$[Xe]4f^{14} 5d^4 6s^2$
6	75	Re	$[Xe]4f^{14} 5d^5 6s^2$
6	76	Os	$[Xe]4f^{14} 5d^6 6s^2$
6	77	Ir	$[Xe]4f^{14} 5d^7 6s^2$
6	78	Pt	$[Xe]4f^{14} 5d^9 6s^1$
6	79	Au	$[Xe]4f^{14} 5d^{10} 6s^1$
6	80	Hg	$[Xe]4f^{14} 5d^{10} 6s^2$
6	81	Tl	$[Xe]4f^{14} 5d^{10} 6s^2 6p^1$
6	82	Pb	$[Xe]4f^{14} 5d^{10} 6s^2 6p^2$
6	83	Bi	$[Xe]4f^{14} 5d^{10} 6s^2 6p^3$
6	84	Po	$[Xe]4f^{14} 5d^{10} 6s^2 6p^4$
6	85	At	$[Xe]4f^{14} 5d^{10} 6s^2 6p^5$
6	86	Rn	$[Xe]4f^{14} 5d^{10} 6s^2 6p^6$
7	87	Fr	$[Rn]7s^1$
7	88	Ra	$[Rn]7s^2$
7	89	Ac	$[Rn]6d^1 7s^2$
7	90	Th	$[Rn]6d^2 7s^2$
7	91	Pa	$[Rn]5f^2 6d^1 7s^2$
7	92	U	$[Rn]5f^3 6d^1 7s^2$
7	93	Np	$[Rn]5f^4 6d^1 7s^2$
7	94	Pu	$[Rn]5f^6 7s^2$
7	95	Am	$[Rn]5f^7 7s^2$
7	96	Cm	$[Rn]5f^7 6d^1 7s^2$
7	97	Bk	$[Rn]5f^9 7s^2$
7	98	Cf	$[Rn]5f^{10} 7s^2$
7	99	Es	$[Rn]5f^{11} 7s^2$
7	100	Fm	$[Rn]5f^{12} 7s^2$
7	101	Md	$[Rn]5f^{13} 7s^2$
7	102	No	$[Rn]5f^{14} 7s^2$
7	103	Lr	$[Rn]5f^{14} 6d^1 7s^2$
7	104	Rf	$[Rn]5f^{14} 6d^2 7s^2$
7	105	Db	$[Rn]5f^{14} 6d^3 7s^2$
7	106	Sg	$[Rn]5f^{14} 6d^4 7s^2$
7	107	Bh	$[Rn]5f^{14} 6d^5 7s^2$
7	108	Hs	$[Rn]5f^{14} 6d^6 7s^2$
7	109	Mt	$[Rn]5f^{14} 6d^7 7s^2$

* 表中单框中的元素是过渡元素，双框中的元素是镧系或锕系元素。

两个电子同占一个轨道时，电子间的排斥作用会使系统能量升高。两个电子只有分占等价轨道(简并轨道)时，才有利于降低系统的能量。

为了简单地表示多电子原子的电子排布情况，通常只标明亚层和该亚层中的电子数

目。例如，碳原子的电子排布式可写成

$$C:1s^2 2s^2 2p^2 \quad 或 \quad C:[He]2s^2 2p^2$$

氮原子的电子排布式可写成

$$N:1s^2 2s^2 2p^3 \quad 或 \quad N:[He]2s^2 2p^3$$

式中，[He]表示碳或氮的原子芯。所谓"原子芯"是指某原子的原子核及电子排布与某稀有气体原子里的电子排布相同的那部分实体。

此外，从表 8-3 中的电子排布表还可以看出一些特殊情况。例如，铬原子的电子排布式为 Cr：$[Ar]3d^5 4s^1$ 而不是 $[Ar]3d^4 4s^2$；铜原子的电子排布式为 Cu：$[Ar]3d^{10} 4s^1$ 而不是 $[Ar]3d^9 4s^2$。这种情况说明 3d 轨道处于半充满和全充满状态时原子是相对稳定的。对于 p 轨道和 f 轨道来说，它们的半充满状态分别为 p^3 和 f^7，全充满状态则分别为 p^6 和 f^{14}。

应该指出，有些原子序数较大的过渡元素，其电子排布更为复杂，难以用上述原则来概括，如镧系、锕系中的某些元素就是这样。

8.4　元素周期律

8.4.1　原子的电子层结构与元素周期表

1869 年，俄国化学家 Д. И. Менделеев 在寻找元素的性质(如金属性、非金属性、氧化值等)和相对原子质量之间的联系时，总结出元素周期律和周期系。

在 19 世纪后期和 20 世纪初期，随着物质结构的科学实验和理论研究迅速开展，人们总结出元素周期律的更确切的叙述：元素以及由其所形成的单质和化合物的性质，随着元素的原子序数(核电荷数)的依次递增，呈现周期性的变化。元素周期律总结了各种元素的性质，揭示了元素间的相互联系，至今仍是指导化学家研究各种物质的重要规律。

元素周期系对于研究物质结构有一定的启发。例如，原子序数等于原子的核电荷数，元素周期表的周期与核外电子的分层排布之间的对应关系等。反过来，物质结构的研究又增进了人们对于元素周期系实质的理解。本书所附长式周期表就是在研究了核外电子排布之后提出来的。长式周期表可以更清楚地反映元素的原子结构特征。

将周期表与表 8-3 对照，可以看出：

(1)周期号数等于电子层数，即第一周期元素原子有一个电子层，第二周期元素有两个电子层，其余类推(只有 Pd 属第五周期，但只有 4 层电子)。

(2)各周期元素的数目等于相应能级组中原子轨道所能容纳的电子总数。这种关系见表 8-4。第一周期为特短周期，第二、三周期为短周期，第四、五周期为长周期。第六、七周期为特长周期。

表 8-4　各周期元素与相应能级组的关系

周期	元素数目	相应能级组中的原子轨道	电子最大容量
1	2	1s	2
2	8	2s 2p	8
3	8	3s 3p	8

（续表）

周期	元素数目	相应能级组中的原子轨道	电子最大容量
4	18	4s 3d 4p	18
5	18	5s 4d 5p	18
6	32	6s 4f 5d 6p	32
7	32	7s 5f 6d 7p	32

(3)主族元素(用 A 表示)的族号数等于原子最外层电子数。但稀有气体按照习惯称为零族。过渡元素包括Ⅰ～Ⅶ副族元素(用 B 表示)以及Ⅷ族元素。ⅢB～ⅦB 族元素的族号数等于这些原子的最外层 s 电子数与次外层 d 电子数之和。ⅠB～ⅡB 族元素的族序数则等于最外层 s 电子数。镧系和锕系元素也叫作内过渡元素，在周期表中都排在ⅢB 族之前(另列)①。

在同一主族中，虽然不同元素的原子电子层数不相同，但外层电子数相同。例如，ⅠA 族碱金属的外层电子构型都是 ns^1，ⅦA 族卤素的外层电子构型都是 ns^2np^5。在同一副族内各元素原子的电子层虽不同，但它们最外层的 ns 和次外层 $(n-1)$d 能级上的电子数目之和相同。Ⅷ族元素的原子结构则没有这样明显的规律②。

(4)周期表中的元素可根据原子结构特征分成四个区(图 8-20)。ⅠA～ⅡA 族为 s 区，ⅢA～ⅦA 族与 0 族为 p 区，过渡元素ⅢB～Ⅷ～ⅡB 族为 d 区，镧系和锕系元素为 f 区。

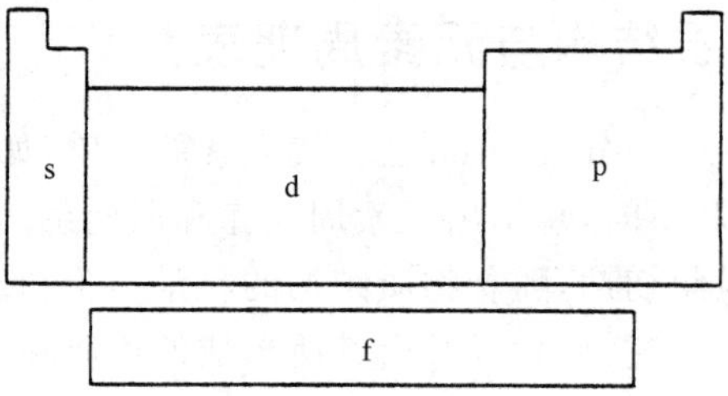

图 8-20 周期表分区示意图

每个区元素的原子结构特征如下：

(1)s 区元素最外层只有 1～2 个 s 电子，次外层没有 d 电子(H 无次外层)，价电子构型写为 $ns^{1\sim2}$。

(2)p 区元素最外层除了 2 个 s 电子之外，还有 1～6 个 p 电子(He 无 p 电子)，价电子构型写为 $ns^2np^{1\sim6}$。

(3)d 区元素最外层有 2 个 s 电子(个别元素有 1 个，Pd 无 5s 电子)，次外层有 1～10 个 d 电子，价电子构型是 $(n-1)d^{1\sim10}ns^{1\sim2}$。

(4)d 区元素中的ⅠB 族和ⅡB 族，由于其原子次外层的电子已经充满，其最外层的电子数又与 s 区元素相同，故常单独称为 ds 区元素。

(5)f 区元素最外层有 2 个 s 电子，次外层有 2 个 s 电子和 6 个 p 电子(个别有 d 电子)，而外数第 3 层有 1～14 个 f 电子。

---

① 周期表中镧系和锕系应该如何划分近年来颇受人们关注。本教材采用近年来研究的新形式，即把 La 到 Yb (57～70 号)14 个元素作为镧系，Ac 至 No(89～102 号)14 个元素作为锕系，71 号 Lu 和 103 号 Lr 作为ⅢB 族。

② 1988 年 IUPAC 建议，周期表中元素不再分为 A、B 族，而用阿拉伯数字 1～18 表示 18 个纵行。

在理解原子结构特征的基础上，可以较为深刻地认识各区元素的性质。在本书元素化学部分，将按照这种分区体系讨论元素及其化合物的有关内容。

8.4.2 元素基本性质的周期性

拓展阅读

几种新元素的中文命名

元素的性质通常包括元素的氧化值、金属性和非金属性以及化合物的酸碱性、氧化还原性等化学性质，但后者与结构的联系比较复杂，这些问题将在本书的第12～17章中进行讨论。这里仅讨论元素的金属性和非金属性与原子结构的关系。

元素的金属性和非金属性的强弱可用电离能、电子亲和能、电负性等基本性质来衡量，同时，原子半径也影响到元素的金属性和非金属性。

1. 原子半径

原子没有明确的界面，经典意义上的原子半径难以确定。人们假定原子呈球形，通过测定相邻原子的核间距来确定原子半径。基于此假定以及原子的不同存在形式，原子半径可以分为金属半径、共价半径和 van der Waals 半径。

金属单质的晶体中，两个相邻金属原子核间距的一半，称为金属原子的金属半径。同种元素的两个原子以共价单键结合时，其核间距的一半，叫作该原子的共价单键半径。在分子晶体中，分子间是以 van der Waals 力结合的。例如，稀有气体形成的单原子分子晶体中，两个同种原子核间距离的一半就是 van der Waals 半径。

表 8-5 列出了各元素原子半径的数据，其中除金属为金属半径(配位数为 12)，稀有气体为 van der Waals 半径外，其余皆为共价半径。

表 8-5　元素的原子半径 r　(pm)

H																	He
37																	122
Li	Be											B	C	N	O	F	Ne
152	111											88	77	70	66	64	160
Na	Mg											Al	Si	P	S	Cl	Ar
186	160											143	117	110	104	99	191
K	Ca	Sc	Ti	V	Cr	Mn	Fe	Co	Ni	Cu	Zn	Ga	Ge	As	Se	Br	Kr
227	197	161	145	132	125	124	124	125	125	128	133	122	122	121	117	114	198
Rb	Sr	Y	Zr	Nb	Mo	Tc	Ru	Rh	Pd	Ag	Cd	In	Sn	Sb	Te	I	Xe
248	215	181	160	143	136	136	133	135	138	144	149	163	141	141	137	133	217
Cs	Ba	*Lu	Hf	Ta	W	Re	Os	Ir	Pt	Au	Hg	Tl	Pb	Bi	Po		
265	217	173	159	143	137	137	134	136	136	144	160	170	175	155	153		

La	Ce	Pr	Nd	Pm	Sm	Eu	Gd	Tb	Dy	Ho	Er	Tm	Yb
188	183	183	182	181	180	204	180	178	177	177	176	175	194

由表 8-5 中数据可以看出原子半径的变化规律：

(1)同一周期，随原子序数的增加原子半径逐渐减小，但长周期中部(d 区)各元素的原子半径随核电荷增加减小较慢。ⅠB、ⅡB 元素(ds 区)原子半径略有增大，此后又逐渐减小。各周期末尾稀有气体的半径较大，是 van der Waals 半径，稀有气体原子外层充满了 8 个电子(He 除外)，是单原子分子。

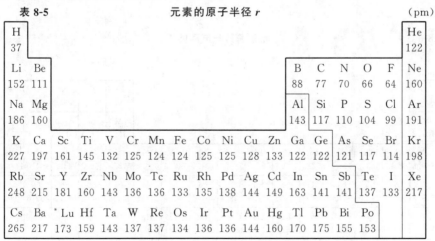

(2)同一族,随原子序数的增加原子半径增大。主族元素的变化明显,过渡元素的变化不明显,特别是镧系以后的各元素,第六周期原子半径比同族第五周期的原子半径增加不多,有的甚至减少。

镧系元素从左到右,原子半径大体也是逐渐减小的,只是幅度更小。这是由于新增加的电子填入外数第三层上,对外层电子的屏蔽效应更大,外层电子所受到的有效核电荷增加的影响更小,因此半径减小更不显著。镧系元素从镧到镱整个系列的原子半径缩小不明显的现象称为镧系收缩。

由于镧系收缩,导致镧系以后的元素铪(Hf)、钽(Ta)、钨(W)等原子半径与第五周期的相应同族元素锆(Zr)、铌(Nb)、钼(Mo)等非常接近,性质也非常相似,分离困难。

2. 电离能

基态气态原子失去一个电子成为气态正离子所需要的能量称为第一电离能,用 I_1 表示。由带一个正电荷的气态正离子再失去一个电子成为+2 价气态正离子所需的能量称为第二电离能,用 I_2 表示。依此类推还有第三电离能 I_3、第四电离能 I_4 等。

$$Li(g)-e^- \longrightarrow Li^+(g) \qquad I_1=520.2\ kJ\cdot mol^{-1}$$

$$Li^+(g)-e^- \longrightarrow Li^{2+}(g) \qquad I_2=7\ 298.1\ kJ\cdot mol^{-1}$$

$$Li^{2+}(g)-e^- \longrightarrow Li^{3+}(g) \qquad I_3=11\ 815\ kJ\cdot mol^{-1}$$

随着原子逐步失去电子所形成的离子正电荷数越来越多,失去电子变得越来越难。因此,同一元素的原子的各级电离能依次增大,即 $I_1<I_2<I_3<I_4<\cdots$。

通常讲的电离能,若不加以注明,指的是第一电离能。表 8-6 列出了周期系中各元素的第一电离能。

表 8-6　　元素的第一电离能 I_1　　(kJ · mol^{-1})

H 1312.0																	He 2372.3
Li 520.2	Be 899.5											B 800.6	C 1086.4	N 1402.3	O 1313.9	F 1681.0	Ne 2080.7
Na 495.8	Mg 737.8											Al 577.5	Si 786.5	P 1011.8	S 999.6	Cl 1251.2	Ar 1520.6
K 418.8	Ca 589.8	Sc 633.1	Ti 658.8	V 650.9	Cr 652.9	Mn 717.3	Fe 762.5	Co 760.4	Ni 737.1	Cu 745.5	Zn 906.4	Ga 578.8	Ge 762.2	As 944.5	Se 941.0	Br 1139.9	Kr 1350.8
Rb 403.0	Sr 549.5	Y 599.9	Zr 640.1	Nb 652.1	Mo 684.3	Tc 702	Ru 710.2	Rh 719.7	Pd 804.4	Ag 731.0	Cd 867.8	In 558.3	Sn 708.6	Sb 830.6	Te 869.3	I 1008.4	Xe 1170.4
Cs 375.7	Ba 502.9	* Lu 523.5	Hf 658.5	Ta 728.4	W 758.8	Re 755.8	Os 814.2	Ir 865.2	Pt 864.4	Au 890.1	Hg 1007.1	Tl 589.4	Pb 715.6	Bi 703.0	Po 812.1	At	Rn 1037.1
Fr 393.0	Ra 509.3	Lr															

La 538.1	Ce 534.4	Pr 527.2	Nd 533.1	Pm 538	Sm 544.5	Eu 547.1	Gd 593.4	Tb 565.8	Dy 573.0	Ho 581.0	Er 589.3	Tm 596.7	Yb 603.4
Ac 499	Th 608.5	Pa 568	U 597.6	Np 604.5	Pu 581.4	Am 576.4	Cm 581	Bk 601	Cf 608	Es 619	Fm 627	Md 635	No 642

本表数据引自 Ravid R. Lade. CRC Handbook of Chemistry and Physics,83rd edition,2002～2003。原表中数据单位为 eV,分别乘以 96.485 3 kJ · mol^{-1}/eV 得到本表数据。

电离能的大小反映了原子失去电子的难易。电离能越小，原子失去电子越容易，金属性越强；反之，电离能越大，原子失去电子越困难，金属性越弱。电离能的大小主要取决于原子的有效核电荷、原子半径和原子的电子层结构。

电离能随原子序数的增加呈现出周期性变化，如图 8-21 所示。

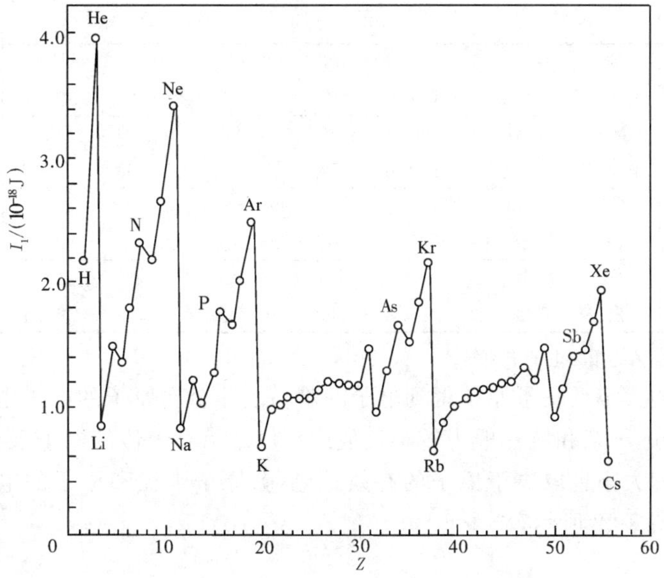

图 8-21　元素的第一电离能的变化规律

同一周期中，从碱金属到卤素，主族元素的原子半径依次减小，原子的最外层上的电子数依次增多，电离能逐个增大。Ⅰ A 的 I_1 最小；稀有气体的 I_1 最大，处于峰顶。长周期的中部元素(过渡元素)，由于电子依次填加到次外层，有效核电荷增加不多，原子半径减小缓慢，电离能仅略有增加。图 8-21 中 N、P、As 等的电离能较大，Be、Mg 的电离能也较大，均比它们后面的元素的电离能大，这是由于它们的电子层结构分别处于半满和全满状态，比较稳定，失电子相对较难。

同一主族元素最外层电子数相同，从上到下随着原子半径的增大，核对外层电子的吸引力依次减弱，电子逐渐易于失去，电离能依次减小。

3. 电子亲和能

元素的气态原子在基态时获得一个电子成为气态负离子所放出的能量称为电子亲和能。例如

$$F(g) + e^- \longrightarrow F^-(g) \qquad A_1 = -328\ kJ \cdot mol^{-1}$$ ①

电子亲和能也有第一、第二电子亲和能之分，如果不加注明，都是指第一电子亲和能。当气态负离子再获得 1 个电子时，要克服负电荷之间的排斥力，因此要吸收能量。例如

$$O(g) + e^- \longrightarrow O^-(g) \qquad A_1 = -141.0\ kJ \cdot mol^{-1}$$

$$O^-(g) + e^- \longrightarrow O^{2-}(g) \qquad A_2 = +844.2\ kJ \cdot mol^{-1}$$

① 本教材将电子亲和能放出能量用负号表示，这样与焓变值正、负取得一致。

表 8-7 列出主族元素的电子亲和能。电子亲和能的测定困难，其数据远不如电离能的数据完整。

表 8-7　　主族元素的电子亲和能 *A*　　（$kJ \cdot mol^{-1}$）

H −72.7							He +48.2
Li −59.6	Be +48.2	B −26.7	C −121.9	N +6.75	O −141.0(844.2)	F −328.0	Ne +115.8
Na −52.9	Mg +38.6	Al −42.5	Si −133.6	P −72.1	S −200.4(531.6)	Cl −349.0	Ar +96.5
K −48.4	Ca +28.9	Ga −28.9	Ge −115.8	As −78.2	Se −195.0	Br −324.7	Kr +96.5
Rb −46.9	Sr +28.9	In −28.9	Sn −115.8	Sb −103.2	Te −190.2	I −295.1	Xe +77.2

注　括号内数值为第二电子亲和能。

电子亲和能的大小反映了原子得到电子的难易。非金属原子的第一电子亲和能总是负值，而金属原子的电子亲和能一般为较小负值或正值。稀有气体的电子亲和能均为正值。

电子亲和能的大小也取决于原子的有效核电荷、原子半径和原子的电子层结构。它们的周期性规律如图 8-22 所示。

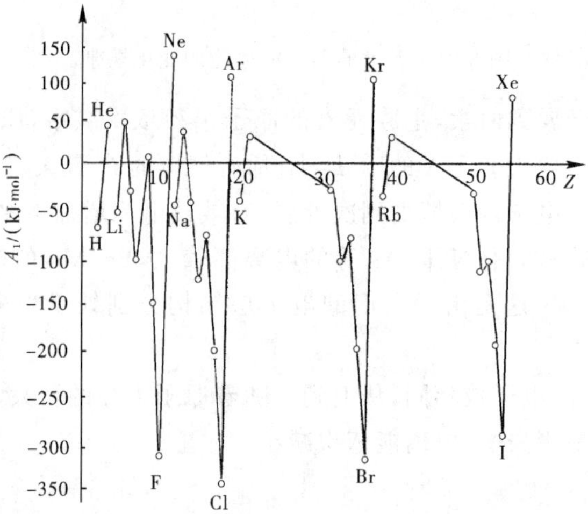

图 8-22　主族元素的第一电子亲和能的变化规律

同一周期，从左到右，原子半径逐渐减小，同时由于最外层电子数逐渐增多，趋向于结合电子形成 8 电子稳定结构，元素的电子亲和能减小。卤素的电子亲和能最小。碱土金属因为半径大，且有 ns^2 电子层结构，难以结合电子，电子亲和能为正值；稀有气体具有 8 电子稳定结构，更难以结合电子，因此电子亲和能最大。

同一主族，从上到下规律不如同周期变化那么明显，元素的电子亲和能大部分呈现变大的趋势，部分呈相反趋势。值得注意的是，电子亲和能最小的不是出现在氟原子，而是氯原子。这可能是由于氟原子的半径小，结合的电子会受到原有电子较强的排斥，用于克服电子排斥所消耗的能量相对多些。

4. 电负性

电离能和电子亲和能分别从一个侧面反映原子失去电子和得到电子的能力。为了比较分子中原子间争夺电子的能力，需要对上述两者统一考虑，于是引入了元素电负性的概念。

1932 年，L. Pauling 首先提出了元素的电负性概念，认为电负性是原子在分子中吸引电子的能力，并指定 F 的电负性为 3.98，Pauling 以热化学数据为基础，根据组成化学键的两原子的电负性之差与键解离能之间的关系，求出其他元素的电负性 χ_p（表 8-8）。

表 8-8　　元素的电负性 χ_p

H 2.20																	
Li 0.98	Be 1.57											B 2.04	C 2.55	N 3.04	O 3.44	F 3.98	
Na 0.93	Mg 1.31											Al 1.61	Si 1.90	P 2.19	S 2.58	Cl 3.16	
K 0.82	Ca 1.00	Sc 1.36	Ti 1.54	V 1.63	Cr 1.66	Mn 1.55	Fe 1.83	Co 1.88	Ni 1.91	Cu 1.90	Zn 1.65	Ga 1.81	Ge 2.01	As 2.18	Se 2.55	Br 2.96	
Rb 0.82	Sr 0.95	Y 1.22	Zr 1.33	Nb 1.6	Mo 2.16	Tc 2.10	Ru 2.2	Rh 2.28	Pd 2.20	Ag 1.93	Cd 1.69	In 1.78	Sn 1.96	Sb 2.05	Te 2.1	I 2.66	
Cs 0.79	Ba 0.89	Lu 1.0	Hf 1.3	Ta 1.5	W 1.7	Re 1.9	Os 2.2	Ir 2.2	Pt 2.2	Au 2.4	Hg 1.9	Tl 1.8	Pb 1.8	Bi 1.9	Po 2.0	At 2.2	

La 1.10	Ce 1.12	Pr 1.13	Nd 1.14	Pm	Sm 1.17	Eu	Gd 1.20	Tb	Dy 1.22	Ho 1.23	Er 1.24	Tm 1.25	Yb
Ac 1.1	Th 1.3	Pa 1.5	U 1.7	Np 1.3	Pu 1.3								

本表数据引自 Ravid R. Lade. CRC Handbook of Chemistry and Physics. 9-75，83rd edition，2002～2003

1934 年，R. S. Mulliken 根据原子光谱数据，将电负性 χ_M 定义为元素电离能与电子亲和能的平均值为

$$\chi_M = \frac{1}{2}(I + A)$$①

Mulliken 电负性物理意义明确，但因电子亲和能数据不完全，所以应用受到限制。

1956 年，A. L. Allred 和 E. G. Rochow 根据原子核对电子的静电吸引，在 Pauling 电负性基础上计算出一套电负性 χ_{AR} 数据。

1989 年，L. C. Allen 根据光谱实验数据，以基态自由原子价层电子的平均单位电子能量为基础获得主族元素的电负性，即

$$\chi_A = 0.169\frac{mE_p + nE_s}{m + n} \tag{8-10}$$

式中，m 和 n 分别为 p 轨道和 s 轨道上的电子数；E_p 和 E_s 分别为 p 轨道和 s 轨道上的电子平均能量。

① 这里的电子亲和能 A 放热为正，吸热为负。参见徐光宪，等. 物质结构. 2 版. 北京：高等教育出版社，1987

电负性标度虽然有多种，数据各有不同，但在周期系中变化规律是一致的。电负性可以用来综合衡量各种元素的金属性和非金属性。在 Pauling 电负性标度中金属元素的电负性一般在 2.0 以下，非金属元素的电负性一般在 2.0 以上。同一周期主族元素从左到右，电负性依次增大，元素的非金属性增强，金属性减弱；同一主族，从上到下，电负性依次变小，元素的非金属性减弱，金属性增强。过渡元素的电负性递变不明显，它们都是金属，但金属性都不及ⅠA、ⅡA 两族元素强。

习 题 8

8-1 为什么氢原子光谱是线状光谱？Bohr 理论如何解释氢原子光谱？该理论存在何种局限性？

8-2 利用氢原子光谱的频率公式，令 $n=3,4,5,6$，求出相应的谱线频率。

8-3 利用图 8-2 的氢原子能级数值，计算电子从 $n=6$ 能级回到 $n=2$ 能级时，由辐射能量而产生的谱线频率。

8-4 利用氢原子光谱的能量关系式求出氢原子各能级($n=1,2,3,4$)的能量。

8-5 微观粒子运动具有什么特点？证实这些特点的实验基础是什么？

8-6 下列各组量子数中哪一组是正确的？将正确的各组量子数用原子轨道符号表示。

(1)$n=3,l=2,m=0$；　　(2)$n=4,l=-1,m=0$；

(3)$n=4,l=1,m=-2$；　　(4)$n=3,l=3,m=-3$。

8-7 一个原子中，量子数 $n=3,l=2,m=2$ 时可允许的电子数最多是多少？

8-8 怎样正确理解“s 电子云是球形对称的”这句话？

8-9 “氢原子的 1s 电子在核外出现的概率最大的地方在离核 52.9 pm 的球壳上，所以 1s 电子云的界面图的半径也是 52.9 pm。”这句话对吗？为什么？

8-10 从 $2p_z$ 轨道的角度分布 Y_{2p_z} 图说明 Y_{2p_z} 的最大绝对值对应于曲线的哪一部位，最小绝对值又是哪里？这些部位与 $2p_z$ 电子出现的概率密度有何联系？

8-11 为什么说 p 轨道有方向性？d 轨道是否有方向性？

8-12 一个原子轨道要用哪几个量子数来描述？试述各量子数的取值要求和物理意义。量子力学的原子轨道与 Bohr 原子轨道的区别是什么？

8-13 以 2p($n=2,l=1$)为例，

(1)指出波函数($\psi_{2,1}$)的径向分布函数 $D(r)$、概率密度、电子云界面图等概念有何区别？

(2)原子轨道角度分布和电子云角度分布的含义有什么不同？其图像区别在哪里？

8-14 Cotton 原子轨道能级图与 Pauling 近似能级图的主要区别是什么？

8-15 基态原子电子排布的原则包含的主要内容有哪些？

8-16 如何解释下述事实：原子的 M 电子层最多可容纳 18 个电子，而第三周期却只有 8 种元素。

8-17 写出下列元素的原子电子层结构式（原子电子构型），判断它们属于第几周期、第几主族或副族。

(1) ${}_{20}Ca$；(2) ${}_{27}Co$；(3) ${}_{32}Ge$；(4) ${}_{48}Cd$；(5) ${}_{83}Bi$。

8-18 写出下列各原子电子构型代表的元素名称及符号。

(1)$[Ar]3d^6 4s^2$；　　(2)$[Ar]3d^2 4s^2$；

(3)$[Kr]4d^{10} 5s^2 5p^5$；　　(4)$[Xe]4f^{14} 5d^{10} 6s^2$。

8-19 不查阅元素周期表，试填写下表的空格。

原子序数	电子排布式	价层电子构型	周期	族	结构分区
24					
	$[Ne]3s^2 3p^6$				
		$4s^2 4p^5$			
			5	ⅡB	

8-20 元素的周期与能级组之间存在何种对应关系？元素的族序数与核外电子层结构有何对应关系？元素周期表有几个结构分区？各区分别包括哪些元素？

8-21 下列中性原子何者的未成对电子数最多？

(1) Na；　(2) Al；　(3) Si；　(4) P；　(5) S。

8-22 下列离子何者不具有 Ar 的电子构型？

(1) Ga^{3+}；　(2) Cl^-；　(3) P^{3-}；　(4) Sc^{3+}；(5) K^+。

8-23 已知某元素基态原子的电子分布是 $1s^2 2s^2 2p^6 3s^2 3p^6 3d^{10} 4s^2 4p^1$，请回答：

(1)该元素的原子序数是多少？

(2)该元素属第几周期？第几族？是主族元素还是过渡元素？

8-24 在某一周期(其稀有气体原子的外层电子构型为 $4s^2 4p^6$)中有 A、B、C、D 四种元素，已知它们的最外层电子数分别为 2、2、1、7；A、C 的次外层电子数为 8，B、D 的次外层电子数为 18。问 A、B、C、D 分别是哪种元素？

8-25 某元素原子 X 的最外层只有一个电子，其 X^{3+} 中的最高能级的 3 个电子的主量子数 n 为 3，角量子数 l 为 2，写出该元素符号，并确定其属于第几周期、第几族的元素。

8-26 主族元素和过渡元素的原子半径随着原子序数的增加，在周期表中由上到下和由左到右分别呈现什么规律？当原子失去电子变为正离子和得到电子变为负离子时，半径分别有何变化？

8-27 写出 K^+、Ti^{3+}、Sc^{3+}、Br^- 半径由大到小的顺序。

8-28 试说明元素的第一电离能在同周期中的变化规律，并给予解释。

8-29 列出图 8-21 中的原子序数从 11～20 元素中第一电离能数据出现尖端的元素名称，并指出这些元素的原子结构的特点。

8-30 下列元素中何者第一电离能最大？何者第一电离能最小？

(1) B；　(2) Ca；　(3) N；　(4) Mg；　(5)Si；　(6)S；　(7)Se。

8-31 电子亲和能为什么有正值也有负值？电子亲和能在同周期、同族中有何变化规律？

8-32 试解释下列事实：

(1)Na 的第一电离能小于 Mg，而第二电离能则大于 Mg；

(2)Cl 的电子亲和能比 F 小；

8-33 指出下列叙述是否正确：

(1)价电子层排布为 ns^1 的元素都是碱金属元素；

(2)第Ⅷ族元素的价电子层排布为$(n-1)d^6ns^2$；

(3)第一过渡系元素的原子填充电子时是先填 3d 轨道然后填 4s 轨道，所以失去电子时，也是按这个次序。

8-34 什么是电负性？常用的电负性标度有哪些？电负性在同周期中、同族中各有何变化规律？

第9章

分子结构

所有物质都能以分子或晶体形式存在。分子或晶体中相邻原子(或离子)之间的强烈吸引作用称为化学键。化学家们对化学键进行了大量研究。1916 年,美国化学家 G. N. Lewis 和德国化学家 A. Kossel 根据稀有气体具有稳定性质的事实,分别提出共价键和离子键理论。离子键理论认为:在 NaCl 这样的晶体中,正、负离子间靠静电作用而结合。共价键理论则认为:在 H_2、CCl_4 这样的分子中,原子之间靠共用电子对形成稳定的结构。此外,科学家们还提出了金属键理论。

本章在原子结构的基础上,着重讨论共价键的有关理论以及分子的构型等问题。离子键理论和金属键理论将在第 10 章结合离子晶体和金属晶体分别进行讨论。

9.1 共价键理论

9.1.1 共价键的形成与本质

1927 年,德国化学家 W. Heitler 和 F. London 首先用量子力学处理氢分子结构,初步揭示了共价键的本质。

Heitler 和 London 在用量子力学处理氢分子的过程中,得到氢分子的能量 E 和核间距 R 之间关系的曲线,如图 9-1 所示。如果两个氢原子电子自旋方式相反,当它们相互靠近时,随着核间距 R 的减小,两个 1s 原子轨道发生重叠(波函数相加),核间形成一个电子概率密度较大的区域[图 9-2(a)]。两个氢原子核都被电子概率密度大的电子云吸引,系统能量降低。当核间距达到平衡距离 R_0(74 pm)时,系统能量达到最低点,这种状态称为氢分子的基态。如果两个氢原子再靠近,原子核间斥力增大,使系统的能量迅速升高,排斥作用又将氢原子推回平衡位置。

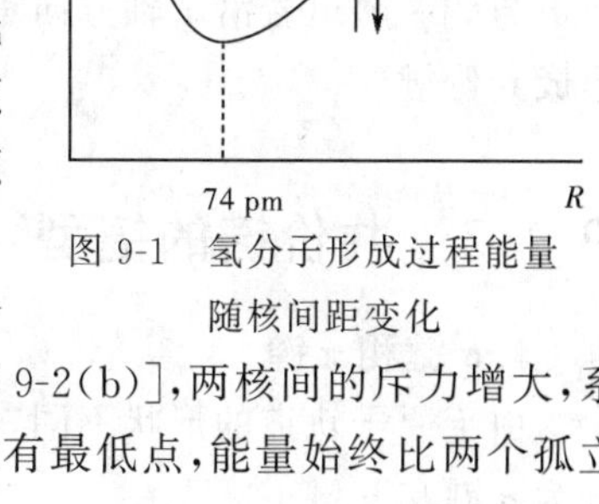

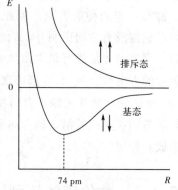

图 9-1　氢分子形成过程能量随核间距变化

如果两个氢原子电子自旋方式相同,当它们靠近时,两个原子轨道异号叠加(波函数相减),核间电子概率密度减小[图 9-2(b)],两核间的斥力增大,系统能量升高,处于不稳定状态,称为排斥态。此时能量曲线没有最低点,能量始终比两个孤立的氢原子的能量高，说明它们不会形成稳定的氢分子。

图 9-2 氢分子的基态与排斥态核间电子的概率密度

价键理论继承了 Lewis 共用电子对的概念，又在量子力学理论的基础上，指出共价键的形成是由于原子轨道重叠、原子核间电子概率密度增大，吸引原子核而成键。这就是共价键的本质。

9.1.2 共价键的特点

根据价键理论，形成共价键时键合原子双方各提供自旋方式相反的未成对价电子用以配对；成键双方的原子轨道尽可能最大限度地重叠。

1. 共价键的饱和性

每个原子的 1 个未成对电子只能与另一个原子的 1 个未成对电子配对，形成一个共价单键。因此，一个原子有几个未成对电子，便可与其他原子的几个自旋相反的未成对电子配对成键，这就是共价键的饱和性。例如，氢原子的 1s 轨道中的 1 个电子与另一个氢原子 1s 轨道上的 1 个电子配对，形成氢分子后，不可能再与第三个氢原子结合成 H_3 分子。又如，氧原子最外层有两个未成对的 2p 电子，它只能与两个氢原子的 1s 电子配对，形成两个共价单键，结合为水分子。

2. 共价键的方向性

两个原子间形成共价键时往往只能沿着一定的方向结合以达到原子轨道最大限度地重叠。除了 s 轨道是球形外，其他的 p、d、f 轨道在空间上都有一定的伸展方向。因此，除了 s 轨道与 s 轨道成键没有方向限制外，其他原子轨道只有沿着一定方向才能进行最大限度地重叠，这就是共价键的方向性。例如，在形成氯化氢分子时，氢原子的 1s 轨道与氯原子的含未成对电子的 $3p_x$ 轨道只有沿着 x 轴正方向发生最大程度重叠，才能形成稳定的共价键[图 9-3(a)]。1s 轨道与 $3p_x$ 轨道若沿 z 轴方向重叠[图 9-3(b)]，两轨道没有满足最大限度地有效重叠，不能形成共价键。

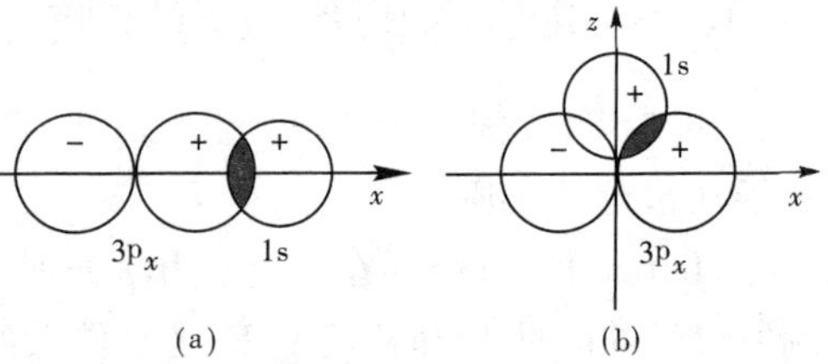

图 9-3 氯化氢分子中的共价键

9.1.3 共价键的键型

1. σ 键和 π 键

由于原子轨道的形状不同，它们可采用不同方式重叠。根据重叠方式不同，共价键可区分为 σ 键和 π 键。

原子轨道沿核间连线方向进行同号重叠而形成的共价键称为 σ 键。例如，氢分子是 s-s 轨道成键，氯化氢分子是 s-p_x 轨道成键，氯分子是 p_x-p_x 轨道成键[图 9-4(a)～图 9-4(c)]，这样形成的键都是 σ 键。两原子轨道垂直核间连线并相互平行而进行同号重叠所形成的共价键称为 π 键[图 9-4(d)]。

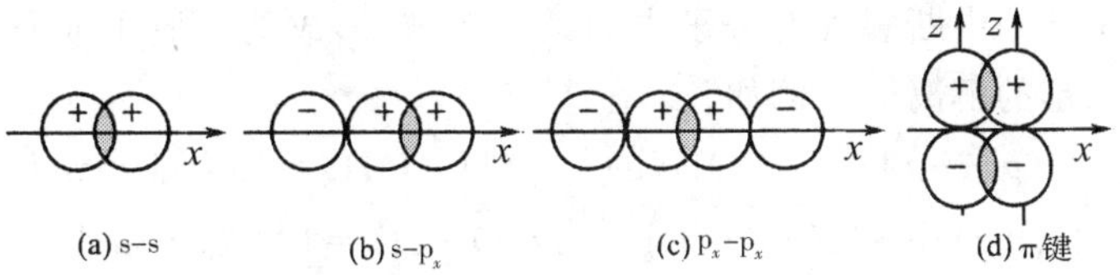

图 9-4　σ 键和 π 键

例如，氮分子以 3 对共用电子把两个氮原子结合在一起。氮原子的外层电子构型为 $2s^2 2p^3$：

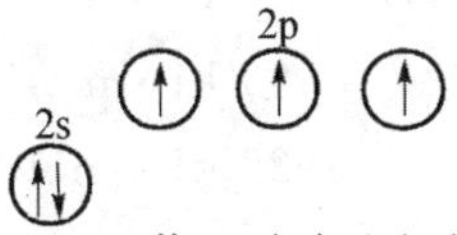

成键时用的是 2p 轨道上的 3 个未成对电子，若两个氮原子沿 x 方向接近时，p_x 与 p_x 轨道形成 σ 键，而两个氮原子垂直于 p_x 轨道的 p_y-p_y、p_z-p_z 轨道，只能在核间连线两侧重叠形成两个互相垂直的 π 键，如图 9-5 所示。

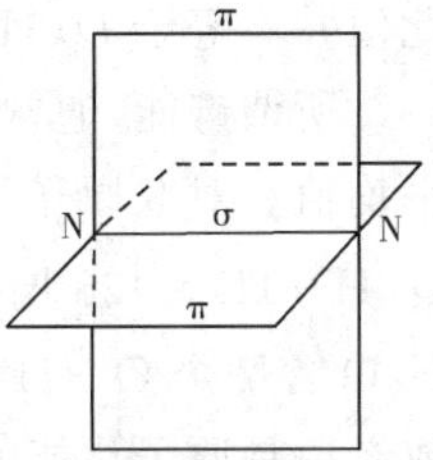

图 9-5　氮分子中的叁键

双键中有一个键是 σ 键，另一个键是 π 键；叁键中有一个键是 σ 键，另两个都是 π 键；至于单键，则成键时通常轨道都是沿核间连线方向达到最大重叠的，所以都是 σ 键。

2. 配位键

共价键中共用的两个电子通常由两个原子分别提供，但也可以由一个原子单独提供一对电子，为两个原子所共用。凡共用的一对电子由一个原子单独提供的共价键叫作配位键。配位键可用箭头"→"而不用短线表示，以示区别。箭头方向是从提供电子对的原子指向接受电子对的原子。例如，在一氧化碳分子中，碳原子的两个未成对的 2p 电子可与氧原子的两个未成对的 2p 电子形成一个 σ 键和一个 π 键。除此之外，氧原子的一对已成对的 2p 电子还可与碳原子的一个 2p 空轨道形成一个配位键，其结构式可写为

$$:C \overset{\leftarrow}{\equiv} O:$$

由此可见，形成配位键有两个条件：一是提供共用电子对的原子有孤对电子；二是接受共用电子对的原子有空轨道。很多无机化合物的分子或离子都有配位键，如 NH_4^+、HBF_4、$[Cu(NH_3)_4]^{2+}$ 等。

9.1.4　共价键参数

共价键的性质可以用键能、键长、键角和键矩等物理量来描述，它们称为共价键参数。

1. 键能

原子间共价键的强度可用键断裂时所需的能量大小来衡量。

在 100 kPa 下，气态双原子分子按下列化学反应计量式断裂共价键形成气态原子所需要的能量叫作键解离能，即

$$A—B(g) \xrightarrow{100\ kPa} A(g) + B(g) \qquad D(A—B)$$

例如，在 298.15 K 时，D(H—Cl)=432 kJ·mol^{-1}，D(Cl—Cl)=243 kJ·mol^{-1}。

在气态多原子分子中断裂气态分子中的某一个键，形成两个原子或原子团时所需的能量叫作分子中这个键的解离能。例如

$$H_2O(g) \longrightarrow H(g) + OH(g) \quad D(H—OH)=499\ kJ \cdot mol^{-1}$$

$$HO(g) \longrightarrow H(g) + O(g) \quad D(O—H)=429\ kJ \cdot mol^{-1}$$

使气态的多原子分子的键全部断裂变成此分子的各组成元素的气态原子时所需的能量，叫作该分子的原子化能 E_{atm}。例如

$$H_2O(g) \longrightarrow 2H(g) + O(g)$$

$$\begin{aligned} E_{atm}(H_2O) &= D(H—OH) + D(O—H) \\ &= 499\ kJ \cdot mol^{-1} + 429\ kJ \cdot mol^{-1} \\ &= 928\ kJ \cdot mol^{-1} \end{aligned}$$

此值并不等于 D(H—OH)的 2 倍。

所谓键能，通常是指在标准状态下拆开气态分子中某种键成为气态原子时，所需能量的平均值。对双原子分子来说，键能就是键的解离能。例如，298.15 K 时，E_B(H—H)=D(H—H)=436 kJ·mol^{-1}。而对于多原子分子来说，键能和键的解离能是不同的。例如，H_2O 含 2 个 O—H 键，每个键的解离能不同，但 O—H 键的键能应是两个解离能的平均值，或者说是原子化能的一半，即

$$E_B(O—H) = \frac{1}{2}(499+429)kJ \cdot mol^{-1} = 464\ kJ \cdot mol^{-1}$$

由上所述，键解离能指的是解离分子中某一种特定键所需的能量，而键能指的是某种键的平均能量，键能与原子化能的关系则是气态分子的原子化能等于全部键能之和。表 9-1 列出了一些共价键的键能。

表 9-1　一些共价键的键长和键能

共价键	键长 l/pm	键能 E_B/(kJ·mol^{-1})	共价键	键长 l/pm	键能 E_B/(kJ·mol^{-1})
H—H	74	436	C—C	154	346
H—F	92	570	C=C	134	602
H—Cl	127	432	C≡C	120	835
H—Br	141	366	N—N	145	159
H—I	161	298	N≡N	110	946
F—F	141	159	C—H	109	414
Cl—Cl	199	243	N—H	101	389
Br—Br	228	193	O—H	96	464
I—I	267	151	S—H	134	368

键能是热力学能的一部分。在化学反应中键的破坏或形成都涉及系统热力学能的变化。但实验中通常测得的是键焓数据。若反应中的体积功很小，甚至可忽略时，常用焓变近似地代替键能。

利用键能数据可以通过热力学循环估算气相反应的标准摩尔焓变。例如

$$2H_2(g) + O_2(g) \xrightarrow{\Delta_r H_m^{\ominus}(298\ K)} 2H_2O(g)$$

$$2E_B(H\text{—}H) \downarrow \qquad E_B(O\overset{\cdots}{\underset{\cdots}{=}}O) \downarrow \qquad 4E_B(O\text{—}H)$$

$$4H(g) + 2O(g) \longleftarrow$$

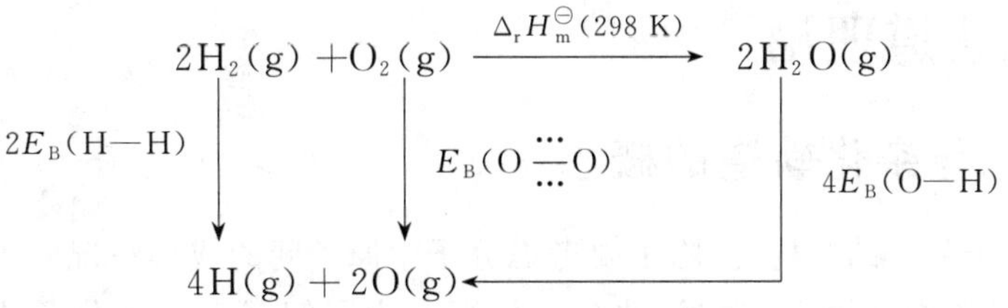

$$\Delta_r H_m^{\ominus}(298\ K) = 2E_B(H\text{—}H) + E_B(O\overset{\cdots}{\underset{\cdots}{=}}O) - 4E_B(O\text{—}H)$$

由此可见,气相反应的标准摩尔焓变等于所有反应物的键能之和减去所有生成物的键能之和。即

$$\Delta_r H_m^{\ominus} = \sum E_B(\text{反应物}) - \sum E_B(\text{生成物})$$

2. 键长

分子中两成键原子核间的平衡距离称为键长。例如,氢分子中两个氢原子的核间距为 74 pm,所以 H—H 键长就是 74 pm。键长和键能都是共价键的重要性质,可由实验(主要是分子光谱或热化学)测知。

由表 9-1 中数据可见,H—F、H—Cl、H—Br、H—I 键长依次递增,而键能依次递减;F_2、Cl_2、Br_2、I_2 的键长也是如此,但 F_2 的键能反常,单键、双键及三键的键长依次缩短,键能依次增大,但双键、三键的键长与单键的相比并非两倍、三倍的关系。

3. 键角

分子中两个 σ 键之间的夹角称为键角。键角与键长是反映分子空间构型的重要参数。例如,水分子中 2 个 O—H 键之间的夹角是 104.5°,这就决定了 H_2O 分子是 V 形结构。键角主要是通过光谱等实验技术测定。在 9.2 节和 9.3 节中将进一步讨论某些分子中的键角。

4. 键矩

当分子中共用电子对偏向成键两原子的一方时,共价键具有极性。例如,在 HCl 中共用电子对偏向电负性较大的 Cl 一方,形成极性共价键,其中氢为正端,氯为负端,可以 $\overset{+\delta}{H}\text{—}\overset{-\delta}{Cl}$ 表示。键的极性大小可用键矩来衡量。键矩的定义为

$$\boldsymbol{\mu} = q \cdot l$$

式中,q 为电量,l 通常取两原子的核间距即键长。例如,l(HCl)$=127$ pm;$\boldsymbol{\mu}$ 的单位为 C·m。键矩是矢量,其方向是从正指向负,其值可由实验测得。例如,HCl 的键矩 $\boldsymbol{\mu} = 3.57 \times 10^{-30}$ C·m。由此可以计算出

$$q = \frac{\boldsymbol{\mu}}{l} = \frac{3.57 \times 10^{-30}\ \text{C·m}}{127 \times 10^{-12}\ \text{m}} = 28.1 \times 10^{-21}\ \text{C}$$

拓展阅读

键的离子性分数与电负性

相当于 0.18 元电荷(将 q 值除以 $1.602\ 2 \times 10^{-19}$C 的结果),即 $\delta = 0.18$ 元电荷

$$\overset{\delta_H = 0.18}{H} \text{—} \overset{\delta_{Cl} = -0.18}{Cl}$$

也就是说,H—Cl 键具有 18% 的离子性。

9.2 杂化轨道理论

9.2.1 杂化与杂化轨道的概念

在研究多原子分子的结构时，除了要考虑分子中原子间的成键情况之外，还要考虑分子的几何构型，即分子中各原子在空间的分布情况。为了解释多原子分子的几何构型，1931年 L. Pauling 提出了杂化轨道理论，进一步发展了价键理论。

以 CH_4 分子为例，经实验测知，5 个原子的空间分布如图 9-6 所示。图中实线表示 C—H 键，虚线表示原子之间的相对位置，这种构型叫作四面体构型。每一个面都是一个等边三角形，4 个氢原子在四面体的 4 个角上，碳原子在四面体的中心。2 个 C—H 键的夹角即键角∠HCH＝109°28′。

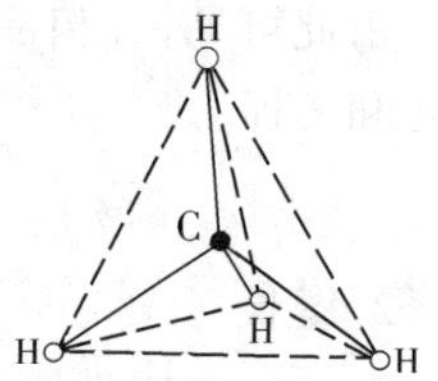

图 9-6 CH_4 的分子构型

碳原子的外层电子构型是 $2s^2 2p^2$，即只有 2 个未成对的 p 电子，怎么能形成 4 个 C—H 键呢？近代物质结构理论认为，在形成 CH_4 分子时，碳原子有一个激发过程，就是有 1 个电子从 2s 轨道激发到 1 个空的 2p 轨道上去，这样就有 4 个未成对电子，可以分别与 4 个氢原子的 1s 电子形成 4 个共价键。

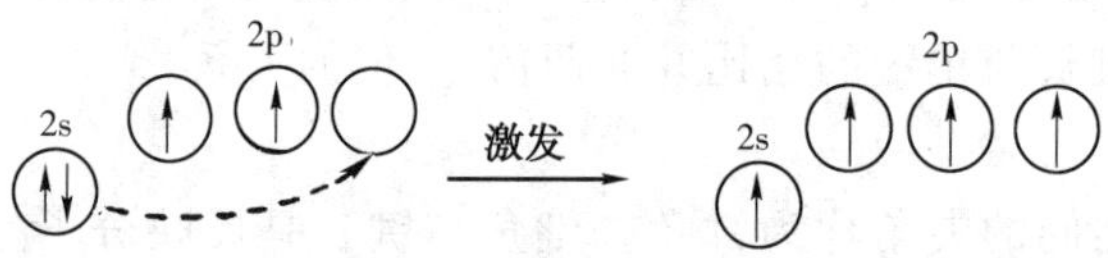

随之而来的问题是：碳原子的 4 个外层电子中有 1 个处在 2s 轨道，有 3 个处在 2p 轨道，但是它们形成的 C—H 共价键为什么没有差别？上一章曾讨论过 3 个 p 轨道互相垂直，那么为什么键角是 109°28′？为了解释这样的实验事实，Pauling 提出了杂化和杂化轨道的概念。

1. sp^3 杂化

在与氢原子成键时，碳原子外层的 1 个 2s 轨道和 3 个 2p 轨道“混合”起来，重新组成 4 个 sp^3 新轨道。在这些新轨道中，每一个轨道都含有 1/4 s 和 3/4 p 的成分，叫作 sp^3 杂化轨道。

从理论上也可以说明杂化轨道为什么有利于成键。上一章介绍过 s 轨道和 p 轨道的示意图。同样也可以画出 sp^3 杂化轨道的示意图[图 9-7(a)]。这种轨道一头大，一头小。较大的一头与氢原子的 1s 轨道重叠，比未杂化的 p 轨道可以重叠得更多，形成的共价键更稳定。根据理论计算 4 个 sp^3 杂化轨道的夹角都是 109°28′①，与甲烷分子中的键角相同。图 9-7(b)是 4 个 sp^3 杂化轨

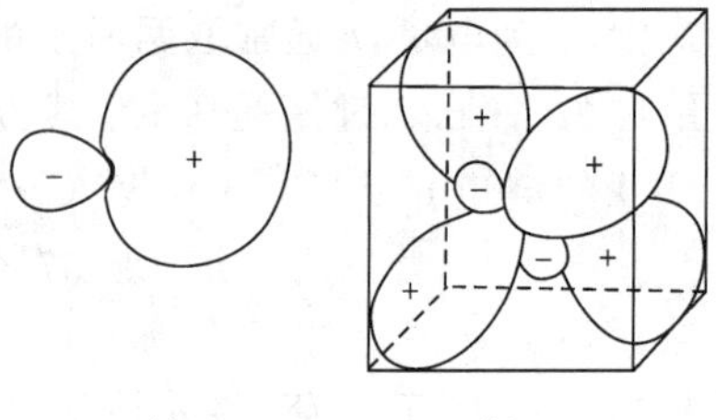

(a) (b)

图 9-7 sp^3 杂化轨道

① 理论计算用的公式是：$\cos\theta = -\alpha/(1-\alpha)$，其中 θ 为杂化轨道之间的夹角，α 是杂化轨道中含 s 轨道的成分。

道在空间的分布。

通过甲烷分子构型的讨论，可以说明共价键的方向性。碳原子的 4 个杂化轨道在空间有一定伸展方向，为了最大重叠，形成稳定的共价键，成键时电子云必须沿着这种特定的方向重叠，甲烷分子中的键角∠HCH＝109°28′体现了共价键的方向性。

2. sp^2 杂化

实验测得 BF_3 的 4 个原子在同一平面上，键角∠FBF＝120°，这种构型叫作平面三角形。

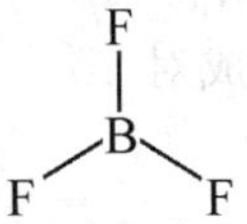

硼原子的外层电子构型为 $2s^2 2p^1$，成键时 1 个 2s 电子激发到 1 个空的 2p 轨道上。与此同时，1 个 2s 轨道和 2 个 2p 轨道"混合"起来成为 3 个杂化轨道，分别与 3 个氟原子成键。这种杂化轨道含 1/3 s 成分和 2/3 p 成分，叫作 sp^2 杂化轨道。

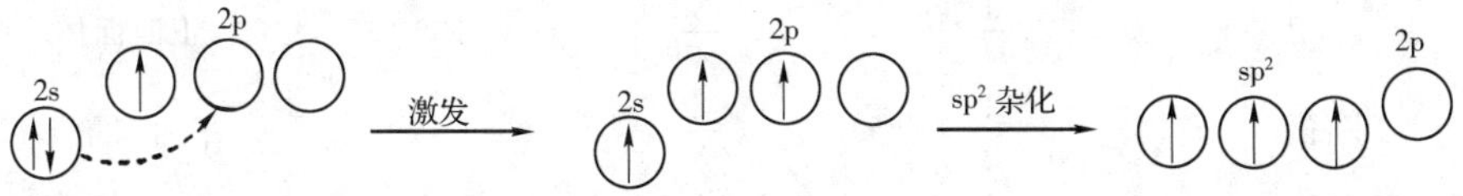

sp^2 杂化轨道的图形也呈现出一头大，一头小，形状与 sp^3 杂化轨道大致相似。根据理论计算，这 3 个杂化轨道在同一平面内，互成 120°夹角。

3. sp 杂化

实验测得气态 $BeCl_2$ 的几何构型是直线形，铍原子在 2 个氯原子的中间，键角∠ClBeCl＝180°，即

Cl—Be—Cl

铍原子的外层电子构型为 $2s^2$，成键时 1 个 2s 电子激发到 1 个空的 2p 轨道上，与此同时，1 个 s 轨道和 1 个 p 轨道"混合"起来成为 2 个杂化轨道，分别与 2 个 Cl 原子成键。这种杂化轨道含 1/2 s 成分和 1/2 p 成分，叫作 sp 杂化轨道。

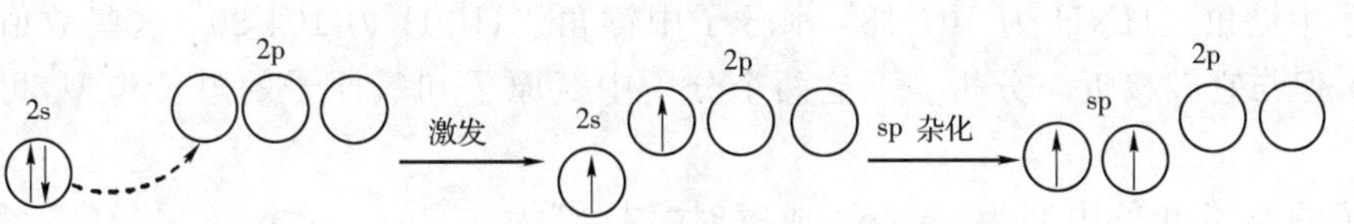

sp 杂化轨道的形状与 sp^3 杂化轨道大致相似，也是一头大，一头小，而以较大的一头成键，如图 9-8 所示。根据理论计算，这 2 个杂化轨道的夹角为 180°，成键后形成直线形分子。

应用 sp 杂化轨道的概念可以说明 CO_2 的空间构型。根据实验测定，CO_2 分子中的 3 个原子成一直线，碳原子居中。为了说明 CO_2 分子的这一构型，一般认为碳原子的外层电子 $2s^2 2p^2$ 在成键时经激发，并发生 sp 杂化，形成 2 个 sp 杂化轨道：

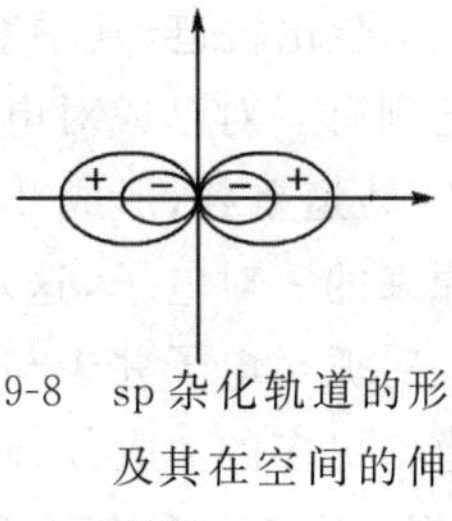

图 9-8 sp 杂化轨道的形状及其在空间的伸展方向

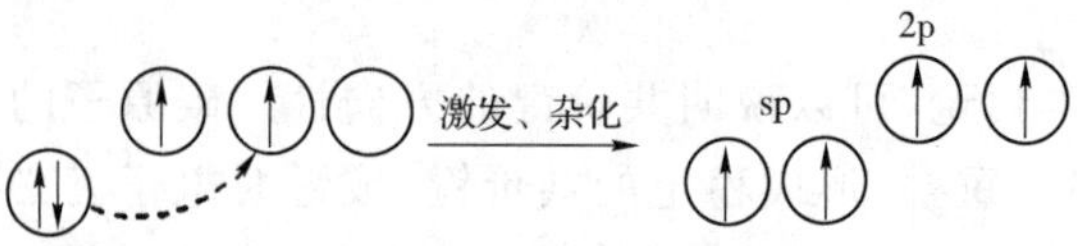

另两个未参与杂化的 2p 轨道仍保持原状，并与 sp 轨道相垂直。碳原子的 2 个 sp 杂化轨道上的电子分别与两个氧原子的 2p 电子形成 σ 键。碳原子的未参与杂化的 2 个 2p 轨道上的电子则分别与两个氧原子剩下的未成对 2p 电子形成 π 键(图 9-9)。

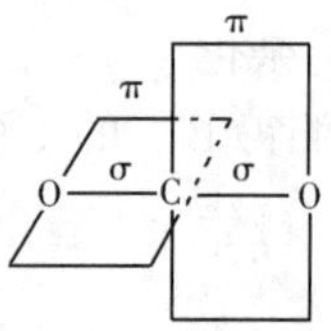

图 9-9　CO_2 分子的 σ 键和 π 键

表 9-2 归纳了上面讨论的三种杂化轨道。

表 9-2　sp^3、sp^2 和 sp 杂化轨道

杂化轨道	s 成分	p 成分	键角	分子构型
sp^3	$\frac{1}{4}$	$\frac{3}{4}$	109°28′	正四面体
sp^2	$\frac{1}{3}$	$\frac{2}{3}$	120°	平面三角形
sp	$\frac{1}{2}$	$\frac{1}{2}$	180°	直线形

9.2.2　不等性杂化

上述 sp^3 杂化轨道中，4 个杂化轨道中的 s 成分相同，p 成分相同，sp^2 杂化轨道和 sp 杂化轨道也有类似情况，这样的杂化轨道称为等性杂化轨道。例如，CCl_4、BF_3 和 $BeCl_2$ 等分子中都是等性杂化。在有些分子的 s 和 p 轨道形成的各杂化轨道中，s 成分不同，p 成分也不同，这样的杂化轨道称为不等性杂化轨道。氨分子和水分子就是典型的 sp^3 不等性杂化轨道。

氨分子中键角∠HNH 为 107°18′，水分子中键角∠HOH 为 104°30′，这些数值都不等于 109°28′，但与它较接近。分析一下这两个分子中氮原子和氧原子的电子构型，可以说明这种差异。

氮原子的外层电子构型为 $2s^2 2p^3$，成键时"混合"为 4 个 sp^3 杂化轨道，其中 3 个轨道各有 1 个未成对电子，1 个轨道则有一对已成对电子。前 3 个轨道分别与 3 个氢原子的 1s 轨道重叠，形成 3 个 N—H 共价键。后一个轨道保留着原来的一对电子，这对电子叫作孤对电子[图 9-10(a)]。这一对孤对电子并未与其他原子共用，更靠近氮原子，相应轨道含更多的 s 成分，施加同性相斥的影响于 N—H 共价键，把 2 个 N—H 键之间的夹角压缩到 107°18′。

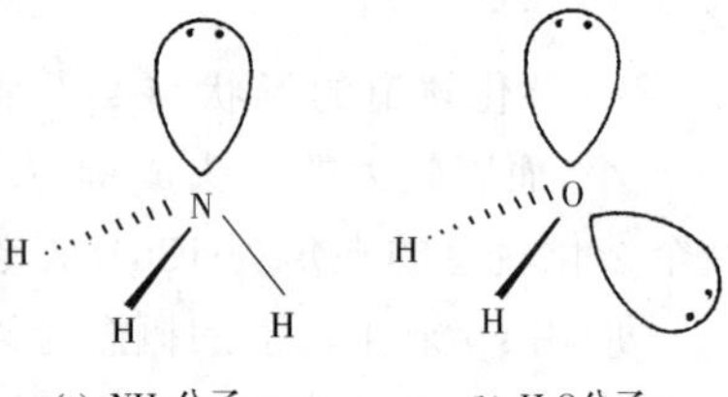

(a) NH_3分子　(b) H_2O分子

图 9-10　NH_3 和 H_2O 中的孤对电子

氧原子的外层电子构型为 $2s^2 2p^4$，成键时也"混合"为 4 个 sp^3 杂化轨道，其中 2 个轨道各有一个未成对电子，另两个轨道则各有一对孤对电子。2 个未成对电子分别与 2 个氢原子的 1s 电子成键，两对孤对电子靠近氧原子（相应轨道含相同的 s 成分，但比成键轨道更多些），施加同性相斥的影响于 O—H 共价键，使它们之间的夹角压缩到 104°30′[图 9-10(b)]。

专题释疑

键角与不等性杂化

*9.2.3　d 轨道参与的杂化

不仅 s 和 p 轨道可以杂化形成 s-p 型杂化轨道，d 轨道也可以参与杂化，形成 s-p-d 型杂化轨道。这里只介绍 sp^3d 杂化和 sp^3d^2 杂化。

1. sp^3d 杂化

气态 PCl_5 的几何构型为三角双锥形，三角形平面的 3 个 P—Cl 键键角为 120°，垂直于平面的两个 P—Cl 键与平面的夹角为 90°（图 9-11）。磷原子的外层电子构型为 $3s^23p^3$，在与氯原子成键时，3s 轨道上的 1 个电子激发到空的 3d 轨道上。同时，1 个 3s 轨道、3 个 3p 轨道和 1 个 3d 轨道杂化，形成 5 个 sp^3d 杂化轨道，与 5 个氯原子的 3p 轨道重叠形成 5 个 σ 键。

2. sp^3d^2 杂化

SF_6 分子的几何构型为八面体（图 9-12），S—F 键之间的键角为 90°。中心原子 S 的外层电子构型为 $3s^23p^4$。在与氟原子成键时，3s 轨道上的 1 个电子和 1 个已成对的 3p 电子分别激发到 2 个空的 3d 轨道上。同时，1 个 3s 轨道、3 个 3p 轨道和 2 个 3d 轨道杂化，形成 6 个 sp^3d^2 杂化轨道，与 6 个氟原子的 2p 轨道重叠形成 6 个 σ 键。

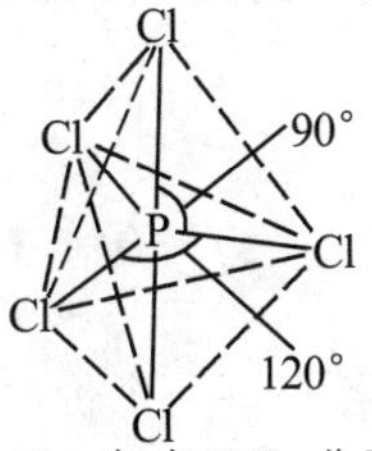

图 9-11　气态 PCl_5 分子的空间构型

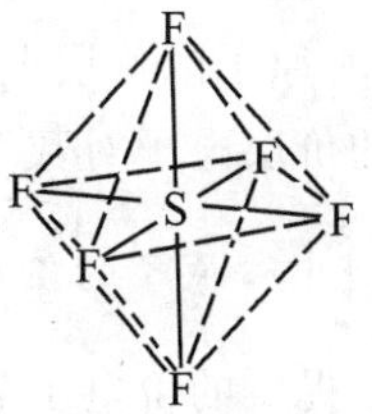

图 9-12　sp^3d^2 杂化和 SF_6 分子的空间构型

d 轨道参与杂化的还有 dsp^2 和 d^2sp^3 杂化等形式，将在第 11 章中介绍。

杂化轨道理论较好地解释了多原子分子的空间构型，它通过原子轨道的杂化以及杂化轨道中所含 s、p 轨道成分的多少来解释分子的空间构型。但杂化轨道理论用于推测分子的几何构型比较困难。

*9.3　价层电子对互斥理论

价层电子对互斥理论，简称 VSEPR 法，是 1940 年由 N. V. Sidgwick 与 H. M. Powell 提出来的，后经 R. J. Gillespie 与 R. S. Nyholm 补充和发展，用于推测分子构型。此法比较简单，易于理解，推断的结果与实验事实基本符合。

9.3.1　价层电子对互斥理论的基本要点

价层电子对互斥理论的基本要点如下：

(1)当中心原子 A 与 m 个配位原子 X 组成 AX_m 型分子时,分子的空间构型取决于中心原子 A 的价层电子对数(VPN)。价层电子对包括 σ 键电子对和未成键的孤电子对,不包括 π 键电子对。

(2)价层电子对应尽可能远离,以使价层电子对相互排斥作用最小。设想中心原子的价电子层为一个球面,球面上相距最远的两点是直径的两个端点,相距最远的三点是通过球心的内接三角形的 3 个顶点,4 点对应着四面体的 4 个顶点,5 点对应着三角双锥的 5 个顶点,6 点对应着八面体的 6 个顶点。因此,价层电子对的空间排布方式与价层电子对数的关系如下。

价层电子对数	2	3	4	5	6
电子对空间构型	直线形	平面三角形	四面体	三角双锥	八面体

(3)价层电子对间斥力大小与价层电子对的类型有关。价层电子对间斥力大小的次序为

孤对电子—孤对电子>孤对电子—成键电子对>成键电子对—成键电子对

此外,斥力还与是否形成 π 键以及中心原子和配位原子的电负性有关,它们都影响着分子与离子的基本空间构型。

9.3.2 用 VSEPR 推测分子的空间构型

用价层电子对互斥理论推测多原子分子或离子的空间构型的具体步骤如下:

(1)计算中心原子的价层电子对数,确定电子对的空间排布

中心原子的价层电子对数 VPN 可用下式计算,即

$$\text{VPN}=\frac{1}{2}\left[\text{中心原子的价电子数}+\text{配位原子提供的价电子数}\begin{pmatrix}+\text{负离子}\\-\text{正离子}\end{pmatrix}\text{电荷数}\right]$$

在考虑配位原子提供的价电子数时,每个氢原子或卤素原子各提供一个价电子,氧原子或硫原子则可认为不提供共用电子,即当氧、硫原子为配位原子时,配位原子提供的价电子数为 0。例如,SO_4^{2-} 中 S 的价层电子对数 VPN=(6+0×4+2)/2=4。NH_4^+ 中 N 的价层电子对数 VPN=(5+1×4−1)/2=4。

(2)确定中心原子的孤对电子数,推断分子的空间构型

若中心原子的价层电子对数 VPN 等于配位原子数 m,即 VPN$-m=0$,则价层电子对全是 σ 键电子对,无孤对电子,电子对的空间排布就是该分子的空间构型。例如,$BeCl_2$、BF_3、CH_4、PCl_5、SF_6 的空间构型分别为直线形、三角形、四面体、三角双锥和八面体。

若中心原子价层电子对数 VPN 大于配位原子数,即 VPN$-m\neq 0$,则分子中有孤对电子,分子的空间构型将不同于电子对的空间排布。例如,NH_3 中 N 的价层电子对数为 4,电子对空间排布为四面体,但分子的空间构型为三角锥,因为四面体的一个顶点被孤对电子占据。又如,H_2O 中 O 的价层电子对数为 4,有两对孤对电子,电子对空间排布也为四面体,而分子的空间构型为 V 形。孤对电子的存在使价层电子对间斥力不等,造成 NH_3 和 H_2O 等分子的电子对排布偏离正四面体。孤对电子施加于邻近成键电子对的斥力较大,使 NH_3 中键角(∠HNH)小于四面体中的 109°28′,为 107°18′,H_2O 中键角∠HOH 被进一步压缩成 104°30′。

孤对电子在四面体中处于任何顶点时，其斥力都是等同的。在电子对排布为三角双锥时，孤对电子处于轴向还是处于水平方向三角形的某个顶点上，产生的斥力情况有所不同。原则上孤对电子应处于斥力最小的位置上。例如，SF_4 分子中 S 的价层电子对数为 5，电子对排布为三角双锥，有 4 个顶点分别被 4 个氟原子占据，余下一个顶点被孤对电子所占据。孤对电子占据的位置有两种可能(图 9-13)。

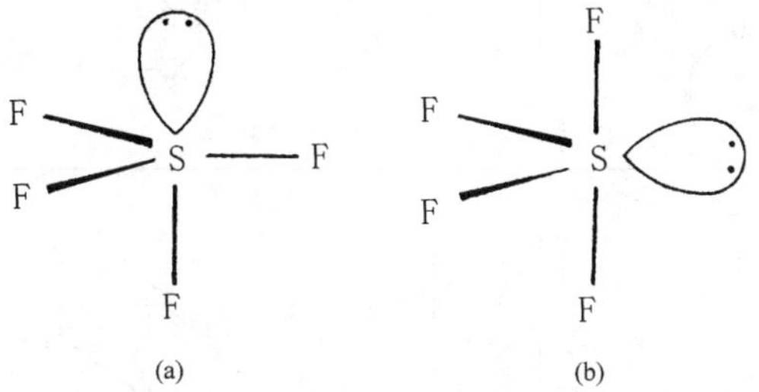

图 9-13　SF_4 中孤对电子所处的位置

图 9-13(a)是指孤对电子占据轴向上的一个顶点，孤对电子与成键电子对间互成 90°角的有 3 处，互成 180°角的有一处。图 9-13(b)是指孤对电子占据水平方向三角形的一个顶点，与成键电子对互成 90°角的有两处，互成 120°角的有两处。角度越大，斥力越小。首先看成 90°角的有几处，成 90°角的越少，斥力越小，其构型将是稳定的。显然，SF_4 分子应以图 9-13(b)所示的为稳定构型，即孤对电子应优先占据水平方向三角形的一个顶点，使分子构型成为变形四面体①。

假如三角双锥的电子对空间排布中有 2 对或 3 对孤对电子，不难证明它们将分别占有水平方向三角形的 2 个或 3 个顶点，使分子构型分别成为 T 形或直线形(表 9-3)。

在八面体的电子对空间构型中，若有一对或两对孤对电子，孤对电子将分别占据八面体的一个顶点或相对的两个顶点，分子的空间构型分别为四方锥形或平面正方形。

(3)考虑 π 键以及中心原子和配位原子的电负性等因素对键角的影响。

决定分子空间构型的主要是 σ 键，而不是 π 键，所以配位原子数目等于 σ 键数。在有多重键时，π 键同孤对电子相似，即多重键对其他成键电子对也有较大斥力，使键角改变。例如，在 $COCl_2$ 中，∠ClCCl＝111°18′，而∠OCCl＝124°21′，这种情况是由于 π 键对 2 个 C—Cl 键的斥力所造成的(图 9-14)。

价层电子对互斥理论用于推测分子的空间构型简明、直观，应用范围也比较广泛，但也只能作定性描述，得不出定量结果。近年来，R. J. Gillespie 将该理论又做改进，并提出将 VSEPR 改称为 ED(电子域)理论。另外，这一理论如何说明过渡元素的分子构型尚有待进一步完善。

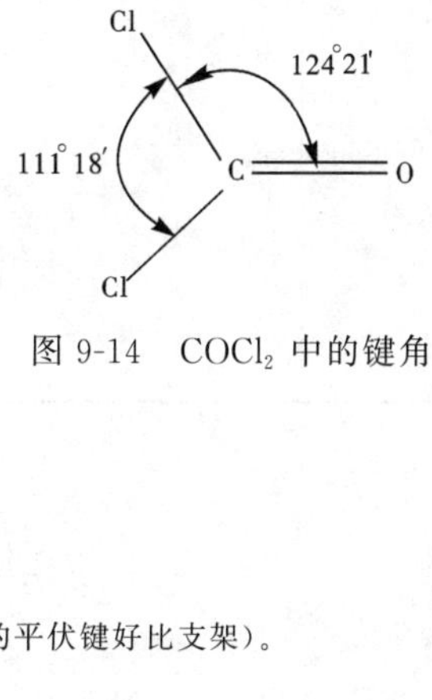

图 9-14　$COCl_2$ 中的键角

① 也常把这种形状描述为跷跷板形(两个轴向键好比“板”，两个平面三角形的平伏键好比支架)。

表 9-3　　各种分子构型

价层电子对数	电子对空间排布	分子类型	孤对电子对数	分子空间构型	例子
2	直线形 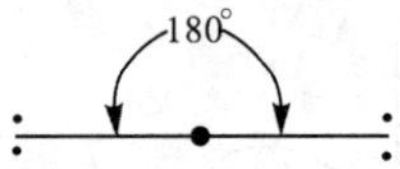	AX_2	0	直线形 X——A——X	$BeCl_2$，CO_2，NO_2^+
3	三角形 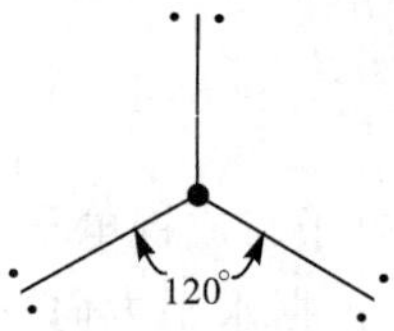	AX_3	0	三角形 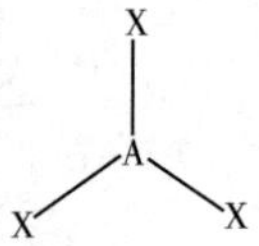	BF_3，SO_3，CO_3^{2-}
		$:AX_2$	1	V形（弯曲形） 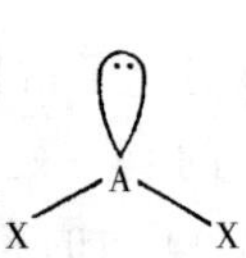	$SnCl_2$，O_3，NO_2^-
4	四面体 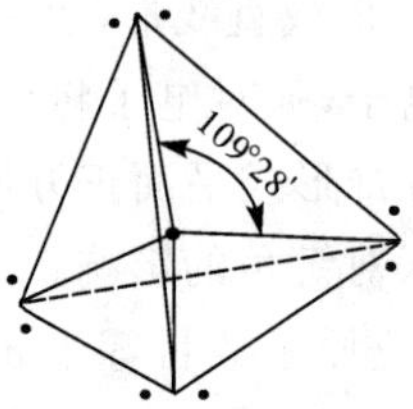	AX_4	0	四面体 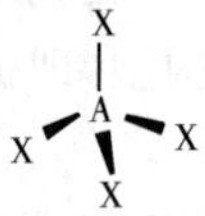	CH_4，CCl_4，NH_4^+，SO_4^{2-}
		$:AX_3$	1	三角锥 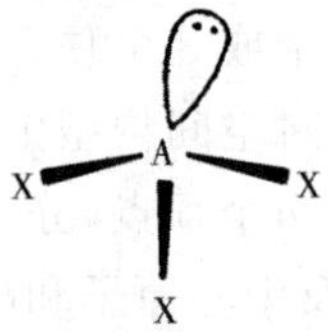	NH_3，NF_3，SO_3^{2-}
		$:\ddot{A}X_2$	2	V形 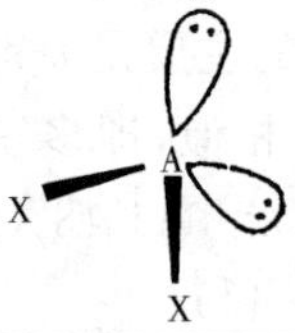	H_2O，OF_2，ClO_2^-
		AX_5	0	三角双锥 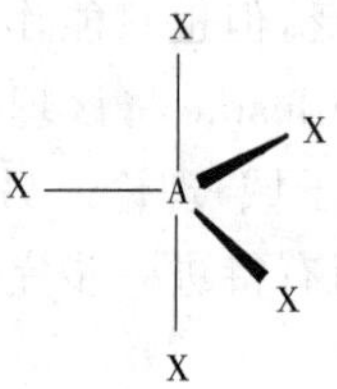	PCl_5，AsF_5，SiF_5^-

（续表）

价层电子对数	电子对空间排布	分子类型	孤对电子对数	分子空间构型	例子
5	三角双锥 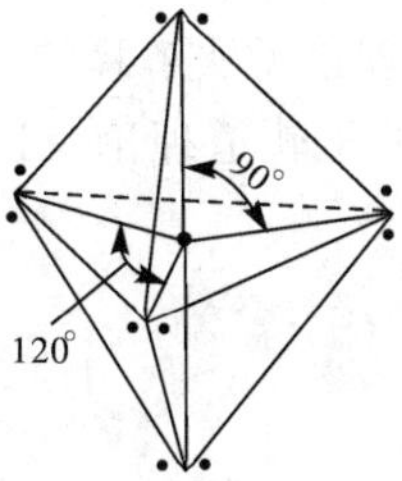	$:AX_4$	1	变形四面体 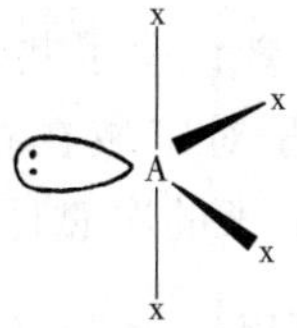	SF_4，$TeCl_4$，TlI_4^{3-}
		$:\ddot{A}X_3$	2	T 形 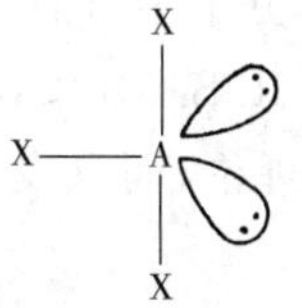	ClF_3，BrF_3，XeF_3^+
		$:\underset{..}{A}X_2$	3	直线形 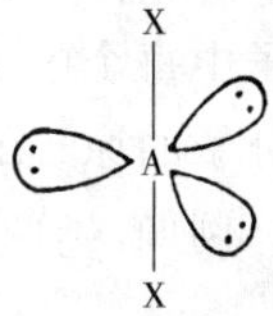	XeF_2，I_3^-
6	八面体 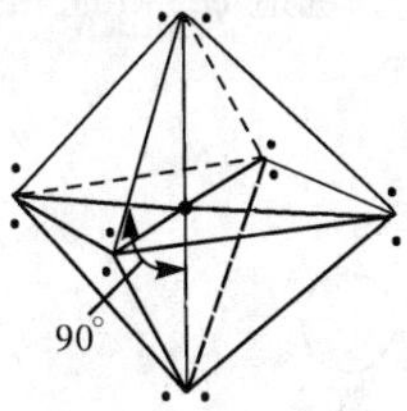	AX_6	0	八面体 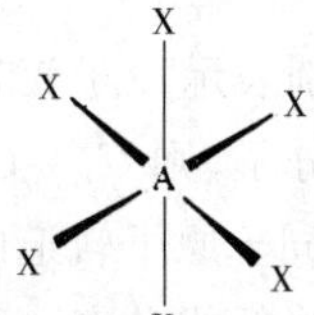	SF_6，AlF_6^{3-}
		$:AX_5$	1	四方锥 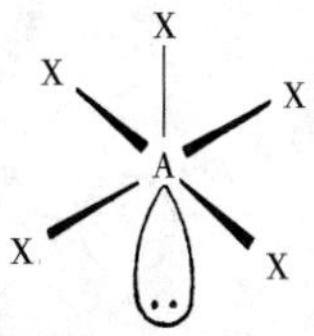	BrF_5，IF_5
		$:\underset{..}{A}X_4$	2	平面四方形 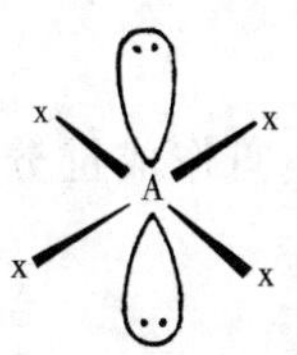	XeF_4，ICl_4^-

9.4 分子轨道理论

前几节讨论分子结构时介绍的主要是价键理论。价键理论采用了 Lewis 的电子配对概念，比较简明、直观，较好地说明了共价键的形成，是研究分子结构的基础理论之一。但是价键理论把成键的共用电子对定域在相邻两个原子之间，不能解释某些分子的结构和性质。例如，H_2^+ 中的成键、氧分子的顺磁性以及许多有机化合物分子的结构等问题。按照价键理论，氧分子的结构似乎可以表示为 $:\ddot{O}=\ddot{O}:$，即两个氧原子之间 2p 电子两两配对，形成一个 σ 键和一个 π 键，电子也都成对。但这与实验事实不符。根据物质磁性的研究，氧分子属于顺磁性[①]物质，表明其分子中含有未成对电子。这是价键理论无法解释的。

20 世纪 20 年代末，R. S. Mulliken 和 F. Hund 提出了分子轨道理论。这一理论成为研究分子结构的又一基础理论，而且发展迅速，应用更为广泛。

9.4.1 分子轨道理论的基本概念

分子轨道理论从分子的整体考虑，认为分子中的每个电子都在整个分子中运动，而不局限于某个原子。描述分子中每个电子运动状态的相应波函数 ψ 称为分子轨道。

分子轨道是由组成分子的原子的原子轨道线性组合而成。组合后的分子轨道数目等于组合前原子轨道的数目。例如，当两个原子靠近时，两个原子轨道 ψ_a 和 ψ_b 可以组合成两个分子轨道 ψ_{I} 和 ψ_{II}，即

$$\psi_{\text{I}} = C_a\psi_a + C_b\psi_b$$
$$\psi_{\text{II}} = C_a\psi_a - C_b\psi_b$$

式中，系数 C_a 和 C_b 分别表示原子轨道对分子轨道贡献的程度。对于同核双原子分子，$C_a = C_b$，而对于异核双原子分子，则 $C_a \neq C_b$。

分子轨道的能量不同于原子轨道的能量。所谓分子轨道能量指的是在该分子轨道中填入一个电子时系统能量的降低或升高。可以算出与分子轨道 ψ_{I} 和 ψ_{II} 相应的能量，E_{I} 和 E_{II}。计算结果表明，E_{I} 低于原子轨道 ψ_a 和 ψ_b 的能量，而 E_{II} 则高于原子轨道 ψ_a 和 ψ_b 的能量：

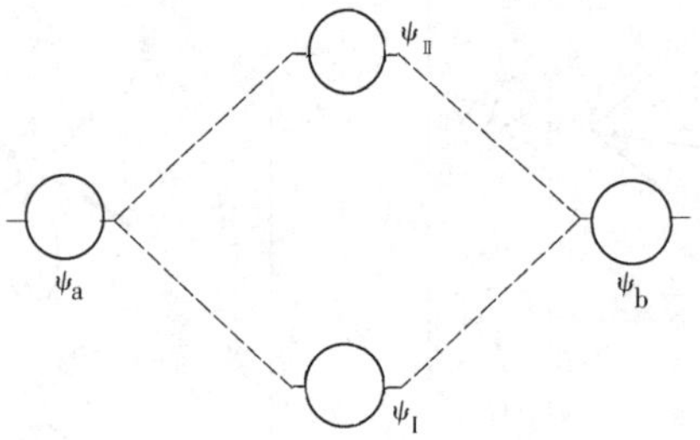

能量较低的分子轨道 ψ_{I} 叫作成键分子轨道，能量较高的分子轨道 ψ_{II} 叫作反键分子轨道。

① 这是物质在磁场中表现出来的一种性质。

形成共价键时原来的原子轨道中的电子应尽可能先分布在能量较低的成键轨道中。

成键轨道 ψ_{I} 是原子轨道同号重叠(波函数相加)形成的(图 9-15σ_s),占据 ψ_{I} 的电子在核间区域概率密度大,对两个核产生强烈的吸引作用,所形成的键强度大。

反键轨道 ψ_{II} 是原子轨道异号重叠(波函数相减)而成(图 9-15σ_s^*)。两核之间出现节面,占据 ψ_{II} 的电子在核间出现概率密度减小,对成键不利,系统能量提高。

原子轨道可采取不同方式组合成形状不同的分子轨道。

两个原子的 ns 轨道以相加的方式组合得到成键分子轨道 σ_{ns},以相减的方式组合成反键分子轨道 σ_{ns}^*,如图 9-15 所示。σ_{ns}^* 轨道在两原子核间出现节面($\psi=0$)。

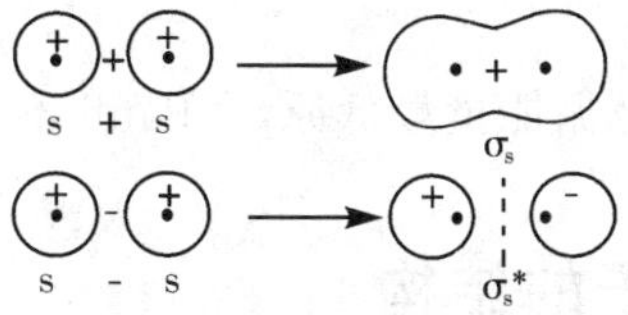

图 9-15　两 s 轨道组合成 σ_{ns} 和 σ_{ns}^*

两个原子的 np 轨道的线性组合有两种方式。一种是两个 p_x 轨道沿着 x 轴方向重叠,两者相加组合成 σ_p 成键轨道,相减则组合成反键分子轨道 σ_p^*,如图 9-16 所示。

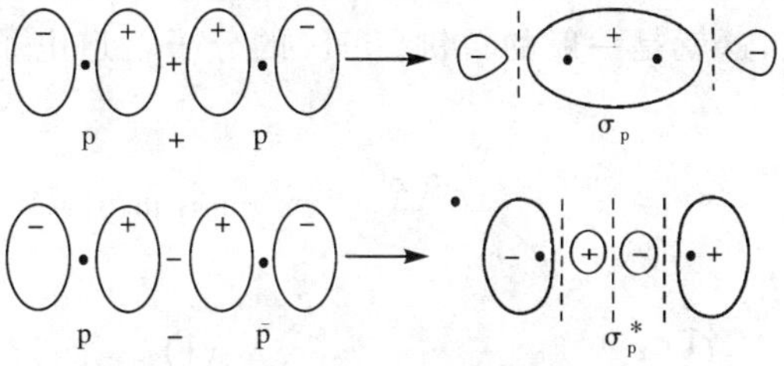

图 9-16　两个 p_x 轨道组合成 σ_p 和 σ_p^*

另一种是两个 p_y 轨道(或两个 p_z 轨道)侧面重叠,两者相加组合成 π_{2p_y}(或 π_{2p_z})成键轨道,相减则组合成反键轨道 $\pi_{2p_y}^*$(或 $\pi_{2p_z}^*$),如图 9-17 所示。

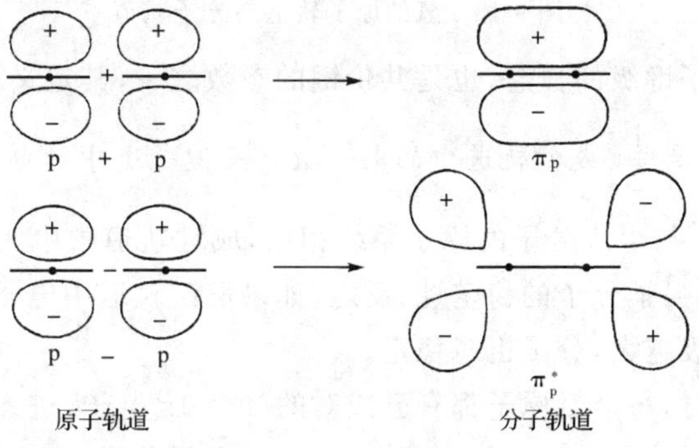

图 9-17　两个 p_y(或 p_z)轨道组合成 π_p 和 π_p^*

原子轨道线性组合要遵循下列三条原则。

(1)能量相近原则

只有能量相近的原子轨道才能有效地组合成分子轨道。例如,HF 中氟原子的 2p 轨道与氢原子的 1s 轨道能量相近，可以组成分子轨道。

(2)对称性匹配原则

只有对称性相同的原子轨道才能组合成分子轨道。以 x 轴为键轴，s、p_x 等原子轨道以及 s-s，s-p_x，p_x-p_x 组成的分子轨道绕键轴旋转，各轨道形状和符号不变，这种分子轨道称为 σ 轨道。p_y、p_z 原子轨道及 p_y-p_y、p_z-p_z 组成的分子轨道绕键轴旋转，轨道的符号发生改变，这种分子轨道称为 π 轨道。

(3)轨道最大重叠原则

在满足能量相近原则、对称性匹配原则的前提下，原子轨道重叠程度越大，形成的共价键越稳定。

电子在分子轨道中填充也遵循能量最低原理、Pauli 不相容原理及 Hund 规则。

9.4.2 同核双原子分子的结构

拓展阅读

原子轨道和分子轨道的对称性

氢分子是最简单的同核双原子分子。当两个氢原子靠近时，两个 1s 原子轨道(AO)可以组成两个分子轨道(MO)：一个叫 σ_{1s} 成键轨道，另一个叫 σ_{1s}^* 反键轨道，如图 9-18 所示。来自两个氢原子的自旋方式不同的 1s 电子，在成键时进入能量较低的 σ_{1s} 成键轨道，这就是一般的单键。H_2 的分子轨道电子排布式可以写成 $H_2[(\sigma_{1s})^2]$。

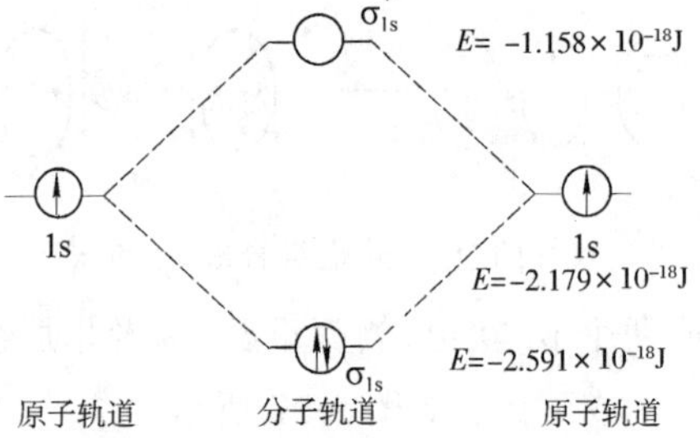

图 9-18 氢的原子轨道与分子轨道

分子轨道理论中提出了键级的概念，也是共价键的参数之一，其定义为

$$\text{键级}=\frac{1}{2}(\text{成键轨道中的电子数}-\text{反键轨道中的电子数})$$

例如，H_2 的键级为 1。与组成分子的原子系统相比，成键轨道中电子数目越多，使分子系统的能量降低得越多，增强了分子的稳定性；反之，如果反键轨道中电子数目增多，则会削弱分子的稳定性。所以键级越大，分子也越稳定。

两个氦原子靠近时，每个氦原子都有已成对的 2 个 1s 电子，进入分子轨道时，一对电子进入 σ_{1s} 成键轨道，这时成键轨道即被占满，另一对电子只能进入 σ_{1s}^* 反键轨道。虽然进入成键轨道的电子对使分子系统的能量降低，但进入反键轨道的电子对却使能量升高，键级为 0，所以两个氦原子靠近时不能形成稳定的分子 He_2。

两个原子的 2s 和 2p 原子轨道组成的分子轨道的能级如图 9-19 所示，这种图叫作分子轨道能级图。由图 9-19 可见，分子轨道的数目与用于组合的原子轨道的数目相等。即两个

2s 原子轨道组成两个分子轨道 σ_{2s} 和 σ_{2s}^*；6 个 2p 原子轨道组成 6 个分子轨道，其中两个是 σ 分子轨道(σ_{2p} 和 σ_{2p}^*)，4 个是 π 分子轨道(两个 π_{2p} 和两个 π_{2p}^* 轨道)。这些分子轨道中带 * 号的都是反键分子轨道，不带 * 号的是成键分子轨道。

第二周期同核双原子分子轨道能级图(图 9-19)有两种情况：不同之处在于 σ_{2p} 和 π_{2p} 轨道能量高低次序的差别。根据实验结果，在有些原子中 2p 和 2s 轨道能量相差较大(如氧原子的 2p 轨道能量与 2s 轨道能量之差为 2.64×10^{-18} J，氟原子 2p 和 2s 轨道的能量差为 3.45×10^{-18} J)。由这样的两个原子形成的分子轨道如图 9-19(a)所示，其中 σ_{2p} 能量较低。在另一些原子中，2p 和 2s 轨道能量相差不太大(如 N、C、B 的 2p 和 2s 轨道的能量差分别为 2.03×10^{-18} J，8.4×10^{-19} J，8.0×10^{-19} J)，当这样的两个原子靠近时，2s 和 2p 轨道先进行组合，然后形成分子轨道，这些分子轨道中 π_{2p} 的能量较 σ_{2p} 的能量略低，如图 9-19(b)所示。

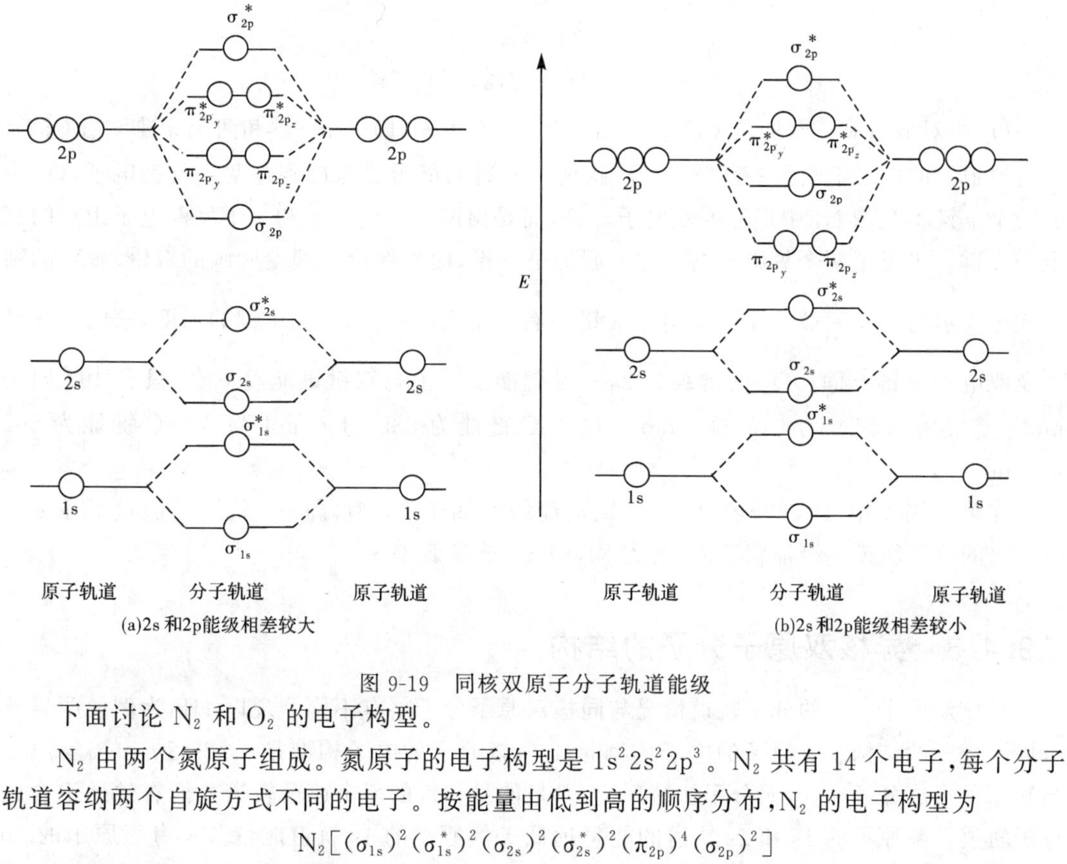

(a)2s 和2p能级相差较大　　(b)2s 和2p能级相差较小

图 9-19　同核双原子分子轨道能级

下面讨论 N_2 和 O_2 的电子构型。

N_2 由两个氮原子组成。氮原子的电子构型是 $1s^2 2s^2 2p^3$。N_2 共有 14 个电子，每个分子轨道容纳两个自旋方式不同的电子。按能量由低到高的顺序分布，N_2 的电子构型为

$$N_2[(\sigma_{1s})^2(\sigma_{1s}^*)^2(\sigma_{2s})^2(\sigma_{2s}^*)^2(\pi_{2p})^4(\sigma_{2p})^2]$$

这里的$(\sigma_{1s})^2$ 和$(\sigma_{1s}^*)^2$ 的能量与 1s 原子轨道相比一低一高，$(\sigma_{2s})^2$ 和$(\sigma_{2s}^*)^2$ 的能量与 2s 原子轨道相比也是一低一高，它们对成键的贡献实际很小，而对成键有贡献的主要是$(\pi_{2p})^4$ 和$(\sigma_{2p})^2$ 这三对电子，即形成两个 π 键和一个 σ 键。N_2 中的键级为 3，与价键理论讨论的叁键结果一致。

O_2 由两个氧原子组成。氧原子的电子构型是 $1s^2 2s^2 2p^4$。O_2 共有 16 个电子，O_2 的电子构型应为

$$O_2[(\sigma_{1s})^2(\sigma_{1s}^*)^2(\sigma_{2s})^2(\sigma_{2s}^*)^2(\sigma_{2p})^2(\pi_{2p})^4(\pi_{2p}^*)^2]$$

最后两个电子进入 π_{2p}^* 轨道，根据 Hund 规则，它们分别占有能量相等的两个反键轨道，每个轨道里有一个电子，它们自旋方式相同(图 9-20)。O_2 中有两个自旋方式相同的未成对电子，这一事实成功地解释了 O_2 的顺磁性。

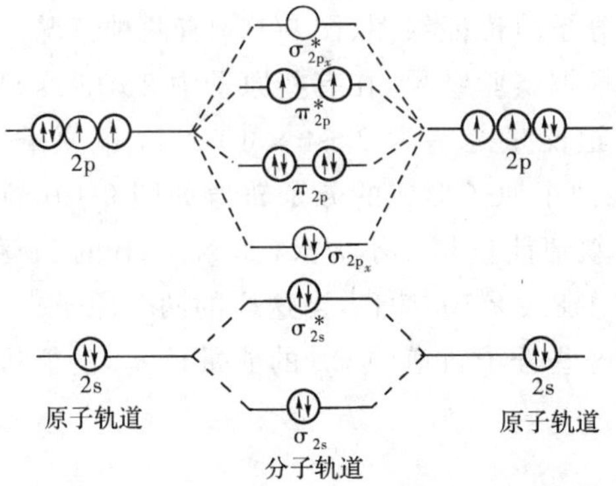

图 9-20 O_2 分子轨道能级及电子排布

O_2 中对成键有贡献的是 $(\sigma_{2p})^2$ 和 $(\pi_{2p})^4$ 这 3 对电子，即一个 σ 键和两个 π 键。在 $(\pi_{2p}^*)^2$ 反键轨道上的电子抵消了一部分 $(\pi_{2p})^4$ 这两个 π 键的能量。考虑到这两个反键电子，O_2 中的两个 π 键不是像 N_2 中那样的双电子 π 键，而是由两个成键电子和一个反键电子组成的三电子 π 键。可见把两个氧原子结合在一起的是三键，而不像价键理论所画的双键。O_2 的结构式可表示为 $:O\overset{\cdots}{\underset{\cdots}{—}}O:$，由于三电子 π 键中有一个反键电子，削弱了键的强度，三电子 π 键不及双电子 π 键牢固。O_2 的键级为 2，三键键能实际上与双键键能差不多，只有 498 $kJ \cdot mol^{-1}$。($N{\equiv}N$ 键能为 946 $kJ \cdot mol^{-1}$；$C{\equiv}C$ 键能为 835 $kJ \cdot mol^{-1}$；$C{=}C$ 键能为 602 $kJ \cdot mol^{-1}$)

在第二周期中，B_2、C_2、N_2 的分子轨道能级都属于 N_2 型，即 π_{2p} 轨道的能量低于 σ_{2p}。O_2、F_2 的分子轨道能级都属于 O_2 型结构，即 σ_{2p} 能量低于 π_{2p}。

*9.4.3 异核双原子分子的结构

异核双原子分子的分子轨道情况与同核双原子分子略有不同。现以 HF 为例说明异核双原子分子的结构。氢原子的电子构型是 $1s^1$，氟原子的电子构型是 $1s^2 2s^2 2p^5$。当氢原子与氟原子形成分子时，按照分子轨道理论，只是能量相近的两个原子轨道才能有效地组合成分子轨道。氟原子的 1s 和 2s 轨道的能量远低于氢原子的 1s 轨道能量。只有氟原子的 2p 轨道能量与氢原子的 1s 轨道能量相近，它们可以相互作用组成分子轨道。

氟原子有 3 个能量相同且相互垂直的 2p 轨道，设氢原子与氟原子沿 x 轴相互靠近，这时 H 的 1s 轨道和 F 的 $2p_x$ 轨道可组合成两个分子轨道，成键轨道的能量低于氟的 2p 轨道的能量；另一个反键轨道的能量则高于 H 的 1s 轨道的能量。F 的 2p 轨道对成键分子轨道的贡献较大，而 H 的 1s 轨道则对反键分子轨道的贡献较大。F 的 1s 和 2s 轨道在形成分子轨道时，其能量与它们原来的原子轨道的能量基本相同，这样的分子轨道叫作非键轨道；F 的 $2p_y$、$2p_z$ 轨道不能与 H 的 1s 轨道有效组合，也形成两个非键轨道，如图 9-21 所示。因此，在 HF 分子中共有三种分子轨道，即成键轨道（3σ）、反键轨道（4σ）和非键轨道（1σ，2σ，1π）。氢原子和氟原子共有 10 个电子，根据最低能量原理和 Pauli 不相容原理分布在分子轨道中。从图 9-21 可看出使 HF 分子能量降低的是进入 3σ 轨道中的 2 个电子。HF 分子的电子构型为 HF$[1\sigma^2 2\sigma^2 3\sigma^2 1\pi^4]$。

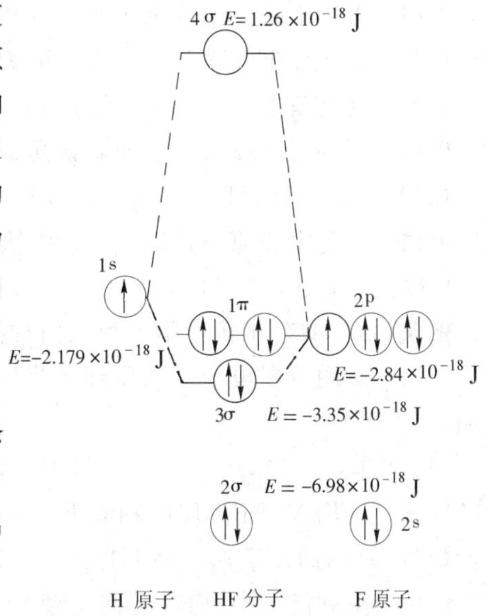

图 9-21　HF 的分子轨道能级

习　题　9

9-1　结合 Cl_2 的形成，说明共价键形成的条件。共价键为什么有饱和性和方向性？

9-2　写出下列化合物分子的结构式，并指出其中何者是 σ 键，何者是 π 键，何者是配位键。

（1）膦 PH_3；

（2）联氨 N_2H_4（N—N 单键）；

（3）乙烯；

（4）甲醛；

（5）甲酸；

（6）四氧化二氮（有双键）。

9-3　对多原子分子，其中键的键能就等于它的解离能，对吗？

9-4　相同原子间的叁键键能是单键键能的三倍，对吗？

9-5　如何用键能和键长来说明分子的稳定性。键能与键解离能的区别是什么？

9-6　已知 $\Delta_f H_m^{\ominus}(NH_3,g) = -46\ kJ\cdot mol^{-1}$，$\Delta_f H_m^{\ominus}(NH_2—NH_2,g) = 95\ kJ\cdot mol^{-1}$，$E_B(H—H) = 436\ kJ\cdot mol^{-1}$，$E_B(N\equiv N) = 946\ kJ\cdot mol^{-1}$。试计算 E_B(N—H) 和 N_2H_4 中 E_B(N—N)。

9-7　已知 $\Delta_f H_m^{\ominus}(H_2O,l) = -286\ kJ\cdot mol^{-1}$，$H_2O(g)$ 的摩尔冷凝焓 $\Delta_{liq} H_m^{\ominus} = -42\ kJ\cdot mol^{-1}$，$E_B(H—H) = 436\ kJ\cdot mol^{-1}$，$E_B(O \overset{\cdots}{=} O) = 498\ kJ\ mol^{-1}$。试计算 E_B(O—H)。

9-8　利用键能数据估算丙烷的标准摩尔燃烧焓 $\Delta_c H_m^{\ominus}(C_3H_8,g)$（$E_B(O \overset{\cdots}{=} O) = 498\ kJ\cdot mol^{-1}$，$E_B(C=O) = 803\ kJ\cdot mol^{-1}$，其他键能数据查表 9-1）。

9-9　已知下列热化学方程式：

（1）$H_2C=CH_2(g) \longrightarrow 4H(g) + C=C\ (g)$　　$\Delta_r H_m^{\ominus}(1) = 1\ 656\ kJ\cdot mol^{-1}$

（2）C(石墨,s) $\longrightarrow$ C(g)　　$\Delta_r H_m^{\ominus}(2) = 716.7\ kJ\cdot mol^{-1}$

（3）$H_2(g) \longrightarrow 2H(g)$　　$\Delta_r H_m^{\ominus}(3) = 436.0\ kJ\cdot mol^{-1}$

（4）2C(石墨,s) + $2H_2(g) \longrightarrow H_2C=CH_2(g)$　　$\Delta_r H_m^{\ominus}(4) = 52.3\ kJ\cdot mol^{-1}$

计算 E_B(C=C)。

9-10 根据下列分子或离子的几何构型,试用杂化轨道理论加以说明。

(1)$HgCl_2$(直线形); (2)SiF_4(正四面体); (3)BCl_3(平面三角形);

(4)NF_3(三角锥形,102°); (5)NO_2^-(V 形,115.4°); (6)SiF_6^{2-}(八面体)。

9-11 下列分子或离子中何者键角最小?

(1)NH_3; (2)PH_4^+; (3)BF_3; (4)H_2O; (5)$HgBr_2$。

9-12 凡是中心原子采取 sp^3 杂化轨道成键的分子,其几何构型都是正四面体,对吗?

9-13 CH_4、C_2H_4 和 C_2H_2 中 C 分别采用何种杂化方式?说明 CO_2 中 C 与 O 之间形成键的类型,C 的杂化轨道用于形成何种类型键。

* **9-14** 试用价层电子对互斥理论推断下列各分子的几何构型,并用杂化轨道理论加以说明。

(1)$SiCl_4$; (2)CS_2; (3)BBr_3; (4)PF_3; (5)OF_2; (6)SO_2。

* **9-15** 试用 VSEPR 理论判断下列离子的几何构型。

(1)I_3^-; (2)ICl_2^+; (3)TlI_4^{3-}; (4)CO_3^{2-}; (5)ClO_3^-; (6)SiF_5^-; (7)PCl_6^-。

* **9-16** 下列离子中,何者几何构型为 T 形?何者几何构型为平面四方形?

(1)XeF_3^+; (2)NO_3^-; (3)SO_3^{2-}; (4)ClO_4^-; (5)IF_4^+; (6)ICl_4^-。

* **9-17** 下列各对分子或离子中,何者具有相同的几何构型?

(1)SF_4 与 CH_4; (2)ClO_2 与 H_2O; (3)CO_2 与 BeH_2;

(4)NO_2^+ 与 NO_2; (5)PCl_4^+ 与 SO_4^{2-}; (6)BrF_5 与 $XeOF_4$。

9-18 试写出下列同核双原子分子的分子轨道电子排布式,计算键级,指出何者稳定,何者不稳定,且判断哪些具有顺磁性,哪些具有反磁性?

$$H_2, He_2, Li_2, Be_2, B_2, C_2, F_2$$

9-19 O_2 具有顺磁性,N_2 具有反磁性,用分子轨道理论解释之。

9-20 写出 O_2^+、O_2、O_2^-、O_2^{2-} 的分子轨道电子排布式,计算其键级,比较其稳定性强弱,并说明其磁性。

9-21 实验测得 O_2 的键长比 O_2^+ 的键长长,而 N_2 的键长比 N_2^+ 的键长短;除 N_2 以外,其他三个物种均为顺磁性,如何解释上述实验事实?

9-22 指出下列分子或离子的几何构型、键角、中心原子的杂化轨道,并估计分子中键的极性。

(1)KrF_2; (2)BF_4^-; (3)SO_3; (4)XeF_4; (5)PCl_5; (6)SeF_6。

第10章

晶体结构

固体具有一定的体积和形状，可分为晶体和非晶体。自然界中的固体绝大多数是晶体。非晶体也叫作无定形体，没有固定的熔点和规则的几何外形，各向是同性的。本章在介绍晶体结构的基本概念的基础上，主要讨论金属晶体、离子晶体和分子晶体结构。

10.1 晶体的结构特征和类型

10.1.1 晶体的结构特征

晶体是由原子、离子或分子在空间按一定规律周期性地重复排列而成。晶体的这种周期性排列使其具有以下共同特征：

(1)晶体具有规则的几何外形，这是指物质凝固或从溶液中结晶的自然生长过程中出现的外形。非晶体不会自发地形成多面体外形，从熔融状态冷却下来时，内部粒子还来不及排列整齐，就固化成表面圆滑的无定形体。

(2)晶体呈现各向异性，许多物理性质，如光学性质、导电性、热膨胀系数和机械强度等在晶体的不同方向上测定时，是各不相同的。非晶体的各种物理性质不随测定的方向而改变。

(3)晶体具有固定的熔点。而非晶体如玻璃受热渐渐软化成液态，有一段较宽的软化温度范围。

上述晶体的宏观、外表特征是由其微观内在结构特征所决定的。科学家们历经两个多世纪的研究，创建了晶格理论，并为 X 射线衍射实验所证实。

晶格是一种几何概念，将许多点等距离排成一行，再将行等距离平行排列(行距与点距可以不相等)。将这些点连接起来，得到平面格子。将这二维体系扩展到三维空间，得到的空间格子即晶格。也就是说，晶格是用点和线反映晶体结构的周期性，是从实际晶体结构中抽象出来以表示晶体周期性结构的规律。

实际晶体中的微粒(原子、离子和分子)就位于晶格的结点上。它们在晶格上可以划分成一个个平行六面体为基本单元，而晶胞则是包括晶格点上的微粒在内的平行六面体。它是晶体的最小重复单元，通过晶胞在空间平移并无隙地堆砌而成晶体。

根据晶胞的特征，可将晶体分为 7 个晶系和 14 种晶格。其中，立方晶系可分为简单立方、体心立方和面心立方 3 种晶格(图 10-1)。

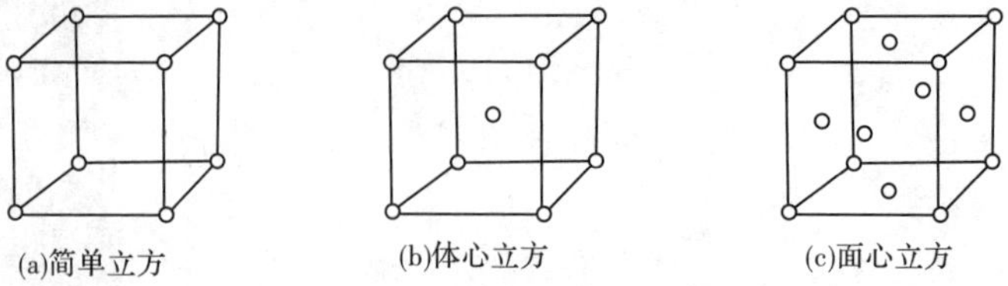

图 10-1 立方晶系的 3 种晶格

10.1.2 晶体的类型

根据组成晶体的粒子的种类及粒子之间作用力的不同，可将晶体分成四种基本类型：金属晶体、离子晶体、分子晶体和原子晶体。

1. 金属晶体

金属晶体是金属原子或离子彼此靠金属键结合而成的。金属键没有方向性，因此在每个金属原子周围总是有尽可能多的邻近金属离子紧密地堆积在一起，以使系统能量最低。

金属具有许多共同的性质：有金属光泽，能导电、传热，具有延展性等。这些通性与金属键的性质和强度有关。

金属晶体的熔点随着成键电子数增加而升高，如钨的熔点高达 3 390 ℃，而汞的熔点最低，室温下是液体。金属的硬度[①]也有差异，例如，铬的硬度为 9.0，而铅的硬度仅为 1.5。金属晶体的结构和金属键理论将在 10.2 节中讨论。

2. 离子晶体

离子晶体是由正、负离子组成的。破坏离子晶体时，要克服离子间的静电引力。若离子间静电引力较大，则离子晶体的硬度大，熔点也相当高。多电荷离子组成的晶体更为突出。例如

NaF	硬度 3.0	熔点 995 ℃
MgO	硬度 6.5	熔点 2 800 ℃

此外，离子晶体熔融后都能导电。

在离子晶体中，离子的堆积方式与金属晶体类似。由于离子键没有方向性和饱和性，所以离子在晶体中常常趋向于采取紧密堆积方式，但不同的是各离子周围接触的是带异号电荷的离子。

3. 分子晶体

非金属单质（如 O_2、Cl_2、S、I_2 等）和某些化合物（如 CO_2、NH_3、H_2O 等）在降温凝聚时可通过分子间力聚集在一起，形成分子晶体。虽然分子内部存在着较强的共价键，但分子之间是较弱的分子间力或氢键。因此，分子晶体的硬度不大，熔点不高。

4. 原子晶体

原子晶体的晶格点上是中性原子，原子与原子间以共价键结合，构成一个巨大分子。例如，金刚石是原子晶体的典型代表，每一个碳原子以 sp^3 杂化轨道成键，每一个碳原子与邻

---

① 硬度是指物质对于某种外来机械作用的抵抗程度。通常是用一种物质对另一物质相刻画，根据刻画难易的相对等级来确定。一般用莫氏硬度标准来确定，最硬的金刚石的硬度为 10，最软的滑石的硬度为 1。

近的 4 个碳原子形成共价键,无数个碳原子构成三维空间网状结构。金刚砂(SiC)、石英(SiO_2)都是原子晶体。破坏原子晶体时必须破坏共价键,需要耗费很大能量,因此原子晶体硬度大、熔点高。例如

金刚石	硬度 10	熔点约 3 570 ℃
金刚砂	硬度 9～10	熔点约 2 700 ℃

原子晶体一般不能导电。但硅、碳化硅等有半导体性质,在一定条件下能导电。

10.2　金属晶体

10.2.1　金属晶体的结构

金属晶体中的所有原子都相同,其结构可看作等径圆球堆积而成,并且尽可能紧密地堆积在一起形成密堆积结构。

金属晶体中原子的堆积方式常见的有六方密堆积(hcp)、面心立方密堆积(ccp)和体心立方堆积(bcc)。

在金属晶体同一层中每个球周围可排 6 个球,构成密堆积层(图 10-2)。第二层密堆积层排在第一层上时,每个球放入第一层 3 个球所形成的空隙上。第一层球用 A 表示,第二层球用 B 表示。在密堆积结构中,第三密堆积层的球加到已排好的两层上时,可能有两种情况:一是第三层球可以与第一层球对齐,以 ABAB…的方式排列,形成六方密堆积[图 10-3(a)],例如,金属镁晶体中的镁原子的密堆积;如果第三层球与第一层球有一定错位,以 ABCABC…的方式排列,得到的是面心立方密堆积[图 10-3(b)],例如,金属铜晶体中铜原子的密堆积。

在金属原子的六方密堆积结构和面心立方密堆积结构中,每个球有 12 个近邻,在同一层中有 6 个,以六角形排列,另外 6 个分别在上、下两层,3 个在上,3 个在下(图 10-3)。故在这两种密堆积结构中金属原子的配位数都是 12。

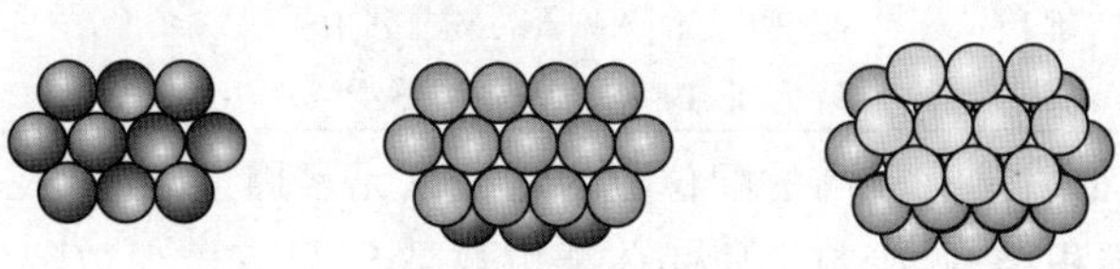

图 10-2　密堆积层

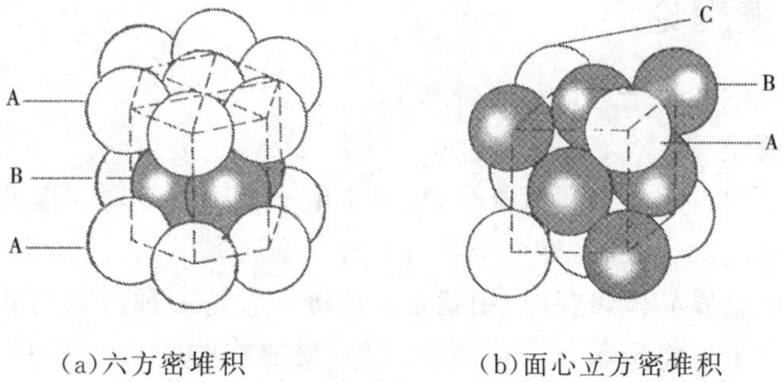

(a)六方密堆积　　(b)面心立方密堆积

图 10-3　金属原子的两种密堆积

金属晶体中还有一种体心立方堆积结构(图 10-4)。立方体晶胞的中心和 8 个角上各有一个金属原子,原子的配位数为 8。例如,金属钾的晶体具有这种结构。

在密堆积层间有两类空隙:四面体和八面体。在一层的 3 个球与上层或下层紧密接触的第四个球间存在的空隙叫作四面体空隙[图 10-5(a)]。而在一层的 3 个球与交错排列的另一层的 3 个球之间形成的空隙叫作八面体空隙[图 10-5(b)]。这些空隙具有重要意义,例如,离子化合物结构可看作是阳离子占据负离子的密堆积结构的空隙形成的。

图 10-4　体心立方晶胞

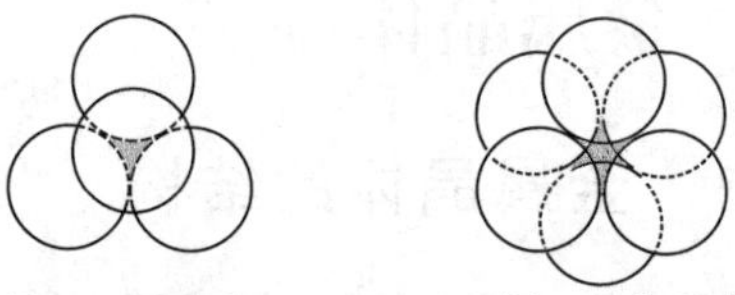

(a) 四面体空隙　　(b) 八面体空隙

图 10-5　四面体空隙和八面体空隙

有人认为,金属原子采用何种堆积方式与金属原子价层 s 和 p 轨道上的电子数目有关。若 s 和 p 电子数较少容易出现体心立方堆积,s 和 p 电子数较多常出现面心立方密堆积,而 s 与 p 电子数居中则为六方密堆积。例如,碱金属只有 1 个价电子,属于 bcc 型;Al、Pb 原子分别有 3,4 个价电子,属于 ccp 型;s、p 电子数居中的 Be、Mg 则属 hcp 型。

很多金属的结构与温度和压力有关。例如,铁在室温下是体心立方堆积(称为 α-Fe),在 906～1 400 ℃时面心立方密堆积结构较稳定(称为 γ-Fe),但在 1 400～1 535 ℃(熔点),其体心立方堆积结构的 α-Fe 又变得稳定。而 β-Fe 是在高压下形成的。这就是金属的多晶现象。

常温下一些金属元素的晶体结构列于表 10-1 中。

表 10-1　　常温下一些金属元素的晶体结构

金属原子堆积方式	元素	原子空间利用率/%
六方密堆积	Be、Mg、Ti、Co、Zn、Cd	74
面心立方密堆积	Al、Pb、Cu、Ag、Au、Ni、Pd、Pt	74
体心立方堆积	碱金属、Ba、Cr、Mo、W、Fe	68

金属晶体内原子都以具有较高的配位数为特征。元素周期表中约三分之二的金属原子是配位数为 12 的密堆积结构,少数金属晶体配位数是 8,只有极少数配位数为 6。

专题释疑

金属原子半径的计算

10.2.2　金属键理论

金属键理论有改性共价键理论和能带理论。

1. 改性共价键理论

金属原子价电子数目比非金属原子少,核对价电子吸引力较弱。因此,电子容易摆脱金属原子的束缚成为自由电子,并为整个金属所共有。金属原子、金属正离子和这些自由电子间产生胶合作用形成金属晶体,这种作用就是金属键。它是一种特殊的共价键,称为金属的改性共价键。有人形象地将金属原子或离子看作"浸泡在电子的海洋中",称这种模型为电子海模型。

自由电子在外加电场的影响下可以定向流动而形成电流，使金属具有良好的导电性。金属受热时，金属离子振动加强，与其不断碰撞的自由电子可将热量交换并传递，使金属温度很快升高，呈现良好的导热性。当金属受到机械外力的冲击，由于自由电子的胶合作用，金属正离子间容易滑动却不像离子晶体那样脆，可以加工成细丝和薄片，表现出良好的延展性。

*2. 能带理论

能带理论是 20 世纪 30 年代形成的金属的分子轨道理论。能带理论把金属晶体看成为一个大分子，这个分子由晶体中所有原子组成。现以金属锂为例讨论金属晶体中的成键情况。锂原子的电子构型是 $1s^2 2s^1$，一个锂原子有 1s 和 2s 两个轨道，两个锂原子有两个 1s 和两个 2s 轨道。按照分子轨道理论，两个原子轨道组合可以形成 1 个成键分子轨道和 1 个反键分子轨道。两个锂原子的 4 个原子轨道组合成 4 个分子轨道。若有 N 个锂原子，其 $2N$ 个原子轨道则可形成 $2N$ 个分子轨道。分子轨道如此之多，分子轨道之间的能级差很小①，实际上这些能级很难分清(图 10-6)，可以看作连成一片成为能带。能带可看作是伸展到整个晶体中的分子轨道。

每个锂原子有 3 个电子，价电子数是 1。N 个锂原子有 $3N$ 个电子，这些电子在能带中填充，与在原子和分子中的情况相似，要符合能量最低原理和 Pauli 不相容原理。由 s、p、d 和 f 原子轨道分别重叠产生的能带中，s 带容纳的电子数目最多为 $2N$ 个，p 带为 $6N$ 个，d 带为 $10N$ 个，f 带为 $14N$ 个等。由于每个锂原子只提供 1 个价电子，故其 2s 能带为半充满。由充满电子的原子轨道所形成的较低能量的能带叫作满带，由未充满电子的原子轨道所形成的较高能量的能带叫作导带。例如，金属锂中，1s 能带是满带，而 2s 能带是导带。在这两种能带之间还存在一段能量间隔(图 10-7)。正如电子不能停留在 1s 与 2s 能级之间一样，电子不能进入 1s 能带和 2s 能带之间的能量间隔，所以这段能量间隔叫作禁带。金属的导电性就是靠导带中的电子来体现的。

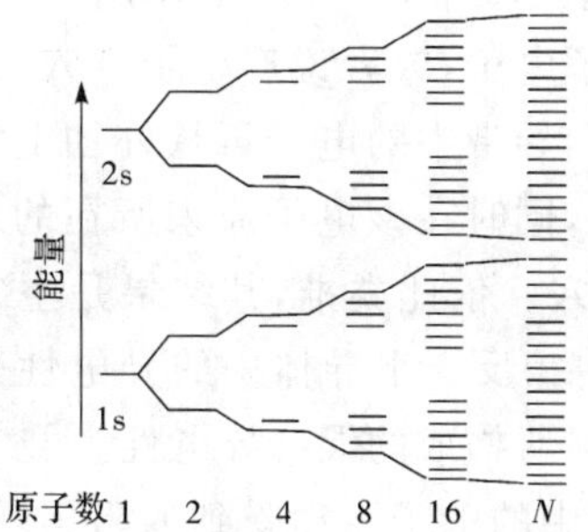

图 10-6　由原子紧密结合形成能带结构

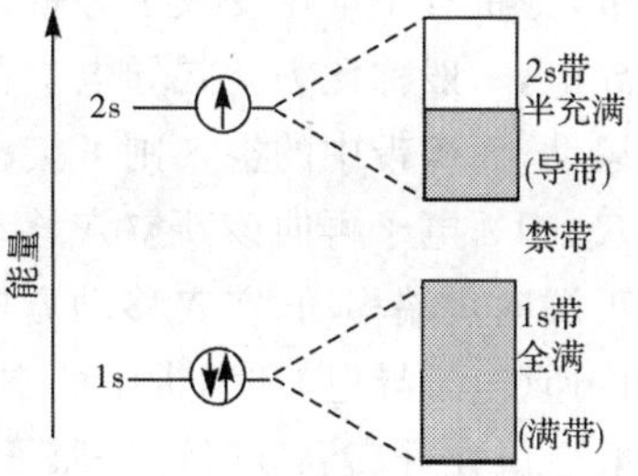

图 10-7　金属锂的能带

镁原子的价层电子结构为 $3s^2$，金属镁的 3s 能带应是满带，似乎镁应是一个非导体，其实不然。金属的密堆积使原子间距极为接近，形成的相邻能带之间的能量间隔很小，甚至能带可以重叠。镁的 3s 和 3p 能带(为空带)部分重叠，也就是说，满带和空带重叠则成为导带(图 10-8)。

---

① 一般讲来，分子轨道的能差为 10^{-18} J，设 N 为阿伏伽德罗常数，其数量级为 10^{23}，在晶体中这一能级差被分化为 N 个能级时，相邻两能级间的能量差约为 $10^{-18}\ \mathrm{J}/N \approx 10^{-41}$ J。

根据能带结构中禁带宽度和能带中电子填充状况，可把物质分为导体、绝缘体和半导体（图 10-9）。

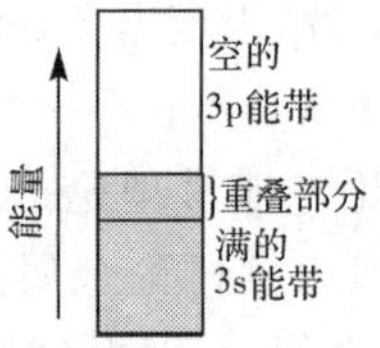

图 10-8　金属镁的能带重叠

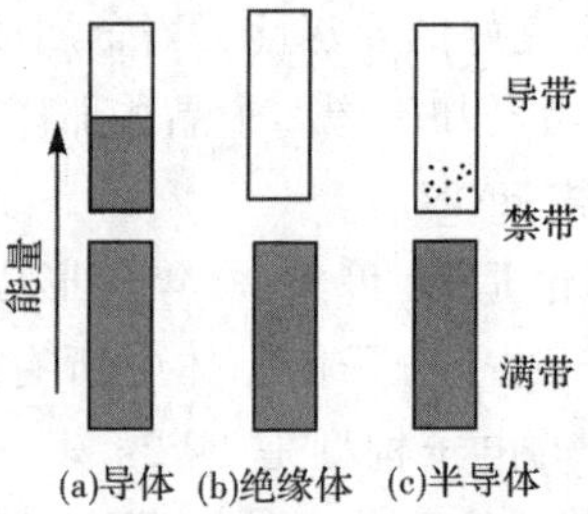

图 10-9　导体、绝缘体和半导体的能带

一般金属导体的导带是未充满的，绝缘体的禁带很宽，其能量间隔 ΔE 超过 4.8×10^{-19} J(或 3 eV)，而半导体的禁带较狭窄，能量间隔在 1.6×10^{-20} J～4.8×10^{-19} J(或 0.1～3 eV)。例如，金刚石为绝缘体，禁带宽度为 9.6×10^{-19} J(约相当于 6 eV)，硅和锗为半导体，禁带宽度分别为 1.7×10^{-19} J 和 9.3×10^{-20} J(约相当于 1.1 eV 和 0.6 eV)。

能带理论是这样说明金属导电性的：当在金属两端接上导线并通电时，在外加电场的作用下，电子将获得能量从负端流向正端，即朝着与电场相反方向流动。在满带内部的电子无法跃迁，电子往往不能由满带越过禁带进入导带。只有在导带没有被电子占满，能量较高的部分还空着的情况下，导带内的电子获得能量后才可以跃入其空缺部分，这样的电子活动在整个晶体范围内，成为非定域状态，在导体中担负着导电的作用。因此，金属导体的结构特征是具有导带，所以它能够导电。

绝缘体不能导电。它的结构特征是只有满带和空带，且禁带宽度大，在一般电场条件下，难以将满带电子激发入空带，即不能形成导带而导电。

半导体的能带特征也是只有满带和空带，但禁带宽度较窄，在外电场作用下，部分电子跃入空带，空带有了电子变成了导带，原来的满带缺少了电子，或者说产生了空穴，也形成导带能够导电，一般称此为空穴导电。在外加电场作用下，导带中的电子可从外加电场的负端向正端运动，而满带中的空穴则可接受靠近负端的电子，同时在该电子原来所在的地方留下新的空穴，相邻电子再向该新空穴移动，又形成新的空穴。依此类推，其结果是空穴从外加电场的正端向负端移动，空穴移动方向与电子移动方向相反。半导体中的导电性是导带中的电子传递（电子导电）和满带中的空穴传递（空穴导电）所构成的混合导电性。

一般金属在升高温度时由于原子振动加剧，在导带中的电子运动受到的阻碍增强，而满带中的电子又由于禁带太宽不能跃入导带，因而电阻增大，减弱了导电性能。

半导体在温度升高时，满带中有更多的电子被激发进入导带，导带中的电子数目与满带中形成的空穴数目相应增加，增强了导电性能，其结果足以抵消由于温度升高原子振动加剧所引起的阻碍而有余。

10.3 离子晶体

10.3.1 离子晶体的结构

由于离子的大小不同、电荷数不同以及正离子最外层电子构型不同，离子晶体中正、负离子在空间的排布情况是多种多样的。离子晶体的类型很多，这里只讨论常见的三种类型离子晶体——NaCl 型、CsCl 型和 ZnS 型离子晶体。

1. 三种典型的 AB 型离子晶体

NaCl 型、CsCl 型和 ZnS 型均属于 AB 型离子晶体，即只含有一种正离子和一种负离子的晶体。但是，这三种离子晶体的结构特征是有区别的(图 10-10)。

NaCl 晶体中，Cl^- 采取密堆积方式形成面心立方晶格，Na^+ 占据晶格中所有八面体空隙。每个离子都被 6 个带相反电荷的离子以八面体方式包围，因而每种离子的配位数都是 6，配位比是 6∶6。如图 10-10 所示，NaCl 晶胞 8 个顶点上的每个离子为 8 个晶胞所共用，属于这个晶胞的只有 1 个，6 个面上的每个离子为两个晶胞所共用，属于此晶胞的只有 3 个，12 个棱上每个离子为 4 个晶胞所共用，属于此晶胞的只有 3 个，只有晶胞中心 1 个离子完全属于此晶胞。按此计算每个晶胞含有 4 个 Na^+ 和 4 个 Cl^-。

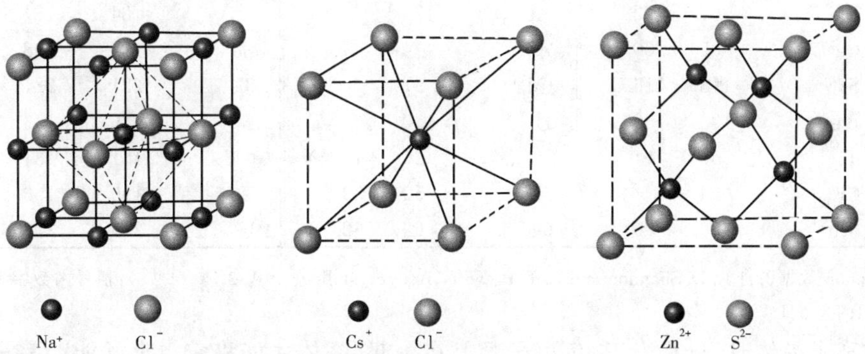

图 10-10 NaCl 型、CsCl 型和 ZnS 型晶体结构

CsCl 型晶体结构可看作 Cl^- 采取简单立方堆积，Cs^+ 填入立方体空隙中，CsCl 的正、负离子配位数均为 8，配位比是 8∶8。每个晶胞含有 1 个 Cs^+ 和 1 个 Cl^-。

ZnS 型晶体有两种结构类型，一种是闪锌矿型，另一种是纤锌矿型。前者的结构中，S^{2-} 采取面心立方密堆积，半数的四面体空隙被 Zn^{2+} 占据。Zn^{2+} 和 S^{2-} 的配位数都是 4，配位比为 4∶4。根据前述类似的方法可以算出每个晶胞含有 4 个 S^{2-} 和 4 个 Zn^{2+}。

2. 离子半径与配位数

离子晶体的配位比与正、负离子半径之比有关。如果将离子看作球形，在离子晶体中正、负离子中心之间的距离即为正、负离子半径之和。离子中心之间的距离可以用 X 射线衍射测出。

实际上离子中心之间的距离与晶体构型有关。为了确定离子半径，通常以 NaCl 构型的半径作为标准，对其他构型的半径再作一定的校正①。

实验测得的晶体中离子中心间距离既然被认为是两个离子半径之和，要得到每一个离子半径，需要有一番推算过程，才能把离子间距离合理地分给两个离子。1926 年 Goldschmidt 利用球形离子堆积的几何方法推算出 80 多种离子的半径。1927 年 Pauling 根据原子核对外层电子的吸引力推算出一套离子半径②，至今还在通用。后来 R. D. Shannon 等人归纳整理实验测定的上千种氧化物、氟化物中正、负离子核间距的数据，以 Pauling 提出的 O^{2-}、F^- 半径为前提，用 Goldschmidt 方法划分离子半径，经过修正，提出了一套完整的离子半径数据。表 10-2 列出了部分离子半径的 Pauling 数据和 Shannon 数据。

使用时要注意选用同一套离子半径数据，不能将来源不同的数据混用。

表 10-2　　离子半径*

离子	半径/pm		离子	半径/pm		离子	半径/pm	
	Pauling	Shannon		Pauling	Shannon		Pauling	Shannon
Li^+	60	59(4)	Fe^{2+}	76		In^{3+}		79
Na^+	95	102	Fe^{3+}	64		Tl^{3+}		88
K^+	133	138	Co^{2+}	74		Sn^{2+}	102	
Rb^+	148	149	Ni^{2+}	72		Sn^{4+}	71	
Cs^+	169	170	Cu^+	96		Pb^{2+}	120	
Be^{2+}	31	27(4)	Cu^{2+}	72		O^{2-}	140	140
Mg^{2+}	65	72	Ag^+	126		S^{2-}	184	184
Ca^{2+}	99	100	Zn^{2+}	74		Se^{2-}	198	198
Sr^{2+}	113	116	Cd^{2+}	97		Te^{2-}	221	221
Ba^{2+}	135	136	Hg^{2+}	110		F^-	136	133
Ti^{4+}	68		B^{3+}	20	12(4)	Cl^-	181	181
Cr^{3+}	64		Al^{3+}	50	53	Br^-	196	196
Mn^{2+}	80		Ga^{3+}	62	62	I^-	216	220

* Shannon 数据引自 R. D. Shannon and C. T. Prewitt, Acta crystallogr., A32 751(1976)；括号内数字是离子的配位数，未注明的为 6。

形成离子晶体时，只有当正、负离子紧靠在一起，晶体才能稳定。离子能否完全紧靠与正、负离子半径之比 r_+/r_- 有关。以配位比为 6∶6 的离子晶体的某一层为例(图 10-11)：令 $r_-=1$，则 $ac=4$，$ab=bc=2+2r_+$，因为 Δabc 为直角三角形，即

$$ac^2=ab^2+bc^2$$

$$4^2=2(2+2r_+)^2$$

可以解出

$$r_+=0.414$$

即 $r_+/r_-=0.414$ 时，正、负离子直接接触，负离子也两两接触。如果 $r_+/r_-<0.414$ 或

① 当配位数为 12，8，4 时，将由配位数为 6 的 NaCl 型为标准算得的离子半径数据分别乘以 1.12，1.03 和 0.94。

② Pauling 离子半径推算公式：$r=c_n/(Z-\sigma)$。式中，r 为半径；$Z-\sigma$ 为有效核电荷，c_n 为一取决于最外电子层主量子数 n 的常数。

$r_+/r_- > 0.414$，就会出现如下情况（图 10-12）：在 $r_+/r_- < 0.414$ 时，负离子互相接触（排斥）而正、负离子接触不良，这样的构型不稳定。若晶体转入较小的配位数，如转入 4∶4 配位，这样正、负离子才能接触得比较好。在 $r_+/r_- > 0.414$ 时，负离子接触不良，正、负离子却能紧靠在一起，这样的构型可以稳定。但是当 $r_+/r_- > 0.732$ 时，正离子表面就有可能紧靠上更多的负离子，使配位数成为 8。根据这样的考虑，可以归纳出表 10-3 所示的关系，称为半径比规则。

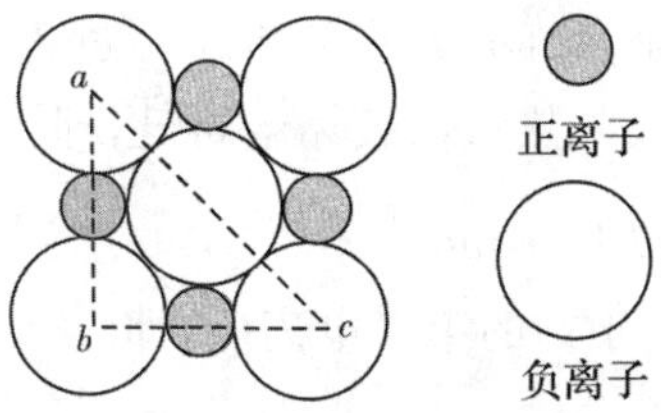

图 10-11　配位数为 6 的晶体中正、负离子半径之比

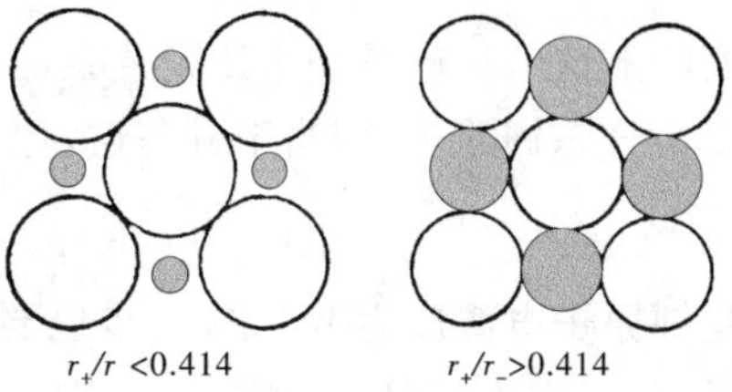

图 10-12　半径比与配位数的关系

表 10-3　离子半径比与配位数的关系

r_+/r_-	配位数	构型
0.225～0.414	4	ZnS 型
0.414～0.732	6	NaCl 型
0.732～1.00	8	CsCl 型

离子晶体因条件不同可能形成不同晶型，例如，CsCl 晶体在常温下是 CsCl 型，但在高温下可以转变为 NaCl 型。

应当指出，按半径比 r_+/r_- 来考虑 AB 型离子化合物的构型，一般来说是明确而清楚的。但由于离子半径是从被认为相互接触的两个离子的核间距离推算出来的，数值会有些出入，所以，即使在碱金属的卤化物中，r_+/r_- 的值也不完全符合半径比规则。

10.3.2　晶格能

离子晶体中正、负离子间的静电作用（离子键）的强度可用晶格能的大小来衡量。

在标准状态下，单位物质的量的离子晶体变为气态正离子和气态负离子时所吸收的能量称为晶格能①，用符号 U 表示，其单位是 $kJ \cdot mol^{-1}$。

$$M_aX_b(s) \longrightarrow aM^{b+}(g) + bX^{a-}(g) \qquad U$$

例如

$$KBr(s) \longrightarrow K^+(g) + Br^-(g) \qquad U = 689\ kJ \cdot mol^{-1}$$

晶格能不能直接由实验测定，但可以根据 Born-Haber 循环计算出来，或者利用理论公式（Born-Landé 公式）进行计算。

① 为了保持与焓变正负号一致，本教材所取晶格能定义与有些版本教材不同。

1. Born-Haber 循环

M. Born 和 F. Haber 将离子晶体的形成过程设计为一种热力学循环，然后根据 Hess 定律，利用相关的实验数据计算出离子晶体的晶格能。下面以 KBr 晶体的形成为例介绍这种方法。

金属钾与液态溴反应生成 KBr 晶体的反应是一个放热反应，即

$$K(s)+\frac{1}{2}Br_2(l)\longrightarrow KBr(s)\quad \Delta_f H_m^{\ominus}(KBr,s)=-393.8\ kJ\cdot mol^{-1}$$

实际上这一反应是一个比较复杂的过程。首先从金属钾开始来分析这一过程。金属钾晶体变为气态钾原子，相当于升华（或原子化）过程，要吸收热量以破坏金属键，即

$$K(s)\xrightarrow{升华}K(g)\quad \Delta_r H_{m,1}^{\ominus}=89.2\ kJ\cdot mol^{-1}$$

接着是钾原子电离成为 K^+，这一步也要吸收热量，相当于钾的第一电离能，即

$$K(g)\xrightarrow{电离}K^+(g)+e^-\quad \Delta_r H_{m,2}^{\ominus}=418.8\ kJ\cdot mol^{-1}$$

再考虑液体溴的汽化，即

$$\frac{1}{2}Br_2(l)\xrightarrow{汽化}\frac{1}{2}Br_2(g)\quad \Delta_r H_{m,3}^{\ominus}=15.5\ kJ\cdot mol^{-1}$$

这一步所吸热的热量是液体溴汽化焓的一半。接着是气态 Br_2 中 Br—Br 键的破裂，即

$$\frac{1}{2}Br_2(g)\xrightarrow{断键}Br(g)\quad \Delta_r H_{m,4}^{\ominus}=96.5\ kJ\cdot mol^{-1}$$

所需热量为 Br—Br 键能的 1/2。溴原子得到电子时会放出热量，即 Br 的电子亲和能为

$$Br(g)+e^-\xrightarrow{电子亲和}Br^-(g)\quad \Delta_r H_{m,5}^{\ominus}=-324.7\ kJ\cdot mol^{-1}$$

由 $K^+(g)$ 和 $Br^-(g)$ 靠静电作用形成 KBr 晶体时将放出大量的热，即

$$K^+(g)+Br^-(g)\longrightarrow KBr(s)\quad \Delta_r H_{m,6}^{\ominus}=-U$$

这份能量即 KBr 晶格能的负值，足以抵消前几步吸收的热量而有余，使得 $\Delta_f H_m^{\ominus}(KBr,s)<0$。

上述讨论可以归纳为下列热力学循环，即 Born-Haber 循环：

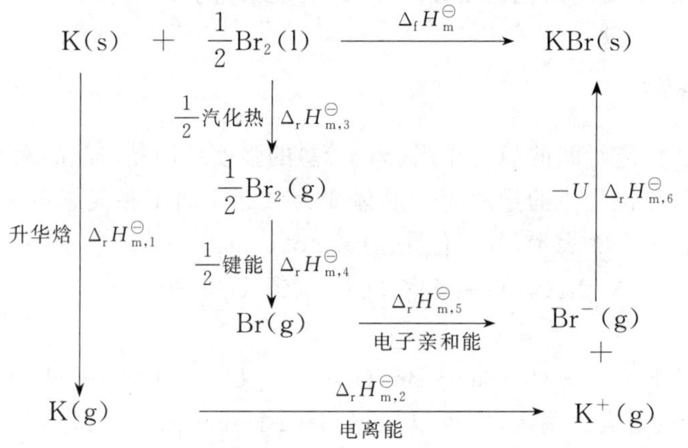

根据 Hess 定律，利用上述实验数据可以计算出 KBr 的晶格能为

$$\Delta_f H_m^{\ominus}(KBr,s)=\Delta_r H_{m,1}^{\ominus}+\Delta_r H_{m,2}^{\ominus}+\Delta_r H_{m,3}^{\ominus}+\Delta_r H_{m,4}^{\ominus}+\Delta_r H_{m,5}^{\ominus}+\Delta_r H_{m,6}^{\ominus}$$

所以

$$U=-\Delta_r H_{m,6}^{\ominus}=\Delta_r H_{m,1}^{\ominus}+\Delta_r H_{m,2}^{\ominus}+\Delta_r H_{m,3}^{\ominus}+\Delta_r H_{m,4}^{\ominus}+\Delta_r H_{m,5}^{\ominus}-\Delta_f H_{m}^{\ominus}(\text{KBr},\text{s})$$
$$=(89.2+418.8+15.5+96.5-324.7+393.8)\ \text{kJ}\cdot\text{mol}^{-1}$$
$$=689.1\ \text{kJ}\cdot\text{mol}^{-1}$$

根据 Born-Haber 循环算得的晶格能通常称为晶格能的实验值。

2. Born-Landé 公式

既然晶格能来源于正、负离子间的静电作用，因此可以从理论上导出计算晶格能的理论公式。考虑问题的出发点是：

(1)离子晶体中的异号离子间有静电引力，同号离子间有静电斥力，这种静电作用符合 Coulomb 定律。

(2)异号离子间虽有静电引力，但当它们靠得很近时，离子的电子云之间将产生排斥作用，这种排斥作用不能用 Coulomb 定律计算。假定排斥能与离子间距离的 5～12 次方成反比。由此推导出来的计算晶格能的理论公式称为 Born-Landé 公式，即

$$U=\frac{1.3894\times10^{5}Az_1z_2}{\{R_0\}}\left(1-\frac{1}{n}\right)\ \text{kJ}\cdot\text{mol}^{-1}$$

式中，R_0 是由实验测得的正、负离子的核间距离，其单位为 pm。如无实验数据则可近似地用正、负离子半径之和代替；z_1 与 z_2 分别为正、负离子电荷的绝对值；A[①] 为 Madelung 常量，它与晶体构型有关：

晶体构型	CsCl 型	NaCl 型	ZnS(立方)型
A	1.763	1.748	1.638

n 叫作 Born 指数，用以计算正、负离子相当接近时在它们的电子云之间产生的排斥作用。Born 认为这种排斥能与距离的 n 次方成反比。n 的数值与离子的电子层结构类型有关：

离子的结构类型	He	Ne	Ar(Cu^+)	Kr(Ag^+)	Xe(Au^+)
n	5	7	9	10	12

现以 NaCl 为例，用 Born-Landé 公式计算其晶格能。$R_0=95\ \text{pm}+181\ \text{pm}=276\ \text{pm}$，$z_1=z_2=1$，$A=1.748$，$n=8$[②]，代入公式，得

$$U=\frac{1.3894\times10^{5}\times1.748\times1\times1}{276}\left(1-\frac{1}{8}\right)\ \text{kJ}\cdot\text{mol}^{-1}$$
$$=770\ \text{kJ}\cdot\text{mol}^{-1}$$

专题释疑

晶格能理论公式的由来

用理论公式算出的晶格能与实验值基本符合。

由 Born-Landé 公式可知，在晶体类型相同时，晶体晶格能与正、负离子电荷数成正比，而与它们的核间距成反比。因此，离子电荷数大、离子半径小的离子晶体晶格能大，相应表现出熔点高、硬度大等性质(表 10-4)。晶格能也影响离子化合物的溶解度。

① GB 3102.13—93 中用 α 作为 Madelung 常量的符号。

② 如果正、负离子属于不同类型，则取其平均值。例如，NaCl 型的 Na^+ 属于 Ne 型，Cl^- 属于 Ar 型，因此取 $n=\frac{1}{2}(7+9)=8$。

表 10-4　　离子电荷、半径对晶格能*与晶体熔点、硬度的影响

NaCl 型离子晶体	r_-/pm	U/(kJ·mol^{-1})	熔点/℃	NaCl 型离子晶体	r_+/pm	U/(kJ·mol^{-1})	硬度(Mohs)
NaF	136	920	992	MgO	65	4 147	5.5
NaCl	181	770	801	CaO	99	3 557	4.5
NaBr	195	733	747	SrO	113	3 360	3.5
NaI	216	683	662	BaO	135	3 091	3.3

* 表中晶格能值为理论计算值。

但在离子相互极化显著的情况下，用理论公式计算所得晶格能数值与实验值相差较大。

对于结构尚未弄清的晶体，A 的数值无法确定。Капустинский 提出了计算二元离子化合物晶格能的半经验公式，这里不再作详细介绍。

10.3.3 离子极化

在共价键中，极性键起着从非极性键到离子键之间过渡键型的作用。在离子晶体中则有离子键向共价键过渡的情况。这种过渡突出地表现在它们的溶解度上。这里讨论离子极化就是要从本质上了解晶体中键型的过渡。

所有离子在外加电场的作用下，除了向带有相反电荷的极板移动外，在非常靠近电极板的时候本身都会变形。当负离子靠近正极板时，正极板把离子中的电子拉近一些，把原子核推开一些(图 10-13)；正离子靠近负极板时则反之，负极板把离子中的电子推开一些，把原子核拉近一些，这种现象叫作离子的极化。

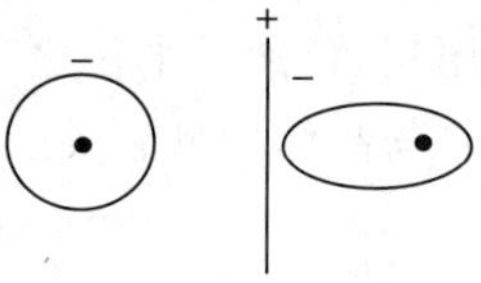

图 10-13　负离子在电场中的极化

离子中的电子被核吸引得越不牢，则离子的极化率越大。极化率可以作为离子变形的一种量度。表 10-5 是实验测得的一些常见离子的极化率。

表 10-5　　离子的极化率　　(10^{-40} C·m^2·V^{-1})

离子	极化率	离子	极化率	离子	极化率
Li^+	0.034	B^{3+}	0.0033	F^-	1.16
Na^+	0.199	Al^{3+}	0.058	Cl^-	4.07
K^+	0.923	Si^{4+}	0.0184	Br^-	5.31
Rb^+	1.56	Ti^{4+}	0.206	I^-	7.90
Cs^+	2.69	Ag^+	1.91	O^{2-}	4.32
Be^{2+}	0.009	Zn^{2+}	0.32	S^{2-}	11.3
Mg^{2+}	0.105	Cd^{2+}	1.21	Se^{2-}	11.7
Ca^{2+}	0.52	Hg^{2+}	1.39	OH^-	1.95
Sr^{2+}	0.96	Ce^{4+}	0.81	NO_3^-	4.47

从表 10-5 中可以看出一些规律：离子半径越大，则极化率越大。负离子的极化率一般比正离子的极化率大。正离子带电荷较多的，其极化率较小；负离子带电荷较多的，则极化率较大。这些规律都可以从原子核对核外电子吸引得牢或不牢从而使得离子不容易或容易变形来理解。

离子的最外层电子是被原子核吸引得最不牢的。正离子的最外层有 8 电子的，也有多于 8 电子的。当正离子电荷相同，半径相近时，最外层为 8 电子构型的正离子的极化率小，

多于 8 电子构型的正离子的极化率较大。例如，Ca^{2+} 和 Cd^{2+} 半径相近，Ca^{2+} 最外层有 8 个电子，Cd^{2+} 最外层有 18 个电子，Ca^{2+} 的极化率比 Cd^{2+} 的极化率小。

在离子晶体中，正离子和负离子作为带电粒子，在它们的周围都有相应的电场。正离子的电场使负离子发生极化（引起负离子变形），负离子的电场则使正离子发生极化（引起正离子变形），离子的电荷越多，半径越小，则其电场越强，引起相反电荷的离子极化越厉害。例如，对于 Cl^- 来说，Li^+（半径为 60 pm）对它的极化作用大于 Na^+（半径为 95 pm）的作用；Ca^{2+} 对它的极化作用大于 Na^+ 的作用（Ca^{2+} 与 Na^+ 半径相近，但 Ca^{2+} 所带正电荷是 Na^+ 的 2 倍）。

一般情况下，由正离子的电场引起负离子的极化是矛盾的主要方面。当正离子最外层为 18 电子（如 Ag^+、Zn^{2+}、Hg^{2+} 等）时，正离子的变形性比较显著，此时负离子对正离子的极化也较显著。例如，AgI 晶体中，正、负离子间的相互极化很突出，两种离子的电子云都发生变形，离子键向共价键过渡的程度较大（图 10-14）。

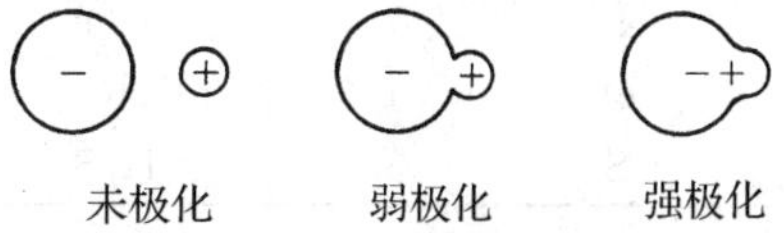

图 10-14 离子的极化

由于键型的过渡，键的极性减弱了。离子的电子云相互重叠，缩短了离子间的距离。例如，AgI 晶体中 Ag^+ 和 I^- 间的距离，按离子半径之和应是（126＋216）pm＝342 pm，实验测定却是 299 pm，缩短了 43 pm。

键型过渡对化合物性质的影响最明显的是物质在水中溶解度的降低。离子晶体通常是可溶于水的。水的介电常数很大（约等于 80），它会削弱正、负离子间的静电吸引。离子晶体进入水中后，正、负离子间的吸引力减小到约为原来的 1/80，这样使正、负离子很容易受热运动的作用而互相分离。离子间极化作用明显时，离子键向共价键过渡的程度较大，水不能像减弱离子间的静电作用那样减弱共价键，所以离子极化作用显著的晶体难溶于水。AgI 在水中的溶解度只有 3.0×10^{-7} g/100 gH_2O。

键型的过渡既缩短了离子间的距离，往往也减小了晶体的配位数。例如，硫化镉 CdS 的离子半径比（r_+/r_-）约为 0.53，按半径比规则应属于配位数为 6 的 NaCl 型晶体，实际上 CdS 晶体却属于配位数为 4 的 ZnS 型，其原因就在于 Cd^{2+} 和 S^{2-} 之间有显著的极化作用。极化作用使 Cd^{2+} 部分地钻入 S^{2-} 的电子云中，使离子半径比（r_+/r_-）小于 0.414。由于离子极化而改变晶型、减小配位数的现象是很普遍的。

10.4 分子晶体

分子从总体上看是不显电性的，然而在温度足够低时许多气体可凝聚为液体，甚至凝固为固体，是怎样的吸引力使这些分子凝聚在一起的呢？

这里有一个局部与整体的关系问题。虽然分子从总体上看不显电性，但是在分子中有带正电荷的原子核和带负电荷的电子，它们一直在运动着，只是保持着大致不变的相对位置。有了这样的认识，才能理解分子之间吸引力的来源。这种吸引力比化学键弱得多，即使在晶体中分子靠得很近时，也不过是后者的 1/100～1/10，但是在很多实际问题中却起着重要的作用。

10.4.1 分子的偶极矩和极化率

1. 分子的偶极矩

利用电学和光学等物理实验方法可以测出分子的偶极矩，它是分子的基本性质之一，是衡量分子极性的根据。表 10-6 列出了一些分子偶极矩的实验数据。

表 10-6　　一些物质分子的偶极矩 μ　　(10^{-30} C·m)

分子式	偶极矩	分子式	偶极矩	分子式	偶极矩	分子式	偶极矩
H_2	0	CH_4	0	SO_2	5.33	HF	6.37
N_2	0	CO	0.40	H_2O	6.17	HCl	3.57
CO_2	0	$CHCl_3$	3.50	NH_3	4.90	HBr	2.67
CS_2	0	H_2S	3.67	HCN	9.85	HI	1.40

为了介绍偶极矩的概念，先对分子中的电荷分布作一分析。如前所述，分子中有正电荷部分（各原子核）和负电荷部分（电子）。像对物体的质量取中心（重心）那样，可以在分子中取一个正电中心和一个负电中心。偶极矩等于正电中心（或负电中心）上的电量乘以两个中心之间的距离所得的积。偶极矩是矢量，方向由正电中心指向负电中心。例如，H_2 的正电荷部分就在两个核上，负电荷部分则在两个电子（共用电子对）上。H_2 的正、负电中心都正好在两核之间，重合在一起，距离为零，所以偶极矩为零。像 H_2 这样的分子叫作非极性分子，表 10-6 中偶极矩为零的都是非极性分子，它们的正、负电中心都重合在一起。

与此相反，偶极矩不等于零的分子叫作极性分子，它们的正、负电中心不重合在一起。例如，H_2O 是键角等于 104°30′ 的 V 形分子（图 10-15），正电荷分布在两个氢原子核和一个氧原子核上，其中心应在三角形平面中的某一点（图 10-15 中的“＋”）；由于 O—H 键的共用电子对偏向氧原子，负电荷中心也在三角形平面中，但更靠近氧原子核（图 10-15 中的“－”）。因此，H_2O 的正、负电中心不重合，都在∠HOH 的平分线上。

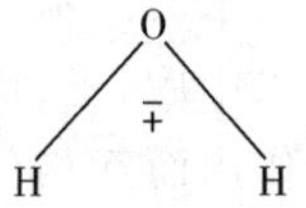

图 10-15　H_2O 分子的极性示意图

通常用下列符号表示非极性分子和极性分子：

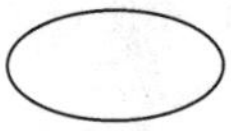
非极性分子

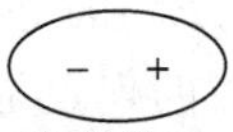

极性分子

实际上人们通常是根据实验测出的偶极矩推断分子构型的。例如，实验测得 CO_2 的偶极矩为零，为非极性分子，可以断言二氧化碳分子中的正、负电中心是重合的，由此推测二氧化碳分子应呈直线形，因为只有这样才能得到正、负电中心重合的结果（正、负电中心都在碳原子核上）。又如，实验测知 NH_3 的偶极矩不等于零，是极性分子。显然可以推断氮原子和 3 个氢原子不会在同一平面上成为三角形构型，否则正、负电中心将重合在氮原子核上，成为非极性分子。前面讨论 NH_3 时得出它的构型像一个扁的三角锥，锥底上是 3 个氢原子，锥顶是氮原子，这种构型就是考虑了 NH_3 的极性而推测出来的。所以利用实验测得的偶极矩是推测和验证分子构型的一种有效方法。

2. 分子的极化率

分子的另一种基本性质极化率是用以表征分子的变形性的。分子以原子核为骨架，电子受骨架的吸引。但是，不论是原子核还是电子，无时无刻不在运动，每个电子都可能离开它的平衡位置，尤其是那些离核稍远的电子因被吸引得并不太牢，更是这样。不过离开平衡位置的电子很快又被拉了回来，轻易不能摆脱核骨架的束缚。但平衡是相对的，所谓分子构型实际上只表现了在一段时间内的大体情况，每一瞬间都是不平衡的。分子的变形性与分子的大小有关。分子越大，含有的电子越多，就会有较多电子被吸引得较松，分子的变形性也越大。在外加电场的作用下，由于同性相斥，异性相吸，非极性分子原来重合的正、负电中心被分开，极性分子原来不重合的正、负电中心也被进一步分开。这种正、负两“极”(电中心)分开的过程叫作极化(图 10-16)。极化率可由实验测出，它反映物质在外电场作用下变形的性质(表 10-7)①。

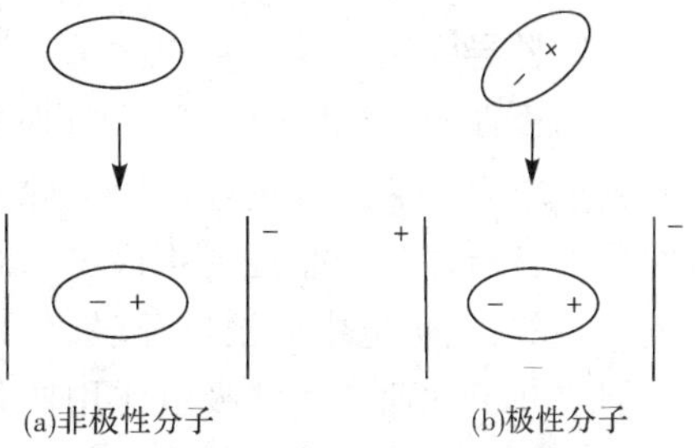

图 10-16　分子在电场中的极化

表 10-7　　一些物质分子的极化率　　(10^{-40} C·m^2·V^{-1})

分子式	极化率	分子式	极化率	分子式	极化率	分子式	极化率
He	0.227	H_2	0.892	HCl	2.85	CO	2.14
Ne	0.437	O_2	1.74	HBr	3.86	CO_2	2.87
Ar	1.81	N_2	1.93	HI	5.78	NH_3	2.39
Kr	2.73	Cl_2	5.010	H_2O	1.61	CH_4	3.00
Xe	4.45	Br_2	7.15	H_2S	4.05	C_2H_6	4.81

10.4.2　分子间的吸引作用

任何分子都有正、负电中心，非极性分子也有正、负电中心，不过是重合在一起罢了。任何分子又都有变形性。分子的极性和变形性是当分子互相靠近时分子间产生吸引作用的根本原因。

1. 色散作用

先看两个非极性分子(如氩分子)相遇时的情况。虽然在一段时间内大体上看分子的正、负电中心是重合的，表现为非极性分子，但分子中的电子和原子核在运动的过程中会发生瞬时的相对位移，导致在每一瞬间总是出现正、负电中心不重合的状态，形成了瞬时偶极[图 10-17(a)]。当两个非极性分子靠得较近，如相距只有几百皮米(氩分子本身的直径约为 348 pm)时，这两个分子的正、负电中心步调一致地处于异极相邻的状态[图 10-17(b)]。这样就在两个分子之间产生一种吸引作用，叫作色散作用。虽然每一瞬间的时间极短，但在下一瞬间仍然重复着这样异极相邻的状态[图 10-17(c)]。因此，在这靠近的两个分子之间色散作用始终存在着。只有当分子离得稍远时，色散作用才变得不显著。色散作用与分子的

① 确切地说，由实验测得的极性分子的极化率，除了表明极性分子的变形性能以外，还包含着它们在电场中的取向作用。取向就是分子克服热运动的影响，在电场中将正电中心指向负极板和将负电中心指向正极板的一种运动。

极化率有关，分子的极化率越大，分子之间色散作用越强。

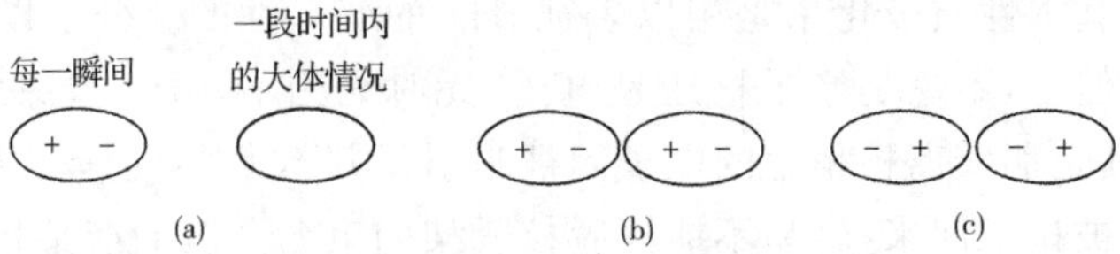

图 10-17　非极性分子间的相互作用

2. 诱导作用

当极性分子(如 HCl)和非极性分子(如 N_2)靠近时，由于每种分子都有变形性，在这两种分子之间显然会有色散作用。除此之外，在这两种分子之间还有一种诱导作用。当非极性分子与极性分子靠近到几百皮米时，在极性分子的电场影响(诱导)下，非极性分子中原来重合着的正、负电中心被拉开(极化)了[图 10-18(b)]。两个分子保持着异极相邻的状态，在它们之间由此而产生的吸引作用叫作诱导作用。诱导作用的强弱除与距离有关外，还与极性分子的偶极矩和非极性分子的极化率有关。偶极矩越大，诱导作用越强；极化率越大，则被诱导而“两极分化”越显著，产生的诱导作用越强。

图 10-18　极性分子和非极性分子间的作用

3. 取向作用

当两个极性分子(如 H_2S)靠近时，分子间依然有色散作用。此外它们由于同极相斥，异极相吸的结果，使分子在空间的运动循着一定的方向，成为异极相邻的状态[图 10-19(b)]。由于极性分子的取向而产生的分子之间的吸引作用叫作取向作用。取向作用的强弱除了与分子间距离有关外，还取决于极性分子的偶极矩。偶极矩越大则取向作用越强。

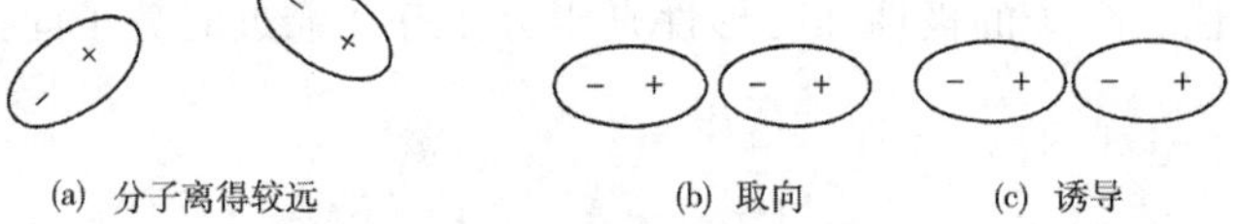

图 10-19　极性分子间的相互作用

取向作用使两个极性分子更加接近，两个分子相互诱导，使每个分子的正、负电中心分得更开[图 10-19(c)]，所以它们之间也还有诱导作用。

总之，在非极性分子之间，只有色散作用；在极性分子和非极性分子之间，有诱导作用和色散作用；在极性分子之间，则有取向、诱导和色散作用。这三种吸引作用总称为分子间力，有时也叫作 van der Waals 力。

表 10-8 列举了几种物质分子间吸引作用的数值。从这些数值可以看出，除了偶极矩很大的分子(如 H_2O)之外，色散作用始终是最主要的吸引作用，诱导作用所占成分最少。为了便于比较，分子间的距离都取为 500 pm。

表 10-8 分子间的吸引作用/(10^{-22} J) (两分子间距离=500 pm，T =298 K)

分子	取向能	诱导能	色散能	总和
He	0	0	0.05	0.05
Ar	0	0	2.9	2.9
Xe	0	0	18	18
CO	0.000 21	0.003 7	4.6	4.6
CCl_4	0	0	116	116
HCl	1.2	0.36	7.8	9.4
HBr	0.39	0.28	15	16
HI	0.021	0.10	33	33
H_2O	11.9	0.65	2.6	15
NH_3	5.2	0.63	5.6	11

分子间的取向、诱导和色散作用是相互联系的。我国科学工作者考虑到它们的内在联系的本质，统一处理分子间的三种作用力，得到了更深刻的认识，发展了分子间力的理论。

在生产上利用分子间力的地方很多。例如，用空气氧化甲苯制取苯甲酸过程中，未起反应的甲苯随尾气逸出，可以用活性炭吸附回收甲苯蒸气，空气则不被吸附而放空。甲苯 C_7H_8 分子比 O_2 或 N_2 分子大得多，变形性显著，在同样的条件下，容易被吸附，利用活性炭分离出甲苯就是根据这一原理。防毒面具滤去氯气等有毒气体而让空气通过，其原理是相同的。生产和科学实验中广泛使用的气相色谱，就是利用了各种气体分子的极性和变形性不同而被吸附的情况不同，从而分离、鉴定气体混合物中的各种成分。

10.4.3 氢 键

气体能够凝聚为液体，是由于分子间的吸引作用。分子间吸引作用越强，则液体越不易汽化，所以沸点越高。卤素氢化物的沸点如下：

	HF	HCl	HBr	HI
沸点/℃	19.9	−85.0	−66.7	−35.4

从表 10-7 可以看出，HCl、HBr 和 HI 三种氢化物的极化率依次增大，它们分子间的吸引作用都以色散作用为主。且色散作用依次增强(表 10-8)，所以它们的沸点依次升高。

HF 的变形性不及 HCl 的大(HF 的极化率为 0.89×10^{-40} C·m^2·V^{-1})，按上述规律，HF 的沸点应该低于−85.0 ℃，而事实上却高达 19.9 ℃。这是因为在 HF 之间除了前面所说的分子间的三种吸引作用外，还有一种叫作氢键的作用。

氟原子的外层电子构型是 $2s^22p^5$，其中一个未成对 2p 电子与氢原子的 1s 电子配对，形成共价键。由于 F 的电负性(3.98)比 H 的电负性(2.18)大得多，共用电子对强烈地偏向氟的一边，使氢原子核几乎裸露出来。氟原子上还有 3 对孤对电子，在几乎裸露的氢原子核与另一个 HF 中氟原子的某一孤对电子之间产生一种吸引作用，这种吸引作用叫作氢键。HF 在固态、液态，甚至是气态时都是以氢键相聚合为锯齿形链，通常用虚线表示氢键(图 10-20)。

实验测知氢键 H┄F 的键能约为 28 kJ·mol^{-1}，仅为 F—H 键能(565 kJ·mol^{-1})的

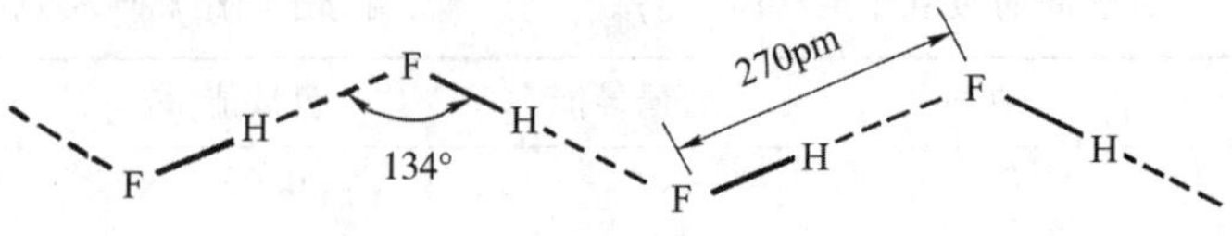

图 10-20　HF 分子间氢键

1/20，氢键的键长为 270 pm，指的是 F—H┄F 中两个氟原子之间的距离。

氢与电负性大、原子半径小、具有孤对电子的元素原子结合，分子间才能形成氢键。这样的元素中，氟、氧、氮与氢所形成的氢键键能分别为(25～40)kJ·mol^{-1}、(13～29)kJ·mol^{-1} 和(5～21)kJ·mol^{-1}。

氢键的键能比共价键的键能小得多。与共价键相仿，氢键一般也有饱和性和方向性。例如，在液态水中，水分子靠氢键结合起来，形成缔合分子，一个水分子可形成 4 个氢键，O—H 只能和一个氧原子相结合而形成 O—H┄O 键，氢原子非常小，第三个氧原子在靠近它之前，早就被已经结合的氧原子排斥开了，这是氢键的饱和性。此外，当氧原子靠近 O—H 的氢原子形成氢键时，尽量保持 O—H┄O 呈直线形，这样才能吸引得牢，这是氢键的方向性。

由于氢键的存在，冰和水具有很多不同的性质。冰靠氢键的作用结合成含有许多空洞的结构，因而冰的密度小于水，并浮在水面上。

由氢键结合而成的水分子笼将外来分子或离子包围起来形成笼形水合物。例如，海洋深处的甲烷可形成这种笼形水合物。

氢键在分子聚合、结晶、溶解、晶体水合物形成等重要物理化学过程中都起着重要作用。例如，在 $NH_3 \cdot H_2O$ 等化合物中氨分子和水分子通过氢键结合。又如，在 H_3BO_3 间、$NaHCO_3$ 间都有 O—H┄O 氢键。

在有机羧酸、醇、酚、胺、氨基酸和蛋白质中也都有氢键存在，如甲酸靠氢键形成双聚体结构：

除了分子间氢键外，还有分子内氢键。例如，硝酸分子中存在分子内氢键(图 10-21)。硝酸的熔点和沸点较低，酸性比其他强酸稍弱，这些都与分子内氢键有关。

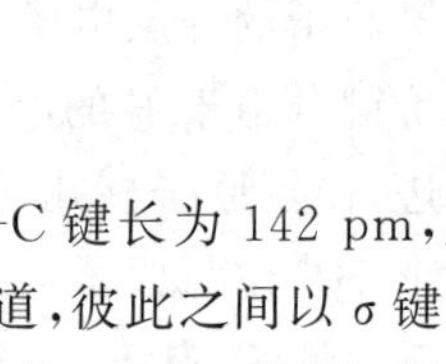

图 10-21　HNO_3 分子内氢键

10.5　层状晶体

石墨具有层状结构(图 10-22)，又称为层状晶体。同一层的 C—C 键长为 142 pm，层与层之间的距离是 340 pm。在这样的晶体中，碳原子采用 sp^2 杂化轨道，彼此之间以 σ 键连接在一起。每个碳原子周围形成 3 个 σ 键，键角为 120°，每个碳原子还有 1 个 2p 轨道，其中有 1 个 2p 电子。这些 2p 轨道都垂直于 σ 键所在的平面，且互相平行。互相平行的 p 轨道满足

形成 π 键的条件。同一层中有很多碳原子，所有碳原子的垂直于上述平面的 2p 轨道中的电子，都参与形成了 π 键，这种包含着很多个原子的 π 键叫作大 π 键。因此石墨中 C—C 键长比通常的 C—C 单键（154 pm）略短，比C═C双键（134 pm）略长。

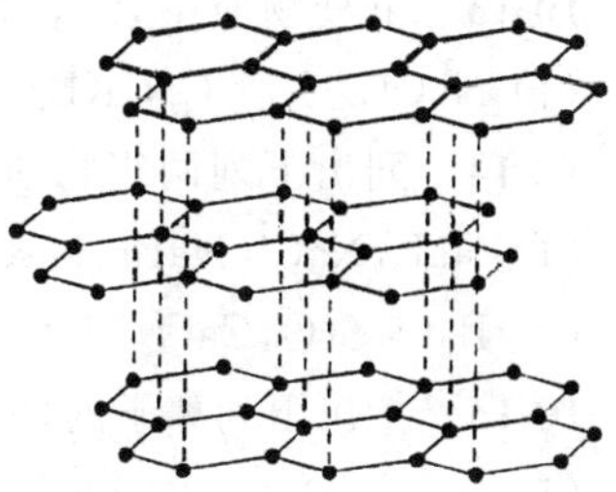

图 10-22 石墨的层状晶体结构

大 π 键中的电子不再定域于两个原子之间，而是离域（或非定域）的，可以在同一层中运动。正如金属键一样，大 π 键中的电子使石墨具有金属光泽，并具有良好的导电和导热性。层与层之间的距离较远，它们是靠分子间力结合起来的。这种引力较弱，所以层与层之间可以滑移。石墨在工业上用作润滑剂就是利用这一特性。

总之，石墨晶体中既有共价键，又有类似于金属键的非定域大 π 键和分子间力在起作用，它实际上是一种混合键型的晶体。还有许多化合物也是层状结构的晶体，如六方氮化硼 BN 等。

习 题 10

拓展阅读

晶体缺陷

10-1 填充下表：

物质	晶体中质点间作用力	晶体类型	熔点/℃
KI			880
Cr			1 907
BN(立方)			3 300
BBr_3			−46

10-2 在金属晶体六方密堆积与面心立方密堆积结构中，每个粒子的配位数是多少？这两种密堆积的主要区别在哪里？

10-3 六方密堆积与面心立方密堆积中都存在着四面体空隙和八面体空隙，这句话是否正确？

10-4 如何计算每个体心立方晶胞中所含原子数？

10-5 “由于离子键没有方向性和饱和性，所以离子在晶体中趋向于紧密堆积方式”，这句话是否正确？

10-6 NaCl 型和 CsCl 型晶体结构中正离子与负离子的配位数各是多少？

10-7 一个闪锌矿晶胞中有几个 Zn^{2+} 与 S^{2-}？

10-8 根据离子半径比推测下列物质的晶体各属何种类型。

（1）KBr；（2）CsI；（3）NaI；（4）BeO；（5）MgO。

10-9 利用 Born-Haber 循环计算 NaCl 的晶格能。

10-10 试通过 Born-Haber 循环计算 $MgCl_2$ 晶格能（已知镁的 I_2 为 1 457 kJ · mol^{-1}）。

10-11 利用 Born-Landé 公式计算 KF 晶体的晶格能（已知 KF 为 NaCl 型离子晶体，从 Born-Haber 循环求得的晶格能为 802.5 kJ · mol^{-1}）。

10-12 根据离子晶体晶格能理论公式，可推知晶格能与离子半径、离子电荷有什么关系？典型离子晶体熔点、沸点随离子半径、电荷变化的规律是什么？举例说明。

10-13 下列物质中,何者熔点最低?

(1) NaCl; (2) KBr; (3) KCl; (4) MgO。

10-14 列出下列两组物质熔点由高到低的次序。

(1) NaF,NaCl,NaBr,NaI;

(2) BaO,SrO,CaO,MgO。

10-15 指出下列离子的外层电子构型属于哪种类型[$8e^-$,$18e^-$,$(18+2)e^-$,$(9\sim17)e^-$]。

(1) Ba^{2+}; (2) Cr^{3+}; (3) Pb^{2+}; (4) Cd^{2+}。

10-16 指出下列离子中,何者极化率最大。

(1) Na^+; (2) I^-; (3) Rb^+; (4) Cl^-。

10-17 写出下列物质的离子极化作用由大到小的顺序。

(1) $MgCl_2$; (2) NaCl; (3) $AlCl_3$; (4) $SiCl_4$。

10-18 离子的极化力、变形性与离子电荷、半径、电子层结构有何关系?离子极化对晶体结构和性质有何影响?举例说明。

10-19 Cu^+ 与 Na^+ 虽然半径相近,但 CuCl 在水中溶解度比 NaCl 小得多,试用离子极化的概念讨论其原因。

10-20 下列说法是否正确?为什么?

(1) 具有极性共价键的分子一定是极性分子。

(2) 非极性分子中的化学键一定是非极性共价键。

(3) 非极性分子间只存在色散力,极性分子与非极性分子间只存在诱导力,极性分子间只存在取向力。

(4) 氢键就是含氢化合物之间形成的化学键。

10-21 讨论下列物质的键型有何不同。

(1) Cl_2; (2) HCl; (3) AgI; (4) NaF。

10-22 指出下列各固态物质中分子间作用力的类型。

(1) Xe; (2) P_4; (3) H_2O; (4) NO; (5) BF_3; (6) C_2H_6; (7) H_2S。

10-23 氢键形成必须具备哪些基本条件?举例说明氢键存在对化合物性质的影响。

10-24 指出下列物质何者不含有氢键。

(1) $B(OH)_3$; (2) HI; (3) CH_3OH; (4) $H_2NCH_2CH_2NH_2$。

10-25 对下列各对物质的沸点的差异给出合理的解释。

(1) HF(20 ℃)与 HCl(−85 ℃); (2) NaCl(1 465 ℃)与 CsCl(1 290 ℃);

(3) $TiCl_4$(136 ℃)与 LiCl(1 360 ℃); (4) CH_3OCH_3(−25 ℃)与 CH_3CH_2OH(79 ℃)。

10-26 试说明石墨的结构是一种混合型的晶体结构。为什么可以用石墨做电极或润滑剂?

第11章

配位化合物

配位化合物，简称配合物(过去也称为络合物)，是一类组成复杂、种类繁多、用途广泛的化合物。早在1704年，德国人Diesbach即合成了蓝色颜料$Fe_4[Fe(CN)_6]_3$(普鲁士蓝)。1798年法国人B. M. Tassaert合成了$[Co(NH_3)_6]Cl_3$之后，人们开始研究配合物，并相继合成出成千上万种配合物。1893年，瑞士化学家A. Werner提出了配位理论，奠定了配位化学的理论基础。现在配位化学已发展成为一门独立的化学学科，其研究领域由无机化学渗透到有机化学、分析化学、结构化学、催化反应、生命科学等学科。本章先介绍配合物的基本概念，然后介绍配合物的结构理论，最后讨论配合物的稳定性与配位平衡。

11.1 配合物的基本概念

11.1.1 配合物的组成

配合物是由中心离子(或原子)和一定数目的阴离子(或中性分子)以配位键相结合而形成的具有一定空间构型和稳定性的复杂化合物。配合物与一般的简单化合物相比具有显著不同的结构和性质。例如，在蓝色的$CuSO_4$溶液中加入过量的浓氨水，生成深蓝色的$[Cu(NH_3)_4]SO_4$溶液。若在此溶液中滴加NaOH稀溶液，没有浅蓝色的$Cu(OH)_2$沉淀生成，说明该溶液中几乎没有Cu^{2+}。若在$[Cu(NH_3)_4]SO_4$溶液中滴加$BaCl_2$溶液，则有白色的$BaSO_4$沉淀生成，说明该溶液中有SO_4^{2-}。实验证明，$[Cu(NH_3)_4]SO_4$水溶液中主要存在$[Cu(NH_3)_4]^{2+}$和SO_4^{2-}两种离子。$[Cu(NH_3)_4]^{2+}$是由Cu^{2+}和NH_3以配位键结合而形成的配离子，称为配合物的内界(或内层)；SO_4^{2-}是配合物的外界(或外层)。配合物的内界可以是配阳离子，也可以是配阴离子，如$[Fe(CN)_6]^{4-}$、$[Ag(CN)_2]^-$等，其外界为K^+、Na^+等。外界为H^+的配合物称为配酸，外界为OH^-的配合物称为配碱。配阳离子和配阴离子都属于配位单元，也称为配位个体。有些配合物为中性分子，没有内外界之分，如$[Ni(CO)_4]$、$[PtCl_2(NH_3)_2]$等，它们本身就是配位单元。配合物的内外界之间以离子键结合，在水溶液中完全解离。而配位单元则较稳定，其解离程度较小。

1. 中心离子(或原子)

配位单元是由中心离子(或原子)与配位体组成的。中心离子(或原子)也称为配合物的形成体，它们具有空的价电子轨道，可以接受配位体提供的孤对电子，形成配位键。因此，中心离子(或原子)是电子对的接受体，属于 Lewis 酸。形成体多数是金属离子或原子，特别是过渡金属的离子或原子。也有少数形成体是非金属元素，如 B^{Ⅲ}、Si^{Ⅳ}、P^{Ⅴ} 等。

2. 配位体和配位原子

配位体，简称为配体，通常是非金属的阴离子或多原子分子或离子，如 F^-、Cl^-、Br^-、I^-、OH^-、CN^-、SCN^-、NH_3、H_2O、CO 等。配位体都含有孤对电子，是电子对的给予体，因此，配位体属于 Lewis 碱。中心离子(或原子)与配位体形成的配位单元即为酸碱加合物。

配位体中与中心离子(或原子)直接成键的原子称为配位原子。配位体所提供的孤对电子即是配位原子所具有的孤对电子。常见的配位原子有 F、Cl、Br、I、N、O、S、C 等。

一个配位体中只有一个配位原子的称为单齿(或单基)配体，例如 ：NH_3、：OH^-、H_2O：、：X^- 等；含有两个或两个以上配位原子的称为多齿(或多基)配体，例如，乙二胺(en)、草酸根离子($C_2O_4^{2-}$)是双齿配体，它们的结构如下：

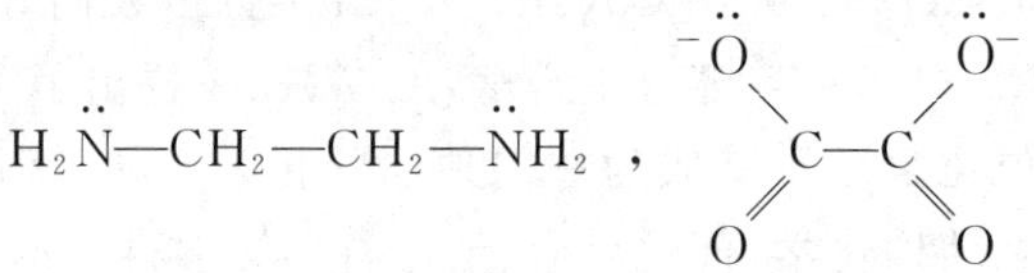

乙二胺四乙酸根离子(简称 EDTA)是多齿配体，其结构如下：

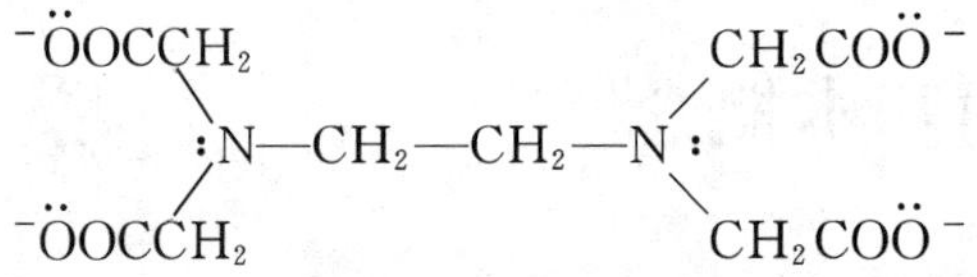

多齿配体与中心离子形成的配合物具有环状结构，称为螯合物。例如，乙二胺与 Cu^{2+} 形成的$[Cu(en)_2]^{2+}$结构如下：

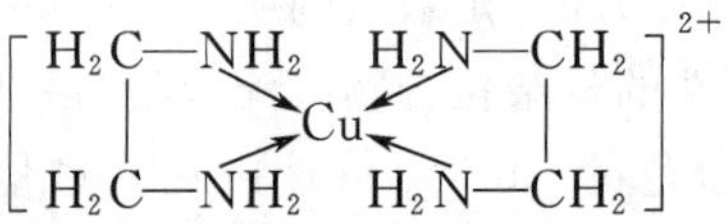

每个乙二胺分子的两个氮原子各提供一对孤对电子与 Cu^{2+} 成键，好像螃蟹的两只螯把中心离子钳起来，形成一个五原子环。两个 en 与 Cu^{2+} 形成两个五原子环。又如，一个乙二胺四乙酸根离子中的 4 个氧原子和 2 个氮原子与 Ca^{2+} 成键，形成的$[Ca(EDTA)]^{2-}$具有 5 个五原子环，其结构如图 11-1 所示。

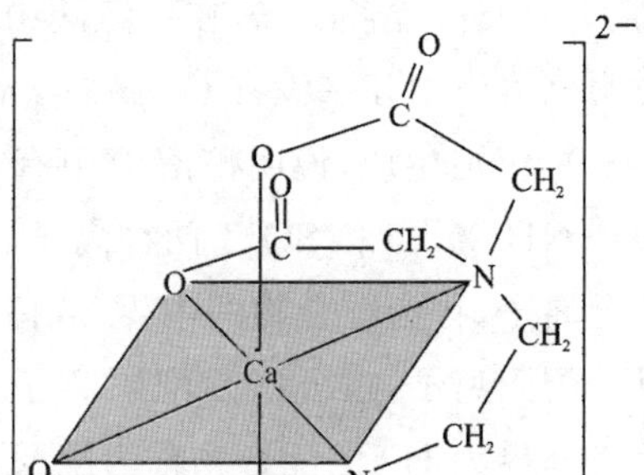

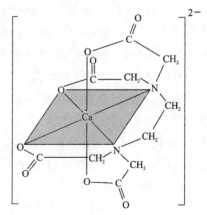

图 11-1 $[Ca(EDTA)]^{2-}$的结构

由于形成这类环状结构，故螯合物具有很高的稳定性。含有多齿配体的配位剂称为螯合剂。

3. 中心离子(或原子)的配位数

在配位单元中与中心离子(或离子)成键的配位原子的数目称为中心离子(或原子)的配位数。配位体为单齿配体时，中心离子(或原子)的配位数就等于配位体的数目。例如，$[Ag(NH_3)_2]^+$、$[Cu(NH_3)_4]^{2+}$和$[Fe(CN)_6]^{4-}$中，Ag^+、Cu^{2+}和 Fe^{2+} 的配位数分别为 2、4 和 6。配位体为多齿配体时，中心离子(或原子)的配位数通常等于配位体的齿数乘以配位体的数目。例如，$[Cu(en)_2]^{2+}$ 和 $[Ca(EDTA)]^{2-}$ 中 Cu^{2+} 和 Ca^{2+} 的配位数分别为 4 和 6。

一些常见配合物的形成体、配位体、配位原子和配位数见表 11-1。

表 11-1 一些常见配合物的形成体、配位体、配位原子和配位数

配合物化学式	命名	形成体	配(位)体	配位原子	配位数
$[Ag(NH_3)_2]^+$	二氨合银配离子	Ag^+	$:NH_3$	N	2
$[CoCl_3(NH_3)_3]$	三氯·三氨合钴(Ⅲ)	Co^{3+}	$:Cl^-$，$:NH_3$	Cl，N	6
$[Al(OH)_4]^-$	四羟基合铝离子	Al^{3+}	$:OH^-$	O	4
$[Fe(CN)_6]^{4-}$	六氰根合铁(Ⅱ)离子	Fe^{2+}	$:CN^-$	C	6
$[Fe(NCS)_6]^{3-}$	六异硫氰酸根合铁(Ⅲ)离子	Fe^{3+}	$:NCS^-$	N	6
$[Hg(SCN)_4]^{2-}$	四硫氰酸根合汞(Ⅱ)离子	Hg^{2+}	$:SCN^-$	S	4
$[BF_4]^-$	四氟合硼离子	B(Ⅲ)	$:F^-$	F	4
$[Ni(CO)_4]$	四羰基合镍(0)	Ni	$:CO$	C	4
$[Cu(en)_2]^{2+}$	二乙二胺合铜(Ⅱ)离子	Cu^{2+}	en	N	4
$[Ca(EDTA)]^{2-}$	EDTA 合钙离子，又称乙二胺四乙酸根合钙离子	Ca^{2+}	EDTA	N，O	6
$[Fe(C_2O_4)_3]^{3-}$	三草酸根合铁(Ⅲ)离子	Fe^{3+}	$(:OOC)_2^{2-}$	O	6

11.1.2 配合物的化学式与命名

书写配合物的化学式时配位个体中应先写出形成体的元素符号，然后依次写出阴离子和中性分子配体，将整个配离子或分子的化学式括在方括号[ ]中。命名配合物时，不同配体名称之间以圆点(·)分开。在最后一个配体名称之后缀以“合”字。在形成体元素名称之后圆括号( )内用罗马数字或带正、负号的阿拉伯数字表示其氧化值。

含配阳离子的配合物的命名遵照无机盐的命名原则。例如，$[Cu(NH_3)_4]SO_4$ 为硫酸四氨合铜(Ⅱ)，$[Pt(NH_3)_6]Cl_4$ 为氯化六氨合铂(Ⅳ)。

含配阴离子的配合物，内外界间缀以“酸”字。例如，$K_4[Fe(CN)_6]$为六氰合铁(Ⅱ)酸钾。

配合物中含有多种无机配体时，通常先列出阴离子的名称，后列出中性分子的名称。例如，$K[PtCl_3NH_3]$为三氯·氨合铂(Ⅱ)酸钾。

配体同为中性分子或同为阴离子时，按配位原子元素符号的英文字母顺序排列。例如 $[Co(NH_3)_5H_2O]Cl_3$ 为氯化五氨·水合钴(Ⅲ)。

若配位原子相同，则将含较少原子数的配体排在前面，含较多原子数的配体排在后面；若配位原子相同且配体中含原子数目又相同，则按其结构中与配位原子相连的非配位原子的元素符号的英文字母顺序排列。例如，$[PtNH_2NO_2(NH_3)_2]$为氨基·硝基·二氨合铂(Ⅱ)。

若配体中既有无机配体又有有机配体，则将无机配体排列在前，有机配体排列在后。例如，$K[PtCl_3(C_2H_4)]$为三氯·乙烯合铂(Ⅱ)酸钾。

11.1.3　配合物的分类

根据配合物的组成可以将配合物大致分为以下六类。

（1）简单配合物

简单配合物分子或离子只有一个中心离子（或原子），而每个配位体只有一个配位原子（单齿配体）与中心离子（或原子）成键，如$[Cu(NH_3)_4]^{2+}$、$[CoF_6]^{3-}$、$[CoCl_3(NH_3)_3]$等。

（2）螯合物

在螯合物分子（或离子）中也只有一个中心离子，每个配位体至少有两个或两个以上配位原子（多齿配体）与中心离子成键，形成环状结构，如$[Cu(en)_2]^{2+}$、$[Ca(EDTA)]^{2-}$等。

（3）多核配合物

多核配合物分子或离子含有两个或两个以上中心离子。在两个中心离子之间，常以配体连接起来。例如，μ-二羟基·八水合二铁（Ⅲ）离子$[(H_2O)_4Fe(OH)_2Fe(H_2O)_4]^{4+}$的结构为

$$\begin{bmatrix} & \overset{\displaystyle H}{\underset{\displaystyle O}{}} & \\ (H_2O)_4Fe & & Fe(H_2O)_4 \\ & \underset{\displaystyle H}{\overset{\displaystyle O}{}} & \end{bmatrix}^{4+}$$

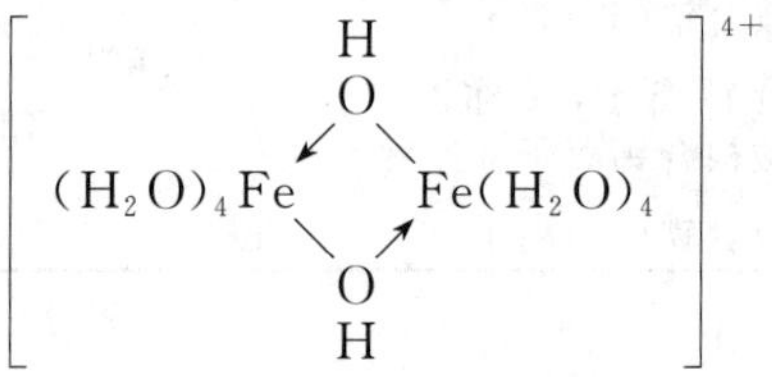

（4）羰合物

羰基化合物是某些 d 区元素的原子与配位体 CO 形成的配合物，简称羰合物，如$[Ni(CO)_4]$、$[Fe(CO)_5]$等。羰合物中也有多核羰合物，如$[Co_2(CO)_8]$、$[Mn_2(CO)_{10}]$等。羰合物的形成体常为中性金属原子。

（5）不饱和烃配合物

不饱和烃配合物的配位体为不饱和烃，如乙烯C_2H_4、丙烯C_3H_6等。它们常与一些 d 区元素的金属离子形成配合物，如乙烯合银配离子$[Ag(C_2H_4)]^+$、三氯·乙烯合钯（Ⅱ）配离子$[PdCl_3(C_2H_4)]^-$等。

（6）多酸型配合物

多酸型配合物是一些复杂的无机含氧酸及其盐类，如磷钼酸铵$(NH_4)_3[P(Mo_3O_{10})_4]\cdot 6H_2O$，其中 P（Ⅴ）为中心离子，$Mo_3O_{10}^{2-}$ 是配位体。

除了上述 6 类配合物之外，还有夹心配合物、簇状配合物、大环配合物等，这里不再介绍。

11.2　配合物的结构

配合物的不断发现与合成促进了人们对其结构的进一步研究，也加深了人们对化学键实质的理解。配合物的结构理论有价键理论、晶体场理论、配位场理论和分子轨道理论等。本章先介绍配合物的空间构型和磁性，然后介绍配合物的价键理论。

拓展阅读

配位聚合物
简介

11.2.1　配合物的空间构型和磁性

1. 配合物的空间构型

配合物的空间构型是指配位体围绕着中心离子(或原子)排布的几何构型。测定配合物空间构型的实验方法有多种。例如,用 X 射线晶体衍射方法能够比较精确地测出配合物中各原子的位置、键角和键长等,从而得出配合物分子或离子的空间构型。配合物的空间构型与中心离子的配位数之间的关系见表 11-2。

从表 11-2 可以看出,在各种不同配位数的配合物中,围绕中心离子(或原子)排布的配位体,趋向于处在彼此排斥作用最小的位置上。这样的排布有利于使系统的能量降低。从表 11-2 还可以看出,配合物的空间构型不仅取决于配位数,还常常与中心离子和配位体的种类有关。例如,$[NiCl_4]^{2-}$ 的空间构型是四面体,而 $[Ni(CN)_4]^{2-}$ 的空间构型则为平面正方形。

表 11-2　　配合物的空间构型

配位数	空间构型		配合物
2	直线形		$[Ag(NH_3)_2]^+$,$[Cu(NH_3)_2]^+$,$[Ag(CN)_2]^-$
3	平面三角形	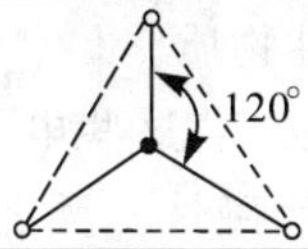	$[HgI_3]^-$
4	四面体	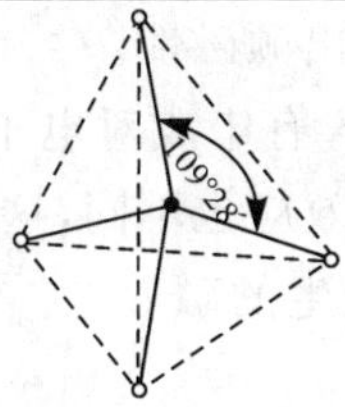	$[BeF_4]^{2-}$,$[HgCl_4]^{2-}$,$[Zn(NH_3)_4]^{2+}$
	平面正方形	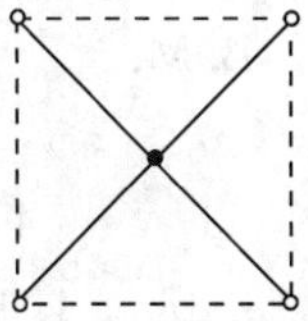	$[Ni(CN)_4]^{2-}$,$[PtCl_2(NH_3)_2]$,$[PdCl_4]^{2-}$,$[AuCl_4]^-$
5	四方锥	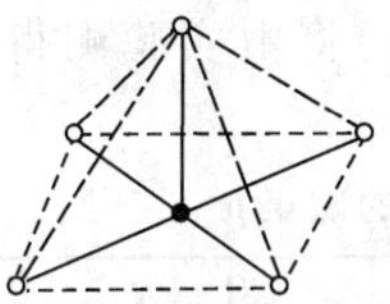	$[SbCl_5]^{2-}$
	三角双锥	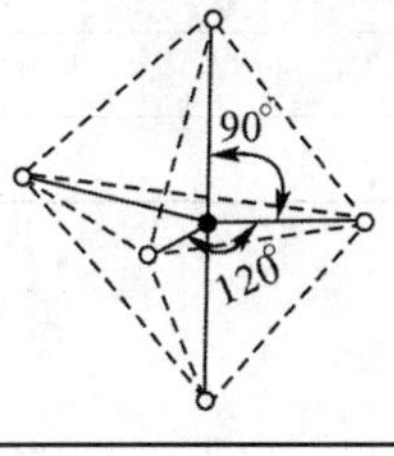	$[CuCl_5]^{3-}$,$[Fe(CO)_5]$

（续表）

配位数	空间构型	配合物
6	八面体 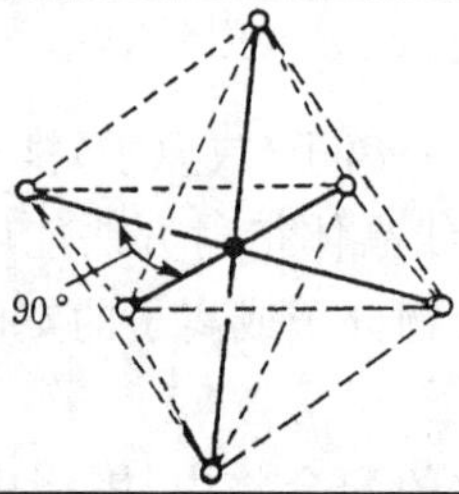	$[Co(NH_3)_6]^{3+}$，$[Fe(CN)_6]^{3-}$，$[SiF_6]^{2-}$，$[AlF_6]^{3-}$，$[PtCl_6]^{2-}$

2. 配合物的磁性

配合物的磁性是配合物的重要性质之一，它对配合物结构的研究提供了重要的实验依据。

拓展阅读

配合物的异构现象

物质的磁性是指它在磁场中表现出来的性质。若把所有的物质分别放在磁场中，按照它们受磁场的影响可分为两大类：一类是反磁性物质，另一类是顺磁性物质。磁力线通过反磁性物质时，比在真空中受到的阻力大，外磁场力图把这类物质从磁场中排斥出去。磁力线通过顺磁性物质时，比在真空中容易，外磁场倾向于把这类物质吸向自己。除此以外，还有一类被磁场强烈吸引的物质叫作铁磁性物质。例如，铁、钴、镍及其合金都是铁磁性物质。

物质的磁性主要与物质内部的电子自旋有关。若这些电子都是偶合的，由电子自旋产生的磁效应彼此抵消，这种物质在磁场中表现出反磁性。反之，有未成对电子存在时，由电子自旋产生的磁效应不能抵消，这种物质就表现出顺磁性。

大多数物质都是反磁性的。顺磁性物质都含有未成对电子，顺磁性物质的分子中含有的未成对电子数目不同，则它们在磁场中产生的效应也不同，这种效应可以由实验测出。通常用物质的磁矩（$\boldsymbol{\mu}$）表示顺磁性物质在磁场中产生的磁效应。物质的磁矩与分子中的未成对电子数（n）有如下近似关系：

$$\boldsymbol{\mu}=\sqrt{n(n+2)}\quad \text{B. M.}$$

根据此式，可用未成对电子数目 n 估算磁矩 $\boldsymbol{\mu}$。

未成对电子数（n）	0	1	2	3	4	5
$\boldsymbol{\mu}$/B. M.① ≈	0	1.73	2.83	3.87	4.90	5.92

由实验测得的磁矩与以上估算值略有出入。现将由实验测得的一些配合物的磁矩列在表 11-3 中。

表 11-3　一些配合物的磁矩 $\boldsymbol{\mu}$　（B. M.）

中心离子 d 电子数	配合物	未成对 d 电子数	磁矩（实验值）	磁矩（估算值）
1	$[Ti(H_2O)_6]^{3+}$	1	1.73	1.73
2	$[V(H_2O)_6]^{3+}$	2	2.75～2.85	2.83

① B. M. 为玻尔磁子，是磁矩的单位。1 B. M. $=9.274\times10^{-24}$ J · T^{-1}（T：Tesla）

（续表）

中心离子 d 电子数	配合物	未成对 d 电子数	磁矩（实验值）	磁矩（估算值）
3	$[Cr(H_2O)_6]^{3+}$	3	3.70～3.90	3.87
	$[Cr(NH_3)_6]Cl_3$	3	3.88	3.87
	$K_2[MnF_6]$	3	3.90	3.87
4	$K_3[Mn(CN)_6]$	2	3.18	2.83
5	$[Mn(H_2O)_6]^{2+}$	5	5.65～6.10	5.92
	$K_4[Mn(CN)_6]\cdot 3H_2O$	1	1.80	1.73
	$K_3[FeF_6]$	5	5.90	5.92
	$K_3[Fe(CN)_6]$	1	2.40*	1.73
	$NH_4[Fe(EDTA)]$	5	5.91	5.92
6	$[Fe(H_2O)_6]^{2+}$	4	5.10～5.70	4.90
	$K_3[CoF_6]$	4	5.26	4.90
	$[Co(NH_3)_6]^{3+}$	0	0	0
	$[Co(CN)_6]^{3-}$	0	0	0
	$[CoCl_2(en)_2]^{+}$	0	0	0
	$[Co(NO_2)_6]^{3-}$	0	0	0
	$[Fe(CN)_6]^{4-}$	0	0	0
7	$[Co(H_2O)_6]^{2+}$	3	4.30～5.20	3.87
	$[Co(NH_3)_6](ClO_4)_2$	3	4.26	3.87
	$[Co(en)_3]^{2+}$	3	3.82	3.87
8	$[Ni(H_2O)_6]^{2+}$	2	2.80～3.50	2.83
	$[Ni(NH_3)_6]Cl_2$	2	3.11	2.83
	$[Ni(CN)_4]^{2-}$	0	0	0
9	$[Cu(H_2O)_4]^{2+}$	1	1.70～2.20	1.73

物质的磁性通常借助磁天平测定（图 11-2）。反磁性物质在磁场中由于受到磁场力的排斥而使重量减轻，顺磁性物质在磁场中受到磁场力的吸引而使重量增加。由物质的增重计算磁矩大小，从而确定未成对电子数。

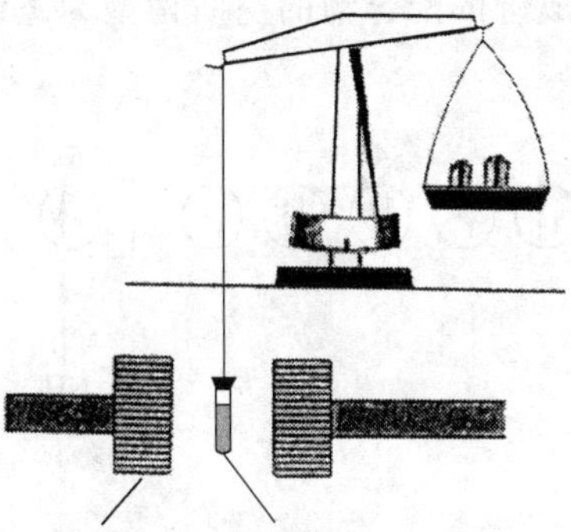

图 11-2　磁天平

11.2.2 配合物的价键理论

1931 年美国化学家 L. Pauling 把杂化轨道理论用于研究配合物的结构，较好地说明了配合物的空间构型和某些性质，形成了配合物的价键理论。该理论的基本要点如下：

(1)在配合物形成时由配位体提供的孤对电子进入形成体的空的价电子轨道而形成配键(σ 键)。

(2)为了形成结构匀称的配合物，形成体采取杂化轨道与配位体成键。

(3)不同类型的杂化轨道具有不同的空间构型。

对于绝大多数 d 区元素的原子来说，除 s 轨道和 p 轨道参与杂化之外，d 轨道也常参与杂化，形成含有 d、s、p 成分的杂化轨道，如 d^2sp^3 和 dsp^2 等杂化轨道。现将常见的杂化轨道及其在空间的分布列在表 11-4 中。

表 11-4　杂化轨道的类型及其在空间的分布

配位数	杂化轨道	参与杂化的原子轨道	空间构型
2	sp	s, p_z	直线形
3	sp^2	s, p_x, p_y	三角形
4	sp^3	s, p_x, p_y, p_z	正四面体
4	dsp^2	$d_{x^2-y^2}, s, p_x, p_y$	平面正方形
5	dsp^3	$d_{z^2}, s, p_x, p_y, p_z$	三角双锥
5	d^2sp^2	$d_{z^2}, d_{x^2-y^2}, s, p_x, p_y$	四方锥
6	d^2sp^3, sp^3d^2	$d_{z^2}, d_{x^2-y^2}, s, p_x, p_y, p_z$	八面体

1. 配位数为 2 的配合物

氧化值为 +1 的 Ag^+、Cu^+ 等常形成配位数为 2 的配合物，如 Ag^+ 的配合物 $[Ag(NH_3)_2]^+$、$[AgCl_2]^-$ 和 $[AgI_2]^-$ 等。Ag^+ 的价层电子分布为

当 Ag^+ 与配位体形成配位数为 2 的配合物时，它的 5s 轨道和一个 5p 轨道杂化组成两个 sp 杂化轨道。以 sp 杂化轨道成键的配合物的空间构型为直线形，如 $[Ag(NH_3)_2]^+$①，它的电子分布为

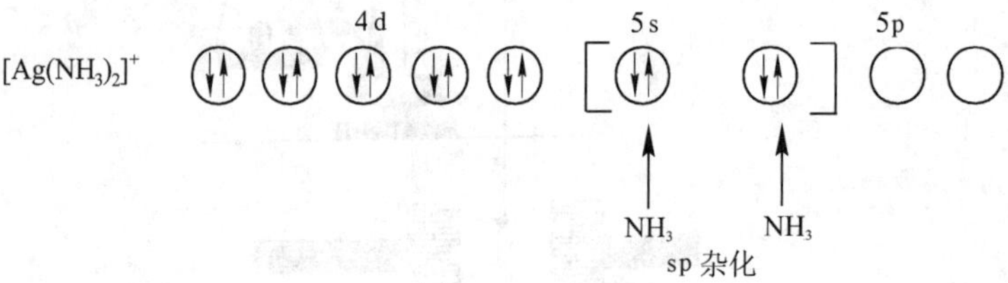

① 有人认为，d^{10} 构型的中心离子，在配位数为 2 的配合物中，$(n-1)d_{z^2}$ 和 ns 轨道先杂化成 ψ(Ⅰ)和 ψ(Ⅱ)两个轨道，其中 ψ(Ⅰ)主要伸展在 x-y 平面上，原 d_{z^2} 轨道中的两个电子进入此轨道；ψ(Ⅱ)主要伸展在 z 方向，与 np_z 轨道进一步杂化，形成分布在 z 方向上的两个空轨道，接受配位体提供的电子对。

2. 配位数为 4 的配合物

已知配位数为 4 的配合物有两种构型,一种是四面体构型,另一种是平面正方形构型。前者形成体以 sp^3 杂化轨道成键,后者形成体以 dsp^2 杂化轨道成键。至于形成体是以 sp^3 杂化轨道成键,还是以 dsp^2 杂化轨道成键,主要由形成体的价层电子结构和配位体的性质所决定。例如,Be^{2+} 的价层电子构型为 $1s^2$,其 2s、2p 价电子轨道都是空的,且无 $(n-1)$d 轨道,Be^{2+} 形成配位数为 4 的配合物时,将采取 sp^3 杂化轨道成键,构型为四面体。由实验事实知道,Be^{2+} 的配位数为 4 的配合物如 $[BeF_4]^{2-}$ 和 $[Be(H_2O)_4]^{2+}$ 等,都是四面体构型。

某些过渡元素离子的价层 d 轨道中未充满电子,形成配位数为 4 的配合物时,配合物的空间构型有两种可能。例如,Ni^{2+} 的价电子轨道中的电子分布为

Ni^{2+} 形成配位数为 4 的配合物时,一种可能是以 sp^3 杂化轨道成键,配合物的空间构型应为四面体构型。它的磁矩为 2.83 B. M. 左右(因为它保留了两个未成对电子)。例如,$[NiCl_4]^{2-}$ 是四面体构型的配合物,其磁矩基本符合理论的预见。$[NiCl_4]^{2-}$ 的电子分布为

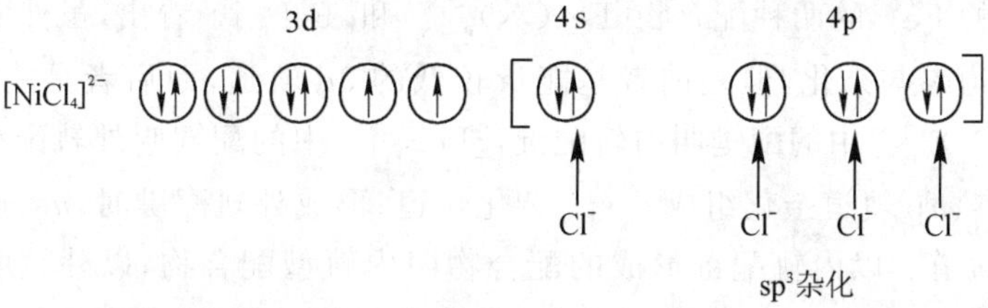

另一种可能是 Ni^{2+} 的两个未成对的 d 电子偶合成对,这样就可以腾出一个 3d 轨道形成 dsp^2 杂化轨道,配合物的空间构型为平面正方形,这时 Ni^{2+} 的配合物的磁矩为 0。例如,$[Ni(CN)_4]^{2-}$ 的空间构型为平面正方形,且为反磁性($\boldsymbol{\mu}=0$)的配合物。$[Ni(CN)_4]^{2-}$ 形成时以 dsp^2 杂化轨道成键,它的电子分布为

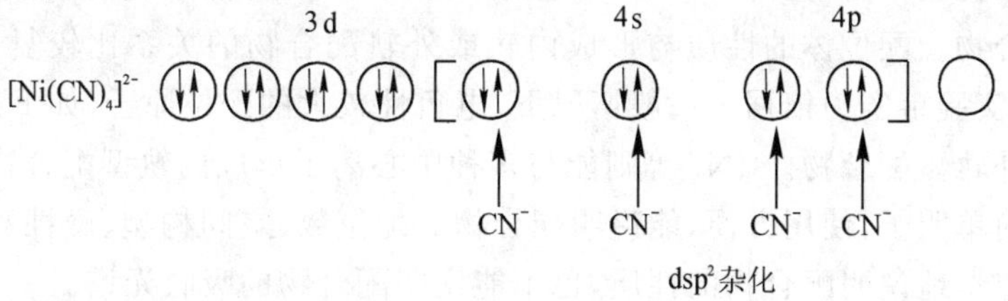

3. 配位数为 6 的配合物

配位数为 6 的配合物绝大多数是八面体构型。这种构型的配合物可能采取 d^2sp^3 或 sp^3d^2 杂化轨道成键。例如,已知配合物 $[Fe(CN)_6]^{3-}$ 的空间构型为八面体,磁矩为 2.4 B. M.。Fe^{3+} 的价层电子构型为 $3d^5$,当 $[Fe(CN)_6]^{3-}$ 形成时,若 Fe^{3+} 保留 1 个未成对电子,其磁矩应为 1.73 B. M.,与实验测得的磁矩 2.4 B. M. 比较接近。由此确定 $[Fe(CN)_6]^{3-}$ 仅有 1 个未成对 d 电子,其余 4 个 d 电子两两偶合。$[Fe(CN)_6]^{3-}$ 形成时 Fe^{3+} 以 d^2sp^3 杂化轨道成

键，其电子分布为

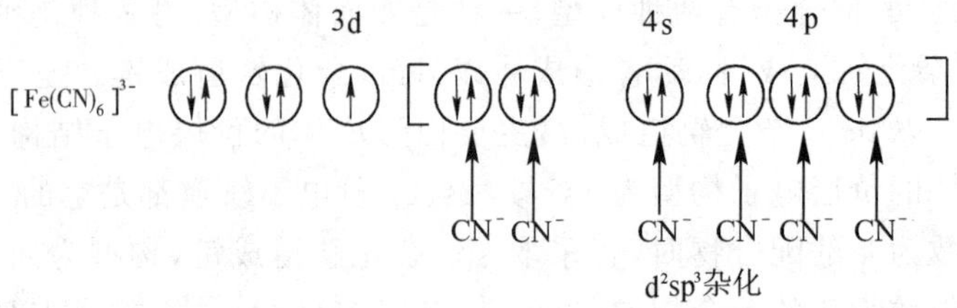

又如，已知配合物$[FeF_6]^{3-}$的空间构型也是八面体，但是它的磁矩却是 5.90 B. M.，相当于有 5 个未成对电子。很明显，与$[Fe(CN)_6]^{3-}$形成时的电子分布和成键情况不同，$[FeF_6]^{3-}$形成时 Fe^{3+} 以 sp^3d^2 杂化轨道成键，其电子分布为

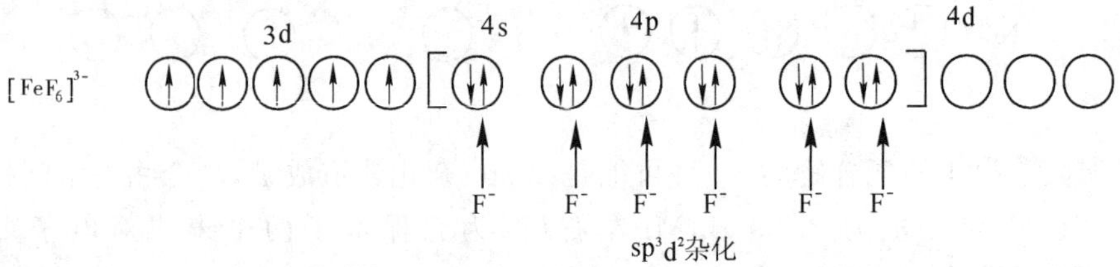

这种电子分布正好说明了它的磁矩和空间构型。

从上面讨论的 Fe^{3+} 的两种配合物$[Fe(CN)_6]^{3-}$和$[FeF_6]^{3-}$看出，虽然它们形成时都有 Fe^{3+} 的两个 d 轨道参与杂化，但是前者是能量较低的 3d 轨道，而后者是能量较高的 4d 轨道。因此，$[Fe(CN)_6]^{3-}$中的配键叫内轨配键，$[FeF_6]^{3-}$中的配键叫外轨配键。形成内轨配键时，$(n-1)$d、ns、np 轨道杂化组成 d^2sp^3 杂化轨道；形成外轨配键时，ns、np、nd 轨道杂化组成 sp^3d^2 杂化轨道。以内轨配键形成的配合物叫内轨型配合物，以外轨配键形成的配合物叫外轨型配合物。由于$(n-1)$d 轨道比 nd 轨道能量低，同一中心离子的内轨型配合物比外轨型配合物稳定。例如，$[Fe(CN)_6]^{3-}$和$[FeF_6]^{3-}$的稳定常数 $K_f^{\ominus}$ 的对数值分别为 52.6 和 14.3。

在什么情况下形成内轨型配合物或外轨型配合物，价键理论尚不能准确预见。从中心离子的价层电子构型来看，具有 $d^4 \sim d^7$ 构型的中心离子，既可能形成内轨型配合物，也可能形成外轨型配合物。配位体的性质与形成内轨或外轨配合物的关系比较复杂，难以做出全面概括，只能以实验事实为依据。一般情况下，电负性较大的配位原子(如 F、O)大都与上述中心离子形成外轨型配合物。CN^- 等则能与多种中心离子形成内轨型配合物。

价键理论简单明了，使用方便，能说明配合物的配位数、空间构型、磁性和稳定性。但价键理论尚不能定量地说明配合物的性质，也不能说明配合物的吸收光谱。

*11.2.3 配合物的晶体场理论

1929 年和 1932 年 H. Bethe 和 J. H. Van Vleck 在研究晶体结构时先后提出了晶体场理论。20 世纪 50 年代晶体场理论开始用于处理配合物的化学键问题。晶体场理论是一种静电理论，它把配合物的中心离子和配位体看作点电荷(或偶极子)，在形成配合物时，带正电荷的中心离子和带负电荷的配位体以静电相吸引，配位体间则相互排斥。晶体场理论还考虑了带负电荷的配位体对中心离子最外层电子(特别是过渡元素离子的 d 电子)的排斥作用。它把由带负电荷的配位体对中心离子产生的静电场叫作晶体场。这一理论的基本要点是:

(1)在配合物中,中心离子处于带负电荷的配位体(负离子或极性分子)形成的静电场中,中心离子与配位体之间完全靠静电作用结合在一起,这是配合物稳定的主要原因。

(2)配位体形成的晶体场对中心离子的电子,特别是价电子层中的 d 电子,产生排斥作用,使中心离子的价层 d 轨道能级分裂,有些 d 轨道能量升高,有些则降低。

(3)在空间构型不同的配合物中,配位体形成不同的晶体场,对中心离子 d 轨道的影响也不相同。

下面主要以八面体构型的配合物为例具体介绍晶体场理论。

1. 八面体场中 d 轨道能级的分裂

在八面体构型的配合物中,6 个配位体分别占据八面体的 6 个顶点。由此产生的静电场叫作八面体场。现以八面体构型的配合物$[Ti(H_2O)_6]^{3+}$为例讨论。自由离子 Ti^{3+} 的 3d 轨道中只有 1 个 d 电子。在未与 6 个 H_2O 配位时,这个 d 电子在能量相等的 5 个 d 轨道(d_{z^2},$d_{x^2-y^2}$,d_{xz},d_{xy},d_{yz})中出现的机会是相等的。设想把 6 个水分子的配位端的负电荷均匀地分布在一个空心球的球面上,形成球形对称场。若将 Ti^{3+} 移入这个球形静电场中,Ti^{3+} 的 5 个 d 轨道的能量受到这个球形对称场的静电排斥作用而升高(图 11-3)。

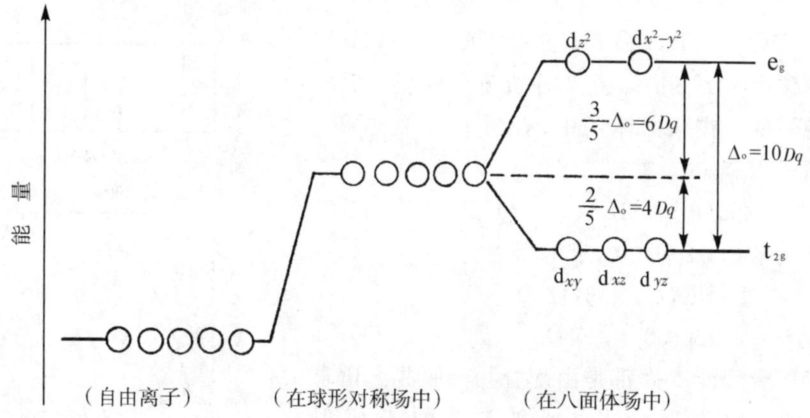

图 11-3　在八面体场中 d 轨道能级的分裂

所形成的是八面体场而不是球形场。在 z 轴的两个方向上,水分子的负端正好与 Ti^{3+} 的 d_{z^2} 轨道迎头相碰;在 x 轴和 y 轴的 4 个方向上,水分子的负端正好与 Ti^{3+} 的 $d_{x^2-y^2}$ 轨道迎头相碰(图 11-4)。如果 Ti^{3+} 的 1 个 3d 电子处在 d_{z^2} 和 $d_{x^2-y^2}$ 中,受到配位体的负电荷的排斥较大,这两个 d 轨道的能量比球形对称场的能量(八面体场的平均能量)高。d_{xy}、d_{xz}、d_{yz} 轨道分别伸展在两个坐标轴的夹角平分线上(图 11-4)。如果电子处在这 3 个轨道的某一个轨道中,受配位体的负电荷排斥作用较小,这 3 个轨道的能量比八面体场的平均能量低。这样,在八面体场作用下,本来 5 个能量相等的 d 轨道,分裂为两组:一组是能量较高的 d_{z^2} 和 $d_{x^2-y^2}$ 轨道,称作 e_g 轨道(或 $d\gamma$ 轨道);另一组是能量较低的 d_{xy}、d_{xz} 和 d_{yz} 轨道,称作 t_{2g} 轨道(或 $d\varepsilon$ 轨道)。

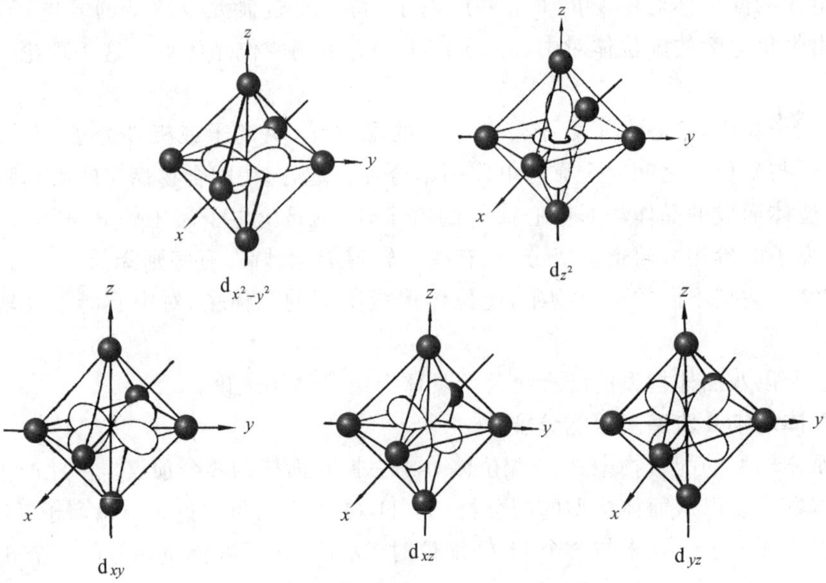

图 11-4　正八面体场对 5 个 *d* 轨道的作用

t_{2g} 轨道和 e_g 轨道的能量差叫作晶体场分裂能。八面体场的分裂能用 Δ_o 或 $10Dq$ 表示，即

$$E(e_g)-E(t_{2g})=\Delta_o=10Dq \qquad (11\text{-}1)$$

分裂能的单位通常为 cm^{-1} 或 J。d 轨道在分裂前后的总能量保持不变。在八面体场中，有两个 e_g 轨道和 3 个 t_{2g} 轨道，所以有

$$2E(e_g)+3E(t_{2g})=0 \qquad (11\text{-}2)$$

将式(11-1) 与式(11-2) 联立，求解得

$$E(e_g)=6Dq$$

$$E(t_{2g})=-4Dq$$

晶体场的分裂能 Δ 大都是由配合物的吸收光谱求得的。例如，用不同波长（或波数）的光照射 $[Ti(H_2O)_6]^{3+}$ 溶液，并用分光光度计测定其吸收率。然后以吸收率对波长（或波数）作图，得到 $[Ti(H_2O)_6]^{3+}$ 的吸收光谱(图 11-5)。

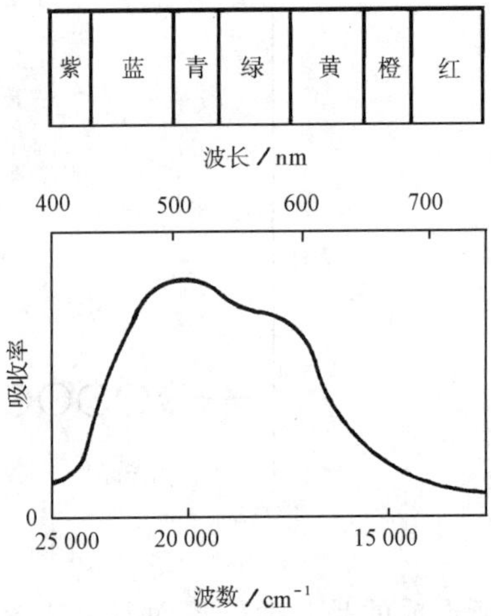

图 11-5　$[Ti(H_2O_6)]^{3+}$ 的吸收光谱

当可见光照射 $[Ti(H_2O)_6]^{3+}$ 溶液时，它吸收了可见光的蓝绿色光(图 11-5)呈现出紫颜色。$[Ti(H_2O)_6]^{3+}$ 的 t_{2g} 轨道中的 1 个 d 电子获得这份能量，由 t_{2g} 轨道跃迁至 e_g 轨道(图 11-6)，这种跃迁叫作 d-d 跃迁。这份能量与分裂能 Δ_o 相当，数值为 20 300 cm^{-1}，也可以表示为 4.03×10^{-19} J。($1\ cm^{-1}=1.986\times10^{-23}$ J)

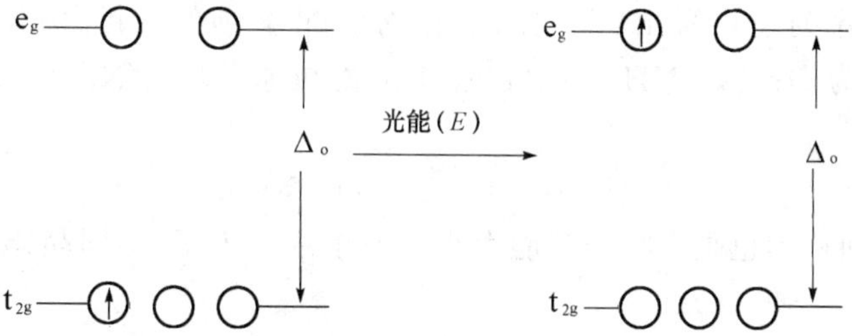

图 11-6　d-d 跃迁

影响配合物分裂能的因素有中心离子的电荷、d 轨道的主量子数 n、价层电子构型，以及配位体的结构和性质等。同种配位体与同一元素氧化值不同的中心离子形成的配合物的分裂能不同。例如

	$[Cr(H_2O)_6]^{3+}$	$[Cr(H_2O)_6]^{2+}$	$[Fe(H_2O)_6]^{3+}$	$[Fe(H_2O)_6]^{2+}$
Δ_o/cm^{-1}	17 600	14 000	13 700	10 400

由此可见，同一元素与相同配位体形成配合物时，不同氧化值的中心离子的正电荷越多，对配位体引力越大，中心离子与配体之间距离越小，中心离子外层的 d 电子与配体之间斥力越大，所以 Δ_o 值越大。同族过渡金属相同电荷的不同金属离子与同种配体形成配合物时，d 轨道主量子数 n 增加，其 Δ_o 值也随之增大。例如

	$[CrCl_6]^{3-}$	$[MoCl_6]^{3-}$
Δ_o/cm^{-1}	13 600	19 200

这是由于 4d 轨道比 3d 轨道伸展的更远，与配体更接近，与配体间斥力更大。

当同一中心离子与不同配体形成配合物时，配体的性质不同，Δ_o 值不同。例如

	$[CoF_6]^{3-}$	$[Co(H_2O)_6]^{3+}$	$[Co(NH_3)_6]^{3+}$	$[Co(CN)_6]^{3-}$
Δ_o/cm^{-1}	13 000	18 600	22 900	34 000

在配合物构型相同的条件下，同一中心离子与不同配位体形成配合物的分裂能大小顺序如下

$$I^- < Br^- < Cl^- \sim SCN^- < F^- < OH^- < C_2O_4^{2-} < H_2O < NCS^- < EDTA$$

$$< NH_3 < en < bipy < phen^{①} < SO_3^{2-} < NO_2^- < CN^-, CO$$

这一顺序叫作光谱化学序列。

由光谱化学序列可看出：I^- 形成的晶体场分裂能数值最小，而 CN^-、CO 形成的晶体场分裂能值最大。因此，I^- 称为弱场配位体，CN^-、CO 称为强场配位体。其他配体形成的晶体场是强场还是弱场，常因中心离子不同而不同。一般情况下，位于 H_2O 以前的都是弱场配位体，H_2O 与 CN^- 间的配位体是强是弱，还要看中心离子，可以结合配合物的磁矩来确定。

---

① 式中，bipy 代表联吡啶 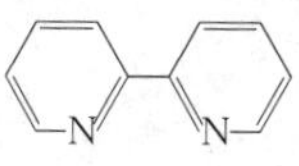，phen 代表 1,10-二氮菲 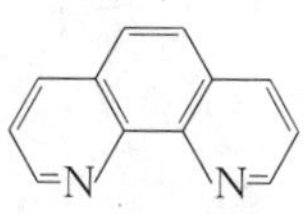

由光谱化学序列还可看出：配位原子相同的配体列在一起。例如，OH^-、$C_2O_4^{2-}$、H_2O 配位原子均为 O；又如，NH_3、en、bipy、phen 配位原子均为 N。按 Δ_O 由小到大来排配位原子的顺序为

$$I<Br<Cl<F<O<N<C$$

配合物的几何构型也是影响分裂能大小的一个主要因素，不同晶体场分裂能大小明显不同。

其他构型的配合物，如四面体、平面正方形构型的配合物，其配位体形成的晶体场分别叫作四面体场、平面正方形场。中心离子 d 轨道在这些晶体场中能级的分裂与八面体场不同。例如，在四面体构型的配合物中，4 个配位体分别占据正六面体的 4 个顶点（图 11-7）。这些配位体的负电荷一端与中心离子的 d_{xy}、d_{xz} 和 d_{yz} 轨道离得较近，而与 d_{z^2} 和 $d_{x^2-y^2}$ 轨道离得较远。因此，中心离子的 d_{xy}、d_{xz} 和 d_{yz} 轨道的能量比四面体场的平均能量高，而 d_{z^2} 和 $d_{x^2-y^2}$ 轨道的能量比平均能量低，前者叫 t_2 轨道，后者叫 e 轨道。显然，四面体场中 d 轨道能级的分裂情况与八面体场正好相反（图 11-7）。四面体场的分裂能用 Δ_t 表示，$\Delta_t \approx 4/9\Delta_o$。

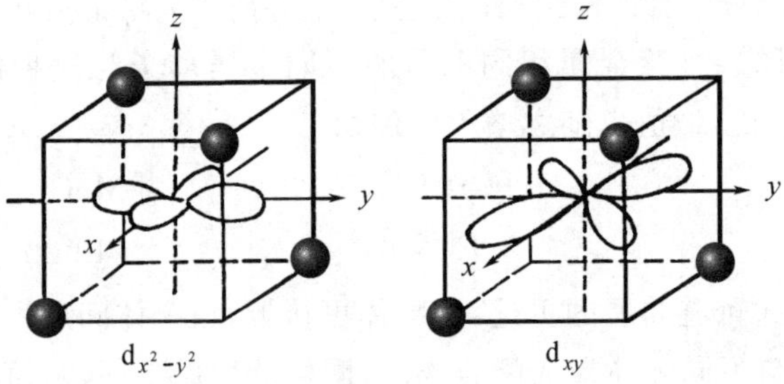

图 11-7　四面体配位场中的 $d_{x^2-y^2}$ 轨道和 d_{xy} 轨道

2. 中心离子的 d 电子在分裂后 d 轨道中的分布

在八面体场中，t_{2g} 轨道能量比 e_g 轨道能量低。按能量最低原理，中心离子的 d 电子将优先进入 t_{2g} 轨道中。根据 Hund 规则，电子应分别占据各个轨道且自旋方式相同。如果两个电子进入同一轨道偶合成对，则需要消耗一定的能量，这是因为两个电子相互排斥的缘故。这种能量叫作电子成对能，用 P 表示。若中心离子的电子成对能 P 大于分裂能 Δ_o，电子将先分别占据各个轨道（t_{2g} 和 e_g 轨道），然后成对，这样才会使系统的能量最低；若分裂能大于电子成对能，电子将先成对充满 t_{2g} 轨道，然后再占据 e_g 轨道，这样也会使系统的能量最低。例如，Co^{3+} 形成的两种配离子 $[Co(CN)_6]^{3-}$ 和 $[CoF_6]^{3-}$ 的 Δ_o 值和 P 值如下：

	$[Co(CN)_6]^{3-}$	$[CoF_6]^{3-}$
Δ_o/J	67.524×10^{-20}	25.818×10^{-20}
P/J	35.350×10^{-20}	35.350×10^{-20}

由以上数据看出，在 $[Co(CN)_6]^{3-}$ 中，$\Delta_o > P$，而在 $[CoF_6]^{3-}$ 中，$P > \Delta_o$，$[Co(CN)_6]^{3-}$ 和 $[CoF_6]^{3-}$ 中的 d 电子在 t_{2g} 轨道和 e_g 轨道上的分布分别为

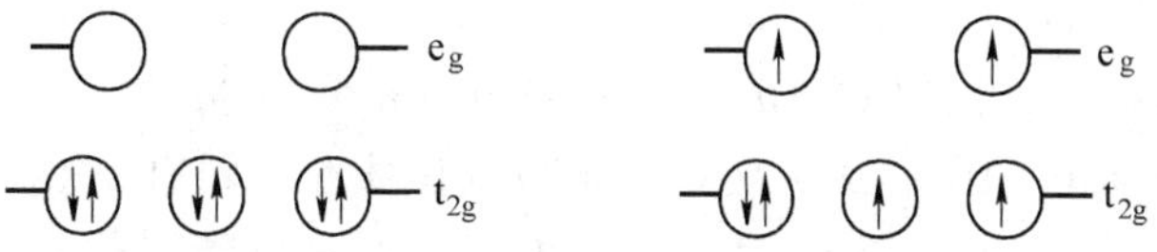

$[Co(CN)_6]^{3-}$　　　　　　$[CoF_6]^{3-}$

用符号分别表示为 $t_{2g}^6e_g^0$ 和 $t_{2g}^4e_g^2$。由表 11-3 知，$[Co(CN)_6]^{3-}$ 的 $\boldsymbol{\mu}=0$，$[CoF_6]^{3-}$ 的 $\boldsymbol{\mu}=5.26$ B. M.，可见晶体场理论给出 Co(Ⅲ) 的未成对电子的数目与 $[Co(CN)_6]^{3-}$ 和 $[CoF_6]^{3-}$ 的磁矩相符合，从而满意地解释了这些配合物的磁性。

$[Co(CN)_6]^{3-}$ 中 Co^{3+} 的 d 电子先充满能量较低的 t_{2g} 轨道，未成对电子数为零，这种配合物叫作低自旋配合物，它相当于价键理论的内轨型配合物。$[CoF_6]^{3-}$ 中 Co^{3+} 的 d 电子除了有两个必须成对外，其他 4 个电子分别占据剩下的两个 t_{2g} 轨道和两个 e_g 轨道，未成对电子数多，这种配合物叫作高自旋配合物，它相当于外轨型配合物。强场配位体可形成低自旋配合物，弱场配位体可形成高自旋配合物。

在八面体的强场和弱场中，$d^1 \sim d^{10}$ 构型的中心离子的电子在 t_{2g} 和 e_g 轨道中的分布情况列在表 11-5 中。

表 11-5　八面体场中电子在 t_{2g} 和 e_g 轨道中的分布

	弱场			强场		
	t_{2g}	e_g	未成对电子数	t_{2g}	e_g	未成对电子数
d^1	↑		1	↑		1
d^2	↑ ↑		2	↑ ↑		2
d^3	↑ ↑ ↑		3	↑ ↑ ↑		3
d^4	↑ ↑ ↑	↑	4	↑↓ ↑ ↑		2
d^5	↑ ↑ ↑	↑ ↑	5	↑↓ ↑↓ ↑		1
d^6	↑↓ ↑ ↑	↑ ↑	4	↑↓ ↑↓ ↑↓		0
d^7	↑↓ ↑↓ ↑	↑ ↑	3	↑↓ ↑↓ ↑↓	↑	1
d^8	↑↓ ↑↓ ↑↓	↑ ↑	2	↑↓ ↑↓ ↑↓	↑ ↑	2
d^9	↑↓ ↑↓ ↑↓	↑↓ ↑	1	↑↓ ↑↓ ↑↓	↑↓ ↑	1
d^{10}	↑↓ ↑↓ ↑↓	↑↓ ↑↓	0	↑↓ ↑↓ ↑↓	↑↓ ↑↓	0

由表 11-5 看出，构型为 d^1、d^2、d^3 和 d^8、d^9、d^{10} 的中心离子在强场和弱场中电子分布相同；对于构型为 d^4、d^5、d^6 和 d^7 的中心离子，在强场和弱场中的电子分布不同。

3. 晶体场稳定化能

在晶体场影响下中心离子的 d 轨道能级产生分裂，电子优先占据能量较低的轨道。d 电子进入能级分裂的轨道后，与占据未分裂轨道（在球形场中）时相比，系统的总能量有所下降，这份下降的能量叫作晶体场稳定化能，用 CFSE 表示。

晶体场稳定化能与中心离子的电子数目有关，也与晶体场的强弱有关，此外还与配合物的空间构型有关。对于八面体场，可以根据 t_{2g} 和 e_g 的相对能量和进入其中的电子数计算配合物的晶体场稳定化能。若 t_{2g} 轨道中的电子数为 n_1，e_g 轨道中的电子数为 n_2，晶体场稳定化能可用下式表示

$$\mathrm{CFSE}=n_1E(t_{2g})+n_2E(e_g)$$

若以 Dq 为单位，则

$$CFSE = n_1 \times (-4Dq) + n_2 \times 6Dq$$

例如，电子构型为 d^3 的中心离子(Cr^{3+})形成八面体配合物时，d 电子分布为 $t_{2g}^3e_g^0$，则

$$CFSE = 3 \times (-4Dq) = -12Dq$$

无论是在强场中还是在弱场中稳定化能均为 $-12Dq$。又如，构型为 d^4 的中心离子在弱场中的 d 电子分布为 $t_{2g}^3e_g^1$，在强场中的 d 电子分布为 $t_{2g}^4e_g^0$。两者的稳定化能分别为

弱场　$CFSE = 3 \times (-4Dq) + 1 \times 6Dq = -6Dq$

强场　$CFSE = 4 \times (-4Dq) + 0 \times 6Dq = -16Dq$

由此可以看出，d^4 构型的中心离子在强场中的晶体场稳定化能比在弱场中大。$d^5 \sim d^7$ 构型的中心离子在弱场与强场中的稳定化能也有区别。

表 11-6 列出了八面体场的 CFSE。

表 11-6　　八面体场的 CFSE

d^n	弱场				强场			
	构型	电子对数 m_1	电子对数 m_2	CFSE	构型	电子对数 m_1	电子对数 m_2	CFSE
d^1	t_{2g}^1	0	0	$-4Dq$	t_{2g}^1	0	0	$-4Dq$
d^2	t_{2g}^2	0	0	$-8Dq$	t_{2g}^2	0	0	$-8Dq$
d^3	t_{2g}^3	0	0	$-12Dq$	t_{2g}^3	0	0	$-12Dq$
d^4	$t_{2g}^3e_g^1$	0	0	$-6Dq$	t_{2g}^4	1	0	$-16Dq+P$
d^5	$t_{2g}^3e_g^2$	0	0	$0Dq$	t_{2g}^5	2	0	$-20Dq+2P$
d^6	$t_{2g}^4e_g^2$	1	1	$-4Dq$	t_{2g}^6	3	1	$-24Dq+2P$
d^7	$t_{2g}^5e_g^2$	2	2	$-8Dq$	$t_{2g}^6e_g^1$	3	2	$-18Dq+P$
d^8	$t_{2g}^6e_g^2$	3	3	$-12Dq$	$t_{2g}^6e_g^2$	3	3	$-12Dq$
d^9	$t_{2g}^6e_g^3$	4	4	$-6Dq$	$t_{2g}^6e_g^3$	4	4	$-6Dq$
d^{10}	$t_{2g}^6e_g^4$	5	5	0	$t_{2g}^6e_g^4$	5	5	0

严格地说，在强场中的稳定化能还应扣除电子成对能 P，见表 11-6。

按照晶体场稳定化能的定义，CFSE 是电子优先占据能量较低的 d 轨道所得到的总能量 E_0 与电子随机占据原来 5 个简并 d 轨道的总能量 E_s 的差。

$$CFSE = E_0 - E_s$$

在八面体场中，设占据 t_{2g} 轨道上的电子数为 n_1，占据 e_g 轨道上的电子数为 n_2，并形成 m_1 个电子对，其总成对能为 m_1P，则

$$E_0 = (-4n_1 + 6n_2)Dq + m_1P$$

由于 E_s 为电子随机占据 5 个 d 轨道的能量，确定分裂能时以此为基准，若无成对电子时，E_s 应为零。否则，若随机填充时形成 m_2 个电子对，则

$$E_s = m_2P$$

于是

$$CFSE=(-4n_1+6n_2)Dq+(m_1-m_2)P$$

晶体场理论比较满意地解释了配合物的吸收光谱、磁性和 d 区元素配合物的稳定性等实验事实。晶体场理论着眼于中心离子与配位体之间的静电作用，着重考虑了配位体对中心离子的 d 轨道的影响。但是，当中心离子与配位体之间形成化学键的共价成分不能忽视时，或者一些形成体是中性原子时，晶体场理论就不太适用了。例如，CO 不带电荷，甚至偶极矩也很小，但它使轨道产生的分裂能却很大。为此，人们对晶体场理论做了修正，考虑了金属离子的轨道与配体的原子轨道有一定程度的重叠，并将晶体场理论在概念和计算上的优越性保留下来。这样修正后的晶体场理论称为配位场理论。本书不再介绍。

11.3 配合物的稳定性与配位平衡

在配合物的水溶液中存在着配离子或配合物分子的解离反应。配合物的稳定性通常就是指配合物在水溶液中解离出其组成成分（中心离子和配位体）的难易程度，是配合物的重要性质之一。中心离子和配位体在水溶液中生成配合物的反应是配合物解离反应的逆反应。解离反应或生成反应达到平衡时，中心离子和配位体与配合物之间的平衡称为配位平衡。配合物的稳定性可以用相应的不稳定常数或稳定常数来定量地表示。

11.3.1 配合物的解离常数和稳定常数

1. 配合物的解离常数

配离子在水溶液中像弱电解质一样，能够部分地解离出配位体和中心离子。例如，$[Ag(NH_3)_2]^+$ 的解离是分两步进行的，即

$$[Ag(NH_3)_2]^+(aq) \rightleftharpoons [Ag(NH_3)]^+(aq)+NH_3(aq)$$

$$K_{d1}^{\ominus}=\frac{[c(Ag(NH_3)^+)/c^{\ominus}][c(NH_3)/c^{\ominus}]}{[c(Ag(NH_3)_2^+)/c^{\ominus}]} \tag{11-3}$$

$$[Ag(NH_3)]^+(aq) \rightleftharpoons Ag^+(aq)+NH_3(aq)$$

$$K_{d2}^{\ominus}=\frac{[c(Ag^+)/c^{\ominus}][c(NH_3)/c^{\ominus}]}{[c(Ag(NH_3)^+)/c^{\ominus}]} \tag{11-4}$$

式中，$K_{d1}^{\ominus}$ 和 $K_{d2}^{\ominus}$ 称为 $[Ag(NH_3)_2]^+$ 的逐级解离常数。将两步解离反应方程式相加，即 $[Ag(NH_3)_2]^+$ 的总解离反应为

$$[Ag(NH_3)_2]^+(aq) \rightleftharpoons Ag^+(aq)+2NH_3(aq)$$

$$K_{d}^{\ominus}=\frac{[c(Ag^+)/c^{\ominus}][c(NH_3)/c^{\ominus}]^2}{[c(Ag(NH_3)_2^+)/c^{\ominus}]} \tag{11-5}$$

$K_d^{\ominus}$ 称为 $[Ag(NH_3)_2]^+$ 的总解离常数，又称为不稳定常数。$K_d^{\ominus}$ 越大，配合物越不稳定，越易解离。$K_d^{\ominus}$ 与 $K_{d1}^{\ominus}$ 和 $K_{d2}^{\ominus}$ 的关系为

$$K_d^{\ominus}=K_{d1}^{\ominus}\cdot K_{d2}^{\ominus}$$

即总解离常数等于逐级解离常数的乘积。

2. 配合物的稳定常数

人们通常习惯用配合物生成反应的平衡常数来表示配合物的稳定性。配合物的生成反应也是分步进行的。仍以$[Ag(NH_3)_2]^+$为例，其生成反应分两步进行，即

$$Ag^+(aq)+NH_3(aq) \rightleftharpoons [Ag(NH_3)]^+(aq)$$

$$K_{f1}^{\ominus}=\frac{c(Ag(NH_3)^+)/c^{\ominus}}{[c(Ag^+)/c^{\ominus}][c(NH_3)/c^{\ominus}]} \tag{11-6}$$

$$[Ag(NH_3)]^+(aq)+NH_3(aq) \rightleftharpoons [Ag(NH_3)_2]^+(aq)$$

$$K_{f2}^{\ominus}=\frac{[c(Ag(NH_3)_2^+)/c^{\ominus}]}{[c(Ag(NH_3)^+)/c^{\ominus}][c(NH_3)/c^{\ominus}]} \tag{11-7}$$

式中，$K_{f1}^{\ominus}$ 和 $K_{f2}^{\ominus}$ 称为$[Ag(NH_3)_2]^+$的逐级生成常数。将两步生成反应相加，即$[Ag(NH_3)_2]^+$的总生成反应

$$Ag^+(aq)+2NH_3(aq) \rightleftharpoons [Ag(NH_3)_2]^+(aq)$$

$$K_f^{\ominus}=\frac{c(Ag(NH_3)_2^+)/c^{\ominus}}{[c(Ag^+)/c^{\ominus}][c(NH_3)/c^{\ominus}]^2} \tag{11-8}$$

式中，$K_f^{\ominus}$ 称为配合物的总生成常数，又称为稳定常数。$K_f^{\ominus}$ 越大，配合物越稳定，越不易解离。

$K_f^{\ominus}$ 与 $K_{f1}^{\ominus}$ 和 $K_{f2}^{\ominus}$ 的关系为

$$K_f^{\ominus}=K_{f1}^{\ominus} \cdot K_{f2}^{\ominus}$$

对于配体个数为 n 的配合物，其稳定常数与逐级稳定常数的关系为

$$K_f^{\ominus}=K_{f1}^{\ominus} \cdot K_{f2}^{\ominus} \cdot \cdots \cdot K_{fn}^{\ominus} \tag{11-9}$$

表 11-7 列出了一些配合物的逐级稳定常数和总稳定常数，附录 5 列出了一些配合物的 $K_f^{\ominus}$。

表 11-7　　一些配合物的稳定常数

配合物	$\lg K_{fi}^{\ominus}$						$\lg K_f^{\ominus}$
	$i=1$	$i=2$	$i=3$	$i=4$	$i=5$	$i=6$	
$[Ag(NH_3)_2]^+$	3.32	3.91					7.23
$[Cu(NH_3)_4]^{2+}$	4.31	3.67	3.04	2.30			13.32
$[Ni(NH_3)_6]^{2+}$	2.80	2.24	1.73	1.19	0.75	0.03	8.74
$[HgI_4]^{2-}$	12.87	10.95	3.78	2.23			29.83
$[Cd(CN)_4]^{2-}$	5.48	5.12	4.63	3.55			18.78
$[AlF_6]^{3-}$	6.10	5.05	3.85	2.75	1.62	0.47	19.84

由表中数据可见，配合物的逐级稳定常数一般随着配位数的增大而减小，即 $K_{f1}^{\ominus}>K_{f2}^{\ominus}>K_{f3}^{\ominus}\cdots$。有些配合物的各级稳定常数之间相差不是很大。

配合物的生成反应是其解离反应的逆反应，所以 $K_f^{\ominus}$ 与 $K_d^{\ominus}$ 的关系为

$$K_f^{\ominus}=\frac{1}{K_d^{\ominus}}$$

11.3.2　配合物稳定常数的应用

1. 计算配合物溶液的平衡组成

【例 11-1】 25 ℃时将 0.010 mol $AgNO_3$ 晶体溶于 1.0 L 0.030 mol·L^{-1} 氨水中(设

溶解后溶液的体积为 1.0 L)。计算溶液中 Ag^+、NH_3 和 $[Ag(NH_3)_2]^+$ 的浓度。

解　由附录 5 查得 $K_f^\ominus(Ag(NH_3)^+)=2.07\times10^3$;$K_f^\ominus(Ag(NH_3)_2^+)=1.67\times10^7$。由于 $K_f^\ominus(Ag(NH_3)_2^+)\gg K_f^\ominus(Ag(NH_3)^+)$,且氨水与 Ag^+ 反应程度大,生成 $[Ag(NH_3)_2]^+$ 后仍然过剩,所以可以忽略 $c(Ag(NH_3)^+)$,作近似计算。

	$Ag^+(aq)$	$+\ 2NH_3(aq)$	$\rightleftharpoons [Ag(NH_3)_2]^+(aq)$
初始浓度/($mol\cdot L^{-1}$)	0	$0.03-2\times0.010$	0.010
变化浓度/($mol\cdot L^{-1}$)	x	$2x$	$-x$
平衡浓度/($mol\cdot L^{-1}$)	x	$0.010+2x$	$0.010-x$

$$K_f^\ominus([Ag(NH_3)_2]^+)=\frac{c(Ag(NH_3)_2^+)/c^\ominus}{[c(Ag^+)/c^\ominus][c(NH_3)/c^\ominus]^2}$$

$$=\frac{0.010-x}{x(0.010+2x)^2}=1.67\times10^7$$

由于 $K_f^\ominus$ 很大,则逆反应的平衡常数 $K_d^\ominus$ 很小,所以

$$0.010-x\approx0.010,\quad 0.010+2x=0.010$$

$$\frac{0.010}{x(0.010)^2}=1.67\times10^7$$

解得

$$x=6.0\times10^{-6}$$

平衡时,有

$$c(Ag^+)=6.0\times10^{-6}\,mol\cdot L^{-1},\quad c(NH_3)=0.010\ mol\cdot L^{-1}$$

$$c(Ag(NH_3)_2^+)=0.010\ mol\cdot L^{-1}$$

若将上述计算结果代入 $[Ag(NH_3)]^+$ 的稳定常数表达式,即

$$Ag^+(aq)+NH_3(aq)\rightleftharpoons[Ag(NH_3)]^+(aq)$$

$$K_f^\ominus(Ag(NH_3)^+)=\frac{c(Ag(NH_3)^+)/c^\ominus}{[c(Ag^+)/c^\ominus][c(NH_3)/c^\ominus]}$$

则有

$$2.07\times10^3=\frac{c(Ag(NH_3)^+)/c^\ominus}{6.0\times10^{-6}\times0.010}$$

$$c(Ag(NH_3)^+)=2.07\times10^3\times6.0\times10^{-6}\times0.010\ mol\cdot L^{-1}$$

$$=1.2\times10^{-4}\,mol\cdot L^{-1}$$

与 $c(NH_3)$ 和 $c(Ag(NH_3)_2^+)$ 相比较,上述近似计算方法是合理的。

对于配位数大于 2 的配合物,当溶液中配位体的浓度远大于中心离子的总浓度时,可以用与上述相似的方法进行近似计算。否则如果作精确计算将会非常复杂。

2. 判断配位体取代反应的方向

大多数配合物是在溶液中生成的。常见的生成配合物的反应有配位体的取代反应、加合反应和电子转移反应(氧化还原反应)等。

许多金属离子在水溶液中以水合离子的形式存在。大多数过渡金属的水合离子具有颜色,加入配位剂发生配位体取代反应生成新的配合物时,溶液的颜色常随之改变。这是配合

物形成时的特征之一。例如，在含$[Fe(H_2O)_6]^{3+}$的溶液中加入 KNCS 试剂，淡紫色的$[Fe(H_2O)_6]^{3+}$(浓度低时近乎无色)变为血红色的$[Fe(NCS)_n]^{3-n}$($n=1\sim6$)，即

$$[Fe(H_2O)_6]^{3+}+nNCS^- \rightleftharpoons [Fe(NCS)_n]^{3-n}+6H_2O$$

配位体的取代反应是分级进行的，反应进行到哪一级，与配合物的稳定性和加入配位体的浓度有关。

在血红色的$[Fe(NCS)]^{2+}$溶液中加入 NaF，取代反应

$$[Fe(NCS)]^{2+}(aq)+F^-(aq) \rightleftharpoons [FeF]^{2+}+NCS^-(aq)$$

能否发生，可以利用反应物和生成物的稳定常数计算此反应的平衡常数，然后加以判断。

$$K^{\ominus}=\frac{c(FeF^{2+})c(NCS^-)}{c(Fe(NCS)^{2+})c(F^-)}=\frac{K_f^{\ominus}(FeF^{2+})}{K_f^{\ominus}(Fe(NCS)^{2+})}$$

$$=\frac{7.1\times10^6}{9.1\times10^2}=7.8\times10^3$$

该反应的平衡常数较大，说明$[Fe(NCS)]^{2+}$不如$[FeF]^{2+}$稳定，反应正向进行的趋势较大。若加入足量的F^-，可以生成无色的$[FeF]^{2+}$。相反，由于其逆反应的平衡常数较小，若在Fe^{3+}的溶液中先加入F^-，由于生成稳定的$[FeF_6]^{3-}$，再加入NCS^-时不会出现血红色。因此，可用F^-作为Fe^{3+}的掩蔽剂。

如果所用的配位剂是弱酸，发生取代反应生成新的配合物时，常使溶液中的H_3O^+浓度增加，溶液的 pH 发生改变。这种现象也是一些配合物形成时的特征之一。例如，$ScCl_3$溶液与 EDTA(Na_2H_2Y)溶液混合，反应生成$[ScY]^-$。

$$[Sc(H_2O)_6]^{3+}(aq)+H_2Y^{2-}(aq) \rightleftharpoons [ScY]^-(aq)+2H_3O^+(aq)+4H_2O(l)$$

$\frac{平衡浓度}{mol\cdot L^{-1}}$　　x　　　　x　　　　$0.010-x$　　$2(0.010-x)$

$$K^{\ominus}=\frac{\{c(ScY^-)\}\{c(H_3O^+)\}^2}{\{c(Sc(H_2O)_6^{3+})\}\{c(H_2Y^{2-})\}}$$

$$=K_f^{\ominus}(ScY^-)K_a^{\ominus}(H_2Y^{2-})K_a^{\ominus}(HY^{3-})$$

$$=1.3\times10^{23}\times6.9\times10^{-7}\times5.9\times10^{-11}$$

$$=5.3\times10^6$$

$$\frac{4(0.010-x)^3}{x^2}=5.3\times10^6$$

由于$K^{\ominus}$很大，反应正向进行的程度很大，$0.010-x\approx0.010$，解得

$$x=8.7\times10^{-7}$$

$$c(H_3O^+)=0.020\ mol\cdot L^{-1},\quad pH=1.70$$

反应后溶液的 pH 减小。

3. 沉淀的配位溶解

许多实验证明，一些难溶化合物与配位剂作用时由于生成配合物而溶解。例如，HgI_2沉淀能溶于 KI 溶液中，即

$$HgI_2(s)+2I^- \rightleftharpoons [HgI_4]^{2-}$$

AgI 和PbI_2也能分别溶于浓的 KI 溶液中，即

$$AgI(s)+I^- \rightleftharpoons [AgI_2]^-$$
$$PbI_2(s)+2I^- \rightleftharpoons [PbI_4]^{2-}$$

类似的反应还有 AgCl 和 CuCl 都能溶于浓盐酸中，即

$$AgCl(s)+Cl^- \rightleftharpoons [AgCl_2]^-$$
$$CuCl(s)+Cl^- \rightleftharpoons [CuCl_2]^-$$

上述这类反应都是难溶化合物溶于具有相同阴离子的溶液中，属于加合反应。还有一类配位溶解反应则是难溶化合物溶于不含有相同阴离子（或分子）的溶液中。例如，AgCl 能溶于氨水中，即

$$AgCl(s)+2NH_3(aq) \rightleftharpoons [Ag(NH_3)_2]^+ + Cl^-$$

AgBr 能溶于 $Na_2S_2O_3$ 溶液中，即

$$AgBr(s)+2S_2O_3^{2-} \rightleftharpoons [Ag(S_2O_3)_2]^{3-} + Br^-$$

后一反应在照相行业上用于黑白摄影的定影过程，底片上未曝光的 AgBr 溶于定影剂（主要成分是海波 $Na_2S_2O_3 \cdot 5H_2O$）。由于生成配合物而使难溶化合物溶解，这是配合物形成时的另一特征。

实验视频

AgCl 的生成及性质

实验视频

AgBr 的生成及性质

难溶化合物的配位溶解反应的程度既与难溶化合物的溶度积有关，又与配合物的稳定常数有关。一般情况下，当前者不很小，而后者比较大时，有利于难溶化合物的溶解。此外，配位剂的浓度也是影响难溶化合物是否能溶解的一个影响因素。

【例 11-3】 25 ℃时若在 1.0 L 氨水中刚好溶解 0.10 mol AgCl(s)，计算氨水的最小初始浓度。

解　如果不考虑氨水的解离和$[Ag(NH_3)]^+$的生成，则可以近似地认为溶解了的 AgCl 全部转化为$[Ag(NH_3)_2]^+$。设平衡时氨水的浓度为 x mol·L^{-1}。

$$AgCl(s)+2NH_3(aq) \rightleftharpoons [Ag(NH_3)_2]^+(aq)+Cl^-(aq)$$

平衡时 $c_B/(\text{mol}\cdot\text{L}^{-1})$　　x　　　0.10　　　0.10

$$K^{\ominus}=\frac{\{c(Ag(NH_3)_2^+)\}\{c(Cl^-)\}}{\{c(NH_3)\}^2}=K_f^{\ominus}(Ag(NH_3)_2^+)K_{sp}^{\ominus}(AgCl)$$

$$\frac{0.10\times0.10}{x^2}=1.67\times10^7\times1.8\times10^{-10},\quad x=1.8$$

由于生成 0.10 mol·L^{-1}$[Ag(NH_3)_2]^+$需要消耗 0.20 mol·L^{-1}的 NH_3，所以氨的浓度最小应为

$$c(NH_3)=(1.8+0.10\times2)\text{mol}\cdot\text{L}^{-1}=2.0\ \text{mol}\cdot\text{L}^{-1}$$ ■

应当注意，在溶液中生成配合物时并非都伴随着沉淀的溶解。有些螯合物生成时，往往会从溶液中析出沉淀。例如，Ni^{2+} 与丁二酮肟在弱碱性条件下反应，可生成鲜红色的沉淀。

4. 中心离子生成配合物时电极电势的计算

在水溶液中，金属离子与配位剂反应生成配离子时，中心离子的有关电极电势会发生变化，中心离子的氧化还原能力将会改变。这是配合物形成时的又一特征。

形成体氧化还原性的改变与配合物的稳定性有关。应用配合物的稳定常数可以算出配合物相关电对的电极电势。

【例 11-4】 已知 25 ℃时 $E^{\ominus}(Cu^{2+}/Cu)=0.3394\ V$，$K_f^{\ominus}(Cu(NH_3)_4^{2+})=2.30\times10^{12}$。在 Cu^{2+}/Cu 半电池中加入氨水，当 $c(NH_3)=1.0\ mol\cdot L^{-1}$，$c(Cu(NH_3)_4^{2+})=1.0\ mol\cdot L^{-1}$ 时，计算 $E(Cu^{2+}/Cu)$ 和 $E^{\ominus}(Cu(NH_3)_4^{2+}/Cu)$。

解

$$Cu^{2+}(aq)+2e^-\rightleftharpoons Cu(s)$$

$$E(Cu^{2+}/Cu)=E^{\ominus}(Cu^{2+}/Cu)+\frac{0.0592\ V}{2}\lg[c(Cu^{2+})/c^{\ominus}]$$

由于加入配位剂平衡

$$Cu^{2+}(aq)+4NH_3(aq)\rightleftharpoons[Cu(NH_3)_4]^{2+}(aq)$$

$$K_f^{\ominus}(Cu(NH_3)_4^{2+})=\frac{c(Cu(NH_3)_4^{2+})}{c(Cu^{2+})[c(NH_3)]^4}$$

当 $c(NH_3)=c(Cu(NH_3)_4^{2+})=1.0\ mol\cdot L^{-1}$ 时，有

$$c(Cu^{2+})=\frac{1}{K_f^{\ominus}(Cu(NH_3)_4^{2+})}$$

代入上述能斯特方程得

$$\begin{aligned}E(Cu^{2+}/Cu)&=E^{\ominus}(Cu^{2+}/Cu)+\frac{0.0592\ V}{2}\lg\frac{1}{K_f^{\ominus}(Cu(NH_3)_4^{2+})}\\&=0.3394\ V+\frac{0.0592\ V}{2}\lg\frac{1}{2.30\times10^{12}}\\&=-0.027\ V\end{aligned}$$

上述条件与电极反应

$$[Cu(NH_3)_4]^{2+}(aq)+2e^-\rightleftharpoons Cu(s)+4NH_3(aq)$$

的标准状态相同，所以

$$E^{\ominus}(Cu(NH_3)_4^{2+}/Cu)=E(Cu^{2+}/Cu)=-0.027V$$

由此得出

$$E^{\ominus}(Cu(NH_3)_4^{2+}/Cu)=E^{\ominus}(Cu^{2+}/Cu)+\frac{0.0592\ V}{2}\lg\frac{1}{K_f^{\ominus}(Cu(NH_3)_4^{2+})}$$

■

通过上述计算可以看出：电对的氧化型生成配合物，电极电势减小。与此相反，若电对的还原型生成配合物，则电极电势变大。例如，$E^{\ominus}(Cu^{2+}/CuCl_2^-)>E^{\ominus}(Cu^{2+}/Cu^+)$。若电对的氧化型和还原型都生成配合物，电极电势的变化取决于两种配合物 $K_f^{\ominus}$ 的相对大小。若 $K_f^{\ominus}$(氧化型)大于 $K_f^{\ominus}$(还原型)，则电极电势减小；反之，则电极电势增大。

*11.3.3 螯合物的稳定性

同一种金属离子的螯合物往往比具有相同配位原子和配位数的简单配合物稳定($K_f^{\ominus}$ 大)，这种现象叫作螯合效应。表 11-8 中列出了一些具有相同配位原子的螯合物和简单配合物的稳定常数。

表 11-8　　　　一些螯合物和简单配合物的稳定常数

螯合物	$\lg K_f^\ominus$	简单配合物	$\lg K_f^\ominus$
$[Cu(en)_2]^{2+}$	20.00	$[Cu(NH_3)_4]^{2+}$	13.32
$[Zn(en)_2]^{2+}$	10.83	$[Zn(NH_3)_4]^{2+}$	9.46
$[Cd(en)_2]^{2+}$	10.09	$[Cd(NH_2CH_3)_4]^{2+}$	7.12
$[Ni(en)_3]^{2+}$	18.33	$[Ni(NH_3)_6]^{2+}$	8.74

从结构上说，螯合物的稳定性与螯环的大小、数目等因素有关。通常，螯合配体与中心离子螯合形成五原子环或六原子环，这样的螯合物往往更稳定。一个螯合配体分子提供的配位原子越多，形成的五原子环或六原子环的数也越多，螯合物越稳定。例如，乙二胺四乙酸(EDTA)能与多种金属离子形成螯合物，每个 EDTA 离子与一个金属离子能形成五个五原子环(图 11-1)。EDTA 不仅能与形成配合物能力强的 d 区元素的离子螯合，某些碱金属与碱土金属离子也能与 EDTA 生成螯合物，其中部分螯合物的稳定常数如下：

	Li^+	Na^+	Ca^{2+}	Sr^{2+}	Ba^{2+}
$\lg K_f^\ominus$	2.79	1.66	11.0	8.8	7.78

习　题　11

拓展阅读

硬软酸碱概念

11-1　指出下列配合物的形成体、配位体、配位原子和形成体的配位数，并给出它们的命名。

(1) $[CrCl_2(H_2O)_4]Cl$　　(2) $[Ni(en)_3]Cl_2$

(3) $K_2[Co(NCS)_4]$　　(4) $Na_3[AlF_6]$

(5) $[PtCl_2(NH_3)_2]$　　(6) $[Co(NH_3)_4(H_2O)_2]_2(SO_4)_3$

(7) $[Fe(EDTA)]^-$　　(8) $[Co(C_2O_4)_3]^{3-}$

(9) $[Cr(CO)_6]$　　(10) $[HgI_4]^{2-}$

(11) $K_2[Mn(CN)_5]$　　(12) $[FeBrCl(en)_2]Cl$

11-2　写出下列配合物的化学式：

(1)氯化六氨合钴(Ⅲ)；　　(2)硫酸四氨合锌(Ⅱ)；

(3)三草酸根合铁(Ⅲ)酸钾；　　(4)六异硫氰合铬(Ⅲ)酸钾；

(5)四碘合铅(Ⅱ)配离子；　　(6)五羰基合铁；

(7)三乙二胺合钴(Ⅲ)配离子；　　(8)乙二胺四乙酸根合铝(Ⅲ)配离子。

11-3　简单配合物、螯合物和多核配合物有何不同？

11-4　根据下列配离子的空间构型，画出它们形成时中心离子的价层电子分布，并指出它们以何种杂化轨道成键？估计其磁矩各为多少(B. M.)？

(1) $[CuCl_2]^-$(直线形)；(2) $[Zn(NH_3)_4]^{2+}$(四面体)；(3) $[Co(NCS)_4]^{2-}$(四面体)。

11-5　根据下列配离子的磁矩，画出它们形成时中心离子的价层电子分布，并指出杂化轨道和配离子的空间构型。

	$[Co(H_2O)_6]^{2+}$	$[Mn(CN)_6]^{4-}$	$[Ni(NH_3)_6]^{2+}$
$\boldsymbol{\mu}$/(B. M.)	4.3	1.8	3.11

11-6 已知下列螯合物的磁矩，画出它们中心离子的价层电子分布，并指出其空间构型。这些螯合物中哪种是内轨型？哪种是外轨型？

	$[Co(en)_3]^{2+}$	$[Fe(C_2O_4)_3]^{3-}$	$[Co(EDTA)]^-$
μ/(B. M.)	3.82	5.75	0

11-7 配离子$[NiCl_4]^{2-}$含有 2 个未成对电子，但$[Ni(CN)_4]^{2-}$是反磁性的，指出两种配离子的空间构型，并估算它们的磁矩。

11-8 下列配离子中未成对电子数是多少？估计其磁矩各为多少(B. M.)？

(1) $[Ru(NH_3)_6]^{2+}$(低自旋)； (2) $[Fe(CN)_6]^{3-}$(低自旋)；

(3) $[Ni(H_2O)_6]^{2+}$； (4) $[CoCl_4]^{2-}$。

* **11-9** 画出下列离子在八面体场中 d 轨道能级分裂图，写出 d 电子排布式。

(1) Fe^{2+}(低自旋)； (2) Fe^{3+}(高自旋)； (3) Co^{2+}(低自旋)； (4) Zn^{2+}。

* **11-10** 影响晶体场分裂能的因素有哪些？

* **11-11** 已知下列配合物的分裂能(Δ_o)和中心离子的电子成对能(P)，表示出各中心离子的 d 电子在 e_g 轨道和 t_{2g} 轨道中的分布，并估计它们的磁矩(B. M.)各约为多少？指出这些配合物中何者为高自旋型，何者为低自旋型？并计算它们的晶体场稳定化能。

	$[Co(NH_3)_6]^{2+}$	$[Fe(H_2O)_6]^{2+}$	$[Co(NH_3)_6]^{3+}$
M^{n+} 的 P/cm^{-1}	22 500	17 600	21 000
Δ_o/cm^{-1}	11 000	10 400	22 900

* **11-12** 已知$[Fe(CN)_6]^{4-}$和$[Fe(NH_3)_6]^{2+}$的磁矩分别为 0 和 5.2 B. M.。用价键理论和晶体场理论分别画出它们形成时中心离子的价层电子分布。这两种配合物各属于哪种类型(指内轨和外轨，低自旋和高自旋)？

* **11-13** 利用光谱化学序列确定下列配合物的配体哪些是强场配体？哪些是弱场配体？并确定电子在 t_{2g} 或 e_g 中的分布，未成对 d 电子数和晶体场稳定化能。

(1) $[Co(NO_2)_6]^{3-}$($\mu=0$)； (2) $[Fe(H_2O)_6]^{3+}$；

(3) $[FeF_6]^{3-}$； (4) $[Cr(NH_3)_6]^{3+}$($\mu=3.88$ B. M.)；

(5) $[W(CO)_6]$。

* **11-14** $[Fe(CN)_6]^{3-}$是具有 1 个未成对电子的顺磁性物质，而$[Fe(NCS)_6]^{3-}$具有 5 个未成对电子，推测 SCN^- 与 CN^- 在光化学序列中的相对位置。

* **11-15** $[Ni(H_2O)_6]Cl_2$ 是绿色物质，而$[Ni(NH_3)_6]Cl_2$ 为紫色。推测两种配合物何者吸收具有较短波长的光。预测哪种配合物的 Δ_o 较大？H_2O 或 NH_3 何者是强场配体？

11-16 写出下列各种配离子的生成反应方程式，以及相应的稳定常数表达式：

(1) $[Co(NH_3)_6]^{2+}$； (2) $[Ni(CN)_4]^{2-}$；

(3) $[FeCl_4]^-$； (4) $[Mn(C_2O_4)_3]^{4-}$。

11-17 计算下列取代反应的标准平衡常数：

(1) $[Ag(NH_3)_2]^+(aq)+2S_2O_3^{2-}(aq) \rightleftharpoons [Ag(S_2O_3)_2]^{3-}(aq)+2NH_3(aq)$

(2) $[Fe(C_2O_4)_3]^{3-}(aq)+6CN^-(aq) \rightleftharpoons [Fe(CN)_6]^{3-}(aq)+3C_2O_4^{2-}(aq)$

(3) $[Co(NCS)_4]^{2-}(aq)+6NH_3(aq) \rightleftharpoons [Co(NH_3)_6]^{2+}(aq)+4NCS^-(aq)$

11-18　在 500.0 mL 0.010 mol·L^{-1} $Hg(NO_3)_2$ 溶液中加入 65.0 g KI(s)后(溶液总体积不变),生成了$[HgI_4]^{2-}$。计算溶液中 Hg^{2+}、$[HgI_4]^{2-}$、I^- 的浓度。

11-19　Cr^{3+} 与 EDTA 的反应为

$$Cr^{3+}(aq)+H_2Y^{2-}(aq)\rightleftharpoons[CrY]^-(aq)+2H^+$$

在 pH 为 6.00 的缓冲溶液中,最初浓度为 0.001 0 mol·L^{-1} 的 Cr^{3+} 和 0.050 mol·L^{-1} 的 Na_2H_2Y 反应。计算平衡时 Cr^{3+} 的浓度(不考虑系统中 pH 的微小改变)。

11-20　室温下,已知 0.010 mol·L^{-1} Na_2H_2Y 溶液的 pH 为 4.46,在 1.0 L 该溶液中加入 0.010 mol $Cu(NO_3)_2$(s)(设溶液总体积不变)。当生成螯合物$[CuY]^{2-}$的反应达到平衡后,计算 $c(Cu^{2+})$和溶液的 pH 的变化量。

11-21　25 ℃时,$[Ni(NH_3)_6]^{2+}$溶液中,$c(Ni(NH_3)_6^{2+})$为 0.10 mol·L^{-1},$c(NH_3)$=1.0 mol·L^{-1},加入乙二胺(en)后,使开始时 c(en)=2.30 mol·L^{-1}。计算平衡时溶液中$[Ni(NH_3)_6]^{2+}$、NH_3、$[Ni(en)_3]^{2+}$的浓度。

11-22　根据溶度积常数判断 AgCl、AgBr、AgI 在氨水中溶解度由大到小的顺序。

11-23　计算 298.15 K 下,AgBr(s)在 0.010 mol·$L^{-1}$$Na_2S_2O_3$ 溶液中的溶解度。

11-24　已知反应:

$$Cu(OH)_2(s)+4NH_3(aq)\rightleftharpoons[Cu(NH_3)_4]^{2+}(aq)+2OH^-(aq)$$

(1) 计算该反应在 298.15 K 下的标准平衡常数;

(2) 估算 $Cu(OH)_2$ 在 6.0 mol·L^{-1} 氨水中的溶解度(mol·L^{-1})(忽略氨水浓度的变化)。

11-25　将 1.0 mL 1.0 mol·L^{-1} $Cd(NO_3)_2$ 溶液加入 1.0 L 5.0 mol·L^{-1} 氨水中,将生成 $Cd(OH)_2$ 还是$[Cd(NH_3)_4]^{2+}$?通过计算说明。

11-26　已知 298.15 K 下,电极反应:

$$[Ag(S_2O_3)_2]^{3-}(aq)+e^-\rightleftharpoons Ag(s)+2S_2O_3^{2-}(aq)\quad E^\ominus=0.017\text{ V}$$

设计一个原电池,写出电池符号,计算 $K_f^\ominus(Ag(S_2O_3)_2^{3-})$。

11-27　在含有 1.0 mol·$L^{-1}$$Fe^{3+}$ 和 1.0 mol·L^{-1} Fe^{2+} 的溶液中加入 KCN(s),有$[Fe(CN)_6]^{3-}$、$[Fe(CN)_6]^{4-}$ 配离子生成。当系统中 $c(CN^-)$ = 1.0 mol·L^{-1},$c(Fe(CN)_6^{3-})=c(Fe(CN)_6^{4-})$=1.0 mol·$L^{-1}$ 时,计算 $E(Fe^{3+}/Fe^{2+})$和$E^\ominus(Fe(CN)_6^{3-}/Fe(CN)_6^{4-})$。

11-28　根据配合物的稳定常数和有关电对的 $E^\ominus$,计算下列电极反应的 $E^\ominus$:

(1) $[HgI_4]^{2-}(aq)+2e^-\rightleftharpoons Hg(l)+4I^-(aq)$

(2) $Cu^{2+}(aq)+2I^-(aq)+e^-\rightleftharpoons[CuI_2]^-(aq)$

(3) $[Fe(C_2O_4)_3]^{3-}(aq)+e^-\rightleftharpoons[Fe(C_2O_4)_3]^{4-}(aq)$

11-29　已知 $K_f^\ominus(Fe(bipy)_3^{2+})=10^{17.45}$,$K_f^\ominus(Fe(bipy)_3^{3+})=10^{14.25}$,其他数据查附录。

(1) 计算 $E^\ominus(Fe(bipy)_3{}^{3+}/Fe(bipy)_3{}^{2+})$;

(2) 将 Cl_2 通入$[Fe(bipy)_3]^{2+}$溶液中,Cl_2 能否将其氧化?写出反应方程式,并计算 25 ℃下该反应的标准平衡常数 $K^\ominus$;

(3) 若溶液中$[Fe(bipy)_3]^{2+}$的浓度为 0.20 mol·L^{-1},所通 Cl_2 的压力始终保持在 100.0 kPa,计算平衡时溶液中各离子浓度。

第12章

s 区元素

从本章起将系统地讨论元素化学，即周期系中各族元素的单质及其化合物的化学。元素化学又称为描述化学，是无机化学的中心内容。

自然界中千变万化的物质都是由一百多种化学元素组成的。在已发现的 118 多种化学元素中有 90 余种天然元素，20 多种人工合成元素。各种元素在地球上的含量相差极为悬殊。一般说来，较轻的元素含量较多，较重的元素含量较少；原子序数为偶数的元素含量较多，原子序数为奇数的元素含量较少。地球表面下 16 km 厚的岩石层称为地壳，化学元素在地壳中的含量称为丰度。丰度可以用质量分数表示，表 12-1 列出了一些元素的丰度。氧是地壳中含量最多的元素，其次是硅，这两种元素的总质量约占地壳总质量的 75%。氧、硅、铝、铁、钙、钠、钾、镁这 8 种元素的总质量占地壳总质量的 99%以上。

表 12-1　地壳中某些元素的丰度*

元素	w/%	元素	w/%	元素	w/%	元素	w/%
O	47.2	Na	2.64	H	(0.15)	S	0.05
Si	27.6	K	2.60	C	0.10	Ba	0.05
Al	8.80	Mg	2.10	Mn	0.09	Cl	0.045
Fe	5.1	Ti	0.60	P	0.08	Sr	0.04
Ca	3.60						

* 不包括海洋和大气

人体中大约含有 30 多种元素，其中有 11 种为常量元素（表 12-2），约占人体质量的 99.95%，其余的为微量元素或超微量元素。人体中的多数常量元素在地壳中的含量也较多。

表 12-2　人体中一些元素的含量

元素	w/%	元素	w/%	元素	w/%	元素	w/%
O	65	N	3	K	0.35	Cl	0.15
C	18	Ca	2	S	0.25	Mg	0.05
H	10	P	1	Na	0.15		

在化学上按习惯将元素分为普通元素和稀有元素。这种划分只是相对的，它们之间没有严格的界限。所谓稀有元素，一般是指在自然界中含量少，或被人们发现较晚，或对其研究较少，或比较难以提炼，以致在工业上应用得也较晚的元素。通常稀有元素分为以下几类：

轻稀有金属　Li，Rb，Cs，Be；

高熔点稀有金属　Ti，Zr，Hf，V，Nb，Ta，Mo，W，Re；

分散稀有元素 Ga,In,Tl,Ge,Se,Te;

稀有气体 He,Ne,Ar,Kr,Xe,Rn;

稀土金属 Sc,Y,Lu 和镧系元素;

铂系元素 Ru,Rh,Pd,Os,Ir,Pt;

放射性稀有元素 Fr,Ra,Tc,Po,At,Lr 和锕系元素。

在自然界中只有少数元素(如稀有气体、O_2、N_2、S、C、Au、Pt 等)以单质形态存在,大多数元素则以化合态存在,而且主要以氧化物、硫化物、卤化物和含氧酸盐的形式存在。

我国矿产资源很丰富,其中钨、锌、锑、锂、稀土元素等含量占世界首位,铜、锡、铅、汞、镍、钛、钼等储量也居世界前列。非金属硼、硫、磷等储量也不少。

12.1 氢

12.1.1 氢的存在和物理性质

在自然界中氢主要以化合状态存在于水和碳氢化合物中。在邻近地面的空气中,氢的含量极微(体积分数约为 $5\times10^{-5}\%$)。光谱分析表明,在太阳和许多恒星的大气中含有大量的氢,氢是太阳大气的主要组成部分。氢是宇宙中最丰富的元素。

氢有三种同位素,即${}_{1}^{1}H$(氕,符号 H)、${}_{1}^{2}H$(氘,符号 D)和${}_{1}^{3}H$(氚,符号 T)。在自然界稳定存在的主要是氕和氘,它们所占的百分比分别为 99.98%和 0.016%。氚是一种不稳定的放射性同位素,它在自然界中含量甚微,从核反应中可以得到氚。

氢气是无色、无味、无臭的易燃气体,是所有气体中最轻的,其质量仅为空气的 1/14.5。氢气具有最大的扩散速度,容易通过各种细小的空隙(制 NH_3 时在高压下的氢气容易穿透器壁)。高扩散速度使得氢气具有高导热性。用氢气来冷却热的物体比用空气来冷却约快 6 倍。氢气几乎不溶于水。氢的临界温度为 -240℃,很难液化。氢的一些重要性质列于表 12-3 中。

表 12-3 氢的一些性质

原子序数	1	氧化值	−1,0,+1
价层电子构型	$1s^1$	熔点/℃	−259.2
原子半径/pm	32	沸点/℃	−252.77
H^+ 半径/pm	10^{-3}	密度(气体)/($g\cdot L^{-1}$)	0.089 87(0℃)
H^- 半径/pm	208	密度(液体)/($g\cdot L^{-1}$)	70.6(沸点时)
电离能/($kJ\cdot mol^{-1}$)	1312	临界温度/℃	−240
电子亲和能/($kJ\cdot mol^{-1}$)	72.9	H_2 键能/($kJ\cdot mol^{-1}$)	436
电负性	2.1	H_2 键长/pm	74

12.1.2 氢的化学性质

氢原子的电子构型是 $1s^1$。在化学反应中,氢原子与其他元素的原子结合时主要有以下两种成键情况：

(1)形成离子键

氢原子与 s 区元素(除 Be、Mg 外)化合时，可以获得一个电子成为 H^-，H^- 具有与氦原子相同的价层电子构型。

(2)形成共价键

氢原子与大多数 p 区元素形成氢化物时通过共用电子对形成共价单键而结合。

此外，氢还可以形成氢键、非化学计量化合物和含氢桥键化合物。

氢的价层电子构型与碱金属原子相同，都是 ns^1，因此人们将氢纳入ⅠA 族中。氢原子能获得一个电子形成 H^-，这又与卤素相似。但是，氢的电离能比碱金属元素原子的第一电离能大得多，氢的电子亲和能比卤素原子的电子亲和能小得多。因此，氢与ⅠA 族或ⅦA 族元素的性质都不完全相同。

氢分子中 H—H 键的键离解能为 436 kJ · mol^{-1}，比一般单键键能高得多，因此氢分子很难离解，常温下氢气的化学性质不活泼。氢气参加的反应，一般都是在高温或有催化剂存在的条件下进行。氢的重要化学性质如下：

(1)氢气与非金属元素反应直接形成相应的氢化物。例如

$$3H_2(g)+N_2(g)\xrightarrow[\text{催化剂}]{\text{高温、高压}}2NH_3(g)\quad \Delta_r H_m^{\ominus}=-92.1\text{kJ}\cdot\text{mol}^{-1}$$

$$H_2(g)+Cl_2(g)\xrightarrow{\text{燃烧}}2HCl(g)\quad \Delta_r H_m^{\ominus}=-184\ \text{kJ}\cdot\text{mol}^{-1}$$

$$2H_2(g)+O_2(g)\xrightarrow{\text{燃烧}}2H_2O(l)\quad \Delta_r H_m^{\ominus}=-571.8\ \text{kJ}\cdot\text{mol}^{-1}$$

(2)氢气可与许多元素的氧化物或卤化物在高温下反应还原出这些元素的单质。例如

$$SiCl_4+2H_2\longrightarrow Si+4HCl$$

$$TiCl_4+2H_2\longrightarrow Ti+4HCl$$

$$WO_3+3H_2\longrightarrow W+3H_2O$$

(3)氢气可与活泼金属在高温下反应，生成离子型氢化物。例如

$$2Li+H_2\xrightarrow{\triangle}2LiH$$

$$2Na+H_2\xrightarrow{380\ ℃}2NaH$$

$$Ca+H_2\xrightarrow{150\sim300\ ℃}CaH_2$$

(4)氢气可以参与一些重要的有机反应。例如

$$\text{不饱和烃}\xrightarrow{\text{加氢}}\text{饱和烃}$$

$$2nH_2+nCO\xrightarrow[\text{催化}]{Co}C_nH_{2n}+nH_2O$$

从单质氢的化学反应看，其化学性质主要表现为还原性。

12.1.3 氢气的制备

工业上主要以水为原料，采用不同的还原方法制备氢气。大量的氢气是利用碳还原法(水煤气法)来制取的，反应如下

$$C(s) + H_2O(g) \xrightarrow{1\ 000\ ℃} CO(g) + H_2(g) \quad \Delta_r H_m^{\ominus} = 131.1\ kJ \cdot mol^{-1}$$

在生产中这个反应所吸收的热量是由下列反应提供的

$$C(s) + O_2(g) \longrightarrow CO_2(g) \quad \Delta_r H_m^{\ominus} = -393\ kJ \cdot mol^{-1}$$

前一反应所生成的 CO 可进一步与 H_2O 反应

$$CO(g) + H_2O(g) \xrightarrow[Fe_2O_3]{400\ ℃} CO_2(g) + H_2(g) \quad \Delta_r H_m^{\ominus} = -41.4 kJ \cdot mol^{-1}$$

此外，也可以用其他含氢化合物制备 H_2，如煤的干馏过程中所得焦炉气含 H_2 高达 50%以上，又如从含烃的天然气或裂解石油气也可以制取大量的 H_2。甲烷转化法就是以 CH_4 为原料经下列反应制取氢气

$$CH_4(g) + H_2O(g) \xrightarrow[Ni,Co 催化]{700 \sim 870\ ℃} CO(g) + 3H_2(g) \quad \Delta_r H_m^{\ominus} = -206.1\ kJ \cdot mol^{-1}$$

电解法也是工业上制备氢气的一种重要方法，制得的氢气纯度较高，可达到 99.9%，但耗电较多。例如，在电解 NaCl 水溶液制造 NaOH 和氯气时可得到氢气。

实验室通常利用活泼金属还原 H^+ 的方法（如锌与盐酸或稀硫酸作用）制备氢气。

利用两性金属锌、铝等或单质硅与碱溶液反应，可以制得纯度较高的氢气。例如

$$Si + 2NaOH + H_2O \longrightarrow Na_2SiO_3 + 2H_2(g)$$

这种方法所需碱溶液的浓度不高，在野外作业时比用酸方便。

利用某些金属氢化物（如氢化钙、氢化锂等）与水发生反应也可以制得氢气。

此外，还有通过光化学催化，用太阳能分解水制取氢气等新方法。

拓展阅读

制氢方法的新发展——催化电解高纯水

12.1.4 氢的化合物

氢与其他元素形成的二元化合物叫作氢化物。除稀有气体外，氢几乎能与所有其他元素形成氢化物。严格地说，氢化物是指含 H^- 的化合物。根据元素电负性的不同或氢化物结构和性质的差异，通常将氢化物分为离子型氢化物、共价型氢化物和金属型氢化物三类。各类氢化物在周期系中的分布列于表 12-4 中。

表 12-4 氢化物的类型

Li	Be											B	C	N	O	F
Na	Mg											Al	Si	P	S	Cl
K	Ca	Sc	Ti	V	Cr	Mn	Fe	Co	Ni	Cu	Zn	Ga	Ge	As	Se	Br
Rb	Sr	Y	Zr	Nb	Mo	Tc	Ru	Rh	Pd	Ag	Cd	In	Sn	Sb	Te	I
Cs	Ba	La-Lu	Hf	Ta	W	Re	Os	Ir	Pt	Au	Hg	Tl	Pb	Bi	Po	At
离子型氢化物		金属型氢化物											共价型氢化物			

1. 离子型氢化物

离子型氢化物又称为类盐型氢化物。当氢气与电负性很小的碱金属和碱土金属（铍和镁除外）在常压、300～700 ℃的条件下直接化合时，会生成离子型氢化物，有

$$2M + H_2 \longrightarrow 2MH$$

$$M + H_2 \longrightarrow MH_2$$

氢原子获得一个电子变成 H^-。离子型氢化物的熔点、沸点较高，熔融时能够导电。常温下它们都是白色晶体。碱金属氢化物具有 NaCl 型晶体结构，碱土金属氢化物具有斜方晶系结构。

离子型氢化物强烈地水解，反应如下

$$MH + H_2O \longrightarrow MOH + H_2(g)$$

$$MH_2 + 2H_2O \longrightarrow M(OH)_2 + 2H_2(g)$$

离子型氢化物具有良好的还原性能。例如，NaH 在 400 ℃时能将 $TiCl_4$ 还原为金属钛，有

$$TiCl_4 + 4NaH \longrightarrow Ti + 4NaCl + 2H_2(g)$$

2. 共价型氢化物

氢与 p 区元素（除稀有气体、铟、铊外）以共价键结合形成共价型氢化物，又称为分子型氢化物。它们的晶体属于分子晶体。共价型氢化物的熔点、沸点较低，在通常条件下多为气体。同一周期从ⅣA 族到ⅥA 族元素氢化物的熔点和沸点逐渐升高，而ⅦA 族元素氢化物的熔点和沸点则低一些。同一族元素氢化物自上而下熔点、沸点逐渐升高，但第二周期的 NH_3、H_2O 和 HF 却由于分子间存在氢键而使它们的熔点、沸点反常地高。

p 区元素氢化物的热稳定性差别很大。同一周期元素氢化物的热稳定性从左到右逐渐增强；同一族元素氢化物的热稳定性自上而下逐渐减弱。这种递变规律与 p 区元素电负性的递变规律一致。与氢相结合的元素 E 的电负性越大，它与氢形成的 E—H 键的键能越大，氢化物的热稳定性越高。

p 区元素氢化物与水作用的情况各不相同。在氢的氧化值为−1 的氢化物中，有些与水反应能生成氢气，例如，B_2H_6 和 SiH_4。而锗、磷、砷、锑的氢化物则与水不发生反应。在氢的氧化值为+1 的氢化物中，一类是不与水反应的，如 CH_4；一类是能与水中的氢离子发生加合反应的，如 NH_3。其他的氢化物则溶于水且发生解离，例如，HX、H_2S 等。

同一周期元素能溶于水的氢化物的酸性从左到右逐渐增强，同一族元素氢化物的酸性自上而下逐渐增强。

除 HF 之外，其他共价型氢化物都具有还原性。例如，HI 可以被空气中的 O_2 氧化，PH_3、H_2S 可以在空气中燃烧，B_2H_6 和 SiH_4 能在空气中自燃。

对共价型氢化物的还原性递变规律，有人认为可以从与氢相结合元素 E 的电负性及 E^{n-} 的半径考虑。如 E 的电负性越小，E^{n-} 的半径越大，则 EH_n 的还原性就越强。这与共价型氢化物稳定性的递变规律恰好相反。

3. 金属型氢化物

金属型氢化物又称为过渡型氢化物。氢与 d 区元素、s 区的铍和镁及 p 区的铟和铊可形成金属型氢化物。这类氢化物的特点是其组成大多不固定，通常是非化学计量的，例如 $VH_{1.8}$、$TaH_{0.76}$、$LaNiH_{5.7}$ 等。这类氢化物中，氢原子钻到金属晶体的空隙中形成化合物。还有人认为氢与金属组成固溶体，氢原子在晶体中占据与金属原子相似的位置。不同金属型氢化物中，氢与金属的键合作用可能不同，而这种作用是化合还是吸收是难以区别的。

金属型氢化物基本上保留着金属的一些物理性质，如金属光泽、导电性等；其密度值小于相应的金属。

有些氢化物具有一些过渡性质。因此，关于氢化物的分类也不是绝对的。

12.1.5　氢的用途

氢气的工业用途主要如下：

(1)直接合成工业原料

利用氢气能与某些非金属直接合成二元化合物的性质，可以制取一些重要的工业原料。当前氢气用量最大的是与氮气直接合成 NH_3。所用的氢主要是从焦炭或烃类与水蒸气作用而得。

(2)以氢气为还原剂制取单质

氢气有良好的还原性能，工业上利用氢气的还原性，从某些氯化物或氧化物中制取相应的单质，如 Si 和 W 等。利用这种方法制得的单质纯度较高。

(3)有机化合物的合成和加工

氢气与 CO 作用可以制取烃或醇类，又可使植物油加氢，使不饱和脂肪酸氢化，也可使某些有机化合物中的不饱和键加氢得到新的产物。这些反应一般都在高压和有催化剂的情况下进行。

*12.1.6　氢能源

氢气和氧气反应时生成水放出大量的热，因此，氢是一种颇具开发潜力的清洁能源。1 g 氢气完全燃烧放出的热量是 1 g 碳完全燃烧时放出热量的 4 倍多。由于自然界中氢气的含量很少，所以它不能像一级能源(石油、煤、太阳能等)那样直接利用，而必须由一级能源将它制备出来作为二级能源加以利用。

氢气与氧气在一般条件下并不反应，但是一经点燃即可迅速进行反应。燃料电池利用这一反应在一定装置中平稳地进行，把释放出的能量转化为电能，且发电效率比蒸气发电高。

作为二级能源的氢气在制得后需要储存。某些过渡金属如 Pd 在一定条件下可以吸收多达本身体积 700 倍的 H_2，而在改变条件下又可释放出氢气。但是，作为储氢材料除了要求有较大的吸氢能力、易于释放外，还要价格便宜。例如，$LaNi_5$ 吸氢后成为 $LaNi_5H_6$(某些情况下可得 $LaNi_5H_7$)。在 $LaNi_5H_6$ 中氢的含量约为 1.37%。已知 $LaNi_5H_6$ 的密度为 6.43 kg·L^{-1}，即每升 $LaNi_5H_6$ 固体中含有 88 g 氢(液态氢密度为 0.070 6 kg·L^{-1}，每升含有的氢为 70.6 g)。有关反应如下

$$LaNi_5 + 3H_2 \rightleftharpoons LaN_5H_6$$

温度高于室温，压力小于 0.25 MPa，平衡向左移动，反之则向右移动，$\Delta_r H_m$ 约为 $-32\ kJ \cdot mol^{-1}$。

氢气一般是加压储存在钢瓶中，使用时必须注意安全。这是因为氢气在空气中一定条件下就能发生爆炸。根据多年来的研究发现，这一反应只有在一定条件下才能迅速发生。在一般压力下，当氢气在空气中的体积分数在 4%～74%之间，达到一定温度立即发生爆炸。例如，当 H_2 ∶ O＝2 ∶ 1(体积)，温度高于 400 ℃就有爆炸的可能。为了防止爆炸，使用氢气时必须严格禁火，有些操作过程(例如，气相色谱仪的使用、蓄电池的充电等)都有可能遇到氢气，除注意禁火外应加强通风。

12.2 碱金属和碱土金属概述

周期系ⅠA族元素包括锂、钠、钾、铷、铯、钫6种元素，又称为碱金属。ⅡA族元素包括铍、镁、钙、锶、钡、镭6种元素，又称为碱土金属。碱金属和碱土金属原子的价层电子构型分别为 ns^1 和 ns^2，它们的原子最外层有1～2个s电子。其中，锂、铷、铯、铍是稀有金属元素，钫和镭是放射性元素，钠、钾、镁、钙是生命必需元素。

碱金属和碱土金属的一些性质分别列于表12-5和表12-6中。碱金属原子最外层只有1个 ns 电子，次外层是8电子（锂的次外层是2电子）结构，它们的原子半径在同周期元素中（稀有气体除外）是最大的，而核电荷数在同周期元素中是最小的。由于内层电子的屏蔽作用显著，故这些元素很容易失去最外层的1个s电子，从而使碱金属的第一电离能在同周期元素中为最低。因此，碱金属是同周期元素中金属性最强的元素。碱土金属原子最外层有2个 ns 电子，次外层也是8电子结构（铍的次外层是2电子），它们的核电荷数比碱金属大，原子半径比碱金属小。虽然这些元素也容易失去最外层的s电子，具有较强的金属性，但它们的金属性比同周期的碱金属略差一些。

拓展阅读

碱金属和碱土金属的生理作用

表 12-5　碱金属的一些性质

元素	锂(Li)	钠(Na)	钾(K)	铷(Rb)	铯(Cs)
价层电子构型	$2s^1$	$3s^1$	$4s^1$	$5s^1$	$6s^1$
金属半径/pm	152	186	227	248	265
沸点/℃	1 341	881.4	759	691	668.2
熔点/℃	180.54	97.82	63.38	39.31	28.44
密度/(g·cm^{-3})	0.534	0.968	0.89	1.532	1.878 5
电负性	0.98	0.93	0.82	0.82	0.79
电离能 I_1/(kJ·mol^{-1})	526.41	502.04	425.02	409.22	381.90
电子亲和能/(kJ·mol^{-1})	−59.6	−52.9	−48.4	46.9	45
标准电极电势 $E^{\ominus}(M^+/M)$/V	−3.040	−2.714	−2.936	−2.943	−3.027
氧化值	+1	+1	+1	+1	+1

表 12-6　碱土金属的一些性质

元素	铍(Be)	镁(Mg)	钙(Ca)	锶(Sr)	钡(Ba)
价层电子构型	$2s^2$	$3s^2$	$4s^2$	$5s^2$	$6s^2$
金属半径/pm	111	160	197	215	217
沸点/℃	2 467	1 100	1 484	1 366	1 845
熔点/℃	1 287	651	842	757	727
密度/(g·cm^{-3})	1.847 7	1.738	1.55	2.64	3.51
电负性	1.57	1.31	1.00	0.95	0.89
电离能 I_1/(kJ·mol^{-1})	905.63	743.94	596.1	555.7	508.9
电子亲和能/(kJ·mol^{-1})	48.2	38.6	28.9	28.9	—
标准电极电势 $E^{\ominus}(M^{2+}/M)$/V	−1.968	−2.357	−2.869	−2.899	−2.906
氧化值	+2	+2	+2	+2	+2

碱金属和碱土金属自上而下性质有规律地变化。例如，随着核电荷数的增加，同族元素

的原子半径、离子半径逐渐增大，电离能逐渐减小，电负性逐渐减小，金属性、还原性逐渐增强。第二周期元素与第三周期元素之间在性质上有较大差异，而其后各周期元素性质的递变则较均匀。例如，锂及其化合物表现出与同族元素不同的性质。

碱金属和碱土金属性质变化的总趋势归纳如下：

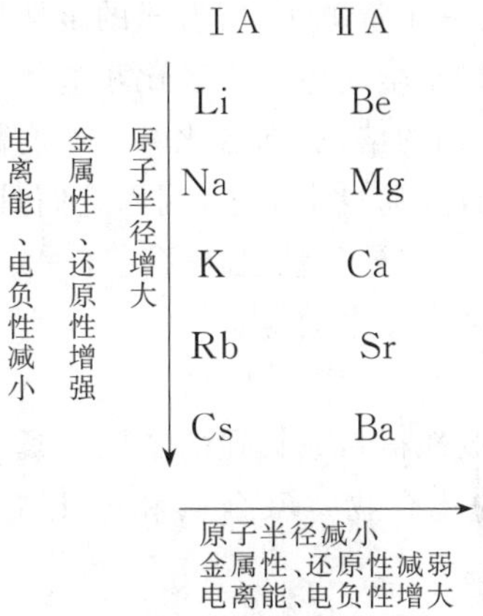

它们的一个重要特点是各族元素通常只有一种稳定的氧化态。碱金属和碱土金属的常见氧化值分别为 +1 和 +2，这与它们的族序数一致。从电离能的数据可以看出，碱金属的第一电离能最小，很容易失去 1 个电子，但碱金属的第二电离能很大，故很难再失去第二个电子。碱土金属的第一、第二电离能较小，容易失去 2 个电子，而第三电离能很大，所以很难再失去第三个电子。

碱金属和碱土金属的单质是最活泼的金属，它们都能与大多数非金属反应。如它们极易在空气中燃烧。除了铍和镁外，它们都较易与水反应，形成稳定的氢氧化物，这些氢氧化物大多是强碱。

碱金属和碱土金属所形成的化合物大多是离子型的。第二周期的锂和铍的离子半径小，极化作用较强，形成的化合物是共价型的（有一部分锂的化合物是离子型的）。少数镁的化合物也是共价型的。常温下在碱金属和碱土金属盐类的水溶液中，金属离子大多数不发生水解反应。除铍以外，碱金属和碱土金属单质都能溶于液氨生成蓝色的还原性溶液。

由表 12-5 可以看出，碱金属的标准电极电势都很小，且从钠到铯，$E^{\ominus}(M^+/M)$逐渐减小，但 $E^{\ominus}(Li^+/Li)$却比 $E^{\ominus}(Cs^+/Cs)$还小，表现出反常性。这与气态锂离子水合时放出的热量特别大有关。

12.3　碱金属和碱土金属的单质

12.3.1　单质的性质

1. 物理性质

碱金属和碱土金属都是银白色（铍为灰色）金属，具有金属光泽。碱金属的密度都小于 $2\ g\cdot cm^{-3}$，其中锂、钠、钾的密度均小于 $1\ g\cdot cm^{-3}$（表 12-5），能浮在水面上；碱土金属的密度也都小于 5 g·cm^{-3}。它们都是轻金属。这与它们的原子半径比较大、晶体结构为体心立方堆积等因素有关。碱土金属的密度比同周期碱金属的密度有所增大。

碱金属、碱土金属的硬度很小，除铍、镁外，它们的硬度都小于 2。碱金属和钙、锶、钡可以用刀子切割。

碱金属原子半径较大，又只有一个价电子，所形成的金属键很弱，它们的熔点、沸点都较低。铯的熔点比人的体温还低。碱土金属原子半径比相应的碱金属小，具有 2 个价电子，所形成的金属键比碱金属的强，故它们的熔点、沸点比碱金属的高。

在碱金属的晶体中有活动性较强的自由电子，因而它们具有良好的导电性、导热性。其中钠的导电性最好。碱土金属的导电、导热性也较好。在一定波长光的作用下，铷和铯的电子可获得能量从金属表面逸出而产生光电效应。

2. 化学性质

碱金属和碱土金属是化学活泼性很强或较强的金属元素。它们能直接或间接地与电负性较大的非金属元素形成相应的化合物。碱金属和碱土金属的重要化学反应分别列于表 12-7 和表 12-8 中。

表 12-7　碱金属的化学反应

$4Li+O_2$(过量)$\longrightarrow 2Li_2O$	其他金属形成 Na_2O_2，K_2O_2，KO_2，RbO_2，CsO_2
$2M+S \longrightarrow M_2S$	反应很激烈，也有多硫化物产生
$2M+2H_2O \longrightarrow 2MOH+H_2$	Li 反应缓慢，K 发生爆炸，与酸作用时都发生爆炸
$2M+H_2 \longrightarrow 2M^+H^-$	高温下反应，LiH 最稳定
$2M+X_2 \longrightarrow 2M^+X^-$	X＝卤素
$6Li+N_2 \longrightarrow 2Li_3^+N^{3-}$	室温，其他碱金属无此反应
$3M+E \longrightarrow M_3E$	E＝P，As，Sb，Bi，加热反应
$M+Hg \longrightarrow$ 汞齐	

表 12-8　碱土金属的化学反应

$2M+O_2 \longrightarrow 2MO$	加热能燃烧，钡能形成过氧化钡 BaO_2
$M+S \longrightarrow MS$	
$M+2H_2O \longrightarrow M(OH)_2+H_2$	Be，Mg 与冷水反应缓慢
$M+2H^+ \longrightarrow M^{2+}+H_2$	Be 反应缓慢，其余反应较快
$M+H_2 \longrightarrow MH_2$	仅高温下反应，Mg 需高压
$M+X_2 \longrightarrow MX_2$	
$3M+N_2 \longrightarrow M_3N_2$	水解生成 NH_3 和 $M(OH)_2$
$Be+2OH^-+2H_2O \longrightarrow Be(OH)_4^{2-}+H_2$	其他碱土金属无此类反应

碱金属有很高的反应活性，在空气中极易形成 M_2CO_3 覆盖层，因此要将它们保存在无水煤油中。锂的密度很小，能浮在煤油上，所以将其保存在液体石蜡中。碱土金属的活泼性不如碱金属，铍和镁表面可形成致密的氧化物保护膜。

碱金属的 $E^{\ominus}(M^+/M)$ 和碱土金属的 $E^{\ominus}(M^{2+}/M)$ 都很小，相应金属的还原性强，都能与水反应，并生成氢气。例如，钠、钾与水反应很激烈，并能放出大量的热，使钠、钾熔化，同时使 H_2 燃烧。虽然锂的标准电极电势比铯的还小，但它与水反应时还不如钠激烈。这是因为锂的升华焓很大，不易活化，因而反应速率较小。另外，反应生成的氢氧化锂的溶解度较小，覆盖在金属表面上，从而也降低了反应速率。同周期的碱土金属与水反应不如碱金属激烈。铍、镁与冷水作用很慢,因为金属表面形成一层难溶的氢氧化物,阻止了金属与水的进一步作用。

碱金属能置换出氨中的氢。它们同液氨慢慢地反应,生成氢气和金属的氨基化物 MNH_2。这种反应非常类似于碱金属与水的反应,即

$$2M(s)+2NH_3(l)\longrightarrow 2M^+(am)+2NH_2^-(am)+H_2(g)$$

碱金属溶解在液氨(−33 ℃)中,形成含有深蓝色溶剂化电子和金属阳离子的溶液,即

$$M(s)\xrightarrow{\text{液氨溶剂}}M^+(am)+e^-(am)$$

这种溶液有极强的还原能力。

碱金属和碱土金属中的钙、锶、钡及其挥发性化合物在无色火焰中灼烧时,其火焰都具有特征焰色,称为焰色反应。产生焰色反应的原因是它们的原子或离子受热时,电子容易激发,当电子从较高能级跃迁到较低能级时,相应的能量以光的形式释放出来,产生线状光谱。光焰的颜色往往是相应于强度较大的谱线区域。不同的原子因结构不同而产生不同颜色的火焰。常见的几种碱金属、碱土金属的火焰颜色列于表 12-9 中。常利用焰色反应来检定这些金属元素的存在。

表 12-9　常见碱金属、碱土金属的火焰颜色

元素	Li	Na	K	Ca	Sr	Ba
火焰	红	黄	紫	橙红	洋红	绿

12.3.2 单质的制备和用途

碱金属和碱土金属是最活泼的金属元素,因此在自然界中不存在碱金属和碱土金属的单质,这些元素多以离子型化合物的形式存在。

碱金属中,只有钠、钾在地壳中分布很广,丰度也较高,其他元素含量较小而且分散。它们主要以氯化物形式存在于自然界,例如,海水和盐湖中含有氯化钠、氯化钾等。它们的矿物主要有钠长石 $Na[AlSi_3O_8]$、钾长石 $K[AlSi_3O_8]$、光卤石 $KCl\cdot MgCl_2\cdot 6H_2O$ 以及明矾石 $K(AlO)_3(SO_4)_2\cdot 3H_2O$。锂、铷、铯以稀有的硅铝酸盐形式存在,例如锂辉石 $LiAl(SiO_3)_2$ 等。

碱土金属(除镭外)在自然界中分布也很广泛。铍的矿藏是分散的,比较有经济价值的是绿柱石 $Be_3Al_2(SiO_3)_6$、硅铍石 $2BeO\cdot SiO_2$ 和铝铍石 $BeO\cdot Al_2O_3$。典型的镁矿是光卤石 $KCl\cdot MgCl_2\cdot 6H_2O$、菱镁矿 $MgCO_3$ 等。钙在自然界中分布较广,主要以碳酸盐和硫酸盐形式存在,如大理石、方解石、白垩、石灰石(它是一种不纯的 $CaCO_3$)和石膏 $CaSO_4\cdot 2H_2O$。另外,钙还有以氟化物形式存在的矿物,如萤石 CaF_2。锶矿比较稀少,主要是天青石 $SrSO_4$ 和碳酸锶矿 $SrCO_3$。钡在地壳中的含量比锶丰富,但比钙少得多,它的主要矿物是重晶石 $BaSO_4$ 和毒重石 $BaCO_3$。

钠和镁的制备通常都是用采用电解熔融盐的方法。这是因为它们具有很强的还原性,而相应的离子几乎没有氧化性,若用还原剂将其还原是相当困难的,所以必须采用强力的方法——电解来实现。一般电解的原料是它们的氯化物。例如,电解熔融的氯化钠时,在阴极得到金属钠。

$$2NaCl \xrightarrow{\text{电解}} 2Na + Cl_2$$

为了降低电解质的熔点，可以加 $CaCl_2$，使电解质熔点由 800 ℃降至 600 ℃，既减少金属的挥发，又节约了能源。同时，混合熔融物的密度又比金属钠大，使产生的金属钠浮于液面上，以减少金属钠在溶液中的分散。

工业上制备金属镁还采用高温热还原法，在电弧炉内将氧化镁与碳（或碳化钙）加热至 1 000 ℃以上，反应自发进行，得到金属镁。

$$MgO(s) + C(s) \xrightarrow{\text{高温}} CO(g) + Mg(s)$$

高温热还原法也用来制备金属钾。以 Na 为还原剂在 850 ℃下熔融的 KCl 中还原出 K，成为蒸气。

碱金属以前仅用于制备合金或用作金属还原剂。例如，它们可以还原钛和锆的氧化物制备钛和锆；又如，钠铅合金可用于从氯乙烷生产汽油的抗震剂四乙基铅。

$$Na_4Pb + 4C_2H_5Cl \longrightarrow Pb(C_2H_5)_4 + 4NaCl$$

由于金属钠和钾的熔点低，导电、导热性良好，近年来，钾钠合金用作核反应堆的冷却剂和热交换剂。钠光灯的黄色光在雾气中透射性良好，因而广泛用于公路照明。金属锂用于锂电池和锂离子电池，也可用于合成有机化合物。铷和铯主要用于制造光电池。

碱土金属的用途比较广泛。铍主要用来做合金。例如，铍青铜是铍与铜的合金，少量的铍可以大大增加铜的硬度和导电性。镁在加热条件下还原能力极强。因而常常用镁作为还原剂制备某些金属和非金属的单质。例如，镁可以将硅和硼从它们的氧化物中还原出来。镁燃烧时放射明亮的白光，所以镁可用作闪光灯粉，也可用于军用照明弹和燃烧弹中。工业生产的镁大量用于制造轻合金。最重要的含镁合金是镁铝合金，它比纯铝更轻、更坚硬，强度也高，并且易于机械加工，这种合金主要用作制造飞机和汽车的材料。钙可以作为有机溶剂的脱水剂；在冶金工业上用作还原剂和净化剂（除去熔融金属中的气体）。钙和铝的合金广泛用作轴承材料。钡在真空管生产中用作脱气剂。

12.4 碱金属和碱土金属的化合物

12.4.1 氢化物

碱金属和碱土金属中的钙、锶、钡在氢气流中加热，可以分别生成离子型氢化物。晶体结构研究表明，在碱金属氢化物中，H^- 的离子半径在 126 pm（LiH 中）～154 pm（CsH 中）变化。

离子型氢化物热稳定性差异较大，分解温度各不相同。碱金属氢化物中，LiH 为最稳定，其分解温度为 850 ℃，高于其熔点（680 ℃）。氢化锂溶于熔融的 LiCl 中，电解时在阴极上析出金属锂，在阳极上放出氢气。其他碱金属氢化物加热未到熔点时便分解为氢气和相应的金属单质。碱土金属的离子型氢化物比碱金属的氢化物热稳定性高一些，BaH_2 具有较高的熔点（1 200 ℃）。

离子型氢化物都可与水发生剧烈的水解反应而放出氢气。例如

$$LiH + H_2O \longrightarrow LiOH + H_2$$

$$CaH_2 + 2H_2O \longrightarrow Ca(OH)_2 + 2H_2$$

CaH_2 常用作军事和气象野外作业的生氢剂。

离子型氢化物都具有强还原性，$E^{\ominus}(H_2/H^-) = -2.23$ V。在有机合成中，LiH 常用来还原某些有机化合物，CaH_2 也是重要的还原剂。

离子型氢化物能在非水溶剂中与硼、铝等元素的缺电子化合物作用形成配位氢化物。例如，LiH 和无水 $AlCl_3$ 在乙醚溶液中相互作用，生成铝氢化锂，即

$$4LiH + AlCl_3 \xrightarrow{\text{乙醚}} Li[AlH_4] + 3LiCl$$

在 $Li[AlH_4]$ 中，锂以 Li^+ 存在。$Li[AlH_4]$ 在干燥空气中较稳定，遇水则发生猛烈反应，即

$$Li[AlH_4] + 4H_2O \longrightarrow LiOH + Al(OH)_3 + 4H_2$$

$Li[AlH_4]$ 具有很强的还原性，能将许多有机化合物中的官能团还原，如将醛、酮、羧酸等还原为醇，将硝基还原为氨基等。配位氢化物已广泛应用在有机合成中。

12.4.2 氧化物

碱金属、碱土金属与氧能形成三种类型的重要氧化物，即正常氧化物、过氧化物和超氧化物，其中分别含有 O^{2-}、O_2^{2-} 和 O_2^-。前两种是反磁性物质，后一种是顺磁性物质。s 区元素与氧所形成的各种含氧二元化合物列入表 12-10 中。

表 12-10　s 区元素形成的含氧二元化合物

	阴离子	直接形成	间接形成
正常氧化物	O^{2-}	Li，Be，Mg，Ca，Sr，Ba	ⅠA、ⅡA 族所有元素
过氧化物	O_2^{2-}	Na，Ba	除 Be 外的所有元素
超氧化物	O_2^-	(Na)，K，Rb，Cs	除 Be、Mg、Li 外的所有元素

1. 正常氧化物

碱金属中的锂和所有碱土金属在空气中燃烧时，生成正常氧化物 Li_2O 和 MO。其他碱金属的正常氧化物是用金属与它们的过氧化物或硝酸盐作用得到的。即

$$Na_2O_2 + 2Na \longrightarrow 2Na_2O$$

$$2KNO_3 + 10K \longrightarrow 6K_2O + N_2$$

碱土金属的碳酸盐、硝酸盐等热分解也能得到氧化物 MO。

碱金属氧化物的有关性质列于表 12-11 中。由 Li_2O 过渡到 Cs_2O，颜色依次加深。由于 Li^+ 的离子半径特别小，Li_2O 的熔点很高，Na_2O 的熔点也较高。其余的氧化物未达到熔点时便开始分解。

表 12-11　碱金属氧化物的性质

	颜色	熔点/℃	$\Delta_f H_m^{\ominus}/(kJ \cdot mol^{-1})$		颜色	熔点/℃	$\Delta_f H_m^{\ominus}/(kJ \cdot mol^{-1})$
Li_2O	白	1 570	−597.9	Rb_2O	亮黄	400 分解	−339
Na_2O	白	920	−414.22	Cs_2O	橙红	490	−345.77
K_2O	淡黄	350 分解	−361.5				

碱金属氧化物与水化合生成碱性氢氧化物 MOH。Li_2O 与水反应很慢，Rb_2O 和 Cs_2O

与水发生剧烈反应。

碱土金属的氧化物都是难溶于水的白色粉末。碱土金属氧化物中，唯有 BeO 是六方 ZnS 型晶体，其他氧化物都是 NaCl 型晶体。与 M^+ 相比，M^{2+} 的电荷多，离子半径小，所以碱土金属氧化物具有较大的晶格能，熔点都很高，硬度也较大。碱土金属氧化物的有关性质列于表 12-12 中。

表 12-12　　碱土金属氧化物的性质

	熔点/℃	离子间距离/pm	密度/$(g \cdot cm^{-3})$	莫氏硬度（金刚石为 10）	$\Delta_f H_m^\ominus/(kJ \cdot mol^{-1})$
BeO	2 578	165	3.025	9	−609.6
MgO	2 800	210	3.65～3.75	5.5	−601.70
CaO	2 900	240	3.34	4.5	−635.09
SrO	2 430	257	4.7	3.5	−592.0
BaO	1 973	277	5.72	3.3	−553.5

BeO 几乎不与水反应，MgO 与水缓慢反应生成相应的碱。CaO、SrO、BaO 遇水都能发生剧烈反应生成相应的碱，并放出大量热。

BeO 和 MgO 可做耐高温材料，生石灰（CaO）是重要的建筑材料，也可由它制得价格便宜的熟石灰 $Ca(OH)_2$。

2. 过氧化物

除铍和镁外，所有碱金属和碱土金属都能分别形成相应的过氧化物 $M_2^{I}O_2$ 和 $M^{II}O_2$，其中只有钠和钡的过氧化物可由金属在空气中燃烧直接得到。

过氧化钠 Na_2O_2 是最常见的碱金属过氧化物。将金属钠在铝制容器中加热到 300 ℃，并通入不含二氧化碳的干空气，得到淡黄色的颗粒状的 Na_2O_2 粉末。

过氧化钠与水或稀硫酸在室温下反应生成过氧化氢，即

$$Na_2O_2 + 2H_2O \longrightarrow 2NaOH + H_2O_2$$

$$Na_2O_2 + H_2SO_4(\text{稀}) \longrightarrow Na_2SO_4 + H_2O_2$$

过氧化钠与二氧化碳反应，放出氧气，即

$$2Na_2O_2 + 2CO_2 \longrightarrow 2Na_2CO_3 + O_2$$

因此，Na_2O_2 可以作为氧气发生剂，用于高空飞行和水下工作时的供氧剂和二氧化碳吸收剂。Na_2O_2 是一种强氧化剂，工业上用作漂白剂。Na_2O_2 在熔融时几乎不分解，但遇到棉花、木炭或铝粉等还原性物质时，就会发生爆炸，使用 Na_2O_2 时应当注意安全。

工业上把 BaO 在空气中加热到 600 ℃以上使它转化为过氧化钡，即

$$2BaO + O_2 \xrightarrow{600\sim800\ ℃} 2BaO_2$$

过氧化物中的阴离子是过氧离子 O_2^{2-}，其结构式如下

$$[:\underset{..}{\overset{..}{O}}:\underset{..}{\overset{..}{O}}:]^{2-} \quad \text{或} \quad [\text{—O—O—}]^{2-}$$

3. 超氧化物

除了锂、铍、镁外，碱金属和碱土金属都能分别形成超氧化物 MO_2 和 $M(O_2)_2$。其中，钾、铷、铯在空气中燃烧能直接生成超氧化物 MO_2。一般说来，金属性很强的元素容易形成含氧较多的氧化物。例如，钾、铷、铯等都易生成超氧化物。

超氧化物与水反应立即产生氧气和过氧化氢。例如

$$2KO_2+2H_2O \longrightarrow 2KOH+H_2O_2+O_2$$

超氧化物也是强氧化剂。超氧化钾与二氧化碳作用放出氧气，即

$$4KO_2+2CO_2 \longrightarrow 2K_2CO_3+3O_2$$

KO_2 较易制备，常用于急救器和消防队员的空气背包中，除去呼出的 CO_2 和湿气并提供氧气。

在碱金属和碱土金属的超氧化物中，阴离子是超氧离子 O_2^-，其结构式如下

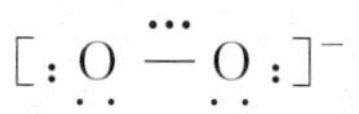

由于含有一个未成对电子，因而 O_2^- 具有顺磁性。

比较 O_2、O_2^{2-}、O_2^- 的结构可以看出：O_2^{2-} 和 O_2^- 的反键轨道上的电子比 O_2 多，键级比 O_2 小，键能分别为 142 $kJ \cdot mol^{-1}$ 和 398 $kJ \cdot mol^{-1}$，比 O_2 的键能(498 $kJ \cdot mol^{-1}$)小。所以过氧化物和超氧化物稳定性不高。

12.4.3 氢氧化物

碱金属和碱土金属的氢氧化物都是白色固体。它们在空气中易吸水而潮解，故固体 NaOH 和 $Ca(OH)_2$ 常用作干燥剂。

碱金属的氢氧化物在水中都是易溶的(其中 LiOH 的溶解度稍小些)，溶解时还放出大量热。碱土金属的氢氧化物的溶解度较小，其中 $Be(OH)_2$ 和 $Mg(OH)_2$ 是难溶氢氧化物。碱土金属的氢氧化物溶解度列入表 12-13 中。由表中数据可见，对碱土金属来说，由 $Be(OH)_2$ 到 $Ba(OH)_2$，溶解度依次增大。这是由于随着金属离子半径的增大，阳、阴离子之间的作用力逐渐减小，容易为水分子所解离的缘故。

表 12-13　碱土金属氢氧化物的溶解度　(20 ℃)

氢氧化物	$Be(OH)_2$	$Mg(OH)_2$	$Ca(OH)_2$	$Sr(OH)_2$	$Ba(OH)_2$
溶解度/($mol \cdot L^{-1}$)	8×10^{-6}	2.1×10^{-4}	2.3×10^{-2}	6.6×10^{-2}	1.2×10^{-1}

碱金属、碱土金属的氢氧化物中，除 $Be(OH)_2$ 为两性氢氧化物外，其他氢氧化物都是强碱或中强碱。这两族元素氢氧化物碱性的递变次序如下

$$\underset{\text{中强碱}}{LiOH} < \underset{\text{强碱}}{NaOH} < \underset{\text{强碱}}{KOH} < \underset{\text{强碱}}{RbOH} < \underset{\text{强碱}}{CsOH}$$

$$\underset{\text{两性}}{Be(OH)_2} < \underset{\text{中强碱}}{Mg(OH)_2} < \underset{\text{强碱}}{Ca(OH)_2} < \underset{\text{强碱}}{Sr(OH)_2} < \underset{\text{强碱}}{Ba(OH)_2}$$

金属氢氧化物的酸碱性取决于它们的解离方式。如果以 ROH 表示金属氢氧化物，它可以有如下两种解离方式

$$R \,\vdots\, OH \longrightarrow R^+ + OH^- \qquad \text{碱式解离}$$

$$R{-}O \,\vdots\, H \longrightarrow RO^- + H^+ \qquad \text{酸式解离}$$

氢氧化物的解离方式与 R 的电荷数 Z 和半径 r 的比值有关。令

$$\phi=\frac{Z}{r}$$

若 ϕ 值小，也就是说 R 离子的电荷数少，离子半径大，则 R 与 O 原子间的静电作用较弱，相对的 O—H 键显得较强，有利于碱式解离，这时氢氧化物表现出碱性。若 ϕ 值大，即 Z 大，r 小时，R 与 O 原子间的静电作用较强，氢氧化物易酸式解离，表现出酸性。据此，有人提出了用 $\sqrt{\phi}$ 值（r 的单位为 pm）判断金属氢氧化物酸碱性的经验规律，即

$\sqrt{\phi}<0.22$ 时，金属氢氧化物呈碱性

$0.22<\sqrt{\phi}<0.32$ 时，金属氢氧化物呈两性

$\sqrt{\phi}>0.32$ 时，金属氢氧化物呈酸性

碱金属 M^+ 的最外层电子构型相同（Li^+ 除外），离子的电荷数相同，随着 r 的增大，$\sqrt{\phi}$ 变小，因而碱金属氢氧化物碱性依次增强。碱土金属也有类似情况。对于 $Be(OH)_2$，经计算其 $\sqrt{\phi}$ 值为 0.254，它是两性氢氧化物。碱土金属的 M^{2+} 电荷数比碱金属的 M^+ 多，而离子半径却又比相邻的碱金属小，使得其 $\sqrt{\phi}$ 值比相邻 M^+ 的大，因此它们的氢氧化物的碱性也就比相邻碱金属的弱。除了碱金属和碱土金属的氢氧化物之外，上述这一规律对其他金属氢氧化物有时不太适用。

在碱金属氢氧化物中最重要的是氢氧化钠。NaOH 俗称烧碱，是重要的化工原料，应用很广泛。工业上制备 NaOH 采用电解食盐水溶液的方法，常用隔膜电解法和离子交换膜电解法。用碳酸钠和熟石灰反应（苛化法）也可以制备 NaOH。LiOH 在宇宙飞船和潜水艇等密封环境中用于吸收 CO_2。

在碱土金属氢氧化物中较重要的是氢氧化钙。$Ca(OH)_2$ 俗称熟石灰或消石灰，它可由 CaO 与水反应制得。$Ca(OH)_2$ 价格低廉，大量用于化工和建筑工业。

12.4.4 重要盐类及其性质

碱金属和碱土金属常见的盐有卤化物、硝酸盐、硫酸盐、碳酸盐等。这里着重讨论它们的晶体类型、溶解度、热稳定性等。

1. 晶体类型

碱金属的盐大多数是离子晶体，它们的熔点、沸点较高（表 12-14）。由于 Li^+ 半径很小，极化力较强，它的某些盐（如卤化物）中表现出不同程度的共价性。

表 12-14 碱金属盐类的熔点 （℃）

碱金属	氯化物	硝酸盐	碳酸盐	硫酸盐
Li	613	～255	720	859
Na	800.8	307	858.1	880
K	771	333	901	1 069
Rb	715	305	837	1 050
Cs	646	414	792	1 005

碱土金属离子带 2 个正电荷，其离子半径比相应的碱金属离子小，故它们的极化力增强，因此碱土金属盐的离子键特征比碱金属差。但同族元素随着金属离子半径的增大，键的

离子性也增强。例如，碱土金属氯化物的熔点从 Be 到 Ba 依次增高：

	$BeCl_2$	$MgCl_2$	$CaCl_2$	$SrCl_2$	$BaCl_2$
熔点/℃	415	714	775	874	962

其中，$BeCl_2$ 的熔点明显的低，这是由于 Be^{2+} 半径小，电荷数较多，极化力较强，它与 Cl^-、Br^-、I^- 等极化率较大的阴离子形成的化合物已过渡为共价化合物。$BeCl_2$ 易于升华，气态时形成双聚分子 $(BeCl_2)_2$，固态时形成多聚物 $(BeCl_2)_n$，能溶于有机溶剂，这些性质都表明了 $BeCl_2$ 的共价性。$MgCl_2$ 也有一定程度的共价性。

碱金属离子 M^+ 和碱土金属离子 M^{2+} 是无色的，其盐类的颜色一般取决于阴离子的颜色。无色阴离子（如 X^-、NO_3^-、SO_4^{2-}、ClO_3^-、ClO^- 等）与之形成的盐一般是无色或白色的，而有色阴离子与之形成的盐则具有阴离子的颜色，如紫色的 $KMnO_4$、黄色的 $BaCrO_4$、橙色的 $K_2Cr_2O_7$ 等。

2. 溶解度

碱金属的盐类大多数都易溶于水。少数碱金属的盐难溶于水，如 LiF、Li_2CO_3、Li_3PO_4 等。此外，还有少数大阴离子的碱金属盐是难溶的。例如，六亚硝酸根合钴（Ⅲ）酸钠 $Na_3[Co(NO_2)_6]$ 与钾盐作用，生成亮黄色的六亚硝酸根合钴（Ⅲ）酸钠钾 $K_2Na[Co(NO_2)_6]$ 沉淀，利用这一反应可以鉴定 K^+。醋酸铀酰锌 $ZnAc_2 \cdot 3UO_2Ac_2$ 与钠盐作用，生成淡黄色多面体形晶体 $NaAc \cdot ZnAc_2 \cdot 3UO_2Ac_2 \cdot 9H_2O$，这一反应可以用来鉴定 Na^+。此外，$Na[Sb(OH)_6]$ 也是难溶的钠盐，也可以利用其生成反应鉴定 Na^+。

碱土金属的盐比相应的碱金属盐溶解度小（表 12-15），而且不少是难溶的。例如，碳酸盐、磷酸盐以及草酸盐等都是难溶盐。钙盐中以 CaC_2O_4 的溶解度为最小，因此常用生成白色 CaC_2O_4 的沉淀反应来鉴定 Ca^{2+}。碱土金属的卤化物、硝酸盐溶解度较大。它们的硫酸盐、铬酸盐的溶解度差别较大。例如，离子半径较小的 Be^{2+} 与大阴离子 SO_4^{2-}、CrO_4^{2-} 形成的盐 $BeSO_4$、$BeCrO_4$ 是易溶的，而离子半径较大的 Ba^{2+} 的相应盐类 $BaSO_4$、$BaCrO_4$ 则是难溶的，$BaSO_4$ 甚至不溶于酸。因此可以用 Ba^{2+} 鉴定 SO_4^{2-}。而 Ba^{2+} 的鉴定则常利用生成黄色 $BaCrO_4$ 沉淀的反应。$BaSO_4$ 的溶解度特别小，是唯一无毒的钡盐，它能强烈吸收 X 射线，可在医学上用于胃肠 X 射线透视造影。

表 12-15　室温下碱金属、碱土金属常见盐的溶解度　(g/100 mL aq)

	氯化物	硝酸盐	碳酸盐	硫酸盐
Li	77	50	1.3	34.5
Na	36	88	29	28
K	34	32	90	11
Rb	91	19.5	450	48
Cs	187	23	很大	179
Be	42	166($3H_2O$)	—	39($4H_2O$)
Mg	54.6	120($6H_2O$)	(0.01)	27.2($7H_2O$)
Ca	42	52	0.001 3	(0.20)
Sr	52.9	69.5	—	(0.013)
Ba	36	(5.0)	(0.002 4)	(0.002 85)

括号内数据单位为 g/100 g H_2O。

3. 热稳定性

碱金属的盐一般具有较强的热稳定性。碱金属卤化物在高温时挥发而不易分解；硫酸盐在高温下既不挥发也难分解；碳酸盐中除 Li_2CO_3 在 700 ℃部分地分解为 Li_2O 和 CO_2 外，其余的在 800 ℃以下均不分解。碱金属的硝酸盐热稳定性差，加热时易分解。例如

$$4LiNO_3 \xrightarrow{700\ ℃} 2Li_2O + 4NO_2 + O_2$$

$$2NaNO_3 \xrightarrow{730\ ℃} 2NaNO_2 + O_2$$

$$2KNO_3 \xrightarrow{670\ ℃} 2KNO_2 + O_2$$

碱土金属盐的热稳定性比碱金属差，但常温下也都是稳定的。碱土金属的碳酸盐、硫酸盐等的稳定性都是随着金属离子半径的增大而增强，表现为它们的分解温度依次升高。铍盐的稳定性特别差。例如，$BeCO_3$ 加热不到100℃就分解，而 $BaCO_3$ 需在 1 360℃时才分解。铍的这一性质再次说明了第二周期元素的特殊性。表 12-16 给出了常见碱土金属盐类的分解温度。

表 12-16　　常见碱土金属盐类的分解温度　　(℃)

碱土金属	硝酸盐	碳酸盐	硫酸盐
Be	约 100	<100	550～600
Mg	约 129	540	1 124
Ca	>561	900	>1 450
Sr	>750	1 290	1 580
Ba	>592	1 360	>1 580

碱土金属碳酸盐的热稳定性规律可以用离子极化来说明。在碳酸盐中，CO_3^{2-} 较大，阳离子半径越小，即 Z/r 值越大，极化力越强，越容易从 CO_3^{2-} 中夺取 O^{2-} 成为氧化物，同时放出 CO_2，表现为碳酸盐的热稳定性越差，受热容易分解。碱土金属离子的极化力比相应的碱金属离子强，因而碱土金属的碳酸盐的热稳定性比相应的碱金属差。Li^+ 和 Be^{2+} 的极化力在碱金属和碱土金属中是最强的，因此 Li_2CO_3 和 $BeCO_3$ 在其各自同族元素的碳酸盐中都是最不稳定的。

12.5　锂和铍的特殊性　对角线规则

12.5.1　锂和铍的特殊性

1. 锂的特殊性

一般说来，碱金属元素性质的递变是很规律的，但锂常表现出反常性。锂及其化合物与其他碱金属元素及其化合物在性质上有明显的差别。

锂的熔点、硬度高于其他碱金属，而导电性则较弱。锂的化学性质与其他碱金属化学性质变化规律不一致。锂的标准电极电势 $E^{\ominus}(Li^+/Li)$ 在同族元素中反常地低，这与 $Li^+(g)$ 的水合热较大有关。锂在空气中燃烧时能与氮气直接作用生成氮化物，这是由于它的离子

半径小，因而对晶格能有较大贡献。

锂的化合物也与其他碱金属化合物有性质上的差别。例如，LiOH 红热时分解，而其他 MOH 则不分解；LiH 的热稳定性比其他 MH 高；LiF、Li_2CO_3、Li_3PO_4 难溶于水。

2. 铍的特殊性

铍及其化合物的性质和ⅡA 族其他金属元素及其化合物也有明显的差异。铍的熔点、沸点比其他碱土金属高，硬度也是碱土金属中最大的，但却有脆性。铍的电负性较大，有较强的形成共价键的倾向。例如，$BeCl_2$ 属于共价型化合物，而其他碱土金属的氯化物基本上都是离子型的。另外，铍的化合物热稳定性相对较差，易水解。铍的氢氧化物 $Be(OH)_2$ 呈两性，它既能溶于酸，又能溶于碱，反应方程式如下

$$Be(OH)_2 + 2H^+ + 2H_2O \longrightarrow [Be(H_2O)_4]^{2+}$$

$$Be(OH)_2 + 2OH^- \longrightarrow [Be(OH)_4]^{2-}$$

12.5.2 对角线规则

在 s 区和 p 区元素中，除了同族元素的性质相似外，还有一些元素及其化合物的性质呈现出“对角线”相似性。所谓对角线相似即ⅠA 族的 Li 与ⅡA 族的 Mg，ⅡA 族的 Be 与ⅢA 族的 Al，ⅢA 族的 B 与ⅣA 族的 Si 这三对元素在周期表中处于对角线位置：

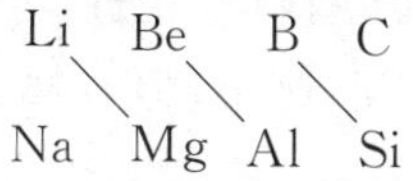

相应的两元素及其化合物的性质有许多相似之处。这种相似性称为对角线规则。这里讨论前两对元素的相似性。

1. 锂与镁的相似性

锂、镁在过量的氧气中燃烧时并不生成过氧化物，而生成正常氧化物。锂和镁都能与氮直接化合而生成氮化物，与水反应均较缓慢。锂和镁的氢氧化物都是中强碱，溶解度都不大，在加热时可分别分解为 Li_2O 和 MgO。锂和镁的某些盐类如氟化物、碳酸盐、磷酸盐均难溶于水。它们的碳酸盐在加热下均能分解为相应的氧化物和二氧化碳。锂、镁的氯化物均能溶于有机溶剂中，表现出共价特征。

2. 铍与铝的相似性

铍、铝都是两性金属，既能溶于酸，也能溶于强碱。铍和铝的标准电极电势相似，$E^{\ominus}(Be^{2+}/Be) = -1.968\ V$，$E^{\ominus}(Al^{3+}/Al) = -1.68\ V$。金属铍和铝都能被冷的浓硝酸钝化。铍和铝的氧化物均是熔点高、硬度大的物质。铍和铝的氢氧化物 $Be(OH)_2$ 和 $Al(OH)_3$ 都是两性氢氧化物，而且都难溶于水。铍和铝的氟化物都能与碱金属的氟化物形成配合物，如 $Na_2[BeF_4]$、$Na_3[AlF_6]$。它们的氯化物、溴化物、碘化物都易溶于水，氯化物都是共价型化合物，易升华，易聚合，易溶于有机溶剂。

对角线规则是从有关元素及其化合物的许多性质中总结出来的经验规律。对此可以用离子极化的观点加以粗略地说明。同一周期最外层电子构型相同的金属离子，从左至右随离子电荷数的增加而引起极化作用的增强。同一族电荷数相同的金属离子，自上而下随离子半径的增大而使得极化作用减弱。因此，处于周期表中左上右下对角线位置上的邻近两

个元素，由于电荷数和半径的影响恰好相反，它们的离子极化作用比较相近，从而使它们的化学性质有许多相似之处。由此反映出物质的性质与结构的内在联系。

习　题　12

拓展阅读

碱金属和碱土金属大环配合物

12-1　$2H_2(g)+O_2(g) \longrightarrow 2H_2O(g)$是放热反应，但在常温下反应不易觉察；当条件适宜时反应将迅速进行且有爆炸现象，为什么？在 $T=4\ 000$ K 时将有 70%的水分解成 H_2 和 O_2，试解释之。

12-2　试述工业上制备氢气的主要方法，并写出有关反应方程式。

12-3　氢化物有哪些类型？举例说明。

12-4　完成并配平下列反应方程式：

(1) $WO_3+H_2 \longrightarrow$　　(2) $Li+H_2 \longrightarrow$

(3) $CaH_2+H_2O \longrightarrow$　　(4) $SiH_4+H_2O \longrightarrow$

(5) $NaH+HCl \longrightarrow$　　(6) $Zn+NaOH \longrightarrow$

12-5　以 H_2 作为能源的优点是什么？现存的最大困难是什么？解决这种困难的办法和依据是什么？

12-6　ⅠA 族和ⅡA 族元素的哪些性质的递变是有规律的，试解释之。

12-7　ⅠA 族和ⅡA 族元素的性质有哪些相近？有哪些不同？

12-8　$E^{\ominus}(Li^+/Li)$比 $E^{\ominus}(Cs^+/Cs)$还小，但金属锂同水反应不如钠同水反应激烈，试解释这些事实。

12-9　金属锂、钠、钾、镁、钙、钡在空气中燃烧，生成何种产物？

12-10　完成并配平下列反应方程式：

(1) $Na+H_2 \xrightarrow{\triangle}$　　(2) LiH(熔融)$\xrightarrow{电解}$

(3) $Na_2O_2+Na \longrightarrow$　　(4) $Na_2O_2+CO_2 \longrightarrow$

(5) $Na_2O_2+MnO_4^-+H^+ \longrightarrow$　　(6) $BaO_2+H_2SO_4$(稀、冷)$\longrightarrow$

12-11　写出并配平下列过程的反应方程式。

(1) 在纯氧中加热氧化钡；

(2) 在消防队员的空气背包中，超氧化钾既是空气净化剂又是供氧剂；

(3) 用硫酸锂同氢氧化钡反应制取氢氧化锂；

(4) 铍与氢氧化钠水溶液反应生成了气体和澄清的溶液；

(5) 金属钙在空气中燃烧，再将燃烧产物与水反应。

12-12　已知 NaH 晶体中，Na^+ 与 H^- 的核间距离为 245 pm，试用 Bron-Landé 公式计算 NaH 的晶格能。再用 Born-Haber 循环计算 NaH 的标准摩尔生成焓。

12-13　下列物质均为白色固体，试用较简单的方法、较少的实验步骤和常用试剂区别它们，并写出现象和有关的反应方程式。

$$Na_2CO_3, Na_2SO_4, MgCO_3, Mg(OH)_2, CaCl_2, BaCO_3$$

12-14　以 Na_2SO_4、NH_4HCO_3 和 $Ca(OH)_2$ 为原料可依次制备 $NaHCO_3$、Na_2CO_3 和 NaOH，试以反应方程式表示之。

12-15　商品 NaOH(s)中常含有少量的 Na_2CO_3，如何将其除掉(可查阅化学手册)。

12-16　将 1.00 g 白色固体 A 加强热，得到白色固体 B(加热时直至 B 的质量不再变化)和无色气体。将气体收集在 450 mL 烧瓶中，温度为 25 ℃，压力为 27.9 kPa。将该气体通入 $Ca(OH)_2$ 饱和溶液中，得到白色固体 C。如果将少量 B 加入水中，所得 B 溶液能使红色石蕊试纸变蓝。B 的水溶液被盐酸中和后，经蒸发干燥得白色固体 D。用 D 做焰色反应试验，火焰为绿色。如果 B 的水溶液与 H_2SO_4 反应后，得白色沉淀 E，E 不溶于盐酸。试确定 A～E 各是什么物质，并写出相关反应方程式。

12-17　解释ⅠA 族、ⅡA 族元素氢氧化物的碱性递变规律。

12-18　解释碱土金属碳酸盐的热稳定性变化规律。

12-19　卤化锂在非极性溶剂中的溶解度顺序为 LiI＞LiBr＞LiCl＞LiF，试解释之。

12-20　与同族元素相比，锂、铍有哪些特殊性？比较锂与镁、铍与铝的相似性。

第13章

p 区元素(一)

周期系ⅢA～ⅧA 族元素原子的最外层分别有 2 个 s 电子和 1～6 个 p 电子。这些元素组成 p 区元素。本章着重讨论ⅢA 和ⅣA 族元素，ⅤA、ⅥA、ⅦA 族元素和稀有气体将分别在第 14 章、第 15 章中讨论。

13.1 p 区元素概述

p 区元素包括了除氢以外的所有非金属元素和部分金属元素。与 s 区元素相似，p 区元素的原子半径在同一族中自上而下逐渐增大，它们获得电子的能力逐渐减弱，元素的非金属性也逐渐减弱，金属性逐渐增强。这些变化规律在ⅢA～ⅤA 族元素中表现得更为突出。除ⅦA 族元素和稀有气体外，p 区各族元素都由明显的非金属元素起，过渡到明显的金属元素止。同一族元素中，第一个元素的原子半径最小，电负性最大，获得电子的能力最强，因而与同族其他元素相比，化学性质有较大的差别。

p 区元素的价层电子构型为 $ns^2np^{1\sim6}$，它们大多都有多种氧化态。ⅢA～ⅤA 族元素的低的正氧化值化合物的稳定性在同一主族中大致随原子序数的增加而增强，但高的正氧化值化合物的稳定性则自上而下依次减弱。例如，ⅣA 族中的 Si(Ⅳ)的化合物很稳定，Si(Ⅱ)的化合物则不稳定；Pb(Ⅱ)的化合物较稳定，Pb(Ⅳ)的化合物则不稳定，表现出强的氧化性，这种现象叫作惰性电子对效应。一般认为，随着原子序数的增加，外层 ns 轨道中的一对电子越不容易参与成键，显得不够活泼。因此，高氧化值化合物容易获得 2 个电子而形成 ns^2 电子结构。惰性电子对效应也存在于ⅢA 和ⅤA 族元素中。

p 区元素的电负性较 s 区元素的电负性大。p 区元素在许多化合物中以共价键结合。除 In 和 Tl 以外，p 区元素形成的氢化物都是共价型的。较重元素形成的氢化物不稳定，例如，ⅤA 族元素氢化物的稳定性按 $NH_3 > PH_3 > AsH_3 > SbH_3 > BiH_3$ 的顺序依次减弱。

与 s 区元素中的锂和铍具有特殊性相似，在 p 区元素中，第二周期元素也表现出反常性。

第二周期 p 区元素原子最外层只有 2s 和 2p 轨道，所容纳的电子数最多不超过 8，而除此之外，其他元素的原子最外层除 s 和 p 轨道外还有 d 轨道，可容纳更多电子。因此，第二周期 p 区元素形成化合物时配位数一般不超过 4，而较重元素则可以有更高配位数的化合物。

从第四周期起，在周期系中 s 区元素和 p 区元素之间插进了 d 区元素，使第四周期 p 区元素的有效核电荷显著增大，对核外电子的吸引力增强，因而原子半径比同周期的 s 区元素的原子半径显著地减小。因此 p 区第四周期元素的性质在同族中也显得比较特殊，表现出异样性，Ga、Ge、As、Se、Br 等元素都如此。例如，在ⅦA 族元素的含氧酸中，溴酸、高溴酸的氧化性均比其他卤酸、高卤酸的氧化性强。

在第五周期和第六周期的 p 区元素前面，也排列着 d 区元素(第六周期前还排列着 f 区元素)，它们对这两周期元素也有类似的影响，因而使各族第四、五、六周期三种元素性质又出现了同族元素性质的递变情况，但这种递变远不如 s 区元素那样明显。

第六周期 p 区元素由于镧系收缩的影响与第五周期相应元素的性质比较接近。第五、六周期元素的离子半径相差不太大，而第四、五周期元素的离子半径却相差较大。

p 区同族元素性质的递变虽然并不规则，但这种不规则也有一定的规律性，如第二周期元素的反常性和第四周期元素的异样性在 p 区中都存在，在程度上也是逐渐改变的。

所谓周期性是指各周期元素之间的规律性。这里同族元素之间的这种规律曾被称为二次周期性。同族元素之间周期性产生的原因是由于在考虑元素性质的时候，不仅要考虑价层电子，而且要考虑内层电子排布的影响，例如，d 和 f 电子层的出现会影响元素的性质。

综上所述，由于 d 区和 f 区元素的插入，使 p 区元素自上而下性质的递变远不如 s 区元素那样有规则。p 区元素的性质有如下四个特征：

(1) 第二周期元素具有反常性质。

(2) 第四周期元素表现出异样性。

(3) 各族第四～六周期元素性质缓慢地递变。

(4) 各族第五、六周期元素性质有些相似。

13.2　硼族元素

13.2.1　硼族元素概述

周期系ⅢA 族元素包括硼、铝、镓、铟、铊 5 种元素，又称为硼族元素。铝的丰度仅次于氧和硅，居第三位，在金属元素中居于首位。硼和铝有富集的矿藏，镓、铟、铊是分散的稀有元素，常与其他矿共生。硼族元素的一些性质列于表 13-1 中。

表 13-1　硼族元素的一般性质

元素	硼(B)	铝(Al)	镓(Ga)	铟(In)	铊(Tl)
价层电子构型	$2s^2 2p^1$	$3s^2 3p^1$	$4s^2 4p^1$	$5s^2 5p^1$	$6s^2 6p^1$
共价半径/pm	88	143	122	163	170
沸点/℃	3 864	2 518	2 203	2 072	1 457
熔点/℃	2 076	660.3	29.764 6	156.6	303.5
电负性	2.04	1.61	1.81	1.78	2.04
电离能/($kJ \cdot mol^{-1}$)	807	583	585	541	596
电子亲和能/($kJ \cdot mol^{-1}$)	−23	−42.5	−28.9	−28.9	−50
$E^{\ominus}(M^{3+}/M)/V$		−1.68	−0.549 3	−0.339	0.741
$E^{\ominus}(M^{+}/M)/V$					−0.335 8
氧化值	+3	+3	(+1),+3	+1,+3	+1,(+3)

从表 13-1 可以看出，从硼到铝这种性质上的突变正说明了 p 区第二周期元素的反常性。

硼族元素原子的价层电子构型为 ns^2np^1，它们一般形成氧化值为 +3 的化合物。硼的原子半径较小，电负性较大，其化合物都是共价型的，其他元素均可形成 M^{3+} 和相应的化合物。但由于 M^{3+} 具有较强的极化作用，这些化合物中的化学键也容易表现出共价性。由于惰性电子对效应的影响，低氧化值的 Tl(Ⅰ)的化合物较稳定。

硼族元素原子的价电子轨道（ns 和 np）数为 4，而其价电子仅有 3 个，这种价电子数小于价键轨道数的原子称为缺电子原子。它们所形成的化合物有些为缺电子化合物。在缺电子化合物中，成键电子对数小于中心原子的价键轨道数。由于有空的价键轨道存在，所以缺电子化合物有很强的接受电子对的能力，容易形成聚合型分子（如 Al_2Cl_6）和配位化合物（如 HBF_4）。

在硼的化合物中，硼原子的最高配位数为 4，而在硼族其他元素的化合物中，由于外层 d 轨道参与成键，所以中心原子的最高配位数可以是 6。

硼在地壳中的含量很小。硼在自然界不以单质存在，主要以含氧化合物的形式存在。硼的重要矿石有硼砂 $Na_2B_4O_7 \cdot 10H_2O$，方硼石 $2Mg_3B_3O_{15} \cdot MgCl_2$，硼镁矿 $Mg_2B_2O_5 \cdot H_2O$ 等，还有少量硼酸 H_3BO_3。我国西部地区的内陆盐湖和辽宁、吉林等省都有硼矿。

铝在自然界分布很广，主要以铝矾土（$Al_2O_3 \cdot xH_2O$）矿形式存在。铝矾土是一种含有杂质的水合氧化铝矿，是提取金属铝的主要原料。

本节重点讨论硼、铝及其化合物。

13.2.2 硼和铝的单质

1. 单质硼

单质硼有无定形硼和晶形硼等多种同素异形体。无定形硼为棕色粉末，晶形硼呈黑灰色。硼的熔点、沸点都很高。晶形硼的硬度很大，在单质中，其硬度略次于金刚石。晶形硼有多种复杂的结构。其中，α-菱形硼等所含 B_{12} 基本结构单元为 12 个硼原子组成的正二十面体，如图 13-1 所示。每个 B 原子位于正二十面体的一个顶角，分别和另外 5 个 B 原子相连，B—B 键的键长为 177 pm。

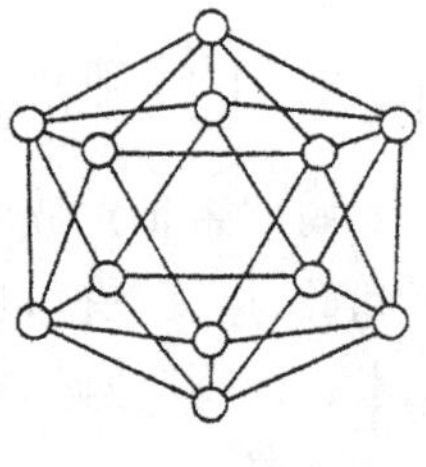

图 13-1　B_{12} 的正二十面体结构单元

工业上制备单质硼一般采用镁等活泼金属还原三氧化二硼得到单质硼。制备高纯度的硼可以采用碘化硼 BI_3 热分解的方法。

晶形硼相当稳定，不与氧、硝酸、热浓硫酸、烧碱等作用。无定形硼则比较活泼，能与熔融的 NaOH 反应。由于硼有较大的电负性，它能与金属形成硼化物，其中硼的氧化值一般认为是 −3。

硼有较高的吸收中子的能力，在核反应堆中，硼作为良好的中子吸收剂使用。硼常作为原料来制备一些特殊的硼化合物，如金属硼化物和碳化硼 B_4C 等。

2. 单质铝

铝是银白色的有光泽的轻金属，密度为 2.2 $g \cdot cm^{-3}$，具有良好的导电性和延展性。

铝是一种很重要的金属材料。纯铝导电能力强，且比铜轻，资源丰富，所以广泛用来做导线、结构材料和日用器皿。特别是铝合金质轻而又坚硬，大量用于飞机制造和其他构件上。

工业上提取铝是以铝矾土矿为原料，在加压条件下碱溶得到四羟基合铝(Ⅲ)酸钠，有

$$Al_2O_3(\text{铝矾土}) + 2NaOH + 3H_2O \longrightarrow 2Na[Al(OH)_4]$$

经沉降、过滤后，在溶液中通入 CO_2，生成氢氧化铝 $Al(OH)_3$ 沉淀，有

$$2Na[Al(OH)_4] + CO_2 \longrightarrow 2Al(OH)_3(s) + Na_2CO_3 + H_2O$$

过滤后将沉淀干燥、灼烧得到 Al_2O_3，有

$$2Al(OH)_3 \xrightarrow{\text{灼烧}} Al_2O_3 + 3H_2O$$

最后将 Al_2O_3 和冰晶石 Na_3AlF_6 的熔融液在 1 300 K 左右的高温下电解，在阴极上得到熔融的金属铝，纯度可达 99%左右。电解反应方程式如下

$$2Al_2O_3 \xrightarrow[\text{电解}]{Na_3AlF_6} 4Al + 3O_2$$

金属铝的化学性质比较活泼，但由于其表面有一层致密的钝态氧化膜，而使铝的反应活性大为降低，不能与空气和水进一步作用。铝也是亲氧元素，它与氧的结合力极强。

铝和氧化合时放出大量的热，比一般金属与氧化合时放出的热量要大得多。这与 Al_2O_3 具有很大的晶格能有关。

$$2Al(s) + \frac{3}{2}O_2(g) \xrightarrow{\triangle} Al_2O_3(s) \qquad \Delta_r H_m^{\ominus} = -1\ 675.7\ kJ \cdot mol^{-1}$$

铝能将大多数金属氧化物还原为单质。当把某些金属的氧化物和铝粉的混合物灼烧时，便发生铝还原金属氧化物的剧烈反应，得到相应的金属单质，并放出大量的热。例如

$$2Al(s) + Fe_2O_3(s) \longrightarrow 2Fe(s) + Al_2O_3(s) \qquad \Delta_r H_m^{\ominus} = -851.5\ kJ \cdot mol^{-1}$$

这类反应可在容器(如坩埚)内进行，能够达到很高的温度，用于制备许多难熔金属单质(如 Cr、Mn、V 等)，称为铝热法。这种方法也可用在焊接工艺上，如铁轨的焊接等。所用的"铝热剂"是由铝和四氧化三铁 Fe_3O_4 的细粉所组成的(借助铝和过氧化钠 Na_2O_2 的混合物或镁来点燃)，反应方程式如下

$$8Al(s) + 3Fe_3O_4(s) \longrightarrow 4Al_2O_3(s) + 9Fe(s) \qquad \Delta_r H_m^{\ominus} = -3\ 347.6\ kJ \cdot mol^{-1}$$

温度可高达 3 000 ℃。

高温金属陶瓷涂层是将铝粉、石墨、二氧化钛(或其他高熔点金属的氧化物)按一定比例混合后，涂在底层金属上，然后在高温下煅烧而成的，反应方程式如下

$$4Al + 3TiO_2 + 3C \longrightarrow 2Al_2O_3 + 3TiC$$

这两种产物都是耐高温的物质。这在火箭及导弹技术上有重要应用。

13.2.3　硼的化合物

在硼的化合物中，重要的有硼的氢化物、含氧化合物和卤化物。

1. 硼的氢化物

硼可以与氢形成一系列共价型氢化物，如 B_2H_6、B_4H_{10}、B_5H_9、B_6H_{10} 等。这类化合物的性质与烷烃相似，故又称为硼烷。目前已制出的硼烷有几十种。

$$6LiH(s)+8BF_3(g) \longrightarrow 6LiBF_4(s)+B_2H_6(g) \quad \Delta_r H_m^{\ominus}=-1\ 386\ kJ \cdot mol^{-1}$$

$$3NaBH_4(s)+4BF_3(g) \xrightarrow{50\sim70\ ℃} 3NaBF_4(s)+2B_2H_6(g) \quad \Delta_r H_m^{\ominus}=-349\ kJ \cdot mol^{-1}$$

上述反应较完全，产率高，产物比较纯。实验室制乙硼烷还有下述方法

$$2NaBH_4+I_2 \xrightarrow{二甘醇二甲醚} B_2H_6+2NaI+H_2$$

硼原子仅有3个价电子，它与氢似乎应该形成 BH_3、B_2H_4（$H_2B—BH_2$）、B_3H_5（$H_2B—BH—BH_2$）等类型的硼氢化合物，但实际上形成的硼烷分子的组成、结构和性质与此不同，是一系列特殊的化合物。通过测定硼烷的气体密度已经证明最简单的稳定的硼烷是乙硼烷 B_2H_6 而不是 BH_3。

硼和氢不能直接化合生成硼烷。硼烷的制取是采用间接方法实现的。用 LiH、NaH 或 $NaBH_4$ 与卤化硼作用可以制得 B_2H_6。

由于硼原子是缺电子原子，乙硼烷分子内所有的价电子总数不能满足形成一般共价键所需要的数目。若使硼原子达到稳定的八电子结构，在乙硼烷分子中必须有14个价电子，而实际上 B_2H_6 中仅有12个价电子。所以乙硼烷也是缺电子化合物。在 B_2H_6 和 B_4H_{10} 这类硼烷分子中，除了形成一部分正常共价键外，还形成一部分三中心键，即两个硼原子与一个氢原子通过共用两个电子而形成的三中心二电子键。三中心键是一种非定域的键。B_2H_6 的结构如图13-2所示。常以弧线表示三中心键，好像是两个硼原子通过氢原子作为桥梁而连接起来的，该三中心键又称为氢桥。

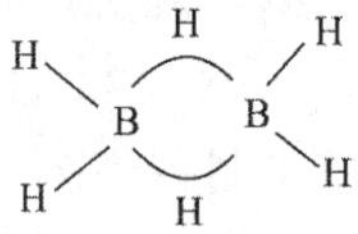

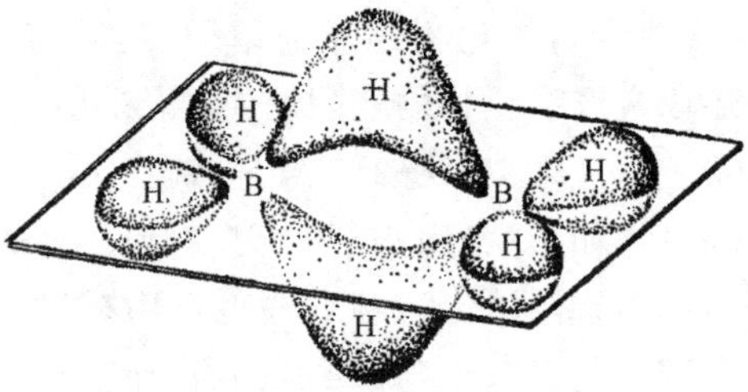

图13-2 B_2H_6 结构

在乙硼烷分子中，硼原子采取不等性 sp^3 杂化，以两个 sp^3 杂化轨道与两个氢原子形成两个正常 σ 键，键长119 pm。另外两个 sp^3 杂化轨道则用于同氢原子形成三中心键。两个硼原子和与其形成正常 σ 键的四个氢原子位于同一平面，而两个三中心键则对称分布于该平面的上方和下方，且与平面垂直。

乙硼烷是无色气体，具有难闻的臭味。在通常情况下乙硼烷很不稳定，在空气中能自燃，放热量比相应的碳氢化合物大得多，即

$$B_2H_6(g)+3O_2(g) \longrightarrow B_2O_3(s)+3H_2O(g) \quad \Delta_r H_m^{\ominus}=-2\ 033.8\ kJ \cdot mol^{-1}$$

因此，乙硼烷曾被考虑作为火箭和导弹上的高能燃料。

乙硼烷极易水解，室温下反应很快，即

$$B_2H_6(g)+6H_2O(l) \longrightarrow 2H_3BO_3(s)+6H_2(g) \quad \Delta_r H_m^{\ominus}=-509.3\ kJ \cdot mol^{-1}$$

由于该反应放热量也较大，人们曾考虑把乙硼烷作为水下火箭燃料。

乙硼烷作为 Lewis 酸，能与 CO、NH_3 等具有孤对电子的分子发生加合反应。例如

$$B_2H_6 + 2CO \longrightarrow 2[H_3B \leftarrow CO]$$

$$B_2H_6 + 2NH_3 \longrightarrow [BH_2 \cdot (NH_3)_2]^+ + [BH_4]^-$$

乙硼烷在乙醚中与 LiH、NaH 直接反应生成 $LiBH_4$、$NaBH_4$，有

$$2LiH + B_2H_6 \longrightarrow 2LiBH_4$$

$$2NaH + B_2H_6 \longrightarrow 2NaBH_4$$

$LiBH_4$、$NaBH_4$ 作为优良的还原剂用于有机合成。

乙硼烷可用作制备各种硼烷的原料。但是乙硼烷的毒性极大，其毒性可与氰化氢 HCN 和光气 COCl 相比。空气中 B_2H_6 最高允许含量仅为 $0.1\mu g \cdot g^{-1}$。因此，在使用乙硼烷时必须十分小心。

2. 硼的含氧化合物

由于硼与氧形成的 B—O 键键能($806\ kJ \cdot mol^{-1}$)大，所以硼的含氧化合物具有很高的稳定性。

(1) 三氧化二硼

硼酸受热脱水后得到三氧化二硼 B_2O_3，有

$$H_3BO_3 \xrightarrow{150\ ℃} HBO_2 + H_2O$$

$$2HBO_2 \xrightarrow{300\ ℃} B_2O_3 + H_2O$$

温度较低时，得到的是 B_2O_3 晶体，高温灼烧后得到的是玻璃状 B_2O_3。

B_2O_3 是白色固体。晶态 B_2O_3 比较稳定，其密度为 $2.55\ g \cdot cm^{-3}$，熔点为 450 ℃。玻璃状 B_2O_3 的密度为 $1.83\ g \cdot cm^{-3}$，温度升高时逐渐软化，当达到赤热高温时即成为液态。

B_2O_3 能被碱金属以及镁和铝还原为单质硼，例如

$$B_2O_3 + 3Mg \longrightarrow 2B + 3MgO$$

用盐酸处理反应混合物时，MgO 与盐酸作用生成溶于水的 $MgCl_2$，过滤后得到粗硼。B_2O_3 在高温时不被碳还原。

B_2O_3 与水反应可生成偏硼酸 HBO_2 和硼酸，有

$$B_2O_3 + H_2O \longrightarrow 2HBO_2$$

$$B_2O_3 + 3H_2O \longrightarrow 2H_3BO_3$$

B_2O_3 同某些金属氧化物反应，形成具有特征颜色的玻璃状偏硼酸盐。由锂、铍和硼的氧化物制成的玻璃可以用作 X 射线管的窗口。

(2) 硼酸

硼酸包括原硼酸 H_3BO_3、偏硼酸 HBO_2 和多硼酸 $xB_2O_3 \cdot yH_2O$。原硼酸通常又简称为硼酸。

将纯硼砂($Na_2B_4O_7 \cdot 10H_2O$)溶于沸水中并加入盐酸，放置后可析出硼酸，有

$$Na_2B_4O_7 + 2HCl + 5H_2O \longrightarrow 4H_3BO_3 + 2NaCl$$

硼酸微溶于冷水，但在热水中溶解度较大。H_3BO_3 是一元酸，其水溶液呈弱酸性。H_3BO_3 与水的反应如下

$$B(OH)_3 + H_2O \rightleftharpoons B(OH)_4^- + H^+ \quad K^\ominus = 5.8 \times 10^{-10}$$

H_3BO_3 与 H_2O 反应的特殊性是由其缺电子性质决定的。

H$_3$BO$_3$ 是典型的 Lewis 酸,在 H$_3$BO$_3$ 溶液中加入多羟基化合物,如丙三醇(甘油)、甘露醇 CH$_2$OH(CHOH)$_4$CH$_2$OH,由于形成配合物和 H$^+$ 而使溶液酸性增强,有

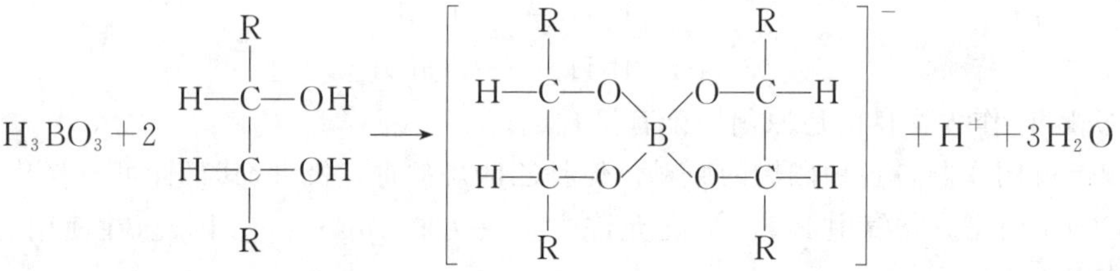

实验视频

硼酸的性质

$$\text{H}_3\text{BO}_3 + 2 \begin{array}{c} R \\ | \\ H-C-OH \\ | \\ H-C-OH \\ | \\ R \end{array} \longrightarrow \left[\begin{array}{c} R \quad\quad R \\ | \quad\quad | \\ H-C-O \quad O-C-H \\ \quad\quad B \quad\quad \\ H-C-O \quad O-C-H \\ | \quad\quad | \\ R \quad\quad R \end{array} \right]^- + \text{H}^+ + 3\text{H}_2\text{O}$$

硼酸和单元醇反应则生成硼酸酯,即

$$\begin{array}{c} OH \quad H-OR \\ | \\ B-OH + H-OR \\ | \\ OH \quad H-OR \end{array} \longrightarrow \begin{array}{c} OR \\ | \\ B-OR + 3\text{H}_2\text{O} \\ | \\ OR \end{array}$$

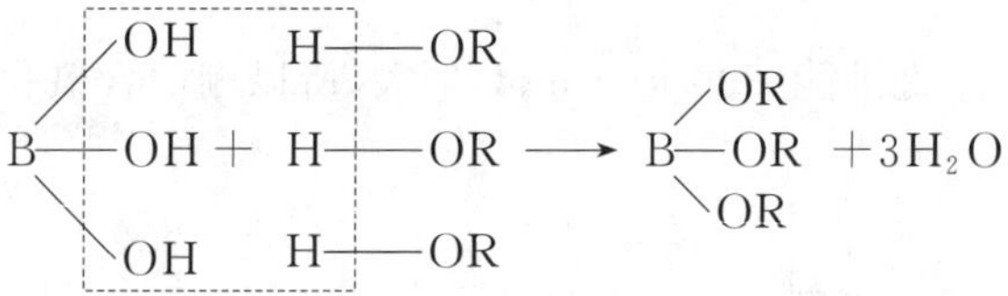

这一反应进行时要加入浓 H$_2$SO$_4$ 作为脱水剂,以抑制硼酸酯的水解。硼酸酯可挥发并且易燃,燃烧时火焰呈绿色。利用这一特性可以鉴定有无硼的化合物存在。

硼酸晶体结构为层状。硼酸晶体的基本结构单元为 H$_3$BO$_3$ 分子,构型为平面三角形。在 H$_3$BO$_3$ 分子中,硼原子以 sp^2 杂化轨道与 3 个氧原子形成 3 个 σ 键。H$_3$BO$_3$ 分子在同一层内彼此通过氢键相互连接,如图 13-3 所示。氢键(OH---O)的平均键长为 272 pm。层与层之间距离为 318 pm,层间以微弱的分子间力结合起来。因此硼酸晶体具有解理性,可做润滑剂使用。

硼酸大量用于搪瓷工业,有时也用作食物的防腐剂,在医药卫生方面也有广泛的用途。

(3) 硼酸盐

硼酸盐有偏硼酸盐、原硼酸盐和多硼酸盐等多种。最重要的硼酸盐是四硼酸钠,俗称硼砂。硼砂的分子式是 Na$_2$B$_4$O$_5$(OH)$_4$ · 8H$_2$O,习惯上也常写作 Na$_2$B$_4$O$_7$ · 10H$_2$O。硼砂晶体中,[B$_4$O$_5$(OH)$_4$]$^{2-}$ 的立体结构如图 13-4 所示。

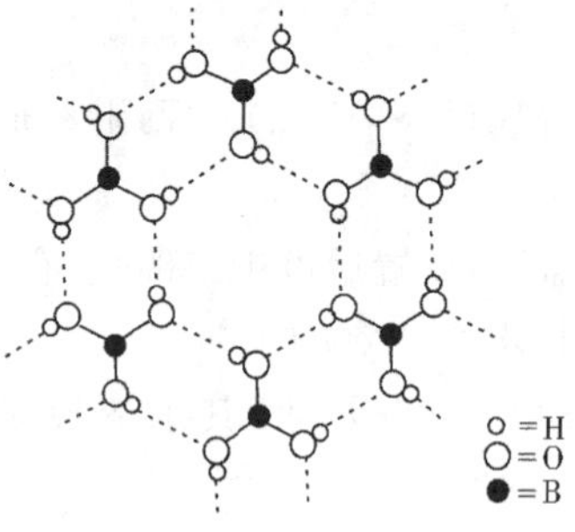

图 13-3 硼酸的分子结构

○ = H
○ = O
● = B

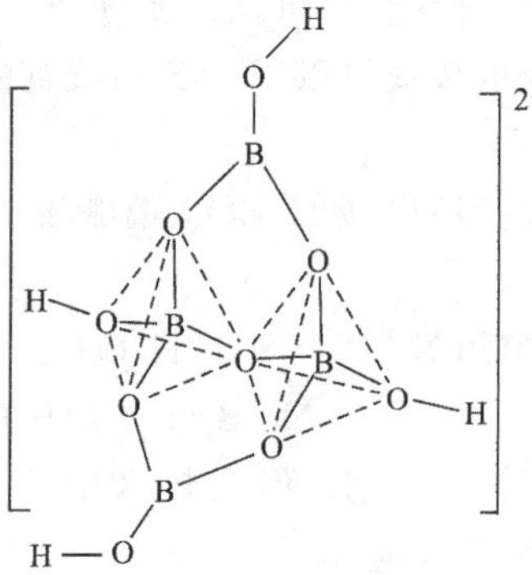

图 13-4 [B$_4$O$_5$(OH)$_4$]$^{2-}$ 的立体结构

硼砂是无色透明的晶体,在干燥的空气中容易风化失水。硼砂受热时失去结晶水;加热

至 350～400 ℃进一步脱水而成为无水四硼酸钠 $Na_2B_4O_7$；在 878 ℃时熔化为玻璃体。熔融的硼砂可以溶解许多金属氧化物，形成偏硼酸的复盐。不同金属的偏硼酸复盐显示各自不同的特征颜色。例如

$$Na_2B_4O_7 + CoO \longrightarrow Co(BO_2)_2 \cdot 2NaBO_2(\text{蓝色})$$

利用硼砂的这一类反应，可以鉴定某些金属离子，这在分析化学上称为硼砂珠试验。

硼砂易溶于水，其溶液因 $[B_4O_5(OH)_4]^{2-}$ 的水解而显碱性，有

$$[B_4O_5(OH)_4]^{2-} + 5H_2O \rightleftharpoons 4H_3BO_3 + 2OH^- \rightleftharpoons 2H_3BO_3 + 2B(OH)_4^-$$

20 ℃时，硼砂溶液的 pH 为 9.24。硼砂溶液中含有的 H_3BO_3 和 $B(OH)_4^-$ 的物质的量相等，故具有缓冲作用。在实验室中可用它来配制缓冲溶液。

陶瓷工业上用硼砂来制备低熔点釉。硼砂也用于制造耐温度骤变的特种玻璃和光学玻璃。由于硼砂能溶解金属氧化物，焊接金属时可以用它做助熔剂，以熔去金属表面的氧化物。此外，硼砂还用作防腐剂。

3. 硼的卤化物

卤素都能和硼形成硼的卤化物，即三卤化硼 BX_3。BX_3 可用卤素单质与硼在加热的条件下直接反应而生成。例如

$$2B(\text{无定形}) + 3Cl_2 \xrightarrow{300\ ℃} 2BCl_3$$

通常三氟化硼是用 B_2O_3、100% H_2SO_4 和 CaF_2 混合物加热来制取的，有

$$B_2O_3 + 3H_2SO_4 + 3CaF_2 \longrightarrow 2BF_3 + 3CaSO_4 + 3H_2O$$

三氯化硼也可以用 B_2O_3、碳和氯气反应来制备，有

$$B_2O_3 + 3C + 3Cl_2 \xrightarrow{>500\ ℃} 2BCl_3 + 3CO$$

三卤化硼的分子构型为平面三角形，硼原子以 sp^2 杂化轨道成键。随着卤素原子半径的增大，B—X 键的键能依次减小。实验测得 BF_3 分子中 B—F 键键长为 130 pm，比理论 B—F 单键键长(152 pm)短。有人认为这与 BF_3 分子中存在着 Π_4^6 键有关。硼原子除与 3 个氟原子形成三个 σ 键外，具有孤对 2p 电子的 3 个氟原子与具有 1 个 2p 空轨道的硼原子之间形成离域大 π 键。

三卤化硼的一些性质列于表 13-2 中。三卤化硼分子是共价型的，在室温下，随着相对分子质量的增加，BX_3 的存在状态由气态的 BF_3、BCl_3 经液态的 BBr_3 过渡到固态的 BI_3。纯 BX_3 都是无色的，但 BBr_3 和 BI_3 在光照下部分分解而显黄色。

表 13-2　　**三卤化硼的某些性质**

三卤化硼	熔点/℃	沸点/℃	键能 / $kJ \cdot mol^{-1}$	键长/pm	三卤化硼	熔点/℃	沸点/℃	键能 / $kJ \cdot mol^{-1}$	键长/pm
BF_3	−127.1	−100.4	613.1	130	BBr_3	−46.0	91.3	377	195
BCl_3	−107	12.7	456	175	BI_3	49.9	210	267	210

BX_3 在潮湿的空气中因水解而发烟，有

$$BX_3 + 3H_2O \longrightarrow B(OH)_3 + 3HX$$

BX_3 是缺电子化合物，有接受孤对电子的能力，因而表现出 Lewis 酸的性质。它们与 Lewis 碱(如氨、醚等)生成加合物，例如

$$BF_3 + NH_3 \longrightarrow F_3B \leftarrow NH_3$$

三氟化硼水解生成硼酸和氢氟酸，BF_3 又与生成的 HF 加合而产生氟硼酸 $H[BF_4]$，反应如下

$$BF_3 + 3H_2O \longrightarrow H_3BO_3 + 3HF$$

$$BF_3 + HF \longrightarrow H[BF_4]$$

总反应方程式为

$$4BF_3 + 3H_2O \longrightarrow H_3BO_3 + 3H[BF_4]$$

氟硼酸是一种强酸，其酸性比氢氟酸强。除了 BF_3 外，其他三卤化硼一般不与相应的氢卤酸加合形成 BX_4^-。这是因为中心硼原子半径很小，随着卤素原子半径的增大，在硼原子周围容纳 4 个较大的原子更加困难。BX_3 虽然是缺电子化合物，但它们不能形成二聚分子，这一点与卤化铝不同。

BX_3 和碱金属、碱土金属作用被还原为单质硼，而和某些强还原剂，如 NaH、$LiAlH_4$ 等作用则被还原为乙硼烷。例如

$$3LiAlH_4 + 4BCl_3 \longrightarrow 3LiCl + 3AlCl_3 + 2B_2H_6$$

在 BX_3 中最重要的是 BF_3 和 BCl_3，它们是许多有机反应的催化剂，也常用于有机硼化合物的合成和硼氢化合物的制备。

13.2.4 铝的化合物

铝位于周期系中典型金属元素和非金属元素的交界区，是典型的两性元素。铝的单质及其氧化物既能溶于酸生成相应的铝盐，又能溶于碱生成相应的铝酸盐。

在铝的化合物中，铝的氧化值一般为+3。铝的化合物有共价型的，也有离子型的。由于 Al^{3+} 电荷数较多，半径较小（r=53 pm），对阴离子产生较大的极化作用，所以，Al^{3+} 与难变形的阴离子（如 F^-、O^{2-}）形成离子型化合物，而与较易变形的阴离子（如 Cl^-、Br^-、I^-）形成共价型化合物。铝的共价型化合物熔点低、易挥发，能溶于有机溶剂中；铝的离子型化合物熔点高，不溶于有机溶剂。

1. 氧化铝和氢氧化铝

(1)氧化铝

氧化铝 Al_2O_3 有多种晶型，其中两种主要的变体是 α-Al_2O_3 和 γ-Al_2O_3。

在自然界中存在的 α-Al_2O_3，称为刚玉。刚玉的熔点高、硬度仅次于金刚石。有些氧化铝晶体因含有杂质而呈现鲜明的颜色。含有极微量铬的氧化铝称为红宝石，含有铁和钛的氧化铝称为蓝宝石，含有少量 Fe_2O_3 的氧化铝称为刚玉粉。刚玉和刚玉粉用作磨料和抛光剂。将铝矾土在电炉中熔化，可以得到人造宝石，用作机器的轴承、手表的钻石和耐火材料等。

γ-Al_2O_3 是在 450 ℃左右加热 $Al(OH)_3$ 得到的。γ-Al_2O_3 在 1 000 ℃高温下转变为 α-Al_2O_3。

α-Al_2O_3 化学性质极不活泼，除溶于熔融的碱外，与所有试剂都不反应。γ-Al_2O_3 可溶于稀酸，也能溶于碱，又称为活性氧化铝。由于其比表面很大（200～600 $m^2 \cdot g^{-1}$），所以常

用作吸附剂和催化剂载体。

(2)氢氧化铝

氢氧化铝是两性氢氧化物,它可以溶于酸生成 Al^{3+},又可溶于过量的碱生成 $[Al(OH)_4]^-$,有

$$Al(OH)_3(s) + OH^- \longrightarrow [Al(OH)_4]^-$$

光谱实验证明,铝酸盐溶液中不存在 AlO_2^- 或 AlO_3^{3-}。

在铝酸盐溶液中通入 CO_2 沉淀出来的是氢氧化铝白色晶体,有

$$2[Al(OH)_4]^- + CO_2 \longrightarrow 2Al(OH)_3 + CO_3^{2-} + H_2O$$

而在铝盐溶液中加入氨水或适量的碱所得到的凝胶状白色沉淀,实际上是含水量不定的水合氧化铝 $Al_2O_3 \cdot xH_2O$,通常也写作 $Al(OH)_3$。$Al(OH)_3$ 是一种优良的阻燃剂,用量较大。

2. 铝的卤化物

卤化铝 AlX_3 中 AlF_3 是离子型化合物,其他 AlX_3 均为共价型化合物。AlF_3 是白色难溶固体(其溶解度为 0.56 g/100 gH_2O),而其他 AlX_3 均易溶于水。在 AlF_3 晶体中,Al 的配位数为 6,气态 AlF_3 是单分子的。

铝的卤化物中以 $AlCl_3$ 最为重要。由于铝盐溶液水解,所以在水溶液中不能制得无水 $AlCl_3$。在氯气或氯化氢气流中加热金属铝可得到无水 $AlCl_3$,有

$$2Al + 3Cl_2(g) \xrightarrow{\triangle} 2AlCl_3$$

$$2Al + 6HCl(g) \xrightarrow{\triangle} 2AlCl_3 + 3H_2(g)$$

在红热的 Al_2O_3 及碳的混合物中通入氯气,也可制备无水 $AlCl_3$,有

$$Al_2O_3 + 3C + 3Cl_2 \xrightarrow{\triangle} 2AlCl_3 + 3CO$$

常温下无水 $AlCl_3$ 是白色晶体,能溶于有机溶剂,在水中的溶解度也很大。无水 $AlCl_3$ 的水解反应非常激烈,并放出大量的热,甚至在潮湿的空气中也因强烈的水解而发烟。无水 $AlCl_3$ 易挥发。

在 $AlCl_3$ 分子中的铝原子是缺电子原子,因此 $AlCl_3$ 是典型的 Lewis 酸,表现出强烈的加合作用倾向。两个气态 $AlCl_3$ 聚合为双聚分子 Al_2Cl_6,其结构如图 13-5 所示。在 Al_2Cl_6 分子中,每个铝原子以 sp^3 杂化轨道与 4 个氯原子成键,呈四面体结构。2 个铝原子与两端的 4 个氯原子共处于同一平面,中间 2 个氯原子位于该平面的两侧,形成桥式结构,并与上述平面垂直。这 2 个氯原子各与 1 个铝原子形成一个 Cl→Al 配键。这是由 $AlCl_3$ 的缺电子性所决定的。

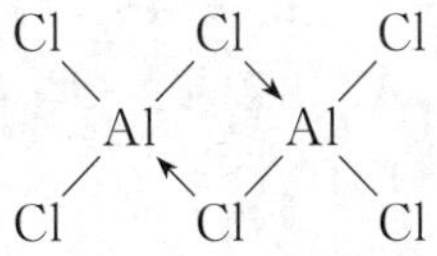

图 13-5　Al_2Cl_6 的结构

$AlCl_3$ 除了聚合为双聚分子外,也能与有机胺、醚、醇等 Lewis 碱加合。因此,无水 $AlCl_3$ 被广泛地用作石油化工和有机合成工业的催化剂。

溴化铝 $AlBr_3$ 和碘化铝 AlI_3 的性质与 $AlCl_3$ 类似,它们在气相时也是双聚分子,与 Al_2Cl_6 结构相似。

聚合氯化铝(PAC)也称为碱式氯化铝,是一种无机高分子材料,其组成为 $[Al_2(OH)_nCl_{6-n}]_m$ $(1 \leqslant n \leqslant 5, m \leqslant 10)$,它是水处理中广泛应用的无机絮凝剂。

3. 铝的含氧酸盐

铝的含氧酸盐有硫酸铝、氯酸铝、高氯酸铝、硝酸铝等。

用浓硫酸溶解纯的氢氧化铝或用硫酸直接处理铝矾土都可制得硫酸铝，有

$$2Al(OH)_3 + 3H_2SO_4 \longrightarrow Al_2(SO_4)_3 + 6H_2O$$

$$Al_2O_3 + 3H_2SO_4 \longrightarrow Al_2(SO_4)_3 + 3H_2O$$

常温下从水溶液中析出的铝盐晶体为水合晶体，如 $Al_2(SO_4)_3 \cdot 18H_2O$ 和 $Al(NO_3)_3 \cdot 9H_2O$ 等。硫酸铝常易与碱金属 M^{I}（除 Li 以外）的硫酸盐结合成一类复盐，称为矾。矾的组成可以用通式 $M^{I}Al(SO_4)_2 \cdot 12H_2O$ 来表示。例如，铝钾矾 $KAl(SO_4)_2 \cdot 12H_2O$ 就是通常用的明矾。如果 Al^{3+} 被半径与其相近的 Fe^{3+}、Cr^{3+}、Ti^{3+} 等离子所代替，则形成通式为 $M^{I}M^{III}(SO_4)_2 \cdot 12H_2O$ 的矾，如铬钾矾 $KCr(SO_4)_2 \cdot 12H_2O$。像铝钾矾和铬钾矾这样组成相似，而晶体形状完全相同的物质称为类质同晶物质，相应的这种现象叫作类质同晶现象。矾类大多都有类质同晶物质。

硫酸铝和硝酸铝都易溶于水，由于 Al^{3+} 的水解作用，使其溶液呈酸性。

$$[Al(H_2O)_6]^{3+} \rightleftharpoons [Al(OH)(H_2O)_5]^{2+} + H^+ \qquad K^{\ominus} = 10^{-5.03}$$

进一步水解则生成 $Al(OH)_3$ 沉淀。只有在酸性溶液中才有水合离子 $[Al(H_2O)_6]^{3+}$ 存在。

铝的弱酸盐水解更加明显，甚至达到几乎完全的程度。因此，在 Al^{3+} 的溶液中加入 $(NH_4)_2S$ 或 Na_2CO_3 溶液，得不到相应的弱酸铝盐，而都生成 $Al(OH)_3$ 沉淀，有

$$2Al^{3+} + 3S^{2-} + 6H_2O \longrightarrow 2Al(OH)_3(s) + 3H_2S(g)$$

$$2Al^{3+} + 3CO_3^{2-} + 3H_2O \longrightarrow 2Al(OH)_3(s) + 3CO_2(g)$$

所以，弱酸的铝盐不能用湿法制取。

在 Al^{3+} 溶液中加入茜素的氨溶液，生成红色沉淀。反应方程式如下

$$Al^{3+} + 3NH_3 \cdot H_2O \longrightarrow Al(OH)_3(s) + 3NH_4^+$$

$$Al(OH)_3 + \underset{(\text{茜素})}{3C_{14}H_6O_2(OH)_2} \longrightarrow Al(C_{14}H_7O_4)_3(\text{红色}) + 3H_2O$$

这一反应的灵敏度较高，溶液中微量的 Al^{3+} 也有明显的反应，故常用来鉴定 Al^{3+} 的存在。

Al^{3+} 能与一些配体形成较稳定的配合物，如 $[AlF_6]^{3-}$、$[Al(C_2O_4)_3]^{3-}$ 和 $[Al(EDTA)]^-$ 等。

工业上最重要的铝盐是硫酸铝和明矾。它们在造纸工业上用作胶料，与树脂酸钠一同加入纸浆中使纤维黏合。明矾可用以净水，因为硫酸铝与水作用所得的氢氧化物具有很强的吸附性能。在印染工业上硫酸铝或明矾可用作媒染剂。泡沫灭火器中装有 $Al_2(SO_4)_3$ 的饱和溶液。

13.3 碳族元素

13.3.1 碳族元素概述

周期系ⅣA 族元素包括碳、硅、锗、锡、铅 5 种元素，又称为碳族元素。碳和硅在自然界

分布很广，硅在地壳中的含量仅次于氧，其丰度位居第二。除碳、硅外，其他元素比较稀少。但锡和铅矿藏富集，易提炼，并有广泛的应用。

在碳族元素中，碳和硅是非金属元素。硅虽然也呈现较弱的金属性，但仍以非金属性为主。锗、锡、铅是金属元素，锗在某些情况下也表现出非金属性。碳族元素的一些性质列于表 13-3 中。

表 13-3　碳族元素的一般性质

元素	碳 (C)	硅 (Si)	锗 (Ge)	锡 (Sn)	铅 (Pb)
价层电子构型	$2s^22p^2$	$3s^23p^2$	$4s^24p^2$	$5s^25p^2$	$6s^26p^2$
共价半径/pm	77	117	122	141	175
沸点/℃	4 329	3 265	2 830	2 602	1 749
熔点/℃	3 550	1 412	937.3	232	327
电负性	2.55	1.90	2.01	1.96	2.33
电离能/(kJ · mol^{-1})	1 093	793	767	715	722
电子亲和能/(kJ · mol^{-1})	−122	−137	−116	−116	−100
$E^{\ominus}(M^{IV}/M^{2+})/V$				0.153 9	1.458
$E^{\ominus}(M^{2+}/M)/V$				−0.141 0	−0.126 6
氧化值	−4,+4	4	(2),4	2,4	2,4

碳族元素的价层电子构型为 ns^2np^2，因此它们能生成氧化值为 +4 和 +2 的化合物，碳有时生成氧化值为 −4 的化合物。氧化值为 +4 的化合物主要是共价型的。位于第二周期的碳形成化合物时的配位数不能超过 4，而其他元素的原子能形成配位数为 6 的阴离子，如 $GeCl_6^{2-}$、SiF_6^{2-}、$SnCl_6^{2-}$ 等。

在碳族元素中，随着原子序数的增大，氧化值为 +4 的化合物的稳定性降低，惰性电子对效应表现得比较明显。例如，Pb(Ⅱ)的化合物比较稳定，而 Pb(Ⅳ)的化合物氧化性较强，稳定性差。

硅与ⅢA 族的硼在周期表中处于对角线位置，它们的单质及其化合物的性质有相似之处。

13.3.2　碳族元素的单质

在自然界以单质状态存在的碳是金刚石和石墨，以化合物形式存在的碳有煤、石油、天然气、碳酸盐、二氧化碳等，动植物体内也含有碳。

金刚石和石墨是碳的最常见的两种同素异形体。金刚石是原子晶体，其晶体结构如图 13-6 所示。C—C 键长为 155 pm，键能为 347.3 kJ · mol^{-1}。

石墨是层状晶体，质软，有金属光泽，可以导电。通常所谓无定形碳，如焦炭、炭黑等都具有石墨结构。活性炭是经过加工处理所得的无定形碳，具有很大的比表面积，有良好的吸附性能。碳纤维是一种新型的结构材料，具有质轻、耐高温、抗腐蚀、导电等性能，机械强度很高，广泛用于航空、机械、化工和电子工业，也可以用于外科医疗。碳纤维也是一种无定形碳。石墨用来制造电极、石墨坩埚、电机炭刷、铅笔芯，以及润滑剂等。

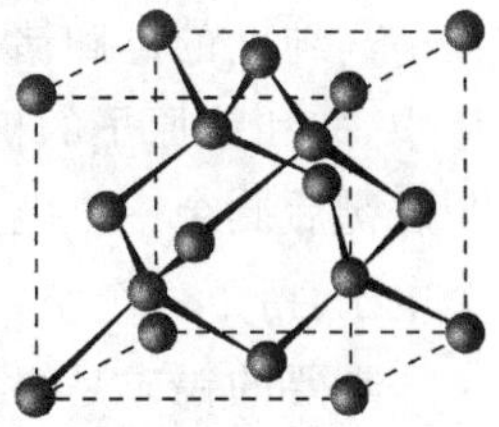

图 13-6　金刚石的结构

金刚石在工业上用作钻头、刀具以及精密轴承等。金刚石薄膜既是一种新颖的结构材料，又是一种重要的功能材料。

1985 年，H. W. Kroto，R. E. Smalley 和 R. F. Curl 等在惰性气体中用激光蒸发石墨，通过质谱检测发现了碳的第三种同素异形体 C_{60}。他们三人因此而获得 1996 年诺贝尔化学奖。后来又发现了 C_{70}、C_{50}、C_{84}、C_{120}、C_{240} 等一系列碳原子簇。1990 年，W. Kratschmer 等在惰性气体下用电弧蒸发石墨成功地合成了 C_{60}、C_{70} 等。结构研究表明，C_{60} 分子具有球形结构，60 个碳原子构成 32 面体，其中有 20 个正六边形和 12 个正五边形，如图 13-7 所示。在 C_{60} 分子中，每个碳原子采用 sp^2 杂化轨道与相邻的 3 个碳原子成键，平均键角为 116°，而没有参与杂化的 p 轨道相互重叠，在球面内外形成大 π 键。也有人认为碳原子以 $sp^{2.28}$ 杂化轨道成键。C_{60} 结构的设想受美国建筑学家 R. Buckminster Fuller 设计的圆顶建筑的启发，C_{60} 被命名为 Buckminsterfullerene，包括 C_{60} 在内的碳原子簇分子称为富勒烯，也称为球碳。二十多年来，人们对 C_{60} 等碳原子簇及其化合物进行了大量的研究，以期在碳原子簇应用方面取得重大突破。近年来发现 C_{60} 笼内掺入碱金属成为三维超导体，临界温度可高达 48 K。它们有可能用作催化剂和润滑剂的基质材料。

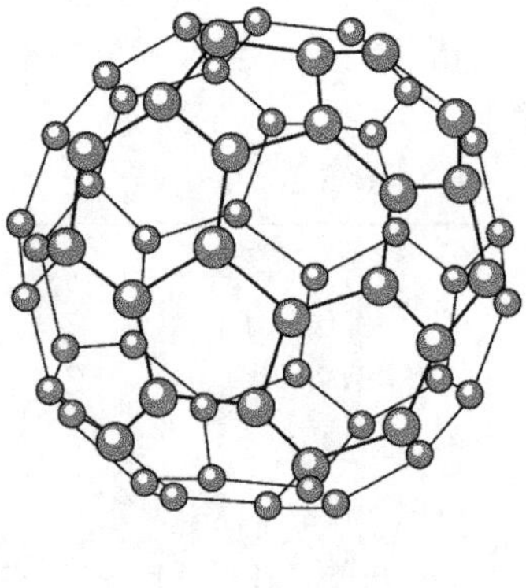

图 13-7　C_{60} 的分子结构

在硅的化合物中，除 Si—F 键外，Si—O 键最为牢固，也最为普遍。因此硅多以 SiO_2 和各种硅酸盐的形式存在于地壳中。硅是构成各种矿物的重要元素。在矿物中，硅原子通过 Si—O—Si 键构成链状、层状和三维骨架的复杂结构，组合成岩石、土壤、黏土和砂子等。

拓展阅读

石墨烯

硅有晶体和无定形体两种。晶体硅的结构与金刚石类似，熔点、沸点较高，性质脆硬。工业用晶体硅可按下面步骤得到

$$SiO_2 \xrightarrow[\text{电炉}]{C} Si \xrightarrow{Cl_2} SiCl_4 \xrightarrow{\text{蒸馏}} \text{纯 } SiCl_4 \xrightarrow[\text{还原}]{H_2} Si$$

拓展阅读

碳纳米管

锗常与许多硫化物矿共生，如硫银锗矿 $4Ag_2S \cdot GeS_2$，硫铅锗矿 $2PbS \cdot GeS_2$ 等。另外，锗以 GeO_2 的形式富集在烟道灰中。锗矿石用硫酸和硝酸的混合酸处理后，转化为 GeO_2，然后溶解于盐酸中，生成 $GeCl_4$，经水解生成纯的 GeO_2，再用 H_2 还原，得到金属锗。

锗是一种灰白色的金属，比较脆硬，其晶体结构也是金刚石型。

高纯度的硅和锗是良好的半导体材料，在电子工业上用来制造各种半导体元件。在晶体中，硅和锗原子的价电子都参与成键。当掺入少量的磷时制成的是 n 型半导体，磷原子参与成键后剩余一个电子。当掺入微量硼时制成的是 p 型半导体，由于硼原子成键时缺少一个电子，留下一个空穴。

重要的锡矿是锡石，其主要成分为 SnO_2。铅主要以硫化物和碳酸盐的形式存在，例如，方铅矿 PbS、白铅矿 $PbCO_3$ 等。从锡石制备单质锡常用碳还原的方法，有

$$SnO_2 + 2C \longrightarrow Sn + 2CO$$

从方铅矿制备单质铅是先将矿石焙烧，转化为相应的氧化物，然后用碳还原，有

$$2PbS + 3O_2 \longrightarrow 2PbO + 2SO_2$$

$$PbO + C \longrightarrow Pb + CO$$

锡有三种同素异形体，即灰锡（α 锡）、白锡（β 锡）和脆锡，它们之间的相互转变关系为

$$灰锡(\alpha\ 锡) \xrightleftharpoons{13.2\ ℃} 白锡(\beta\ 锡) \xrightleftharpoons{161\ ℃} 脆锡$$

白锡是银白色的，比较软，具有延展性。低温下白锡转变为粉末状的灰锡的速率大大加快，所以，锡制品因长期处于低温而自行毁坏，这种现象称为锡疫。

铅是很软的重金属，强度不高。铅能挡住 X 射线。

锡和铅的熔点都较低，可用于制造合金。此外，铅可做电缆的包皮、铅蓄电池的电极、核反应堆的防护屏等。

碳族单质的化学活泼性自上而下逐渐增强。

锡在常温下表面有一层保护膜，在空气和水中都稳定，有一定的抗腐蚀性。马口铁就是表面镀锡的薄铁皮。

从电极电势看，$E^{\ominus}(Pb^{2+}/Pb) = -0.126\ 6\ V$，似乎铅应是较活泼的金属，但它在化学反应中却表现得不太活泼。这主要是由于铅的表面生成难溶性化合物而阻止反应继续进行的缘故。例如，铅与稀硫酸接触时，由于生成难溶性硫酸铅而阻止了铅与硫酸的进一步作用。铅与盐酸作用也因生成难溶的 $PbCl_2$ 而减缓。常温下，铅与空气中氧、水和二氧化碳作用，表面形成致密的碱式碳酸盐保护层。铅能溶于醋酸，生成可溶性的 $Pb(Ac)_2$，但反应相当缓慢。

13.3.3　碳的化合物

碳的化合物几乎都是共价型的，绝大部分碳的化合物属于有机化合物，仅一小部分碳的化合物，如一氧化碳、二氧化碳、碳酸及其盐等，习惯上作为无机化合物讨论之。碳的氧化值除在 CO 中为 +2 外，在其他化合物中均为 +4 或 −4。

1. 碳的氧化物

(1) 一氧化碳

一氧化碳是无色、无臭、有毒的气体，微溶于水。实验室可以用浓硫酸从 HCOOH 中脱水制备少量的 CO。碳在氧气不充分的条件下燃烧生成 CO。

工业上 CO 的主要来源是水煤气。CO 分子中碳原子与氧原子间形成三重键，即一个 σ 键和两个 π 键。与 N_2 所不同的是其中一个 π 键是配键，这对电子是由氧原子提供的。CO 分子的结构式为

CO 的主要化学性质如下：

CO 作为还原剂被氧化为 CO_2。例如

$$CO(g)+\frac{1}{2}O_2(g)\longrightarrow CO_2(g)\qquad \Delta_r H_m^{\ominus}=-283\ kJ\cdot mol^{-1}$$

$$Fe_2O_3(s)+3CO(g)\longrightarrow 2Fe(s)+3CO_2(g)\qquad \Delta_r H_m^{\ominus}=-24.8\ kJ\cdot mol^{-1}$$

CO 作为配位体与过渡金属原子(或离子)形成羰基配合物,例如,$Fe(CO)_5$、$Ni(CO)_4$ 和羰基钴 $Co_2(CO)_8$ 等。CO 表现出强烈的加合性,其配位原子为 C。

CO 还可以与其他非金属反应,应用于有机合成。例如

$$CO+2H_2\xrightarrow[623\sim673\ K]{Cr_2O_3\cdot ZnO}CH_3OH$$

$$CO+Cl_2\xrightarrow{\text{活性炭}}COCl_2$$

CO 是重要的化工原料和燃料。CO 毒性很大,它能与人体血液中的血红蛋白结合形成稳定的配合物,使血红蛋白失去输送氧气的功能。当空气中 CO 的含量达 0.1%(体积分数)时,就会引起中毒,导致缺氧症,甚至引起心肌坏死。为减轻 CO 对大气的污染,含 CO 的废气排放前常用 O_2 进行催化氧化,将其转化为无毒的 CO_2,所用的催化剂有 Pt、Pd 或 Mn、Cu 的氧化物或稀土氧化物等。

(2)二氧化碳

碳或含碳化合物在充足的空气或氧气中完全燃烧,以及生物体内许多有机物的氧化都产生二氧化碳。CO_2 在大气中的含量约为 0.03%(体积分数)。近年来,随着世界各国工业生产的发展,大气中 CO_2 的含量逐渐增加。这被认为是引起世界性气温普遍升高、造成地球温室效应的主要原因之一,正受到科学界的高度重视。1997 年 12 月 1 日,联合国气候变化公约的 150 多个签字国的领导人签订的《京都议定书》已于 2005 年 2 月 16 日正式生效。

拓展阅读

碳达峰与碳中和

CO_2 是无色、无臭的气体,其临界温度为 31 ℃,很容易被液化。常温下,加压至 7.6 MPa 即可使 CO_2 液化。液态 CO_2 汽化时从未汽化的 CO_2 吸收大量的热而使这部分 CO_2 变成雪花状固体,俗称“干冰”。固体 CO_2 是分子晶体,在常压下,−78.5 ℃直接升华。

工业上大量的 CO_2 用于生产 Na_2CO_3、$NaHCO_3$、NH_4HCO_3 和尿素等化工产品,也用作低温冷冻剂,还广泛用于啤酒、饮料等生产中。由于 CO_2 不助燃,可用作灭火剂。但燃着的金属镁与 CO_2 反应如下

$$2Mg+CO_2\longrightarrow 2MgO+C\quad \Delta_r H_m^{\ominus}=-809.89\ kJ\cdot mol^{-1}$$

所以镁燃烧时不能用 CO_2 扑灭。

工业用 CO_2 大多是石灰生产和酿酒过程的副产品。

CO_2 分子是直线形的,其结构式可以写作 O═C═O。CO_2 分子中碳氧键键长为 116 pm,介于C═O键长(乙醛中为 124 pm)和C≡O键长(CO 中为 112.8 pm)之间,说明它已具有一定程度的叁键特征。因此,有人认为在 CO_2 分子中可能存在着离域的大 π 键,即碳原子除了与氧原子形成 2 个 σ 键外,还形成 2 个三中心四电子的大 π 键。CO_2 分子结构的另一种表示为

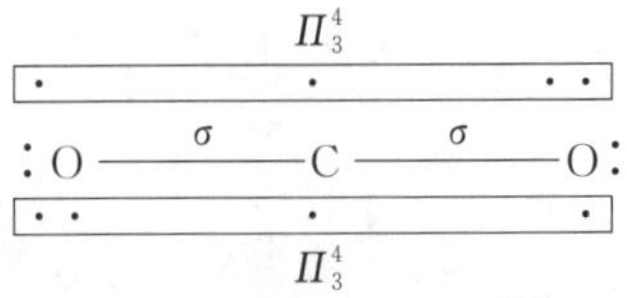

2. 碳酸及其盐

二氧化碳溶于水,其溶液呈弱酸性,因此习惯上将 CO_2 的水溶液称为碳酸。但实际上 CO_2 溶于水后,大部分 CO_2 是以水合分子的形式存在,仅有一小部分 CO_2 与 H_2O 形成碳酸。碳酸仅存在于水溶液中,而且浓度很小,浓度增大时即分解出 CO_2。纯的碳酸至今尚未制得。

碳酸是二元弱酸,通常将水溶液中 H_2CO_3 的解离平衡写为

$$H_2CO_3 \rightleftharpoons H^+ + HCO_3^- \qquad K_{a1}^{\ominus} = 4.2 \times 10^{-7}$$ ①

$$HCO_3^- \rightleftharpoons H^+ + CO_3^{2-} \qquad K_{a2}^{\ominus} = 4.7 \times 10^{-11}$$

碳酸盐有两种类型,即正盐(碳酸盐)和酸式盐(碳酸氢盐)。碱金属(锂除外)和铵的碳酸盐易溶于水,其他金属的碳酸盐难溶于水。对于难溶的碳酸盐来说,通常其相应的酸式盐溶解度较大。例如,$Ca(HCO_3)_2$ 的溶解度比 $CaCO_3$ 大。因此,地表层中的碳酸盐矿石在 CO_2 和水的长期侵蚀下能部分地转变为 $Ca(HCO_3)_2$ 而溶解。

$$CaCO_3 + CO_2 + H_2O \longrightarrow Ca(HCO_3)_2$$

但对易溶的碳酸盐来说却恰好相反,其相应的酸式盐的溶解度则较小。例如,$NaHCO_3$ 和 $KHCO_3$ 的溶解度分别小于 Na_2CO_3 和 K_2CO_3 的溶解度。这是由于在酸式盐中 HCO_3^- 之间以氢键相连形成二聚离子或多聚链状离子的结果。

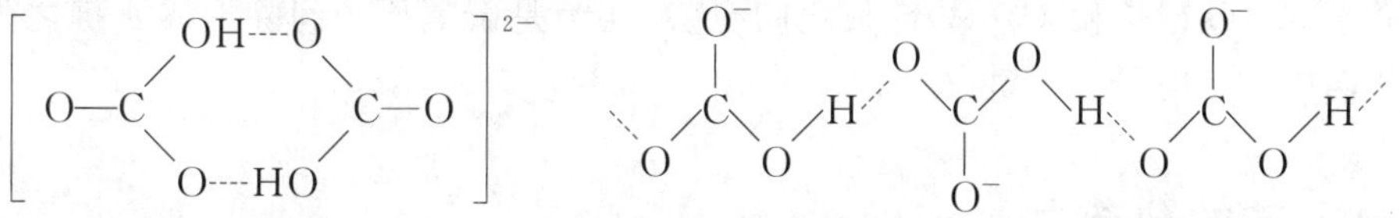

碱金属的碳酸盐和碳酸氢盐的水溶液分别呈强碱性和弱碱性。当可溶性碳酸盐作为沉淀试剂与溶液中的金属离子作用时,产物类型可根据金属碳酸盐和氢氧化物的溶解度来判断。

如果氢氧化物的溶解度很小,金属离子的水解性强,则生成氢氧化物沉淀。例如

$$2Cr^{3+} + 3CO_3^{2-} + 3H_2O \longrightarrow 2Cr(OH)_3 + 3CO_2$$

如果碳酸盐的溶解度小于相应氢氧化物的溶解度,则产物为正盐沉淀。例如

$$Ca^{2+} + CO_3^{2-} \longrightarrow CaCO_3$$

如果碳酸盐和相应的氢氧化物的溶解度相近,则反应产物为碳酸羟盐。例如

$$2Cu^{2+} + 2CO_3^{2-} + H_2O \longrightarrow Cu_2(OH)_2CO_3 + CO_2$$

碳酸盐的热稳定性较差。碳酸氢盐受热分解为相应的碳酸盐、水和二氧化碳,有

$$2M^{I}HCO_3 \xrightarrow{\triangle} M_2^{I}CO_3 + H_2O + CO_2$$

大多数碳酸盐在加热时分解为金属氧化物和二氧化碳,有

$$M^{II}CO_3 \xrightarrow{\triangle} M^{II}O + CO_2$$

一般说来,碳酸、碳酸氢盐、碳酸盐的热稳定性顺序为

碳酸<碳酸氢盐<碳酸盐

---

① 一般书上所用的 $K_{a1}^{\ominus} = 4.2 \times 10^{-7}$,实际上是反应 $CO_2 + H_2O \rightleftharpoons H^+ + HCO_3^-$ 的标准平衡常数,而不是 H_2CO_3 的第一级标准解离常数。

例如，Na_2CO_3 很难分解，$NaHCO_3$ 在 270℃分解，H_2CO_3 在室温以下即分解。

这些事实可根据极化理论得到解释。在 H_2CO_3 和 HCO_3^- 中，H 与 O 以共价键结合，但极化理论把这种结合看作是 H^+ 和 O^{2-} 的作用。在 HCO_3^- 中，H^+ 容易把 CO_3^{2-} 中的 O^{2-} 吸引过来形成 OH^-。OH^- 与另一个 HCO_3^- 中的 H^+ 结合为 H_2O，同时放出 CO_2，这一过程促使 HCO_3^- 不稳定。在 H_2CO_3 中有 2 个 H^+，更容易夺取 CO_3^{2-} 中的 O^{2-} 成为 H_2O，并放出 CO_2，所以 H_2CO_3 比 HCO_3^- 更不稳定。

不同金属碳酸盐的分解温度可以相差很大，这与金属离子的极化作用有关。金属离子的极化作用越强，其碳酸盐的分解温度就越低，即碳酸盐越不稳定。表 13-4 列出了一些碳酸盐的分解温度。

表 13-4　一些碳酸盐的分解温度

碳酸盐	$r(M^{n+})$/pm	M^{n+}的电子构型	分解温度/℃	碳酸盐	$r(M^{n+})$/pm	M^{n+}的电子构型	分解温度/℃
Li_2CO_3	60	$2e^-$	1 310	$FeCO_3$	76	$(9\sim17)e^-$	282
Na_2CO_3	95	$8e^-$	1 800	$ZnCO_3$	74	$18e^-$	300
$MgCO_3$	65	$8e^-$	540	$PbCO_3$	120	$(18+2)e^-$	300
$BaCO_3$	135	$8e^-$	1 360				

碳酸根离子 CO_3^{2-} 的空间构型为平面三角形，碳原子以 sp^2 杂化轨道与氧原子成键。碳氧键长介于 C—O 键长和 C═O 键长之间，这被认为是碳氧原子间除形成 σ 键之外，还形成离域的四中心六电子大 π 键（Π_4^6）。

13.3.4　硅的化合物

硅的化合物中重要的有硅的氧化物、含氧酸盐、卤化物等。

1. 硅的氧化物

二氧化硅（SiO_2）又称硅石，是由 Si 和 O 组成的巨型分子，有晶体和无定形两种形态。石英是天然的二氧化硅晶体。纯净的石英又叫水晶，它是一种坚硬、脆性、难溶的无色透明的固体，常用于制作光学仪器等。

石英是原子晶体，其中每个硅原子与 4 个氧原子以单键相连，构成 SiO_4 四面体结构单元。S 位于四面体的中心，4 个 O 位于四面体的顶角，如图 13-8 所示。SiO_4 四面体间通过共用顶角的氧原子而彼此连接起来，并在三维空间里多次重复这种结构，形成了硅氧网格形式的二氧化硅晶体。二氧化硅的最简式是 SiO_2，但 SiO_2 不代表一个简单分子。

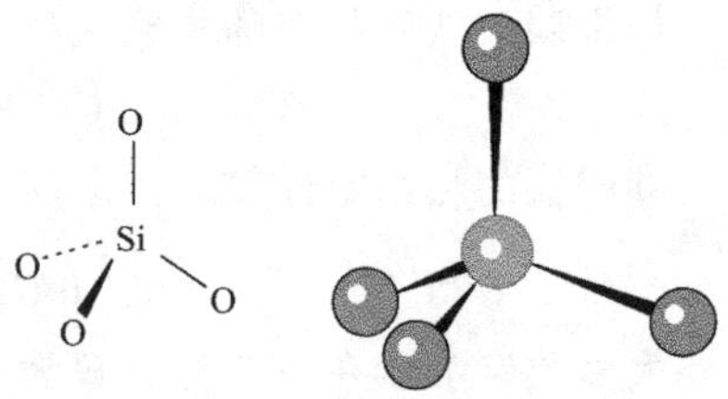

图 13-8　SiO_4 四面体

石英在 1 600 ℃熔化成黏稠液体（不易结晶），其结构单元处于无规则状态，当急速冷却时，形成石英玻璃。石英玻璃是无定形二氧化硅，其中硅和氧的排布是杂乱的。此外，自然界中的硅藻土和燧石也是无定形二氧化硅。

石英玻璃有许多特殊性质，如能高度透过可见光和紫外光，膨胀系数小，能经受温度的剧变等。因此石英玻璃可用来制造紫外灯和光学仪器。石英玻璃有强的耐酸性，但能被 HF

所腐蚀,反应方程式如下

$$SiO_2+4HF \longrightarrow SiF_4(g)+2H_2O$$

二氧化硅是酸性氧化物,能与热的浓碱溶液反应生成硅酸盐,反应较快。SiO_2 和熔融的碱反应更快。例如

$$SiO_2+2NaOH \longrightarrow Na_2SiO_3+H_2O$$

SiO_2 也可以与某些碱性氧化物或某些含氧酸盐发生反应生成相应的硅酸盐。例如

$$SiO_2+Na_2CO_3 \longrightarrow Na_2SiO_3+CO_2$$

2. 硅酸及其盐

硅酸(H_2SiO_3)的酸性比碳酸还弱。H_2SiO_3 的 $K_{a1}^{\ominus}=1.7\times10^{-10}$,$K_{a2}^{\ominus}=1.6\times10^{-12}$。用硅酸钠与盐酸作用可制得硅酸,有

$$Na_2SiO_3+2HCl \longrightarrow H_2SiO_3+2NaCl$$

当单分子硅酸逐渐聚合成多硅酸 $xSiO_2\cdot yH_2O$ 时,则形成硅酸溶胶。若硅酸浓度较大或向溶液中加入电解质时,则呈胶状或形成凝胶。

硅酸的组成比较复杂,随形成的条件而异,常以通式 $xSiO_2\cdot yH_2O$ 表示。原硅酸 H_4SiO_4 经脱水得到偏硅酸 H_2SiO_3 和多硅酸。习惯上常用化学式 H_2SiO_3 表示硅酸。

从凝胶状硅酸中除去大部分的水,可得到白色、稍透明的固体,工业上称之为硅胶。硅胶具有许多极细小的孔隙,比表面积很大,因而其吸附能力很强,可以吸附各种气体和水蒸气,常用作干燥剂或催化剂的载体。

硅酸盐按其溶解性分为可溶性和不溶性两大类。常见的硅酸盐 Na_2SiO_3 和 K_2SiO_3 是易溶于水的,其水溶液因 SiO_3^{2-} 水解而显碱性。俗称为水玻璃的是硅酸钠(通常写作 $Na_2O\cdot nSiO_2$)的水溶液。其他硅酸盐难溶于水并具有特征的颜色。

天然存在的硅酸盐都是不溶性的。长石、云母、黏土、石棉、滑石等都是最常见的天然硅酸盐,其化学式很复杂,通常写成氧化物的形式。几种天然硅酸盐的化学式如下:

图片

水中花园

正长石 $K_2O\cdot Al_2O_3\cdot 6SiO_2$

白云母 $K_2O\cdot 3Al_2O_3\cdot 6SiO_2\cdot 2H_2O$

高岭土 $Al_2O_3\cdot 2SiO_2\cdot 2H_2O$

石　棉 $CaO\cdot 3MgO\cdot 4SiO_2$

滑　石 $3MgO\cdot 4SiO_2\cdot H_2O$

泡沸石 $Na_2O\cdot Al_2O_3\cdot 2SiO_2\cdot nH_2O$

由此可见,铝硅酸盐在自然界中分布很广。

天然硅酸盐晶体骨架的基本结构单元是四面体构型的 SiO_4 原子团。SiO_4 四面体间通过共用顶角氧原子而彼此连接起来。四面体的排列方式不同,则形成不同结构的硅酸盐:(a)双硅酸根的硅酸盐,(b)链式阴离子硅酸盐,(c)网状结构硅酸盐,如图 13-9 所示。铝可以部分地取代硅酸盐结构中的硅而形成硅铝酸盐,例如长石、云母、泡沸石等。

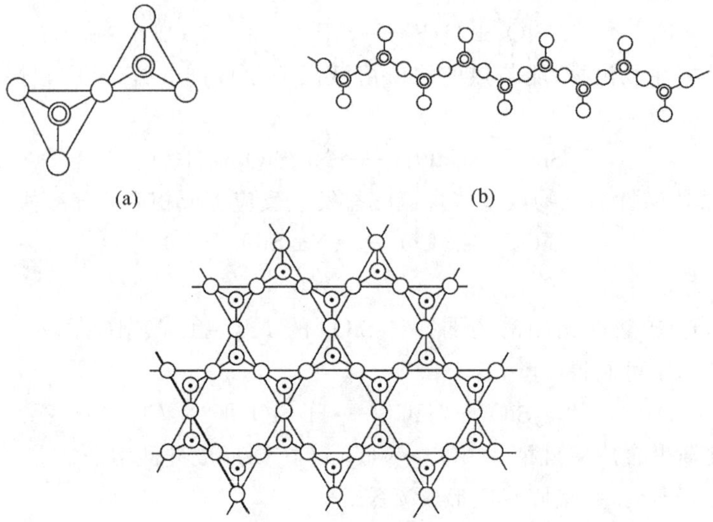

(c)

图 13-9 各种结构的硅酸盐(金属离子在骨架外,图中未标明)

13.3.5 锡、铅的化合物

锡、铅都能形成氧化值为＋4 和＋2 的化合物。Sn(Ⅳ)比 Sn(Ⅱ)的化合物稳定。Sn(Ⅱ)的化合物有较强的还原性,它很容易被氧化为 Sn(Ⅳ)的化合物。Pb(Ⅱ)则比 Pb(Ⅳ)的化合物稳定。Pb(Ⅳ)的化合物具有较强的氧化性,较容易获得 2 个电子还原为 Pb(Ⅱ)。

在高温下用碳还原 SnO_2 可得到 Sn。工业上常用 Sn 做原料来制取其他锡的化合物。例如,Sn 与 HCl 作用可得到 $SnCl_2 \cdot 2H_2O$;Sn 与 Cl_2 作用可得到 $SnCl_4$。

铅的化合物大都以 Pb 为原料制取。首先制出可溶性的硝酸铅或醋酸铅 $Pb(Ac)_2$,再从这些可溶性化合物制取其他铅的化合物。

1. 锡、铅的氧化物和氢氧化物

锡和铅都能形成氧化值为＋2 和＋4 的氧化物及相应的氢氧化物。

氧化亚锡 SnO 呈黑色,可用热 Sn(Ⅱ)盐溶液与碳酸钠作用得到。

在空气中加热金属锡生成白色的氧化锡 SnO_2,经高温灼烧过的 SnO_2 不能与酸碱溶液反应,但能溶于熔融的碱生成锡酸盐。

金属铅在空气中加热生成橙黄色的氧化铅 PbO。PbO 大量用于制造铅蓄电池、铅玻璃和铅的化合物。高纯度 PbO 是制造铅靶彩色电视光导摄像管靶面的关键材料。

在碱性溶液中用强氧化剂(如氯气或次氯酸钠)氧化 PbO,可生成褐色的氧化高铅 PbO_2。PbO_2 是一种很强的氧化剂,有

$$PbO_2 + 4H^+ + 2e^- \rightleftharpoons Pb^{2+} + 2H_2O \quad E^\ominus = 1.458\ V$$

它在硫酸溶液中能释放出氧气,即

$$2PbO_2 + 4H_2SO_4 \longrightarrow 2Pb(HSO_4)_2 + O_2 + 2H_2O$$

在酸性溶液中 PbO_2 可以把 Cl^- 氧化为 Cl_2,还可以把 Mn^{2+} 氧化为紫红色的 MnO_4^-,即

$$PbO_2 + 4HCl(浓) \longrightarrow PbCl_2 + Cl_2 + 2H_2O$$

$$2Mn^{2+} + 5PbO_2 + 4H^+ \longrightarrow 2MnO_4^- + 5Pb^{2+} + 2H_2O$$

PbO_2 加热后分解为鲜红色的四氧化三铅 Pb_3O_4 和氧气，即

$$3PbO_2 \xrightarrow{\triangle} Pb_3O_4 + O_2$$

Pb_3O_4 俗称铅丹，它和稀硝酸共热时，析出褐色的 PbO_2，即

$$Pb_3O_4 + 4HNO_3 \longrightarrow 2Pb(NO_3)_2 + PbO_2 + 2H_2O$$

铅丹的化学性质较稳定，与亚麻仁油混合后涂在管子的连接处防止漏水。

在含有 Sn^{2+}、Pb^{2+} 的溶液中加入适量的 NaOH 溶液，分别析出白色的 $Sn(OH)_2$ 和 $Pb(OH)_2$ 沉淀，即

$$Sn^{2+} + 2OH^- \longrightarrow Sn(OH)_2(s)$$

$$Pb^{2+} + 2OH^- \longrightarrow Pb(OH)_2(s)$$

$Sn(OH)_2$ 既能溶于酸生成 Sn^{2+}，又能溶于过量的 NaOH 溶液生成 $[Sn(OH)_4]^{2-}$，即

$$Sn(OH)_2 + 2OH^- \longrightarrow [Sn(OH)_4]^{2-}$$

$Pb(OH)_2$ 溶于硝酸或醋酸生成可溶性的铅盐溶液，$Pb(OH)_2$ 也能溶于过量的 NaOH 溶液生成 $[Pb(OH)_3]^-$，即

$$Pb(OH)_2 + OH^- \longrightarrow [Pb(OH)_3]^-$$

在含有 Sn^{4+} 的溶液中加入 NaOH 溶液，可得到难溶于水的 α-锡酸（H_2SnO_3）凝胶。α-锡酸既能和酸作用也能和碱作用。

α-锡酸长时间放置会转变成 β-锡酸，金属锡和浓硝酸作用也生成 β-锡酸。β-锡酸既不溶于酸，也不溶于碱，但与碱共熔可以使其转入溶液中。锡、铅的氢氧化物都是两性的，它们的酸碱性递变规律如下

实验视频

β－锡酸的生成及其性质

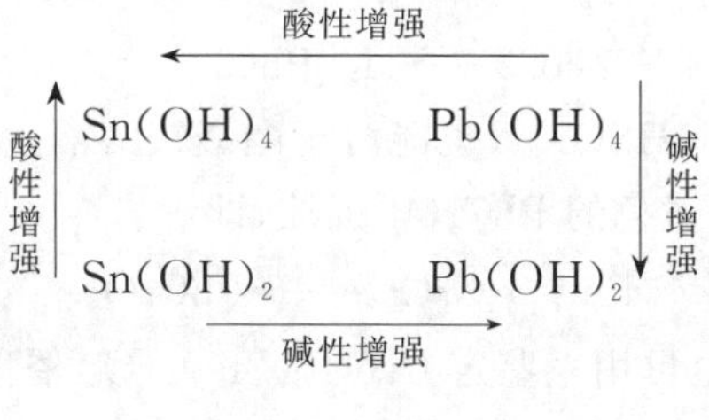

2. 锡、铅的盐

氯化亚锡和亚锡酸盐都具有较强的还原性，有关的标准电极电势如下：

$$Sn^{4+} + 2e^- \rightleftharpoons Sn^{2+} \qquad E^{\ominus} = 0.153\,9\ V$$

$$[Sn(OH)_6]^{2-} + 2e^- \rightleftharpoons [Sn(OH)_4]^{2-} + 2OH^- \qquad E^{\ominus} = -0.96\ V$$

在酸性溶液中，Sn^{2+} 能把 Fe^{3+} 还原为 Fe^{2+}。在碱性溶液中，$[Sn(OH)_4]^{2-}$ 能把 Bi^{3+} 还原为金属铋（粉末状的金属铋呈黑色），即

$$3[Sn(OH)_4]^{2-} + 2Bi^{3+} + 6OH^- \longrightarrow 3[Sn(OH)_6]^{2-} + 2Bi$$

这一反应常用来鉴定溶液中是否有 Bi^{3+} 存在。

$SnCl_2$ 是重要的还原剂，能将 $HgCl_2$ 还原为白色的氯化亚汞 Hg_2Cl_2 沉淀，即

$$2HgCl_2 + Sn^{2+} + 4Cl^- \longrightarrow Hg_2Cl_2(s) + [SnCl_6]^{2-}$$

过量的 $SnCl_2$ 还能将 Hg_2Cl_2 还原为单质汞(这种情况下汞为黑色)，即

$$Hg_2Cl_2(s)+Sn^{2+}+4Cl^- \longrightarrow 2Hg+[SnCl_6]^{2-}$$

上述反应可用来鉴定溶液中的 Sn^{2+}，也可以用来鉴定 Hg(Ⅱ)盐。

实验视频

Sn^{2+} 的鉴定

Pb(Ⅱ)的还原性比 Sn(Ⅱ)差，由于 Pb(Ⅳ)的氧化性强，所以在酸性溶液中要把 Pb^{2+} 氧化为 Pb(Ⅳ)的化合物很困难，在碱性溶液中将 $Pb(OH)_2$ 氧化为 Pb(Ⅳ)的化合物也需要用较强的氧化剂才能实现，例如

$$Pb(OH)_2+NaClO \longrightarrow PbO_2+NaCl+H_2O$$

可溶性的 Sn(Ⅱ)和 Pb(Ⅱ)的化合物只有在强酸性溶液中才有水合离子存在。当溶液的酸性不足或由于加入碱而使酸性降低时，水合金属离子便按下式发生显著的水解

$$Sn^{2+}+H_2O \rightleftharpoons [Sn(OH)]^+ +H^+ \qquad K^\ominus=10^{-3.9}$$

$$Pb^{2+}+H_2O \rightleftharpoons [Pb(OH)]^+ +H^+ \qquad K^\ominus=10^{-7.1}$$

水解的结果可以生成碱式盐或氢氧化物沉淀。例如，$SnCl_2$ 水解生成白色的 Sn(OH)Cl 沉淀，即

$$Sn^{2+}+H_2O+Cl^- \longrightarrow Sn(OH)Cl(s)+H^+$$

Sn(Ⅳ)和 Pb(Ⅳ)的盐在水溶液中也发生强烈的水解。例如，$SnCl_4$ 在潮湿的空气中因水解而发烟。$PbCl_4$ 也有类似的水解，但 $PbCl_4$ 本身不稳定，只在低温时存在，常温即分解为 $PbCl_2$ 和 Cl_2。

可溶性的铅盐有 $Pb(NO_3)_2$ 和 $Pb(Ac)_2$。$Pb(Ac)_2$ 是弱电解质，有甜味，称为铅糖。可溶性铅盐都有毒。

绝大多数 Pb(Ⅱ)的化合物是难溶于水的。例如，Pb^{2+} 与 Cl^-、I^-、SO_4^{2-}、CO_3^{2-}、CrO_4^{2-} 等形成的化合物都难溶于水。$PbCl_2$ 在冷水中溶解度小，但易溶于热水中。$PbCl_2$ 能溶于盐酸溶液，即

$$PbCl_2+2HCl \longrightarrow H_2[PbCl_4]$$

实验视频

$PbSO_4$ 的生成和性质

$PbSO_4$ 能溶于浓硫酸生成 $Pb(HSO_4)_2$，也能溶于醋酸铵溶液生成 $Pb(Ac)_2$。

Pb^{2+} 与 CrO_4^{2-} 反应生成黄色的 $PbCrO_4$ 沉淀，即

$$Pb^{2+}+CrO_4^{2-} \longrightarrow PbCrO_4$$

这一反应常用来鉴定 Pb^{2+}，也可用来鉴定 CrO_4^{2-}。$PbCrO_4$ 俗称铬黄，可用作颜料。$PbCrO_4$ 可溶于过量的碱生成$[Pb(OH)_3]^-$，即

$$PbCrO_4+3OH^- \longrightarrow [Pb(OH)_3]^- +CrO_4^{2-}$$

实验视频

SnS 的生成和性质

利用这一性质可以将 $PbCrO_4$ 与其他黄色的铬酸盐(如 $BaCrO_4$)沉淀区别开来。

3. 锡、铅的硫化物

锡、铅的硫化物有 SnS、SnS_2 和 PbS。在含有 Sn^{2+}、Pb^{2+} 的溶液中通入 H_2S 时，分别生成棕色的 SnS 和黑色的 PbS 沉淀；在 $SnCl_4$ 的盐酸溶液中通入 H_2S 则生成黄色的 SnS_2 沉淀。

实验视频

SnS_2 的生成和性质

SnS、PbS 和 SnS_2 均不溶于水和稀酸。它们与浓盐酸作用因生成配合物而溶解，即

$$SnS + 4HCl \longrightarrow H_2[SnCl_4] + H_2S$$

$$PbS + 4HCl \longrightarrow H_2[PbCl_4] + H_2S$$

$$SnS_2 + 6HCl(浓) \longrightarrow H_2[SnCl_6] + 2H_2S$$

实验视频

PbS 的生成与性质

SnS_2 能溶于 Na_2S 或 $(NH_4)_2S$ 溶液中生成硫代锡酸盐：

$$SnS_2 + S^{2-} \longrightarrow SnS_3^{2-}$$

SnS、PbS 不溶于 Na_2S 或 $(NH_4)_2S$ 溶液，但有时由于 Na_2S 或 $(NH_4)_2S$ 中含有多硫离子 S_x^{2-}，能把 SnS 氧化为 SnS_2 而溶解：

$$SnS + S_2^{2-} \longrightarrow SnS_3^{2-}$$

硫代锡酸盐不稳定，遇酸分解为 SnS_2 和 H_2S：

$$SnS_3^{2-} + 2H^+ \longrightarrow SnS_2 + H_2S$$

SnS_2 能和碱作用，生成硫代锡酸盐和锡酸盐：

$$3SnS_2 + 6OH^- \longrightarrow 2SnS_3^{2-} + [Sn(OH)_6]^{2-}$$

而低氧化值的 SnS 和 PbS 则不溶于碱。

拓展阅读

几种新型无机材料简介

习　题　13

13-1　何谓缺电子原子？何谓缺电子化合物？试举例说明。

13-2　什么是三中心二电子键？它与通常的共价键有何不同？

13-3　试分析乙硼烷分子的结构，并指出它与乙烷的结构有何不同。

13-4　硼酸为什么是一元酸，而不是三元酸？

13-5　硼酸和石墨均为层状晶体，试比较它们结构的异同。

13-6　完成并配平下列反应方程式：

(1) $B_2H_6 + O_2 \longrightarrow$　　(2) $B_2H_6 + H_2O \longrightarrow$

(3) $H_3BO_3 + HOCH_2CH_2OH \longrightarrow$　　(4) $BBr_3 + H_2O \longrightarrow$

13-7　写出下列反应方程式：

(1) 用氢气还原三氯化硼；　　(2) 由三氟化硼生成氟硼酸；

(3) 由三氯化硼生成硼酸；　　(4) 硼酸不断加热。

13-8　说明硼砂的重要性质和应用，说明四硼酸根中硼原子的杂化方式。

13-9　以硼砂为原料如何制备下列物质？写出有关的反应方程式。

(1) H_3BO_3；(2) B_2O_3；(3) B；(4) BF_3。

13-10　写出三卤化硼熔点和沸点的高低次序，并加以解释。

13-11　已知 $\Delta_f H_m^{\ominus}(BH_3, g) = 100\ kJ \cdot mol^{-1}$。试根据附录 1 中的有关热力学数据计算：

(1) B—H 键的键焓；

(2) 乙硼烷中 $B\overset{H}{\frown}B$ 键的键焓。

13-12　举例说明金属铝和铝的氢氧化物的两性，并写出相关的反应方程式。

13-13　写出下列反应方程式：

(1) 氧化铝与碳和氯气反应；

(2) 在 $Na[Al(OH)_4]$ 溶液中加入氯化铵；

(3) $AlCl_3$ 溶液加氨水。

13-14 铝矾土中常含有氧化铁杂质。将铝矾土和氢氧化钠共熔($Na[Al(OH)_4]$为生成物之一)，用水溶解熔块后过滤。在滤液中通入二氧化碳后生成沉淀。再次过滤后将沉淀灼烧，便得到较纯的氧化铝。试写出有关反应方程式，并指出杂质铁是在哪一步除去的。

13-15 说明在$[AlF_6]^{3-}$(aq)、Al_2Cl_6(g)、$AlCl_3$(g)中，铝原子以何种杂化轨道成键。

13-16 将 0.250 g 金属铝在干燥的氯气流中加热，得到 1.236 g 白色固体。此固体在 200 mL 容器中加热至 183 ℃时变为气体，250 ℃时测得气体的压力为 100.8 kPa。计算气态物质的摩尔质量，并写出气体分子的结构式。

13-17 试比较二氧化碳与二氧化硅的结构和性质。

13-18 完成并配平下列反应方程式：

(1) $Sr^{2+} + CO_3^{2-} \longrightarrow$　　(2) $Al^{3+} + CO_3^{2-} + H_2O \longrightarrow$

(3) $Mg^{2+} + CO_3^{2-} + H_2O \longrightarrow$

13-19 完成并配平下列反应方程式：

(1) $SiO_2 + Na_2CO_3 \xrightarrow{\triangle}$　　(2) $SiO_2 + HF \longrightarrow$

(3) $Na_2SiO_3 + NH_4Cl + H_2O \longrightarrow$　　(4) $SiCl_4 + H_2O \longrightarrow$

13-20 写出下列各反应的方程式：

(1) 氢氧化亚锡溶于氢氧化钾溶液；　　(2) 铅丹溶于盐酸中；

(3) 铬酸铅与氢氧化钠溶液反应；　　(4) 用 Na_2S 溶液处理 SnS_2。

13-21 完成并配平下列反应方程式：

(1) $SnCl_2 + FeCl_3 \longrightarrow$　　(2) $PbO + Cl_2 + NaOH \longrightarrow$

(3) $SnS + Na_2S_2 \longrightarrow$　　(4) $PbS + HNO_3 \longrightarrow$

(5) $PbO_2 + Mn(NO_3)_2 + HNO_3 \longrightarrow$　　(6) $Na_2SnS_3 + HCl \longrightarrow$

13-22 说明锡、铅常见化合物的酸碱性、氧化还原性变化规律。

13-23 为什么在配制 $SnCl_2$ 溶液时要加入盐酸和锡粒？否则会发生哪些反应？试写出反应方程式。

13-24 如何分别鉴定溶液中的 Sn^{2+} 和 Pb^{2+}？

13-25 在过量氧气中加热 2.00 g 铅，得到红色粉末。将其用浓硝酸处理，形成棕色粉末，过滤并干燥。在滤液中加入碘化钾溶液，生成黄色沉淀。写出每一步反应方程式，并计算最多能得到多少克棕色粉末和黄色沉淀？

13-26 无色晶体 A 易溶于水。将 A 在煤气灯上加热得到黄色固体 B 和棕色气体 C。B 溶于硝酸后又得 A 的水溶液。碱性条件下，A 与次氯酸钠溶液作用得黑色沉淀 D，D 不溶于硝酸。向 D 中加入盐酸有白色沉淀 E 和气体 F 生成，F 可使淀粉碘化钾试纸变色。将 E 和 KI 溶液共热，冷却后有黄色沉淀 G 生成。试确定 A～G 各为何物质。

第14章

p 区元素(二)

14.1 氮族元素

14.1.1 氮族元素概述

周期系ⅤA 族元素包括氮、磷、砷、锑、铋 5 种元素，又称为氮族元素。氮和磷是非金属元素，砷和锑为准金属，铋是金属元素。氮族元素的一般性质列在表 14-1 中。

表 14-1 氮族元素的一般性质

元素	氮(N)	磷(P)	砷(As)	锑(Sb)	铋(Bi)
价层电子构型	$2s^22p^3$	$3s^23p^3$	$4s^24p^3$	$5s^25p^3$	$6s^26p^3$
共价半径/pm	70	110	121	141	155
沸点/℃	−195.79	280.3	615(升华)	1 587	1 564
熔点/℃	−210.01	44.15	817	630.7	271.5
电负性	3.04	2.19	2.18	2.05	2.02
电离能/($kJ \cdot mol^{-1}$)	1 409	1 020	953	840	710
电子亲和能/($kJ \cdot mol^{-1}$)	6.75	−72.1	−78.2	−103.2	−110
$E^{\ominus}(M^{V}/M^{III})/V$	0.94	−0.276	0.574 8	0.58 (Sb_2O_5/SbO^+)	(1.6) (Bi_2O_5/BiO^+)
$E^{\ominus}(M^{III}/M^{0})/V$	1.46 HNO_2	−0.503 H_3PO_3	0.247 3 $HAsO_2$	0.21 (SbO^+)	0.32 (BiO^+)
氧化值	−1,−2,−3 0,1,2,3,4,5	(1),3,5−3	−3,3,5	(−3),3,5	3,(5)

氮族元素的价层电子构型为 ns^2np^3，电负性不是很大，它们与电负性较大的元素结合时，主要形成氧化值为+3 和+5 的化合物。由于惰性电子对效应，氮族元素自上而下氧化值为+3 的化合物稳定性增强，而氧化值为+5(除氮外)的化合物稳定性减弱。随着元素金属性的增强，E^{3+}(E 为 N,P,As,Sb,Bi)的稳定性增强，氮、磷不形成 N^{3+}、P^{3+}，而锑、铋则能以 Sb^{3+} 和 Bi^{3+} 的盐存在，如 BiF_3、$Bi(NO_3)_3$、$Sb_2(SO_4)_3$ 等。氧化值为+5 的含氧阴离子稳定性从磷到铋依次减弱，Bi(Ⅴ)的化合物是强氧化剂。

氮族元素所形成的化合物主要是共价型的，而且原子越小，形成共价键的趋势越大。较重元素除与氟化合形成离子键外，与其他元素多以共价键结合。在氧化值为−3 的化合物中，只有活泼金属的氮化物是离子型的，含有 N^{3-}。

氮族元素在形成化合物时，除了 N 原子最大配位数一般为 4 外，其他元素的原子的最大配位数为 6。

氮族元素的有关电势图如下：

酸性溶液中 $E_A^{\ominus}/V$

$$NO_3^- \xrightarrow{0.798\,9} NO_2 \xrightarrow{1.08} HNO_2 \xrightarrow{1.04} NO \xrightarrow{1.582} N_2O \xrightarrow{1.77} N_2 \xrightarrow{0.27} NH_4^+$$

$$NO_3^- \xrightarrow{1.125} N_2O \qquad NO_3^- \xrightarrow{0.94} HNO_2 \qquad NO_3^- \xrightarrow{0.97} NO \qquad NO_3^- \xrightarrow{1.25} N_2 \qquad NO_3^- \xrightarrow{0.88} NH_4^+$$

$$H_3PO_4 \xrightarrow{-0.276} H_3PO_3 \xrightarrow{-0.50} H_3PO_2 \xrightarrow{-0.51} P \xrightarrow{-0.065} PH_3$$

$$H_3PO_3 \xrightarrow{-0.503} P$$

$$H_3AsO_4 \xrightarrow{0.574\,8} H_3AsO_3 \xrightarrow{0.247\,3} As \xrightarrow{-0.238\,1} AsH_3$$

$$Sb_2O_3 \xrightarrow{0.58} SbO^+ \xrightarrow{0.21} Sb \xrightarrow{-0.510\,4} SbH_3$$

$$Bi_2O_5 \xrightarrow{1.6} Bi^{3+} \xrightarrow{0.32} Bi \xrightarrow{-0.8} BiH_3$$

碱性溶液中 $E_B^{\ominus}/V$

$$NO_3^- \xrightarrow{-0.86} NO_2 \xrightarrow{0.88} NO_2^- \xrightarrow{-0.46} NO \xrightarrow{0.76} N_2O \xrightarrow{0.94} N_2 \xrightarrow{-0.73} NH_3$$

$$NO_3^- \xrightarrow{0.15} NO \qquad NO_3^- \xrightarrow{0.01} NO_2^-$$

$$PO_4^{3-} \xrightarrow{-1.12} HPO_3^{2-} \xrightarrow{-1.57} H_2PO_2^- \xrightarrow{-2.05} P \xrightarrow{-0.89} PH_3$$

$$HPO_3^{2-} \xrightarrow{-1.73} PH_3$$

$$AsO_4^{3-} \xrightarrow{-0.67} As(OH)_4^- \xrightarrow{-0.68} As \xrightarrow{-1.43} AsH_3$$

$$Sb(OH)_4^- \xrightarrow{(-0.66)} Sb \xrightarrow{(-1.34)} SbH_3$$

$$BiO_2 \xrightarrow{0.55} Bi_2O_3 \xrightarrow{-0.46} Bi$$

14.1.2 氮族元素的单质

氮族元素中，除磷在地壳中含量较多外，其他各元素含量均较少。

氮主要以单质存在于大气中。

磷主要以磷酸盐形式分布在地壳中，如磷酸钙 $Ca_3(PO_4)_2$、氟磷灰石 $3Ca_3(PO_4)_2 \cdot CaF_2$。

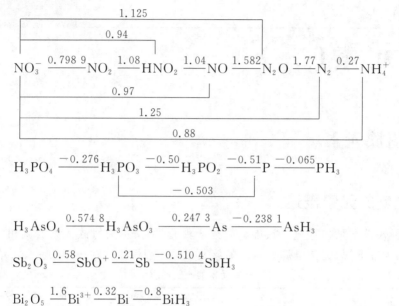

砷、锑和铋主要以硫化物矿形式存在，如雄黄 As_4S_4、辉锑矿 Sb_2S_3、辉铋矿 Bi_2S_3 等。

工业上以空气为原料生产大量氮气。首先将空气液化，然后分馏，得到的氮气中含有少量氩和氧。

实验室需要的少量氮气可以用下述方法制得

$$NH_4NO_2 \xrightarrow{\triangle} N_2 + 2H_2O$$

实际制备时可用浓的 NH_4Cl 与 $NaNO_2$ 混合溶液加热。

将磷酸钙、砂子和焦炭混合在电炉中加热到约 1 500 ℃，可以得到白磷，有

$$2Ca_3(PO_4)_2 + 6SiO_2 + 10C \longrightarrow 6CaSiO_3 + P_4 + 10CO$$

砷、锑、铋的制备是将硫化物矿焙烧得到相应的氧化物，然后用碳还原。例如

$$2Sb_2S_3 + 9O_2 \longrightarrow 2Sb_2O_3 + 6SO_2$$

$$Sb_2O_3 + 3C \longrightarrow 2Sb + 3CO$$

氮族元素中，除氮气外，其他元素的单质都比较活泼。

氮气是无色、无臭、无味的气体，微溶于水，0 ℃时 1 mL 水仅能溶解 0.023 mL 氮气。

氮气在常温下化学性质极不活泼，不与任何元素化合。升高温度能增进氮气的化学活性。当与锂、钙、镁等活泼金属一起加热时，能生成离子型氮化物。在高温高压并有催化剂存在时，氮与氢化合生成氨。在很高的温度下氮才与氧化合生成一氧化氮。

氮分子是双原子分子，两个氮原子以叁键结合。$N \equiv N$ 键键能($946\ kJ \cdot mol^{-1}$)非常大，N_2 是最稳定的双原子分子。在化学反应中破坏 $N \equiv N$ 键是十分困难的，反应活化能很高，在通常情况下反应很难进行，致使氮气表现出很高的化学惰性，常用作保护气体。

常见的磷的同素异形体有白磷、红磷和黑磷三种。

白磷是透明的、软的蜡状固体，由 P_4 分子通过分子间力堆积起来。P_4 分子为四面体构型，其结构如图 14-1 所示。在 P_4 分子中，每个磷原子通过其 p_x、p_y 和 p_z 轨道分别与另外 3 个磷原子形成 3 个 σ 键，键角∠PPP 为 60°。这样的分子内部具有张力，其结构是不稳定的。P—P 键的键能小，易被破坏，所以白磷的化学性质很活泼，容易被氧化，在空气中能自燃。因此必须将其保存在水中。

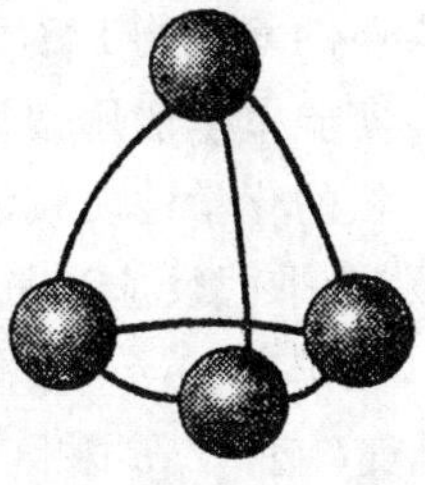

图 14-1 P_4 分子的构型

P_4 分子是非极性分子，所以白磷能溶于非极性溶剂。白磷是剧毒物质，约 0.15 g 的剂量可使人致死。将白磷在隔绝空气的条件下加热至 400 ℃，可以得到红磷，有

$$P_4(\text{白磷}) \longrightarrow 4P(\text{红磷}) \quad \Delta_r H_m^{\ominus} = -17.6\ kJ \cdot mol^{-1}$$

红磷的结构比较复杂，有人认为其结构是 P_4 分子中的一个 P—P 键断裂后相互连接起来的长链，如图 14-2 所示。

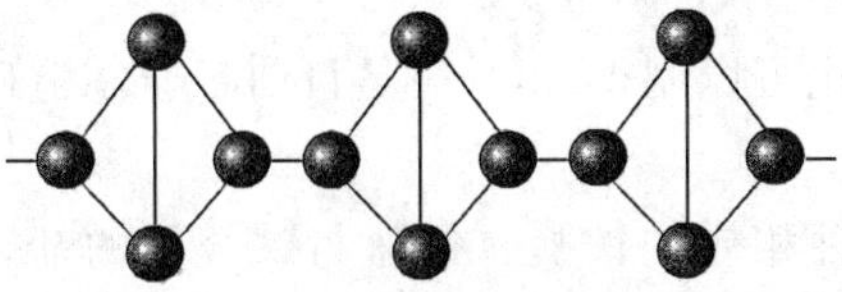

图 14-2 红磷的一种可能的结构

红磷比白磷稳定，其化学性质不如白磷活泼，室温下不与 O_2 反应，400 ℃以上才能燃烧。红磷不溶于有机溶剂。

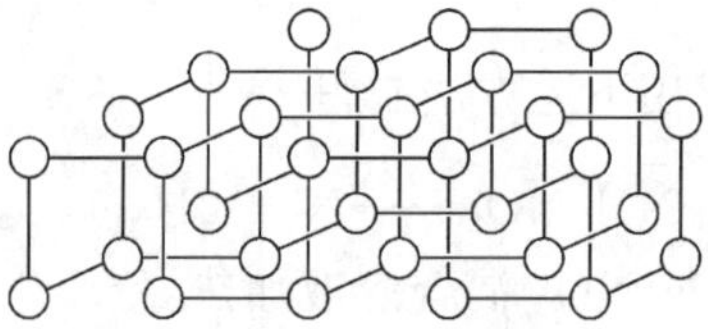

图 14-3　黑磷的网状结构

白磷在高压和较高温度下可以转变为黑磷。黑磷具有与石墨类似的层状结构，但与石墨不同的是，黑磷每一层内的磷原子并不都在同一平面上，而是相互以共价键联结成网状结构(图 14-3)。黑磷具有导电性。黑磷也不溶于有机溶剂。

氮主要用于制取硝酸、氨以及各种铵盐。磷可用于制造磷酸、火柴、农药等。

拓展阅读

固氮新发展：电催化还原氮气合成氨

14.1.3　氮的化合物

1. 氮的氢化物

(1) 氨

氨分子的构型为三角锥形，氮原子除以 sp^3 不等性杂化轨道与氢原子成键外，还有一对孤对电子。氨分子是极性分子。氨在水中溶解度极大。

氨是具有特殊刺激气味的无色气体。氨分子间形成氢键，所以氨的熔点、沸点高于同族元素磷的氢化物 PH_3。氨容易被液化。液态氨的气化焓较大，故液氨可用作制冷剂。

实验室一般用铵盐与强碱共热来制取氨。工业上目前主要采用合成方法制氨。

氨的化学性质较活泼，能和许多物质发生反应。这些反应基本上可分为三种类型，即加合反应、取代反应和氧化还原反应。

氨作为 Lewis 碱能与一些物质发生加合反应。例如，NH_3 与 Ag^+ 和 Cu^{2+} 反应分别形成$[Ag(NH_3)_2]^+$和$[Cu(NH_3)_4]^{2+}$。NH_4^+ 可以看成是 H^+ 与 NH_3 加合的产物。

氨分子中的氢原子可以被活泼金属取代形成氨基化物。例如，氨通入熔融的金属钠可以得到氨基化钠 $NaNH_2$，即

$$2Na + 2NH_3 \xrightarrow{350\ ℃} 2NaNH_2 + H_2$$

$NaNH_2$ 是有机合成中重要的缩合剂。

氨分子中氮的氧化值为-3，是氮的最低氧化值，所以氨具有还原性。例如，氨在纯氧中可以燃烧生成水和氮气，即

$$4NH_3 + 3O_2 \longrightarrow 6H_2O + 2N_2$$

氨在一定条件下进行催化氧化可以制得 NO，这是目前工业制造硝酸的重要步骤之一。

(2) 铵盐

氨与酸作用可以得到各种相应的铵盐。铵盐与碱金属的盐，特别是与钾盐，非常相似，这是由于 NH_4^+ 的半径(143 pm)和 K^+ 的半径(133 pm)相近。

铵盐一般为无色晶体，皆溶于水，但高氯酸铵等少数铵盐的溶解度较小。铵盐在水中都

有一定程度的水解。

用 Nessler 试剂($K_2[HgI_4]$的 KOH 溶液)可以鉴定试液中的 NH_4^+,即

$$NH_4^+ + 2[HgI_4]^{2-} + 4OH^- \longrightarrow \left[O\begin{matrix} \diagup Hg \diagdown \\ \diagdown Hg \diagup \end{matrix}NH_2 \right]I(s)^{①} + 7I^- + 3H_2O$$

因 NH_4^+ 的含量和 Nessler 试剂的量不同,生成沉淀的颜色从红棕到深褐色有所不同。

固体铵盐受热易分解,分解的情况因组成铵盐的酸的性质不同而异。如果酸是易挥发的且无氧化性的,则酸和氨一起挥发。例如

$$(NH_4)_2CO_3 \xrightarrow{\triangle} 2NH_3 + H_2O + CO_2$$

如果酸是不挥发的且无氧化性,则只有氨挥发掉,而酸或酸式盐则留在容器中。例如

$$(NH_4)_3PO_4 \xrightarrow{\triangle} 3NH_3 + H_3PO_4$$

$$(NH_4)_2SO_4 \xrightarrow{\triangle} NH_3 + NH_4HSO_4$$

如果酸是有氧化性的,则分解出的氨被酸氧化生成 N_2 或 N_2O。例如

$$(NH_4)_2Cr_2O_7 \xrightarrow{\triangle} N_2 + Cr_2O_3 + 4H_2O$$

$$NH_4NO_3 \xrightarrow{\triangle} N_2O + 2H_2O$$

实验视频

重铬酸铵的分解

或

$$5NH_4NO_3 \xrightarrow[\text{有机杂质催化}]{240\ ℃\text{以上}} 4N_2 + 2HNO_3 + 9H_2O$$

有人认为后一反应中生成的 HNO_3 对 NH_4NO_3 的分解有催化作用,因此加热大量无水 NH_4NO_3 会引起爆炸。在制备、贮存、运输、使用 NH_4NO_3、NH_4NO_2、NH_4ClO_3、NH_4ClO_4、NH_4MnO_4 等时,应格外小心,防止受热或撞击,以避免发生安全事故。

铵盐中最重要的是硝酸铵 NH_3NO_3 和硫酸铵$(NH_4)_2SO_4$。这两种铵盐大量地用作肥料。硝酸铵还用来制造炸药。在焊接金属时,常用氯化铵来除去待焊金属物件表面的氧化物,使焊料更好地与焊件结合。当氯化铵接触到红热的金属表面时,就分解成为氨和氯化氢,氯化氢立即与金属氧化物起反应生成易溶的或挥发性的氯化物,这样金属表面就被清洗干净。

2. 氮的氧化物

氮的氧化物常见的有 6 种:一氧化二氮 N_2O、一氧化氮 NO、三氧化二氮 N_2O_3、二氧化氮 NO_2、四氧化二氮 N_2O_4 和五氧化二氮 N_2O_5。其中氮的氧化值从+1 到+5。这些氧化物的结构和物理性质列于表 14-2 中。

表 14-2　氮的氧化物的物理性质

氮的氧化物	颜色和状态	结构	熔点/℃	沸点/℃	$\frac{\Delta_f H_m^\ominus}{kJ \cdot mol^{-1}}$
一氧化二氮 (N_2O)	无色气体	N═N═O 直线形	−90.8	−88.5	82

① 沉淀的组成也可能是 Hg_2NI。

（续表）

氮的氧化物	颜色和状态	结构	熔点/℃	沸点/℃	$\Delta_f H_m^{\ominus}$ / kJ·mol^{-1}
一氧化氮（NO）	无色气体	$\dot{N}\!=\!O$ 或 $N\!\equiv\!O$	−163.6	−151.8	90.25
三氧化二氮（N_2O_3）		$O\!=\!N\!-\!N\big\langle^O_O$ 平面	−100.7	2 升华	83.72
二氧化氮（NO_2）	红棕色气体	$O\!=\!\dot{N}\big\langle^O$ V形	−11.2	21.2	33.18
四氧化二氮（N_2O_4）	无色气体	$^O_O\big\rangle N\!-\!N\big\langle^O_O$ 平面	−9.3	21.2 （分解）	9.16
五氧化二氮（N_2O_5）	无色固体	气态 $^O_O\big\rangle N\!-\!O\!-\!N\big\langle^O_O$ 平面	30	47.0	11.3
		固态 $NO_2^+ \cdot NO_3^-$ 离子型			−43.1

氮的氧化物分子中因所含的 N—O 键较弱,这些氧化物的热稳定性都比较差,它们受热易分解或易被氧化。

（1）一氧化氮

一氧化氮 NO 分子中,氧原子和氮原子的价电子数之和为 11,即含有未成对电子,具有顺磁性。这种价电子数为奇数的分子称为奇电子分子。

NO 参与反应时,容易失去 1 个电子形成亚硝酰离子 NO^+。例如,NO 与 $FeSO_4$ 溶液反应生成深棕色的硫酸亚硝酰铁(I)$[Fe(NO)]SO_4$,NO^+ 与 N_2、CO、CN^- 互为等电子体。

通常奇电子分子是有颜色的,但气态 NO 是无色的。

NO 是硝酸生产的中间产物,工业上用氨的铂催化氧化方法制备,实验室用金属铜与稀硝酸反应制取。近年来发现 NO 具有重要的生物功能。

（2）二氧化氮

二氧化氮 NO_2 是红棕色气体,具有特殊的臭味并有毒。

NO_2 与水反应生成硝酸和 NO。NO_2 和 NaOH 溶液反应生成硝酸盐和亚硝酸盐:

拓展阅读

生物活性分子 NO

$$2NO_2 + 2NaOH \longrightarrow NaNO_3 + NaNO_2 + H_2O$$

NO_2 的氧化能力强,已广泛用作火箭燃料 N_2H_4 的氧化剂。

NO_2 也是奇电子分子,空间构型为 V 形,氮原子以 sp^2 杂化轨道与氧原子成键,此外还形成一个三中心四电子大 π 键[①]。N_2O_4 分子具有对称的结构,2 个氮原子和 4 个氧原子在同一平面上。NO_2 和 N_2O_4 的分子构型如图 14-4 所示。

---

① 也有人认为 NO_2 分子中形成 Π_3^3,N 的一个 sp^2 杂化轨道中有孤对电子。

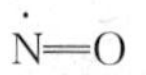

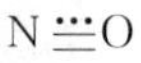

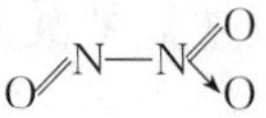

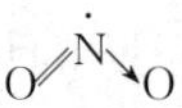

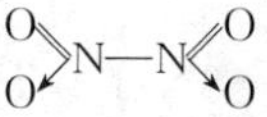

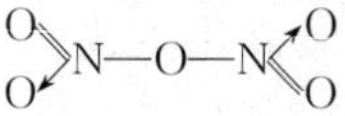

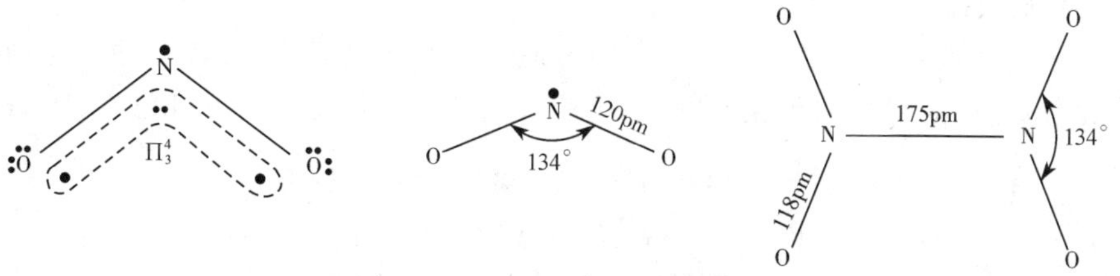

图 14-4　NO_2 与 N_2O_4 的分子构型

3. 氮的含氧酸及其盐

(1) 亚硝酸及其盐

将等物质的量的 NO_2 和 NO 的混合物溶解在冰冷的水中，可得到亚硝酸的水溶液，即

$$NO_2 + NO + H_2O \longrightarrow 2HNO_2$$

在亚硝酸盐的冷溶液中加入强酸时，也可以生成亚硝酸溶液。例如

$$NaNO_2 + H_2SO_4 \longrightarrow NaHSO_4 + HNO_2$$

亚硝酸很不稳定，只能存在于很稀的冷溶液中，溶液浓缩或加热时，会分解为 H_2O 和 N_2O_3，后者又分解为 NO_2 和 NO，即

$$2HNO_2 \rightleftharpoons H_2O + \underset{(淡蓝色)}{N_2O_3} \rightleftharpoons H_2O + NO + \underset{(棕色)}{NO_2}$$

亚硝酸是一种弱酸，$K_a^{\ominus} = 6.0 \times 10^{-4}$。亚硝酸的分子构型如图 14-5 所示。

亚硝酸盐大多是无色的，除淡黄色的 $AgNO_2$ 外，一般都易溶于水。碱金属、碱土金属的亚硝酸盐有很高的热稳定性。在水溶液中这些亚硝酸盐尚稳定。所有亚硝酸盐都是剧毒的，还是致癌物质。

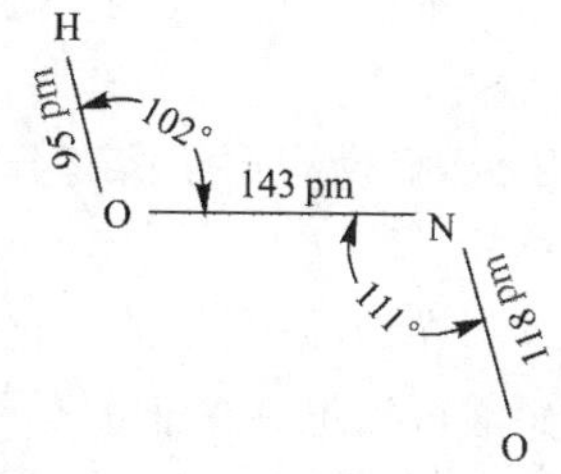

图 14-5　HNO_2 的分子构型

通常用碱吸收等物质的量的 NO_2 和 NO 可以制得亚硝酸盐，即

$$NO + NO_2 + 2NaOH \longrightarrow 2NaNO_2 + H_2O$$

亚硝酸根离子的构型为 V 形，氮原子采取 sp^2 杂化与氧原子形成 σ 键，此外还形成一个三中心四电子大 π 键，如图 14-6 所示。

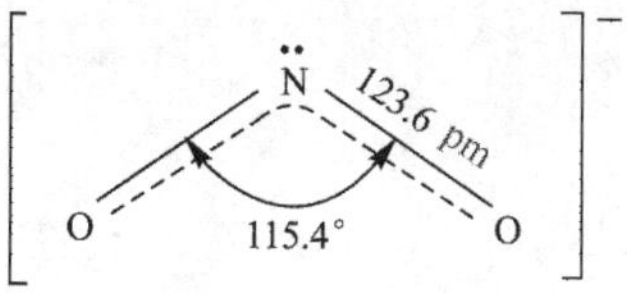

图 14-6　NO_2^- 的构型

亚硝酸盐在酸性介质中具有氧化性，其还原产物一般为 NO。例如

$$2NaNO_2 + 2KI + 2H_2SO_4 \longrightarrow 2NO + I_2 + Na_2SO_4 + K_2SO_4 + 2H_2O$$

这一反应常用于测定 NO_2^- 的含量。与强氧化剂作用时，NO_2^- 又表现出还原性。例如

$$2KMnO_4 + 5KNO_2 + 3H_2SO_4 \longrightarrow 2MnSO_4 + 5KNO_3 + K_2SO_4 + 3H_2O$$

在实际应用中，亚硝酸盐多在酸性介质中做氧化剂。

亚硝酸钠大量用于生产各种有机染料。

拓展阅读

光化学烟雾

实验视频

亚硝酸的生成

实验视频

亚硝酸根的鉴定

(2) 硝酸及其盐

硝酸是工业上重要的无机酸之一。目前普遍采用氨催化氧化法制取硝酸。将氨和空气的混合物通过灼热(800℃)的铂铑丝网(催化剂),氨可以相当完全地被氧化为NO,即

$$4NH_3(g)+5O_2(g)\xrightarrow{Pt,Rh}4NO(g)+6H_2O(g)$$

$$\Delta_r G_m^{\ominus}(298\ K)=-958\ kJ\cdot mol^{-1}\quad K^{\ominus}(298\ K)=10^{168}$$

生成的NO被O_2氧化为NO_2,后者再与水发生歧化反应生成硝酸和NO,即

$$3NO_2+H_2O\longrightarrow 2HNO_3+NO$$

生成的NO再经氧化、吸收,这样得到的是质量分数为47%~50%的稀硝酸,加入硝酸镁作脱水剂进行蒸馏可制得浓硝酸。

在硝酸分子中,氮原子采用sp^2杂化轨道与3个氧原子形成3个σ键,呈平面三角形分布。此外,氮原子上一个未参与杂化的p轨道则与2个非羟基氧原子的p轨道相重叠,在O—N—O间形成三中心四电子大π键,表示为$\Pi_3^4$①。HNO_3分子内还可以形成氢键。HNO_3的分子构型如图14-7所示。

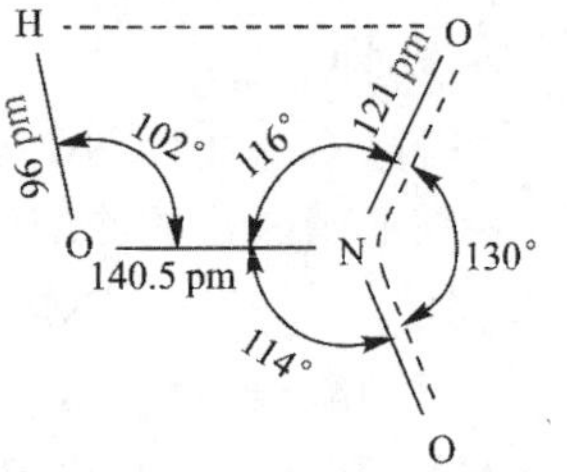

图14-7 HNO_3的分子构型

纯硝酸是无色液体。实验室中用的浓硝酸含HNO_3约为69%,密度为$1.4\ g\cdot cm^{-3}$,相当于$15\ mol\cdot L^{-1}$。浓度为86%以上的浓硝酸,由于硝酸的挥发而产生白烟,故通常称为发烟硝酸。溶有过量NO_2的浓硝酸产生红烟。发烟硝酸可用作火箭燃料的氧化剂。

浓硝酸很不稳定,受热或光照时,部分地按下式分解

$$4HNO_3\longrightarrow 4NO_2+O_2+2H_2O$$

因此,硝酸中由于溶有分解出来的NO_2而常带有黄色或红棕色。浓硝酸应置于阴凉避光处存放。

在硝酸中,氮的氧化值为+5。硝酸是氮的最高氧化值的化合物之一,具有强氧化性。硝酸可以把许多非金属单质氧化为相应的氧化物或含氧酸。例如,碳、磷、硫、碘等和硝酸共煮时,分别被氧化成二氧化碳、磷酸、硫酸、碘酸,硝酸则被还原为NO,即

$$3C+4HNO_3\longrightarrow 3CO_2+4NO+2H_2O$$

$$3P+5HNO_3+2H_2O\longrightarrow 3H_3PO_4+5NO$$

$$S+2HNO_3\longrightarrow H_2SO_4+2NO$$

$$3I_2+10HNO_3\longrightarrow 6HIO_3+10NO+2H_2O$$

某些金属硫化物可以被浓硝酸氧化为单质硫而溶解。有些有机物质(如松节油等)与浓硝酸接触时可以燃烧。因此,储存浓硝酸时,应与还原性物质隔开。

除了不活泼的金属(如金、铂等和某些稀有金属)外,硝酸几乎能与其他所有的金属反应生成相应的硝酸盐。但是硝酸与金属反应的情况比较复杂,这与硝酸的浓度和金属的活泼性有关。

有些金属(如铁、铝、铬等)可溶于稀硝酸而不溶于冷的浓硝酸。这是由于浓硝酸可将金

---

① 近年来,有人根据分子轨道理论计算,认为HNO_3分子中还有Π_4^6的成分。即在N和3个O原子间存在着四中心六电子π键的成分。

属表面氧化生成一层薄而致密的氧化物保护膜(有时叫作钝化膜),致使金属不能再与硝酸继续作用。

有些金属(如锡、钼、钨等)与硝酸作用生成不溶于酸的氧化物。

有些金属和硝酸作用后生成可溶性的硝酸盐。硝酸作为氧化剂与这些金属反应时,主要被还原为 NO_2、NO、N_2O、N_2、NH_3,通常得到的产物是其中某些物质的混合物,究竟以哪种还原产物为主,则取决于硝酸的浓度和金属的活泼性。浓硝酸主要被还原为 NO_2,稀硝酸通常被还原为 NO。当较稀的硝酸与较活泼的金属作用时,可得到 N_2O;若硝酸很稀时,则可被还原为 NH_4^+。例如

$$Cu+4HNO_3(\text{浓})\longrightarrow Cu(NO_3)_2+2NO_2+2H_2O$$

$$3Cu+8HNO_3(\text{稀})\longrightarrow 3Cu(NO_3)_2+2NO+4H_2O$$

$$4Zn+10HNO_3(\text{稀})\longrightarrow 4Zn(NO_3)_2+N_2O+5H_2O$$

$$4Zn+10HNO_3(\text{很稀})\longrightarrow 4Zn(NO_3)_2+NH_4NO_3+3H_2O$$

实验视频

浓硝酸的氧化性

在上述反应中,氮的氧化值由+5 分别变到+4、+2、+1 和-3。

注意,不能认为稀硝酸的氧化性比浓硝酸强。相反,硝酸越稀,氧化性越弱。

浓硝酸和浓盐酸的混合物(体积比为 1∶3)叫作王水。

王水的氧化性比硝酸更强,可以将金、铂等不活泼金属溶解。例如

$$Au+HNO_3+4HCl\longrightarrow HAuCl_4+NO+2H_2O$$

另外,王水中有大量的 Cl^-,能与 Au^{3+} 形成 $[AuCl_4]^-$,从而降低了金属电对的电极电势,增强了金属的还原性。

硝酸还有硝化性,能与有机化合物发生硝化反应,生成硝基化合物。

硝酸广泛用于制造染料、炸药、硝酸盐以及其他化学药品,是化学工业和国防工业的重要原料。

硝酸盐通常是用硝酸作用于相应的金属或金属氧化物而制得。几乎所有的硝酸盐都易溶于水。绝大多数硝酸盐是离子型化合物。

在硝酸盐中,NO_3^- 的构型为平面三角形,如图 14-8 所示。NO_3^- 与 CO_3^{2-} 互为等电子体,它们的结构相似。NO_3^- 中的氮原子除了以 sp^2 杂化轨道与 3 个氧原子形成 σ 键外,还与这些氧原子形成一个四中心六电子大 π 键 Π_4^6。

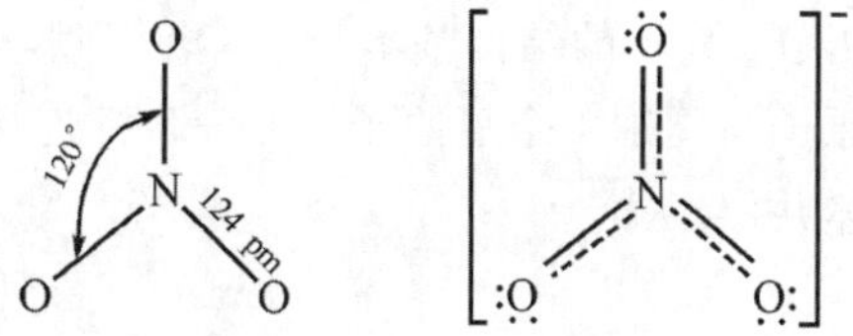

图 14-8 NO_3^- 的构型

硝酸盐固体或水溶液在常温下比较稳定。固体的硝酸盐受热,分解的产物因金属离子的性质不同而分为三类:最活泼的金属(在金属活动顺序中比 Mg 活泼的金属)的硝酸盐受热分解时产生亚硝酸盐和氧气。例如

$$2NaNO_3\xrightarrow{\triangle}2NaNO_2+O_2$$

实验视频

硝酸根的鉴定

活泼性较差的金属(活泼性位于 Mg 和 Cu 之间的金属)的硝酸盐受热分解为氧气、二氧化氮和相应的金属氧化物。例如

$$2Pb(NO_3)_2\xrightarrow{\triangle}2PbO+4NO_2+O_2$$

不活泼金属(比 Cu 更不活泼的金属)的硝酸盐受热时则分解为氧气、二氧化氮和金属单质。

例如

$$2AgNO_3 \xrightarrow{\triangle} 2Ag + 2NO_2 + O_2$$

硝酸盐的水溶液几乎没有氧化性，只有在酸性介质中才有氧化性。固体硝酸盐在高温时是强氧化剂。

硝酸盐中最重要的是硝酸钾、硝酸钠、硝酸铵和硝酸钙等。由于固体硝酸盐高温时分解出 O_2，具有氧化性，故硝酸铵与可燃物混合在一起可作炸药，硝酸钾可用来制造黑色火药。有些硝酸盐还用来制造焰火。

14.1.4 磷的化合物

1. 磷的氧化物

磷在充足的空气中燃烧时生成 P_4O_{10}，若氧气不足则生成 P_4O_6。P_4O_{10} 和 P_4O_6 分别简称为五氧化二磷和三氧化二磷，通常也将它们的化学式分别写作最简式 P_2O_5 和 P_2O_3。

(1) 三氧化二磷

气态或液态的三氧化二磷都是二聚分子 P_4O_6，其构型如图 14-9 所示。其中 4 个磷原子构成一个四面体，6 个氧原子位于四面体每一棱的外侧，分别与两个磷原子形成 P—O 单键，键长为 165 pm，键角∠POP 为 128°，∠OPO 为 99°。

P_4O_6 是白色易挥发的蜡状固体，在 23.8℃熔化，P_4O_6 的沸点为 173℃，易溶于有机溶剂。

P_4O_6 与冷水反应较慢，生成亚磷酸，即

$$P_4O_6 + 6H_2O(冷) \longrightarrow 4H_3PO_3$$

(2) 五氧化二磷

根据蒸气密度的测定证明五氧化二磷为二聚分子 P_4O_{10}，其构型如图 14-10 所示。P_4O_{10} 分子的结构基本与 P_4O_6 相似，只是在每个磷原子上又多结合了一个氧原子。每个磷原子与周围 4 个氧原子以 O—P 键连接形成一个四面体，其中 3 个氧原子是与另外 3 个四面体共用。

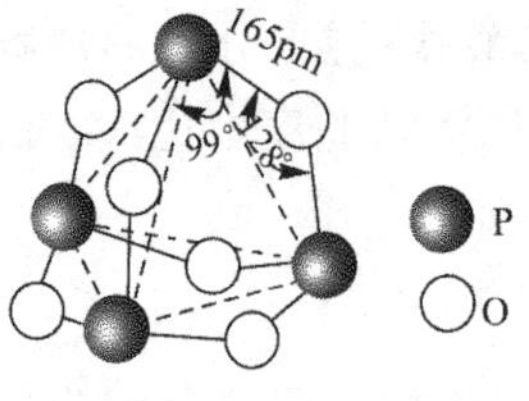

图 14-9 P_4O_6 的分子构型

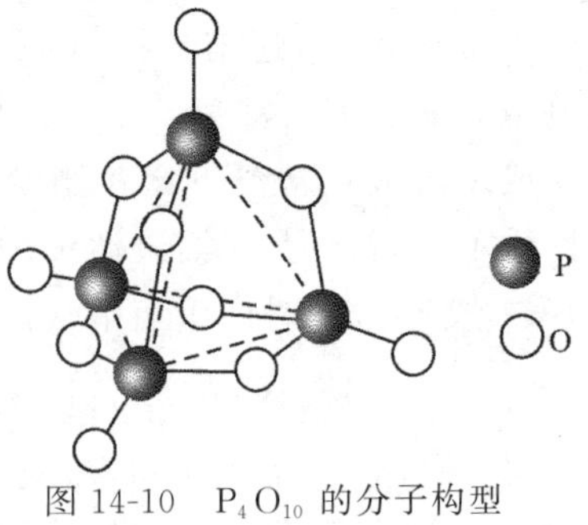

图 14-10 P_4O_{10} 的分子构型

P_4O_{10} 是白色雪花状晶体，在 360℃时升华。P_4O_{10} 与水反应时先生成偏磷酸，然后形成焦磷酸，最后形成正磷酸。

P_4O_{10} 吸水性很强，在空气中吸收水分迅速潮解，因此常用作气体和液体的干燥剂。

P_4O_{10} 甚至可以使硫酸、硝酸等脱水成为相应的氧化物,即

$$P_4O_{10}+6H_2SO_4 \longrightarrow 6SO_3+4H_3PO_4$$
$$P_4O_{10}+12HNO_3 \longrightarrow 6N_2O_5+4H_3PO_4$$

2. 磷的含氧酸及其盐

磷能形成多种含氧酸。磷的含氧酸按氧化值不同可分为次磷酸 H_3PO_2,亚磷酸 H_3PO_3 和磷酸 H_3PO_4 等,其中磷的氧化值分别为 $+1$、$+3$ 和 $+5$。根据磷的含氧酸脱水的数目不同,又分为正、偏、聚、焦磷酸等。

*(1)次磷酸及其盐

次磷酸 H_3PO_2 是一种无色晶状固体,熔点为 26.5 ℃,易潮解,极易溶于水,H_3PO_2 是一元中强酸,$K_a^\ominus=1.0\times10^{-2}$,在 H_3PO_2 分子中,有 2 个氢原子直接与磷原子相连,另外 1 个与氧原子相连的氢原子是可以被金属原子取代的,在水中解离出 H^+。H_3PO_2 的结构如下

$$\begin{array}{c} H \\ | \\ H-P-OH \\ \downarrow \\ O \end{array}$$

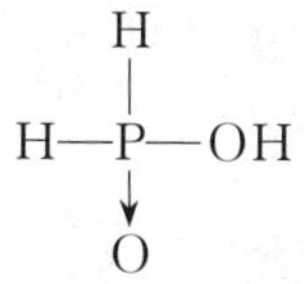

H_3PO_2 常温下比较稳定,升温至 50 ℃分解。但在碱性溶液中 H_3PO_2 非常不稳定,容易歧化为 HPO_3^{2-} 和 PH_3。

H_3PO_2 是强还原剂,能在溶液中将 $AgNO_3$、$HgCl_2$、$CuCl_2$ 等重金属盐还原为金属单质。

次磷酸盐多易溶于水。次磷酸盐也是强还原剂。例如,化学镀镍就是用 NaH_2PO_2 将镍盐还原为金属镍,沉积在钢或其他金属镀件的表面。

*(2) 亚磷酸及其盐

亚磷酸 H_3PO_3 是无色晶体,熔点为 73 ℃,易潮解,在水中的溶解度较大,20℃时其溶解度为 82 g/100 g H_2O。

亚磷酸为二元酸,$K_{a1}^\ominus=6.3\times10^{-2}$,$K_{a2}^\ominus=2.0\times10^{-7}$。在 H_3PO_3 中,有 1 个氢原子与磷原子直接相连接,H_3PO_3 的结构如下

$$\begin{array}{c} H \\ | \\ HO-P-OH \\ \downarrow \\ O \end{array}$$

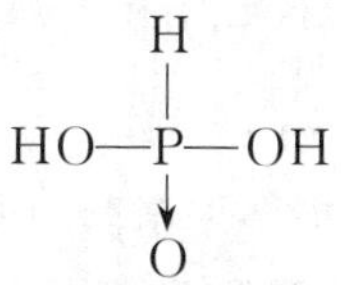

H_3PO_3 受热发生歧化反应,生成磷酸和膦。

亚磷酸能形成正盐和酸式盐(如 NaH_2PO_3)。碱金属和钙的亚磷酸盐易溶于水,其他金属的亚磷酸盐都难溶。

亚磷酸和亚磷酸盐都是较强的还原剂,它们的氧化性极差。例如,亚磷酸能将 Ag^+ 还原为金属银,能将热的浓硫酸还原为二氧化硫。

(3)磷酸及其盐

磷的含氧酸中以磷酸为最稳定。P_4O_{10} 与水作用时,由于加合水分子数目不同,可以生

成几种主要的 P(Ⅴ)的含氧酸，即

$$P_4O_{10}+2H_2O(\text{冷})\longrightarrow 4HPO_3(\text{偏磷酸})$$

$$3P_4O_{10}+10H_2O\longrightarrow 4H_5P_3O_{10}(\text{三聚磷酸})$$

$$P_4O_{10}+4H_2O\longrightarrow 2H_4P_2O_7(\text{焦磷酸})$$

$$P_4O_{10}+6H_2O(\text{热})\longrightarrow 4H_3PO_4(\text{正磷酸})$$

磷酸在强热时发生脱水作用，生成焦磷酸（200～300 ℃）、三聚磷酸或偏磷酸，其脱水过程可以用下面的反应方程式表示

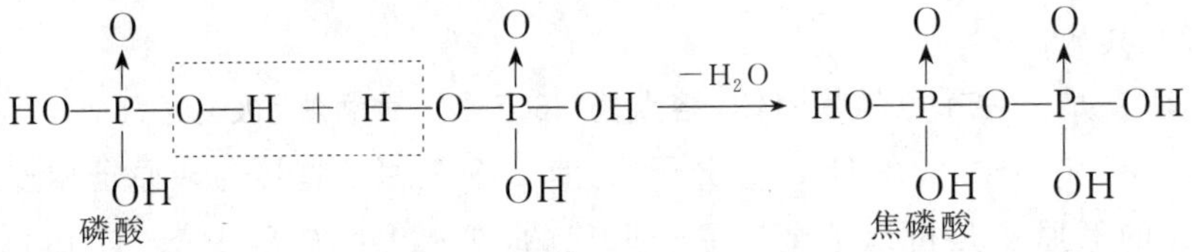

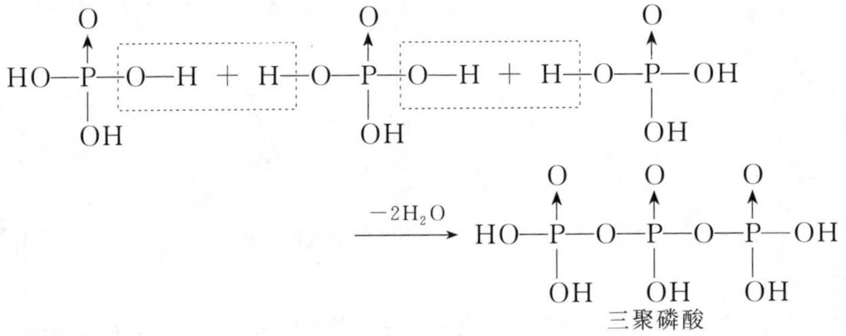

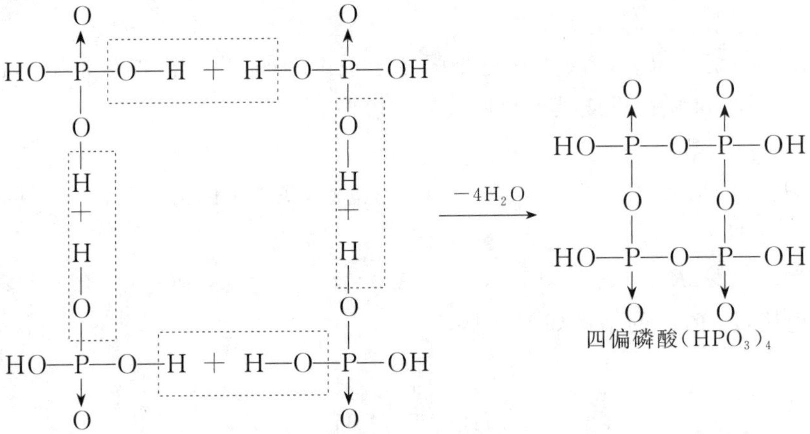

焦磷酸、三聚磷酸和四偏磷酸等都是多聚磷酸，属于缩合酸，酸性比 H_3PO_4 强。多聚磷酸有两类，一类分子是链状结构的（如焦磷酸和三聚磷酸），另一类分子是环状结构的（如四偏磷酸）。

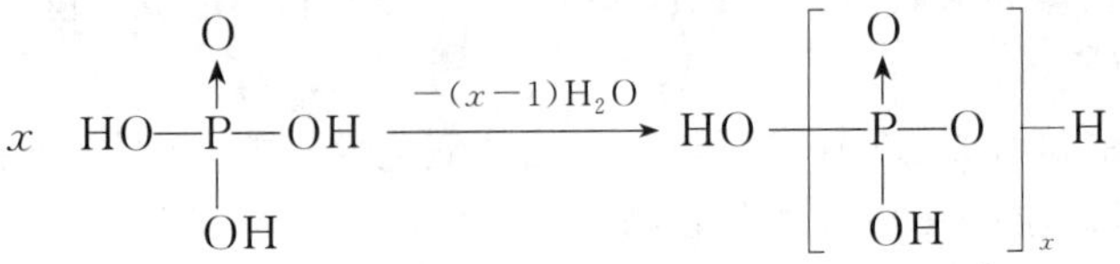

常用的是多聚磷酸的盐类。

①正磷酸及其盐

正磷酸 H_3PO_4(简称磷酸)是磷酸中最重要的一种。将磷燃烧成 P_4O_{10},再与水化合可制得正磷酸。工业上也用硫酸分解磷灰石来制取正磷酸,即

$$Ca_3(PO_4)_2 + 3H_2SO_4 \longrightarrow 2H_3PO_4 + 3CaSO_4$$

但得到的磷酸不纯,含有 Ca^{2+}、Mg^{2+} 等杂质。

纯净的磷酸为无色晶体,熔点为 42.3 ℃,是一种高沸点酸。磷酸不形成水合物,但可与水以任何比例混溶。市售磷酸试剂是黏稠的、不挥发的浓溶液,磷酸含量为 83%～98%。

磷酸是三元中强酸,其三级解离常数为:$K_{a1}^{\ominus} = 6.7 \times 10^{-3}$,$K_{a2}^{\ominus} = 6.2 \times 10^{-8}$,$K_{a3}^{\ominus} = 4.5 \times 10^{-13}$。

磷酸的分子构型如图 14-11 所示 85。其中,PO_4 原子团呈四面体构型,磷原子以 sp^3 杂化轨道与 4 个氧原子形成 4 个 σ 键①。

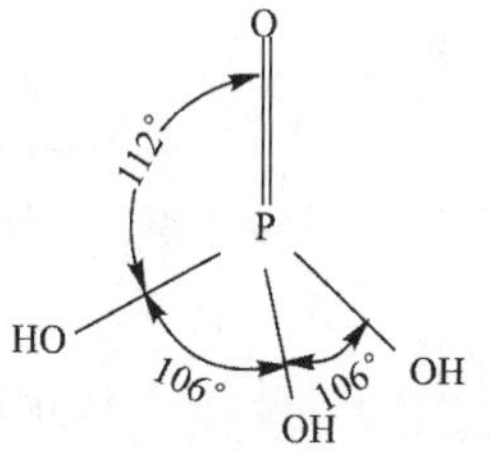

图 14-11　磷酸的分子构型

磷酸是磷的最高氧化值化合物,但却没有氧化性。浓磷酸和浓硝酸的混合液常用作化学抛光剂来处理金属表面,以提高其光洁度。

正磷酸可以形成三种类型的盐,即磷酸二氢盐(如 NaH_2PO_4)、磷酸一氢盐(如 Na_2HPO_4)和正盐(如 Na_3PO_4)。

大多数磷酸二氢盐都易溶于水,而磷酸一氢盐和正盐(除钠、钾及铵等少数盐外)都难溶于水。

碱金属的磷酸盐(除锂外)都易溶于水。由于 PO_4^{3-} 的水解作用而使 Na_3PO_4 溶液呈碱性。HPO_4^{2-} 的水解程度比其解离程度大,故 Na_2HPO_4 溶液也呈碱性。而 $H_2PO_4^-$ 的水解程度不如其解离程度大,故 NaH_2PO_4 溶液呈弱酸性。

磷酸盐中最重要的是钙盐。磷酸的钙盐在水中的溶解度按 $Ca(H_2PO_4)_2$、$CaHPO_4$ 和 $Ca_3(PO_4)_2$ 的次序减小。磷酸钙除以磷灰石和纤核磷灰石矿存在于自然界外,也少量地存在于土壤内。工业上利用天然磷酸钙生产磷肥,其反应方程式如下

$$Ca_3(PO_4)_2 + 2H_2SO_4 + 4H_2O \longrightarrow Ca(H_2PO_4)_2 + 2CaSO_4 \cdot 2H_2O$$

得到的 $Ca(H_2PO_4)_2$ 和 $CaSO_4 \cdot 2H_2O$ 的混合物称为“过磷酸钙”,可作为化肥施用。

PO_4^{3-} 具有较强的配位能力,能与许多金属离子形成可溶性的配合物。例如,Fe^{3+} 与 PO_4^{3-}、HPO_4^{2-} 形成无色的 $H_3[Fe(PO_4)_2]$、$H[Fe(HPO_4)_2]$,常用 PO_4^{3-} 作为 Fe^{3+} 的掩蔽剂。

实验视频

PO_4^{3-} 的鉴定

磷酸盐与过量的钼酸铵 $(NH_4)_2MoO_4$ 及适量的浓硝酸混合后加热,可慢慢生成黄色的磷钼酸铵沉淀,即

$$PO_4^{3-} + 12MoO_4^{2-} + 24H^+ + 3NH_4^+ \longrightarrow (NH_4)_3PO_4 \cdot 12MoO_3 \cdot 6H_2O(s) + 6H_2O$$

---

① 在 PO_4^{3-} 中,P—O 键长(154 pm)介于磷氧单键和双键之间。因此有人认为在 PO_4^{3-} 中存在着 $d_\pi—p_\pi$ 键。磷原子以 sp^3 杂化轨道与 4 个氧原子形成 4 个 σ 键外,磷原子的 $d_{x^2-y^2}$、d_{z^2} 与氧原子的 p_y、p_z 轨道重叠,形成 2 个 Π_5^8 键。SO_4^{2-}、ClO_4^-、SiO_4^{4-} 与 PO_4^{3-} 为等电子体,它们的结构相似,也形成 $d_\pi—p_\pi$ 键。

这一反应可用来鉴定 PO_4^{3-}。

工业上大量使用磷酸的盐类处理钢铁构件，使构件表面生成难溶磷酸盐保护膜，这一过程称为磷化。另外，磷酸盐还用来处理锅炉用水。

②焦磷酸及其盐

焦磷酸 $H_4P_2O_7$ 是无色玻璃状物质，易溶于水。在冷水中，焦磷酸很缓慢地转变为磷酸。在热水中，特别是有硝酸存在时，这种转变很快。

$$H_4P_2O_7 + H_2O \longrightarrow 2H_3PO_4$$

焦磷酸是四元酸，其 $K_{a1}^{\ominus}=2.9\times10^{-2}$，$K_{a2}^{\ominus}=5.3\times10^{-3}$，$K_{a3}^{\ominus}=2.2\times10^{-7}$，$K_{a4}^{\ominus}=4.8\times10^{-10}$。可见焦磷酸的酸性比磷酸强。一般说来，酸的缩合程度越大，其产物的酸性越强。

焦磷酸盐常见的多为两类，即 $M_2^{I}H_2P_2O_7$ 和 $M_4^{I}P_2O_7$。焦磷酸的钠盐溶于水。将磷酸一氢钠加热可得焦磷酸钠，即

$$2Na_2HPO_4 \xrightarrow{\triangle} Na_4P_2O_7 + H_2O$$

实验视频

焦磷酸根的配合性

$P_2O_7^{4-}$ 也具有配位能力。适量的 $Na_4P_2O_7$ 溶液与 Cu^{2+} 等离子作用生成相应的焦磷酸盐沉淀；当 $Na_4P_2O_7$ 过量时，则由于生成配合物使沉淀溶解，即

$$2Cu^{2+} + P_2O_7^{4-} \longrightarrow Cu_2P_2O_7(s)$$

$$Cu_2P_2O_7(s) + 3P_2O_7^{4-} \longrightarrow 2[Cu(P_2O_7)_2]^{6-}$$

焦磷酸盐可用于硬水软化和无氰电镀。

$P_2O_7^{4-}$ 的结构如图 14-12 所示，其中两个四面体构型的 PO_4 原子团共用一个顶角氧原子而连接起来。

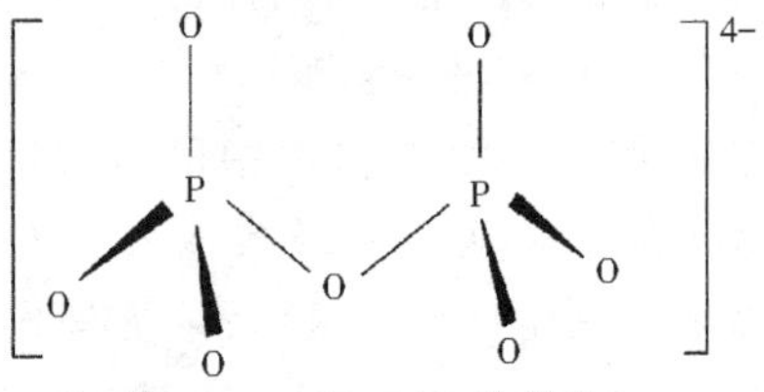

图 14-12　$P_2O_7^{4-}$ 的结构

含磷、氮等植物生长必须元素的工业废水和城市生活污水排入湖泊、水库、河流、海湾等区域，造成水体富营养化，会导致藻类等水生植物生长过盛，并引发赤潮。因此，含磷洗涤剂的生产和使用广泛受到限制。

3. 磷的卤化物

磷可以形成氧化值为+3 和+5 的卤化物，即三卤化磷 PX_3 和五卤化磷 PX_5。

磷与适量的卤素单质作用生成 PX_3（X=Cl，Br，I），产物中常含有少量 PX_5。三卤化磷的性质列于表 14-3 中。

表 14-3　三卤化磷的性质

PX_3	熔点/℃	沸点/℃	P—X 键长/pm	$\Delta_f H_m^{\ominus}(PX_3)/(kJ\cdot mol^{-1})$
PF_3	−151.3	−101.38	152	−918.8
PCl_3	−93.6	76.1	204	−319.7
PBr_3	−41.5	173.2	223	−184.5
PI_3	60	—	247	−45.6

三卤化磷分子的构型为三角锥形，如图 14-13 所示。磷原子除了采取 sp^3 杂化与 3 个卤原子形成 3 个 σ 键外，还有一对孤对电子。

三卤化磷中以三氯化磷最为重要。过量的磷在氯气中燃烧生成 PCl_3。PCl_3 在室温下是无色液体，在潮湿空气中强烈地发烟，在水中强烈地水解，生成亚磷酸和氯化氢，即

$$PCl_3 + 3H_2O \longrightarrow H_3PO_3 + 3HCl$$

磷与过量的卤素单质直接反应生成五卤化磷，三卤化磷和卤素反应也可以得到五卤化磷。例如，三氯化磷和氯气直接反应生成五氯化磷。

五卤化磷的气态分子为三角双锥形，PCl_5 的分子构型如图 14-13 所示。磷原子以 sp^3d 杂化轨道与 5 个卤原子形成 5 个 σ 键，其中 2 个 P—X 键比其他 3 个 P—X 键长一些。

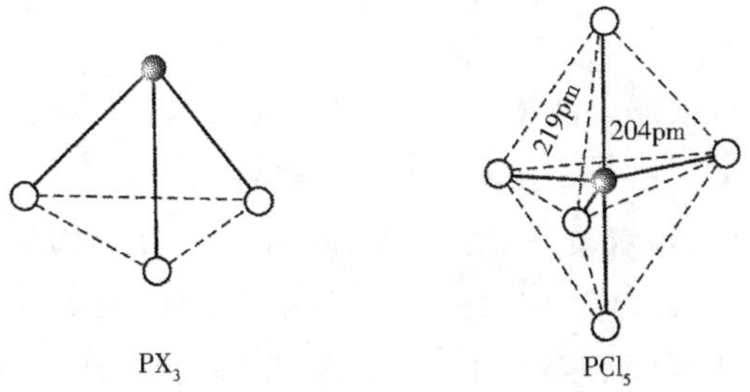

图 14-13　PX_3 和 PCl_5 的分子构型

PX_5 受热分解为 PX_3 和 X_2，且热稳定性随 X_2 的氧化性增强而增强。例如，PCl_5 在 300℃以上分解为 PCl_3 和 Cl_2；此时 PF_5 尚不分解。

PX_5 中最重要的是 PCl_5。PCl_5 是白色晶体，含有$[PCl_4]^+$和$[PCl_6]^-$、$[PCl_4]^+$和$[PCl_6]^-$的排列类似于 CsCl 的 Cs^+ 和 Cl^-。

PCl_5 水解得到磷酸和氯化氢，反应分两步进行

$$PCl_5 + H_2O \longrightarrow POCl_3 + 2HCl$$

$$POCl_3 + 3H_2O \longrightarrow H_3PO_4 + 3HCl$$

$POCl_3$ 在室温下是无色液体，它与 PCl_5 在有机反应中都用作氯化剂。$POCl_3$ 的分子构型为四面体，磷原子采取 sp^3 杂化与 3 个氯原子和 1 个氧原子结合。

14.1.5　砷、锑、铋的化合物

1. 砷、锑、铋的氢化物

砷、锑、铋都能形成氢化物，即 AsH_3、SbH_3、BiH_3。它们都是不稳定的，且稳定性依次降低，BiH_3 极不稳定。它们的碱性也按此顺序依次减弱，BiH_3 根本没有碱性。砷、锑、铋的氢化物都是剧毒的。

砷、锑、铋的氢化物中较重要的是砷化氢 AsH_3，也叫作胂。用较活泼金属在酸性溶液中还原 As(Ⅲ)的化合物，可以得到 AsH_3，即

$$As_2O_3 + 6Zn + 6H_2SO_4 \longrightarrow 2AsH_3 + 6ZnSO_4 + 3H_2O$$

室温下胂在空气中能自燃，有

$$2AsH_3 + 3O_2 \longrightarrow As_2O_3 + 3H_2O$$

在缺氧条件下，胂受热分解成单质砷和氢气，即

$$2AsH_3 \xrightarrow{\triangle} 2As(s) + 3H_2$$

这就是马氏试砷法的基本原理。具体方法是将试样、锌和盐酸混在一起，反应生成的气体导入热玻璃管中。如果试样中含有砷的化合物，则因锌的还原而生成胂，由于胂在玻璃管的受热部分分解，生成的砷沉积在管壁上形成亮黑色的“砷镜”。

胂是一种很强的还原剂，不仅能还原高锰酸钾、重铬酸钾以及硫酸、亚硫酸等，还能和某些重金属的盐反应而析出重金属。例如

$$2AsH_3 + 12AgNO_3 + 3H_2O \longrightarrow As_2O_3 + 12HNO_3 + 12Ag(s)$$

这是古氏试砷法的主要反应。

2. 砷、锑、铋的氧化物

砷、锑、铋与磷相似，可以形成两类氧化物，即氧化值为＋3 的 As_2O_3、Sb_2O_3、Bi_2O_3 和氧化值为＋5 的 As_2O_5、Sb_2O_5、Bi_2O_5（Bi_2O_5 极不稳定）。

常态下，砷、锑的 M_2O_3 是双聚分子 As_4O_6 和 Sb_4O_6，其结构与 P_4O_6 相似，它们在较高温度下才解离为 As_2O_3 和 Sb_2O_3。它们的晶体为分子晶体，而 Bi_2O_3 则为离子晶体。

三氧化二砷 As_2O_3，俗名砒霜，为白色粉末状的剧毒物，是砷的最重要的化合物。As_2O_3 微溶于水，在热水中溶解度稍大，溶解后形成亚砷酸 H_3AsO_3 溶液。As_2O_3 是两性偏酸的氧化物，因此它可以在碱溶液中溶解生成亚砷酸盐。As_2O_3 主要用于制造杀虫药剂、除草剂以及含砷药物。

三氧化二锑 Sb_2O_3 是不溶于水的白色固体，但既可以溶于酸，也可以溶于强碱溶液。Sb_2O_3 具有明显的两性，其酸性比 As_2O_3 弱，碱性则略强。

三氧化二铋 Bi_2O_3 是黄色粉末，加热变为红棕色。Bi_2O_3 极难溶于水，溶于酸生成相应的铋盐。Bi_2O_3 是碱性氧化物，不溶于碱。

砷、锑、铋的氧化物的酸性依次逐渐减弱，碱性逐渐增强。

3. 砷、锑、铋的氢氧化物及含氧酸

砷、锑、铋的氧化值为＋3 的氢氧化物有 H_3AsO_3、$Sb(OH)_3$ 和 $Bi(OH)_3$，它们的酸性依次减弱，碱性依次增强。H_3AsO_3 和 $Sb(OH)_3$ 是两性氢氧化物。而 $Bi(OH)_3$ 的碱性大大强于酸性，只能微溶于浓的强碱溶液中。H_3AsO_3 仅存在于溶液中，而 $Sb(OH)_3$ 和 $Bi(OH)_3$ 都是难溶于水的白色沉淀。

亚砷酸 H_3AsO_3 是一种弱酸，$K_{a1}^{\ominus} = 5.9 \times 10^{-10}$。亚砷酸在酸性介质中还原性较差，但亚砷酸盐在碱性溶液中是一种还原剂，能将碘这样的弱氧化剂还原（pH 不大于 9），有

$$AsO_3^{3-} + I_2 + 2OH^- \longrightarrow AsO_4^{3-} + 2I^- + H_2O$$

亚锑酸即使在强碱溶液中还原性也较差。$Bi(OH)_3$ 则只能在强碱介质中被很强的氧化剂所氧化。例如

$$Bi(OH)_3 + Cl_2 + 3NaOH \longrightarrow NaBiO_3 + 2NaCl + 3H_2O$$

砷、锑、铋的氧化值为＋3 的氢氧化物（或含氧酸）的还原性依次减弱。

砷酸 H_3AsO_4 是一种三元酸（$K_{a1}^{\ominus} = 5.7 \times 10^{-3}$，$K_{a2}^{\ominus} = 1.7 \times 10^{-7}$，$K_{a3}^{\ominus} = 2.5 \times 10^{-12}$），其酸性近似于磷酸。锑酸 $H[Sb(OH)_6]$ 在水中是难溶的，酸性相对较弱（$K_a^{\ominus} = 4 \times 10^{-5}$）。铋

酸很难制得,但铋酸盐(如铋酸钠 $NaBiO_3$)已经制得。

砷酸盐、锑酸盐和铋酸盐氧化性依次增强。砷酸盐、锑酸盐只有在酸性溶液中才表现出氧化性。例如

$$H_3AsO_4 + 2I^- + 2H^+ \longrightarrow H_3AsO_3 + I_2 + H_2O$$

铋酸盐在酸性溶液中是很强的氧化剂,可将 Mn^{2+} 氧化成高锰酸盐,即

$$2Mn^{2+} + 5NaBiO_3(s) + 14H^+ \longrightarrow 2MnO_4^- + 5Bi^{3+} + 5Na^+ + 7H_2O$$

这一反应可以用于鉴定 Mn^{2+} 。

砷、锑、铋化合物的酸碱性、氧化还原性变化规律归纳如下：

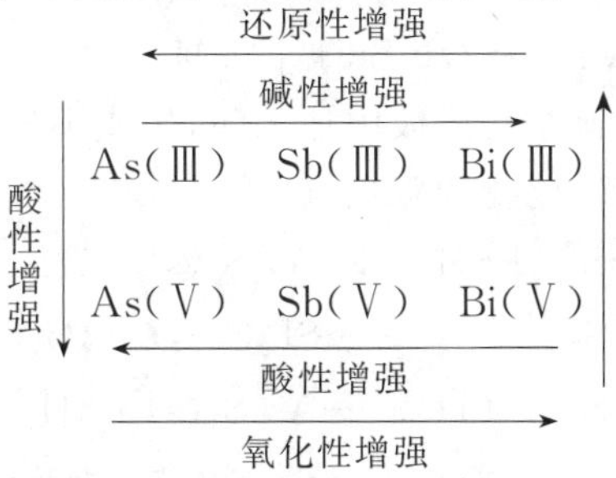

4. 砷、锑、铋的盐

砷、锑、铋的三氯化物、硫酸锑 $Sb_2(SO_4)_3$、硫酸铋 $Bi_2(SO_4)_3$ 和硝酸铋 $Bi(NO_3)_3$ 等盐在水溶液中都易水解。除 $AsCl_3$ 的水解与 PCl_3 相似外,其他盐的水解产物为白色碱式盐沉淀。例如

实验视频

$BiCl_3$ 的水解

$$SbCl_3 + H_2O \longrightarrow SbOCl(s) + 2HCl$$

$$BiCl_3 + H_2O \longrightarrow BiOCl(s) + 2HCl$$

Sb^{3+}、Bi^{3+} 也具有一定的氧化性,可被强还原剂还原为金属单质。例如

$$2Sb^{3+} + 3Sn \longrightarrow 2Sb + 3Sn^{2+}$$

这一反应可以用来鉴定 Sb^{3+} 。在碱性溶液中,Sn(Ⅱ)可将 Bi(Ⅲ)还原为 Bi,即

$$2Bi^{3+} + 3[Sn(OH)_4]^{2-} + 6OH^- \longrightarrow 2Bi + 3[Sn(OH)_6]^{2-}$$

利用这一反应可以鉴定 Bi^{3+} 的存在。

实验视频

Sb^{3+} 的鉴定

5. 砷、锑、铋的硫化物

砷、锑、铋都能形成稳定的硫化物。氧化值为 +3 的硫化物有黄色的 As_2S_3,橙色的 Sb_2S_3 和黑色的 Bi_2S_3;氧化值为 +5 的硫化物有黄色的 As_2S_5 和橙色的 Sb_2S_5,但不能生成 Bi_2S_5 。

在砷、锑、铋的盐溶液中通入硫化氢或加入可溶性硫化物,可得到相应的砷、锑、铋的硫化物沉淀。例如

$$2AsO_3^{3-} + 3H_2S + 6H^+ \longrightarrow As_2S_3(s) + 6H_2O$$

这些硫化物都不溶于水和稀酸。

砷、锑、铋的硫化物与酸和碱的反应同它们相应的氧化物相似。砷、锑的硫化物能溶于碱溶液,也能溶于碱金属硫化物,即

$$As_2S_3 + 6NaOH \longrightarrow Na_3AsS_3 + Na_3AsO_3 + 3H_2O$$

$$Sb_2S_3 + 6NaOH \longrightarrow Na_3SbS_3 + Na_3SbO_3 + 3H_2O$$

$$As_2S_3 + 3Na_2S \longrightarrow 2Na_3AsS_3$$
（硫代亚砷酸钠）

$$Sb_2S_3 + 3Na_2S \longrightarrow 2Na_3SbS_3$$

$$As_2S_5 + 3Na_2S \longrightarrow 2Na_3AsS_4$$
（硫代砷酸钠）

$$Sb_2S_5 + 3Na_2S \longrightarrow 2Na_3SbS_4$$

Bi_2S_3 不溶于碱或碱金属硫化物溶液中。

砷的硫化物不溶于浓盐酸，而 Sb_2S_3 和 Bi_2S_3 则溶于浓盐酸，即

$$Sb_2S_3 + 12HCl \longrightarrow 2H_3[SbCl_6] + 3H_2S$$

$$Bi_2S_3 + 8HCl \longrightarrow 2H[BiCl_4] + 3H_2S$$

在砷、锑的硫代酸盐或硫代亚酸盐溶液中加入酸，生成不稳定的硫代酸或硫代亚酸，它们立即分解为相应的硫化物和硫化氢，即

$$2AsS_3^{3-} + 6H^+ \longrightarrow As_2S_3(s) + 3H_2S$$

$$2SbS_3^{3-} + 6H^+ \longrightarrow Sb_2S_3(s) + 3H_2S$$

$$2AsS_4^{3-} + 6H^+ \longrightarrow As_2S_5(s) + 3H_2S$$

$$2SbS_4^{3-} + 6H^+ \longrightarrow Sb_2S_5(s) + 3H_2S$$

可用$(NH_4)_2S$或 Na_2S 溶液将砷、锑的硫化物溶解，使之与某些金属硫化物从沉淀中分离出来。

实验视频

Sb_2S_3 的生成和性质

实验视频

Bi_2S_3 的生成和性质

14.2 氧族元素

14.2.1 氧族元素概述

周期系ⅥA 族元素包括氧、硫、硒、碲和钋 5 种元素，总称为氧族元素。

氧和硫是典型的非金属元素，硒和碲也是非金属元素，而钋则是放射性金属元素。氧族元素的一般性质列在表 14-4 中。

表 14-4　　氧族元素的一般性质

元素	氧(O)	硫(S)	硒(Se)	碲(Te)	钋(Po)
价层电子构型	$2s^22p^4$	$3s^23p^4$	$4s^24p^4$	$5s^25p^4$	$6s^26p^4$
共价半径/pm	60	104	117	137	153
沸点/℃	−183	445	685	990	962
熔点/℃	−218	115	217	450	254
电负性	3.44	2.58	2.55	2.10	2.0
电离能/$(kJ \cdot mol^{-1})$	1 320	1 005	947	875	812
电子亲和能/$(kJ \cdot mol^{-1})$	−141	−200	−195	−190	
$E^{\ominus}(X/X^{2-})/V$		−0.445	−0.78	−0.92	
氧化值	−2,(−1)	−2,2,4,6	−2,2,4,6	2,4,6	2,6

氧族元素原子的价层电子构型为 ns^2np^4，有获得 2 个电子达到稀有气体的稳定电子层结构的趋势，表现出较强的非金属性。随着原子序数的增加，氧族元素的非金属性依次减弱，而逐渐显示出金属性。

氧是本族元素中电负性最大、原子半径最小、电离能最大的元素。氧化值为 -2 的化合物的稳定性从氧到碲依次降低,其还原性依次增强。氧族元素氢化物的酸性从 H_2O 到 H_2Te 依次增强。从硫到碲其氧化物的酸性依次递减。

氧的氟化物中,其氧化值为正值,在一般化合物中氧的氧化值为负值。其他氧族元素在与电负性大的元素结合时,可以形成氧化值为 $+2$、$+4$、$+6$ 的化合物。

氧原子在成键时遵循八隅体规则。本族其他元素可形成配位数大于 4 的化合物。

在氧族元素中,氧和硫能以单质和化合态存在于自然界,硒和碲属于分散稀有元素,它们以极微量存在于各种硫化物矿中。

硒有几种同素异形体。其中灰硒为链状晶体,红硒是分子晶体。硒是人体必需的微量元素之一。

本节将只讨论氧和硫及其重要化合物。

氧和硫的元素电势图如下:

酸性溶液中　$E_A^{\ominus}/V$

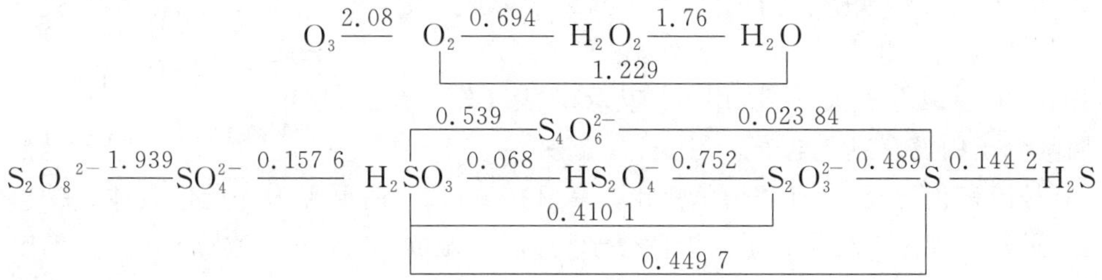

$$O_3 \xrightarrow{2.08} O_2 \xrightarrow{0.694} H_2O_2 \xrightarrow{1.76} H_2O$$

（$O_2 \xrightarrow{1.229} H_2O$）

$$S_2O_8^{2-} \xrightarrow{1.939} SO_4^{2-} \xrightarrow{0.157\,6} H_2SO_3 \xrightarrow{0.068} HS_2O_4^{-} \xrightarrow{0.752} S_2O_3^{2-} \xrightarrow{0.489} S \xrightarrow{0.144\,2} H_2S$$

（$S_4O_6^{2-}$：0.539，$0.023\,84$）

（$HS_2O_4^{-}$：$0.410\,1$）

（$S_2O_3^{2-}$：$0.449\,7$）

碱性溶液中　$E_B^{\ominus}/V$

$$O_3 \xrightarrow{1.247} O_2 \xrightarrow{-0.065} HO_2^{-} \xrightarrow{0.867} OH^{-}$$

（$O_2 \xrightarrow{0.401} OH^{-}$）

$$SO_4^{2-} \xrightarrow{-0.936\,2} SO_3^{2-} \xrightarrow{-0.565\,9} S_2O_3^{2-} \xrightarrow{-0.753} S \xrightarrow{-0.445} S^{2-}$$

（SO_3^{2-}：$-0.659\,2$）

（$S_2O_4^{2-}$：-1.13，$-0.002\,3$）

（$S_2O_3^{2-}$：$-0.587\,2$）

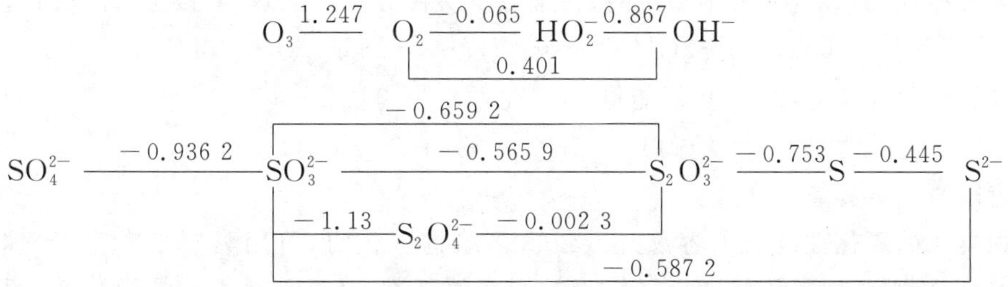

14.2.2　氧及其化合物

1.氧

氧是地壳中分布最广的元素,其丰度居各种元素之首,其质量约占地壳的一半。

工业上通过液态空气的分馏制取氧气。用电解方法也可以制得氧气。实验室利用氯酸钾的热分解制备氧气。

氧分子的结构式为 $O\overset{\cdots}{\underset{\cdots}{=}}O$,具有顺磁性。

氧是无色、无臭的气体,在 -183 ℃时凝聚为淡蓝色液体,冷却到 -218 ℃时,凝结为蓝色固体。氧分子是非极性分子,氧在水中的溶解度很小,但却是各种水生动物、植物赖以生存的重要条件。

氧分子的键解离能较大，$D(\mathrm{O}\overset{\cdots}{\underset{\cdots}{—}}\mathrm{O})=498\ \mathrm{kJ\cdot mol^{-1}}$，常温下空气中的氧气只能将某些强还原性的物质（如 NO、$SnCl_2$、H_2SO_3 等）氧化。在加热条件下，除卤素、少数贵金属（如 Au、Pt 等）以及稀有气体外，氧气几乎能与所有元素直接化合成相应的氧化物。

氧气的用途广泛。富氧空气或纯氧用于医疗和高空飞行。大量的纯氧用于炼钢。氢氧焰和氧炔焰用于切割和焊接金属。液氧常用作火箭发动机的助燃剂。

2. 臭氧

臭氧（O_3）是氧气 O_2 的同素异形体。臭氧在地面附近的大气层中含量极少，仅占 $1.0\times10^{-3}\ \mathrm{mL/m^3}$，而在大气层的最上层，由于太阳对大气中氧气的强烈辐射作用，形成了一层臭氧层。臭氧层能吸收太阳光的紫外辐射，成为保护地球上的生命免受太阳强辐射的天然屏障。对臭氧层的保护已成为全球性的任务。在雷雨天气，空气中的氧气在电火花作用下也部分地转化为臭氧。复印机工作时有臭氧产生。在实验室里可借助无声放电的方法制备臭氧。

臭氧的分子构型为 V 形，如图 14-14 所示。在臭氧分子中，中心氧原子以 2 个 sp^2 杂化轨道与另外 2 个氧原子形成 σ 键，第 3 个 sp^2 杂化轨道为孤对电子所占有。此外，它们之间还形成垂直于分子平面的三中心四电子大 π 键，用 Π_3^4 表示。臭氧分子是反磁性的，表明其分子中没有成单电子。

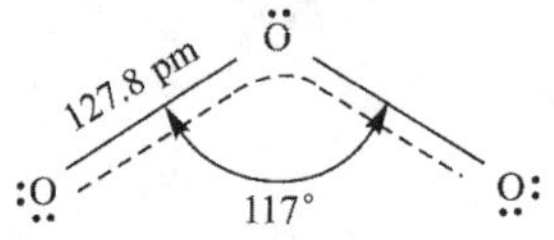

图 14-14　臭氧的分子构型

臭氧是淡蓝色的气体，有一种鱼腥味。臭氧在 −112℃ 时凝聚为深蓝色液体，在 −193℃ 时凝结为黑紫色固体。臭氧分子为极性分子，其偶极矩 $\boldsymbol{\mu}=1.8\times10^{-30}\ \mathrm{C\cdot m}$。臭氧比氧气易溶于水（0 ℃）。

与氧气相反，臭氧是非常不稳定的，在常温下缓慢分解，在 200 ℃以上分解较快，有

$$2O_3(g)\longrightarrow 3O_2(g)\qquad \Delta_r H_m^\ominus=-285.4\ \mathrm{kJ\cdot mol^{-1}}$$

臭氧的氧化性比 O_2 强。臭氧能将 I^- 氧化而析出单质碘，即

$$O_3+2I^-+2H^+\longrightarrow I_2+O_2+H_2O$$

这一反应用于测定臭氧的含量。

利用臭氧的氧化性以及不容易导致二次污染这一优点，可用臭氧来净化废气和废水。臭氧可用作杀菌剂，用臭氧代替氯气作为饮用水消毒剂，其优点是杀菌快而且消毒后无味。臭氧又是一种高能燃料的氧化剂。

尽管空气中含有微量臭氧有益于人体健康，但当臭氧含量高于 $1\ \mathrm{mL/m^3}$ 时，会引起头疼等症状，对人体是有害的。由于臭氧的强氧化性，它对橡胶和某些塑料有特殊的破坏作用。

3. 过氧化氢

过氧化氢 H_2O_2 的水溶液一般也称为双氧水。纯的过氧化氢的熔点为 −1 ℃，沸点为 150 ℃。−4 ℃时固体 H_2O_2 的密度为 $1.643\ \mathrm{g\cdot cm^{-3}}$。$H_2O_2$ 能与水以任何比例混溶。

H_2O_2 的分子构型如图 14-15 所示。在 H_2O_2 分子中有 1 个过氧链—O—O—，2 个氧原子都以 sp^3 杂化轨道成键，除相互连接形成 O—O 键外，还各与 1 个氢原子相连。

高纯度的 H_2O_2 在低温下是比较稳定的，其分解作用比较平稳。当加热到 153 ℃以上，便发生强烈的爆炸性分解，即

$$2H_2O_2(l)\longrightarrow 2H_2O(l)+O_2(g)$$

$$\Delta_r G_m^{\ominus} = -233.56\ \text{kJ} \cdot \text{mol}^{-1}$$

H_2O_2 在碱性介质中的分解速率远比在酸性介质中大。少量 MnO_2 或 Fe^{2+}、Mn^{2+}、Cu^{2+}、Cr^{3+} 等金属离子的存在能大大加速 H_2O_2 的分解。光照也可使 H_2O_2 的分解速率加大。因此，H_2O_2 应贮存在棕色瓶中，置于阴凉处。

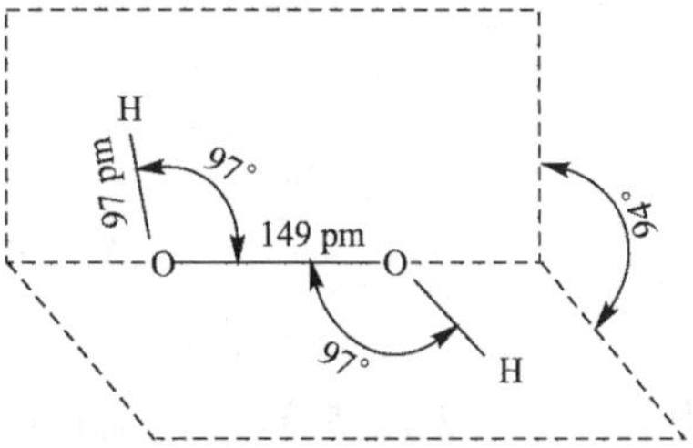

图 14-15　H_2O_2 的分子构型

过氧化氢是一种很弱的酸，298 K 时，其 $K_{a1}^{\ominus} = 2.0 \times 10^{-12}$，$K_{a2}^{\ominus} \approx 10^{-25}$。$H_2O_2$ 能与某些金属氢氧化物反应，生成过氧化物和水。例如

$$H_2O_2 + Ba(OH)_2 \longrightarrow BaO_2 + 2H_2O$$

在过氧化氢中，氧的氧化值为 -1，H_2O_2 既有氧化性，又有还原性。H_2O_2 无论在酸性还是在碱性溶液中都是强氧化剂。例如

$$2I^- + H_2O_2 + 2H^+ \longrightarrow I_2 + 2H_2O$$

$$2[Cr(OH)_4]^- + 3H_2O_2 + 2OH^- \longrightarrow 2CrO_4^{2-} + 8H_2O$$

实验视频

H_2O_2 的还原性

H_2O_2 的还原性较弱，只有当 H_2O_2 与强氧化剂作用时，才能被氧化而放出 O_2。例如

$$2KMnO_4 + 5H_2O_2 + 3H_2SO_4 \longrightarrow 2MnSO_4 + 5O_2 + K_2SO_4 + 8H_2O$$

$$H_2O_2 + Cl_2 \longrightarrow 2HCl + O_2$$

过氧化氢可将黑色的 PbS 氧化为白色的 $PbSO_4$，即

$$PbS + 4H_2O_2 \longrightarrow PbSO_4 + 4H_2O$$

实验视频

H_2O_2 的氧化性

在酸性溶液中，H_2O_2 能与重铬酸盐反应生成蓝色的过氧化铬 CrO_5。CrO_5 在乙醚或戊醇中比较稳定。有

$$4H_2O_2 + Cr_2O_7^{2-} + 2H^+ \longrightarrow 2CrO_5 + 5H_2O$$

此反应可用于检查 H_2O_2，也可以用于检验 CrO_4^{2-} 或 $Cr_2O_7^{2-}$ 的存在。

过氧化氢的主要用途是作为氧化剂使用，其优点是产物为 H_2O，不会给反应系统引入其他杂质。工业上使用 H_2O_2 作漂白剂，医药上用稀 H_2O_2 作为消毒杀菌剂。纯 H_2O_2 可作为火箭燃料的氧化剂。实验室常用 30% 和稀的(3%)H_2O_2 作氧化剂。应该注意，浓度稍大的 H_2O_2 水溶液会灼伤皮肤，使用时应格外小心！

工业上制备过氧化氢的方法主要有电解法和蒽醌法两种。电解 NH_4HSO_4 溶液时，先生成过二硫酸铵，即

$$2NH_4HSO_4 \xrightarrow{\text{电解}} (NH_4)_2S_2O_8 + H_2$$

加入硫酸氢钾，则析出过二硫酸钾 $K_2S_2O_8$。然后将 $K_2S_2O_8$ 在酸性溶液中水解，得到 H_2O_2，即

$$K_2S_2O_8 + 2H_2O \xrightarrow{H_2SO_4} 2KHSO_4 + H_2O_2$$

水解的另一产物酸式硫酸盐经处理后可作为电解质循环使用。电解法能耗大，成本高，已逐渐被淘汰。

现在工业上较普遍地采用蒽醌法生产过氧化氢。例如，2-乙基蒽醌在钯催化下用氢气

还原得到 2-乙基蒽醇：

$$\text{[蒽醌结构]} + H_2 \xrightarrow[40\sim70\ ℃]{\text{Pd 催化}} \text{[蒽二醇结构]}$$

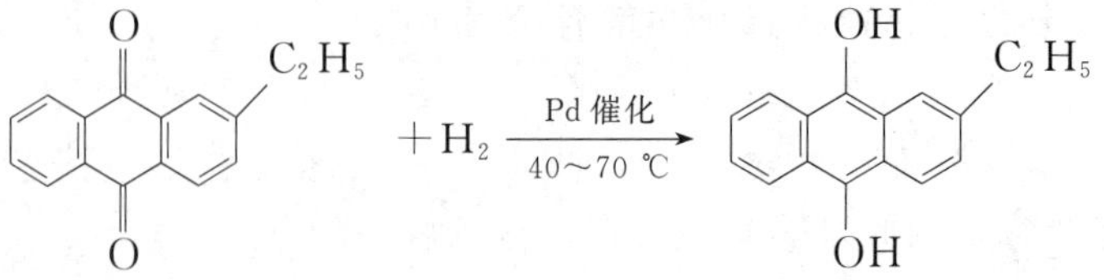

用氧气氧化 2-乙基蒽醇时即制得过氧化氢：

$$\text{[蒽二醇结构]} + O_2 \longrightarrow \text{[蒽醌结构]} + H_2O_2$$

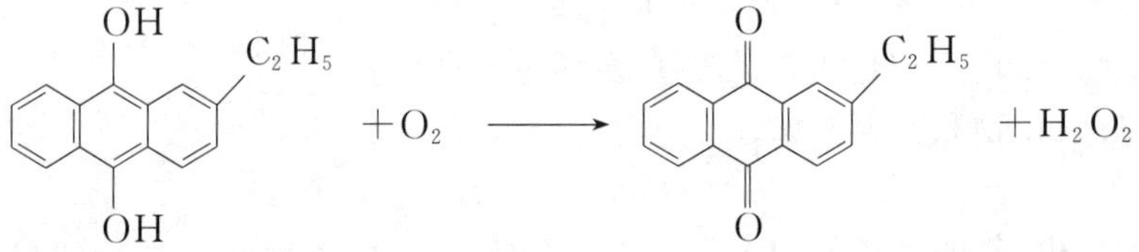

而生成的 2-乙基蒽醌可以循环使用。

14.2.3　硫及其化合物

硫在自然界中以单质和化合状态存在。单质硫矿床主要分布在火山附近。以化合物形式存在的硫分布较广,主要有硫化物(如 FeS_2、PbS、$CuFeS_2$、ZnS 等)和硫酸盐(如 $CaSO_4$、$BaSO_4$、$Na_2SO_4 \cdot 10H_2O$ 等)。其中黄铁矿 FeS_2 是最重要的硫化物矿,它大量用于制造硫酸,是一种基本的化工原料。煤和石油中也含有硫。此外,硫是细胞的组成元素之一,它以化合物形式存在于动物、植物有机体内。

1. 单质硫

单质硫俗称硫黄,是分子晶体,很松脆,不溶于水。

硫有几种同素异形体。天然硫是黄色固体,叫作正交硫(菱形硫),密度为 2.06 g·cm^{-3},加热到 94.5 时,正交硫转变为单斜硫。单斜硫呈浅黄色,密度为 1.99 g·cm^{-3},在 94.5～115 ℃(熔点)范围内稳定。当温度低于 94.5℃时,单斜硫又慢慢转变为正交硫,即

$$S(正交) \underset{}{\overset{94.5\ ℃}{\rightleftharpoons}} S(单斜) \qquad \Delta_r H_m^{\ominus} = 0.33\ \text{kJ} \cdot \text{mol}^{-1}$$

正交硫和单斜硫的分子都是由 8 个硫原子组成的,具有环状结构,如图 14-16 所示。在 S_8 分子中,每个硫原子都以两个 sp^3 杂化轨道与相邻的两个硫原子形成 σ 键,而另两个 sp^3 杂化轨道中则各有一对孤对电子。S_8 分子之间靠弱的分子间力结合,熔点较低。它们都不溶于水而溶于 CS_2、CCl_4 等非极性溶剂或 CH_3Cl、C_2H_5OH 等弱极性溶剂。单斜硫与正交硫晶体中的 S_8 分子排列不同。

(a)　　　　(b)

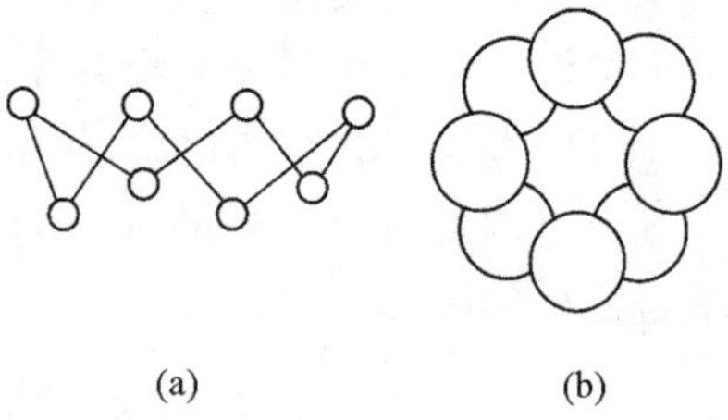

图 14-16　硫的分子构型

当单质硫加热熔化后,得到浅黄色、透明、易流动的液体。继续加热至 160 ℃左右,S_8 环开始断开,并且聚合成中长链的大分子,因而液体颜色变暗,黏度显著增大。当温度达 190 ℃左右,黏度变得最大。将加热到 190 ℃的熔融硫倒入冷水中迅速冷却,可以得到弹性硫。弹性硫不溶于任何溶剂,静置后缓慢地转变为稳定的晶状硫。

硫的化学性质比较活泼，能与许多金属直接化合生成相应的硫化物，也能与氢、氧、卤素(碘除外)、碳、磷等直接作用生成相应的共价化合物。硫能与具有氧化性的酸(如硝酸、浓硫酸等)反应，也能溶于热的碱液生成硫化物和亚硫酸盐，即

$$3S+6NaOH \xrightarrow{\triangle} 2Na_2S+Na_2SO_3+3H_2O$$

当硫过量时则可生成硫代硫酸盐，即

$$4S+6NaOH \xrightarrow{\triangle} 2Na_2S+Na_2S_2O_3+3H_2O$$

硫的最大用途是制造硫酸。硫在橡胶工业、造纸工业、火柴和焰火制造等方面也是不可缺少的。此外，硫还用于制造黑火药、合成药剂以及农药杀虫剂等。

2. 硫化氢和硫化物

(1) 硫化氢

硫化氢 H_2S 是无色、剧毒气体。空气中 H_2S 的含量达到 0.05%时，即可闻到其腐蛋臭味。空气中含 0.1%硫化氢时，就会使人头痛，吸入大量硫化氢会造成昏迷或死亡。

硫化氢的沸点为 −60 ℃，熔点为 −86 ℃，比同族的 H_2O、H_2Se、H_2Te 都低。硫化氢微溶于水，在 20 ℃时饱和溶液的浓度为 0.1 mol/L。

硫化氢分子的构型与水分子相似，也呈 V 形，但 H—S 键长(136 pm)比 H—O 键略长，而键角∠HSH(92°)比∠HOH 小。H_2S 分子的极性比 H_2O 弱。

通常用金属硫化物和非氧化性酸作用制取硫化氢，即

$$FeS+2HCl \longrightarrow H_2S+FeCl_2$$

在实验室中可利用硫代乙酰胺水溶液加热水解的方法制取硫化氢，即

$$CH_3CSNH_2+2H_2O \longrightarrow CH_3COONH_4+H_2S$$

逸出的 H_2S 气体可用 P_4O_{10} 干燥。

硫化氢中硫的氧化值为 −2，是硫的最低氧化值。硫化氢具有较强的还原性。硫化氢在充足的空气中燃烧生成二氧化硫和水，当空气不足或温度较低时，生成游离的硫和水。硫化氢能被卤素氧化成游离的硫。例如

实验视频

H_2S 的还原性

$$H_2S+Br_2 \longrightarrow 2HBr+S$$

氯气还能把硫化氢氧化成硫酸，即

$$H_2S+4Cl_2+4H_2O \longrightarrow H_2SO_4+8HCl$$

硫化氢在水溶液中更容易被氧化。硫化氢水溶液在空气中放置后，由于空气中的氧把硫化氢氧化成游离的硫而渐渐变混浊。

硫化氢的水溶液称为氢硫酸，它是一种很弱的二元酸，其 $K_{a1}^{\ominus}=8.9\times10^{-8}$，$K_{a2}^{\ominus}=7.1\times10^{-19}$。氢硫酸能与金属离子形成正盐，即硫化物，也能形成酸式盐，即硫氢化物(如 NaHS)。

(2) 金属硫化物

金属硫化物大多数是有颜色的。碱金属硫化物和 BaS 易溶于水，其他碱土金属硫化物微溶于水(BeS 难溶)。除此以外，大多数金属硫化物难溶于水，有些还难溶于酸。个别硫化物由于完全水解，在水溶液中不能生成，如 Al_2S_3 和 Cr_2S_3 必须采用干法制备。可以利用硫化物的上述性质来分离和鉴别各种金属离子。根据金属硫化物在水中和稀酸中的溶解性差

别，可以把它们分成三类，列于表 14-5 中。

硫化钠 Na_2S 是白色晶状固体，在空气中易潮解。Na_2S 水溶液由于 S^{2-} 水解而呈碱性，故 Na_2S 俗称硫化碱。常用的硫化钠是其水合晶体 $Na_2S \cdot 9H_2O$。硫化钠广泛用于染料、印染、涂料、制革、食品等工业，还用于制造荧光材料。

硫化铵 $(NH_4)_2S$ 是一种常用的可溶性硫化物试剂。在氨水中通入硫化氢可制得硫氢化铵和硫化铵，它们的溶液呈碱性。

硫化钠和硫化铵都具有还原性，容易被空气中的 O_2 氧化而形成多硫化物。

表 14-5　某些金属硫化物的颜色和溶解性

硫化物	颜色	$K_{sp}^{\ominus}$	溶解性	硫化物	颜色	$K_{sp}^{\ominus}$	溶解性
Na_2S	白色	—	溶于水或微溶于水	SnS	棕色	1.0×10^{-25}	难溶于水和稀酸
K_2S	黄棕色	—		PbS	黑色	8.0×10^{-28}	
$(NH_4)_2S$	溶液无色（微黄）	—		Sb_2S_3	橙色	2.9×10^{-59}	
CaS	无色	—		Bi_2S_3	黑色	1×10^{-97}	
BaS	无色	—		Cu_2S	黑色	2.5×10^{-48}	
MnS	肉红色	2.5×10^{-13}	难溶于水而溶于稀*酸	CuS	黑色	6.3×10^{-36}	
FeS	黑色	6.3×10^{-18}		$Ag_2S(\alpha)$	黑色	6.3×10^{-50}	
CoS(α)	黑色	4.0×10^{-21}		CdS	黄色	8.0×10^{-27}	
NiS(α)	黑色	3.2×10^{-19}		Hg_2S	黑色	1.0×10^{-47}	
ZnS(α)	白色	1.6×10^{-24}		HgS	黑色	1.6×10^{-52}	

本表数据取自于 Dean J A. Lange's Handbook of Chemistry，15th ed. McGraw-Hill Book，Inc. 1999

* $0.3\ mol \cdot L^{-1}$ HCl。

金属硫化物都会发生水解反应，即使是难溶金属硫化物，其溶解的部分也发生水解。

各种难溶金属硫化物在酸中的溶解情况差异很大，这与它们的溶度积常数有关。$K_{sp}^{\ominus}$ 大于 10^{-24} 的硫化物一般可溶于稀酸。例如，ZnS 可溶于 $0.30\ mol \cdot L^{-1}$ HCl，而溶度积更大的 MnS 在醋酸溶液中即可溶解。溶度积介于 10^{-25} 与 10^{-30} 之间的硫化物一般不溶于稀酸而溶于浓盐酸，如 CdS 可溶于 $6.0\ mol \cdot L^{-1}$ HCl。有

$$CdS + 4HCl \longrightarrow H_2[CdCl_4] + H_2S$$

溶度积更小的硫化物（如 CuS）在浓盐酸中也不溶解，但可溶于硝酸。对于在硝酸中也不溶解的 HgS 来说，则需要用王水才能将其溶解。

3. 多硫化物

在可溶性硫化物的浓溶液中加入硫粉时，硫溶解而生成相应的多硫化物。例如

$$(NH_4)_2S + (x-1)S \longrightarrow (NH_4)_2S_x$$

通常生成的产物是含有不同数目硫原子的各种多硫化物的混合物。随着硫原子数目 x 的增加，多硫化物的颜色从黄色经过橙黄色而变为红色。$x=2$ 的多硫化物也可称为过硫化物。

在多硫化物中，硫原子之间通过共用电子对相互连接形成多硫离子。多硫离子具有链

式结构:

$$\left[\cdots \begin{array}{c} S \quad\quad S \\ S \quad S \quad S \end{array} \cdots \right]_x^{2-}$$

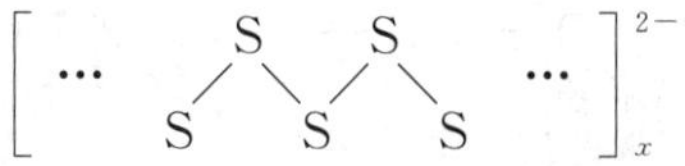

多硫化物具有氧化性和还原性,与 Sn(Ⅱ)、As(Ⅲ)和 Sb(Ⅲ)等的硫化物作用生成相应元素高氧化值的硫代酸盐。

多硫化物与酸反应生成多硫化氢 H_2S_x,它不稳定,能分解成硫化氢和单质硫。

$$S_x^{2-} + 2H^+ \longrightarrow H_2S_x \longrightarrow H_2S + (x-1)S$$

多硫化物在皮革工业中用作原皮的除毛剂。在农业上用多硫化物作为杀虫剂来防治棉花红蜘蛛及果木的病虫害。

4. 二氧化硫、亚硫酸及其盐

硫在空气中燃烧生成二氧化硫 SO_2。工业上利用焙烧硫化物矿制取 SO_2,有

$$3FeS_2 + 8O_2 \longrightarrow Fe_3O_4 + 6SO_2$$

实验室中用亚硫酸盐与酸反应制取少量的 SO_2,也可用铜和浓硫酸共同加热制取 SO_2。

气态 SO_2 的分子构型与 O_3 相似,为 V 形,如图 14-17 所示。硫原子除了以 2 个 sp^2 杂化轨道分别与 2 个氧原子形成 σ 键外,还形成三中心四电子大 π 键 Π_3^4。键角∠OSO 为 119.5°,S—O 键长为 143 pm。

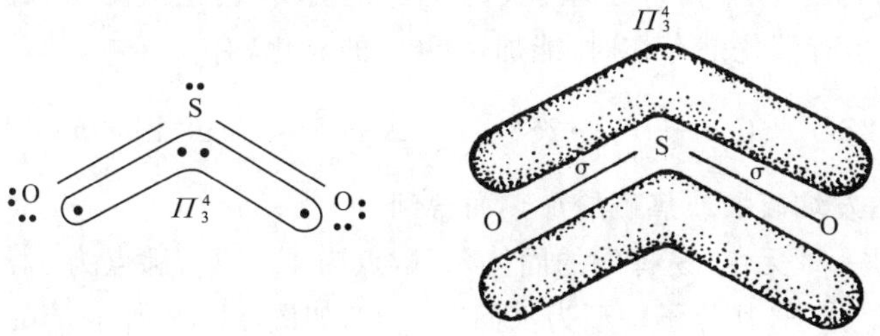

图 14-17　SO_2 的分子构型

SO_2 是无色、具有强烈刺激性气味的气体。其沸点为 -10 ℃,熔点为 -75.5 ℃,较易液化。液态 SO_2 能够解离,是一种良好的非水溶剂。

$$2SO_2 \rightleftharpoons SO^{2+} + SO_3^{2-}$$

SO_2 分子的极性较强,SO_2 易溶于水,生成很不稳定的亚硫酸 H_2SO_3。

H_2SO_3 是二元中强酸,其 $K_{a1}^\ominus = 1.7 \times 10^{-2}$,$K_{a2}^\ominus = 6.0 \times 10^{-8}$。$H_2SO_3$ 只存在于水溶液中,游离状态的纯 H_2SO_3 尚未制得。

在 SO_2 和 H_2SO_3 中,硫的氧化值为 $+4$,它们既有氧化性,也有还原性。例如

$$SO_2 + 2CO \xrightarrow[\text{铝矾土}]{500\ ℃} 2CO_2 + S$$

工业上利用此反应从烟道气中分离回收硫。

亚硫酸是较强的还原剂,可以将 Cl_2、MnO_4^- 分别还原为 Cl^-、Mn^{2+},甚至可以将 I_2 还原为 I^-,有

$$2MnO_4^- + 5SO_3^{2-} + 6H^+ \longrightarrow 2Mn^{2+} + 5SO_4^{2-} + 3H_2O$$

$$H_2SO_3 + I_2 + H_2O \longrightarrow H_2SO_4 + 2HI$$

当与强还原剂反应时，H_2SO_3 才表现出氧化性。例如

$$H_2SO_3 + 2H_2S \longrightarrow 3S + 3H_2O$$

SO_2 和 H_2SO_3 主要作为还原剂用于化工生产上。SO_2 主要用于生产硫酸和亚硫酸盐，还大量用于生产合成洗涤剂、食品防腐剂、生活消毒剂。某些有机物质可以与 SO_2 或 H_2SO_3 发生加成反应，生成无色的加成物而使有机物褪色，所以 SO_2 可用作漂白剂。

实验视频

SO_2 的漂白作用

亚硫酸可形成正盐（如 Na_2SO_3）和酸式盐（如 $NaHSO_3$）。碱金属和铵的亚硫酸盐易溶于水，并发生水解；亚硫酸氢盐的溶解度大于相应的正盐，也易溶于水。

通常在金属氢氧化物的水溶液中通入 SO_2 得到相应的亚硫酸盐。

亚硫酸盐的还原性比亚硫酸还要强，在空气中易被氧化成硫酸盐而失去还原性。亚硫酸钠和亚硫酸氢钠大量用于染料工业中作为还原剂。在纺织、印染工业上，亚硫酸盐可用作织物的去氯剂，有

$$SO_3^{2-} + Cl_2 + H_2O \longrightarrow SO_4^{2-} + 2Cl^- + 2H^+$$

亚硫酸氢钙能溶解木质素，大量用于造纸工业。

实验视频

H_2SO_3 的还原性

5. 三氧化硫、硫酸及其盐

(1) 三氧化硫

虽然 S(Ⅳ)的化合物都具有还原性，但是要把 SO_2 氧化成 SO_3 则比氧化 H_2SO_3 或 Na_2SO_3 慢得多。当有催化剂存在时，能加速 SO_2 的氧化，有

$$2SO_2 + O_2 \xrightarrow[>450\ ℃]{V_2O_5} 2SO_3 \qquad \Delta_r H_m^{\ominus} = -198\ kJ \cdot mol^{-1}$$

在实验室中可以用发烟硫酸或焦硫酸加热而得到 SO_3。

纯三氧化硫是一种无色、易挥发的固体，其熔点为 16.8℃，沸点为 44.8℃。

气态 SO_3 为单分子，其分子构型为平面三角形，如图 14-18 所示。在 SO_3 分子中，硫原子以 sp^2 杂化轨道形成 σ 键，此外，还以 pd^2 杂化 π 轨道与 3 个氧原子形成四中心六电子大 π 键 Π_4^6。 S═O 键长为 143 pm，比 S—O 单键(155 pm)短，故具有双键特征。

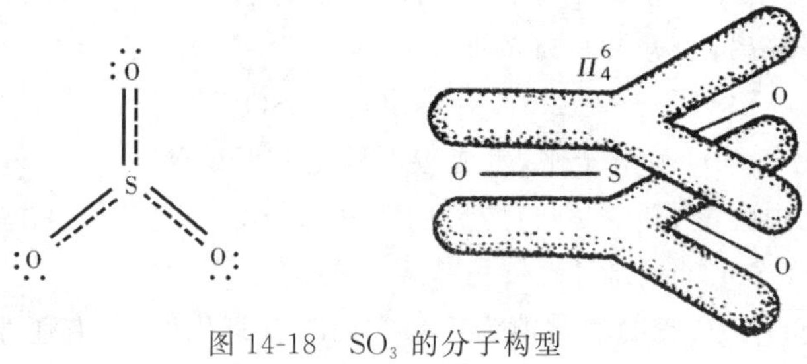

图 14-18 SO_3 的分子构型

三氧化硫具有很强的氧化性。例如，当磷和它接触时会燃烧。高温时 SO_3 能氧化 KI、HBr 和 Fe、Zn 等金属。

三氧化硫极易与水化合生成硫酸，同时放出大量的热，即

$$SO_3(g) + H_2O(l) \longrightarrow H_2SO_4(aq) \qquad \Delta_r H_m^{\ominus} = -132.44\ kJ \cdot mol^{-1}$$

因此，SO_3 在潮湿的空气中挥发呈雾状。

(2) 硫酸

纯硫酸是无色的油状液体,在 10.38℃时凝固成晶体,市售的浓硫酸密度为 1.84～1.86 g·cm^{-3},浓度约为 18 mol·L^{-1}。98%的硫酸沸点为 330℃,是常用的高沸点酸,这是硫酸分子间形成氢键的缘故。

浓硫酸有很强的吸水性。硫酸与水混合时放出大量的热,在稀释硫酸时必须非常小心。应将浓硫酸在搅拌下慢慢倒入水中,不可将水倒入浓硫酸中。

拓展阅读

酸雨

由于浓硫酸具有强吸水性,可以用浓硫酸干燥不与硫酸反应的各种气体,如氯气、氢气和二氧化碳等。浓硫酸也是实验室常用的干燥剂之一(放在干燥器中)。浓硫酸不仅可以吸收气体中的水分,而且还能与纤维、糖等有机物作用,夺取这些物质里的氢原子和氧原子(其比例相当于 H_2O 的组成)而留下游离的碳。鉴于浓硫酸的强腐蚀作用,在使用时必须注意安全!

硫酸分子的结构式为

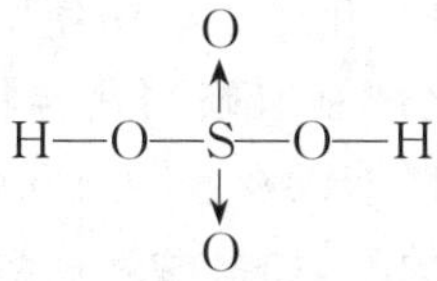

在硫酸分子中,各键角和 4 个 S—O 键长是全不相等的(见图 14-19)。硫原子采取 sp^3 杂化轨道与 2 个氧原子形成 2 个 σ 键;另 2 个氧原子则接受硫原子提供的电子对分别形成 σ 配键;与此同时,硫原子的空的 3d 轨道与 2 个非羟基氧原子的 2p 轨道对称性匹配,相互重叠,反过来接受来自这 2 个氧原子的孤对电子,从而形成了附加的(p—d)π 反馈配键,如图 14-20 所示。

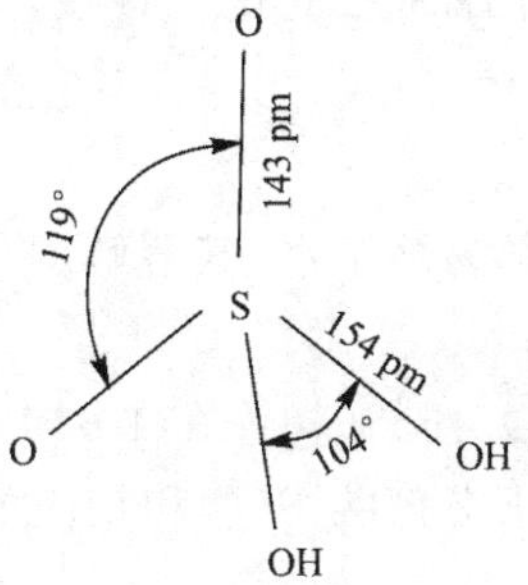

图 14-19 硫酸的分子构型

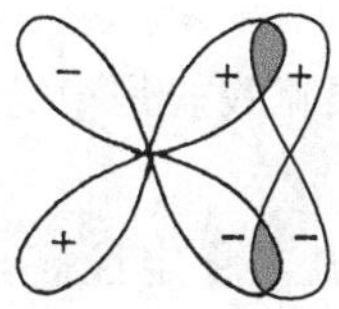

图 14-20 (p—d)π 配键

浓硫酸是一种氧化剂,在加热情况下能氧化许多金属和某些非金属。通常浓硫酸被还原为二氧化硫。例如

$$Zn + 2H_2SO_4(浓) \xrightarrow{\triangle} ZnSO_4 + SO_2 + 2H_2O$$

$$S + 2H_2SO_4(浓) \xrightarrow{\triangle} 3SO_2 + 2H_2O$$

比较活泼的金属也可以将浓硫酸还原为硫或硫化氢,例如

$$3Zn + 4H_2SO_4 \longrightarrow 3ZnSO_4 + S + 4H_2O$$

$$4Zn + 5H_2SO_4 \longrightarrow 4ZnSO_4 + H_2S + 4H_2O$$

浓硫酸氧化金属并不放出氢气。稀硫酸与比氢活泼的金属(如 Mg、Zn、Fe 等)作用时,能放出氢气。

冷的浓硫酸(70%以上)能使铁的表面钝化,生成一层致密的保护膜,阻止硫酸与铁表面继续作用。因此可以用钢罐贮装和运输浓硫酸(80%～90%)。

硫酸是二元强酸。在一般温度下硫酸并不分解,是比较稳定的酸。

近代工业中主要采取接触法制造硫酸。由黄铁矿(或硫黄)在空气中焙烧得到的 SO_2 和空气的混合物,在 450 ℃左右通过催化剂 V_2O_5,SO_2 即被氧化成 SO_3。生成的 SO_3 用浓硫酸吸收。如果直接用水吸收 SO_3,由于 SO_3 遇水生成 H_2SO_4 雾滴,弥漫在吸收器内的空间,而不能完全收集。

将 SO_3 溶解在 100%的 H_2SO_4 中得到发烟硫酸。发烟硫酸暴露在空气中时,挥发出来的 SO_3 和空气中的水蒸气形成 H_2SO_4 细小雾滴而发烟。市售发烟硫酸的浓度以游离 SO_3 的含量来标明,如 20%或 40%等分别表示溶液中含有 20%或 40%游离的 SO_3。

硫酸是一种重要的基本化工原料。化肥工业中使用大量的硫酸以制造过磷酸钙和硫酸铵。在有机化学工业中用硫酸作磺化剂制取磺酸化合物。此外,硫酸还与硝酸一起大量用于炸药的生产、石油和煤焦油产品的精炼以及各种矾和颜料等的制造。硫酸沸点高,挥发性很小,还可以用来生产其他较易挥发的酸,如盐酸和硝酸。

(3)硫酸盐

硫酸能形成两种类型的盐,即正盐和酸式盐(硫酸氢盐)。

经 X 射线结构研究已经表明,在硫酸盐中,SO_4^{2-} 的构型为正四面体。SO_4^{2-} 中 4 个 S—O 键键长均为 144 pm,具有很大程度的双键性质。

大多数硫酸盐易溶于水,但硫酸铅 $PbSO_4$、硫酸钙 $CaSO_4$ 和硫酸锶 $SrSO_4$ 溶解度很小。硫酸钡 $BaSO_4$ 几乎不溶于水,而且也不溶于酸。根据 $BaSO_4$ 的这一特性,可以用 $BaCl_2$ 等可溶性钡盐鉴定 SO_4^{2-}。虽然 SO_3^{2-} 和 Ba^{2+} 也生成白色 $BaSO_3$ 沉淀,但它能溶于盐酸而放出 SO_2。

钠、钾的固态酸式硫酸盐是稳定的。酸式硫酸盐都易溶于水,其溶解度稍大于相应的正盐,其水溶液呈酸性。

活泼金属的硫酸盐热稳定性高,如 Na_2SO_4、K_2SO_4、$BaSO_4$ 等在 1 000 ℃时仍不分解。不活泼金属的硫酸盐(如 $CuSO_4$、Ag_2SO_4 等)在高温下分解为 SO_3 和相应的氧化物或金属单质和氧气。

大多数硫酸盐结晶时带有结晶水,如 $Na_2SO_4 \cdot 10H_2O$、$CaSO_4 \cdot 2H_2O$、$CuSO_4 \cdot 5H_2O$、$FeSO_4 \cdot 7H_2O$ 等。一般认为,水分子与 SO_4^{2-} 间以氢键相连,形成水合阴离子 $SO_4(H_2O)^{2-}$。另外,容易形成复盐是硫酸盐的又一个特征。例如,$K_2SO_4 \cdot Al_2(SO_4)_3 \cdot 24H_2O$(明矾),$K_2SO_4 \cdot Cr_2(SO_4)_3 \cdot 24H_2O$(铬钾矾)和$(NH_4)_2SO_4 \cdot FeSO_4 \cdot 6H_2O$(Mohr 盐)等是较常见的重要硫酸复盐。

许多硫酸盐在净化水、造纸、印染、颜料、医药和化工等方面有着重要用途。

6. 硫的其他含氧酸及其盐

(1) 焦硫酸及其盐

冷却发烟硫酸时,可以析出焦硫酸 $H_2S_2O_7$ 无色晶体,其熔点为 35 ℃。焦硫酸的结构式如下：

$$\begin{array}{cc}
\quad O & \quad O \\
\uparrow & \uparrow \\
H-O-S-O-S-O-H \\
\downarrow & \downarrow \\
O & O
\end{array}$$

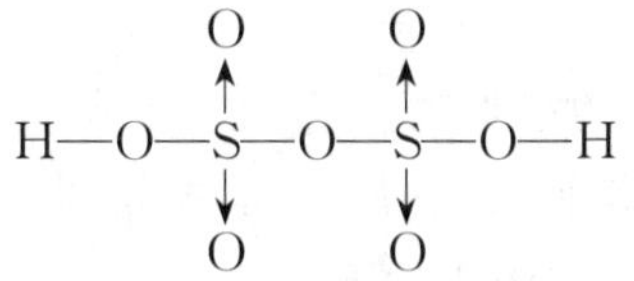

它可以看作是两分子硫酸间脱去一分子水所得的产物。焦硫酸的吸水性、腐蚀性比硫酸更强。焦硫酸和水作用生成硫酸。焦硫酸是一种强氧化剂，又是良好的磺化剂，工业上用于制造染料、炸药和其他有机磺酸化合物。

把碱金属的酸式硫酸盐加热到熔点以上，可得到焦硫酸盐。例如

$$2KHSO_4 \xrightarrow{\triangle} K_2S_2O_7 + H_2O$$

为了使某些既不溶于水又不溶于酸的金属氧化物（如 Al_2O_3、Fe_3O_4、TiO_2 等）溶解，常用 $K_2S_2O_7$（或 $KHSO_4$）与这些难溶氧化物共熔，生成可溶于水的硫酸盐。例如

$$Al_2O_3 + 3K_2S_2O_7 \xrightarrow{\triangle} Al_2(SO_4)_3 + 3K_2SO_4$$

这是分析时处理某些固体试样的一种重要方法。

(2)硫代硫酸及其盐

硫代硫酸 $H_2S_2O_3$ 可以看作是硫酸分子中的一个氧原子被硫原子所取代的产物。硫代硫酸极不稳定。

亚硫酸盐与硫作用生成硫代硫酸盐。例如，将硫粉和亚硫酸钠一同煮沸可制得硫代硫酸钠，即

$$Na_2SO_3 + S \xrightarrow{\triangle} Na_2S_2O_3$$

$Na_2S_2O_3 \cdot 5H_2O$ 是最重要的硫代硫酸盐，它俗称海波或大苏打，是无色透明的晶体，易溶于水，其水溶液呈弱碱性。

硫代硫酸钠在中性或碱性溶液中很稳定，当与酸作用时，形成的硫代硫酸立即分解为硫和亚硫酸，后者又分解为二氧化硫和水。反应方程式为

$$S_2O_3^{2-} + 2H^+ \longrightarrow S + SO_2 + H_2O$$

硫代硫酸钠具有还原性。可以被较强的氧化剂 Cl_2 氧化为硫酸钠：

$$S_2O_3^{2-} + 4Cl_2 + 5H_2O \longrightarrow 2SO_4^{2-} + 8Cl^- + 10H^+$$

在纺织工业上用 $Na_2S_2O_3$ 作脱氯剂。$Na_2S_2O_3$ 与碘的反应是定量的，在分析中用于碘量法的滴定。其反应方程式为

$$2S_2O_3^{2-} + I_2 \longrightarrow S_4O_6^{2-} + 2I^-$$

反应产物中的 $S_4O_6^{2-}$ 叫作连四硫酸根离子，其结构式如下

$$\left[\begin{array}{cccc}
\quad O & & & O \\
\uparrow & & & \uparrow \\
-O-S-S-S-S-O- \\
\downarrow & & & \downarrow \\
O & & & O
\end{array}\right]^{2-}$$

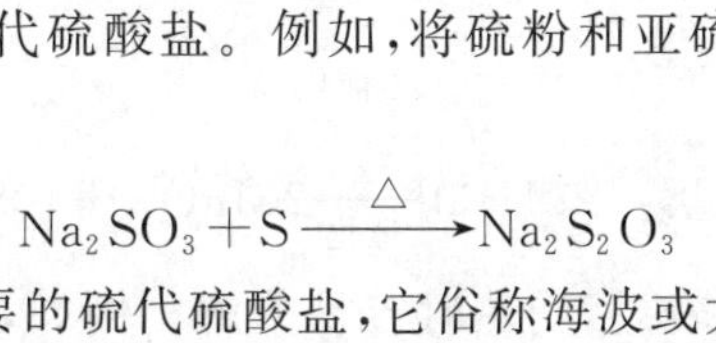

硫代硫酸钠具有配位能力，可与 Ag^+、Cd^{2+} 等形成稳定的配离子。硫代硫酸钠大量用作照相的定影剂。照相底片上未感光的溴化银在定影液中形成 $[Ag(S_2O_3)_2]^{3-}$ 而溶解，即

$$AgBr + 2S_2O_3^{2-} \longrightarrow [Ag(S_2O_3)_2]^{3-} + Br^-$$

此外,硫代硫酸钠还用作化工生产的还原剂以及用于电镀、鞣革等。

(3)过硫酸及其盐

过硫酸可以看作是过氧化氢的衍生物。若 H_2O_2 分子中的一个氢原子被—SO_3H 基团取代,形成过一硫酸 H_2SO_5,若两个氢原子都被—SO_3H 基团取代则形成过二硫酸 $H_2S_2O_8$。过一硫酸和过二硫酸的结构式如下

$$HO—O—\overset{\displaystyle O}{\underset{\displaystyle O}{S}}—OH \qquad HO—\overset{\displaystyle O}{\underset{\displaystyle O}{S}}—O—\overset{\displaystyle O}{\underset{\displaystyle O}{S}}—OH$$

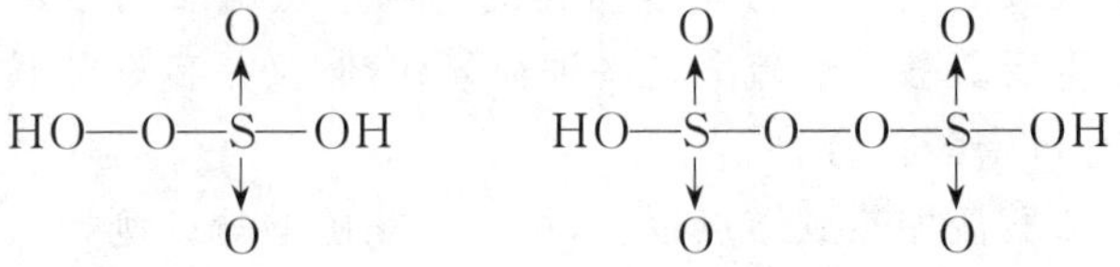

工业上用电解冷的硫酸溶液的方法制备过二硫酸。HSO_4^- 在阳极失去电子而生成过二硫酸,即

$$2HSO_4^- - 2e^- \longrightarrow H_2S_2O_8$$

纯净的过二硫酸和过一硫酸都是无色晶体,有强的吸水性,并可以使纤维和糖碳化。过一硫酸和过二硫酸的分子中都含有过氧键—O—O—,因此它们也具有强氧化性。

重要的过二硫酸盐有 $K_2S_2O_8$ 和 $(NH_4)_2S_2O_8$,它们也是强氧化剂。过二硫酸盐能将 I^-、Fe^{2+} 氧化成 I_2、Fe^{3+},甚至能将 Cr^{3+}、Mn^{2+} 等氧化成相应的高氧化值的 $Cr_2O_7^{2-}$、MnO_4^-。但其中有些反应的速率较小,在催化剂作用下,反应进行得较快。例如

$$S_2O_8^{2-} + 2I^- \xrightarrow[\text{催化}]{Cu^{2+}} 2SO_4^{2-} + I_2$$

$$2Mn^{2+} + 5S_2O_8^{2-} + 8H_2O \xrightarrow[\text{催化}]{Ag^+} 2MnO_4^- + 10SO_4^{2-} + 16H^+$$

过硫酸及其盐的热稳定性较差,受热时容易分解。例如,$K_2S_2O_8$ 受热时会放出 SO_3 和 O_2,即

$$2K_2S_2O_8 \xrightarrow{\triangle} 2K_2SO_4 + 2SO_3 + O_2$$

习 题 14

14-1 磷与氮为同族元素,为什么白磷比氮气活泼得多?

14-2 试写出下列反应方程式:

(1)氨和氧(铂催化);   (2)液氨和钠;

(3)$NH_4HS \xrightarrow{\triangle}$ (4)$NH_4HCO_3 \xrightarrow{\triangle}$

(5)氯化铵溶液与亚硝酸钠溶液;   (6)$Mg_3N_2 + H_2O \longrightarrow$

14-3 硝酸与金属、非金属反应所得产物受哪些因素影响?

14-4 总结硝酸盐受热分解所得产物的规律,并举例说明。

14-5 完成并配平下列反应方程式:

(1)浓硝酸和汞;   (2)稀硝酸和铝;

(3)稀硝酸和银;   (4)锡和浓硝酸;

(5)$Cu(NO_3)_2 \xrightarrow{\triangle}$ (6)$Hg(NO_3)_2 \xrightarrow{\triangle}$

14-6 写出次磷酸、亚磷酸、正磷酸、焦磷酸的结构式，并比较它们酸性的强弱。

14-7 如何由磷酸钙制取磷、五氧化二磷和磷酸？写出相关反应方程式。

14-8 完成并配平下列反应方程式：

(1) $PBr_3+H_2O \longrightarrow$　　(2) $Ag^+ + H_2PO_4^- \longrightarrow$

(3) $POCl_3+H_2O \longrightarrow$　　(4) $Cu^{2+}+P_2O_7^{4-}$(过量)$\longrightarrow$

14-9 比较砷、锑、铋氢氧化物(或氧化物)酸碱性、氧化还原性的变化规律。指出砷、锑、铋氧化物酸碱性与硫化物酸碱性的对应关系。

14-10 写出下列反应方程式：

(1) 三氧化二砷溶于氢氧化钠溶液；　(2) 三硫化二锑溶于硫化铵溶液；

(3) 硝酸铋溶液稀释时变混浊；　(4) 硫代亚锑酸钠与盐酸作用；

(5) 铋酸钠与浓盐酸反应。

14-11 p 区金属氢氧化物中典型的两性氢氧化物有哪些？

14-12 如何鉴定 Bi^{3+}？Sb^{3+} 的存在是否干扰 Bi^{3+} 的鉴定？如何分离 Bi^{3+} 和 Sb^{3+}？

14-13 试计算 25 ℃时反应 $H_3AsO_4+2I^-+2H^+ \rightleftharpoons H_3AsO_3+I_2+H_2O$ 的标准平衡常数。当 H_3AsO_4、H_3AsO_3 和 I^- 的浓度均为 1.0 $mol \cdot L^{-1}$，该反应正、负极电极电势相等时，溶液的 pH 为多少？

14-14 试说明过氧化氢分子的结构，指出其中氧原子的杂化轨道和成键方式。

14-15 完成并配平下列反应方程式：

(1) $I^-+O_3+H^+ \longrightarrow$　　(2) $H_2O_2+Fe(OH)_2 \longrightarrow$

(3) $H_2O_2+I^-+H^+ \longrightarrow$　　(4) $H_2O_2+MnO_4^-+H^+ \longrightarrow$

14-16 单质硫的主要同素异形体是什么？单质硫受热时发生哪些变化？

14-17 举例说明硫化氢和多硫化物的主要化学性质，写出相关的重要反应方程式。

14-18 指出重要难溶金属硫化物的颜色、溶解性和酸碱性以及溶解的方法。

14-19 完成并配平下列反应方程式：

(1) $FeCl_3+H_2S \longrightarrow$　　(2) $S+HNO_3$(浓)$\longrightarrow$

(3) Ag_2S+HNO_3(浓)$\longrightarrow$　　(4) $Na_2S_2+HCl \longrightarrow$

(5) $Na_2S_2O_3+I_2 \longrightarrow$　　(6) $I_2+H_2SO_3+H_2O \longrightarrow$

(7) $H_2S+H_2SO_3 \longrightarrow$　　(8) $Na_2S_2O_3+Cl_2+H_2O \longrightarrow$

(9) $Mn^{2+}+S_2O_8^{2-}+H_2O \longrightarrow$

14-20 在 4 个瓶子内分别盛有 $FeSO_4$、$Pb(NO_3)_2$、K_2SO_4、$MnSO_4$ 溶液，怎样用通入 H_2S 和调节 pH 的方法来鉴别它们？

14-21 试用一种试剂将钠的硫化物、多硫化物、亚硫酸盐和硫酸盐区分开来。写出有关的离子方程式。

14-22 已知 $\Delta_f H_m^{\ominus}(H_2O_2,l)=-187.78\ kJ \cdot mol^{-1}$，$\Delta_f H_m^{\ominus}(H_2O,l)=-285.83\ kJ \cdot mol^{-1}$，$E^{\ominus}(O_2/H_2O_2)=0.694\ 5\ V$，$E^{\ominus}(H_2O_2/H_2O)=1.763\ V$。试计算 25 ℃时反应 $2H_2O_2(l) \rightleftharpoons 2H_2O(l)+O_2(g)$ 的 $\Delta_r H_m^{\ominus}$、$\Delta_r G_m^{\ominus}$、$\Delta_r S_m^{\ominus}$ 和标准平衡常数 $K^{\ominus}$。

14-23 p 区元素化合物分子或离子中哪些含有 Π_3^4 键？哪些含有 Π_4^6 键？

14-24 将 $SO_2(g)$ 通入纯碱溶液中，有无色无味气体 A 逸出，所得溶液经烧碱中和，再加入硫化钠溶液除去杂质，过滤后得溶液 B。将某非金属单质 C 加入溶液 B 中加热，反应后再经过滤、除杂等过程后，得溶液 D。取 3 mL 溶液 D 加入 HCl 溶液，其反应产物之一为沉淀 C。另取 3 mL 溶液 D，加入少许 AgBr(s)，则其溶解，生成配离子 E。再取第 3 份 3 mL 溶液 D，在其中加入几滴溴水，溴水颜色消失，再加入 $BaCl_2$ 溶液，得到不溶于稀盐酸的白色沉淀 F。试确定 A～F 的化学式，并写出各步反应方程式。

14-25 无色晶体 A 为氯化物，将 A 溶于稀盐酸得无色溶液 B，向 B 中滴加 NaOH 溶液得白色沉淀 C，NaOH 过量时则 C 溶解得无色溶液 D。取晶体 A 放入试管中加水有白色沉淀 E 生成，再向试管中通入 H_2S 则白色沉淀 E 转为橙色沉淀 F。请确定 A～F 所代表的化合物或离子。

14-26 将无色钠盐溶于水得无色溶液 A，用 pH 试纸检验知 A 显酸性。向 A 中滴加 $KMnO_4$ 溶液，则紫红色褪去，说明 A 被氧化为 B，向 B 中加入 $BaCl_2$ 溶液得不溶于强酸的白色沉淀 C。向 A 中加入稀盐酸有无色气体 D 放出，将 D 通入 $KMnO_4$ 溶液，则又得到无色的 B。向含有淀粉的 KIO_3 溶液中滴加少许 A，则溶液立即变蓝，说明有 E 生成，A 过量时蓝色消失得无色溶液 F。给出 A～F 的分子式或离子式，写出有关反应的化学方程式。

14-27 回答下列问题：

(1)虽然氮的电负性比磷高，但为什么磷的化学性质比氮活泼？

(2)为什么 Bi(Ⅴ)的氧化能力比同族其他元素都强？

(3)为什么 P_4O_{10} 中 P—O 键长有两种，分别为 139 pm 和 162 pm？

第15章

p 区元素(三)

15.1 卤　素

15.1.1 卤素概述

周期系ⅦA 族元素包括氟、氯、溴、碘和砹 5 种元素,总称为卤素(卤素是成盐元素的意思)。卤素是非金属元素,其中氟是所有元素中非金属性最强的,碘具有微弱的金属性,砹是放射性元素。卤素的一般性质见表 15-1。

表 15-1　　卤素的一般性质

元素	氟(F)	氯(Cl)	溴(Br)	碘(I)
价层电子构型	$2s^2 2p^5$	$3s^2 3p^5$	$4s^2 4p^5$	$5s^2 p^5$
共价半径/pm	64	99	114	133
沸点/℃	−188.13	−34.04	58.8	185.24
熔点/℃	−219.61	−101.5	−7.25	113.60
电负性	3.98	3.16	2.96	2.66
第一电离能/($kJ \cdot mol^{-1}$)	1 687	1 257	1 146	1 015
电子亲和能/($kJ \cdot mol^{-1}$)	−328	−349	−325	−295
$E^{\ominus}(X_2/X^-)/V$	2.889	1.360	1.077 4	0.534 5
氧化值	−1	−1,+1,+3,+5,+7	−1,+1,+3,+5,+7	−1,+1,+3,+5,+7

卤素是相应各周期中原子半径最小、电负性最大的元素,它们的非金属性是同周期元素中最强的。从表 15-1 中可以看出,卤素的许多性质随着原子序数的增加较有规则地变化。

卤素原子的价层电子构型为 ns^2np^5,得到一个电子便可达到稳定的八电子构型。因此卤素单质具有很强的得电子能力,是强氧化剂。卤素单质的氧化性按 F_2、Cl_2、Br_2、I_2 的次序减弱。但在卤素中,电子亲和能最小的元素是氯而不是氟。

由卤素原子的电子构型可知,它们能形成稳定的 X^-。相应的氢卤酸的酸性和氢化物的还原性从氟到碘依次增强。除氟外,其他卤素原子的价电子层都有空的 nd 轨道,从而形成配位数大于 4 的高氧化值化合物。氯、溴、碘的氧化值多为奇数,即+1、+3、+5、+7。

氟属于第二周期 p 区元素,与同族其他元素相比,也表现出一定的特殊性。氟是卤素中原子半径最小、电负性最大的元素,氟分子的键能较小,有利于反应的进行。

在氟与其他元素化合生成氟化物时，由于 F_2 的氧化性强，可以将其他元素氧化到稳定的高氧化态，如 AsF_5、IF_7、SF_6 等，而 Cl_2、Br_2、I_2 则较困难。元素高氧化值卤化物的稳定性按 F→Cl→Br→I 的顺序降低。

卤素各氧化态的氧化能力总的趋势是自上而下逐渐降低，但溴却表现出第四周期 p 区元素的异样性。例如，氧化值为 +7 的高卤酸中，高溴酸根 BrO_4^- 是最强的氧化剂。正因如此，高溴酸盐的制备相当困难，直到 1968 年才获成功。

水溶液中卤素的标准电极电势图如下：

酸性溶液中 $E_A^\ominus/V$

$$F_2 \xrightarrow{3.076} HF$$

$$ClO_4^- \xrightarrow{1.226} ClO_3^- \xrightarrow{1.157} HClO_2 \xrightarrow{1.673} HClO \xrightarrow{1.630} Cl_2 \xrightarrow{1.360} Cl^-$$

$$ClO_3^- \xrightarrow{1.415} HClO \qquad ClO_3^- \xrightarrow{1.458} Cl_2$$

$$BrO_3^- \xrightarrow{1.49} HBrO \xrightarrow{1.604} Br_2 \xrightarrow{1.077\,4} Br^-$$

$$BrO_3^- \xrightarrow{1.513} Br_2$$

$$H_5IO_6 \xrightarrow{1.60} IO_3^- \xrightarrow{1.15} HIO \xrightarrow{1.431} I_2 \xrightarrow{0.534\,5} I^-$$

$$IO_3^- \xrightarrow{1.209} I_2$$

碱性溶液中 $E_B^\ominus/V$

$$F_2 \xrightarrow{2.889} F^-$$

$$ClO_4^- \xrightarrow{0.397\,9} ClO_3^- \xrightarrow{0.271} ClO_2^- \xrightarrow{0.680\,1} ClO^- \xrightarrow{0.420} Cl_2 \xrightarrow{1.360} Cl^-$$

$$ClO_3^- \xrightarrow{0.465} Cl_2 \qquad ClO_3^- \xrightarrow{0.476} ClO^- \qquad ClO^- \xrightarrow{0.890\,2} Cl^-$$

$$BrO_3^- \xrightarrow{0.536} BrO^- \xrightarrow{0.456} Br_2 \xrightarrow{1.077\,4} Br^-$$

$$BrO_3^- \xrightarrow{0.520} Br_2$$

$$H_3IO_6^{2-} \xrightarrow{(0.7)} IO_3^- \xrightarrow{0.169} IO^- \xrightarrow{0.403} I_2 \xrightarrow{0.534\,5} I^-$$

$$IO_3^- \xrightarrow{0.216} I_2$$

卤离子 X^- 作为配体能与许多金属离子形成稳定的配合物。X^- 所形成的晶体场强度按 $F^- > Cl^- > Br^- > I^-$ 次序减弱。由于 F^- 半径小，可与 Fe^{3+}、Al^{3+} 等形成配位数为 6 的稳定配合物，随着卤素离子半径的增大，场强的减弱，Cl^-、Br^-、I^- 与某些金属离子多形成 4 配位的化合物。

15.1.2 卤素单质

1. 卤素单质的物理性质

卤素单质均为非极性双原子分子，随着相对分子质量的增大，它们的一些物理性质（如密度、熔点、沸点等）呈现有规律的变化。常温下，氟和氯是气体，溴是液体，碘是固体。

卤素单质都是有颜色的，且随着原子序数的增大，颜色逐渐加深。F_2 呈浅黄色，Cl_2 呈黄绿色，Br_2 呈红棕色，I_2 呈紫色。固态碘呈紫黑色，并带有金属光泽。

卤素单质在水中的溶解度不大。氯、溴和碘的水溶液分别称为氯水、溴水和碘水。卤素单质在有机溶剂中的溶解度比在水中的溶解度大得多。根据这一差别，可以用四氯化碳等有机溶剂将卤素单质从水溶液中萃取出来。

卤素单质都有毒性，毒性从氟到碘依次减弱。卤素单质强烈地刺激眼、鼻、气管等器官的黏膜，吸入较多的卤素蒸气会导致严重中毒，甚至死亡。液溴会使皮肤严重灼伤而难以治越，在使用溴时要特别小心。

2. 卤素单质的化学性质

卤素是很活泼的非金属元素。卤素单质具有强氧化性，能与大多数元素直接化合。氟是最活泼的非金属，除氮、氧和某些稀有气体外，氟能与所有金属和非金属直接化合，而且反应通常十分激烈，有时伴随着燃烧和爆炸。在室温或不太高的温度下，氟可以使铜、铁、镁、镍等金属钝化，生成金属氟化物保护膜。氯也能与所有金属和大多数非金属元素(除氮、氧、碳和稀有气体外)直接化合，但反应不如氟剧烈。溴、碘的活泼性与氯相比则更差。

随着原子半径的增大，卤素单质的氧化性依次减弱，即

$$F_2 > Cl_2 > Br_2 > I_2$$

卤素单质化学活泼性的变化在卤素与氢的化合反应中表现得十分明显。氟与氢化合即使在低温、暗处也会发生爆炸。氯与氢在暗处反应极为缓慢，只有在光照下才瞬间完成。溴与氢的反应需要加热才能进行。碘与氢只有在加热或有催化剂存在的条件下才能反应，且反应是可逆的。

由 $F_2 > Cl_2 > Br_2 > I_2$ 的氧化性变化规律可见，位于前面的卤素单质可以氧化后面卤素的阴离子。例如，Cl_2 能氧化 Br^- 和 I^-，分别生成相应的单质 Br_2 和 I_2；Br_2 则能氧化 I^-，生成 I_2。

卤素与水发生两类重要的化学反应。第一类反应是卤素置换水中氧的反应，即

$$2X_2 + 2H_2O \longrightarrow 4X^- + 4H^+ + O_2 \qquad (1)$$

第二类反应是卤素的歧化反应，即

$$X_2 + H_2O \rightleftharpoons H^+ + X^- + HXO \qquad (2)$$

卤素单质在水溶液中的氧化性也同样按 $F_2 > Cl_2 > Br_2 > I_2$ 的次序递变，因此它们与水的作用情况也有差异。氟的氧化性最强，只能与水发生第一类反应，反应是自发的、激烈的放热反应，即

$$2F_2 + 2H_2O \longrightarrow 4HF + O_2 \qquad \Delta_r G_m^{\ominus} = -713.02\ kJ \cdot mol^{-1}$$

氯只有在光照下才能缓慢地与水反应放出 O_2，溴与水作用放出 O_2 的反应极其缓慢。碘与水不发生第一类反应。相反，氧却可以作用于碘化氢溶液，析出单质碘。Cl_2、Br_2、I_2 与水主要发生第二类反应，反应是可逆的。在 25 ℃时，Cl_2、Br_2、I_2 水解反应的标准平衡常数分别为 4.2×10^{-4}、7.2×10^{-9}、2.0×10^{-13}。由此可见，反应进行的程度随原子序数的增大依次减小。

当溶液的 pH 增大时，卤素的歧化反应平衡向右移动。卤素在碱性溶液中易发生如下歧化反应

$$X_2 + 2OH^- \longrightarrow X^- + OX^- + H_2O \qquad (3)$$

$$3OX^- \longrightarrow 2X^- + XO_3^- \qquad (4)$$

氯在 20 ℃时，只有反应(3)进行得很快，在 70 ℃时，反应(4)才进行得很快，因此常温下氯与碱作用主要是生成次氯酸盐。溴在 20 ℃时，反应(3)和(4)进行得都很快，而在 0 ℃时反应(4)较缓慢，因此只有在 0 ℃时才能得到次溴酸盐。碘即使在 0 ℃时反应(4)也进行得很快，所以碘与碱反应只能得到碘酸盐。

3. 卤素单质的制备和用途

卤素在自然界以化合状态存在。大多数卤素以氢卤酸盐的形式存在。氟主要以萤石(CaF_2)、冰晶石(Na_3AlF_6)等矿物存在；氯、溴、碘主要以钠、钾、钙、镁的无机盐形式存在于海水中，其中以氯化钠的含量最高。某些海藻体内含有碘元素。此外，智利硝石($NaNO_3$)中含有少量碘酸钠 $NaIO_3$。

卤素单质的制备都是采用氧化其相应的卤化物的方法。根据不同卤素的氧化还原性的差别，可以用电解的方法氧化或用氧化剂来氧化。

制取氟通常采用电解氧化法，这是由于很少有比氟更强的氧化剂能将 F^- 氧化为 F_2。通常，电解所用的电解质是三份氟化氢钾(KHF_2)和二份无水氟化氢的熔融混合物(熔点为 72 ℃)。电解时，在阳极生成氟气，在阴极生成氢气。电解反应为

$$2HF \xrightarrow[100\ ℃]{电解} F_2 + H_2$$

1986 年，化学家 K. Christe 首次用化学方法制得了氟。他先制备 K_2MnF_6 和 SbF_5，即

$$2KMnO_4 + 2KF + 10HF + 3H_2O_2 \longrightarrow 2K_2MnF_6 + 8H_2O + 3O_2$$

$$SbCl_5 + 5HF \longrightarrow SbF_5 + 5HCl$$

再用 K_2MnF_6 和 SbF_5 制备 MnF_4，而 MnF_4 不稳定，会分解为 MnF_3 和 F_2，即

$$2K_2MnF_6 + 4SbF_5 \xrightarrow{150\ ℃} 4KSbF_6 + 2MnF_3 + F_2$$

工业上用电解氯化钠水溶液的方法来制取氯气。目前主要采用隔膜法和离子交换膜法。隔膜电解槽以石墨为阳极，铁网为阴极，而以石棉为隔膜材料。电解过程中，阳极产生氯气，阴极产生氢气和氢氧化钠，即

$$2NaCl + 2H_2O \xrightarrow{电解} 2NaOH + Cl_2 + H_2$$

石墨电极在电解过程中不断受到腐蚀，需要定期更换，已逐渐被金属阳极(如钌钛阳极)所替代。离子交换膜法是 20 世纪 80 年代起采用的新工艺，以离子交换膜代替石棉隔膜，制得的氢氧化钠浓度大、纯度高，并能节约能量。

实验室通常用二氧化锰和浓盐酸反应制取氯气，也可用浓盐酸与高锰酸钾或重铬酸钾反应制取氯气。

工业上从海水或卤水中制溴时，首先是通入氯气将 Br^- 氧化，即

$$Cl_2 + 2Br^- \longrightarrow 2Cl^- + Br_2$$

然后用空气在 pH 为 3.5 左右时将生成的 Br_2 从溶液中吹出，并用碳酸钠溶液吸收，即

$$3Br_2 + 3CO_3^{2-} \longrightarrow 5Br^- + BrO_3^- + 3CO_2$$

将溶液浓缩后用硫酸酸化就得到液溴，即

$$5Br^- + BrO_3^- + 6H^+ \longrightarrow 3Br_2 + 3H_2O$$

碘主要是从海藻中提取。用水浸取海藻后，在所得溶液中通入适量的氯气，I^- 被氧化为 I_2，即

$$Cl_2 + 2I^- \longrightarrow I_2 + 2Cl^-$$

应该注意，氯气不能过量，否则会把 I_2 氧化成为 IO_3^-：

$$I_2 + 5Cl_2 + 6H_2O \longrightarrow 2IO_3^- + 10Cl^- + 12H^+$$

也可以用 MnO_2 做氧化剂在酸性溶液中制取 I_2。通过加热可使碘升华，以达到分离和提纯的目的。

卤素单质在化工生产以及制冷、印染、医药等方面有着广泛的用途。

氟主要用来制造有机氟化物，如塑料单体 $CF_2{=}CF_2$（四氟乙烯），杀虫剂 CCl_3F，制冷剂 CCl_2F_2（氟利昂-12），高效灭火剂 CBr_2F_2 等。氟的另一重要用途是在原子能工业上制造六氟化铀 UF_6，液态氟也是航天工业中所用的高能燃料的氧化剂。SF_6 的热稳定性好，可作为理想的气体绝缘材料。含 ZrF_4、BaF_2、NaF 的氟化物玻璃可用作光导纤维材料。

氯是重要的化工产品和原料。除用于合成盐酸外，还广泛用于染料、炸药、塑料生产和有机合成。用氯制造漂白剂可用于纸张和布匹的漂白。另外，氯还用于药剂合成。氯气用于饮水消毒已经多年，但近年来发现它与水中含有的有机烃会形成有致癌毒性的卤代烃，因此改用臭氧或二氧化氯作消毒剂。

溴用于染料和溴化银的生产上。溴化银用于照相行业。溴化钠和溴化钾在医疗上作镇静剂。溴用于生产二溴乙烷 $C_2H_4Br_2$。$C_2H_4Br_4$ 配合四乙基铅用作汽油抗震剂，但随着无铅汽油的使用，用量已逐渐减少。

碘在医药上用作消毒剂，如碘仿 CH_3I 和碘酒等。碘是人体必需的微量元素之一，碘化物有预防和治疗甲状腺肥大的功能。加碘盐中的碘是以碘酸钾的形式加入的。碘化银可用作人工增雨的“晶种”。

15.1.3　卤素的氢化物

卤素的氢化物称为卤化氢，即氟化氢 HF、氯化氢 HCl、溴化氢 HBr、碘化氢 HI 等。常温下卤化氢都是无色、有刺激性臭味的气体。卤化氢都是共价型化合物。液态 HX 都不导电。HX 易溶于水，其水溶液叫作氢卤酸。除氢氟酸外，其他氢卤酸均为强酸，其中最重要的氢卤酸是氢氯酸(盐酸)。卤化氢的一些性质列于表 15-2 中。

表 15-2　卤化氢的一些性质

卤化氢	HF	HCl	HBr	HI
熔点/℃	−83.57	−114.18	−86.87	−50.8
沸点/℃	19.52	−85.05	−66.71	−35.1
核间距/pm	92	127	141	161
偶极矩/(10^{-30} C·m)	6.37	3.57	2.76	1.40
熔化焓/(kJ·mol^{-1})	19.6	2.0	2.4	2.9
汽化焓/(kJ·mol^{-1})	28.7	16.2	17.6	19.8
键能/(kJ·mol^{-1})	570	432	366	298
$\Delta_f H_m^\ominus$/(kJ·mol^{-1})	−271.1	−92.3	−36.4	−26.5
$\Delta_f G_m^\ominus$/(kJ·mol^{-1})	−273.2	−95.3	−53.4	1.70

1. 氯化氢和盐酸

氯化氢是无色气体，有刺激性气味，并能在空气中发烟。氯化氢易溶于水而形成盐酸，放出大量的热。

纯盐酸为无色溶液，有氯化氢的气味。一般浓盐酸的浓度约为 37%，相当于 12 mol·L^{-1}，密度为 1.19 g·cm^{-3}。

盐酸是最重要的强酸之一。由于 Cl^- 具有一定的配位能力，能和许多金属离子形成配合物，浓盐酸可以溶解一些难溶金属氯化物（如 AgCl、CuCl、$PbCl_2$ 等），甚至可以溶解某些难溶金属硫化物。

盐酸是重要的化工生产原料，常用来制备金属氯化物、苯胺和染料等产品。盐酸在冶金工业、石油工业、印染工业、皮革工业、食品工业以及轧钢、焊接、电镀、搪瓷、医药等部门也有广泛的应用。

工业上生产盐酸的方法是使氢气在氯气中燃烧（两种气体只在相互作用的瞬间才混合），生成的氯化氢用水吸收，便得到合成盐酸。

2. 氟、溴、碘的氢化物

氟化钙与浓硫酸作用可以得到氟化氢：

$$CaF_2 + H_2SO_4 \longrightarrow CaSO_4 + 2HF$$

氟化氢是无色、有刺激性气味，且有强腐蚀性的有毒气体。氟化氢分子间由于氢键的存在发生缔合（见第 10.4.3 节），使其熔点、沸点和汽化焓等性质均出现反常现象（表 15-2）。

氟化氢溶于水后得到氢氟酸。氢氟酸是弱酸，其 $K_a^{\ominus}=6.9\times10^{-4}$。在氢氟酸中，HF 分子间以氢键缔合成$(HF)_x$，影响了氢氟酸的解离。

在较浓的氢氟酸溶液中，一部分 F^- 与 HF 按下式结合：

$$HF + F^- \longrightarrow HF_2^- \qquad K^{\ominus}=5.2$$

由于这个反应的存在，使 F^- 的浓度降低，导致氢氟酸进一步解离。因此氢氟酸的解离度随着溶液浓度的增大而增大。在 HF_2^- 中，HF 与 F^- 以氢键结合。

氟化氢和氢氟酸都能与二氧化硅作用，生成挥发性的四氟化硅和水：

$$SiO_2 + 4HF \longrightarrow SiF_4 + 2H_2O$$

二氧化硅是玻璃的主要成分，氢氟酸能腐蚀玻璃。因此，通常用塑料容器来储存氢氟酸，而不能用玻璃瓶储存。根据氢氟酸的这一特殊性质，可以用它来刻蚀玻璃或溶解各种硅酸盐。

实验视频

HBr 的还原性

氢氟酸的蒸气有毒，当皮肤接触 HF 时会引起不易痊越的灼伤，因此，使用氢氟酸时应特别注意安全。

溴化氢和碘化氢也是无色气体，具有刺激性气味，易溶于水生成相应的酸，即氢溴酸和氢碘酸。这两种酸都是强酸，其酸性强于高氯酸。

溴和碘与氢反应慢，而且产率不高，所以不用直接合成法制取溴化氢和碘化氢。另外，溴化氢和碘化氢也不能用浓硫酸与溴化物和碘化物作用的方法来制取，这是由于生成的溴化氢和碘化氢将与浓硫酸进一步发生氧化还原反应：

实验视频

HI 的还原性

$$2HBr + H_2SO_4(浓) \longrightarrow Br_2 + SO_2 + 2H_2O$$

$$8HI + H_2SO_4(浓) \longrightarrow 4I_2 + H_2S + 4H_2O$$

所以，实际上得不到纯的溴化氢和碘化氢。如果改用无氧化性的高沸点酸——浓磷酸代替浓硫酸，可以制得溴化氢和碘化氢。

通常采用非金属卤化物水解的方法制取 HBr 和 HI。例如，PBr_3、PI_3 分别与水作用生成亚磷酸和相应的卤化氢：

$$PBr_3 + 3H_2O \longrightarrow H_3PO_3 + 3HBr$$

$$PI_3 + 3H_2O \longrightarrow H_3PO_3 + 3HI$$

实际上有时并不需要预先制成三卤化磷，若把溴逐滴加在磷和少许水的混合物上，或把水逐滴加在磷和碘的混合物上，即可分别产生 HBr 和 HI：

$$2P + 3Br_2 + 6H_2O \longrightarrow 2H_3PO_3 + 6HBr$$

$$2P + 3I_2 + 6H_2O \longrightarrow 2H_3PO_3 + 6HI$$

3. 卤化氢性质的比较

由表 15-2 可知，卤化氢的许多性质表现出规律性的变化。卤化氢都是极性分子，随着卤素电负性的减小，卤化氢的极性按 HF＞HCl＞HBr＞HI 的顺序递减。氟化氢的熔点、沸点在卤化氢中非但不是最低，甚至熔点高于溴化氢，沸点高于碘化氢。

氢卤酸的酸性按 HF≪HCl＜HBr＜HI 的顺序依次增强。其中，除氢氟酸为弱酸外，其他氢卤酸都是强酸。

卤化氢的稳定性可以用键能的大小来说明。键能越大，卤化氢越稳定，从表 15-2 中的数据可以看出，HF、HCl、HBr 和 HI 的键能依次减小，所以卤化氢的热稳定性的次序是 HF＞HCl＞HBr＞HI。HF 的分解温度高于 1 000 ℃，而 HI 在 300 ℃就明显分解。另外，从卤化氢的标准摩尔生成焓也可以看出上述稳定性变化规律。卤化氢的标准摩尔生成焓数值越负，卤化氢的稳定性越高。

拓展阅读

氢卤酸的酸性热力学分析

除氢氟酸没有还原性外，其他氢卤酸都具有还原性。卤化氢或氢卤酸还原性强弱的次序是 HF＜HCl＜HBr＜HI。盐酸可以被强氧化剂如 $KMnO_4$、$K_2Cr_2O_7$、PbO_2、$NaBiO_3$ 等氧化为 Cl_2。空气中的氧能氧化氢碘酸：

$$4I^- + 4H^+ + O_2 \longrightarrow 2I_2 + 2H_2O$$

在光照下反应速率显著增大。氢溴酸和氧的反应比较缓慢。

15.1.4　卤化物

卤素和电负性比其小的元素生成的化合物叫作卤化物。卤化物可以分为金属卤化物和非金属卤化物两类。根据卤化物的键型，又可分为离子型卤化物和共价型卤化物。

(1)金属卤化物

所有金属都能形成卤化物。金属卤化物可以看作是氢卤酸的盐，具有一般盐类的特征，如熔点和沸点较高、在水溶液中或熔融状态下大都能导电等。电负性最大的氟与电负性最小、离子半径最大的铯化合而形成的 CsF 是典型的离子化合物。碱金属、碱土金属以及镧系和锕系元素的卤化物大多属于离子型或接近于离子型，如 NaCl、$BaCl_2$、$LaCl_3$ 等。在某些卤化物中，阳离子与阴离子之间极化作用比较明显，表现出一定的共价性，如 AgCl 等。有些高氧化值的金属卤化物则为共价型卤化物，如 $AlCl_3$、$SnCl_4$、$FeCl_3$、$TiCl_4$ 等。这些金属卤化物的特征是熔点、沸点一般较低，易挥发，能溶于非极性溶剂，熔融后不导电。它们在水中强烈地水解。总之，金属卤化物的键型与金属和卤素的电负性、离子半径以及金属离子的电荷数有关。

下面讨论金属卤化物键型及熔点、沸点等性质的递变规律。

同一周期元素的卤化物，自左向右随阳离子电荷数依次升高，离子半径逐渐减小，键型从离子型过渡到共价型，熔点和沸点显著地降低，导电性下降。表 15-3 列出了第二、三周期部分元素氯化物的熔点和沸点。

同一金属的不同卤化物，从 F 至 I 随着离子半径的依次增大，极化率逐渐变大，键的离子性依次减小，而共价性依次增大。例如，AlF_3 是离子型的，而 AlI_3 是共价型的。卤化物的熔点和沸点也依次降低。例如，卤化钠的熔点和沸点高低次序为 NaF＞NaCl＞NaBr＞NaI。卤化铝的熔点和沸点由于键型过渡不符合上述变化规律。AlF_3 为离子型化合物，熔点、沸点均较高，其他卤化铝多为共价型，熔点、沸点均较低，且沸点随着相对分子质量增大而依次增高(表 15-4)。

同一金属不同氧化值的卤化物中，高氧化值的卤化物一般共价性更显著，所以熔点、沸点比低氧化值卤化物低一些，较易挥发。表 15-5 列出了几种金属氯化物的熔点和沸点。

表 15-3　同周期元素氯化物的熔点和沸点

	LiCl	$BeCl_2$	BCl_3	CCl_4
熔点/℃	613	415	−107	−22.9
沸点/℃	1 360	482.3	12.7	76.7
	NaCl	$MgCl_2$	$AlCl_3$	$SiCl_4$
熔点/℃	800.8	714		−68.8
沸点/℃	1 465	1 412	181(升华)	57.6
氯化物类型		离子型		共价型

表 15-4　卤化钠、卤化铝的熔点和沸点

卤化钠	熔点/℃	沸点/℃	卤化铝	熔点/℃	沸点/℃
NaF	996	1 704	AlF_3	1 090	1 272(升华)
NaCl	800.8	1 465	$AlCl_3$		181(升华)
NaBr	755	1 390	$AlBr_3$	97.5	253(升华)
NaI	660	1 304	AlI_3	191.0	382

表 15-5　几种金属氯化物的熔点和沸点

氯化物	熔点/℃	沸点/℃	氯化物	熔点/℃	沸点/℃
$SnCl_2$	246.9	623	$SbCl_3$	73.4	220.3
$SnCl_4$	−33	114.1	$SbCl_5$	3.5	79(2.9kPa)
$PbCl_2$	501	950	$FeCl_2$	677	1 024
$PbCl_4$	−15	105(分解)	$FeCl_3$	304	约 316

大多数金属卤化物易溶于水，常见的金属氯化物中，AgCl、Hg_2Cl_2、$PbCl_2$ 和 CuCl 是难溶的。溴化物和碘化物的溶解性和相应的氯化物相似。氟化物的溶解度与其他卤化物有些不同。例如，CaF_2 晶格能较大，所以 CaF_2 难溶，其他卤化钙的晶格能较小，因此易溶于水。Ag^+ 与 Cl^-、Br^-、I^- 间的相互极化作用依次增强，键的共价性逐渐增大。导致 AgCl、AgBr、AgI 均难溶于水，且溶解度依次降低。而 Ag^+ 与 F^- 之间极化作用不显著，所以 AgF 易溶于

水。

有些金属卤化物遇水发生水解反应，不同的卤化物水解产物类型常常不同。例如，$SnCl_2$ 的水解产物为 $Sn(OH)Cl$，而 $SbCl_3$ 和 $BiCl_3$ 的水解产物分别为 $SbOCl$ 和 $BiOCl$。

由于金属卤化物的水解性、挥发性不同，所以制备金属卤化物要采用不同的方法，一般分为干法和湿法。湿法生产卤化物常常是用金属或金属氧化物、碳酸盐与氢卤酸作用。例如，$CaCl_2$、$MgCl_2$、$ZnCl_2$、$FeCl_2$ 的制取采用的是湿法。干法制取卤化物是用氯气和金属直接化合得到易挥发的无水卤化物。例如，无水 $AlCl_3$、$FeCl_3$、$SnCl_4$ 的制取采用的是干法。另外，用金属氧化物与氯、碳反应也可以制取无水卤化物。例如

$$TiO_2 + 2C + 2Cl_2 \longrightarrow TiCl_4 + 2CO$$

反应中也有 CO_2 产生。

(2)非金属卤化物

非金属硼、碳、硅、氮、磷等都能与卤素形成各种相应的卤化物。这些卤化物都是以共价键结合起来的，熔点和沸点都低，而且按 F→Cl→Br→I 顺序升高。这与非金属卤化物的分子间力随相对分子质量的增大而增强有关。

非金属卤化物的稳定性主要和它们的键能有关。正如氟化氢比其他卤化氢稳定得多，非金属氟化物的稳定性比其他卤化物强得多。

15.1.5 卤素的含氧酸及其盐

除了氟以外，其他卤素的电负性都比氧的电负性小，它们可以和氧形成氧化物、含氧酸及其盐。在这些化合物中，卤素的氧化值都是正值，它们都具有较强的氧化性。卤素的氧化物不稳定，其次是含氧酸，相对比较稳定的是含氧酸盐。卤素的含氧化合物中以氯的含氧化合物最为重要。

1. 氯的含氧酸及其盐

(1)次氯酸及其盐

氯和水反应生成次氯酸和盐酸：

$$Cl_2 + H_2O \longrightarrow HClO + HCl$$

次氯酸是很弱的酸，$K_a^{\ominus} = 2.8 \times 10^{-8}$。次氯酸很不稳定，只能存在于稀溶液中，它很容易分解，在光的作用下分解得更快：

$$2HClO \xrightarrow{\text{光}} O_2 + 2HCl$$

当加热时，次氯酸歧化为氯酸和盐酸：

$$3HClO \longrightarrow HClO_3 + 2HCl$$

因此，只有通氯气于冷水才能得到次氯酸。

次氯酸是很强的氧化剂。氯气具有漂白性就是由于它与水作用而生成次氯酸的缘故，所以完全干燥的氯气没有漂白能力。次氯酸做氧化剂时，本身被还原为 Cl^-。

把氯气通入冷的碱溶液中，便生成次氯酸盐，例如

$$Cl_2 + 2NaOH \longrightarrow NaClO + NaCl + H_2O$$

次氯酸盐溶液有氧化性和漂白作用。漂白粉是用氯气与消石灰作用而制得的，是次氯酸钙、氯化钙和氢氧化钙的混合物。制备漂白粉的主要反应也是氯的歧化反应：

实验视频

次氯酸盐的氧化性

$$2Cl_2 + 3Ca(OH)_2 \longrightarrow Ca(ClO)_2 + CaCl_2 \cdot Ca(OH)_2 \cdot H_2O + H_2O$$

次氯酸盐的漂白作用主要是基于次氯酸的氧化性。

(2)亚氯酸及其盐

亚氯酸是二氧化氯与水反应的产物之一。

$$2ClO_2 + H_2O \longrightarrow HClO_2 + HClO_3$$

从亚氯酸盐可以制得比较纯净的亚氯酸溶液，例如

$$Ba(ClO_2)_2 + H_2SO_4 \longrightarrow 2HClO_2 + BaSO_4$$

但亚氯酸溶液极不稳定，只要数分钟便分解出 ClO_2 和 Cl_2。在氯的含氧酸中，亚氯酸最不稳定。

二氧化氯与碱溶液反应时，可得到亚氯酸盐和氯酸盐：

$$2ClO_2 + 2NaOH \longrightarrow NaClO_2 + NaClO_3 + H_2O$$

亚氯酸盐虽比亚氯酸稳定，但加热或敲击固体亚氯酸盐时，立即发生爆炸，分解成氯酸盐和氧化物。亚氯酸盐的水溶液较稳定，具有强氧化性，可做漂白剂。

(3)氯酸及其盐

次氯酸在加热时发生歧化反应而生成氯酸和盐酸。用氯酸钡和稀硫酸作用也可以制得氯酸：

$$Ba(ClO_3)_2 + H_2SO_4 \longrightarrow BaSO_4 + 2HClO_3$$

氯酸是强酸。氯酸仅存在于水溶液中。将氯酸的水溶液蒸发，可以浓缩至 40%。更浓的氯酸则不稳定，发生剧烈的爆炸性分解。如加一滴浓硫酸于固体 $KClO_3$ 上，生成的浓 $HClO_3$ 立即分解为高氯酸 $HClO_4$ 和 ClO_2，后者又分解为氯和氧：

$$8HClO_3 \longrightarrow 4HClO_4 + 2Cl_2 + 3O_2 + 2H_2O$$

氯酸也是强氧化剂，其还原产物可以是 Cl_2 或 Cl^-，这与还原剂的强弱及氯酸的用量有关。例如

$$2HClO_3 + I_2 \longrightarrow 2HIO_3 + Cl_2$$

$$HClO_3 + 5HCl \longrightarrow 3Cl_2 + 3H_2O$$

$HClO_3$ 过量时，还原产物为 Cl_2。

重要的氯酸盐有氯酸钾和氯酸钠。当氯与热的苛性钾溶液作用时，生成氯酸钾和氯化钾：

$$3Cl_2 + 6KOH \longrightarrow KClO_3 + 5KCl + 3H_2O$$

工业上采用无隔膜槽电解 NaCl 水溶液，产生的 Cl_2 在槽中与热的 NaOH 溶液作用而生成 $NaClO_3$。然后将所得到的 $NaClO_3$ 溶液与等物质的量的 KCl 进行复分解而制得 $KClO_3$：

$$NaClO_3 + KCl \longrightarrow KClO_3 + NaCl$$

$KClO_3$ 的溶解度小，可以分离出来。

在有催化剂存在下加热 $KClO_3$ 时，它便分解为氯化钾和氧气：

$$2KClO_3 \xrightarrow{\text{催化剂}} 2KCl + 3O_2$$

在没有催化剂存在时，小心加热 $KClO_3$，则发生歧化反应而生成高氯酸钾和氯化钾：

$$4KClO_3 \longrightarrow 3KClO_4 + KCl$$

固体 $KClO_3$ 是强氧化剂，与各种易燃物(如硫、磷、碳或有机物质)混合后，经撞击会引起爆炸着火。因此 $KClO_3$ 多用来制造火柴和焰火等。$KClO_3$ 的水溶液只有在酸性条件下才有较强的氧化性。

实验视频

氯酸盐的氧化性(1)

氯酸钠比氯酸钾易吸潮，一般不用它制炸药、焰火等，多用作除草剂。

(4)高氯酸及其盐

高氯酸盐和浓硫酸反应，经减压蒸馏可以制得高氯酸：

$$KClO_4 + H_2SO_4 \longrightarrow KHSO_4 + HClO_4$$

$$Ba(ClO_4)_2 + H_2SO_4 \longrightarrow BaSO_4 + 2HClO_4$$

工业上生产高氯酸采用的是电解氧化法。电解盐酸时，在阳极区生成高氯酸：

$$Cl^- + 4H_2O \longrightarrow ClO_4^- + 8H^+ + 8e^-$$

减压蒸馏后可制得 60％的高氯酸。

高氯酸是最强的无机含氧酸。无水的高氯酸是无色液体。$HClO_4$ 的稀溶液比较稳定，在冷的稀溶液中 $HClO_4$ 的氧化性较弱，不及 $HClO_3$ 氧化性强。但浓的 $HClO_4$ 不稳定，受热分解为氯、氧和水：

$$4HClO_4 \longrightarrow 2Cl_2 + 7O_2 + 2H_2O$$

浓的 $HClO_4$ 是强氧化剂，与有机物质接触会引起爆炸，所以储存时必须远离有机物，使用时也务必注意安全。高氯酸是常用的分析试剂，如在钢铁分析中常用来溶解矿样。

高氯酸盐比较稳定。高氯酸钾在 400 ℃时熔化，并按下式分解：

$$KClO_4 \longrightarrow KCl + 2O_2$$

工业上用电解 $KClO_3$ 的水溶液的方法来制取 $KClO_4$。高温下固体高氯酸盐是强氧化剂。$KClO_4$ 常用于制造炸药，用 $KClO_4$ 制造的炸药比用 $KClO_3$ 制造的炸药稳定些。NH_4ClO_4 是现代火箭推进剂的主要成分。

高氯酸盐多易溶于水，但 K^+、NH_4^+、Cs^+、Rb^+ 的高氯酸盐溶解度都小。

高氯酸根离子的配位作用很弱，故高氯酸盐常在金属配合物的研究中用作惰性盐，以保持一定的离子强度。

现将氯的各种含氧酸及其盐的性质的一般规律总结如下：

① $HClO_2$ 的氧化性比 HClO 强。

2. 溴和碘的含氧酸及其盐

*(1)次溴酸、次碘酸及其盐

次溴酸是很弱的酸，其 $K_a^{\ominus}=2.6\times10^{-9}$。次碘酸的酸性更弱，其 $K_a^{\ominus}=2.4\times10^{-11}$，$K_b^{\ominus}=3.2\times10^{-10}$。次卤酸的酸性按 HClO、HBrO、HIO 的次序而减弱。次溴酸和次碘酸都不稳定，并且都具有强氧化性，但它们的氧化性比 HClO 弱。

溴和冷的碱溶液作用能生成次溴酸盐 MBrO。NaBrO 在分析化学上常用作氧化剂。次碘酸盐的稳定性极差，所以碘与碱溶液反应得不到次碘酸盐。

(2)溴酸、碘酸及其盐

将氯气通入溴水中可以得到溴酸，即

$$Br_2+5Cl_2+6H_2O \longrightarrow 2HBrO_3+10HCl$$

溴酸同氯酸一样也只能存在于溶液中，其浓度可达 50%。用类似的方法可制得碘酸。另外也可以用硝酸氧化单质碘制得碘酸。

碘酸 HIO_3 为无色斜方晶体，$K_a^{\ominus}=0.16$。卤酸 $HClO_3$、$HBrO_3$、HIO_3 的酸性依次减弱。

在酸性介质中，卤酸根离子中 BrO_3^- 的氧化性最强。这也反映了 p 区第四周期元素的异样性。IO_3^- 的氧化性最弱，因此碘能从氯酸盐和溴酸盐中置换出氯和溴。例如

$$I_2+2ClO_3^- \longrightarrow 2IO_3^-+Cl_2$$

实验视频

碘酸盐的氧化性

(3)高溴酸、高碘酸及其盐

在碱性溶液中用氟气来氧化溴酸钠可以得到高溴酸钠 $NaBrO_4$，即

$$NaBrO_3+F_2+2NaOH \longrightarrow NaBrO_4+2NaF+H_2O$$

高溴酸($HBrO_4$)是强酸，呈艳黄色，在溶液中比较稳定，其浓度可达 55%(约为 6 $mol\cdot L^{-1}$)。高溴酸是强氧化剂。

高碘酸 H_5IO_6 是无色单斜晶体，其分子为八面体构型，碘原子采用 sp^3d^2 杂化轨道与氧原子成键。

高碘酸是一种弱酸，其 $K_{a1}^{\ominus}=4.4\times10^{-4}$，$K_{a2}^{\ominus}=2\times10^{-7}$，$K_{a3}^{\ominus}=6.3\times10^{-13}$。与其他高卤酸相应的 HIO_4 称为偏高碘酸。高碘酸在真空下加热脱水则转化为偏高碘酸。

高碘酸具有强氧化性，可以将 Mn^{2+} 氧化成 MnO_4^-，即

$$5H_5IO_6+2Mn^{2+} \longrightarrow 2MnO_4^-+5IO_3^-+7H_2O+11H^+$$

电解碘酸盐溶液可以得到高碘酸盐。在碱性条件下用氯气氧化碘酸盐也可以得到高碘酸盐，即

$$IO_3^-+Cl_2+6OH^- \longrightarrow IO_6^{5-}+2Cl^-+3H_2O$$

高碘酸盐一般难溶于水。

在高卤酸中，$HBrO_4$ 的氧化性最强，这也是 p 区第四期元素异样性的一个例子。

拓展阅读

p 区元素氧化物水合物的酸碱性

15.2 稀有气体

稀有气体包括氦、氖、氩、氪、氙、氡等 6 种元素，其原子的最外层电子构型除氦为 $1s^2$

外,其余均为稳定的 8 电子构型 ns^2np^6。稀有气体的化学性质很不活泼,所以过去人们曾将它们列为周期表中的零族,并称之为“惰性气体”。

15.2.1 稀有气体的发现

稀有气体氦是在 1869 年由法国天文学家 P. J. Janssen 和英国天文学家 J. N. Lockyer 从太阳光谱上发现的,人们曾认为它是只存在于太阳中的元素。后来,美国化学家 W. F. Hillebrand 在处理沥青铀矿时发现了一种不活泼气体,但当时他认为是氮气。1895 年,英国化学家 W. Ramsay 借助于光谱实验证明这种气体是氦。以后 Ramsay 又从空气中分离出了氦,证明了地球上氦的存在。

1894 年,英国物理学家 L. Rayleigh 重复一百多年前英国化学家 H. Cavendish 做过的实验,发现由空气分馏得到的氮气密度为 1.257 2 $g \cdot L^{-1}$,而 Ramsay 用化学方法分解氮的化合物得到的氮气密度为 1.250 5 $g \cdot L^{-1}$。这两个数据在第三位小数上存在着差别,这并不是实验误差带来的。经过 Rayleigh 和 Ramsay 反复认真地实验,精确地测量,终于发现这是由于空气中尚有约 1% 略重于氮气的其他气体所造成的。通过光谱实验证实了新元素——“不活泼”的氩的存在。这就是科学史上的“第三位小数的胜利”。

继氩和氦的发现之后,Ramsay 根据氩和氦相近的性质和 Менделеев 元素周期律,设想氦和氩可能是元素周期表中新的一族,并预言存在着同族的其他元素。1898 年,Ramsay 和他的助手 M. W. Travers 从空气中相继分离出了氪、氖和氙。1900 年,德国物理学教授 F. E. Dorn 在某些放射性矿物中发现了氡,1908 年,Ramsay 等人通过光谱实验证实了放射性稀有气体氡的存在。

15.2.2 稀有气体的性质和用途

稀有气体的某些性质列于表 15-6 中。稀有气体都是单原子分子,分子间仅存在着微弱的 van der Waals 力,它们的物理性质随原子序数的递增而有规律地变化。例如,稀有气体的熔点、沸点、溶解度、密度和临界温度等随原子序数的增大而递增,这同它们分子间色散力的递增是相适应的,而色散力的依次递增与分子极化率的递增相关联。

表 15-6 稀有气体的某些性质

稀有气体	氦(He)	氖(Ne)	氩(Ar)	氪(Kr)	氙(Xe)	氡(Rn)
相对原子质量	4.002 6	20.180	39.948	83.80	131.29	222.02
原子最外层电子构型	$1s^2$	$2s^22p^6$	$3s^23p^6$	$4s^24p^6$	$5s^25p^6$	$6s^26p^6$
van der Waals 半径/pm	122	160	191	198	217	—
熔点/℃	−272.15	−248.67	−189.38	−157.36	−111.8	−71
沸点/℃	−268.935	−246.05	−185.87	−153.22	−108.04	−62
电离能/($kJ \cdot mol^{-1}$)	2 372.3	2 086.95	1 526.8	1 357.0	1 176.5	1 043.3
溶解度/(mL/kgH_2O)(20 ℃)	8.61	10.5	33.6	59.4	108	230
临界温度/K	5.25	44.5	150.85	209.35	289.74	378.1
气体密度/($g \cdot L^{-1}$)(标准状况)	0.176	0.899 9	1.782 4	3.749 3	5.761	9.73

氦的临界温度最低，是所有气体中最难液化的。液化后温度降到 2.178 K 时，液氦 HeⅠ转变为 HeⅡ，这个温度称为 λ 点，λ 点随压力不同而异。在 λ 点以下的 HeⅡ具有许多反常的性质，它是一种超流体，其表面张力很小，黏度小到氢气的千分之一。它可以流过普通液体无法流过的毛细孔；可以沿敞口容器内壁向上流动，甚至超过容器边缘沿外壁流出，产生超流效应。液氦 HeⅡ的导热性很好(室温时为铜的 600 倍)，其导电性也大大增强，其电阻接近于 0，所以它是一种超导体。氦是唯一没有气-液-固三相平衡点的物质，常压下氦不能固化。稀有气体中，固态氡的结构尚不清楚，除氦以外，其他稀有气体的固体结构均为面心立方最密堆积。

稀有气体的化学性质很不活泼。从表 15-6 中可以看出，稀有气体原子具有很大的电离能，而它们的电子亲和能均为正值。因此，相对来说，在一般条件下稀有气体原子不易失去或得到电子而与其他元素的原子形成化合物。但在一定条件下，稀有气体仍然可以与某些物质反应生成化合物，如 Xe 可以与 F_2 在不同条件下反应生成 XeF_2、XeF_4 和 XeF_6 等。稀有气体的第一电离能从 He 到 Rn 依次减小，它们的化学反应性依次增强。现在已经合成的稀有气体化合物多为氙的化合物和少数氪的化合物，而氦、氖、氩的化合物至今尚未制得。

利用液氦可以获得 0.001 K 的低温，超低温技术中常常应用液氦。用气体氦代替氢气填充气球或气艇，因氦不燃烧，所以比氢安全得多。氦在血液中的溶解度比氮小，用氦和氧的混合物代替空气供潜水员呼吸用，可以延长潜水员在水底工作的时间，避免潜水员迅速返回水面时因压力突然下降而引起氮气自血液中逸出而阻塞血管造成的"气塞病"。这种"人造空气"在医学上也用于气喘、窒息病人的治疗。大量的氦还用于航天工业和核反应工程。稀有气体在电场作用下易于放电发光。氖、氦等常用于霓虹灯、航标灯等照明设备。氪和氙也用于制造特种电光源，如用氙制造的高压长弧氙灯被称为"人造小太阳"。氦-氖激光器是以氦和氖作为工作物质的，氩离子激光器也有广泛的用途。由于稀有气体的化学性质不活泼，故可作为某些金属的焊接、冶炼和热处理或制备还原性极强物质的保护气氛。少量的氡用于医疗。但氡的放射性也会危害人体健康。

15.2.3 稀有气体的存在和分离

稀有气体在自然界是以单质状态存在的。除氡以外，它们主要存在于空气中。在空气中氩的体积分数约为 0.93%，氖、氦、氪和氙的体积分数则更少。空气中各稀有气体的体积分数和质量分数列于表 15-7 中。

表 15-7 空气中各稀有气体的体积分数和质量分数

稀有气体	φ/%	w/%	稀有气体	φ/%	w/%
氦	5.239×10^{-4}	7.42×10^{-5}	氪	1.14×10^{-4}	3.29×10^{-4}
氖	1.818×10^{-3}	1.267×10^{-3}	氙	8.6×10^{-5}	3.9×10^{-5}
氩	0.934	1.288			

氦也存在于天然气中，体积分数约为 1%，有些地区的天然气中氦体积分数可高达 8% 左右。另外，某些放射性物质中常含有氦。氡也存在于放射性矿物中，是镭、钍的放射性产物。

从空气中分离稀有气体的方法是利用它们物理性质的差异，将液态空气分级蒸馏。从天然气中分离氦也可以采用液化的方法。

稀有气体之间的分离是利用低温下活性炭对这些气体的选择性吸附来进行的。吸附了稀有气体混合物的活性炭在低温下经过分级解吸，即可得到各种稀有气体。

15.2.4　稀有气体的化合物

1962 年，N. Bartlett 利用 PtF_6 氧化氧分子，合成了 $O_2^+[PtF_6]^-$。当时，考虑到氙的第一电离能（1 176.5 kJ·mol^{-1}）与氧分子的第一电离能（1 171.5 kJ·mol^{-1}）相近。据此 Bartlett 预测 Xe 与 PtF_6 也可能发生类似的反应。此外，根据 O_2 和 Xe 的 van der Waals 半径①估计 O_2^+ 和 Xe^+ 的半径相近，由此估算 $XePtF_6$ 的晶格能与 O_2PtF_6 的晶格能差不多，因而可以预料 Xe 与 PtF_6 反应的产物 $XePtF_6$ 可能会稳定存在。经过多次实验，他终于在室温下合成出了第一个真正的稀有气体化合物——$XePtF_6$ 红色晶体。这一发现震动了整个化学界，推动了稀有气体化学的广泛研究和迅速发展。

自从 $XePtF_6$ 被合成出来以后，人们已经制出了数百种稀有气体化合物。除了氡以外，相对来说氙是稀有气体中最活泼的元素。对稀有气体化合物研究得比较多的是氙的化合物。例如，氙的氟化物（XeF_2、XeF_4、XeF_6 等）、氧化物（XeO_3、XeO_4 等）、氟氧化物（$XeOF_2$、$XeOF_4$ 等）和含氧酸盐（$MHXeO_4$、M_4XeO_6 等）。

在一定条件下，氙的氟化物可由氙与氟直接反应得到，通常反应在镍制反应器内进行。反应的主要产物决定于 Xe 与 F_2 的混合比例和反应压力等条件（表 15-8）。增大反应物混合气体中 F_2 的比例，升高反应压力都有利于形成含氟较高的氟化物。

表 15-8　　Xe 与 F_2 反应的条件和平衡常数

反应方程式	Xe : F_2	反应条件	548 K 时平衡常数
$Xe+F_2 \longrightarrow XeF_2$	2 : 1	光照，加热，673 K	8.8×10^4
$Xe+2F_2 \longrightarrow XeF_4$	1 : 5	600 kPa，873 K	1.1×10^4
$Xe+3F_2 \longrightarrow XeF_6$	1 : 20	6 000 kPa，523 K	1.0×10^8

氪的氟化物也可以由氪和氟的混合物制得。例如，用高能低温的方法可制得 KrF_2：

$$Kr+F_2 \xrightarrow[-196\ ^\circ C]{放电} KrF_2$$

其他已制得的稀有气体化合物大多是由相应的氟化物水解制得的。

氙的氟化物都能与水反应，但反应性能不同。XeF_2 溶于水，在稀酸中水解缓慢：

$$2XeF_2+2H_2O \longrightarrow 2Xe+O_2+4HF$$

而在碱性溶液中迅速分解。XeF_4 水解时则发生歧化反应：

$$6XeF_4+12H_2O \longrightarrow 2XeO_3+4Xe+24HF+3O_2$$

---

① 在 O_2 分子中，核间距约为 121 pm，氧原子的 van der Waals 半径约为 140 pm，从氧分子中心到分子边缘的距离（"O_2 的半径"）为 $\left(\frac{1}{2}\times121+140\right)$ pm=201 pm。Xe 的 van der Waals 半径为 210 pm。

XeF_6 不完全水解时产物是 $XeOF_4$ 和 HF：

$$XeF_6 + H_2O \longrightarrow XeOF_4 + 2HF$$

完全水解时可得到 XeO_3：

$$XeF_6 + 3H_2O \longrightarrow XeO_3 + 6HF$$

XeF_6 的水解反应剧烈，低温下水解较平稳。

氙的氟化物都是非常强的氧化剂，能将许多物质氧化。例如

$$XeF_2 + 2HCl \longrightarrow Xe + Cl_2 + 2HF$$

$$XeF_4 + 4KI \longrightarrow Xe + 2I_2 + 4KF$$

$$XeF_6 + 3H_2 \longrightarrow Xe + 6HF$$

XeF_2 甚至于可将 BrO_3^- 氧化为 BrO_4^-：

$$XeF_2 + BrO_3^- + H_2O \longrightarrow Xe + BrO_4^- + 2HF$$

根据价层电子对互斥理论，可以推测出氙的某些主要化合物的分子(或离子)的空间构型。实验测定 XeF_6 分子的构型为变形八面体，如图 15-1 所示。利用杂化轨道理论可以解释氙的化合物的空间构型。有人认为当稀有气体与电负性很大的原子作用时，稀有气体原子 np 轨道中的电子可能会被激发到能量较高的 nd 轨道上去而形成单电子，同时以杂化轨道与其他原子形成共价键。例如，在 XeF_2 和 XeF_4 中，氙原子分别以 sp^3d 和 sp^3d^2 杂化轨道中的一部分与氟原子形成 σ 键。而在 XeF_6 中，氙原子则可能以 sp^3d^3 杂化轨道与氟原子形成 σ 键。

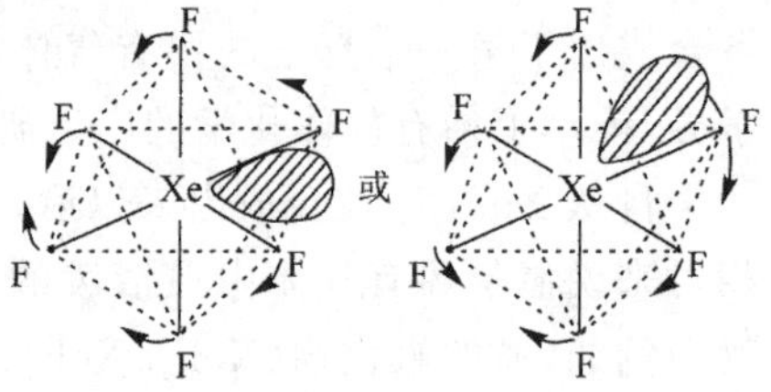

图 15-1 XeF_6 的分子构型

习 题 15

15-1 卤素单质的物理性质和化学性质有哪些变化规律？

15-2 说明卤素单质的制备方法，写出有关的反应方程式。

15-3 写出下列物质间的反应方程式：

(1)氯气与热的碳酸钾；

(2)常温下，液溴与碳酸钠溶液；

(3)将氯气通入 KI 溶液中，呈黄色或棕色后，再继续通入氯气至无色；

(4)碘化钾晶体加入浓硫酸，并微热。

15-4 为什么不用单质氟和氢直接反应来制备氟化氢？为什么不用浓硫酸与金属碘化物反应制备碘化氢？

15-5 说明卤化氢的酸性、还原性和热稳定性的变化规律。

15-6 完成并配平下列反应方程式。

(1) $KI + KIO_3 + H_2SO_4$(稀)$\longrightarrow$　　(2) $MnO_2 + HBr \longrightarrow$

(3) $Ca(OH)_2 + Br_2 \xrightarrow{常温}$　　(4) $I_2 + Cl_2(g) + H_2O \longrightarrow$

(5) $BrO_3^- + Br^- + H^+ \longrightarrow$　　(6) $NaBrO_3 + F_2 + NaOH \longrightarrow$

15-7　由海带提碘生产中,可以用 $NaNO_2$、NaClO 或 Cl_2 做氧化剂将 I^- 氧化为 I_2,试分别写出有关反应的离子方程式。

15-8　影响金属卤化物熔点、沸点的因素有哪些?

15-9　举例说明氯化物水解产物的基本规律。

15-10　说明氯的含氧酸及其盐的酸性、氧化性和热稳定性变化规律。

15-11　回答下列问题:

(1)比较高氯酸、高溴酸、高碘酸的酸性和它们的氧化性;

(2)比较氯酸、溴酸、碘酸的酸性和它们的氧化性。

15-12　重要的溴、碘的含氧酸盐有哪些?其氧化性、酸碱性如何?

15-13　计算 25 ℃时碱性溶液中下列歧化反应的标准平衡常数。

$$3ClO^-(aq) \rightleftharpoons 2Cl^-(aq) + ClO_3^-(aq)$$

15-14　在三支试管中分别盛有 NaCl、NaBr、NaI 溶液,如何鉴定它们?

15-15　稀有气体的熔点、沸点、溶解度、密度的变化规律如何?举例说明稀有气体的重要应用。

15-16　写出第一个人工合成的稀有气体化合物的化学式。列举重要的稀有气体化合物。

15-17　用价层电子对互斥理论推测下列分子或离子的空间构型,并用杂化轨道理论解释。

$$XeF_2, XeF_4, XeOF_4, XeO_3, XeO_4, XeO_6^{4-}$$

15-18　写出由 Xe 制备 XeF_2、XeF_4、XeF_6 的反应方程式。

***15-19**　完成并配平下列反应方程式。

(1) $XeF_2 + H_2 \longrightarrow$

(2) $XeF_4 + Xe \longrightarrow$

(3) $Na_4XeO_6 + MnSO_4 + H_2O \xrightarrow{\text{酸性介质}}$

(4) $NaBrO_3 + XeF_2 + NaOH \longrightarrow$

15-20　已知 $\Delta_f H_m^\ominus(XeF_4, s) = -262\ kJ \cdot mol^{-1}$,$XeF_4(s)$的升华焓为 $47\ kJ \cdot mol^{-1}$,$F_2(g)$的键解离能为 $158\ kJ \cdot mol^{-1}$。计算:

(1) $XeF_4(g)$的标准摩尔生成焓 $\Delta_f H_m^\ominus(XeF_4, g)$;

(2) XeF_4 分子中 Xe—F 键的键能。

15-21　比较下列各组化合物酸性的递变规律,并解释之。

(1) H_3PO_4, H_2SO_4, $HClO_4$;

(2) HClO, $HClO_2$, $HClO_3$, $HClO_4$;

(3) HClO, HBrO, HIO。

15-22　下列各组分子或离子的空间构型是否相同?试写出它们的空间构型、中心原子以何种杂化轨道成键。

(1) PO_4^{3-}, SO_4^{2-}, ClO_4^-;

(2) SO_2, ClO_2^-;

(3) SO_3, ClO_3^-。

第16章

d 区元素(一)

16.1 d 区元素概述

d 区元素包括周期系ⅢB～ⅦB、Ⅷ、ⅠB～ⅡB 族元素(不包括镧系元素和锕系元素)。d 区元素都是金属元素。这些元素位于长式元素周期表的中部,即典型金属元素和典型非金属元素之间,通常称为过渡元素或过渡金属。d 区元素的原子结构特点是它们的原子最外层大多有 2 个 s 电子(少数只有 1 个 s 电子,Pd 无 5s 电子),次外层分别有 1～10 个 d 电子。d 区元素的价层电子构型可概括为 $(n-1)d^{1\sim10}ns^{1\sim2}$(Pd 为 $5s^0$)。

同周期 d 区元素金属性递变不明显。通常人们按不同周期将过渡元素分为下列三个过渡系:

第一过渡系——第四周期元素从钪(Sc)到锌(Zn);

第二过渡系——第五周期元素从钇(Y)到镉(Cd);

第三过渡系——第六周期元素从镥(Lu)到汞(Hg)。

d 区元素的一般性质按上述三个过渡系列于表 16-1 中。

表 16-1　　d 区元素的一般性质

元素		价层电子构型	熔点/℃	沸点/℃	原子半径/pm	M^{2+}半径/pm	第一电离能/$kJ\cdot mol^{-1}$	氧化值
第一过渡系	Sc	$3d^1 4s^2$	1 541	2 836	161	—	639.5	**3**
	Ti	$3d^2 4s^2$	1 668	3 287	145	90	664.6	−1,0 ,2,**3**,**4**
	V	$3d^3 4s^2$	1 917	3 421	132	88	656.5	−1,0,2,3,**4**,**5**
	Cr	$3d^5 4s^1$	1 907	2 679	125	84	659.0	−2,−1,0,2,**3**,4,5,**6**
	Mn	$3d^5 4s^2$	1 244	2 095	124	80	723.8	−2,−1,0,1,**2**,3,**4**,5,**6**,**7**
	Fe	$3d^6 4s^2$	1 535	2 861	124	76	765.7	0,**2**,**3**,4,5,6
	Co	$3d^7 4s^2$	1 494	2 927	125	74	764.9	0,**2**,**3**,4
	Ni	$3d^8 4s^2$	1 453	2 884	125	72	742.5	0,**2**,**3**,(4)
	Cu	$3d^{10} 4s^1$	1 085	2 562	128	69	751.7	**1**,**2**,3
	Zn	$3d^{10} 4s^2$	420	907	133	74	912.6	**2**

(续表)

	元素	价层电子构型	熔点/℃	沸点/℃	原子半径/pm	第一电离能/kJ·mol⁻¹	氧化值
第二过渡系	Y	$4d^1 5s^2$	1 522	3 345	181	606.4	**3**
	Zr	$4d^2 5s^2$	1 852	3 577	160	642.6	2,3,**4**
	Nb	$4d^4 5s^1$	2 468	4 860	143	642.3	2,3,4,**5**
	Mo	$4d^5 5s^1$	2 622	4 825	136	691.2	0,2,3,**4**,5,**6**
	Tc	$4d^5 5s^2$	2 157	4 265	136	708.2	0,4,5,6,**7**
	Ru	$4d^7 5s^1$	2 334	4 150	133	707.6	0,3,**4**,5,6,7,8
	Rh	$4d^8 5s^1$	1 963	3 727	135	733.7	0,(1),2,**3**,**4**,6
	Pd	$4d^{10} 5s^0$	1 555	3 167	138	810.5	0,(1),**2**,3,**4**
	Ag	$4d^{10} 5s^1$	962	2 164	144	737.2	**1**,2,3
	Cd	$4d^{10} 5s^2$	321	765	149	874.0	**2**

	元素	价层电子构型	熔点/℃	沸点/℃	原子半径/pm	第一电离能/kJ·mol⁻¹	氧化值
第三过渡系	Lu	$5d^1 6s^2$	1 663	3 402	173	529.7	**3**
	Hf	$5d^2 6s^2$	2 227	4 450	159	660.7	2,3,**4**
	Ta	$5d^3 6s^2$	2 996	5 429	143	720.3	2,3,4,**5**
	W	$5d^4 6s^2$	3 387	5 900	137	739.3	0,2,3,4,5,**6**
	Re	$5d^5 6s^2$	3 180	5 678	137	754.7	0,2,3,4,5,6,7
	Os	$5d^6 6s^2$	3 045	5 225	134	804.9	0,2,3,4,5,6,7,8
	Ir	$5d^7 6s^2$	2 447	2 550	136	874.7	0,2,**3**,**4**,5,6
	Pt	$5d^9 6s^1$	1 769	3 824	136	836.8	0,**2**,**4**,5,6
	Au	$5d^{10} 6s^1$	1 064	2 856	144	896.3	**1**,**3**
	Hg	$5d^{10} 6s^2$	−39	357	160	1 013.3	**1**,**2**

注:表中黑体数字为常见氧化值。

d 区元素中,第一过渡系元素在自然界中的储量较多,它们的单质和化合物在工业上的用途也较广。第二、三过渡系元素,除银(Ag)和汞(Hg)外,丰度相对较小。本章将着重介绍从钛(Ti)到镍(Ni)这 7 种元素。ⅠB 和ⅡB 族元素将在第 17 章中讨论。

16.1.1 d 区元素的原子半径和电离能

与同周期的ⅠA、ⅡA 族元素相比,过渡元素的原子半径一般比较小。过渡元素的原子半径以及它们随原子序数呈周期性变化的情况如图 16-1 所示。

由图 16-1 可见,同周期过渡元素的原子半径随着原子序数的增加而缓慢地依次减小,到第Ⅷ族元素后又缓慢增大。同族过渡元素的原子半径,除部分元素外,自上而下随原子序数的增加而增大,但是第二过渡系元素的原子半径比第一过渡系元素的原子半径增大得不多,而第三过渡系元素比第二过渡系元素的原子半径增大的程度更小,这主要是由于镧系收缩所致。

各过渡系元素电离能随原子序数的增大,总的变化趋势是逐渐增大的。从第一电离能来看,这种递增的幅度并不很大。与形成 d 轨道全满或半满状态离子相对应的电离能数值常常表现得低一些。

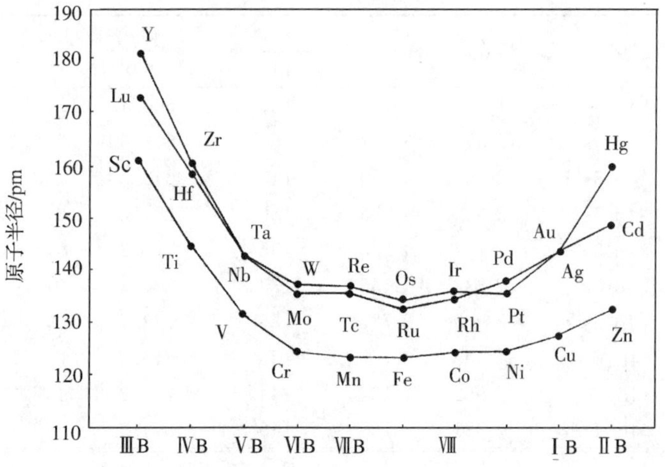

图 16-1　过渡元素的原子半径

同族过渡元素的电离能的递变很不规则。正常的变化倾向是前几族元素电离能自上而下依次升高,后几族则出现交错现象。

16.1.2　d 区元素的物理性质

除ⅡB族元素外,过渡元素的单质都是高熔点、高沸点、密度大、导电性和导热性良好的金属。在同周期中,它们的熔点,从左到右一般是先逐步升高,然后又缓慢下降。通常认为产生这种现象的原因是在这些金属原子间除了主要以金属键结合之外,还可能具有部分共价性。这与原子中未成对的 d 电子参与成键有关。原子中未成对的 d 电子数增多,金属键中由这些电子参与成键造成的部分共价性增强,表现出这些金属单质的熔点升高。在各周期中熔点最高的金属在ⅥB族中出现(图 16-2)。在同一族中,第二过渡系元素的单质的熔点、沸点大多高于第一过渡系元素,而第三过渡系元素的熔点、沸点又高于第二过渡系元素

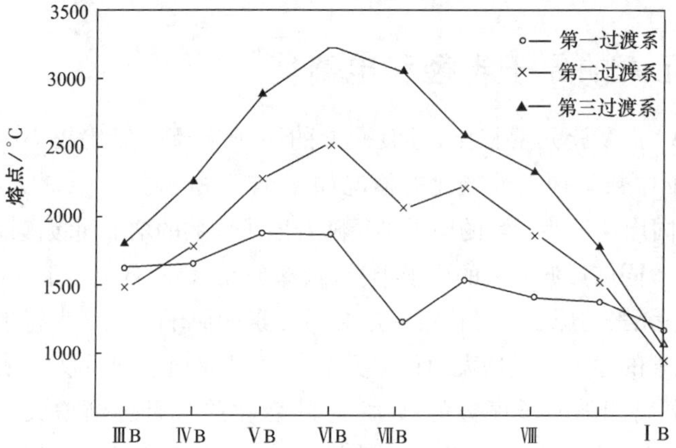

图 16-2　过渡元素的熔点

(ⅢB、ⅡB 族除外)。熔点最高的单质是钨。金属的熔点还与金属原子半径的大小、晶体结构等因素有关,并非单纯地决定于未成对 d 电子数目的多少。过渡元素单质的硬度也有类似的变化规律。硬度最大的金属是铬。

另外,在过渡元素中,单质密度最大的是Ⅷ族的锇(Os),其次是铱(Ir)、铂(Pt)、铼(Re)。这些金属都比室温下同体积的水重 20 倍以上,是典型的重金属。

16.1.3　d 区元素的化学性质

第一过渡系元素的单质的化学性质比第二、三过渡系元素的单质活泼。例如,第一过渡系中除铜外,其他金属都能与稀酸(盐酸或硫酸)作用,而第二、三过渡系的单质大多较难发生类似反应。第二、三过渡系中有些元素的单质仅能溶于王水和氢氟酸中,如锆(Zr)、铪(Hf)等,有些甚至不溶于王水,如钌(Ru),铑(Rh)、锇(Os)、铱(Ir)等。化学性质的这些差别,与第二、三过渡系的原子具有较大的电离能(I_1 和 I_2)和升华焓(原子化焓)有关。有时这些金属在表面上易形成致密的氧化膜,也影响了它们的活泼性。

过渡元素的单质能与活泼的非金属(如卤素和氧等)直接形成化合物。过渡元素与氢形成金属型氢化物,又称为过渡型氢化物。

有些元素的单质如ⅣB～ⅦB 族的元素,还能与原子半径较小的非金属,例如,B、C、N 形成间充(或间隙)式化合物。这些化合物中,B、C、N 的原子占据金属晶格的空隙,它们的组成往往是可变的,非化学计量的,常随着 B、C、N 在金属中溶解的多少而改变。间充式化合物比相应的纯金属的熔点高(例如,TiC、W_2C、TiN、TiB 的熔点都在 3 000 ℃左右),硬度大(大都接近于金刚石的硬度),化学性质不活泼。工业上 W_2C 常用作硬质合金,可用其制造某些特殊设备。

过渡元素的单质由于具有多种优良的物理和化学性能,在冶金工业上用来制造各种合金钢,例如,不锈钢(含铬、镍等)、弹簧钢(含钒等)、建筑钢(含锰等)。另外,它们的一些单质或化合物在化学工业上常用作催化剂。例如,在硝酸制造过程中,氨的氧化用铂作催化剂;不饱和有机化合物的加氢常用镍作催化剂;接触法制造硫酸,用五氧化二钒(V_2O_5)作催化剂等。总之,在化学工业所用的催化剂中,过渡元素的单质及其化合物占有相当重要的地位。

16.1.4　d 区元素的氧化态

过渡元素大都可以形成多种氧化值的化合物。在某种条件下,这些元素的原子仅有最外层的 s 电子参与成键;而在另外的条件下,这些元素的部分或全部 d 电子也参与成键。一般说来,过渡元素的高氧化值化合物比其低氧化值化合物的氧化性强。过渡元素与非金属形成二元化合物时,往往只有电负性较大、阴离子难被氧化的非金属元素(氧或氟)才能与它们形成高氧化值的二元化合物,如 Mn_2O_7、CrF_6 等。而电负性较小、阴离子易被氧化的非金属(如碘、溴、硫等),则难与它们形成高氧化值的二元化合物。在它们的高氧化值化合物中,以其含氧酸盐较稳定。这些元素在含氧酸盐中,以含氧酸根离子形式存在,如 MnO_4^-、CrO_4^{2-}、VO_4^{3-} 等。

过渡元素的较低氧化值(+2 和+3)大都有简单的 M^{2+} 和 M^{3+}。这些离子的氧化性一般都不强(Co^{3+}、Ni^{3+} 和 Mn^{3+} 除外),因此都能与多种酸根离子形成盐类。

过渡元素还能形成氧化值为+1、0、-1 和-2 的化合物。例如,在 $Mn(CO)_5Cl$ 中 Mn 的氧化值为+1;在 $Mn(CO)_5$ 中 Mn 的氧化值为 0;在 $NaMn(CO)_5$ 中 Mn 的氧化值为-1。

16.1.5 d 区元素离子的颜色

过渡元素的水合离子大多是有颜色的(表 16-2)。过渡元素与其他配体形成的配离子也常具有颜色。这些配离子吸收了可见光(波长在 730~400 nm)的一部分,发生了 d-d 跃迁,而把其余部分的光透过或散射出来。人们肉眼看到的就是这部分透过或散射出来的光,也就是该物质呈现的颜色。例如,从$[Ti(H_2O)_6]^{3+}$的吸收光谱可以看出,$[Ti(H_2O)_6]^{3+}$主要吸收了蓝绿色的光,而透过的是紫色和红色光。因此$[Ti(H_2O)_6]^{3+}$的溶液呈现紫色。

表 16-2　第一过渡系金属水合离子的颜色

d 电子数	水合离子	颜色	d 电子数	水合离子	颜色
d^0	$[Sc(H_2O)_6]^{3+}$	无色(溶液)	d^5	$[Fe(H_2O)_6]^{3+}$	淡紫色
d^1	$[Ti(H_2O)_6]^{3+}$	紫色	d^6	$[Fe(H_2O)_6]^{2+}$	淡绿色
d^2	$[V(H_2O)_6]^{3+}$	绿色	d^6	$[Co(H_2O)_6]^{3+}$	蓝色
d^3	$[Cr(H_2O)_6]^{3+}$	紫色	d^7	$[Co(H_2O)_6]^{2+}$	粉红色
d^3	$[V(H_2O)_6]^{2+}$	紫色	d^8	$[Ni(H_2O)_6]^{2+}$	绿色
d^4	$[Cr(H_2O)_6]^{2+}$	蓝色	d^9	$[Cu(H_2O)_6]^{2+}$	蓝色
d^4	$[Mn(H_2O)_6]^{3+}$	红色	d^{10}	$[Zn(H_2O)_6]^{2+}$	无色
d^5	$[Mn(H_2O)_6]^{2+}$	淡红色			

由 d^0 和 d^{10} 构型的中心离子所形成的配合物,如$[Sc(H_2O)_6]^{3+}$(d^0)和$[Zn(H_2O)_6]^{2+}$(d^{10}),在可见光照射下不发生 d-d 跃迁(Sc^{3+} 无 d 电子,Zn^{2+} 无空的 3d 轨道)。可见光照射它们的溶液时,会全部透过,所以它们的溶液无色。

对于某些具有颜色的含氧酸根离子,如 VO_4^{3-}(淡黄色)、CrO_4^{2-}(黄色)、MnO_4^-(紫色)等,一般认为它们的颜色被认为是由电荷迁移引起的。在上述离子中的金属元素都处于最高氧化态,钒、铬和锰的形式电荷分别为 5、6 和 7,可表示为 V^{V}、Cr^{VI} 和 Mn^{VII},它们都具有 d^0 电子构型,均有较强的夺取电子的能力。这些酸根离子吸收了一部分可见光的能量后,氧阴离子的电荷会向金属离子迁移。

16.2 钛　钒

16.2.1 钛及其化合物

钛在地壳中的丰度为 0.42%,在所有元素中居第 10 位。钛的主要矿物有钛铁矿

$FeTiO_3$ 和金红石 TiO_2。我国的钛资源丰富，已探明的钛矿储量位于世界前列。

1. 钛的单质

钛是银白色金属，其密度($4.506\ g\cdot cm^{-3}$)约为铁的一半，但它具有很高的机械强度(接近于钢)。钛的表面易形成致密的氧化物保护膜，使其具有良好的抗腐蚀性能，特别是对湿的氯气和海水有良好的抗蚀性能。因此，20 世纪 40 年代以来，钛已成为工业上最重要的金属之一，用来制造超音速飞机、舰艇以及化工厂的某些设备等。钛易于和肌肉长在一起，可用于制造人造关节，所以也称其为“生物金属”。

在室温下，钛对空气和水是十分稳定的。它能缓慢地溶解在浓盐酸或热的稀盐酸中，生成 Ti^{3+}。热的浓硝酸与钛作用也很缓慢，最终生成不溶性的二氧化钛的水合物 $TiO_2\cdot nH_2O$。在高温下，钛能与许多非金属反应，例如，与氧、氯反应分别生成 TiO_2 和 $TiCl_4$。在高温下，钛也能与水蒸气反应，生成 TiO_2 和 H_2。钛能与许多金属形成合金。

2. 钛的化合物

钛原子的价层电子构型为 $3d^24s^2$。钛可以形成最高氧化值为+4 的化合物，也可以形成氧化值为+3、+2、0、−1 的化合物。在钛的化合物中，氧化值为+4 的化合物比较稳定，应用较广。Ti(Ⅳ)的氧化性并不太强，因此钛不仅能与电负性大的氟、氧形成二元化合物 TiF_4 和 TiO_2，也能与氯、溴、碘形成二元化合物 $TiCl_4$、$TiBr_4$、TiI_4，但是 $TiBr_4$ 和 TiI_4 较不稳定。

(1) 钛(Ⅳ)的化合物

在 Ti(Ⅳ)的化合物中，比较重要的是 TiO_2、$TiOSO_4$、$TiCl_4$。从钛矿石中常先制取钛的这些化合物，再以它们为原料制取钛的其他化合物。

用热水水解硫酸氧钛 $TiOSO_4$ 可得到难溶于水的二氧化钛的水合物 $TiO_2\cdot nH_2O$。加热可得到白色粉末状的 TiO_2，即

$$TiO_2\cdot nH_2O \xrightarrow{300\ ^\circ C} TiO_2 + nH_2O$$

自然界中存在的金红石是 TiO_2 的另一种形式，由于含有少量的铁、铌、钽、钒等而呈红色或黄色。金红石的硬度高，化学稳定性好。

二氧化钛作为半导体材料用于新型太阳能电池。作为“环境友好催化剂，二氧化钛具有光催化性能，有着广泛的应用空间。

二氧化钛在工业上除作白色涂料外，最重要的用途是用来制造钛的其他化合物。由二氧化钛直接制取金属钛是比较困难的，这是因为 TiO_2 热稳定性很强。通常用 TiO_2、碳和氯气在 800～900 ℃时进行反应，首先制得四氯化钛 $TiCl_4$，即

$$TiO_2(s) + 2C(s) + 2Cl_2(g) \xrightarrow{800\sim900\ ^\circ C} TiCl_4(l) + 2CO(g) \quad \Delta_r G_m^\ominus = -122.0\ kJ\cdot mol^{-1}$$

然后用镁还原 $TiCl_4$，可得到海绵钛，即

$$TiCl_4(l) + 2Mg(s) \longrightarrow Ti(s) + 2MgCl_2(s) \qquad \Delta_r G_m^\ominus = -446.4\ kJ\cdot mol^{-1}$$

四氯化钛是以共价键占优势的化合物。它是极易吸湿的液体，与水猛烈作用，部分水解而生成氯化钛酰 $TiOCl_2$，完全水解时生成 $TiO_2\cdot nH_2O$。$TiCl_4$ 可在加热情况下被 H_2 还原为 $TiCl_3$，即

$$2TiCl_4 + H_2 \xrightarrow{\triangle} 2TiCl_3 + 2HCl$$

$TiCl_4$ 和 $TiCl_3$ 在某些有机合成反应中常用作催化剂。

Ti^{4+} 由于电荷多，半径(68 pm)小，使它有强烈的水解作用，甚至在强酸溶液中也未发现有$[Ti(H_2O)_6]^{4+}$存在。Ti(Ⅳ)在水溶液中是以钛氧离子(TiO^{2+})的形式存在。

在中等酸度的钛(Ⅳ)盐溶液中加入 H_2O_2，可生成橘黄色的配合物$[TiO(H_2O_2)]^{2+}$，即

$$TiO^{2+} + H_2O_2 \longrightarrow \underset{(\text{橘黄色})}{[TiO(H_2O_2)]^{2+}}$$

这一特征反应常用于比色法来测定钛。

$TiCl_4$ 溶于含有 HCl 的溶液中，往往不能水解出难溶的 $TiO_2 \cdot nH_2O$，这是由于形成了配离子的缘故。

(2) 钛(Ⅲ)的化合物

在酸性溶液中用锌还原 TiO^{2+} 时，可以形成紫色的$[Ti(H_2O)_6]^{3+}$(简写为 Ti^{3+})，即

$$2TiO^{2+} + Zn + 4H^+ \longrightarrow 2Ti^{3+} + Zn^{2+} + 2H_2O$$

若溶液中有相当量的 Cl^- 存在时，可形成配离子$[TiCl(H_2O)_5]^{2+}$或$[TiCl_2(H_2O)_4]^+$。

$[Ti(H_2O)_6]^{3+}$水解程度较大，可按下式水解

$$[Ti(H_2O)_6]^{3+} \rightleftharpoons [Ti(OH)(H_2O)_5]^{2+} + H^+ \qquad K^{\ominus} = 10^{-1.4}$$

向含有 Ti^{3+} 的溶液中加入碳酸盐时，会沉淀出 $Ti(OH)_3$，即

$$2Ti^{3+} + 3CO_3^{2-} + 3H_2O \longrightarrow 2Ti(OH)_3 + 3CO_2$$

在酸性溶液中，Ti^{3+} 是一种比 Sn^{2+} 略强的还原剂，它容易被空气中的氧所氧化，即

$$4Ti^{3+} + 2H_2O + O_2 \longrightarrow 4TiO^{2+} + 4H^+$$

16.2.2 钒及其化合物

1. 钒的单质

钒在自然界中的存在极为分散，很少见到钒的富矿。我国的钒资源丰富，在四川攀枝花铁矿中，不仅含有丰富的钛，也含有相当数量的钒。

钒是银灰色金属，在空气中是稳定的，其硬度比钢大。钒主要用来制造钒钢。钒钢具有很高的强度、弹性和优良的抗磨损、抗冲击性能，用于汽车和飞机制造。钒液流电池作为新型电源得到开发和推广。钒对稀酸也是稳定的，但室温下它能溶解于硝酸或王水中，生成 VO_2^+。浓硫酸和氢氟酸仅在加热时与钒发生作用。钒对强碱水溶液是稳定的，但有氧存在时，它在熔融的强碱中能逐渐溶解形成钒酸盐。在加热时，钒能与大部分非金属反应，钒与氧、氟可直接反应生成 V_2O_5、VF_5，与氯反应仅能生成 VCl_4，与溴、碘反应则生成 VBr_3、VI_3。钒在加热时还能与碳、氮、硅反应生成间充型化合物 VN、VC、VSi，它们的熔点高，硬度大。

2. 钒的化合物

钒原子的价层电子构型为 $3d^34s^2$。在钒的化合物中，钒的最高氧化值为+5。V(Ⅴ)的化合物都是反磁性的，有些是无色的。钒还能形成氧化值为+4、+3、+2 的化合物。这些化合物都是顺磁性的，常呈现出颜色。

在钒的二元化合物中，V(Ⅴ)表现出较强的氧化性。随着钒的氧化值的降低，其氧化性逐步减弱。在钒的化合物中，氧化值为+5 的化合物比较重要，其中五氧化二钒 V_2O_5 和钒酸盐尤为重要。它们是制取其他钒的化合物的重要原料，也是从矿石中提取钒的主要中间

产物。钒的化合物都有毒。

(1) 钒(Ⅴ)的化合物

灼烧 NH_4VO_3 时可生成 V_2O_5，即

$$2NH_4VO_3 \xrightarrow{\triangle} V_2O_5 + 2NH_3 + H_2O$$

V_2O_5 是两性偏酸的氧化物，易溶于强碱溶液中，在冷的溶液中生成正矾酸盐 $M_3^{I}VO_4$，在热的溶液中生成偏矾酸盐 $M^{I}VO_3$。在加热情况下 V_2O_5 能与 Na_2CO_3 作用生成偏钒酸盐。

V_2O_5 是较强的氧化剂。它能与沸腾的浓盐酸作用产生氯气，V(Ⅴ)被还原为蓝色的 $[VO(H_2O)_5]^{2+}$(简写为 VO^{2+})。

$$V_2O_5 + 6H^+ + 2Cl^- \xrightarrow{\triangle} 2VO^{2+} + Cl_2(g) + 3H_2O$$

在有 SO_3^{2-} 存在的稀硫酸溶液中，V_2O_5 也能溶解，并被 SO_3^{2-} 还原为 VO^{2+}，即

$$V_2O_5 + SO_3^{2-} + 4H^+ \longrightarrow 2VO^{2+} + SO_4^{2-} + 2H_2O$$

钒酸盐因生成时的条件(如温度、pH 等)不同，可生成偏矾酸盐 $M^{I}VO_3$、正钒酸盐 $M_3^{I}VO_4$ 和多钒酸盐 $M_4^{I}V_2O_7$、$M_3^{I}V_3O_9$ 等。在钒酸盐中只有钠、钾等少数金属的钒酸盐易溶于水，水溶液无色或呈黄色。

(2)水溶液中钒的离子及其反应

含有 V(Ⅴ)化合物的水溶液，因溶液的 pH 不同，而形成一系列复杂离子。例如，当 pH>12.6 时，V(Ⅴ)的水溶液中主要是 VO_4^{3-}。当溶液的酸性增强时，VO_4^{3-} 逐步缩合为多钒酸根离子。例如

$$VO_4^{3-} + H^+ \rightleftharpoons [VO_3(OH)]^{2-}$$

$$2[VO_3(OH)]^{2-} + H^+ \rightleftharpoons [V_2O_6(OH)]^{3-} + H_2O$$

$$3[V_2O_6(OH)]^{3-} + 3H^+ \rightleftharpoons 2V_3O_9^{3-} + 3H_2O$$

$$\vdots$$

当溶液呈强酸性(pH<1)时，V(Ⅴ)主要以 VO_2^+ 形式存在于溶液中。不同 pH 时溶液中存在的各种 V(Ⅴ)的离子见表 16-3。

表 16-3　V(Ⅴ)离子与溶液的 pH

pH	>12.6	12～9	9～7	7～6.5	6.5～2.2	2.2～1	<1
主要离子	VO_4^{3-}	$[V_2O_6(OH)]^{3-}$	$V_3O_9^{3-}$	$V_{10}O_{28}^{6-}$	$V_2O_5 \cdot xH_2O$	$V_{10}O_{28}^{6-} \rightleftharpoons VO_2^+$	VO_2^+
颜色	淡黄色(或无色)		→	红棕色	橙棕色		淡黄色

在酸性或强酸性溶液中，各种氧化值的钒都有其相应的离子存在，这些离子呈现出不同的颜色。现将它们一并列在表 16-4 中。

由实验事实得知，即使是在酸性很强的溶液中也未发现有 $[V(H_2O)_6]^{5+}$ 和 $[V(H_2O)_6]^{4+}$。这是由于 V(Ⅳ)、V(Ⅴ)在水溶液中容易水解的缘故。它们在酸性溶液中常以 VO_2^+ 和 VO^{2+} 存在。从溶液中得到的 V(Ⅳ)和 V(Ⅴ)的化合物，常以 VO_2X 或 VOX_2 形式析出(X^- 为阴离子)。VO_2^+、VO^{2+} 在溶液中进一步水解的趋势较小，它们在溶液中是较

稳定的。V^{3+}在水溶液中水解趋势较强，按下式水解

$$V^{3+}+H_2O \rightleftharpoons V(OH)^{2+}+H^+ \qquad K^{\ominus}=10^{-2.9}$$

表 16-4　　在酸性溶液中钒的各种离子

离子	d 电子数	氧化值	颜色	$E^{\ominus}/V$	生成方法	与 OH^- 反应的产物
$VO_2^+ \cdot nH_2O$（简写为 VO_2^+）	0	+5	淡黄色	1.0(Ⅴ/Ⅳ)	钒酸盐加足够量的酸	V_2O_5
$[VO(H_2O)_5]^{2+}$（简写为 VO^{2+}）	1	+4	蓝色	0.337(Ⅳ/Ⅲ)	V_2O_5 用 SO_3^{2-} 在酸性溶液中还原	$VO(OH)_2$
$[V(H_2O)_6]^{3+}$（简写为 V^{3+}）	2	+3	绿色	0.25(Ⅲ/Ⅱ)	V_2O_3 溶于酸	V_2O_3
$[V(H_2O)_6]^{2+}$（简写为 V^{2+}）	3	+2	紫色	−1.2(Ⅱ/0)	VO 溶于酸	$V(OH)_2$

VO_2^+ 具有较强的氧化性。用 SO_2（或亚硫酸盐）、Fe^{2+} 或草酸（$H_2C_2O_4$）等很容易把 VO_2^+ 还原为 VO^{2+}。例如

$$2VO_2^+ + 2H^+ + SO_3^{2-} \longrightarrow 2VO^{2+} + SO_4^{2-} + H_2O$$

用 $KMnO_4$ 溶液可把 VO^{2+} 氧化为 VO_2^+，即

$$5VO^{2+} + H_2O + MnO_4^- \longrightarrow 5VO_2^+ + Mn^{2+} + 2H^+$$

上述反应由于颜色变化明显，在分析化学中常用来测定溶液中的钒。

若采用较强的还原剂（如 Zn）在酸性溶液中与 V(Ⅴ)作用，则可把 VO_2^+ 逐步还原为 V^{2+}。例如，在 NH_4VO_3 的盐酸溶液中加入 Zn，会依次看到生成蓝色的$[VO(H_2O)_5]^{2+}$，绿色的$[VCl_2(H_2O)_4]^+$，最后生成紫色的$[V(H_2O)_6]^{2+}$。

V^{3+}在水溶液中并不十分稳定，特别是在碱性条件下很容易被空气中的氧所氧化。V^{2+}有较强的还原性，V(Ⅱ)的化合物能从水中置换出氢。

16.3 铬

周期系ⅥB 族元素包括铬、钼、钨、䥑 4 种元素。铬在自然界中的主要矿物是铬铁矿，其组成为 $Fe(CrO_2)_2$。钼的主要矿物有辉钼矿（MoS_2）。钨的主要矿物有黑钨矿（$MnFeWO_4$）、白钨矿（$CaWO_4$）。我国钼矿资源丰富，钨矿的储量约占世界总储量的一半。䥑是放射性元素。

16.3.1 铬的单质

铬是灰白色金属。它的熔点和沸点很高。铬是金属中最硬的。在通常条件下，铬在空气和水中是相当稳定的。它的表面容易形成一层氧化膜，从而降低了它的活泼性。在机械工业上，为了保护金属不生锈，常在金属表面镀上一层铬，这一镀层能长期保持光亮。室温下，无保护膜的纯铬能溶于稀盐酸和硫酸溶液中，而不溶于硝酸和磷酸。在高温下，铬能与活泼的非金属反应，与碳、氮、硼也能形成化合物。铬是重要的合金元素。

16.3.2　铬的化合物

铬原子的价层电子构型为 $3d^5 4s^1$。铬的最高氧化值为＋6。铬也能形成氧化值为＋5、＋4、＋3、＋2、＋1、0、－1、－2 的化合物。在铬的二元化合物中，Cr(Ⅵ)表现出较强的氧化性。已知 Cr(Ⅵ)的二元化合物有氧化物 CrO_3 和氟化物 CrF_6。Cr(Ⅲ)的氧化物、卤化物能稳定存在，Cr(Ⅱ)的化合物有较强的还原性，能从酸中置换出 H_2。一般说来，高氧化值的铬的化合物以共价键占优势，中间氧化值的化合物常以离子键占优势，低氧化值(0，－1，－2)的化合物则以共价键相结合，如 $Cr(CO)_6$ 等。

铬的常见氧化值为＋6 和＋3。

水溶液中铬的离子有 $Cr_2O_7^{2-}$、CrO_4^{2-} 和 $[Cr(H_2O)_6]^{3+}$(简写为 Cr^{3+})等。在某些溶液中也能生成 $[Cr(OH)_4]^-$ 和 $[Cr(H_2O)_6]^{2+}$(或 Cr^{2+})。现将它们的性质列于表 16-5 中。

表 16-5　　水溶液中铬的常见离子

离子	氧化值	d 电子数	颜色	存在时的 pH
$Cr_2O_7^{2-}$	＋6	d^0	橙红色	pH＜2
CrO_4^{2-}	＋6	d^0	黄色	pH＞6
$[Cr(H_2O)_6]^{3+}$ (或 Cr^{3+})	＋3	d^3	紫色	酸性
$[Cr(OH)_4]^-$	＋3	d^3	亮绿色	过量强碱溶液中(在固态化合物中以 CrO_2^- 存在)
$[Cr(H_2O)_6]^{2+}$ (或 Cr^{2+})	＋2	d^4	蓝色	酸性

铬的元素电势图如下：

酸性溶液中 $E_A^{\ominus}/V$

$$Cr_2O_7^{2-} \xrightarrow{1.33} Cr^{3+} \xrightarrow{-0.41} Cr^{2+} \xrightarrow{-0.91} Cr \quad (Cr^{3+} \xrightarrow{-0.74} Cr)$$

碱性溶液中 $E_B^{\ominus}/V$

$$CrO_4^{2-} \xrightarrow{-0.12} Cr(OH)_3 \xrightarrow{-1.1} Cr(OH)_2 \xrightarrow{-1.4} Cr \quad (Cr(OH)_3 \xrightarrow{-1.3} Cr)$$

1. 铬(Ⅵ)的化合物

Cr(Ⅵ)的化合物通常是由铬铁矿借助于碱熔法制得的，即把铬铁矿和碳酸钠混合，并在空气中煅烧，即

$$4Fe(CrO_2)_2 + 8Na_2CO_3 + 7O_2 \xrightarrow{\sim 1\,000\ ℃} 8Na_2CrO_4 + 2Fe_2O_3 + 8CO_2$$

用水浸取煅烧后的熔体，铬酸盐进到溶液中，再经浓缩，可得到黄色的 Na_2CrO_4 晶体。在 Na_2CrO_4 溶液中加入适量的 H_2SO_4，可转化为 $Na_2Cr_2O_7$，即

$$2Na_2CrO_4 + H_2SO_4 \longrightarrow Na_2Cr_2O_7 + Na_2SO_4 + H_2O$$

将 $Na_2Cr_2O_7$ 与 KCl 或 K_2SO_4 进行复分解反应可得到 $K_2Cr_2O_7$。其他铬的化合物大都是以铬酸盐作原料转化为重铬酸盐后，再由重铬酸盐来制取。例如，以 $K_2Cr_2O_7$ 作原料可制取三氧化铬 CrO_3、氯化铬酰 CrO_2Cl_2、铬钾矾 $KCr(SO_4)_2 \cdot 12H_2O$、三氯化铬 $CrCl_3$ 等。

氯化铬酰是深红色易挥发的液体，有较强的氧化性，在一些有机反应中作氧化剂。它易吸水放出 HCl，变为 CrO_3，有

$$CrO_2Cl_2 + H_2O \longrightarrow CrO_3 + 2HCl$$

CrO_3 是铬的重要化合物，电镀铬时用它与硫酸配制成电镀液。固体 CrO_3 遇酒精等易燃有机物，立即着火燃烧，本身还原为 Cr_2O_3。CrO_3 在冷却的条件下与氨水作用，可生成重铬酸铵 $(NH_4)_2Cr_2O_7$，有

$$2CrO_3 + 2NH_3 + H_2O \xrightarrow{冷} (NH_4)_2Cr_2O_7$$

铬酸 H_2CrO_4 和重铬酸 $H_2Cr_2O_7$ 仅存在于稀溶液中，尚未分离出游离的 H_2CrO_4 和 $H_2Cr_2O_7$。它们都是强酸，但 $H_2Cr_2O_7$ 比 H_2CrO_4 的酸性还要强些。$H_2Cr_2O_7$ 的第一级解离是完全的，有

$$HCr_2O_7^- \rightleftharpoons Cr_2O_7^{2-} + H^+ \qquad K_{a2}^{\ominus} = 0.85$$

$$H_2CrO_4 \rightleftharpoons HCrO_4^- + H^+ \qquad K_{a1}^{\ominus} = 9.55$$

$$HCrO_4^- \rightleftharpoons CrO_4^{2-} + H^+ \qquad K_{a2}^{\ominus} = 3.2 \times 10^{-7}$$

在碱性或中性溶液中 Cr(Ⅵ)主要以黄色的 CrO_4^{2-} 存在，当增加溶液中 H^+ 浓度时，先生成 $HCrO_4^-$，随之转变为橙红色的 $Cr_2O_7^{2-}$，即

$$2CrO_4^{2-} + 2H^+ \rightleftharpoons 2HCrO_4^- \rightleftharpoons Cr_2O_7^{2-} + H_2O$$

$HCrO_4^-$ 和 $Cr_2O_7^{2-}$ 之间存在着下列平衡

$$2HCrO_4^- \rightleftharpoons Cr_2O_7^{2-} + H_2O \qquad K^{\ominus} = 33$$

向 $Cr_2O_7^{2-}$ 的溶液中加入碱，溶液由橙红色变为黄色。$pH < 2$ 时，溶液中以 $Cr_2O_7^{2-}$ 占优势。

有些铬酸盐比相应的重铬酸盐难溶于水。在 $Cr_2O_7^{2-}$ 的溶液中加入 Ag^+、Ba^{2+}、Pb^{2+} 时，分别生成 Ag_2CrO_4（砖红色）、$BaCrO_4$（淡黄色）、$PbCrO_4$（黄色）沉淀。例如

$$4Ag^+ + Cr_2O_7^{2-} + H_2O \rightleftharpoons 2Ag_2CrO_4(s) + 2H^+$$

上述事实说明，在 $K_2Cr_2O_7$ 的溶液中有 CrO_4^{2-} 存在。这一反应常用来鉴定溶液中是否存在 Ag^+。

在 $Cr_2O_7^{2-}$ 的溶液中加入 H_2O_2 和乙醚或戊醇时，有蓝色的过氧化铬 CrO_5 生成，即

$$Cr_2O_7^{2-} + 4H_2O_2 + 2H^+ \longrightarrow 2CrO_5 + 5H_2O$$

这一反应用来鉴定溶液中是否有 Cr(Ⅵ)存在。但 CrO_5 不稳定，放置或微热时，分解为 Cr^{3+} 并放出 O_2。CrO_5 在乙醚中较稳定地生成 $CrO(O_2)_2 \cdot (C_2H_5)_2O$，它的结构式为

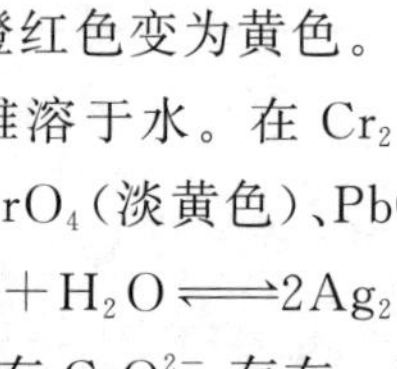

$Cr_2O_7^{2-}$ 有较强的氧化性，而 CrO_4^{2-} 的氧化性很差。在酸性溶液中，$Cr_2O_7^{2-}$ 可把 Fe^{2+}、SO_3^{2-}、H_2S、I^- 等氧化。以 Fe^{2+} 为例，反应如下

$$Cr_2O_7^{2-}+6Fe^{2+}+14H^+ \longrightarrow 2Cr^{3+}+6Fe^{3+}+7H_2O$$

这一反应常用于 Fe^{2+} 含量的测定。

2. 铬(Ⅲ)的化合物

$(NH_4)_2Cr_2O_7$ 晶体受热即可完全分解出 Cr_2O_3、N_2 和 H_2O，即

$$(NH_4)_2Cr_2O_7 \xrightarrow{170\ ℃} Cr_2O_3+N_2+4H_2O$$

Cr_2O_3 可做绿色颜料(铬绿)，在某些有机合成反应中可作催化剂。

在水溶液中，$[Cr(H_2O)_6]^{3+}$ 按下式发生水解

$$[Cr(H_2O)_6]^{3+} \rightleftharpoons [Cr(OH)(H_2O)_5]^{2+}+H^+ \quad K^{\ominus} \approx 10^{-4}$$

$$2[Cr(H_2O)_6]^{3+} \rightleftharpoons [(H_2O)_4Cr(OH)_2Cr(H_2O)_4]^{4+}+2H^+ +2H_2O \quad K^{\ominus} \approx 10^{-2.7}$$

在 $pH<4$ 时，溶液中才有 $[Cr(H_2O)_6]^{3+}$ 存在。向 $[Cr(H_2O)_6]^{3+}$ 的溶液中加入碱时，首先生成灰绿色的 $Cr(OH)_3$ 沉淀，当碱过量时因生成亮绿色的 $[Cr(OH)_4]^-$ (也有人认为是 $[Cr(OH)_6]^{3-}$)而使 $Cr(OH)_3$ 沉淀溶解，即

$$Cr^{3+}+3OH^- \longrightarrow Cr(OH)_3(s)$$

$$Cr(OH)_3+OH^- \longrightarrow [Cr(OH)_4]^-$$

在酸性溶液中，使 Cr^{3+} 氧化为 $Cr_2O_7^{2-}$ 是比较困难的，通常采用氧化性更强的过硫酸铵 $(NH_4)_2S_2O_8$ 等做氧化剂，反应如下

$$2Cr^{3+}+3S_2O_8^{2-}+7H_2O \longrightarrow Cr_2O_7^{2-}+6SO_4^{2-}+14H^+$$

相反，在碱性溶液中，$[Cr(OH)_4]^-$ 被氧化为铬酸盐就比较容易进行，即

$$2[Cr(OH)_4]^- +3H_2O_2+2OH^- \longrightarrow 2CrO_4^{2-}+8H_2O$$

这一反应常用来初步鉴定溶液中是否有 Cr(Ⅲ)存在，进一步确认时需在此溶液中再加入 Ba^{2+} 或 Pb^{2+}，生成黄色的 $BaCrO_4$ 或 $PbCrO_4$ 沉淀，证明原溶液中确有 Cr(Ⅲ)。

实验视频

Cr^{3+} 的鉴定

16.4 锰

周期系ⅦB 族元素包括锰、锝、铼、𬭛 4 种元素。锰在地壳中的含量在过渡元素中占第三位，仅次于铁和钛。锰在自然界主要以软锰矿 $MnO_2 \cdot xH_2O$ 的形式存在。锰及其化合物以软锰矿为原料来制取。已经发现在深海中有大量的锰矿——“锰结核”。锝和铼是稀有元素。锝和𬭛是放射性元素。

16.4.1 锰的单质

锰的外形与铁相似，块状锰是白色金属，质硬而脆。纯锰用途不大，常以锰铁的形式来制造各种合金钢。常温下，锰能缓慢地溶于水。锰与稀酸作用则放出氢气而形成 $[Mn(H_2O)_6]^{2+}$。锰也能在氧化剂的存在下与熔融的碱作用生成锰酸盐，即

$$2Mn+4KOH+3O_2 \longrightarrow 2K_2MnO_4+2H_2O$$

在加热情况下，锰能与许多非金属反应。锰与氧反应生成 Mn_3O_4，与氟反应生成 MnF_3、

MnF_4，与其他卤素反应则生成 MnX_2 型的卤化物。

16.4.2 锰的化合物

锰原子的价层电子构型为 $3d^54s^2$。锰的最高氧化值为+7。锰也能形成氧化值为+6、+5、+4、+3、+2、+1、0、−1、−2 的化合物。Mn(Ⅶ)的二元化合物 Mn_2O_7 是极不稳定的。Mn(Ⅶ)的化合物以锰酸盐较稳定。Mn(Ⅳ)的化合物以 MnO_2 最稳定。Mn(Ⅲ)的二元化合物(如 Mn_2O_3、MnF_3)固态时尚稳定，在水溶液中容易发生歧化反应。Mn(Ⅱ)的化合物在固态或水溶液中都比较稳定。氧化值为+1、0、−1、−2 的锰的化合物大都是羰合物及其衍生物。锰的常见氧化值为+7、+6、+4 和+2。

锰的化合物在水溶液中参加反应的主要是 MnO_4^-、MnO_4^{2-}、Mn^{2+} 等。现将水溶液中锰的离子及其性质列于表 16-6 中。

表 16-6　　水溶液中锰的各种离子及其性质

离子	氧化值	颜色	d 电子数	存在于溶液中的条件
MnO_4^-	+7	紫红色	d^0	中性溶液中稳定
MnO_4^{2-}	+6	暗绿色	d^1	在 pH>13.5 的碱性溶液中稳定
$[Mn(H_2O)_6]^{3+}$	+3	红色	d^4	很容易歧化为 MnO_2 和 Mn^{2+}
$[Mn(H_2O)_6]^{2+}$	+2	淡红色	d^5	酸性溶液中稳定

锰元素的电势图如下：

酸性溶液 $E_A^{\ominus}/V$

$$MnO_4^- \xrightarrow{0.554\,5} MnO_4^{2-} \xrightarrow{2.27} MnO_2 \xrightarrow{0.95} Mn^{3+} \xrightarrow{1.51} Mn^{2+} \xrightarrow{-1.18} Mn$$

（MnO_4^- 至 MnO_2：1.700；MnO_2 至 Mn^{2+}：1.229 3；MnO_4^- 至 Mn^{2+}：1.512）

碱性溶液 $E_B^{\ominus}/V$

$$MnO_4^- \xrightarrow{0.554\,5} MnO_4^{2-} \xrightarrow{0.617\,5} MnO_2 \xrightarrow{-0.20} Mn(OH)_3 \xrightarrow{0.10} Mn(OH)_2 \xrightarrow{-1.56} Mn$$

（MnO_4^- 至 MnO_2：0.596 5；MnO_2 至 $Mn(OH)_2$：−0.051 4）

1. 锰(Ⅶ)的化合物

在 Mn(Ⅶ)的化合物中，最重要的是高锰酸钾 $KMnO_4$。以软锰矿为原料制取 $KMnO_4$ 时，先将 MnO_2、KOH 和 $KClO_3$ 的混合物加热熔融制得锰酸钾 K_2MnO_4，即

$$3MnO_2 + 6KOH + KClO_3 \longrightarrow 3K_2MnO_4 + KCl + 3H_2O$$

用水浸取熔块可得到 K_2MnO_4 溶液。从 K_2MnO_4 溶液中可结晶出暗绿色的锰酸钾 K_2MnO_4 晶体。利用氯气氧化 K_2MnO_4 溶液可使 K_2MnO_4 转化为 $KMnO_4$，即

$$2K_2MnO_4 + Cl_2 \longrightarrow 2KMnO_4 + 2KCl$$

工业上一般采用电解法由 K_2MnO_4 制取 $KMnO_4$，即

$$2MnO_4^{2-} + 2H_2O \xrightarrow{\text{电解}} 2MnO_4^- + 2OH^- + H_2$$

高锰酸钾是最重要的氧化剂之一。在酸性溶液中，MnO_4^- 被还原为 Mn^{2+}；在中性或弱碱性溶液中，MnO_4^- 被还原为 MnO_2；在浓碱溶液中，MnO_4^- 被还原为 MnO_4^{2-}。

通常使用 MnO_4^- 作氧化剂时，大都是在酸性介质中进行反应，MnO_4^- 常用来氧化 Fe^{2+}、SO_3^{2-}、H_2S、I^-、Sn^{2+} 等。例如，MnO_4^- 可以把 H_2S 氧化为 S，还可进一步把 S 氧化为 SO_4^{2-}，即

$$2MnO_4^- + 5H_2S + 6H^+ \longrightarrow 2Mn^{2+} + 5S + 8H_2O$$

$$6MnO_4^- + 5S + 8H^+ \longrightarrow 6Mn^{2+} + 5SO_4^{2-} + 4H_2O$$

高锰酸钾受热时按下式分解

$$2KMnO_4 \xrightarrow{200\ ℃以上} K_2MnO_4 + MnO_2 + O_2$$

$KMnO_4$ 粉末在低温下与浓硫酸作用，可生成黄绿色油状液体七氧化二锰 Mn_2O_7（又称高锰酸酐）。Mn_2O_7 在 0℃以下才是稳定的，室温下立即爆炸，分解为 MnO_2 和 O_2。它与许多有机物（酒精、醚类等）接触时，立即着火燃烧。与 Mn_2O_7 对应的高锰酸 $HMnO_4$，仅能存在于稀溶液中，浓缩到 20%以上时就分解为 MnO_2 和 O_2。

MnO_4^- 在水溶液中是比较稳定的，但是放置时会缓慢地按下式反应

$$4MnO_4^- + 4H^+ \longrightarrow 4MnO_2 + 2H_2O + 3O_2$$

在光线照射下这一反应会加速进行，通常用棕色瓶盛装 $KMnO_4$ 溶液。MnO_4^- 的溶液中有微量酸存在时，上述反应也能加速进行，因此 MnO_4^- 在酸性溶液中是不稳定的。

在浓碱溶液中，MnO_4^- 能被 OH^- 还原为绿色的 MnO_4^{2-}，并放出 O_2，即

$$4MnO_4^- + 4OH^- \longrightarrow 4MnO_4^{2-} + O_2 + 2H_2O$$

2. 锰(Ⅵ)的化合物

常见的锰(Ⅵ)的化合物是 K_2MnO_4，它在强碱性溶液中以暗绿色的 MnO_4^{2-} 形式存在。由锰的元素电势图可以看出，MnO_4^{2-} 在碱性介质中不是强氧化剂。在微酸性（如通入 CO_2 或加入醋酸）甚至近中性条件下按下式发生歧化反应：

$$3MnO_4^{2-} + 4H^+ \longrightarrow 2MnO_4^- + MnO_2 + 2H_2O$$

锰酸盐在酸性溶液中虽然有强氧化性，但由于它的不稳定性，故不用作氧化剂。

实验视频

MnO_4^{2-} 的生成和性质

3. 锰(Ⅳ)的化合物

锰(Ⅳ)的重要化合物是二氧化锰 MnO_2。在酸性溶液中 MnO_2 有强氧化性。MnO_2 与浓盐酸或浓硫酸作用时，分别得到 $MnCl_2$ 和 $MnSO_4$，即

$$MnO_2 + 4HCl \xrightarrow{\triangle} MnCl_2 + Cl_2(g) + 2H_2O$$

$$2MnO_2 + 2H_2SO_4 \xrightarrow{\triangle} 2MnSO_4 + O_2(g) + 2H_2O$$

以 MnO_2 为原料，还可以制取锰的低氧化值化合物。例如，加热 MnO_2 可分解为 Mn_3O_4 和 O_2，即

$$3MnO_2 \xrightarrow{530\ ℃以上} Mn_3O_4 + O_2$$

在氢气流中加热 MnO_2 或 Mn_3O_4，可生成绿色粉末状的 MnO，即

$$MnO_2 + H_2 \xrightarrow{450\sim500\ ℃} MnO + H_2O$$

4. 锰(Ⅱ)的化合物

锰(Ⅱ)的常见化合物中,$MnSO_4 \cdot 7H_2O$、$Mn(NO_3)_2 \cdot 6H_2O$、$MnCl_2 \cdot 4H_2O$ 等溶于水,它们的水溶液呈淡红色,即 $[Mn(H_2O)_6]^{2+}$ 的颜色。

$[Mn(H_2O)_6]^{2+}$(或 Mn^{2+})在水溶液中是比较稳定的,它按下式发生水解反应,但水解程度较小,即

$$[Mn(H_2O)_6]^{2+} \rightleftharpoons [Mn(OH)(H_2O)_5]^+ + H^+ \qquad K^\ominus = 10^{-10.6}$$

向 Mn^{2+} 的溶液中加入 OH^- 时,首先得到白色的氢氧化锰 $Mn(OH)_2$ 沉淀,即

$$Mn^{2+} + 2OH^- \rightleftharpoons Mn(OH)_2(s)$$

它在空气中很快被氧化,生成棕色的 Mn_2O_3 和 MnO_2 的水合物,即

$$Mn(OH)_2 \xrightarrow{O_2} Mn_2O_3 \cdot xH_2O \xrightarrow{O_2} MnO_2 \cdot yH_2O$$

或

$$2Mn(OH)_2 + O_2 \longrightarrow 2MnO(OH)_2$$

实验视频

Mn^{2+} 的鉴定

在酸性介质中,若把 Mn^{2+} 氧化为高氧化值的锰是比较困难的。在硝酸溶液中,铋酸钠 $NaBiO_3$ 或二氧化铅 PbO_2 等强氧化剂能把 Mn^{2+} 氧化为 MnO_4^-,例如

$$2Mn^{2+} + 5NaBiO_3 + 14H^+ \longrightarrow 2MnO_4^- + 5Bi^{3+} + 5Na^+ + 7H_2O$$

这一反应是鉴定 Mn^{2+} 的特征反应。由于生成了 MnO_4^- 而使溶液呈紫红色,因此常用这一反应来鉴定溶液中是否存在微量 Mn^{2+}。但是,当溶液中有 Cl^- 存在时,颜色变为紫红色后会立即褪去。这是由于 MnO_4^- 被 Cl^- 还原的缘故。当 Mn^{2+} 过多时,也会在紫红色出现后立即消失。这是因为生成的 MnO_4^- 又被过量的 Mn^{2+} 还原,即

$$2MnO_4^- + 3Mn^{2+} + 2H_2O \longrightarrow 5MnO_2 + 4H^+$$

图 16-3 列出了在水溶液中 Mn^{2+} 的有关反应。

$$Mn^{2+} \begin{cases} \xrightarrow{NH_3 \cdot H_2O} Mn(OH)_2 \xrightarrow{O_2} MnO_2 \cdot xH_2O(棕褐色) \\[2mm] \underset{H^+}{\overset{(NH_4)_2S}{\rightleftharpoons}} MnS(肉色) \\[2mm] \xrightarrow{Na_2CO_3} MnCO_3(s)(白色) \\[2mm] \xrightarrow{NaBiO_3} MnO_4^- \xrightarrow{OH^- 过量} MnO_4^{2-} \xrightarrow{H^+} MnO_4^- + MnO_2(s) \\[2mm] \xrightarrow{MnO_4^-} MnO_2(s) \xrightarrow{浓 H_2SO_4} MnSO_4 \end{cases}$$

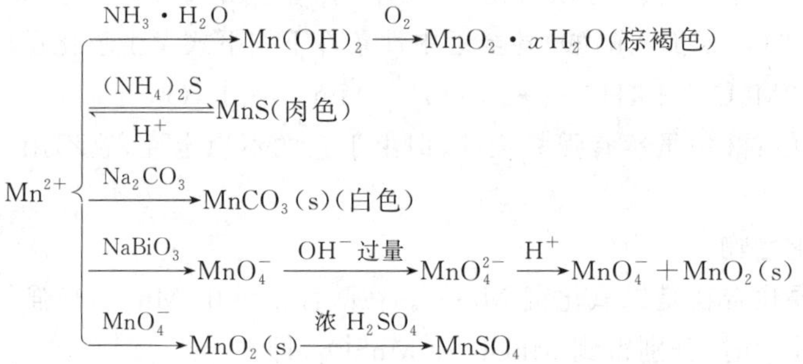

图 16-3　水溶液中 Mn^{2+} 的重要反应

16.5　铁　钴　镍

周期系Ⅷ族元素包括铁、钴、镍、钌、铑、钯、锇、铱、铂等 9 种元素。其中铁、钴、镍通常称为铁系元素,其他 6 种元素称为铂系元素。本节讨论铁系元素及其化合物。

铁系元素中,以铁的分布最广。铁在地壳中的含量居第四位,在金属中仅次于铝。铁的主要矿石有赤铁矿 Fe_2O_3、磁铁矿 Fe_3O_4、黄铁矿 FeS_2 和菱铁矿 $FeCO_3$ 等。钴和镍的常见

矿物是辉钴矿 CoAsS 和镍黄铁矿 NiS · FeS。

16.5.1 铁、钴、镍的单质

铁、钴、镍都是银白色金属，都表现出明显的磁性，能被磁体所吸引，通常称它们为铁磁性物质。它们可以用来做电磁铁。它们的某些合金磁化后可成为永久磁体。

空气和水对钴、镍和纯铁(块状)都是稳定的，但是一般的铁(含有杂质)在潮湿的空气中慢慢形成棕色的铁锈 $Fe_2O_3 \cdot xH_2O$。

铁、钴、镍属于中等活泼的金属，都能溶于稀酸，通常形成水合离子$[M(H_2O)_6]^{2+}$，但钴、镍溶得很缓慢。

冷的浓硫酸能使铁的表面钝化。

冷的浓硝酸可使铁、钴、镍变成钝态。处于钝态时的铁、钴、镍往往不再溶于稀硝酸中。

在加热条件下，铁、钴、镍能与许多非金属剧烈反应。例如，在 150℃以上铁与 O_2 反应生成 Fe_2O_3 和 Fe_3O_4。

铁、钴、镍都不易与碱作用。铁能被热的浓碱液所侵蚀，而钴和镍在碱性溶液中的稳定性比铁高，故熔碱时最好使用镍制坩埚。

铁、钴、镍都能与一氧化碳形成羰基化合物，如$[Fe(CO)_5]$、$[Co_2(CO)_8]$和$[Ni(CO)_4]$等。这些羰合物热稳定性较差，利用它们的热分解反应可以得到高纯度的金属。

铁、钴、镍在冶金工业上用于制造合金。镍常镀在金属制品表面以保护金属不生锈。

16.5.2 铁、钴、镍的化合物

铁、钴、镍原子的价层电子构型分别为 $3d^64s^2$、$3d^74s^2$、$3d^84s^2$。它们的最高氧化值除铁外都没有达到它们的 3d 和 4s 电子数的总和。已知钴、镍的最高氧化值分别为+5、+4。这主要是因为随着原子序数增加，原子的有效核电荷增加，增强了核对 3d 电子的束缚作用。

与其他过渡元素一样，铁、钴、镍的高氧化值化合物有较强的氧化性。例如，高铁(Ⅵ)酸钾 K_2FeO_4 在室温下能把氨氧化为氮气。

铁、钴、镍的元素电势图如下：

酸性溶液中 $E_A^\ominus/V$

$$FeO_4^{2-} \xrightarrow{1.9} Fe^{3+} \xrightarrow{0.769} Fe^{2+} \xrightarrow{-0.408\,9} Fe \quad (FeO_4^{2-} \xrightarrow{0.94} Fe)$$

$$Co^{3+} \xrightarrow{1.95} Co^{2+} \xrightarrow{-0.282} Co$$

$$NiO_2 \xrightarrow{1.68} Ni^{2+} \xrightarrow{-0.236\,3} Ni$$

碱性溶液中 $E_B^\ominus/V$

$$FeO_4^{2-} \xrightarrow{0.9} Fe(OH)_3 \xrightarrow{-0.546\,8} Fe(OH)_2 \xrightarrow{-0.891\,4} Fe$$

$$Co(OH)_3 \xrightarrow{0.17} Co(OH)_2 \xrightarrow{-0.73} Co$$

$$NiO_2 \xrightarrow{0.49} Ni(OH)_2 \xrightarrow{0.69} Ni$$

Fe^{3+}、Co^{3+}、Ni^{3+}的氧化性按$Fe^{3+}<Co^{3+}<Ni^{3+}$的顺序增强。FeF_3是比较稳定的，加热到1000 ℃升华而不分解。

Cl^-、Br^-和I^-与Fe(Ⅲ)、Co(Ⅲ)、Ni(Ⅲ)形成的化合物不及氟化物稳定。例如，$FeCl_3$在真空中加热到500 ℃分解为$FeCl_2$和Cl_2，$FeBr_3$在200 ℃左右就分解为$FeBr_2$和Br_2，而纯的FeI_3尚未制出，$CoCl_3$在室温下就分解为$CoCl_2$和Cl_2。$CoBr_3$和CoI_3更不稳定，而$CoBr_2$和CoI_2是比较稳定的。镍的氯化物、溴化物、碘化物只有$NiCl_2$、$NiBr_2$、NiI_2。

氧化值为+1以下的铁、钴、镍的化合物都是以配合物的形式存在，例如，它们的羰合物及其衍生物等。

1. 铁、钴、镍的氧化物和氢氧化物

(1) 铁、钴、镍的氧化物

铁的常见氧化物有红棕色的氧化铁Fe_2O_3，黑色的氧化亚铁FeO和黑色的四氧化三铁Fe_3O_4。它们都不溶于水，灼烧后的Fe_2O_3不溶于酸，FeO能溶于酸。Fe_3O_4是Fe(Ⅱ)和Fe(Ⅲ)的混合型氧化物，具有磁性，能被磁铁吸引。

从溶液中析出的Fe(Ⅲ)或Fe(Ⅱ)的含氧酸盐都带有结晶水。它们受强热时分解为Fe(Ⅲ)或Fe(Ⅱ)的氧化物，例如

$$2Fe(NO_3)_3 \xrightarrow{600\sim700\ ℃} Fe_2O_3+6NO_2+\frac{3}{2}O_2$$

$$FeC_2O_4 \xrightarrow{隔绝空气加热} FeO+CO+CO_2$$

实验室常用上述反应制取Fe_2O_3或FeO。

钴、镍的氧化物与铁的氧化物类似，它们是暗褐色的$Co_2O_3\cdot xH_2O$和灰黑色的$Ni_2O_3\cdot 2H_2O$，灰绿色的CoO和绿色的NiO等。氧化值为+3的钴、镍的氧化物在酸性溶液中有强氧化性，例如，Co_2O_3与浓盐酸反应放出Cl_2，即

$$Co_2O_3+6HCl \longrightarrow 2CoCl_2+Cl_2+3H_2O$$

(2) 铁、钴、镍的氢氧化物

向Fe^{3+}、Fe^{2+}的溶液中加入强碱或氨水时，分别生成$Fe(OH)_3$、$Fe(OH)_2$沉淀，例如

$$Fe^{3+}+3OH^- \longrightarrow Fe(OH)_3(s)$$

$$Fe^{2+}+2OH^- \longrightarrow Fe(OH)_2(s)$$

实验视频

$Fe(OH)_2$的生成和性质

$Fe(OH)_3$为红棕色，纯的$Fe(OH)_2$为白色。在通常条件下，由于从溶液中析出的$Fe(OH)_2$迅速被空气中的氧氧化，往往先是看到部分被氧化的灰绿色沉淀，随后变为棕褐色，这是由于$Fe(OH)_2$逐步被氧化为$Fe(OH)_3$所致。只有在完全清除掉溶液中的氧时，才有可能得到白色的$Fe(OH)_2$。

在浓碱溶液中，用NaClO可以把$Fe(OH)_3$氧化为紫红色的FeO_4^{2-}，即

$$2Fe(OH)_3+3ClO^-+4OH^- \longrightarrow 2FeO_4^{2-}+3Cl^-+5H_2O$$

在Co^{2+}、Ni^{2+}的溶液中加入强碱时，分别生成$Co(OH)_2$和$Ni(OH)_2$沉淀，即

实验视频

$Co(OH)_2$的生成和性质

$$Co^{2+}+2OH^- \longrightarrow Co(OH)_2(s)(粉红色)$$

$$Ni^{2+}+2OH^- \longrightarrow Ni(OH)_2(s)(苹果绿色)$$

$Co(OH)_2$、$Ni(OH)_2$ 难溶于强碱溶液中。湿的 $Co(OH)_2$ 能被空气中的氧缓慢地氧化成暗棕色的水合物 $Co_2O_3 \cdot xH_2O$，即

$$2Co(OH)_2 + \frac{1}{2}O_2 + (x-2)H_2O \longrightarrow Co_2O_3 \cdot xH_2O$$

$Ni(OH)_2$ 需要在浓碱溶液中用较强的氧化剂（如 NaClO）才能把它氧化为黑色的 NiO(OH)，即

$$2Ni(OH)_2 + ClO^- \longrightarrow 2NiO(OH) + Cl^- + H_2O$$

实验视频

氢氧化高钴的氧化性

由于 Co^{3+} 和 Ni^{3+} 具有很强的氧化性，在水溶液中很难有 $[Co(H_2O)_6]^{3+}$ 和 $[Ni(H_2O)_6]^{3+}$ 存在。Co_2O_3、NiO(OH) 与酸作用时，即使有 Co^{3+}、Ni^{3+} 生成，它们也能与水或酸根离子迅速发生氧化还原反应。

2. 铁、钴、镍的盐

铁的卤化物以 $FeCl_3$ 应用较广，它是以共价键为主的化合物，它的蒸气含有双聚分子 Fe_2Cl_6，其结构为

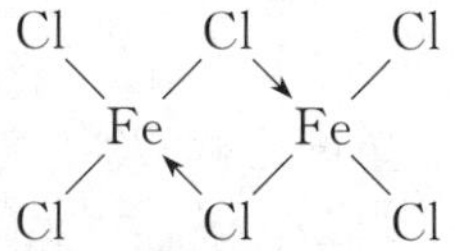

$FeCl_3$ 溶在有机溶剂中，长时间光照会逐渐还原为 $FeCl_2$，有机溶剂则被氧化或氯化。例如，$FeCl_3$ 溶在乙醇中，光照后，乙醇被氧化为乙醛。带有结晶水的 $FeCl_3 \cdot 6H_2O$ 易潮解，工业上用作净水剂。

钴、镍的主要卤化物是氯化钴 $CoCl_2$ 和氯化镍 $NiCl_2$ 等。

氯化钴 $CoCl_2 \cdot 6H_2O$ 在受热脱水过程中，伴随有颜色的变化，即

$$\underset{(粉红)}{CoCl_2 \cdot 6H_2O} \xrightleftharpoons{52.25\ ℃} \underset{(紫红)}{CoCl_2 \cdot 2H_2O} \xrightleftharpoons{90\ ℃} \underset{(蓝紫)}{CoCl_2 \cdot H_2O} \xrightleftharpoons{120\ ℃} \underset{(蓝)}{CoCl_2}$$

根据氯化钴的这一特性，常用它来显示某种物质的含水情况。例如，干燥剂无色硅胶用 $CoCl_2$ 溶液浸泡后，再烘干使其呈蓝色。当蓝色硅胶吸水后，逐渐变为粉红色，表示硅胶吸水已达饱和，必须烘干至蓝色出现，方可再使用。

在水溶液中，Fe^{3+} 和 Fe^{2+} 分别以 $[Fe(H_2O)_6]^{3+}$（淡紫色）和 $[Fe(H_2O)_6]^{2+}$（淡绿色）的形式存在。它们在溶液中发生的反应有水解、沉淀、氧化还原和配合等反应。

由于 Fe^{3+} 比 Fe^{2+} 的电荷多，半径小，因而 Fe^{3+} 比 Fe^{2+} 容易发生水解，它们的第一级水解反应及水解常数分别如下

$$[Fe(H_2O)_6]^{3+} \rightleftharpoons [Fe(OH)(H_2O)_5]^{2+} + H^+ \qquad K^\ominus = 10^{-3.05}$$

$$[Fe(H_2O)_6]^{2+} \rightleftharpoons [Fe(OH)(H_2O)_5]^{+} + H^+ \qquad K^\ominus = 10^{-9.5}$$

通常把 Fe^{3+} 的水解产物写成 $Fe(OH)_3$。

由于 Fe^{3+} 水解程度大，$[Fe(H_2O)_6]^{3+}$ 仅能存在于酸性较强的溶液中，稀释溶液或增大溶液的 pH，会有胶状物沉淀出来，此胶状物的组成是 FeO(OH)，通常也写作 $Fe(OH)_3$。$FeCl_3$ 有净水作用，这是由于 Fe^{3+} 水解产生 FeO(OH) 后，与水中悬浮的泥土等杂质一起聚沉下来，使混浊的水变清。

在酸性溶液中，Fe^{3+} 是中强氧化剂（$E^\ominus(Fe^{3+}/Fe^{2+}) = 0.769\ V$），它能把 I^-、H_2S、Fe、

Cu 等氧化，即

$$2Fe^{3+} + 2I^- \longrightarrow 2Fe^{2+} + I_2$$

$$2Fe^{3+} + H_2S \longrightarrow 2Fe^{2+} + S + 2H^+$$

$$2Fe^{3+} + Fe \longrightarrow 3Fe^{2+}$$

$$2Fe^{3+} + Cu \longrightarrow 2Fe^{2+} + Cu^{2+}$$

工业上常用 $FeCl_3$ 的溶液在铁制品上刻蚀字样，或在铜板上制造印刷电路，就是利用了 Fe^{3+} 的氧化性。

在酸性溶液中，空气中的氧也能把 Fe^{2+} 氧化为 Fe^{3+}。$FeSO_4$ 溶液放置时，常有棕黄色的混浊物出现，就是 Fe^{2+} 被空气中的氧氧化为 Fe^{3+}，Fe^{3+} 又水解而产生的。硫酸亚铁铵 $(NH_4)_2Fe(SO_4)_2$ 的溶液则比较稳定。

钴、镍的硫酸盐、硝酸盐和氯化物都易溶于水。

在水溶液中，Co^{2+} 和 Ni^{2+} 分别以 $[Co(H_2O)_6]^{2+}$（粉红色）和 $[Ni(H_2O)_6]^{2+}$（绿色）存在，它们微弱地发生水解。

3. 铁、钴、镍的配合物

在水溶液中，Fe^{3+} 和 Fe^{2+} 形成的简单配合物，除了高自旋的 $[Fe(NCS)_n(H_2O)_{6-n}]^{3-n}$ 和 $[FeF_6]^{3-}$ 以及低自旋的 $[Fe(CN)_6]^{3-}$、$[Fe(CN)_6]^{4-}$ 和 $[Fe(CN)_5NO]^{2-}$ 外，其他配合物多不太稳定。

在 Fe^{2+} 的溶液中，加入 KCN 溶液，首先生成白色的氰化亚铁 $Fe(CN)_2$ 沉淀，当 KCN 过量时，$Fe(CN)_2$ 溶解生成 $[Fe(CN)_6]^{4-}$，即

$$Fe^{2+} + 2CN^- \longrightarrow Fe(CN)_2(s)$$

$$Fe(CN)_2 + 4CN^- \longrightarrow [Fe(CN)_6]^{4-}$$

用氯气氧化 $[Fe(CN)_6]^{4-}$ 时，生成 $[Fe(CN)_6]^{3-}$，即

$$2[Fe(CN)_6]^{4-} + Cl_2 \longrightarrow 2[Fe(CN)_6]^{3-} + 2Cl^-$$

利用上述反应，可分别得到黄血盐 $K_4[Fe(CN)_6]$ 和赤血盐 $K_3[Fe(CN)_6]$。

在 Fe^{3+} 的溶液中加入 $K_4[Fe(CN)_6]$ 溶液，生成蓝色沉淀，称为 Prussian 蓝，有

$$xFe^{3+} + xK^+ + x[Fe(CN)_6]^{4-} \longrightarrow [KFe(CN)_6Fe]_x(s)$$

在 Fe^{2+} 的溶液中加入 $K_3[Fe(CN)_6]$ 溶液，也生成蓝色沉淀，称为 Turnbull's 蓝，有

$$xFe^{2+} + xK^+ + x[Fe(CN)_6]^{3-} \longrightarrow [KFe(CN)_6Fe]_x(s)$$

这两个反应分别用来鉴定 Fe^{3+} 和 Fe^{2+}。实验已经证明 Prussian 蓝和 Turnbull's 蓝的组成都是 $[KFe^{III}(CN)_6Fe^{II}]_x$。

在放有 $Fe^{2+}(FeSO_4)$ 和硝酸盐的混合溶液的试管中，小心地加入浓硫酸，在浓硫酸与溶液的界面处出现“棕色环”。这是由于生成了配合物 $[Fe(NO)(H_2O)_5]^{2+}$ 而呈现的颜色，即

$$3Fe^{2+} + NO_3^- + 4H^+ \longrightarrow 3Fe^{3+} + NO + 2H_2O$$

$$[Fe(H_2O)_6]^{2+} + NO \longrightarrow \underset{\text{(棕色)}}{[Fe(NO)(H_2O)_5]^{2+}} + H_2O$$

这一反应用来鉴定 NO_3^- 的存在。鉴定 NO_2^-（改用醋酸酸化）时生成的棕色物质也是 $[Fe(NO)(H_2O)_5]^{2+}$。此配合物中铁的氧化值为 +1，配位体为 NO^+。

当硝酸与$[Fe(CN)_6]^{4-}$的溶液作用时,有红色的$[Fe(CN)_5(NO)]^{2-}$生成。在溶液中S^{2-}与$[Fe(CN)_5NO]^{2-}$作用时,生成紫红色的$[Fe(CN)_5NOS]^{4-}$,有

$$[Fe(CN)_5NO]^{2-}+S^{2-} \longrightarrow [Fe(CN)_5NOS]^{4-}$$

这一反应用来鉴定S^{2-}。

Fe^{3+}和Fe^{2+}能形成多种稳定的螯合物。例如,Fe^{3+}与螯合剂磺基水杨酸$[C_6H_3(OH)(COOH)SO_3H]$反应,形成$[Fe(C_6H_3(OH)(COO)SO_3)_3]^{3-}$($pH \leqslant 4$)紫红色的螯合物,它常用于比色法测定$Fe^{3+}$。

有些配位体(如CN^-,联吡啶 bipy 和 1,10-二氮菲 phen 等)与Fe^{3+}、Fe^{2+}都能形成配合物。若 Fe(Ⅲ)的配合物比 Fe(Ⅱ)的配合物稳定,则此电对的标准电极电势将比$E^{\ominus}(Fe^{3+}/Fe^{2+})$小,反之则比$E^{\ominus}(Fe^{3+}/Fe^{2+})$大。例如

$$[Fe(CN)_6]^{3-}+e^- \rightleftharpoons [Fe(CN)_6]^{4-} \qquad E^{\ominus}=0.355\ 7\ V$$

$$[Fe(phen)_3]^{3+}+e^- \rightleftharpoons [Fe(phen)_3]^{2+} \qquad E^{\ominus}=1.12\ V$$

通过与$E^{\ominus}(Fe^{3+}/Fe^{2+})$比较可以看出,$[Fe(phen)_3]^{2+}$比$[Fe(phen)_3]^{3+}$稳定,而$[Fe(CN)_6]^{4-}$不如$[Fe(CN)_6]^{3-}$稳定。

$[Fe(phen)_3]^{2+}$呈深红色,$[Fe(phen)_3]^{3+}$呈蓝色,由$[Fe(phen)_3]^{2+}$变为$[Fe(phen)_3]^{3+}$发生明显的颜色变化,1,10-二氮菲在容量分析中常用作测定铁的指示剂。

Co(Ⅲ)能形成许多配合物,如$[Co(NH_3)_6]^{3+}$、$[Co(CN)_6]^{3-}$等,它们在水溶液中都是十分稳定的。Ni(Ⅲ)的配合物比较少见,而且是不稳定的。

实验视频

钴的氨配合物

由于Co^{3+}在水溶液中不能稳定存在,难以与配位体直接形成配合物,通常把 Co(Ⅱ)盐溶在含有配合剂的溶液中,用氧化剂把 Co(Ⅱ)氧化,从而制出 Co(Ⅲ)的配合物。例如,制取$[Co(CN)_6]Cl_3$的反应为

$$4[Co(CN)_6]^{4-}+O_2+2H_2O \longrightarrow 4[Co(CN)_6]^{3-}+4OH^-$$

Co(Ⅲ)的配合物的配位数都为 6。$[CoF_6]^{3-}$是高自旋的,其他配合物几乎都是低自旋的,如$[Co(NH_3)_6]^{3+}$、$[Co(CN)_6]^{3-}$、$[Co(NO_2)_6]^{3-}$等。Co(Ⅲ)的低自旋配合物在溶液中或固态时十分稳定,不容易发生变化。

把$Na_3[Co(NO_2)_6]$溶液加到含有K^+的溶液,析出难溶于水的黄色晶体$K_2Na[Co(NO_2)_6]$,有

$$2K^+ + Na^+ + [Co(NO_2)_6]^{3-} \longrightarrow K_2Na[Co(NO_2)_6](s)$$

这一反应常用来鉴定K^+的存在。

Co(Ⅱ)的配合物(特别是螯合物)也很多。它们可分为两大类:一类是以粉红或红色为特征的八面体配合物,另一类是以深蓝色为特征的四面体配合物。在水溶液中有下述平衡存在

$$\underset{\text{粉红色(八面体)}}{[Co(H_2O)_6]^{2+}} \underset{H_2O}{\overset{Cl^-}{\rightleftharpoons}} \underset{\text{蓝色(四面体)}}{[CoCl_4]^{2-}}$$

Co(Ⅱ)的八面体配合物大都是高自旋的,低自旋的配合物比较少见。$[Co(NH_3)_6]^{2+}$具有较强的还原性,易被空气中的O_2氧化为$[Co(NH_3)_6]^{3+}$;,有

$$4[Co(NH_3)_6]^{2+}+O_2+2H_2O \longrightarrow 4[Co(NH_3)_6]^{3+}+4OH^-$$

Co(Ⅱ)的配合物在水溶液中稳定性较差。例如，$[Co(NCS)_4]^{2-}$在丙酮或乙醚中则较稳定。在含 Co^{2+} 的溶液中加入 KSCN(s)及丙酮，生成蓝色的$[Co(NCS)_4]^{2-}$，即

$$Co^{2+} + 4NCS^- \xrightarrow{\text{丙酮}} [Co(NCS)_4]^{2-}$$

可以利用这一反应鉴定 Co^{2+} 的存在。

Ni(Ⅱ)的配合物主要是八面体构型的，其次是平面正方形和四面体构型的。在 Ni(Ⅱ)的八面体构型配合物中，Ni^{2+} 不大可能以 d^2sp^3 杂化轨道成键，因为需要把 Ni^{2+} 的 2 个 3d 电子激发到 4d 轨道中，这样会使系统变得不稳定。Ni(Ⅱ)的八面体配合物一般认为是以 sp^3d^2 杂化轨道成键。

Ni(Ⅱ)的平面正方形配合物，除了$[Ni(CN)_4]^{2-}$外还有二丁二肟合镍(Ⅱ)。它们都是反磁性的，以 dsp^2 杂化轨道成键。Ni^{2+} 与丁二肟在弱碱性条件下生成难溶于水的鲜红色螯合物沉淀二丁二肟合镍(Ⅱ)：

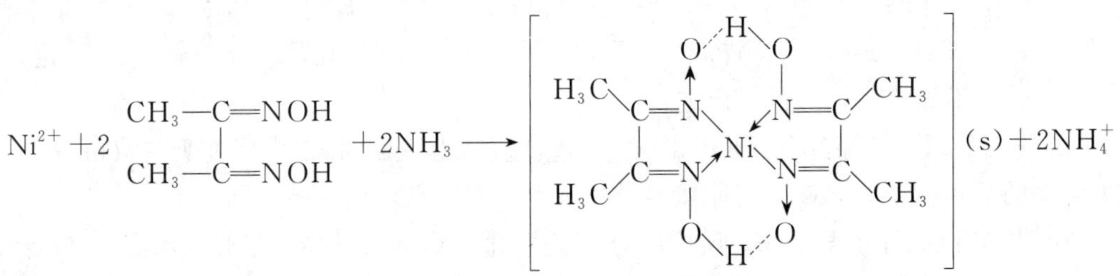

这一反应可用于鉴定 Ni^{2+} 的存在。

Fe^{3+} 和 Fe^{2+} 在溶液中发生的重要反应列在图 16-4 中。

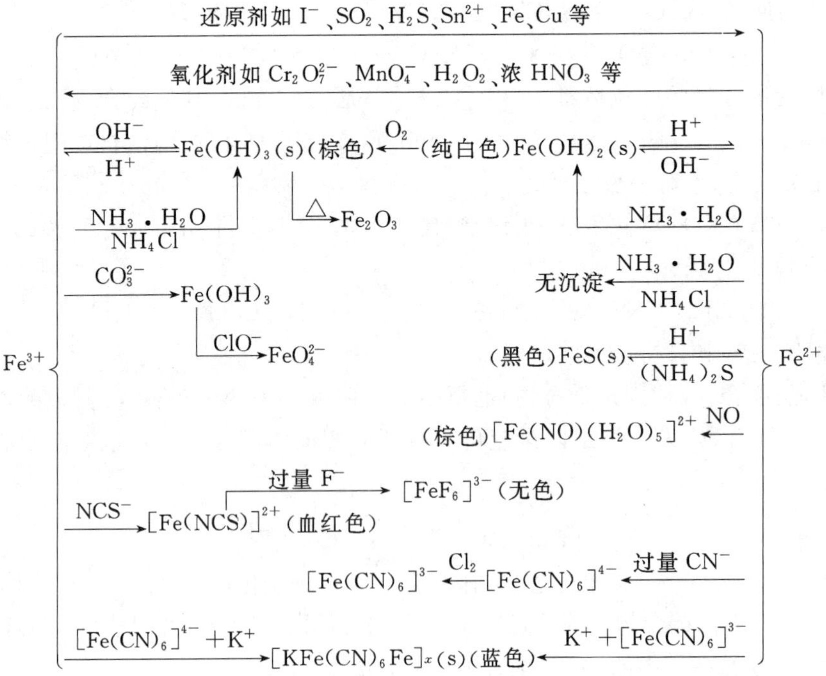

图 16-4 溶液中 Fe^{3+} 和 Fe^{2+} 的重要反应

图 16-5 和图 16-6 分别列出了水溶液中 Co^{2+} 和 Ni^{2+} 的重要反应。

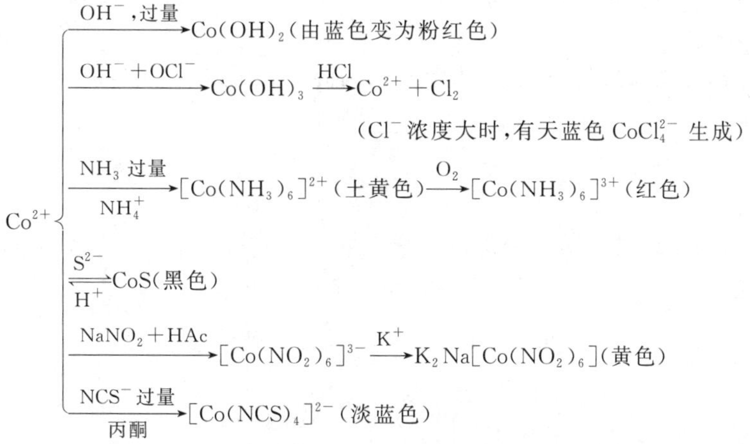

$$Co^{2+} \begin{cases} \xrightarrow{OH^-,过量} Co(OH)_2(由蓝色变为粉红色) \\[4pt] \xrightarrow{OH^-+OCl^-} Co(OH)_3 \xrightarrow{HCl} Co^{2+}+Cl_2 \\[2pt] \qquad\qquad\qquad (Cl^- 浓度大时,有天蓝色 CoCl_4^{2-} 生成) \\[4pt] \xrightarrow[NH_4^+]{NH_3 过量} [Co(NH_3)_6]^{2+}(土黄色) \xrightarrow{O_2} [Co(NH_3)_6]^{3+}(红色) \\[4pt] \underset{H^+}{\overset{S^{2-}}{\rightleftharpoons}} CoS(黑色) \\[4pt] \xrightarrow{NaNO_2+HAc} [Co(NO_2)_6]^{3-} \xrightarrow{K^+} K_2Na[Co(NO_2)_6](黄色) \\[4pt] \xrightarrow[丙酮]{NCS^- 过量} [Co(NCS)_4]^{2-}(淡蓝色) \end{cases}$$

图 16-5　溶液中 Co^{2+} 的重要反应

$$Ni^{2+} \begin{cases} \xrightarrow{OH^-} Ni(OH)_2(s)(苹果绿) \\[4pt] \xrightarrow[OCl^-]{OH^-(浓)} NiO(OH)(黑色) \xrightarrow{HCl} Ni^{2+}+Cl_2 \\[4pt] \xrightarrow{NH_3 过量} [Ni(NH_3)_6]^{2+}(蓝色) \\[4pt] \underset{H^+}{\overset{S^{2-}}{\rightleftharpoons}} NiS(黑色)(s) \\[4pt] \xrightarrow[弱碱]{丁二肟} Ni(DMG)_2(s)(红色) \end{cases}$$

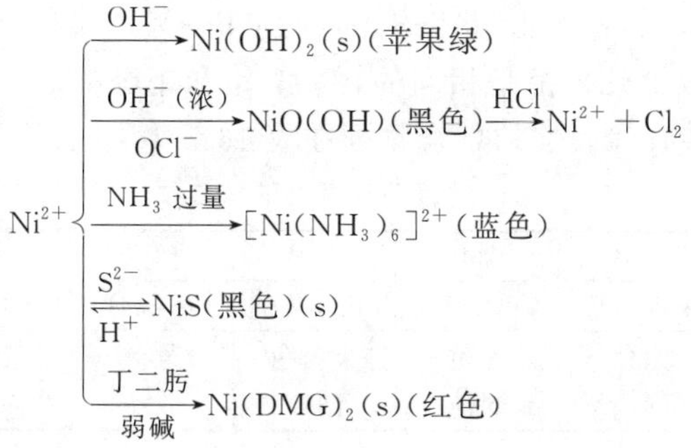

图 16-6　溶液中 Ni^{2+} 的重要反应

*16.6　金属有机化合物

　　过渡元素除了能与常见配位体形成简单配合物或螯合物之外,还能与许多含碳中性分子如一氧化碳、烯烃、炔烃、芳烃等形成特殊的配合物。这些配合物由金属原子(或离子)与碳原子直接键合而成,称为金属有机化合物。对于金属有机化合物的研究产生了无机化学和有机化学之间的交叉学科——金属有机化学。20 世纪 60 年代以来,金属有机化学发展迅速,已经成为现代无机化学的前沿领域之一。

16.6.1　羰基配合物

　　过渡金属与一氧化碳形成的一类特殊配合物 $[M_x(CO)_y]$ 叫作金属羰基配合物,简称为羰合物。虽然一氧化碳不是有机化合物,但羰合物与金属有机化合物有密切联系,并含有 M—C 键,所以习惯上把羰合物归属于金属有机化合物。已合成出的羰合物中,不但有单核羰合物,也有多核羰合物。在金属羰合物中,配位体是一氧化碳分子。

有些金属能与一氧化碳直接反应制得羰合物，一般所用的金属单质必须是新还原得到的粉末，具有较好的活性。例如，在常压下金属镍可与CO直接反应生成羰合物，即

$$Ni + 4CO \longrightarrow Ni(CO)_4$$

对于铁和钴来说，这类反应比较困难，需要在较高温度和压力下反应，即

$$Fe + 5CO \xrightarrow[470\ K]{10\ MPa} Fe(CO)_5$$

$$2Co + 8CO \xrightarrow{高温高压} Co_2(CO)_8$$

更多的羰合物是通过金属化合物的还原制得的。常用的还原剂为CO，H_2 和溴化苯基镁或一些活泼金属等，反应条件多以高温高压为常见。例如

$$CrCl_3 + 6CO \xrightarrow[高压]{C_6H_5MgBr} Cr(CO)_6$$

$$6MnI_2 + 30CO \xrightarrow[高压]{R_3Al} 3Mn_2(CO)_{10}$$

$$2CoCO_3 + 2H_2 + 8CO \xrightarrow[120\sim200\ ℃]{25\sim30\ MPa} Co_2(CO)_8 + 2CO_2 + 2H_2O$$

从已制出的羰合物来看，作为形成体的元素有ⅤB～ⅦB族和Ⅷ族的大部分元素。同族元素形成的羰合物在组成上几乎都是相同的，例如，铬和钼等都形成配位数为6的羰合物 $M(CO)_6$。第一过渡系一些有代表性的羰合物列在表16-7中。

表 16-7　　第一过渡系代表性的羰合物

	ⅤB	ⅥB	ⅦB	Ⅷ		
	$V(CO)_6$	$Cr(CO)_6$	$Mn_2(CO)_{10}$	$Fe(CO)_5$	$Co_2(CO)_8$	$Ni(CO)_4$
颜色	黑色	无色	金黄色	黄色	橙色	无色
常温下的状态	固体	固体	固体	液体	固体	液体

大多数羰合物都是易挥发的液体或固体。羰合物在受热时分解出金属和CO，因此，这类化合物都是有毒的。利用羰合物的挥发性和不稳定性可以分离和提纯金属。羰合物在某些有机合成上常被用作催化剂。

在羰合物中形成体提供的价电子数和CO提供的电子数之和为18。价电子数为偶数的过渡元素很容易形成满足18电子构型的羰合物。例如，铬、铁、镍的价电子数为偶数，它们的羰合物的结构如图16-7所示。

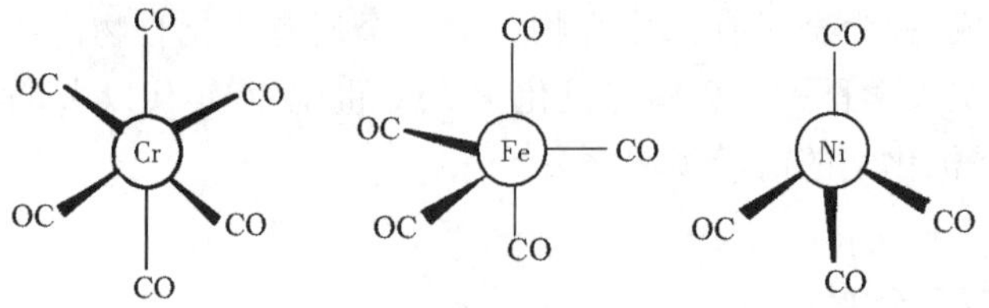

图 16-7　$Cr(CO)_6$、$Fe(CO)_5$、$Ni(CO)_4$ 的结构

价电子数为奇数的过渡元素如钒、锰、钴等形成双聚型或多聚型多核羰合物，每个形成体原子也能达到18电子构型的要求。在多核羰合物中，金属原子通过金属-金属键或桥式羰基的形式连接在一起。例如，$Mn_2(CO)_{10}$ 和 $Co_2(CO)_8$ 的结构如图16-8所示。这种两个

或两个以上金属原子间以金属-金属键直接结合形成的化合物称为金属簇状化合物，简称为

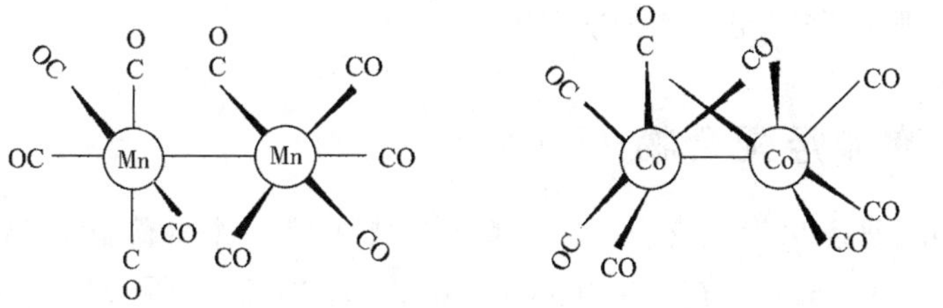

图 16-8　$Mn_2(CO)_{10}$ 和 $Co_2(CO)_8$ 的结构

簇合物。近 30 年来，簇合物的研究有了很大的进展，成为无机化学中的一大分支。

羰合物的结构可以根据羰合物的空间构型和磁矩用价键理论说明。例如，已知 $Ni(CO)_4$ 为四面体构型，磁矩为 0。可推知 Ni 原子以 sp^3 杂化轨道与 CO 提供的电子对成键。其电子分布如下：

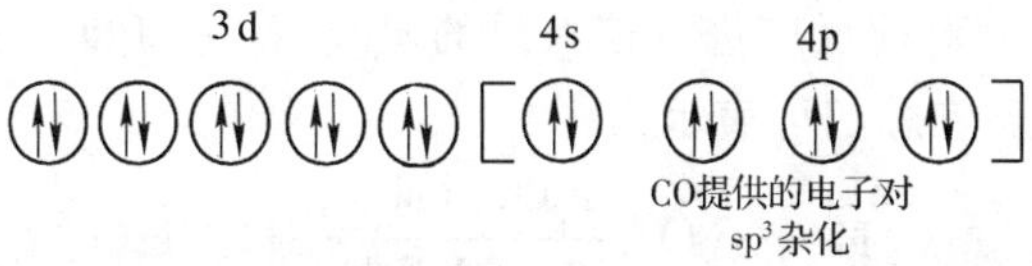

其中 Ni 原子原有的 4s 电子被挤入 3d 轨道，从而空出 4s 轨道。4s 和 4p 轨道用以接受 CO 提供的电子对。

又如，已知五羰基合铁 $Fe(CO)_5$ 为三角双锥构型，磁矩为 0，它的电子分布为

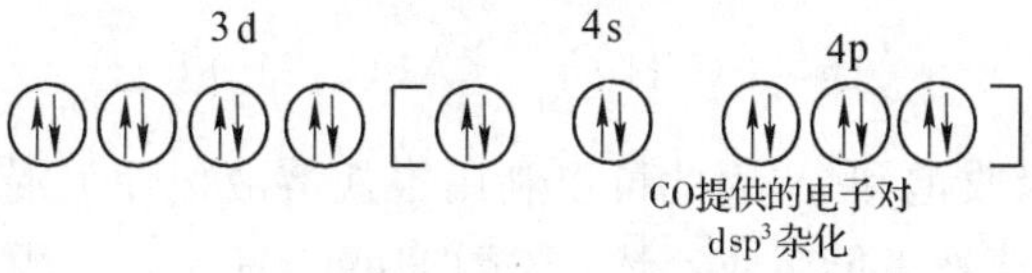

在金属羰合物中，配体 CO 分子以碳原子上的孤对电子向金属原子空的杂化轨道进行端基配位，形成 σ 键。与此同时，为了不使金属原子的负电荷过分集中，金属原子 d 轨道上的电子可部分地反馈到配体的能级相近且对称性匹配的 π^* 反键轨道中去，形成反馈 π 键，增强了该化合物的稳定性。配位与反馈同时进行的作用叫作协同效应(图 16-9)。

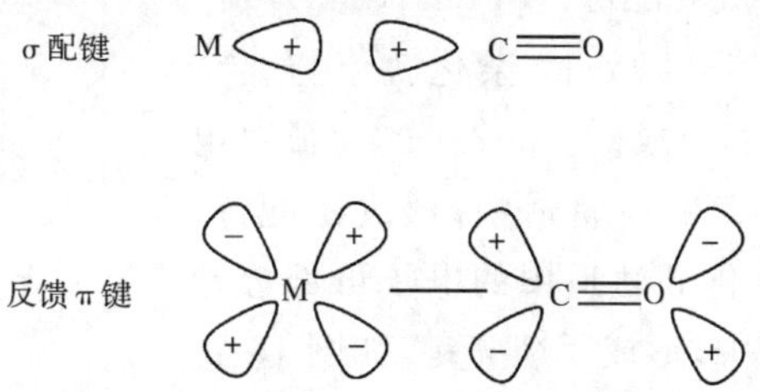

图 16-9　过渡金属 M 与 CO 形成 σ 键和反馈 π 键

羰合物还能与其他元素(如钠、钾、卤素等)形成一系列衍生物。例如，$Co_2(CO)_8$ 与金属钠会发生下列反应

$$2Na + Co_2(CO)_8 \longrightarrow 2Na[Co(CO)_4]$$

在 $Na[Co(CO)_4]$ 中，钴的氧化值为 −1。形成氧化值为负值的化合物也是过渡元素的一个

典型特征。其他羰合物也有类似的衍生物。在这类化合物中，价电子数为奇数的中心原子得到一个电子而满足了 18 电子构型的要求。

16.6.2 不饱和烃配合物

早在 1825 年，丹麦化学家 Zeise 就制备了世界上第一个烯烃配合物三氯·乙烯合铂(Ⅱ)酸钾 $K[PtCl_3(C_2H_4)]$。在二氯化铂 $PtCl_2$ 的盐酸溶液中通入乙烯，再加入 KCl，得到 $K[PtCl_3(C_2H_4)]$，即

$$H_2[PtCl_4]+C_2H_4+KCl \longrightarrow K[PtCl_3(C_2H_4)]+2HCl$$

$K[PtCl_3(C_2H_4)]$称为 Zeise 盐。当时未找到它的用途，因此对这类配合物的研究也未得到发展。

20 世纪 60 年代，人们成功地利用三氯·乙烯合钯(Ⅱ)$[PdCl_3(C_2H_4)]^-$在水溶液中比较容易地从乙烯合成了乙醛。此反应条件比较温和，甚至在常温常压下就能进行，乙烯的转化率高达 95%以上。以后对此反应进行了大量的研究，认为$[PdCl_3(C_2H_4)]^-$是此反应能顺利进行的中间产物。此反应总的可表示为

$$C_2H_4+\frac{1}{2}O_2 \xrightarrow[\text{在盐酸溶液中}]{PdCl_2+CuCl_2} CH_3CHO$$

现在已经知道 Ag^+，Cu^+，Hg^{2+}，Ni^{2+}，Pt^{2+}，Pd^{2+} 等能与乙烯、丙烯等形成配合物。例如，在 $AgNO_3$ 溶液中通入乙烯，容易形成乙烯合银$[Ag(C_2H_4)]^+$。当加热此溶液时，乙烯会被释放出来，此反应是可逆的。即

$$Ag^+ +C_2H_4 \underset{\text{加热}}{\overset{\text{室温}}{\rightleftharpoons}} [Ag(C_2H_4)]^+$$

但是，可溶性的银盐不吸收饱和烃，因此可以利用银盐溶液把烃类混合气体中的烯烃分离出来。可溶性的汞(Ⅱ)盐溶液也能吸收乙烯，形成$[Hg(C_2H_4)]^{2+}$。另外，Hg^{2+} 等也能与炔烃形成配合物。因此，常用可溶性汞(Ⅱ)盐来定性地分析混合气体中的不饱和烃。

过渡元素烯烃配合物的结构具有不同于其他常见配合物的特点。配体乙烯分子能以 π 键中的 π 电子向过渡金属离子进行侧基配位，形成 σ 配键。$[PdCl_3(C_2H_4)]^-$ 的结构如图 16-10 所示。Pd^{2+} 以 dsp^2 杂化轨道与 4 个配位体(3 个 Cl^- 和 1 个 C_2H_4)成键。3 个 Cl^- 的孤对电子和乙烯的 π 电子进入 Pd^{2+} 的空轨道中，形成 σ 配键。与此同时，Pd^{2+} 的未参与杂化 d 轨道中的电子可部分地反馈到乙烯的 π^* 反键轨道中，形成反馈 π 键，如图 16-11 所示。这种结构使乙烯分子活化，促成了乙烯被氧化为乙醛的反应。

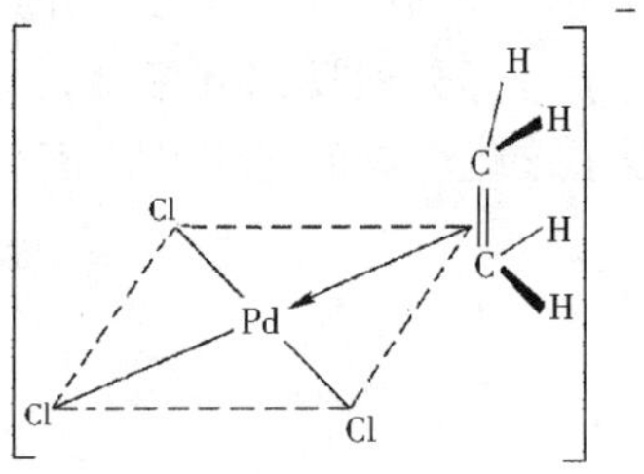

图 16-10　$[PdCl_3(C_2H_4)]^-$的结构

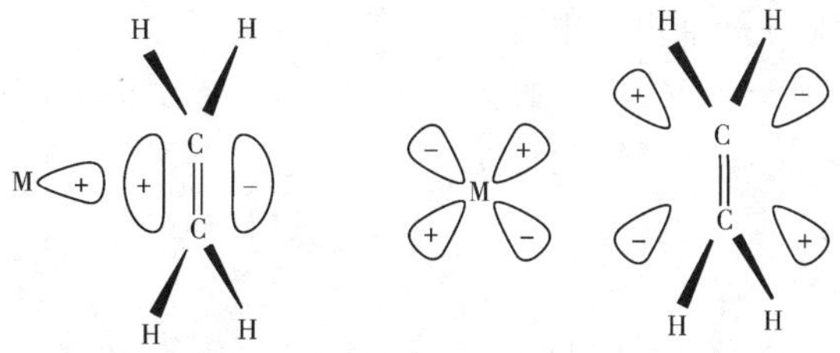

图 16-11　C_2H_4 与 M 形成 σ 键和反馈 π 键

过渡元素还能与环状配体形成一类具有夹心式特殊结构的配合物。1951 年，英美科学家各自独立地合成了铁(Ⅱ)的环戊二烯基配合物$(\eta - C_5H_5)_2Fe$。环戊二烯基 $C_5H_5^-$ 具有平面环状结构，又称为茂，故$(\eta - C_5H_5)_2Fe$ 俗称为二茂铁。$C_5H_5^-$ 的每个碳原子上各有一个垂直于其平面的 2p 轨道，形成 Π_5^6。两个 $C_5H_5^-$ 各提供 6 个电子与 Fe(Ⅱ)配位，将铁原子夹在中间，如图 16-12 所示。二茂铁中铁原子也符合 18 电子构型。

与二茂铁结构相似的二苯铬$(\eta - C_6H_6)_2Cr$ 是一种深褐色的反磁性固体。可将金属铝，Al_2Cl_6，苯和 $CrCl_3$ 一起加热，先制得$[(\eta - C_6H_6)Cr]^+[AlCl_4]^-$，然后进一步还原而得到二苯铬。此化合物早在 1919 年就已制得，它的结构研究却在三十余年后。直到二茂铁的结构研究获得结果之后，二苯铬的结构才被明确。

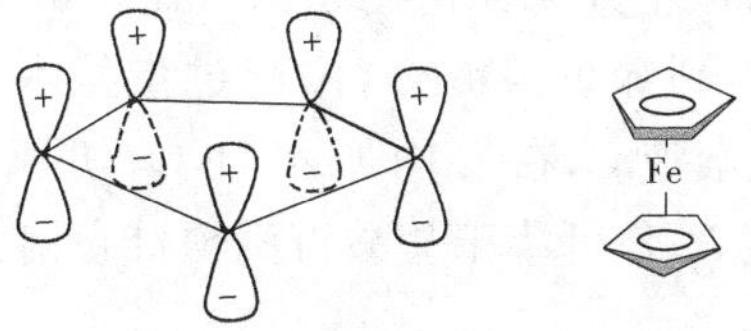

图 16-12　环戊二烯基和二茂铁的结构

拓展阅读

金属簇状化合物

习　题　16

16-1　简述过渡元素单质的物理性质和化学性质的共性。

16-2　举例说明过渡元素配合物和含氧酸根离子呈现颜色的原因。

16-3　怎样由 TiO_2 制取金属钛和三氯化钛？Ti(Ⅳ)和 Ti(Ⅲ)离子的重要性质是什么？

16-4　完成并配平下列反应方程式：

(1) $TiO^{2+} + Zn + H^+ \longrightarrow$　　(2) $Ti^{3+} + CO_3^{2-} + H_2O \longrightarrow$

(3) $TiO_2 + H_2SO_4$(浓)$\longrightarrow$　　(4) $TiCl_4 + H_2O \longrightarrow$

(5) $TiCl_4 + Mg \longrightarrow$

16-5　在盛有钒(Ⅱ)溶液的试管中逐滴加入高锰酸钾溶液。几小时内发现溶液分为不同颜色的液层，由上到下的次序是紫色、棕色、淡黄色、蓝色、绿色、紫色。试根据颜色判断各液层存在的钒的主要物种。

16-6　完成并配平下列反应方程式：

(1) $V_2O_5 + Cl^- + H^+ \longrightarrow$　　(2) $NH_4VO_3 \xrightarrow{\triangle}$

(3) $VO_2^+ + SO_3^{2-} + H^+ \longrightarrow$　　(4) $VO^{2+} + MnO_4^- + H_2O \longrightarrow$

16-7 已知下列电对的标准电极电势：

$VO_2^+ + 2H^+ + e^- \rightleftharpoons VO^{2+} + H_2O$ $E^\ominus = 0.999\ 4\ V$

$VO^{2+} + 2H^+ + e^- \rightleftharpoons V^{3+} + H_2O$ $E^\ominus = 0.337\ V$

$V^{3+} + e^- \rightleftharpoons V^{2+}$ $E^\ominus = -0.255\ V$

$V^{2+} + 2e^- \rightleftharpoons V$ $E^\ominus = -1.2\ V$

在酸性溶液中分别用 1 mol·$L^{-1}Fe^{2+}$、1 mol·$L^{-1}Sn^{2+}$ 和 Zn 还原 1 mol·L^{-1} VO_2^+ 时，最终得到的产物各是什么(不必计算)?

16-8 根据有关的 $E^\ominus$ 值，试推断 VO^{2+} 在 $c(H^+) = 1$ mol·L^{-1} 的酸性溶液中能否歧化为 VO_2^+ 和 V^{3+}。

16-9 以铬铁矿为原料如何制取铬钾矾?

16-10 完成并配平下列反应方程式：

(1) $K_2Cr_2O_7 + HCl(浓) \xrightarrow{\triangle}$

(2) $K_2Cr_2O_7 + H_2C_2O_4 + H_2SO_4 \longrightarrow$

(3) $Ag^+ + Cr_2O_7^{2-} + H_2O \longrightarrow$

(4) $Cr_2O_7^{2-} + H_2S + H^+ \longrightarrow$

(5) $Cr^{3+} + S_2O_8^{2-} + H_2O \longrightarrow$

(6) $Cr(OH)_3 + OH^- + ClO^- \longrightarrow$

(7) $K_2Cr_2O_7 + H_2O_2 + H_2SO_4 \longrightarrow$

16-11 在 $K_2Cr_2O_7$ 的饱和溶液中加入浓硫酸，并加热到 200 ℃时，发现溶液的颜色变为蓝绿色。经检查反应开始时溶液中并无任何还原剂存在。试说明上述变化的原因。

16-12 一紫色晶体溶于水得到绿色溶液 A，A 与过量氨水反应生成灰绿色沉淀 B。B 可溶于 NaOH 溶液，得到亮绿色溶液 C，在 C 中加入 H_2O_2 并微热，得到黄色溶液 D。在 D 中加入氯化钡溶液生成黄色沉淀 E，E 可溶于盐酸得到橙红色溶液 F。试确定各字母所代表的物质，写出有关的反应方程式。

16-13 已知反应 $Cr(OH)_3(s) + OH^- \rightleftharpoons [Cr(OH)_4]^-$ 的标准平衡常数 $K^\ominus = 10^{-0.40}$。在 1.0 L 0.10 mol·$L^{-1}Cr^{3+}$ 溶液中，当 $Cr(OH)_3$ 沉淀完全时，溶液的 pH 是多少? 要使沉淀出的 $Cr(OH)_3$ 刚好在 1.0 L NaOH 溶液中完全溶解并生成 $[Cr(OH)_4]^-$，问溶液中的 $c(OH^-)$ 是多少? 并求 $[Cr(OH)_4]^-$ 的标准稳定常数。

16-14 已知反应 $HCrO_4^- \rightleftharpoons CrO_4{}^{2-} + H^+$ 的 $K_a^\ominus = 3.2 \times 10^{-7}$，反应 $2HCrO_4^- \rightleftharpoons Cr_2O_7^{2-} + H_2O$ 的 $K^\ominus = 33$。

(1)计算反应 $2CrO_4^{2-} + 2H^+ \rightleftharpoons Cr_2O_7^{2-} + H_2O$ 的标准平衡常数 $K^\ominus$；

(2)计算 1.0 mol·$L^{-1}K_2CrO_4$ 溶液中 CrO_4^{2-} 与 $Cr_2O_7^{2-}$ 浓度相等时溶液的 pH。

16-15 如何由软锰矿制取高锰酸钾? 在酸性溶液中，用足够的 Na_2SO_3 与 MnO_4^- 作用时，为什么 MnO_4^- 总是被还原为 Mn^{2+}，而不能得到 MnO_4^{2-}、MnO_2 或 Mn^{3+}?

16-16 完成并配平下列反应方程式：

(1) $MnO_4^- + Fe^{2+} + H^+ \longrightarrow$

(2) $MnO_4^- + SO_3^{2-} + H_2O \longrightarrow$

(3) $MnO_4^- + MnO_2 + OH^- \xrightarrow{\triangle}$

(4) $KMnO_4 \xrightarrow{\triangle}$

(5) $K_2MnO_4 + HAc \longrightarrow$

(6) $MnO_2 + KOH + O_2 \longrightarrow$

(7) $MnO_4^- + Mn^{2+} + H_2O \longrightarrow$

(8) $KMnO_4 + KNO_2 + H_2O \longrightarrow$

16-17　在 $MnCl_2$ 溶液中加入适量的硝酸，再加入 $NaBiO_3(s)$，溶液中出现紫红色后又消失，试说明原因，写出有关的反应方程式。

16-18　一棕黑色固体 A 不溶于水，但可溶于浓盐酸，生成近乎无色溶液 B 和黄绿色气体 C。在少量 B 中加入硝酸和少量 $NaBiO_3(s)$，生成紫红色溶液 D。在 D 中加入一淡绿色溶液 E，紫红色褪去，在得到的溶液 F 中加入 KNCS 溶液又生成血红色溶液 G。再加入足量的 NaF 则溶液的颜色又褪去。在 E 中加入 $BaCl_2$ 溶液则生成不溶于硝酸的白色沉淀 H。试确定各字母所代表的物质，并写出有关反应的离子方程式。

16-19　根据锰的有关电对的 $E^{\ominus}$，估计 Mn^{3+} 在 $c(H^+)=1.0\ mol\cdot L^{-1}$ 时能否歧化为 MnO_2 和 Mn^{2+}。若 Mn^{3+} 能歧化，计算此反应的标准平衡常数。

16-20　已知下列电对的 $E^{\ominus}$：

$Mn^{3+}+e^- \rightleftharpoons Mn^{2+}$　　$E^{\ominus}=1.51\ V$

$[Mn(CN)_6]^{3-}+e^- \rightleftharpoons [Mn(CN)_6]^{4-}$　　$E^{\ominus}=-0.244\ V$

计算锰的上述两种氰合配离子的标准稳定常数的比值。

16-21　完成并配平下列反应方程式：

(1) $Fe^{3+}+I^- \longrightarrow$　　(2) $Cr_2O_7^{2-}+Fe^{2+}+H^+ \longrightarrow$

(3) $[Fe(NCS)_n]^{3-n}+F^- \longrightarrow$　　(4) $Co^{2+}+Br_2+OH^- \longrightarrow$

(5) $[Co(NH_3)_6]^{2+}+O_2+H_2O \longrightarrow$　　(6) $Co^{2+}+NCS^-$(过量)$\xrightarrow{\text{丙酮}}$

(7) $Ni^{2+}+HCO_3^- \longrightarrow$　　(8) $Ni^{2+}+NH_3$(过量)$\longrightarrow$

(9) $NiO(OH)+HCl$(浓)$\longrightarrow$　　(10) $FeCl_3+SnCl_2 \longrightarrow$

(11) $Co(OH)_2+O_2+H_2O \longrightarrow$　　(12) $Ni(OH)_2+Br_2+NaOH \longrightarrow$

(13) Co_2O_3+HCl(浓)$\longrightarrow$　　(14) $Fe(OH)_3+Cl_2+OH^- \longrightarrow$

16-22　某粉红色晶体溶于水，其水溶液 A 也呈粉红色。向 A 中加入少量 NaOH 溶液，生成蓝色沉淀，当 NaOH 溶液过量时，则得到粉红色沉淀 B。再加入 H_2O_2 溶液，得到棕色沉淀 C，C 与过量浓盐酸反应生成蓝色溶液 D 和黄绿色气体 E。将 D 用水稀释又变为溶液 A。A 中加入 KNCS 晶体和丙酮后得到天蓝色溶液 F。试确定各字母所代表的物质，并写出有关反应的方程式。

16-23　某黑色过渡金属氧化物 A 溶于浓盐酸后得到绿色溶液 B 和气体 C。C 能使润湿的 KI-淀粉试纸变蓝。B 与 NaOH 溶液反应生成苹果绿色沉淀 D。D 可溶于氨水得到蓝色溶液 E，再加入丁二肟乙醇溶液则生成鲜红色沉淀。试确定各字母所代表的物质，写出有关的反应方程式。

16-24　根据下列各组配离子化学式后面括号内所给出的条件，确定它们各自的中心离子的价层电子排布和配合物的磁性，推断其为内轨型配合物，还是外轨型配合物，比较每组内两种配合物的相对稳定性。

(1) $[Mn(C_2O_4)_3]^{3-}$(高自旋)，$[Mn(CN)_6]^{3-}$(低自旋)；

(2) $[Fe(en)_3]^{3+}$(高自旋)，$[Fe(CN)_6]^{3-}$(低自旋)；

(3) $[CoF_6]^{3-}$(高自旋)，$[Co(en)_3]^{3+}$(低自旋)。

16-25 在 0.10 mol·L^{-1} Fe^{3+} 溶液中加入足够的铜屑。求 25 ℃反应达到平衡时 Fe^{3+}、Fe^{2+}、Cu^{2+} 的浓度。

16-26 由下列实验数据确定某水合硫酸亚铁盐的化学式。

(1) 将 0.784 0 g 某亚铁盐强烈加热至质量恒定,得到 0.160 0 g 氧化铁(Ⅲ)。

(2) 将 0.784 0 g 此亚铁盐溶于水,加入过量的氯化钡溶液,得到 0.933 6 g 硫酸钡。

(3) 含有 0.392 0 g 此亚铁盐的溶液与过量的 NaOH 溶液煮沸,释放出氨气。用 50.0 mL 0.10 mol·L^{-1} 盐酸溶液吸收。与氨反应后剩余的过量的酸需要 30.0 mL 0.10 mol·L^{-1}NaOH 溶液中和。

16-27 已知 $E^{\ominus}(Co^{3+}/Co^{2+})=1.95$ V,$E^{\ominus}(Co(NH_3)_6^{3+}/Co(NH_3)_6{}^{2+})=0.10$ V,$K_f^{\ominus}(Co(NH_3)_6{}^{3+})=10^{35.20}$,$E^{\ominus}(Br_2/Br^-)=1.077\ 5$ V。

(1)计算 $K_f^{\ominus}(Co(NH_3)_6^{2+})$;

(2) 写出$[Co(NH_3)_6]^{2+}$与 Br_2(l)反应的离子方程式,计算 25℃时该反应的标准平衡常数。

16-28 溶液中含有 Fe^{3+} 和 Co^{2+},如何将它们分离开并鉴定之?

16-29 溶液中含有 Al^{3+}、Cr^{3+} 和 Fe^{3+},如何将其分离?

16-30 如何将 Ag_2CrO_4、$BaCrO_4$ 和 $PbCrO_4$ 固体混合物中的 Ag^+、Ba^{2+}、Pb^{2+} 分离开?

16-31 某溶液中含有 Pb^{2+}、Sb^{3+}、Fe^{3+} 和 Ni^{2+},试将它们分离并鉴定。图示分离、鉴定步骤,写出现象和有关的反应方程式。

16-32 写出 Cr^{3+}、Mn^{2+}、Fe^{3+}、Fe^{2+}、Co^{2+}、Ni^{2+} 的鉴定方法。

16-33 本章所讨论的金属氢氧化物中哪些是两性的?哪些易被空气中的氧氧化?

* **16-34** 已知 $Cr(CO)_6$、$Ru(CO)_5$ 和 $Pt(CO)_4$ 都是反磁性的羰合物。推测它们的中心原子与 CO 成键时的价层电子分布和杂化轨道类型。

第17章

d 区元素(二)

17.1 铜族元素

周期系ⅠB族元素包括铜、银、金3种元素,通常称为铜族元素。铜族元素原子的次外层d轨道都充满了电子,其价层电子构型为$(n-1)d^{10}ns^1$。

17.1.1 铜族元素的单质

在自然界中铜以辉铜矿(Cu_2S)、孔雀石[$Cu_2(OH)_2CO_3$]等,银以辉银矿(Ag_2S),金以碲金矿($AuTe_2$)的形式存在。它们也以单质的形式存在,单质金通常与沙子混在一起(金沙)。这三种金属发现较早,古代的货币、器皿和首饰等常用它们的单质或合金制成。

纯铜、银、金分别为紫红色、银白色、黄色金属,熔点和沸点都不太高,它们的延展性、导热性好。银的导电性在所有金属中居于第一,铜次之。铜在电器工业上得到广泛应用。

铜、银、金的化学活泼性较差,且依次递减。室温下看不出它们与氧或水作用。在含有CO_2的潮湿空气中,铜的表面会逐渐蒙上绿色的铜锈[叫作铜绿——碳酸羟铜$Cu_2(OH)_2CO_3$],即

$$2Cu+O_2+H_2O+CO_2 \longrightarrow Cu_2(OH)_2CO_3$$

在加热情况下,只有铜与氧化合生成黑色的氧化铜CuO。铜、银、金即使在高温下也不与氢、氮或碳作用。在常温下,铜能与卤素作用。银与卤素反应较慢,而金只有在加热时才与干燥的卤素反应。

铜、银、金不能从稀酸中置换出氢气。铜、银能溶于硝酸中,也能溶于热的浓硫酸中,金只能溶于王水(浓硝酸和浓盐酸的混合溶液),即

$$Au+4HCl+HNO_3 \longrightarrow H[AuCl_4]+NO+2H_2O$$

在空气存在的情况下,铜、银、金都能溶于氰化钾或氰化钠溶液中,即

$$4M+O_2+2H_2O+8CN^- \longrightarrow 4[M(CN)_2]^-+4OH^-$$

M代表Cu,Ag,Au。这种现象也是由于它们的离子能与CN^-形成配合物,使它们单质的还原性增强,以致空气中的氧能把它们氧化。上述反应常用于从矿石中提取银和金。银在空气中与硫化氢迅速作用生成硫化银,使银的表面变黑,反应如下

$$4Ag+2H_2S+O_2 \longrightarrow 2Ag_2S+2H_2O$$

银、金作为高级仪器的导线或焊接材料，用量正逐年增大。铜、银、金都可以形成合金，特别是铜的合金如黄铜(铜、锌)、青铜(铜、锡)等应用较广。铜可作为高温超导材料的组分之一。

17.1.2 铜族元素的化合物

1. 铜的化合物

原子的价层电子构型为 $3d^{10}4s^1$，铜可以形成氧化值为 +1 和 +2 的化合物。Cu^+ 为 d^{10} 构型，不发生 d-d 跃迁。Cu(Ⅰ)的化合物一般是白色或无色的。Cu^+ 在溶液中不稳定。Cu(Ⅱ)为 d^9 构型，它的化合物或配合物常因发生 d-d 跃迁而呈现颜色。Cu(Ⅱ)的化合物种类较多，较稳定。

(1) 铜(Ⅰ)的化合物

一般说来，在固态时，Cu(Ⅰ)的化合物比 Cu(Ⅱ)的化合物热稳定性高。例如，CuO 在 1 100 ℃时分解为 Cu_2O 和 O_2，而 Cu_2O 到 1800℃时才分解。又如，无水 $CuCl_2$ 受强热时分解为 CuCl，这说明 CuCl 比 $CuCl_2$ 的热稳定性高。在水溶液中 Cu(Ⅰ)容易被氧化为 Cu(Ⅱ)，水溶液中 Cu(Ⅱ)的化合物是稳定的。几乎所有 Cu(Ⅰ)的化合物都难溶于水。常见的 Cu(Ⅰ)化合物在水中的溶解度按下列顺序降低，即

$$CuCl > CuBr > CuI > CuSCN > CuCN > Cu_2S$$

Cu(Ⅱ)的化合物则易溶于水的较多。

用氢气还原 CuO 可得到暗红色粉末状的 Cu_2O，即

$$2CuO + H_2 \xrightarrow{150\ ℃} Cu_2O + H_2O$$

若有 O_2 存在，适当加热 Cu_2O 又能生成 CuO。人们利用 Cu_2O 的这一性质来除去氮气中微量的氧，即

$$2Cu_2O + O_2 \xrightarrow{200\ ℃左右} 4CuO$$

$[Cu(H_2O)_6]^+$ 是无色的，在水溶液中很不稳定，容易歧化为 Cu^{2+} 和 Cu，即

$$2Cu^+ \longrightarrow Cu^{2+} + Cu \qquad K^{\ominus} = 10^{6.04}$$

Cu^+ 与下述离子或分子都能形成稳定的配合物，其稳定性按下列顺序增强

$$Cl^- < Br^- < I^- < SCN^- < NH_3 < S_2O_3^{2-} < CS(NH_2)_2 < CN^-$$

Cu(Ⅰ)的配合物常用它的相应难溶盐与具有相同阴离子的其他易溶盐(或酸)在溶液中借加合反应而形成。例如，CuI 溶于 KI 溶液中生成易溶的 $[CuI_2]^-$，其反应方程式为

$$CuI(s) + I^- \longrightarrow [CuI_2]^-$$

在 Cu(Ⅰ)的配合物中，Cu(Ⅰ)的配位数常见的是 2。当配位体浓度增大时，也可形成配位数为 3 或 4 的配合物，如 $[Cu(CN)_3]^{2-}$ ($\lg K_f^{\ominus} = 28.62$) 和 $[Cu(CN)_4]^{3-}$ ($\lg K_f^{\ominus} = 30.31$) 等。

Cu(Ⅰ)的配合物在水溶液中能较稳定地存在，不容易发生歧化反应。例如，$[CuCl_2]^-$ 不易歧化为 Cu^{2+} 和 Cu。有关元素电势图如下

$$Cu^{2+} \frac{0.447\ V}{\qquad\qquad} [CuCl_2]^- \frac{0.232\ V}{\qquad\qquad} Cu$$

$E^{\ominus}(CuCl_2^-/Cu) < E^{\ominus}(Cu^{2+}/CuCl_2^-)$，所以$[CuCl_2]^-$在水溶液中是比较稳定的。

常利用 $CuCl_2$ 溶液与浓盐酸和铜屑混合，在加热的条件下来制取$[CuCl_2]^-$溶液，即

$$Cu^{2+} + 4Cl^- + Cu \xrightarrow{\triangle} 2[CuCl_2]^-$$

将制得的溶液倒入大量水中稀释时，会有白色的氯化亚铜 CuCl 沉淀析出，即

$$[CuCl_2]^- \xrightleftharpoons{稀释} CuCl(s) + Cl^-$$

工业上或实验室中常用这种方法制取氯化亚铜。其他一些亚铜的盐也可以用与此类似的方法制取。

许多 Cu(Ⅰ)的配合物的溶液有吸收 CO 和烯烃(如 C_2H_4、C_3H_6 等)的能力，这是因为 Cu^+ 能与 CO 或烯烃形成配合物。例如

$$[CuCl_2]^- + C_2H_4 \rightleftharpoons [CuCl_2(C_2H_4)]^-$$

$[Cu(NH_3)_2]^+$ 吸收 CO 的能力较强，它与 CO 形成配合物的反应为

$$[Cu(NH_3)_2]^+ + CO \rightleftharpoons [Cu(NH_3)_2(CO)]^+$$

此反应是可逆的，加热溶液时反应逆向进行，有 CO 放出。

从下面的元素电势图可以看出，CuCl 也不容易歧化为 Cu^{2+} 和 Cu。

$$Cu^{2+} \frac{0.561\ V}{\quad\quad} CuCl \frac{0.117\ V}{\quad\quad} Cu$$

CuCl 在水中可被空气中的氧所氧化，而逐渐变为 Cu(Ⅱ)的盐。干燥状态的 CuCl 则比较稳定。

(2) 铜(Ⅱ)的化合物

加热铜的含氧酸盐一般都可得到氧化铜。早在古代，人们就发现可加热自然界存在的碳酸羟铜 $Cu_2(OH)_2CO_3$ 得到 CuO，即

$$Cu_2(OH)_2CO_3 \xrightarrow{200\ ℃} 2CuO + CO_2 + H_2O$$

CuO 分别与 H_2SO_4、HNO_3 或 HCl 作用，可得到相应的铜盐。

从溶液中结晶出来的五水硫酸铜 $CuSO_4 \cdot 5H_2O$ 俗称胆矾，它的空间构型如图 17-1 所示。其中 4 个 H_2O 和 2 个 SO_4^{2-} 位于变形八面体的 6 个顶点(SO_4^{2-} 与另外的 Cu^{2+} 共用)，4 个 H_2O 处于平面正方形的 4 个角上，另一个 H_2O 则处于 $Cu(H_2O)_4^{2+}$ 和 SO_4^{2-} 之间。$CuSO_4 \cdot 5H_2O$ 受热后逐步脱水，最终变为白色粉末状的无水硫酸铜，即

$$CuSO_4 \cdot 5H_2O \xrightarrow{102\ ℃} CuSO_4 \cdot 3H_2O \xrightarrow{113\ ℃} CuSO_4 \cdot H_2O \xrightarrow{258\ ℃} CuSO_4$$

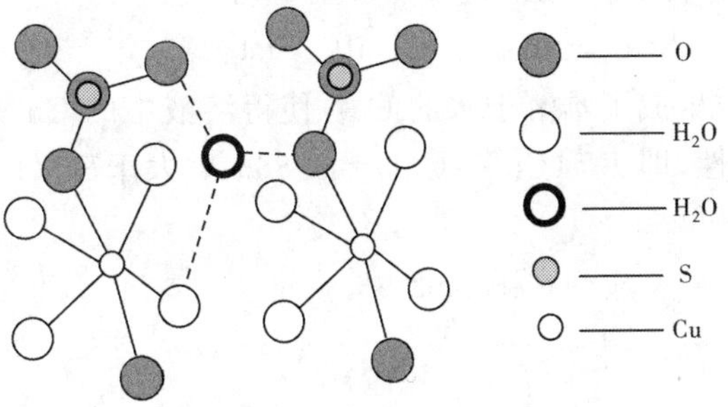

图 17-1　$CuSO_4 \cdot 5H_2O$ 的空间构型

无水 $CuSO_4$ 易吸水，吸水后呈蓝色，常被用来鉴定液态有机物中的微量水。工业上常用硫酸铜作为电解铜的原料。在农业上，用它与石灰乳的混合液来消灭果树上的害虫。$CuSO_4$ 加在贮水池中可阻止藻类的生长。

水合铜离子 $[Cu(H_2O)_6]^{2+}$ 呈蓝色，它在水中的水解程度不大，即

$$2Cu^{2+} + 2H_2O \longrightarrow [Cu_2(OH)_2]^{2+} + 2H^+ \qquad K^{\ominus} = 10^{-10.6}$$

在 Cu^{2+} 的溶液中加入适量的碱，析出浅蓝色氢氧化铜沉淀。加热氢氧化铜悬浮液到接近沸腾时，分解出氧化铜，即

$$Cu^{2+} + 2OH^- \longrightarrow Cu(OH)_2(s) \xrightarrow{80 \sim 90\ ℃} CuO(s) + H_2O$$

这一反应常用来制取 CuO。

实验视频

$Cu(OH)_2$ 的两性

$Cu(OH)_2$ 能溶解于过量浓碱溶液中，生成深蓝色的四羟基合铜(Ⅱ)配离子 $[Cu(OH)_4]^{2-}$，即

$$Cu(OH)_2 + 2OH^- \longrightarrow [Cu(OH)_4]^{2-}$$

在 $CuSO_4$ 和过量 NaOH 的混合溶液中加入葡萄糖并加热至沸腾，有暗红色的 Cu_2O 沉淀析出，即

$$2[Cu(OH)_4]^{2-} + \underset{(葡萄糖)}{C_6H_{12}O_6} \longrightarrow Cu_2O(s) + \underset{(葡萄糖酸)}{C_6H_{12}O_7} + 2H_2O + 4OH^-$$

这一反应常用来检验某些糖的存在。

在中性或弱酸性溶液中，Cu^{2+} 与 $[Fe(CN)_6]^{4-}$ 反应，生成红棕色沉淀 $Cu_2[Fe(CN)_6]$，即

$$2Cu^{2+} + [Fe(CN)_6]^{4-} \longrightarrow Cu_2[Fe(CN)_6](s)$$

这一反应常用来鉴定微量 Cu^{2+} 的存在。

Cu(Ⅱ)的简单配合物大都不如相应的 Cu(Ⅰ)的配合物稳定。例如，$[CuCl_2]^-$ 是比较稳定的，而 $[CuCl_4]^{2-}$ 的稳定性较差（$\lg K_f^{\ominus} = -4.6$），在很浓的 Cl^- 溶液中才有黄色的 $[CuCl_4]^{2-}$ 存在。当加水稀释时，$[CuCl_4]^{2-}$ 容易解离，生成 $[Cu(H_2O)_6]^{2+}$ 和 Cl^-，溶液的颜色由黄变绿（是 $[CuCl_4]^{2-}$ 和 $[Cu(H_2O)_6]^{2+}$ 的混合色），最后变为蓝色的 $[Cu(H_2O)_6]^{2+}$。在 Cu(Ⅱ)的简单配合物中，深蓝色的 $[Cu(NH_3)_4]^{2+}$ 较稳定，它是平面正方形的配离子。Cu(Ⅱ)的许多螯合物的稳定性较高。Cu(Ⅱ)的配合物或螯合物大多配位数为 4，空间构型为平面正方形。

在水溶液中，Cu^{2+} 的氧化性不强，但却能发生下列反应

$$2Cu^{2+} + 4I^- \longrightarrow 2CuI(s) + I_2$$

这是由于 Cu^+ 与 I^- 反应生成了难溶于水的 CuI，使得溶液中的 Cu^+ 浓度变得很小，增强了 Cu^{2+} 的氧化性，即 $E^{\ominus}(Cu^{2+}/CuI) = 0.866$ V 大于 $E^{\ominus}(I_2/I^-)$，所以，Cu^{2+} 可以把 I^- 氧化。

实验视频

Cu^{2+} 的氧化性

水溶液中 Cu^{2+} 的重要反应列在图 17-2 中。

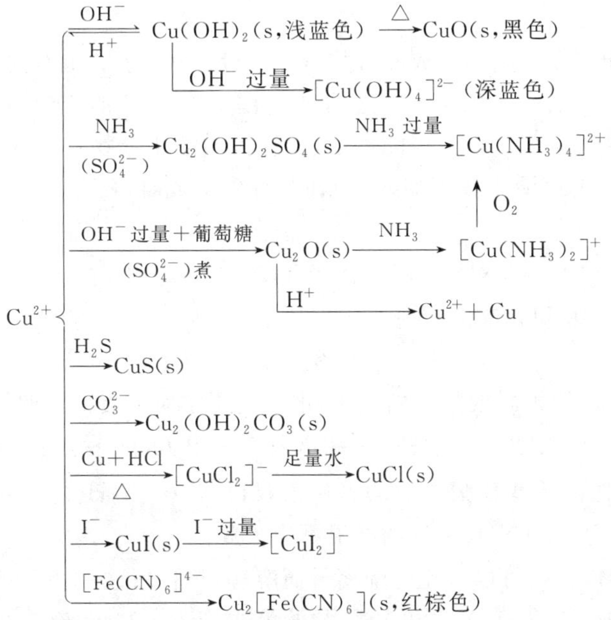

图 17-2 溶液中 Cu^{2+} 的重要反应

2. 银的化合物

在银的化合物中,Ag(Ⅰ)的化合物种类较多。

Ag(Ⅰ)的化合物热稳定性较差,难溶于水的较多,且见光易分解。

一般说来,Ag(Ⅰ)的许多化合物加热到不太高的温度时就会发生分解。例如,Ag_2O 在 300 ℃即分解为 Ag 和 O_2,$AgNO_3$ 在 440 ℃时按下式分解,即

$$2AgNO_3 \xrightarrow{440\ ℃} 2Ag + 2NO_2 + O_2$$

易溶于水的 Ag(Ⅰ)化合物有:硝酸银 $AgNO_3$、氟化银 AgF 和高氯酸银 $AgClO_4$ 等。其他 Ag(Ⅰ)的常见化合物(不包括配盐)几乎都是难溶于水的。卤化银溶解度按 AgF>AgCl>AgBr>AgI 的顺序减小。Ag^+ 为 d^{10} 构型,它的化合物一般呈白色或无色,但 AgBr 呈淡黄色,AgI 呈黄色,这与卤素阴离子和 Ag^+ 之间发生的电荷跃迁有关。

许多 Ag(Ⅰ)的化合物对光是敏感的。例如,AgCl、AgBr、AgI 见光都按下式分解,即

$$AgX \xrightarrow{光} Ag + \frac{1}{2}X_2$$

X 代表 Cl,Br,I。AgBr 常用于制造照相底片或印相纸等。AgI 可用于人工增雨。

$AgNO_3$ 的水溶液呈中性,Ag^+ 在水中几乎不水解,因为 AgOH 极不稳定,在 Ag^+ 的溶液中加入 NaOH 溶液,则析出棕色的 Ag_2O 沉淀,即

$$2Ag^+ + 2OH^- \longrightarrow Ag_2O(s) + H_2O$$

从 $E^{\ominus}(Ag^+/Ag)=0.799\ 1\ V$ 来看,Ag^+ 的氧化性不很弱,但在 Ag^+ 的溶液中加入 I^- 时,Ag^+ 却不能把 I^- 氧化为 I_2,而是生成 AgI 沉淀。这是由于 Ag^+ 与 I^- 生成 AgI 沉淀后,降低了溶液中 Ag^+ 的浓度,使 $E(Ag^+/Ag)$ 大大降低,以致 Ag^+ 氧化 I^- 的反应不能发生。同样,在 Ag^+ 的溶液通入 H_2S,也不会发生氧化还原反应,而是析出 Ag_2S 沉淀。

AgI 溶在过量的 KI 溶液中，生成$[AgI_2]^-$。当加水稀释$[AgI_2]^-$的溶液时，又重新析出 AgI 沉淀。

实验视频

AgI 的生成及性质

在水溶液中，Ag^+能与多种配体形成配合物，其配位数一般为 2，也有配位数为 3 或 4 的。由于 Ag(Ⅰ)的许多化合物都是难溶于水的，在Ag^+的溶液中加入配位剂时，常常首先生成难溶化合物。当配位剂过量时，难溶化合物将形成配离子而溶解。例如，在Ag^+的溶液中逐滴加入氨水时，首先生成难溶于水的Ag_2O沉淀，即

$$2Ag^+ + 2NH_3 + H_2O \longrightarrow Ag_2O(s) + 2NH_4^+$$

溶液中氨水浓度增大时，Ag_2O溶解，生成$[Ag(NH_3)_2]^+$，即

$$Ag_2O(s) + 4NH_3 + H_2O \longrightarrow 2[Ag(NH_3)_2]^+ + 2OH^-$$

含有$[Ag(NH_3)_2]^+$的溶液能把醛或某些糖氧化，本身被还原为单质银。例如

$$2[Ag(NH_3)_2]^+ + HCHO + 3OH^- \longrightarrow 2Ag(s) + HCOO^- + 4NH_3 + 2H_2O$$

工业上利用这类反应制作镜子或在暖水瓶的夹层内镀银。$[Ag(NH_3)_2]^+$溶液久置会生成具有爆炸性的AgN_3，故含$[Ag(NH_3)_2]^+$的溶液不应久置。

Ag(Ⅰ)的许多难溶化合物可以转化为配离子而溶解，常利用这一特性把Ag^+从混合离子溶液中分离出来。例如，在含有Ag^+和Ba^{2+}的溶液中加入过量的K_2CrO_4溶液时，会有Ag_2CrO_4和$BaCrO_4$沉淀析出。再加入足够量的氨水，Ag_2CrO_4转化为$[Ag(NH_3)_2]^+$而溶解，即

$$Ag_2CrO_4(s) + 4NH_3 \longrightarrow 2[Ag(NH_3)_2]^+ + CrO_4^{2-}$$

$BaCrO_4$则不溶于氨水。这样可使混合溶液中的Ba^{2+}和Ag^+分离。

难溶于水的Ag_2S的溶解度太小，难以借配位反应使它溶解，通常用硝酸来氧化Ag_2S使其溶解，即

$$3Ag_2S(s) + 8H^+ + 2NO_3^- \xrightarrow{\triangle} 6Ag^+ + 2NO + 3S + 4H_2O$$

Ag^+与少量$Na_2S_2O_3$溶液反应生成$Ag_2S_2O_3$白色沉淀，放置一段时间，沉淀由白色转变为黄色、棕色，最后为黑色的Ag_2S，有关反应为

$$2Ag^+ + S_2O_3^{2-} \longrightarrow Ag_2S_2O_3(s)$$

$$Ag_2S_2O_3(s) + H_2O \longrightarrow Ag_2S(s) + H_2SO_4$$

当$Na_2S_2O_3$过量时，$Ag_2S_2O_3$溶解，生成配离子$[Ag(S_2O_3)_2]^{3-}$，即

$$Ag_2S_2O_3(s) + 3S_2O_3^{2-} \longrightarrow 2[Ag(S_2O_3)_2]^{3-}$$

现将Ag^+的一些常见反应列在图 17-3 中。

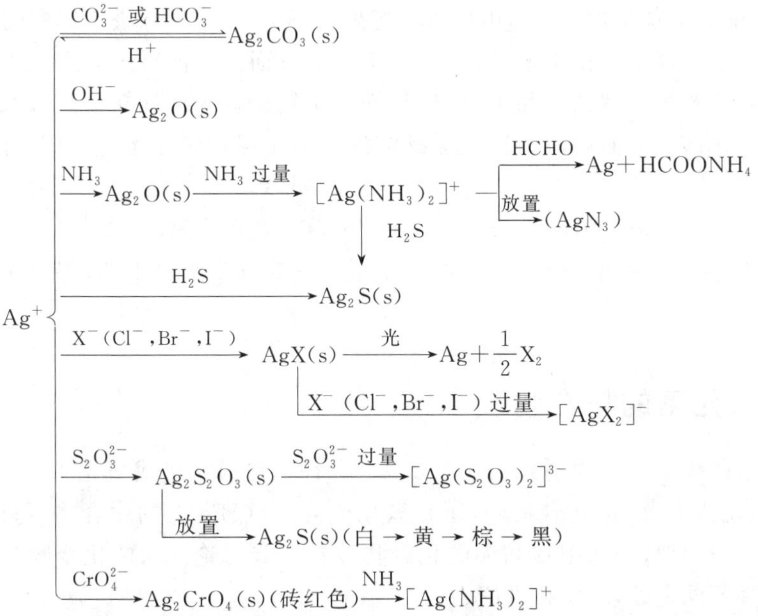

$$
\text{Ag}^+
\begin{cases}
\xrightarrow[\text{H}^+]{\text{CO}_3^{2-} \text{ 或 HCO}_3^-} \text{Ag}_2\text{CO}_3(\text{s}) \\[2pt]
\xrightarrow{\text{OH}^-} \text{Ag}_2\text{O}(\text{s}) \\[2pt]
\xrightarrow{\text{NH}_3} \text{Ag}_2\text{O}(\text{s}) \xrightarrow{\text{NH}_3 \text{ 过量}} [\text{Ag}(\text{NH}_3)_2]^+
\begin{cases}
\xrightarrow{\text{HCHO}} \text{Ag}+\text{HCOONH}_4 \\
\xrightarrow{\text{放置}} (\text{AgN}_3) \\
\downarrow \text{H}_2\text{S} \\
\end{cases} \\
\xrightarrow{\text{H}_2\text{S}} \text{Ag}_2\text{S}(\text{s}) \\[2pt]
\xrightarrow{\text{X}^-(\text{Cl}^-, \text{Br}^-, \text{I}^-)} \text{AgX}(\text{s})
\begin{cases}
\xrightarrow{\text{光}} \text{Ag}+\dfrac{1}{2}\text{X}_2 \\
\xrightarrow{\text{X}^-(\text{Cl}^-, \text{Br}^-, \text{I}^-) \text{ 过量}} [\text{AgX}_2]^- \\
\end{cases} \\
\xrightarrow{\text{S}_2\text{O}_3^{2-}} \text{Ag}_2\text{S}_2\text{O}_3(\text{s})
\begin{cases}
\xrightarrow{\text{S}_2\text{O}_3^{2-} \text{ 过量}} [\text{Ag}(\text{S}_2\text{O}_3)_2]^{3-} \\
\xrightarrow{\text{放置}} \text{Ag}_2\text{S}(\text{s})(\text{白}\rightarrow\text{黄}\rightarrow\text{棕}\rightarrow\text{黑}) \\
\end{cases} \\
\xrightarrow{\text{CrO}_4^{2-}} \text{Ag}_2\text{CrO}_4(\text{s})(\text{砖红色}) \xrightarrow{\text{NH}_3} [\text{Ag}(\text{NH}_3)_2]^+
\end{cases}
$$

图 17-3　溶液中 Ag^+ 的重要反应

17.2　锌族元素

　　周期系ⅡB族元素包括锌、镉、汞三种元素,通常称为锌族元素。它们是与 p 区元素相邻的 d 区元素,具有与 d 区元素相似的性质,如易于形成配合物等。在某些性质上它们又与第四、五、六周期的 p 区金属元素有些相似,如熔点都较低,水合离子都无色等。

17.2.1　锌族元素的单质

　　锌、镉、汞是银白色金属(锌略带蓝色)。锌和镉的熔点都不高,分别为 420 ℃和 321 ℃。汞是室温下唯一的液态金属。在 0~200 ℃,汞的膨胀系数随温度的升高而均匀地改变,并且不润湿玻璃,在制造温度计时常利用汞的这一性质。另外,常用汞填充气压计。在电弧作用下汞的蒸气能导电,并发出富有紫外线的光,汞也用在日光灯的制造上。

　　锌、镉、铜、银、金、钠、钾等金属易溶于汞中形成合金,这种合金叫作汞齐。汞齐有液态、糊状和固态等形式。汞齐中的其他金属仍保留着这些金属原有的性质,如钠汞齐仍能从水中置换出氢气。钠汞齐常用于有机合成中作还原剂。

　　一般说来,锌、镉、汞的化学活泼性从锌到汞降低。它们在干燥的空气中都是稳定的。在有 CO_2 存在的潮湿空气中,锌的表面常生成一层碱式碳酸盐的薄膜,这种薄膜能保护锌不被继续氧化。锌在空气中燃烧产生蓝色火焰,生成 ZnO,工业上常用此方法来制 ZnO。在空气中加热汞时能生成 HgO(红色)。当温度超过 400 ℃时,HgO 又分解为 Hg 和 O_2。将

汞与硫粉在一起研磨时，生成 HgS。锌和镉与硫粉在加热时可生成硫化物。在室温下，汞的蒸气与碘的蒸气相遇时，能生成 HgI_2，因此可以把碘升华为气体，以除去空气中的汞蒸气。

锌在室温下不能从水中置换出氢气，这是由于锌的表面形成的碱式碳酸盐薄膜起了保护作用的缘故。锌常被覆盖在铁制品上，以保护铁不生锈。锌和镉能从盐酸或稀硫酸中置换出氢气。汞能与硝酸反应而溶解。锌在强碱溶液中由于保护膜被溶解，可从强碱溶液中置换出氢气，即

$$Zn + 2OH^- + 2H_2O \longrightarrow [Zn(OH)_4]^{2-} + H_2$$

其原因是 Zn^{2+} 在碱性溶液中生成配离子 $[Zn(OH)_4]^{2-}$，降低了电极电势，提高了锌的还原能力。

17.2.2 锌族元素的化合物

锌、镉、汞原子的价层电子构型为 $(n-1)d^{10}ns^2$。锌和镉通常形成氧化值为 +2 的化合物，汞除了形成氧化值为 +2 的化合物外，还有氧化值为 +1(Hg_2^{2+})的化合物。锌和镉的化合物在某些方面比较相似，为此把锌和镉的化合物放在一起讨论。汞的化合物与锌和镉的化合物相比有许多不同之处，故单独讨论之。

1. 锌、镉的化合物

锌和镉的卤化物中，除氟化物微溶于水外，余者均易溶于水。锌和镉的硝酸盐、硫酸盐也都易溶于水。锌的化合物大多数都是无色的。锌和镉的化合物通常可用它们的单质或氧化物为原料来制取。

Zn(Ⅱ)和 Cd(Ⅱ)的化合物受热时，一般情况下氧化值不改变。它们的含氧酸盐受热时分解，分别生成 ZnO 和 CdO，其无水卤化物受热时往往经熔化、沸腾成为气态的卤化物。

在水溶液中 Zn^{2+} 和 Cd^{2+} 的水合离子分别为 $[Zn(H_2O)_6]^{2+}$ 和 $[Cd(H_2O)_6]^{2+}$，这两种水合离子在常温下水解趋势较弱。

在 Zn^{2+}、Cd^{2+} 的溶液中加入强碱时，分别生成白色的 $Zn(OH)_2$ 和 $Cd(OH)_2$ 沉淀，当碱过量时，$Zn(OH)_2$ 溶解生成 $[Zn(OH)_4]^{2-}$，而 $Cd(OH)_2$ 则难溶解，有

$$Zn^{2+} + 2OH^- \rightleftharpoons Zn(OH)_2(s)$$

$$Zn(OH)_2 + 2OH^- \rightleftharpoons [Zn(OH)_4]^{2-}$$

$$Cd^{2+} + 2OH^- \rightleftharpoons Cd(OH)_2$$

实验视频

$Cd(OH)_2$ 的生成和性质

在 Zn^{2+}、Cd^{2+} 的溶液中分别通入 H_2S 时，都会有硫化物沉淀析出，即

$$Zn^{2+} + H_2S \rightleftharpoons \underset{(白色)}{ZnS(s)} + 2H^+$$

$$Cd^{2+} + H_2S \rightleftharpoons \underset{(黄色)}{CdS(s)} + 2H^+$$

实际上，只有在 Zn^{2+} 溶液中加 $(NH_4)_2S$ 才能使 ZnS 沉淀完全。如溶液中 H^+ 的浓度超过 0.3 mol·L^{-1} 时，ZnS 就能溶解。CdS 则难溶于稀酸中。从溶液中析出的 CdS 呈黄色，常根据这一反应来鉴定溶液中 Cd^{2+} 的存在。ZnS 和 CdS 都可用于制备荧光粉。

实验视频

Cd^{2+} 的鉴定

在 $ZnSO_4$ 溶液中加入 BaS 时，会生成 ZnS 和 $BaSO_4$ 的混合沉淀物，即

$$Zn^{2+} + SO_4^{2-} + Ba^{2+} + S^{2-} \longrightarrow ZnS \cdot BaSO_4(s)$$

此沉淀叫作锌钡白，俗称立德粉，是一种较好的白色颜料，没有毒性，在空气中比较稳定。

在水溶液中，Zn^{2+} 和 Cd^{2+} 都能分别与 NH_3、CN^- 形成配位数为 4 的稳定配合物。含有 $[Zn(CN)_4]^{2-}$、$[Cd(CN)_4]^{2-}$ 的溶液，曾用作锌和镉的电镀液。由于 CN^- 剧毒，已经改用其他无毒的电镀液，例如，用 Zn^{2+} 与次氨基三乙酸或三乙醇胺形成的配合物作电镀液来镀锌。锌和镉的配合物中，Zn^{2+} 和 Cd^{2+} 的配位数多为 4，构型为四面体。Zn^{2+} 和 Cd^{2+} 都是 d^{10} 构型的离子，不会发生 d-d 跃迁，故其配离子都是无色的。但是，当带有某些基团（如 —N═N—）的螯合剂与 Zn^{2+} 反应时，也能生成有色的配合物。例如，二苯硫腙 $[C_6H_5—(NH)_2—CS—N═N—C_6H_5]$ 与 Zn^{2+} 反应时，会生成粉红色的内配盐沉淀，即

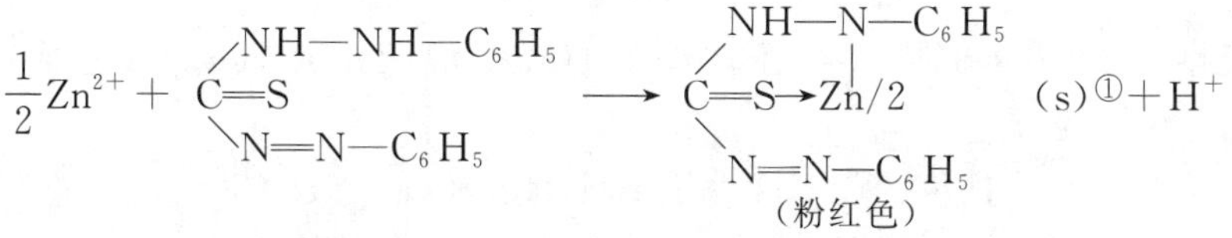

此内配盐能溶于 CCl_4 中，常用其 CCl_4 溶液来比色测定 Zn^{2+} 的含量。

实验视频

Zn^{2+} 的鉴定

现将水溶液中 Zn^{2+}、Cd^{2+} 的重要反应分别列在图 17-4 和图 17-5 中。

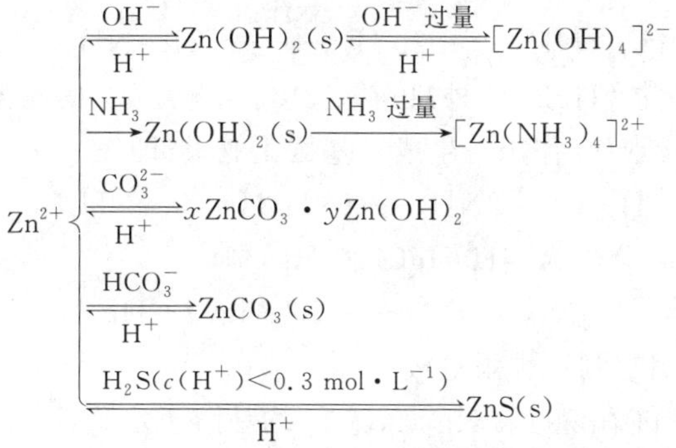

图 17-4　水溶液中 Zn^{2+} 的重要反应

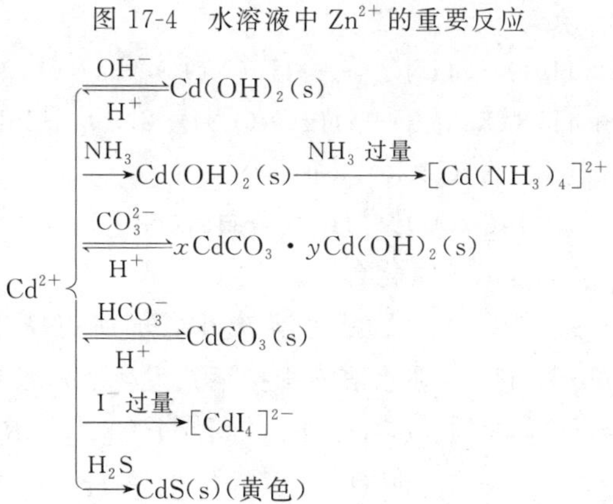

图 17-5　水溶液中 Cd^{2+} 的重要反应

① 这种螯合物是由 1 个 Zn^{2+} 和 2 个二苯硫腙分子形成的，习惯上简写为上面的形式。

2. 汞的化合物

在氧化值为+1的汞的化合物中，汞以 Hg_2^{2+}（—Hg—Hg—）的形式存在。Hg（Ⅰ）的化合物叫亚汞化合物。绝大多数亚汞的无机化合物都是难溶于水的。Hg（Ⅱ）的化合物中难溶于水的也较多。易溶于水的汞的化合物都是有毒的。在汞的化合物中，有许多是以共价键结合的。

氯化汞 $HgCl_2$ 曾由 $HgSO_4$ 与 NaCl 固体混合物加热制得，即

$$HgSO_4 + 2NaCl \xrightarrow{300\ ℃} Na_2SO_4 + HgCl_2(g)$$

所得 $HgCl_2$ 气体冷却后变为 $HgCl_2$ 固体。由于 $HgCl_2$ 能升华，故称为升汞。$HgCl_2$ 有剧毒。$HgCl_2$ 是以共价键结合的分子，其空间构型为直线形，即

$$Cl \overset{229\ pm}{\text{———}} Hg \overset{229\ pm}{\text{———}} Cl$$

它在水溶液中主要以分子形式存在。若在 $HgCl_2$ 溶液中加入氨水，生成氨基氯化汞（NH_2HgCl）白色沉淀，即

$$HgCl_2 + 2NH_3 \longrightarrow NH_2HgCl(s) + NH_4Cl$$

只有在含有过量的 NH_4Cl 的氨水中，$HgCl_2$ 才能与 NH_3 形成配合物，即

$$HgCl_2 + 2NH_3 \xrightarrow{NH_4Cl} [HgCl_2(NH_3)_2]$$

$$[HgCl_2(NH_3)_2] + 2NH_3 \xrightarrow{NH_4Cl} [Hg(NH_3)_4]Cl_2$$

其他 Hg（Ⅱ）的卤化物（HgF_2 除外）也都是共价型分子，空间构型也均为直线形。

氯化亚汞 Hg_2Cl_2 与 NH_3 作用时生成氨基氯化亚汞，即

$$Hg_2Cl_2 + 2NH_3 \longrightarrow NH_2Hg_2Cl + NH_4Cl$$

NH_2Hg_2Cl 见光或受热时分解为 NH_2HgCl 和 Hg，即

$$NH_2Hg_2Cl \longrightarrow NH_2HgCl + Hg$$

Hg_2Cl_2 又称为甘汞，常用它制造甘汞电极。

硝酸汞 $Hg(NO_3)_2$ 和硝酸亚汞 $Hg_2(NO_3)_2$ 均易溶于水。$Hg(NO_3)_2$ 可用 HgO 或 Hg 与硝酸作用制取，即

$$HgO + 2HNO_3 \longrightarrow Hg(NO_3)_2 + H_2O$$

$$Hg + 4HNO_3(浓) \longrightarrow Hg(NO_3)_2 + 2NO_2 + 2H_2O$$

$Hg(NO_3)_2$ 与 Hg 作用可制取 $Hg_2(NO_3)_2$，即

$$Hg(NO_3)_2 + Hg \longrightarrow Hg_2(NO_3)_2$$

$Hg(NO_3)_2$ 与 $Hg_2(NO_3)_2$ 都是离子型化合物。

在 $Hg(NO_3)_2$ 和 $Hg_2(NO_3)_2$ 的酸性溶液中，分别有无色的 $[Hg(H_2O)_6]^{2+}$ 和 $[Hg_2(H_2O)_x]^{2+}$ 存在。Hg^{2+}、Hg_2^{2+} 在水溶液中按下式发生水解反应

$$[Hg(H_2O)_6]^{2+} \rightleftharpoons [Hg(OH)(H_2O)_5]^+ + H^+ \qquad K^\ominus = 10^{-3.7}$$

$$[Hg_2(H_2O)_x]^{2+} \rightleftharpoons [Hg_2(OH)(H_2O)_{x-1}]^+ + H^+ \qquad K^\ominus = 10^{-5.0}$$

增大溶液的酸性，可以抑制它们的水解。

由汞的元素电势图可以看出：Hg_2^{2+} 在溶液中不容易歧化为 Hg^{2+} 和 Hg。

$$Hg^{2+} \overset{0.908\ 3\ V}{\text{————}} Hg_2^{2+} \overset{0.795\ 5\ V}{\text{————}} Hg$$

相反，Hg 能把 Hg^{2+} 还原为 Hg_2^{2+}，即

$$Hg^{2+} + Hg \longrightarrow Hg_2^{2+} \qquad K^{\ominus} = 80$$

用 $Hg(NO_3)_2$ 和 Hg 制取 $Hg_2(NO_3)_2$，就是根据这一反应而进行的。

实验视频

HgO 的生成和性质

在 Hg^{2+}、Hg_2^{2+} 的溶液中加入强碱时，分别生成黄色的 HgO 和棕褐色的 Hg_2O① 沉淀，因为 $Hg(OH)_2$ 和 $Hg_2(OH)_2$ 都不稳定，生成时会立即脱水生成氧化物，即

$$Hg^{2+} + 2OH^- \longrightarrow HgO(s) + H_2O$$

$$Hg_2^{2+} + 2OH^- \longrightarrow Hg_2O(s) + H_2O$$

Hg_2O 不稳定，见光或受热逐渐分解为 HgO 和 Hg，即

$$Hg_2O \longrightarrow HgO + Hg$$

HgO 和 Hg_2O 都能溶于热的浓硫酸中，但难溶于碱溶液中。

实验视频

Hg^{2+} 与 KI 的反应

在 Hg^{2+}、Hg_2^{2+} 的溶液中分别加入适量的 Br^-、SCN^-、I^-、$S_2O_3^{2-}$、CN^- 和 S^{2-} 时，分别生成难溶于水的汞盐和亚汞盐。但是许多难溶于水的亚汞盐见光受热容易歧化为 Hg(Ⅱ)的化合物和单质汞(Hg_2Cl_2 例外)。例如，在 Hg_2^{2+} 溶液中加入 I^- 时，首先析出绿色的 Hg_2I_2 沉淀，即

$$Hg_2^{2+} + 2I^- \longrightarrow Hg_2I_2(s)$$

Hg_2I_2 见光立即歧化为金红色的 HgI_2 和黑色的单质汞，即

$$Hg_2I_2 \longrightarrow HgI_2 + Hg$$

实验视频

Hg_2^{2+} 与 KI 的反应

HgI_2 可溶于过量的 KI 溶液中，形成$[HgI_4]^{2-}$，即

$$HgI_2 + 2I^- \longrightarrow [HgI_4]^{2-}$$

$[HgI_4]^{2-}$ 常用来配制 Nessler 试剂，用于鉴定 NH_4^+。

在 Hg^{2+} 的溶液中加入 $SnCl_2$ 溶液时，首先有白色丝光状的 Hg_2Cl_2 沉淀生成，再加入过量的 $SnCl_2$ 溶液时，Hg_2Cl_2 可被 Sn^{2+} 还原为 Hg，即

实验视频

Sn^{2+} 的鉴定

$$2Hg^{2+} + Sn^{2+} + 8Cl^- \longrightarrow Hg_2Cl_2(s) + [SnCl_6]^{2-}$$

$$Hg_2Cl_2(s) + Sn^{2+} + 4Cl^- \longrightarrow 2Hg + [SnCl_6]^{2-}$$

此反应常用来鉴定溶液中 Hg^{2+} 的存在。

Hg^{2+} 能形成多种配合物，其配位数为 4 的占绝对多数，都是反磁性的。这些配合物借加合反应生成。例如，难溶于水的白色 $Hg(SCN)_2$ 能溶于浓的 KSCN 溶液中，生成可溶性的四硫氰合汞(Ⅱ)酸钾 $K_2[Hg(SCN)_4]$，即

$$Hg(SCN)_2(s) + 2SCN^- \longrightarrow [Hg(SCN)_4]^{2-}$$

虽然在 $HgCl_2$ 溶液中 Hg^{2+} 的浓度很小，但通入 H_2S 时，仍然能有 HgS 沉淀析出，即

$$HgCl_2 + H_2S \longrightarrow HgS(s) + 2H^+ + 2Cl^-$$

HgS 难溶于水和盐酸或硝酸，但能溶于过量的浓 Na_2S 溶液，生成二硫合汞(Ⅱ)配离子

① 关于 Hg_2O 的存在，有人持不同的看法，认为 Hg_2O 从来都未制得并分离出来，所见到的棕褐色沉淀，实际上是 HgO 和 Hg 的混合物。

$[HgS_2]^{2-}$，即

$$HgS(s) + S^{2-} \longrightarrow [HgS_2]^{2-}$$

在实验室中通常用王水来溶解 HgS，即

$$3HgS(s) + 12Cl^- + 8H^+ + 2NO_3^- \longrightarrow 3[HgCl_4]^{2-} + 3S + 2NO + 4H_2O$$

在这一反应中，除了浓硝酸能把 HgS 中的 S^{2-} 氧化为 S 外，生成配离子 $[HgCl_4]^{2-}$ 也是促使 HgS 溶解的因素之一。可见 HgS 的溶解是氧化还原反应和配位反应共同作用的结果。

水溶液中 Hg^{2+} 和 Hg_2^{2+} 的常见反应列在图 17-6 中。

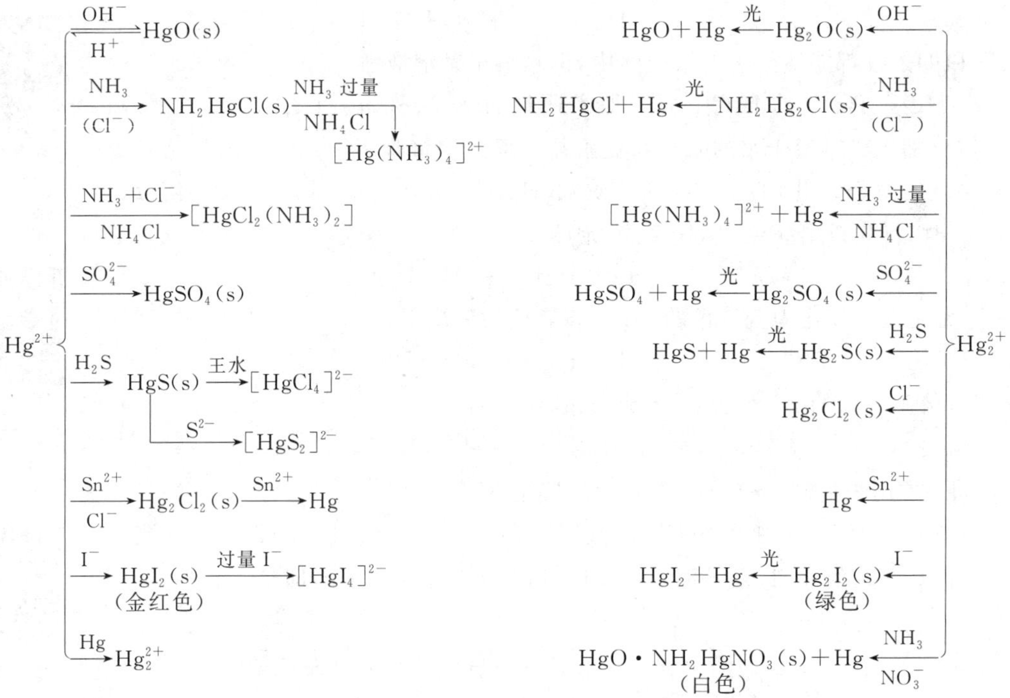

图 17-6 溶液中 Hg^{2+}、Hg_2^{2+} 的重要反应

*17.3 含有害金属废水的处理

在化工、冶金、电子、电镀等生产部门排放的废水中，常常含有一些有害的金属元素，如汞、镉、铬、铅等。这些金属元素能在生物体内积累，不易排出体外，具有很大的危害性。

汞及其化合物能通过气体、饮水和食物进入人体。汞极易在中枢神经、肝脏及肾脏内蓄积。少量汞离子进入人体血液中，就会使肾功能遭受破坏。汞中毒的主要症状为情绪不稳、四肢麻痹、齿龈和口腔发炎、唾液增多等。有机汞[如甲基汞 $(CH_3)_2Hg$]的危害性比无机汞更大。20 世纪 50 年代末日本发生的"水俣病"就是由于人们食用了含有机汞的鱼虾所造成的汞中毒。

含镉废水排入江河或海洋后，镉能被水底贝类动物或植物吸收。人们吃了含镉的动物或植物后，镉就进入人体内，蓄积到一定量后就会导致中毒。Cd^{2+} 能代换骨骼中的 Ca^{2+}，会引起骨质疏松和骨质软化等症，使人感到骨骼疼痛，即“骨痛病”。

在铬的化合物中，Cr(Ⅵ)的毒性比 Cr(Ⅲ)大得多。Cr(Ⅲ)是一种蛋白质的凝聚剂，能造成人体血液中的蛋白质沉淀。含铬废水中的铬通常以 Cr(Ⅵ)化合物的形式存在。Cr(Ⅵ)能引起贫血、肾炎、神经炎和皮肤溃疡等疾病，还被认为是致癌物质。Cr(Ⅵ)对农作物和微生物也有很大的毒害作用。

铅和可溶性铅盐都有毒。铅可引起人体神经系统和造血系统等组织中毒，造成精神迟钝、贫血等症状，严重时可以致死。

国家对工业废水中有害金属的允许排放浓度有明确规定(表 17-1)，因此对有害金属含量超标的废水必须进行处理。

表 17-1　　工业废水中有害金属的排放标准

有害金属元素	主要存在形式	最高允许排放浓度/($mg \cdot L^{-1}$)	有害金属元素	主要存在形式	最高允许排放浓度/($mg \cdot L^{-1}$)
汞	Hg^{2+}、CH_3Hg^+	0.05	铬	CrO_4^{2-}、$Cr_2O_7^{2-}$	0.5
镉	Cd^{2+}	0.1	铅	Pb^{2+}	1.0

处理含有害金属离子废水的方法很多，通常有沉淀法、氧化还原法、离子交换法等。这些方法各有其特点和适用范围。

17.3.1 沉淀法

在含有害金属离子的废水中加入沉淀剂，使有害金属离子生成难溶于水的沉淀而除去。这种方法既经济又有效，是除去水中有害金属离子的常用方法。例如，在含铅废水中加入石灰做沉淀剂，可使 Pb^{2+} 生成 $Pb(OH)_2$ 和 $PbCO_3$ 沉淀而除去。又如，当废水中仅含有 Cd^{2+} 时，可采用加碱或可溶性硫化物的方法使 Cd^{2+} 形成 $Cd(OH)_2$ 或 CdS 沉淀析出。在含有 Hg^{2+} 的废水中加入 Na_2S 或通入 H_2S，能使 Hg^{2+} 形成 HgS 沉淀。但是如果 Na_2S 过量时会生成$[HgS_2]^{2-}$而使 HgS 溶解，达不到除去 Hg^{2+} 的目的。解决这一问题的方法是再向含 Hg^{2+} 废水中加入价格便宜的、对水质影响不大的 $FeSO_4$，使 Fe^{2+} 与过量的 Na_2S 反应生成 FeS，与悬浮的 HgS 共同沉淀出来。这样既防止了$[HgS_2]^{2-}$的生成，又加速了 HgS 的沉降。

17.3.2 氧化还原法

利用氧化还原反应将废水中的有害物质转变为无毒、难溶或易于除去的物质，这是废水处理中的重要方法之一。例如，在含铬废水中加入硫酸亚铁或亚硫酸氢钠，可将 $Cr_2O_7^{2-}$ 还原为 Cr^{3+}，即

$$Cr_2O_7^{2-} + 6Fe^{2+} + 14H^+ \longrightarrow 2Cr^{3+} + 3Fe^{3+} + 7H_2O$$

$$Cr_2O_7^{2-} + 3HSO_3^- + 5H^+ \longrightarrow 2Cr^{3+} + 3SO_4^{2-} + 4H_2O$$

再加入便宜的石灰调节溶液的 pH，使 Cr^{3+} 转化为 $Cr(OH)_3$ 沉淀而除去。$Cr(OH)_3$ 也可经灼烧生成氧化物以回收。

采用金属铁、锌、锡、锰等做还原剂也可以处理含汞废水，使 Hg^{2+} 或 Hg_2^{2+} 还原为金属汞。此法可以回收汞，但效果并不十分理想。

处理含有害金属离子废水常常综合应用氧化还原法和沉淀法。例如，氰法镀镉废水中含有$[Cd(CN)_4]^{2-}$，解离出的 Cd^{2+} 和 CN^- 都是毒性很大的物质。因此在除去 Cd^{2+} 的同时，也要除去 CN^-。采用在废水中加入适量漂白粉的方法进行处理可以达到此目的。漂白粉水解产生的次氯酸根离子可以将 CN^- 氧化为无毒的 N_2 和 CO_3^{2-}；Cd^{2+} 可以 $CdCO_3$ 和 $Cd(OH)_2$ 沉淀的形式除去。

铁氧体法处理含铬废水也是氧化还原法和沉淀法综合应用的实例。用 $FeSO_4$ 处理含铬废水时，在 Cr(Ⅵ)与 Fe^{2+} 反应后的溶液中再加入 NaOH，调节溶液的 pH 为 6～8，加热至 80 ℃左右，并通入适量空气，则 Cr^{3+}、Fe^{2+}、Fe^{3+} 分别生成 $Cr(OH)_3$、$Fe(OH)_2$、$Fe(OH)_3$ 沉淀。控制 Cr(Ⅵ)的含量与 $FeSO_4$ 的比例，可得到难溶于水的、组成类似于 Fe_3O_4（铁氧体）的氧化物，其中部分 Fe^{3+} 被 Cr^{3+} 所代换。这种含铬铁氧体具有磁性，借助磁铁或电磁铁能使其从废水中分离出来，经加工后可作为磁性材料使用。废水经处理后成为 Na_2SO_4 溶液，不能循环使用。

17.3.3 离子交换法

离子交换法是借助于离子交换树脂进行的废水处理方法。离子交换树脂是一类人工合成的不溶于水的高分子化合物，分为阳离子交换树脂和阴离子交换树脂。两者分别含有能与溶液中阳离子和阴离子发生交换反应的离子。例如，磺酸型阳离子交换树脂 $R—SO_3^- H^+$ 能以 H^+ 与溶液中的阳离子交换；带有碱性交换基团的阴离子交换树脂 $R—NH_3^+ OH^-$ 能以 OH^- 与溶液中的阴离子交换。当含有害金属离子的废水流经离子交换树脂时，有害金属离子可被交换到树脂上，从而达到净化的目的。含汞、镉、铅等有害金属离子的废水可以用阳离子交换树脂进行处理；含 Cr(Ⅵ)废水可以用阴离子交换树脂进行处理。

离子交换过程是可逆的。离子交换树脂使用一段时间后由于达到饱和而失去交换能力。此时需要将树脂进行处理使其重新恢复交换能力，这一过程称为离子交换树脂的再生。

离子交换法设备较复杂，操作亦较复杂，投产成本较高。

处理含有害金属离子废水的方法还有电解法、活性炭吸附法、反渗透法、电渗析法、生化法等。

拓展阅读

生命元素与人体健康

习 题 17

17-1 比较铜族元素和碱金属元素的异同点。

17-2 比较 Cu(Ⅰ)化合物与 Cu(Ⅱ)化合物的热稳定性。

17-3 根据有关标准电极电势说明水溶液中 Cu^+ 不稳定，而 CuCl 和 $[CuCl_2]^-$ 却是稳定的。

17-4 $[Cu(NH_3)_2]^+$ 是无色的，将 Cu_2O 溶于氨水却得到蓝色溶液，试说明其原因。

17-5 完成并配平下列反应方程式。

(1) $CuCl_2 \xrightarrow{\triangle}$

(2) $Cu_2O + H_2SO_4$(稀)$\longrightarrow$

(3) $CuSO_4 + KI \longrightarrow$

(4) $Cu^{2+} + Cu + Cl^- \xrightarrow[\triangle]{浓盐酸}$

(5) $Cu^{2+} + NH_3$(过量)$\longrightarrow$

(6) $CuS + HNO_3$(浓)$\longrightarrow$

17-6　以 $Cu_2(OH)_2CO_3$ 为最初原料,最终制出 CuCl,写出有关的反应方程式。

17-7　某黑色固体 A 不溶于水,但可溶于硫酸生成蓝色溶液 B。在 B 中加入适量氨水生成浅蓝色沉淀 C,C 溶于过量氨水生成深蓝色溶液 D。在 D 中加入 H_2S 饱和溶液生成黑色沉淀 E,E 可溶于浓硝酸。试确定各字母所代表的物质,并写出相应的反应方程式。

17-8　计算电对 $[Cu(NH_3)_4]^{2+}/Cu$ 的 $E^\ominus$。在有空气存在的情况下,铜能否溶于 $1.0 \text{ mol} \cdot L^{-1}$ 氨水中形成 $0.010 \text{ mol} \cdot L^{-1}[Cu(NH_3)_4]^{2+}$?

17-9　已知 $K_f^\ominus(CuBr_2^-) = 10^{5.89}$,结合有关数据计算 25 ℃时下列反应的标准平衡常数。

$$Cu^{2+} + Cu + 4Br^- \Longrightarrow 2[CuBr_2]^-$$

17-10　已知室温下反应 $Cu(OH)_2(s) + 2OH^- \Longrightarrow [Cu(OH)_4]^{2-}$ 的标准平衡常数 $K^\ominus = 10^{-2.78}$。

(1) 结合有关数据计算 $[Cu(OH)_4]^{2-}$ 的标准稳定常数 $K_f^\ominus$;

(2) 若使 0.10 mol $Cu(OH)_2$ 溶解在 1.0 L NaOH 溶液中,问 NaOH 浓度至少应为多少?

*　**17-11**　1.000 g 铝黄铜(含铜、锌、铝)与 $0.100 \text{ mol} \cdot L^{-1}$ 硫酸反应。25 ℃ 和 101.325 kPa 时测得放出的氢气体积为 149.3 mL。相同质量的试样溶于热的浓硫酸,25 ℃ 和 101.325 kPa 时得到 411.1 mL SO_2。求此铝黄铜中各组分元素的质量分数。

17-12　用 Ag 和 HNO_3 反应制取 $AgNO_3$ 时,为了能充分利用 HNO_3,采用浓 HNO_3 有利还是稀 HNO_3 有利?

17-13　为什么银制器皿年久会变黑?

17-14　$AgNO_3$ 在 440 ℃分解时,为什么得不到 Ag_2O?

17-15　完成并配平下列反应方程式:

(1) $AgNO_3 + NaOH \longrightarrow$

(2) $AgBr + Na_2S_2O_3 \longrightarrow$

(3) $[Ag(NH_3)_2]^+ + HCHO \longrightarrow$

(4) $Ag_2CrO_4 + NH_3 \longrightarrow$

(5) $Ag_2S + HNO_3 \longrightarrow$

17-16　在 Ag^+ 溶液中,先加入少量的 $Cr_2O_7^{2-}$,再加入适量的 Cl^-,最后加入足够量的 $S_2O_3^{2-}$,预测每一步会有什么现象出现,写出有关反应的离子方程式。

17-17　根据下列实验现象确定各字母所代表的物质。

$$\text{A} \xrightarrow{NaOH} \text{B} \xrightarrow{HCl} \text{C} \xrightarrow{氨水} \text{D} \xrightarrow{KBr} \text{E}$$
无色溶液　　棕色沉淀　　白色沉淀　　无色溶液　　淡黄色沉淀

$$\text{I} \xleftarrow{Na_2S} \text{H} \xleftarrow{KCN} \text{G} \xleftarrow{KI} \text{F} \xleftarrow{Na_2S_2O_3}$$
黑色沉淀　　无色溶液　　黄色沉淀　　无色溶液

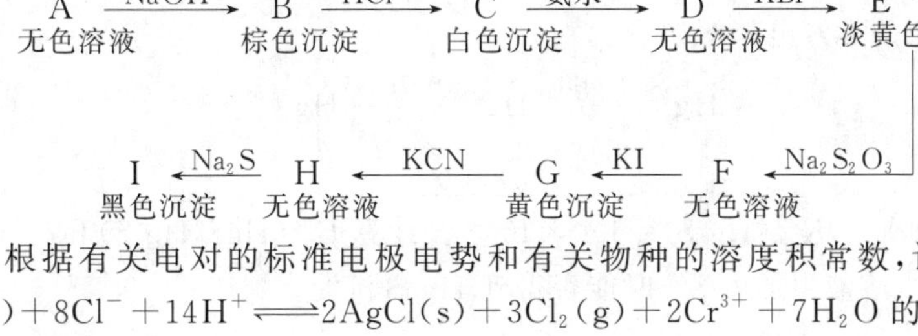

17-18　根据有关电对的标准电极电势和有关物种的溶度积常数,计算 25 ℃时反应 $Ag_2Cr_2O_7(s) + 8Cl^- + 14H^+ \Longrightarrow 2AgCl(s) + 3Cl_2(g) + 2Cr^{3+} + 7H_2O$ 的标准平衡常数,说明反应能否正向进行。

17-19 已知 $E^{\ominus}(Au^{3+}/Au)=1.50\ V$，$E^{\ominus}(Au^{+}/Au)=1.68\ V$。试根据下列电对的 $E^{\ominus}$，计算 $[AuCl_2]^-$ 和 $[AuCl_4]^-$ 的标准稳定常数。

$$[AuCl_2]^- + e^- \rightleftharpoons Au + 2Cl^- \quad E^{\ominus}=1.61\ V$$

$$[AuCl_4]^- + 2e^- \rightleftharpoons [AuCl_2]^- + 2Cl^- \quad E^{\ominus}=0.93\ V$$

17-20 比较锌族元素和碱土金属元素的异同点。

17-21 焊接金属时，用浓 $ZnCl_2$ 溶液为什么能清除金属表面的氧化物？

17-22 完成并配平下列反应方程式：

(1) $Zn(OH)_2 + NH_3 \longrightarrow$

(2) $Cd^{2+} + NH_3$(过量)$\longrightarrow$

(3) $HgS + HCl$(浓)$+ HNO_3$(浓)$\longrightarrow$

(4) $Hg_2^{2+} + H_2S \xrightarrow{光}$

(5) $Hg^{2+} + I^-$(过量)$\longrightarrow$

(6) $Hg_2^{2+} + I^- \longrightarrow$

(7) $HgNH_2Cl + NH_3 \xrightarrow{NH_4Cl}$

(8) $Hg^{2+} + Sn^{2+} + Cl^- \longrightarrow$

17-23 在 $HgCl_2$ 溶液和含 Hg_2Cl_2 的溶液中，分别加入氨水，各生成什么产物？写出反应方程式。

17-24 在 Cu^{2+}、Ag^+、Cd^{2+}、Hg_2^{2+}、Hg^{2+} 溶液中，分别加入适量的 NaOH 溶液，各生成什么物质？写出有关的离子反应方程式。

17-25 将少量某钾盐溶液 A 加到一硝酸盐溶液 B 中，生成黄绿色沉淀 C。将少量 B 加到 A 中则生成无色溶液 D 和灰黑色沉淀 E。将 D 和 E 分离后，在 D 中加入无色硝酸盐 F，可生成金红色沉淀 G。F 与过量的 A 反应则生成 D。F 与 E 反应又生成 B。试确定各字母所代表的物质，写出有关的反应方程式。

17-26 本章所讨论的金属氢氧化物中哪些是两性的？哪些是不稳定的？哪些可溶于氨水？

17-27 写出 Cu^{2+}、Ag^+、Zn^{2+}、Cd^{2+} 分别与氨水作用的产物和现象。

17-28 根据有关电对标准电极电势说明水溶液中 Hg_2^{2+} 是稳定的，而 Hg(Ⅰ)的许多难溶于水的亚汞盐是不稳定的，易歧化为 Hg(Ⅱ)化合物和单质汞。

17-29 为什么锌、镉、汞(Ⅱ)的四配位配合物的空间构型是四面体而不是平面四方形？

17-30 已知下列反应的标准平衡常数：

$$Zn(OH)_2(s) + 2OH^- \rightleftharpoons [Zn(OH)_4]^{2-} \quad K^{\ominus}=10^{0.68}$$

结合有关数据，计算 $E^{\ominus}(Zn(OH)_4^{2-}/Zn)$。

17-31 已知反应 $Hg_2^{2+} \rightleftharpoons Hg^{2+} + Hg$ 的 $K^{\ominus}=1.24\times10^{-2}$。在 $0.10\ mol\cdot L^{-1}\ Hg_2^{2+}$ 溶液中，有无 Hg^{2+} 存在？说明 Hg_2^{2+} 在溶液中能否发生歧化反应。

17-32 已知汞的元素电势图如下：

$$Hg^{2+} \xrightarrow{0.908\,3} Hg_2^{2+} \xrightarrow{0.795\,5} Hg \qquad (Hg^{2+}/Hg:\ 0.854\,0)$$

$K_{sp}^{\ominus}(HgS)=1.6\times10^{-52}$，$K_{sp}^{\ominus}(Hg_2S)=1.0\times10^{-47}$。计算 $E^{\ominus}(HgS/Hg_2S)$ 和 $E^{\ominus}(Hg_2S/Hg)$。判断在 $Hg_2(NO_3)_2$ 溶液中加入 S^{2-} 时能否得到 Hg_2S 沉淀。

第18章

f 区元素

如何界定镧系元素和锕系元素的问题目前尚无定论，这与 f 区元素的定义有关。通常将 f 区元素定义为最后一个电子填入 $(n-2)$f 亚层的元素，因为 57 号元素 La 和 89 号元素 Ac 的 $(n-2)$f 亚层上没有填入电子，故常将镧系元素和锕系元素分别界定为 La 后的 14 种元素和 Ac 后的 14 种元素，即镧系元素为 58～71 号元素，锕系元素为 90～103 号元素。这种界定的结果是 La 不包括在镧系，Ac 也不包括在锕系之中；另外，71 号元素 Lu 和 103 号元素 Lr 的最后一个电子也并不是填在 $(n-2)$f 亚层上，按理也不应分别属镧系或锕系。另一种界定是根据能级填充顺序，$Ba(6s^2)$后的 $La(5d^1 6s^2)$应在 4f 亚层上填充一个电子，而不是填充在 5d 亚层上；同样，$Ac(6d^1 7s^2)$应在 5f 亚层上有一个电子。据此，镧系元素为 57～70 号(La～Yb)元素，锕系元素为 89～102 号(Ac～No)元素。本书将 57～70 号元素称为镧系元素，以 Ln 表示；将 89～102 号元素称为锕系元素，以 An 表示。这样，f 区元素包括镧系和锕系共 28 种元素。d 区过渡元素原子电子构型的主要差别在于次外层的 d 亚层，而 f 区元素原子的电子构型主要差别在于外数第三层的 f 亚层上，因此，f 区元素又称为内过渡元素。

18.1 镧系元素

18.1.1 稀土元素简介

“稀土元素”是化学家们经常使用而又没有统一定义的一个化学术语。目前倾向性的看法是：由于ⅢB 族元素钇(Y)、镥(Lu)与镧系元素在自然界常共生于某些矿物之中，它们之间也有许多相似之处，故称镧系元素与钇、镥为稀土元素，以 RE 表示①。“稀土”这一名词起源于它们的矿物稀散，人们对它们的开发、研究和应用都比较晚，它们的氧化物和氢氧化物难溶于水，具有一定的“土性”。实际上，稀土元素并不稀有，大部分稀土元素在地壳中的丰度比银多 10 倍以上，其中铈的丰度在所有元素中排第 26 位，它的丰度是氯的一半或是铅的 5 倍，甚至除钷(Pm)之外最稀少的铥(Tm)也比碘的丰度还稍大些。稀土元素的性质彼此相似，不易分离。从 1794 年 J. Gadoline 发现“钇土”，直到 1945 年分离出最后一种稀土元素钷(Pm，唯一的人造放射性稀土元素)为止，共经历了 150 多年的时间才完成了全部稀土元素的发现和分离。稀土化学的发展和稀土元素的应用只是最近数十年的事。

---

① 在时间较早的某些文献和教材中，将ⅢB 族的钪(Sc)元素也包括在稀土元素之内。本书讨论稀土元素时，一般不涉及钪。

依据稀土元素相对原子质量等因素将其分为轻稀土元素和重稀土元素：

La Ce Pr Nd Pm Sm Eu（轻稀土元素（铈组））　Gd Tb Dy（Y）Ho Er Tm Yb Lu①（重稀土元素（钇组））

稀土元素的矿床主要有含轻稀土元素的独居石（磷铈镧矿，Ce、La 等的磷酸盐）和氟碳铈镧矿（Ce、La 等的氟碳酸盐）以及含重稀土元素的硅铍钇矿（$Y_2FeBe_2Si_2O_{10}$）、磷酸钇矿 YPO_4 和黑稀金矿[$(Y,Ce,La)(No,Ta,Ti)_2O_6$]等。我国的稀土资源以内蒙古自治区白云鄂博的储藏量最大，它以氟碳铈矿和独居石为主。其次是分布于广东、海南、台湾等地的海滨砂矿（以独居石为主）和遍布鄂、湘、滇、桂、川、赣、粤、鲁等省的坡积和冲积砂矿，它们多属重稀土矿类型，一般规模不大但易于开采。在 20 世纪 60 年代，于赣、粤、闽等地发现的唯有我国才有的一种离子吸附型矿，特别易于提取，生产成本很低。我国稀土资源丰富，已探明的储量约为世界总储量的 80%以上，工业储量也为世界工业储量的 80%左右，并且矿种全、类型多，有很高的综合利用价值。目前我国的稀土生产能力已跃居世界第一位。在稀土科技领域中，我国在某些方面虽然也取得了一批具有较高水平的成果，甚至达到了领先水平，但整体上与发达国家相比仍然有不小的差距。

稀土元素与镧系元素之间仅差一二种元素，对两者的讨论基本是一致的。

18.1.2 镧系元素概述

1. 镧系元素的价层电子构型和性质

镧系元素的价层电子构型和某些性质列于表 18-1 中。

表 18-1　镧系元素的性质

元素	Ln 电子构型	Ln^{3+} 电子构型	常见氧化值	原子半径 r/pm	离子半径 $r(Ln^{3+})$/pm	第三电离能 I_3/(kJ·mol^{-1})
(39 钇 Y*)	$4d^1 5s^2$	$4s^4 4p^6$	+3	180	88	1 986
57 镧 La	$5d^1 6s^2$	$4f^0$	+3	188	106	1 855
58 铈 Ce	$4f^1 5d^1 6s^2$	$4f^1$	+3，+4	182	103	1 955
59 镨 Pr	$4f^3\ 6s^2$	$4f^2$	+3，+4	183	101	2 093
60 钕 Nd	$4f^4\ 6s^2$	$4f^3$	+3	182	100	2 142
61 钷 Pm	$4f^5\ 6s^2$	$4f^4$	+3	180	98	(2 150)
62 钐 Sm	$4f^6\ 6s^2$	$4f^5$	+2，+3	180	96	2 267
63 铕 Eu	$4f^7\ 6s^2$	$4f^6$	+2，+3	204	95	2 410
64 钆 Gd	$4f^7 5d^1 6s^2$	$4f^7$	+3	180	94	1 996
65 铽 Tb	$4f^9\ 6s^2$	$4f^8$	+3，+4	178	92	2 122
66 镝 Dy	$4f^{10}\ 6s^2$	$4f^9$	+3	177	91	2 203
67 钬 Ho	$4f^{11}\ 6s^2$	$4f^{10}$	+3	177	89	2 210
68 铒 Er	$4f^{12}\ 6s^2$	$4f^{11}$	+3	176	88	2 197
69 铥 Tm	$4f^{13}\ 6s^2$	$4f^{12}$	+3	175	87	2 292
70 镱 Yb	$4f^{14}\ 6s^2$	$4f^{13}$	+2，+3	194	86	2 424
(71 镥 Lu*)	$4f^{14} 5d^1 6s^2$	$4f^{14}$	+3	173	85	2 027

① Y 及其化合物的各种性质大致介于 Dy 和 Ho 之间。

（续表）

元素	熔点 T/K	电负性	原子化焓 $\Delta_{atm}H_m^\ominus$ / $kJ \cdot mol^{-1}$	$E^\ominus(Ln^{3+}/Ln)$ / V	$\Delta_h H_m^\ominus(Ln^{3+})$ / $kJ \cdot mol^{-1}$	$U_m(LnCl_3)$ / $kJ \cdot mol^{-1}$	磁矩 μ / B. M.
(39 钇 Y)	1 495	1.1	421.3	−2.397	−4 923.3	4 500.5	—
57 镧 La	1 193	1.11	431.0	−2.362	−4 612.0	4 276.6	0
58 铈 Ce	1 071	1.12	423.	−2.322	−4 666.8	4 324.7	2.4
59 镨 Pr	1 204	1.13	355.6	−2.346	−4 710.4	4 363.3	3.5
60 钕 Nd	1 283	1.14	327.6	−2.320	−4 746.2	4 392.	3.5
61 钷 Pm	1 353	1.1	(300)	(−2.29)	—	—	—
62 钐 Sm	1 345	1.17	206.7	−2.303	(−4 792.)	4 427.	1.5
63 铕 Eu	1 095	1.0	175.3	−1.983	−4 835.	4 467.	3.4
64 钆 Gd	1 584	1.20	397.5	−2.28	−4 849.	4 472.	8.0
65 铽 Tb	1 633	1.1	388.7	−2.252	−4 880.	4 495.	9.5
66 镝 Dy	1 682	1.22	290.4	−2.30	−4 904.	4 506.(β)	10.7
67 钬 Ho	1 743	1.23	300.8	−2.327	−4 948.	4 549.	10.3
68 铒 Er	1 795	1.24	317.1	−2.312	−4 973.	4 567.	9.5
69 铥 Tm	1 818	1.25	232.2	−2.287	−4 995.	4 584.	7.3
70 镱 Yb	1 097	—	152.3	−2.225	−5 041.8	4 627.7	4.5
(71 镥 Lu)	1 929	1.27	427.6	−2.17	−4 995.	4 576.	0

* 为了比较，将其一并列入。

镧系元素的原子及其阳离子的基态电子构型常用发射光谱的数据来确定。从 La～Yb 的基态价层电子构型可以用 $4f^{0\sim14}5d^{0\sim1}6s^2$ 来表示，其 4f 与 5d 电子数之和为 1～14，其中 57 号 La($4f^0$)，63 号 Eu($4f^7$)，64 号 Gd($4f^7$)，70 号 Yb($4f^{14}$)处于全空、半满和全满的稳定状态。这 14 种元素完成了 7 个 4f 轨道中 14 个电子的填充，镧系元素形成 Ln^{3+} 时，外层的 5d 和 $6s^2$ 电子都已电离掉。离子的外层电子构型为 $4f^{0\sim13}$，随着原子序数的增加，f 电子的数目也相应增加。在离子晶体和水溶液系统中形成 Ln^{3+} 状态时，镧系各元素的性质比较相似，随着离子半径由大到小的有规律的变化，其气态离子水合焓和 $LnCl_3$ 的晶格焓也呈规律性变化，但是彼此相差不大，数值比较接近。在金属或共价态时，镧系元素性质如第三电离能、熔点、原子半径、原子化焓等却有所不同，Eu 和 Yb 的 4f 亚层处于半满和全满状态，在金属晶体中只有 2 个 6s 电子参与成键，其熔点、原子化焓比相邻其他镧系元素的低，原子半径较大，第三电离能也较大。

2. 原子半径、离子半径和镧系收缩

表 18-1 列出了镧系元素的原子半径和离子半径，较之主族元素原子半径自左向右的变化，其总的递变趋势是随着原子序数的增大而缓慢地减小，这种现象称为“镧系收缩”。镧系收缩有两个特点：

(1)镧系内原子半径呈缓慢减小的趋势，多数相邻元素原子半径之差仅有 1 pm 左右。这是因为随核电荷的增大，相应增加的电子填入外数第三层的 4f 轨道，它比 6s 和 5s、5p 轨道对核电荷有较大的屏蔽作用，因此随原子序数的增大，最外层电子受核的吸引只是缓慢地增加，从而导致原子半径呈缓慢缩小的趋势。

(2) 镧系元素的原子半径随原子序数的增大虽然只是缓慢地变小，但是经过从 La 到 Yb 的 14 种元素的原子半径递减的积累却减小了约 14 pm 之多，从而造成了镧系后边 Lu、Hf 和 Ta 的原子半径和同族的 Y、Zr 和 Nb 的原子半径极为接近的事实。此种效果即为镧系收缩效应。

在镧系收缩中，离子半径的收缩要比原子半径的收缩显著得多，这一现象可由图 18-1 清楚地看出。这是因为离子比金属原子少一层电子，镧系金属原子失去最外层的 6s 电子以后，4f 轨道则处于次外层，这种状态的 4f 轨道比原子中的 4f 轨道对核电荷的屏蔽作用小，从而使得离子半径的收缩效果比原子半径的明显。

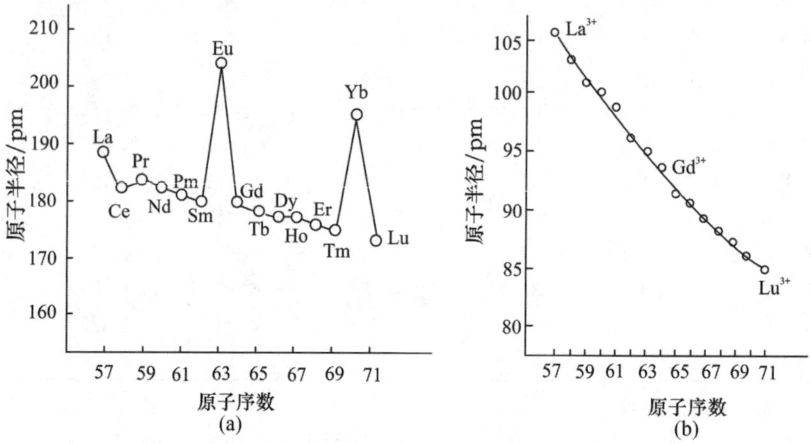

图 18-1 Ln 原子半径、Ln^{3+} 离子半径与原子序数的关系

3. 氧化值

一般认为镧系元素的特征氧化值是＋3。La^{3+}、Gd^{3+} 和 Lu^{3+} 的 4f 亚层的电子构型分别为 $4f^0$、$4f^7$、$4f^{14}$，它们是比较稳定的。同样，其他元素在反应中也有达到这类稳定结构的趋势，如 Ce 有氧化值为＋3 的化合物，也有构型为 $4f^0$ 氧化值为＋4 的化合物。Pr 有 PrO_2、PrF_4 等氧化值为＋4 的化合物，但不很稳定。

Eu^{2+} 和 Yb^{2+} 的电子构型为 $4f^7$ 和 $4f^{14}$，有一定的稳定性。但是，这种认为只有趋向于形成 $4f^0$、$4f^7$、$4f^{14}$ 构型的化合物才稳定的看法，随着新化合物的相继出现有所改变。如近 20 年来已发现了 Tb(Ⅳ)、Nd(Ⅳ)、Dy(Ⅴ)、Ce(Ⅱ)、Nd(Ⅱ)、Tm(Ⅲ)等的化合物。电子构型是影响其稳定存在的重要因素，但也不能不考虑其他因素对稳定性的影响。

4. 离子的颜色

表 18-2 列出了 Ln^{3+} 在水溶液中的颜色。$Ce^{3+}(f^1)$、$Gd^{3+}(f^7)$的吸收峰在紫外区而不显示颜色。$Eu^{3+}(f^6)$、$Tb^{3+}(f^8)$的吸收峰也仅有一部分在可见光区，故微显淡粉红色。$Yb^{3+}(f^{13})$的吸收峰则在红外区也不显示颜色，Y^{3+} 是无色的。f 区元素的离子产生颜色的原因，从结构来看是由 f—f 跃迁而引起的。

表 18-2　　Ln^{3+} 水溶液中离子的颜色

原子序数	离子	4f 亚层电子构型	颜色	未成对电子数	颜色	4f 电子	离子	原子序数
57	La^{3+}	0	无	0	(无	14	Lu^{3+}	71)
58	Ce^{3+}	1	无	1	无	13	Yb^{3+}	70
59	Pr^{3+}	2	黄绿	2	浅绿	12	Tm^{3+}	69
60	Nd^{3+}	3	红紫	3	淡红	11	Er^{3+}	68
61	Pm^{3+}	4	粉红	4	淡黄	10	Ho^{3+}	67
62	Sm^{3+}	5	淡黄	5	浅黄绿	9	Dy^{3+}	66
63	Eu^{3+}	6	浅粉红	6	微淡粉红	8	Tb^{3+}	65
64	Gd^{3+}	7	无	7	无	7	Gd^{3+}	64

5. 镧系元素的分组

通常采用两段分组法。正如在原子半径、常见氧化值、第三电离能、原子化焓、$E^{\ominus}(Ln^{3+}/Ln)$、晶格能($LnCl_3$)和 Ln^{3+} 离子颜色等性质变化中，镧系元素性质的系列变化呈两段分布(前七个元素一段，后七个元素为另一段)，以钆为界，恰在钆元素处分段，故称钆断效应。后一段又常显示出与前一段特别相似的变化，这实际上是其原子结构(f 电子)重复变化的一种反映。表现在成矿上形成的轻稀土为主或以重稀土为主的矿种，在稀土分离中也常常是按轻重稀土分组富集并分离。

18.1.3　镧系元素的单质

1. 镧系金属单质的化学性质

从表 18-1 给出的 $E^{\ominus}(Ln^{3+}/Ln)$看，其变化总趋势为由 La 到 Yb 逐渐增大，但都低于-1.98 V。在碱性溶液中，镧的 $E^{\ominus}(Ln(OH)_3/Ln)$为-2.90V，依次增加到镱的 $E^{\ominus}(Ln(OH)_3/Ln)$为-2.7 V，这说明无论是在酸性还是碱性溶液中，Ln 都是很活泼的金属，都是较强的还原剂。还原能力仅次于碱金属而和镁接近，远比铝和锌强。因此，金属单质保存时均在表面涂蜡，以避免发生氧化，甚至着火。

镧系元素单质的主要化学反应如图 18-2 所示。

$$
Ln+\begin{cases}
X_2(\text{卤素}) \xrightarrow{>470\ K} LnX_3 \\
O_2 \xrightarrow{>420\ K} Ln_2O_3 \\
S \xrightarrow{\text{沸点}} Ln_2S_3、LnS、LnS_2 \\
N_2 \xrightarrow{>1\,300\ K} LnN \\
C \xrightarrow{\text{高温}} LnC_x\ (x=0.5,1,1.5,2) \\
B \xrightarrow{\text{高温}} LnB_4、LnB_6 \\
H_2 \xrightarrow{>550\ K} LnH_4、LnH_3 \\
\text{酸} \longrightarrow Ln^{3+}+H_2 \\
H_2O \xrightarrow{\text{蒸气}} Ln_2O_3+H_2
\end{cases}
$$

图 18-2　Ln 的化学性质

*2. 稀土元素的提取

稀土元素的存在已在前面介绍过了，下面以独居石为例介绍稀土元素的提取方法。

(1)NaOH 分解法

$$(RE)PO_4 + 3NaOH(浓) \xrightarrow{(130\sim150)℃} (RE)(OH)_3(s) + Na_3PO_4$$

矿石中的钍(Th)和铀(U)以 $Th(OH)_4$ 和 $Na_2U_2O_7$ 的形式和 $(RE)(OH)_3$ 共同沉淀出来。用水浸出 Na_3PO_4 后，在沉淀中加硝酸使沉淀都以硝酸盐的形式转入溶液中：

$$(RE)(OH)_3 + 3HNO_3 \longrightarrow (RE)(NO_3)_3 + 3H_2O$$

$$Th(OH)_4 + 4HNO_3 \longrightarrow Th(NO_3)_4 + 4H_2O$$

$$Na_2U_2O_7 + 6HNO_3 \longrightarrow 2UO_2(NO_3)_2 + 2NaNO_3 + 3H_2O$$

Th 和 U 可在随后的萃取分离过程中与其他稀土元素分离。

(2)H_2SO_4 分解法

$$2(RE)PO_4 + 3H_2SO_4(浓) \xrightarrow{(200\sim250)℃} (RE)_2(SO_4)_3(s) + 2H_3PO_4$$

Th 成为 $Th(SO_4)_2$，用冷水浸出后，加 $Na_4P_2O_7$ 到浸出液中，ThP_2O_7 生成沉淀，其他镧系元素可以向溶液中加入草酸生成草酸盐沉淀得以分离，草酸盐经灼烧后可得到 $(RE)_2O_3$。

(3)氯-碳分解法

将独居石与碳混合加热并通入氯气：

$$2(RE)PO_4 + 3C + 6Cl_2 \xrightarrow{1\,000℃} 2(RE)Cl_3 + 2POCl_3 + 3CO_2$$

其他杂质也生成氯化物，如 UCl_4、$ThCl_4$、$TiCl_4$、$FeCl_3$ 等。但由于沸点不同，杂质可以与稀土元素分开，$(RE)Cl_3$ 则以液态形式流出。

*3. 稀土元素的分离

由于稀土元素的性质极为相似，因此造成元素分离的困难，分级结晶法、分级沉淀法、氧化还原法等曾是过去使用的主要分离方法。目前更常用的是离子交换法和溶剂萃取法。

(1)离子交换法

分离稀土元素时一般用磺酸型聚苯乙烯树脂作为阳离子交换树脂。根据经验已知阳离子交换能力的大小有下述规律：

第一，在常温下低浓度水溶液中，带正电荷数越多的阳离子交换能力越强：

$$Th^{4+} > Al^{3+} > Ca^{2+} > Na^{+} > H^{+}$$

第二，在常温下低浓度水溶液中，如离子的氧化值相同，则交换能力按交换离子的水合半径的大小，排列顺序如下：

$$Sc^{3+} > Y^{3+} > Eu^{3+} > Sm^{3+} > Nd^{3+} > Pr^{3+} > Ce^{3+} > La^{3+}$$

根据离子交换能力大小的差异，以及离子与淋洗剂结合后所生成化合物的稳定性不同，可以利用离子交换树脂来分离各种元素。在离子交换柱上进行着多次“吸附”和“脱附”(淋洗)过程，使性质十分相似的元素都能分开。

现简单介绍采用离子交换法分离混合稀土离子的过程：

先将含有镧系离子的溶液从顶部注入钠盐形式(如聚磺苯乙烯)的阳离子交换柱，Ln^{3+}

置换 Na^+ 后在柱的上部形成一个吸附带。然后用含有阴离子配体(如酒石酸根、乳酸根和 2-羟基异丁酸根)的溶液缓慢流过柱体使 Ln^{3+} 沿柱下移并相互分离。阴离子螯合配体在淋洗过程中与 Ln^{3+} 形成带负电荷的配离子而进入流出液中。

开始时柱体顶部的 Na^+ 被 Ln^{3+} 取代,即

$$Ln^{3+}(aq)+3Na^+(res) \rightleftharpoons Ln^{3+}(res)+3Na^+(aq)$$

配位试剂淋洗时形成电中性或带负电荷的镧系配合物。为了维持树脂本身的电中性,镧系配合物离开后留下的位置重新被 Na^+ 占据,即

$$3Na^+(aq)+Ln^{3+}(res)+4RCO_2^-(aq) \rightleftharpoons 3Na^+(res)+Ln(RCO_2)_4(aq)$$

半径最小的 Ln^{3+} 与阴离子配体的结合力最强,因而最先出现在流出液中,图 18-3 说明了用 2-羟基异丁酸作为淋洗剂从离子交换柱上淋洗重稀土离子时的出峰顺序。原子序数较大的元素最先被淋洗出来,这是因为它们的离子半径较小而与淋洗剂形成较稳定的配合物。

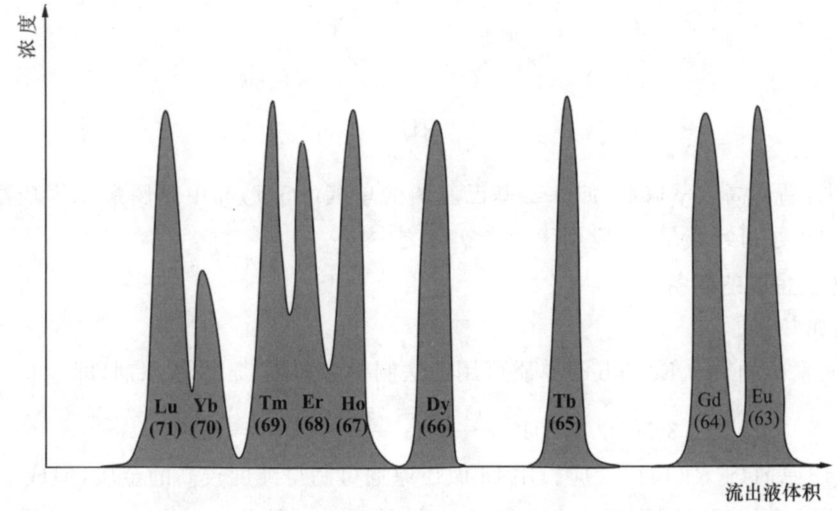

图 18-3 用 2-羟基乙丁酸作淋洗剂从离子交换柱上淋洗重镧系离子时的出峰顺序

(2)溶剂萃取法

萃取过程就是利用一种溶剂(常用有机溶剂)去提取另一种溶剂(通常为水)中某一溶质的过程,以达到分离或浓缩这一物质的目的。这种萃取方法在工业上和实验室里被广泛应用于分离化学性质极相近的元素,如锆与铪、铌与钽、稀土元素等。

分配系数可以用来衡量萃取剂的萃取能力,如果水溶液中有两种溶质,它们被萃取到有机相中的分配系数分别为

$$K_1=c_1(\text{有机相})/c_1(\text{水相}), \qquad K_2=c_2(\text{有机相})/c_2(\text{水相})$$

这两个分配系数的比值 $\beta=K_1/K_2$ 表示了这两种物质从水相中被萃取到有机相的难易程度,β 叫分离系数。β 值越偏离 1,分离就越有效,即只有当两种被萃取物质的分配系数有显著差别时,才可能有选择地把其中一种物质萃取到有机相中去。而 $\beta=1$ 时表明这两种物质不可能用萃取法分离。

早在 1953 年,磷酸三丁酯[TBP,分子式为$(CH_3CH_3CH_2CH_2O)_3P\rightarrow O$]就被用作萃取

剂用于稀土离子的彼此分离。后来萃取分离稀土元素的萃取剂采用二(2-乙基己基)膦酸(简写为 HDEHP,我国商品名为 P204),化学式为

$$\begin{array}{c} R-O \qquad O \\ \diagdown P \diagup \\ \diagup \quad \diagdown \\ R-O \qquad OH \end{array} \qquad R=(CH_3CH_2CH_2CH_2-\underset{\underset{CH_2CH_3}{|}}{CH}-CH_2-)$$

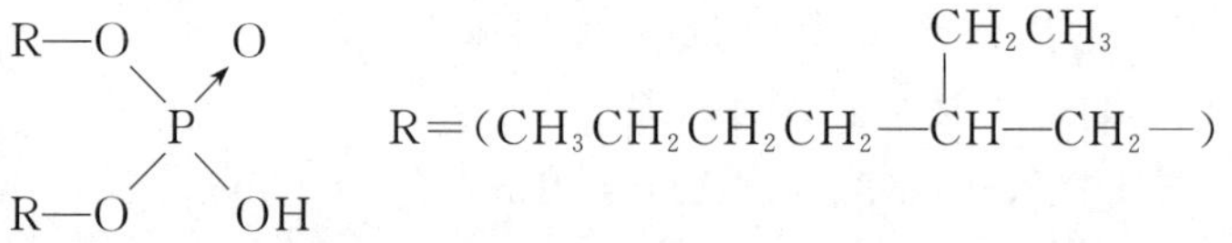

HDEHP 在萃取稀土元素时,其平均分离系数 β 为 2.46,比用 TBP 时的 β 值大。HDEHP 在水中的溶解度小,它在有机相(org)中以双聚分子的形式存在。萃取稀土元素的反应如下(以 HA 代表 HDEHP)

$$(RE)^{3+}(aq)+3(HA)_2(org)\longrightarrow (RE)(HA_2)_3(org)+3H^+(aq)$$

所生成的螯合物的结构式为

$$\begin{array}{c} R-O \qquad O\cdots H-O \qquad O-R \\ \diagdown P \diagup \qquad \diagdown P \diagup \\ \diagup \quad \diagdown \qquad \diagup \quad \diagdown \\ R-O \qquad O \qquad \qquad O-R \\ \diagdown \quad \diagup \\ \underset{3}{RE} \end{array}$$

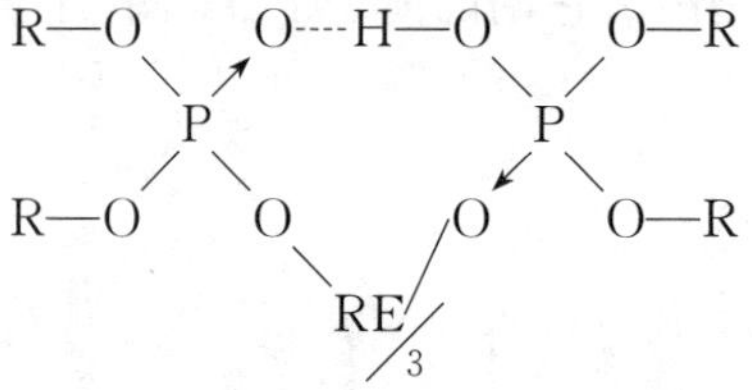

近年来,新的高效萃取剂[如 2-乙基己基膦酸单酯(P507)和甲基膦酸二甲庚酯(P350)]研制工作取得了可喜成果,并应用于生产实际之中。

*4.稀土金属的制备

(1)金属热还原法

稀土元素中的 Sm、Eu、Yb 等单质可用此法制备。如用 Ca 做还原剂,即

$$3Ca+2(RE)F_3 \xrightarrow{(1\ 450\sim1\ 750)℃} 3CaF_2+2RE$$

或用 Li 做还原剂与(RE)Cl$_3$ 反应。用 Li 做还原剂可制得纯度较高的金属,但成本稍高。热还原法所得的金属都不同程度地含有各种杂质,需进一步纯化。

(2)熔盐电解法

熔盐电解法对轻稀土金属更为适用,生产成本低且可连续生产,但产品纯度稍差。

氯化物熔盐系统是在(RE)Cl$_3$ 中加入碱金属或碱土金属氯化物以降低熔点。氧化物-氟化物熔盐电解系统则是在(RE)$_2$O$_3$ 中加入 LiF 或 CaF$_2$,电解时 RE 在阴极析出。

18.1.4　镧系元素的重要化合物

1.Ln(Ⅲ)的化合物

(1)氧化物和氢氧化物

Ln 的氧化物除 Pr$_2$O$_3$ 为深蓝色,Nb$_2$O$_3$ 为浅蓝色,Er$_2$O$_3$ 为粉红色外,其他氧化值为+3 的氧化物均为白色,而氢氧化物的颜色则与氧化物有所不同。Ln(OH)$_3$ 的溶度积和固态物质的颜色见表 18-3。

拓展阅读

超导体

表 18-3　　$Ln(OH)_3$ 的性质

氢氧化物	溶度积	颜色	氢氧化物	溶度积	颜色
$La(OH)_3$	1.0×10^{-19}	白	$Yb(OH)_3$	2.9×10^{-24}	白
$Ce(OH)_3$	1.5×10^{-20}	白	$Tm(OH)_3$	2.3×10^{-24}	绿
$Pr(OH)_3$	2.7×10^{-20}	浅绿	$Er(OH)_3$	1.3×10^{-23}	浅红
$Nd(OH)_3$	1.9×10^{-21}	紫红	$Ho(OH)_3$	—	黄
$Pm(OH)_3$	—	—	$Dy(OH)_3$	—	黄
$Sm(OH)_3$	6.8×10^{-22}	黄	$Tb(OH)_3$	—	白
$Eu(OH)_3$	3.4×10^{-22}	白	$Gd(OH)_3$	2.1×10^{-22}	白
$Gd(OH)_3$	2.1×10^{-22}	白			

$Ln(OH)_3$ 的溶度积比碱土金属的溶度积小得多。用氨水即可从盐类溶液中沉淀出 $Ln(OH)_3$。温度升高时溶解度降低，在 200 ℃左右脱水生成羟基氧化物 $LnO(OH)$。$Ln(OH)_3$ 具有碱性，其碱性随 Ln^{3+} 半径的减小而逐渐减弱，胶状的 $Ln(OH)_3$ 能在空气中吸收二氧化碳生成碳酸盐。$Ce(OH)_3$ 在空气中不稳定，易被 O_2 逐渐氧化变成黄色的 $Ce(OH)_4$。

镧系元素的氢氧化物、草酸盐或硝酸盐经加热分解可生成相应的 Ln_2O_3。对 Ce、Pr、Tb 则只能得到 CeO_2、Pr_6O_{11} 和 Tb_4O_7。这三种氧化物经过还原后才能得到氧化值为+3 的氧化物。Ln_2O_3 的生成焓 $\Delta_f H_m^{\ominus}$ 一般都小于 $-1\ 800\ kJ\cdot mol^{-1}$（除 Eu_2O_3、Ce_2O_3、La_2O_3 外）①，比 Al_2O_3 的生成焓更小（$\Delta_f H_m^{\ominus}(Al_2O_3,am)$ 为 $-1\ 632\ kJ\cdot mol^{-1}$），所以稀土元素与氧作用生成氧化物时将放出大量的热。

(2)卤化物

镧系元素的氟化物难溶于水，其溶度积由 LaF_3 到 YbF_3 逐渐增大到。镧系元素的其他卤化物多易形成水合物，Ln 的氯化物和溴化物常含 6～7 个结晶水，而 $LnI_3\cdot nH_2O$ 中 $n=8\sim9$。无水 $LnCl_3$ 的溶解度在室温下一般为 $440\sim540\ g\cdot L^{-1}$。

$LnX_3\cdot nH_2O$ 可用氧化物或碳酸盐与 HX 直接作用而制得。无水的 LnX_3 可用下列反应制备

$$2Ln+3X_2 \longrightarrow 2LnX_3$$

$$Ln_2O_3+3C+3Cl_2 \longrightarrow 2LnCl_3+3CO$$

用还原剂 C 是为了防止生成 LnOCl。

(3)其他盐类

镧系元素的草酸盐在稀土化合物中相当重要，因为草酸盐的溶解度很小。如 $La_2(C_2O_4)_3$，每 100 g 水中只能溶解 0.02 mg(25℃)。在碱金属草酸盐溶液中，钇组草酸盐由于形成配合物 $[Ln(C_2O_4)_3]^{3-}$，比铈组草酸盐的溶解度大得多。根据稀土元素草酸盐的溶解度差别，可进行镧系元素分离中的轻重稀土分组。

除草酸盐外，镧系元素的碳酸盐、氟化物、磷酸盐和焦磷酸盐 $[Ln_4(P_2O_7)_3]$ 都难溶于水。

---

① $\Delta_f H_m^{\ominus}(Eu_2O_3,s)=-1\ 662.7\ kJ\cdot mol^{-1}$，$\Delta_f H_m^{\ominus}(Ce_2O_3,s)=-1\ 796.2\ kJ\cdot mol^{-1}$，$\Delta_f H_m^{\ominus}(La_2O_3,s)=-1\ 793.7\ kJ\cdot mol^{-1}$。

稀土与硫酸、硝酸、盐酸三强酸形成的盐都易溶解于水，结晶出的盐都含结晶水。硫酸盐的溶解度随温度升高而降低，故以冷水浸取它为宜；$Ln_3(SO_4)_3$ 易与碱金属硫酸盐形成复盐 $Ln_2(SO_4)_3 \cdot M_2SO_4 \cdot nH_2O$。铈组的硫酸盐复盐溶解度小于钇组，这种性质也常用来分离铈和钇两组的盐类。

2. Ln(Ⅱ)和 Ln(Ⅳ)的化合物

Ce、Pr 和 Tb 都能生成氧化值为+4 的化合物。Ce^{4+} 在水溶液中或在固相中都可存在，在空气中加热铈的一些含氧酸盐或氢氧化物都可得到黄色的 CeO_2。CeO_2 是强氧化剂，有

$$CeO_2(s) + 4H^+ + e^- \rightleftharpoons Ce^{3+} + 2H_2O, \quad E^\ominus = 1.26\ V$$

CeO_2 可将浓盐酸氧化成 Cl_2，将 Mn^{2+} 氧化成 MnO_4^-。CeO_2 的热稳定性很好，在 800℃时不分解，温度再高可失去部分氧。

在 Ce^{4+} 的溶液中加入 NaOH 溶液时将析出黄色胶状的 $CeO_2 \cdot nH_2O$ 沉淀，它能溶于酸。Ce^{4+} 易发生配位反应，如在 H_2SO_4 中可生成 $CeSO_4^{2+}$、$Ce(SO_4)_2$ 和 $Ce(SO_4)_3^{2-}$ 等。在 $HClO_4$ 溶液中由于 ClO_4^- 的配位能力很弱，溶液中主要存在下列水解平衡

$$Ce^{4+} + H_2O \rightleftharpoons Ce(OH)^{3+} + H^+, \quad K^\ominus = 5.2$$

进一步反应，有

$$2Ce(OH)^{3+} \rightleftharpoons [Ce—O—Ce]^{6+} + H_2O, \quad K^\ominus = 16.5$$

当 $HClO_4$ 浓度很大时，可抑制水解反应的进行而保持较高浓度的 $Ce^{4+}(aq)$，因此$E(Ce^{4+}/Ce^{3+})$随 $HClO_4$ 浓度而变。在 pH = 0 时，$E(Ce^{4+}/Ce^{3+}) = 1.74\ V$；pH = 6 时，$E(Ce^{4+}/Ce^{3+}) = 0.76\ V$，可见 Ce^{3+} 在弱碱或弱酸溶液中易被氧化成 Ce^{4+}。

氧化值为+4 的 Pr 和 Tb 多存在于其混合价氧化物(如 Pr_6、Tb_4O_7 等)及配合物中。在氧化值为+2 的离子中，只有 Eu^{2+} 能在固态化合物中稳定存在。已知 $E^\ominus(Eu^{3+}/Eu^{2+}) = -0.351\ V$，而 $E^\ominus(Sm^{3+}/Sm^{2+}) = -1.75\ V$，$E^\ominus(Yb^{3+}/Yb^{2+}) = -1.21\ V$，可见 Yb^{2+} 和 Sm^{2+} 的还原能力较强，在水溶液中易被氧化。若溶液中存在 Eu^{3+}、Yb^{3+} 和 Sm^{3+} 三种离子，可用 Zn 做还原剂将 Eu^{3+} 还原。而要将 Yb^{3+} 和 Sm^{3+} 还原为低价离子，只能用钠汞齐那样的强还原剂。

Ln^{2+} 同碱土金属离子类似，尤其同 Ba^{2+} 相似，能形成溶解度较小的硫酸盐。

3. 镧系元素的配合物

同 d 区元素相比，镧系元素形成配合物的种类和数量要少得多。镧系元素形成的配合物稳定性较差，这可以从以下两个方面来理解：一是从价层电子构型看，Ln^{3+} 的价层电子构型是 $4f^n5s^25p^6$，4f 电子被外层电子所掩盖，与外部配体轨道之间的作用很弱，Ln^{3+} 与配体之间的作用主要是静电作用，配键主要以离子性为主，所形成的配离子稳定性差。Ln^{3+} 的配离子稳定性与配位原子的电负性大小有关，配体的配位能力依下列顺序而减弱。

$$F^- > OH^- > H_2O > NO_3^- > Cl^-$$

二是从离子半径的大小来看，Ln^{3+} 的离子半径(106～85 pm)比一般的 Cr^{3+}、Fe^{3+} 的离子半径要大 20～40 pm。Ln^{3+} 像ⅡA 族离子那样只与配合能力强的配体如 EDTA 和其他螯合剂才能形成稳定配离子。由于离子半径较大，Ln^{3+} 所成的配离子会有较大的配位数，通常为 7、8、9、10。若从金属离子的酸碱性来看，Ln^{3+} 属于硬酸类，它们与 F、O、N 等硬碱类配位原

子有较强的配位作用，形成的配离子较稳定，而与 Cl、S、P 等软碱类配位原子只能形成稳定性较差的配离子，有些甚至不能从水溶液中分离出来。

*18.2　锕系元素

18.2.1　锕系元素概述

锕系元素都是放射性元素。其中位于铀后面的元素，即 93 号镎(Np)至 102 号锘(No)被称为“铀后元素”或“超铀元素”。锕系元素的研究与原子能工业的发展有着密切关系。当今除了人们所熟悉的铀、钍和钚已大量用作核反应堆的燃料以外，诸如 ^{138}Pu、^{244}Cm 和 ^{252}Cf 这些核素，在空间技术、气象学、生物学直至医学方面，都有着实际的和潜在的应用价值。

1. 锕系元素的价层电子构型

表 18-4 列出了锕系元素的价层电子构型和某些性质。由表中可以看出，90 号元素 Th 的电子构型为 $6d^27s^2$，没有 5f 电子。89、91、92、93 和 96 号元素都具有 $5f^{n-1}6d^17s^2$ 电子构型(n 为按能级顺序应填充在 5f 轨道上的电子数)，其余元素则都属于 $5f^n7s^2$ 电子构型。与镧系元素相比，同样把一个外数第三层的 f 电子激发到次外层的 d 轨道上去，在前半部分($n=7$ 以前)锕系元素所需的能量要少，表明这些锕系元素的 f 电子较容易被激发，成键的可能性更大一些，更容易表现为高氧化态；在 $n=7$ 以后的锕系元素则相反，因此它们的低氧化态化合物更稳定。

表 18-4　锕系元素的价层电子构型和性质

元素	气态原子可能的电子构型	An^{3+} 半径/pm	An^{4+} 半径/pm	$E^{\ominus}(An^{3+}/An)$/V	熔点/℃
89　锕 Ac	$6d^17s^2$	111	99	(−2.6)	1 050
90　钍 Th	$6d^27s^2$	108	96	—	1 750
91　镤 Pa	$5f^26d^17s^2$	105	93	—	<1 870
92　铀 U	$5f^36d^17s^2$	103	92	−1.642	1 132
93　镎 Np	$5f^46d^17s^2$	101	90	(−1.856)	637
94　钚 Pu	$5f^6 7s^2$	100	89	(−2.031)	639
95　镅 Am	$5f^7 7s^2$	99	88	(−2.32)	995
96　锔 Cm	$5f^76d^17s^2$	98.5	87		1 340
97　锫 Bk	$5f^9 7s^2$	98	86		
98　锎 Cf	$5f^{10} 7s^2$	97.7			
99　锿 Es	$5f^{11} 7s^2$				
100 镄 Fm	$5f^{12} 7s^2$				
101 钔 Md	$5f^{13} 7s^2$				
102 锘 No	$5f^{14} 7s^2$				

2. 氧化值

对镧系元素来说，+3 是特征氧化值，对锕系元素则有明显的不同，从表 18-5 中可以看到，由 Ac 到 Am 为止的前半部分锕系元素具有多种氧化值，其中最稳定的氧化值由 Ac 为 +3 上升到 U 为 +6，随后又依次下降，到 Am 为 +3。Cm 以后的稳定氧化值为 +3，唯有 No 在水溶液中最稳定的氧化态为 +2。由于 5f 轨道伸展得比 4f 轨道离核更远些，且 5f、6d、7s 各轨道能量比较接近，这些因素都有利于共价键形成并保持较高的氧化值。

表 18-5　　锕系元素的氧化值

氧化值	Ac	Th	Pa	U	Np	Pu	Am	Cm	Bk	Cf	Es	Fm	Md	No
+2							2			2	2	2	2	$\underline{2}$
+3	$\underline{3}$			3	3	3	$\underline{3}$	$\underline{3}$	$\underline{3}$	$\underline{3}$	$\underline{3}$	$\underline{3}$	$\underline{3}$	3
+4		$\underline{4}$	4	$\underline{4}$	4	$\underline{4}$	4	4	4	4				
+5			$\underline{5}$	5	$\underline{5}$	5	5							
+6				$\underline{6}$	6	6	6							
+7					7	7								

* 画线者为最稳定的氧化值

3. 锕系收缩

同镧系元素相似，锕系元素相同氧化态的离子半径随原子序数的增加而逐渐减小，且减小得也较缓慢(从 90 号 Th 到 98 号 Cf 共减小了约 10 pm)，称为锕系收缩。由 Ac 到 Np 半径的收缩还比较明显，从 Pu 开始各元素离子半径的收缩就更小。

4. 电极电势

图 18-4 示出了 5 个重要的锕系元素在酸性溶液中的元素电势图。在 1 mol · L^{-1} $HClO_4$ 溶液中，由 U 到 Am 的 $E(An^{4+}/An^{3+})$ 值越来越大，表明 An^{3+} 的稳定性按同一顺序增强。

$$\underbrace{PaO_2^+ \xrightarrow{(-0.1)} Pa^{4+} \xrightarrow{(-0.9)} Pa}_{-1.0}$$

$$UO_2^+ \xrightarrow{0.05} UO_2^+ \xrightarrow{0.62} U^{4+} \xrightarrow{-0.607} U^{3+} \xrightarrow{-1.642} U$$

$$NpO_2^{2+} \xrightarrow{1.15} NpO_2^+ \xrightarrow{0.75} Np^{4+} \xrightarrow{0.147} Np^{3+} \xrightarrow{-1.856} Np$$

$$PuO_2^{2+} \xrightarrow{0.93} PuO_2^+ \xrightarrow{1.15} Pu^{4+} \xrightarrow{0.98} Pu^{3+} \xrightarrow{-2.031} Pu$$

$$AmO_2^{2+} \xrightarrow{1.639} AmO_2^+ \xrightarrow{1.261} Am^{4+} \xrightarrow{2.18} Am^{3+} \xrightarrow{-2.32} Am$$

图 18-4　部分锕系元素的元素电势

5. 单质的性质

锕系元素单质的金属性较强。它们的制备方法可用碱金属或碱土金属还原相应的氟化物或用熔盐电解法制备。锕系元素的单质通常为银白色金属，易与水或氧作用，保存时应避免与氧接触。锕系元素可与其他金属形成金属间化合物和合金。

18.2.2 钍和铀及其化合物

1. 钍及其化合物

钍主要存在于硅酸钍矿 $ThSiO_4$、独居石等矿中，在 1 000℃ 的高温下可用金属钙还原

ThO_2 而制得金属钍。钍的主要反应如图 18-5 所示。

$$
Th+\begin{cases}
H_2 \xrightarrow{870\ K} ThH_2 \\
C \xrightarrow{2\,400\ K} ThC、ThC_2 \\
N_2 \xrightarrow{1\,050\ K} ThN \\
O_2 \xrightarrow{500\ K} ThO_2 \begin{cases}
HF \xrightarrow{870\ K} ThF_4 \\
HNO_3 \longrightarrow Th(NO_3)_4 \cdot 5H_2O \\
CCl_4 \xrightarrow{870\ K} ThCl_4
\end{cases}
\end{cases}
$$

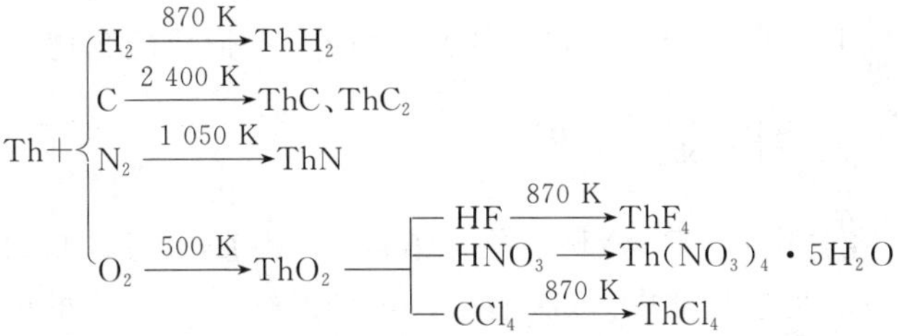

图 18-5　钍的化学性质

像其他锕系元素一样,钍(Ⅳ)的氢氧化物、氟化物、碘酸盐、草酸盐和磷酸盐等都是难溶性盐,除氢氧化物外,钍的后四种盐类即使在 6 mol·L^{-1} 的强酸中也不易溶解。钍的硫酸盐、硝酸盐和氯化物均易溶于水,其从水溶液中结晶时得含水晶体。

钍可形成 $MThCl_5$、M_2ThCl_6、M_3ThCl_7 等配合物,也可与 EDTA 等形成螯合物。

2. 铀及其化合物

沥青铀矿中的铀主要以 U_3O_8 的形式存在。沥青铀矿经酸或碱处理后用沉淀法、溶剂萃取法或离子交换法可得到 $UO_2(NO_3)_2$,再经还原可得 UO_2。UO_2 在 HF 中加热得 UF_4,用 Mg 还原 UF_4 可得 U 和 MgF_2。铀与各种非金属等的反应示于图 18-6 中。

$$
U+\begin{cases}
F_2 \xrightarrow{500\ K} UF_4 \xrightarrow[F_2]{600\ K} UF_6 \\
Cl_2 \xrightarrow{770\ K} UCl_4、UCl_6、UCl_8 \xrightarrow[Cl_2]{770\ K} UCl_{10} \\
O_2 \xrightarrow{600\ K} U_3O_8、UO_3、UO_2 \\
N_2 \xrightarrow{1\,300\ K} UN、UN_2 \\
S \xrightarrow{770\ K} US_2 \\
H_2 \xrightarrow{520\ K} UH_3 \\
H_2O \xrightarrow{373\ K} UO_2
\end{cases}
$$

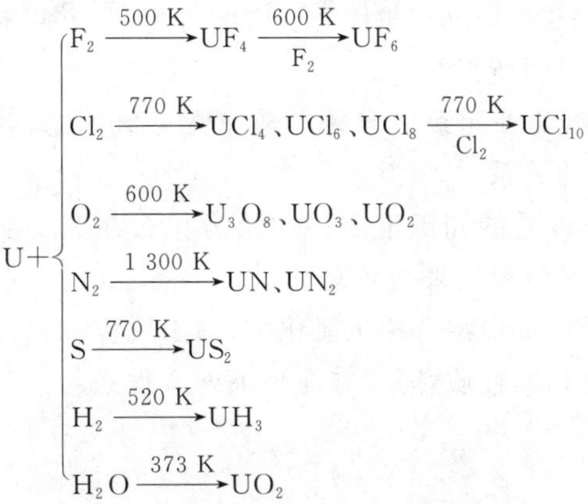

图 18-6　铀的化学性质

在化合物中氧化值为 +6 的 U 最稳定。在氟化物 UF_3、UF_4、UF_5 和 UF_6 中,以 UF_6 最为重要,该物质为易挥发性化合物,可以用低氧化值的氟化物经氟化而制得。UF_6 有两种: $^{238}UF_6$ 和 $^{235}UF_6$,利用它们的扩散速率不同,可使 $^{238}UF_6$ 同 $^{235}UF_6$ 分离,再从 $^{235}UF_6$ 进一步制得 U-235 核燃料。

在酸性溶液中 U(Ⅵ) 主要以 UO_2^{2+} 形式存在,如将 UO_3 溶于硝酸可得到的硝酸铀酰 $UO_2(NO_3)_2 \cdot 6H_2O$。在 UO_2^{2+} 的水溶液中加碱,有黄色 $Na_2U_2O_7 \cdot 6H_2O$ 析出。$Na_2U_2O_7 \cdot 6H_2O$ 加热脱水后得无水盐,叫作铀黄。铀黄作为黄色颜料被广泛应用于瓷釉或玻璃工业中。醋酸铀酰 $UO_2(CH_3COO)_2 \cdot 2H_2O$ 能与碱金属钠离子加合形成 $Na[UO_2(CH_3COO)_3]$ 等配合物,这一反应可用来鉴定微量钠离子。通常是使钠生成溶解度更小的 $NaZn(UO_2)_3(CH_3COO)_9 \cdot 9H_2O$ 黄色晶体。

$$Na^+ + Zn(CH_3COO)_2 + 3UO_2(CH_3COO)_2 + CH_3COOH + 9H_2O \longrightarrow NaZn(UO_2)_3(CH_3COO)_9 \cdot 9H_2O(s) + H^+$$

UO_2^{2+} 还能与许多阴离子如 Cl^-、F^-、CO_3^{2-}、NO_3^-、SO_4^{2-}、PO_4^{3-} 等形成配合物。

拓展阅读

纳米材料简介

习 题 18

18-1 镧系元素单质的熔点除 Ce、Eu、Yb 三种元素以外，从 La 的 920℃到 Lu 的 1 656 ℃（为了比较将 Lu 也包括在内）依次递增，Ce、Eu、Yb 三种元素的熔点比其前后的元素低，这种情况对 Eu 和 Yb 特别显著。试从这两种元素（Eu 和 Yb）的电子排布解释以上事实。

18-2 什么是镧系收缩？这一结果对第六周期元素的性质有何影响？

18-3 在稀土元素的分离中草酸盐起着重要作用，为什么？

18-4 为什么镧系元素彼此之间在化学性质上的差别比锕系元素小得多？

18-5 水合稀土氯化物为什么要在一定的真空度下脱水？这一点和其他哪些常见的含水氯化物的脱水情况相似？

18-6 锕系元素和镧系元素同是 f 区元素，为什么锕系元素的氧化态种类较镧系多？

18-7 $Ln^{3+}(aq) + EDTA^{4-}(aq) \longrightarrow Ln(EDTA)^-(aq)$；该反应的焓变 $\Delta_r H_m^\ominus$ 随镧系元素原子序数的增加将发生怎样的变化？并说明之。

18-8 选择一种镧系金属，写出其与稀酸反应的方程式，并用有关电极电势和镧系元素形成最稳定氧化态的规律说明所得结论。

18-9 在镧系元素中哪几种元素最容易出现非常见氧化态，并说明出现非常见氧化态与原子的电子层构型之间的关系。

18-10 根据有关化学性质的知识推测铈和铕为什么在离子交换等现代分离技术发展起来之前是镧系元素中最易分离出来的元素？

18-11 如何从独居石中提取混合稀土氯化物，写出反应方程式，并说明反应条件。

18-12 根据铀的氧化物的性质，完成并配平下列方程式：

(1) $UO_3 \xrightarrow[973\ K]{\triangle}$

(2) $UO_3 + HF(aq) \longrightarrow$

(3) $UO_3 + HNO_3(aq) \longrightarrow$

(4) $UO_3 + NaOH(aq) \longrightarrow$

(5) $UO_3 + SF_4 \xrightarrow{573\ K}$

(6) $UO_2(NO_3)_2 \xrightarrow{623\ K}$

18-13 试推测 $Ce(NO_3)_5^{2-}$ 和 $Ce(NO_3)_6^{3-}$ 的空间结构。

部分习题参考答案

第 1 章

1-4 131 g

1-5 2.14 $g \cdot L^{-1}$

1-6 (1) 4.11 $g \cdot L^{-1}$； (2) 92, N_2O_4

1-8 (1) $p(CO)=249$ kPa；$p(H_2)=499$ kPa
(2) 748 kPa

1-9 (1) 97.7 kPa； (2) 0.014 7 mol

1-11 (1) 317 $g \cdot L^{-1}$； (2) 5.42 $mol \cdot L^{-1}$
(3) 0.10； (4) 6.14 $mol \cdot kg^{-1}$

1-12 (1) 1.07 $mol \cdot kg^{-1}$；(2) 1.02 $mol \cdot L^{-1}$
(3) 1.89×10^{-2}

1-14 3 101 Pa

1-15 8

1-16 1.6×10^3

1-17 342 $g \cdot mol^{-1}$

1-18 (1) 2.27 kPa； (2) 3.23 K； (3) 0.89 K

1-22 773 kPa

1-23 4.05×10^4

第 2 章

2-3 16 kJ

2-4 $W=-12.4$ kJ

2-6 -46.11 $kJ \cdot mol^{-1}$；92.22 $kJ \cdot mol^{-1}$

2-9 226 $kJ \cdot mol^{-1}$

2-10 -104 $kJ \cdot mol^{-1}$

2-11 (1) -828.44 $kJ \cdot mol^{-1}$
(2) -368.56 $kJ \cdot mol^{-1}$
(3) -131.24 $kJ \cdot mol^{-1}$

2-12 (1) -361.2 $kJ \cdot mol^{-1}$
(2) -199.8 $kJ \cdot mol^{-1}$
(3) -227.72 $kJ \cdot mol^{-1}$
(4) -114.14 $kJ \cdot mol^{-1}$

2-13 $-2\,630$ $kJ \cdot mol^{-1}$

2-14 -415.4 $kJ \cdot mol^{-1}$；
108.47 $kJ \cdot mol^{-1}$

2-15 -300.3 $kJ \cdot mol^{-1}$

2-16 (1) 682.44 $kJ \cdot mol^{-1}$
(2) -657.01 $kJ \cdot mol^{-1}$
(3) -625.67 $kJ \cdot mol^{-1}$

2-17 $\Delta_r H_m^{\ominus}(N_2H_4, l)=-534.27$ $kJ \cdot mol^{-1}$
$\Delta_r H_m^{\ominus}(N_2H_2(CH_3)_2, l)=-1\,796.3$ $kJ \cdot mol^{-1}$

2-21 -44.7 $J \cdot mol^{-1} \cdot K^{-1}$

2-24 (1) $\Delta_r S_m^{\ominus}<0$
(2) $\Delta_r H_m^{\ominus}=-160.81$ $kJ \cdot mol^{-1}$
$\Delta_r S_m^{\ominus}=-410.0$ $J \cdot mol^{-1} \cdot K^{-1}$
(3) 392.2 K

2-25 (1) 31.2 $kJ \cdot mol^{-1}$
(2) 11.09 $kJ \cdot mol^{-1}$，不能自发分解

2-26 8.3×10^2 K

2-27 36.5 $kJ \cdot mol^{-1}$；-25.5 $kJ \cdot mol^{-1}$

2-28 $T_{分}(Ag_2O)=468$ K，$T_{分}(AgNO_3)=673$ K，$AgNO_3$ 最终分解产物为 Ag、NO_2 和 O_2。

2-29 (1) 100.97 $kJ \cdot mol^{-1}$，逆向
(2) 84.1 $kJ \cdot mol^{-1}$，逆向

第 3 章

3-8 (2) 1.2×10^{-2} $mol^{-2} \cdot L^2 \cdot s^{-1}$

3-9 (2) 7.0×10^3 $mol^{-2} \cdot L^2 \cdot s^{-1}$

3-10 (3) 1.3×10^{-2} $mol^{-2} \cdot L^2 \cdot s^{-1}$

3-11 (2) 60 s^{-1}

3-12 8.6×10^{-13} s^{-1}

3-13 (2) 140 $kJ \cdot mol^{-1}$
(3) 4.77×10^{-2} $mol^{-1} \cdot L \cdot min^{-1}$

3-14 $E_a=114$ $kJ \cdot mol^{-1}$
$k(383\ ℃)=4.77$ $mol^{-1} \cdot L \cdot s^{-1}$

3-15 $E_a=1.0 \times 10^2$ $kJ \cdot mol^{-1}$，$k=1.9 \times 10^{-2}$ s^{-1}

3-16 57 $kJ \cdot mol^{-1}$

3-17 $T_2=698$ K

3-20 提高了 3.4×10^{17} 倍
$E_a(逆)=304$ $kJ \cdot mol^{-1}$

***3-21** (1) 第一步，为双分子反应
(3) Mn^{3+}；Mn^{4+}

第 4 章

4-7 5.1×10^{8}

4-8 $n(NO)=0.940\ mol, K^{\ominus}=5.27$

4-11 (1) $-56.9\ kJ\cdot mol^{-1}$

(2) $\Delta_r H_m^{\ominus}=-55.63\ kJ\cdot mol^{-1}$

$\Delta_r S_m^{\ominus}=4.26\ J\cdot mol^{-1}\cdot K^{-1}$

4-12 (1) $41.37\ kJ\cdot mol^{-1}$；(2) 6.16×10^{-4}

(3) $1.38\times10^{-4}\ kPa$

4-13 451 K

4-14 $p(CO)=274\ kPa$；$p(H_2)=548\ kPa$

4-15 $J=0.341$，反应正向进行，平衡时，

$p(COCl_2)=114.7\ kPa$；$p(CO)=24.8\ kPa$

$p(Cl_2)=3.10\times10^{-6}\ kPa$

4-16 (1) 18.2 kPa；(2) 75.5%

4-17 (1) $K^{\ominus}=27.2$；$\alpha_1=71.4\%$

(2) $\alpha_2=68.4\%$；(3) $\alpha_3=\alpha_2$

4-18 $K^{\ominus}=9.05$

4-19 (1)减小； (2)增大；增大；减小

(3)增大；增大；不变；(4)增大；增大

(5)不变；(6)不变

4-21 (2) $-16.6\ kJ\cdot mol^{-1}$

(3) $-16.2\ kJ\cdot mol^{-1}$

第 5 章

5-6 (1) 2.92；(2) 1.30；(3) 9.70；(4) 12.65

5-8 2.9×10^{-8}

5-9 13%；1.9×10^{-4}

5-10 2.41

5-11 $1.3\times10^{-3}\ mol\cdot L^{-1}$；11.11；1.3%

5-12 (2) 7.1×10^{-11}

5-13 0.10；1.0×10^{-4}；1.0×10^{-4}

1.3×10^{-13}；3.99

5-14 pH=2.11

$c(C_7H_4O_3H^-)=7.8\times10^{-3}\ mol\cdot L^{-1}$

5-17 (1) 11.11；(2) 11.16；(3) 4.69；(4) 9.78

5-19 (1) 10.98；(2) 5.28；(3) 9.26

(4) 8.87；(5) 4.74

5-20 4.72；4.76

5-21 (1) 2.21；(2) 7.51；(3) 12.42

5-24 11.6 mL

5-25 $V=3.3\ L$；$c(NH_3)=0.11\ mol\cdot L^{-1}$

$c(NH_4^+)=0.20\ mol\cdot L^{-1}$

第 6 章

6-4 (1) 1.4×10^{-4}；(2) 4.7×10^{-17}

(3) 1.4×10^{-4}；(4) 7.9×10^{-10}

6-5 (1) $2.1\times10^{-6}\ g\cdot L^{-1}$；(2) $1.9\times10^{-11}\ g\cdot L^{-1}$

(3) $1.9\times10^{-12}\ g\cdot L^{-1}$

6-6 (1) $2.6\times10^{-2}\ g\cdot L^{-1}$

(2) $1.2\times10^{-6}\ g\cdot L^{-1}$

(3) $1.1\times10^{-3}\ g\cdot L^{-1}$

6-7 (1) $1.1\times10^{-4}\ mol\cdot L^{-1}$

(2) $c(Mg^{2+})=1.1\times10^{-4}\ mol\cdot L^{-1}$

$c(OH^-)=2.2\times10^{-4}\ mol\cdot L^{-1}$，pH=10.34

(3) $5.1\times10^{-8}\ mol\cdot L^{-1}$

(4) $1.1\times10^{-5}\ mol\cdot L^{-1}$

6-12 (1)有；(2)没有

6-13 2.81～6.92

6-14 (1) 2.39；(2)只有 CuS 沉淀析出，$c(Cu^{2+})=5.4\times10^{-16}\ mol\cdot L^{-1}$，$c(Fe^{2+})=0.10\ mol\cdot L^{-1}$，$c(H^+)=0.30\ mol\cdot L^{-1}$

6-15 Zn^{2+} 不沉淀的最低 $c(H^+)$ 为 $0.71\ mol\cdot L^{-1}$，$c(Pb^{2+})=2.1\times10^{-6}\ mol\cdot L^{-1}$

6-16 (1) $2.4\times10^{-16}\ mol\cdot L^{-1}$

(2) $8.5\times10^{-15}\ mol\cdot L^{-1}$

6-17 $1.1\times10^{-9}\ mol\cdot L^{-1}$

6-18 $K^{\ominus}=7\times10^{23}$

6-19 $K^{\ominus}=2.7\times10^{14}$，$Ca(OH)_2$ 最初浓度至少应为 $0.0045\ mol\cdot L^{-1}$

第 7 章

7-11 0.277V；$-53.46\ kJ\cdot mol^{-1}$

7-15 (1) 0.3236 V；(2) 0.514 V；(3) 0.0592 V

7-16 (2) -0.282 V；(4) 1.701 V

7-17 0.271 V

7-18 5.12

7-23 $c(H^+)=1.76\times10^{-4}\ mol\cdot L^{-1}$

pH=3.755，$K_a^{\ominus}=1.76\times10^{-4}$

7-24 (1) $E_{MF}^{\ominus}=0.6980\ V$；$\Delta_r G_m^{\ominus}=-134.7\ kJ\cdot mol^{-1}$；$\Delta_r G_m=-127\ kJ\cdot mol^{-1}$

(2) $E_{MF}^{\ominus}=0.4597\ V$；$\Delta_r G_m^{\ominus}=-88.71\ kJ\cdot$

mol^{-1}；$\Delta_r G_m = -77.29$ kJ·mol^{-1}

(3) $E^{\ominus}_{MF} = 1.138$ V；$\Delta_r G^{\ominus}_m = -219.6$ kJ·mol^{-1}；$\Delta_r G_m = -213.9$ kJ·mol^{-1}

7-25 (1)1.29×10^{-12}；(2)67.91 kJ·mol^{-1}

7-26 −0.55 V；−0.55 V

7-27 1.6×10^{-44}

7-28 (1)9.21×10^{-7}；(2)3.2×10^{7}

7-29 (2)$E^{\ominus}(MnO_4^{2-}/MnO_2) = 2.27$ V

$E^{\ominus}(MnO_2/Mn^{3+}) = 0.95$ V

(3)$K^{\ominus} = 9.0\times10^{57}$，$\Delta_r G^{\ominus}_m = -330.8$ kJ·mol^{-1}，Mn^{3+}也能歧化。

(4)−0.052 4 V

7-30 0.475 7 V；0.560 0 V；0.420 V

7-31 1.925 V

7-32 (3)1.09 V

第 8 章

8-2 $\nu_1 = 4.57\times10^{14}\ s^{-1}$；$\nu_2 = 6.17\times10^{14}\ s^{-1}$

$\nu_3 = 6.91\times10^{14}\ s^{-1}$；$\nu_4 = 7.31\times10^{14}\ s^{-1}$

8-3 $\nu = 7.30\times10^{14}\ s^{-1}$

8-4 $E_1 = -2.179\times10^{-18}$ J；$E_2 = -5.45\times10^{-19}$ J

$E_3 = -2.42\times10^{-19}$ J；$E_4 = -1.36\times10^{-19}$ J

8-7 2

第 9 章

9-6 E_B(N—H) = 391 kJ·mol^{-1}

E_B(N—N) = 159 kJ·mol^{-1}

9-8 −2 212 kJ·mol^{-1}

9-9 597 kJ·mol^{-1}

第 10 章

10-9 786.8 kJ·mol^{-1}

10-10 2 522.4 kJ·mol^{-1}

10-11 790 kJ·mol^{-1}

第 11 章

11-8 (1)0；(2)1；(3)2；(4)3

***11-11** 3.87 B. M.；4.90 B. M.；0

***11-13** (1)$n=0, -24Dq+2P$

(2)$n=5, 0$

(3)$n=5, 0$

(4)$n=3, -12Dq$

(5)$n=0, -24Dq+2P$

11-17 (1)1.7×10^{6}；(2)2.6×10^{32}；(3)1.3×10^{2}

11-18 $c(Hg^{2+}) = 5.8\times10^{-32}$ mol·L^{-1}

$c(I^-) = 0.743$ mol·L^{-1}

$c(HgI_4^{2-}) = 0.010$ mol·L^{-1}

11-19 5.0×10^{-21} mol·L^{-1}

11-20 $c(Cu^{2+}) = 1.4\times10^{-4}$ mol·L^{-1}

$\Delta pH = 2.76$

11-21 $c(Ni(NH_3)_6^{2+}) = 9.0\times10^{-11}$ mol·L^{-1}

$c(NH_3) = 1.60$ mol·L^{-1}

$c(Ni(en)_3^{2+}) = 0.10$ mol·L^{-1}

11-23 4.4×10^{-3} mol·L^{-1}

11-24 (1)5.1×10^{-8}

(2)2.5×10^{-2} mol·L^{-1}

11-25 生成$[Cd(NH_3)_4]^{2+}$

11-26 1.63×10^{13}

11-27 0.36 V；0.36 V

11-28 (1)−0.028 8 V；(2) 0.68 V

(3)−0.12 V

11-29 (1) 0.96 V；(2) 3.3×10^{13}

(3)$c(Fe(bipy)_3^{2+}) = 7.0\times10^{-9}$ mol·L^{-1}

$c(Fe(bipy)_3^{3+}) = c(Cl^-) = 0.20$ mol·L^{-1}

第 12 章

12-12 U(NaH) = 826 kJ·mol^{-1}

$\Delta_f H^{\ominus}_m$(NaH) = −78 kJ·mol^{-1}

第 13 章

13-11 (1)372 kJ·mol^{-1}

(2)455 kJ·mol^{-1}

13-16 266.6 g·mol^{-1}

13-25 $m_1 = 0.77$ g；$m_2 = 2.97$ g

第 14 章

14-13 $K^{\ominus} = 23.0$；pH = 0.681

14-22 $\Delta_r H^{\ominus}_m = -196.1$ kJ·mol^{-1}

$\Delta_r G^{\ominus}_m = -206.1$ kJ·mol^{-1}

$\Delta_r S^{\ominus}_m = 33.5$ J·mol^{-1}·K^{-1}

$K^{\ominus} = 1.20\times10^{36}$

第 15 章

15-13 9.40×10^{27}

15-20 (1) $-215\ kJ\cdot mol^{-1}$;(2) $133\ kJ\cdot mol^{-1}$

第 16 章

16-13 $pH=5.60$;$c(OH^-)=0.25\ mol\cdot L^{-1}$

$K_f^{\ominus}(Cr(OH)_4^-)=6.3\times10^{29}$

16-14 (1) 3.2×10^{14};(2) 7.01

16-19 2.9×10^{9}

16-20 $K_f^{\ominus}(Mn(CN)_6^{3-})/K_f^{\ominus}(Mn(CN)_6^{4-})=4.2\times10^{29}$

16-25 $c(Fe^{3+})=1.2\times10^{-9}\ mol\cdot L^{-1}$

$c(Fe^{2+})=0.10\ mol\cdot L^{-1}$

$c(Cu^{2+})=0.05\ mol\cdot L^{-1}$

16-27 (1) 8.9×10^{3};(2) 1.0×10^{33}

第 17 章

17-8 $E^{\ominus}(Cu(NH_3)_4^{2+}/Cu)=-0.0265\ V$;能溶。

17-9 5.5×10^{5}

17-10 (1) $K_f^{\ominus}(Cu(OH)_4^{2-})=7.5\times10^{16}$

(2) $c(NaOH)=8.0\ mol\cdot L^{-1}$

***17-11** $w(Cu)=68.0\%$;$w(Al)=3.02\%$

$w(Zn)=28.9\%$

17-18 5.6×10^{9}

17-19 $K_f^{\ominus}(AuCl_2^-)=15$

$K_f^{\ominus}(AuCl_4^-)=2.5\times10^{17}$

17-30 $-1.262\ V$

17-31 有 Hg^{2+} 存在;Hg_2^{2+} 能少量歧化

17-32 $E^{\ominus}(Hg_2S/Hg)=-0.60\ V$

$E^{\ominus}(HgS/Hg_2S)=-0.77\ V$

主要参考书目

1. 大连理工大学无机化学教研室. 无机化学. 6 版. 北京：高等教育出版社. 2018.

2. 大连理工大学无机化学教研室. 无机化学电子教案. 2 版. 北京：高等教育出版社，2006.

3. 大连理工大学无机化学教研室. 无机化学学习指导. 8 版. 大连：大连理工大学出版社，2010.

4. 大连理工大学无机化学教研室，牟文生. 无机化学实验. 3 版. 北京：高等教育出版社，2014.

5. 北京师范大学，华东师范大学，南京师范大学，等. 无机化学. 4 版. 北京：高等教育出版社，2002.

6. 吉林大学，武汉大学，南开大学. 宋天佑，等. 无机化学. 4 版. 北京：高等教育出版社. 2019.

7. 华彤文，王颖霞，等. 普通化学原理. 4 版. 北京：北京大学出版社，2013.

8. 严宣申，王长富. 普通无机化学. 2 版. 北京：北京大学出版社，2016.

9. 徐春祥，曹凤歧. 无机化学. 2 版. 北京：高等教育出版社，2004.

10. [英]LEE J D. 新编简明无机化学. 3 版. 张靓华，等，译. 北京：人民教育出版社，1983.

11. SHRIVER D F，ATKINS P W，LANGFORD C H. 无机化学. 6 版. 李珺，史启祯，等，译. 北京：高等教育出版社，2018.

12. GREENWOOD N N，EARNSHAW A. 元素化学. 曹庭礼，李学同，王曾隽，等，译. 北京：高等教育出版社，1996.

13. LEE J D. Concise Inorganic Chemistry. 5th edition. Chapman & Hall，1998.

14. HOUSECROFT C E，SHARPE A G. Inorganic Chemistry. 4nd edition. Pearson Education Limited，2012.

15. MIESSLER G L，TARR D A. Inorganic Chemistry. 4rd edition. Pearson Education Asia Limited and Higher Education Press，2012.

16. RAYNER-CANHAN G，OVERTON T. Descriptive Inorganic Chemistry. 4th edition. W. H. Freeman and Company. 2006.

17. PETRUCCI R H，HERRING F G，MADURA J. D，BISSONNETTE C. General Chemistry：Principles and Modern Applications. 11th edition. Prentice Hall，2017.

18. BROWN T L，LEMAY H E Jr.，BURSTEN B E. Chemistry：The Central Science. 13th edition. Prentice Hall，2015.

19. EBBING D D，GAMMON S D. General Chemistry. 9th edition. Houghton Mifflin company，2009.

20. ZUMDAHL S S，ZUMDAHL S A. Chemistry. 7th edition. Houghton Mifflin Company，2007.

21. ATKINS P W, JONES L. Chemical Prineiples: The Quest for Insight. 4th edition. W. H. Freeman and Company, 2005.

22. OXTOBY D W, et al. Principles of Modern Chemistry. 7th edition. Thomson Learning, 2011.

23. CHANG R. Chemistry. 9th edition. McGraw-Hill, Inc. , 2007.

24. UMLAND J B, et al. General Chemistry. 3rd edition. Thomson Learning, 2001.

25. MCMURRY J, et al. Chemistry. 4th edition. Prentice-Hall, Inc. , 2004.

26. KOTZ J C, et al. Chemistry & Chemical Reactivity. 6th edition. Saunders College Publishing, 1999.

27. SPENCER J N , et al. Chemistry Structure & Dynamics. 3rd edition. John Wiley & Sons Inc. , 2006.

附 录

附录 1　一些物质的热力学性质

（常见的无机物质和 C_1、C_2 有机物）

说明：

cr　结晶固体；l　液体；g　气体；am　非晶态固体；aq　水溶液，未指明组成

ao　水溶液，非电离物质，标准状态，$b=1\ mol \cdot kg^{-1}$

ai　水溶液，电离物质，标准状态，$b=1\ mol \cdot kg^{-1}$

物质 B 化学式和说明	状态	298.15 K，100 kPa		
		$\Delta_f H_m^\ominus/(kJ \cdot mol^{-1})$	$\Delta_f G_m^\ominus/(kJ \cdot mol^{-1})$	$S_m^\ominus/(J \cdot mol^{-1} \cdot K^{-1})$
Ag	cr	0	0	42.55
Ag_2O	cr	−31.05	−11.20	121.3
AgF	cr	−204.6	—	—
AgCl	cr	−127.068	−109.789	96.2
AgBr	cr	−100.37	−96.9	107.1
AgI	cr	−61.84	−66.19	115.5
Ag_2S α 斜方晶的	cr	−32.59	−40.67	144.01
Ag_2S β	cr	−29.41	−39.46	150.6
$AgNO_3$	cr	−124.39	−33.41	140.92
$[Ag(NH_3)_2]^+$	ao	−111.29	−17.12	245.2
Ag_2CO_3	cr	−505.8	−436.8	167.4
Al	cr	0	0	28.83
Al_2O_3 α 刚玉（金刚砂）	cr	−1 675.7	−1 582.3	50.92
Al_2O_3	am	−1 632.0	—	—
$Al_2O_3 \cdot 3H_2O$（三水铝矿）拜耳石	cr	−2 586.67	−2 310.21	136.90
$Al(OH)_3$	am	−1 276.0	—	—
AlF_3	cr	−1 504.1	−1 425.0	66.44
$AlCl_3$	cr	−704.2	−628.8	110.67
$AlCl_3 \cdot 6H_2O$	cr	−2 691.6	−2 261.1	318.0
Al_2Cl_6	g	−1 290.8	−1 220.4	490.0
$Al_2(SO_4)_3$	cr	−3 440.84	−3 099.94	239.3
$Al_2(SO_4)_3 \cdot 18H_2O$	cr	−8 878.9	—	—
AlN	cr	−318.0	−287.0	20.17
Ar	g	0	0	154.843
As(α)	cr	0	0	35.1

（续表）

物质B化学式和说明	状态	298.15 K,100 kPa		
		$\Delta_f H_m^\ominus$/(kJ·mol^{-1})	$\Delta_f G_m^\ominus$/(kJ·mol^{-1})	$S_m^\ominus$/(J·mol^{-1}·K^{-1})
As_2O_5	cr	−924.87	−782.3	105.4
AsH_3	g	66.44	68.93	222.78
H_3AsO_3	ao	−742.2	−639.80	195.0
H_3AsO_4	ao	−902.5	−766.0	184.0
$AsCl_3$	l	−305.0	−259.4	216.3
As_2S_3	cr	−169.0	−168.6	163.6
Au	cr	0	0	47.40
AuCl	cr	−34.7	—	—
$AuCl_3$	cr	−117.6	—	—
B	g	562.7	518.8	153.45
B	cr	0	0	5.86
B_2O_3	cr	−1 272.77	−1 193.65	53.97
B_2O_3	am	−1 254.53	−1 182.3	77.8
B_2H_6	g	35.6	86.7	232.11
H_3BO_3	cr	−1 094.33	−968.92	88.83
H_3BO_3	ao	−1 072.32	−968.75	162.3
BF_3	g	−1 137.00	−1 120.33	254.12
BCl_3	l	−427.2	−387.4	206.3
BCl_3	g	−403.76	−388.72	290.10
BBr_3	l	−239.7	−238.5	229.7
BBr_3	g	−205.64	−232.50	324.24
BI_3	g	71.13	20.72	349.18
BN	cr	−254.4	−228.4	14.81
BN	g	647.47	614.49	212.28
Ba	cr	0	0	62.8
Ba	g	180.0	146.0	170.234
Ba^{2+}	g	1 660.38	—	—
Ba^{2+}	ao	−537.64	−560.77	9.6
BaO	cr	−553.5	−525.1	70.42
BaO_2	cr	−634.3	—	—
BaH_2	cr	−178.7	—	—
$Ba(OH)_2$	cr	−944.7	—	—
$BaCl_2$	cr	−858.6	−810.4	123.68
$BaSO_4$	cr	−1 473.2	−1 362.2	132.2
$BaSO_4$,沉淀的	cr_2	−1 466.5	—	—
$Ba(NO_3)_2$	cr	−992.07	−796.59	213.8
$BaCO_3$	cr	−1 216.3	−1 137.6	112.1
$BaCrO_4$	cr	−1 446.0	−1 345.22	158.6
Be	cr	0	0	9.50
Be	g	324.3	286.6	1 36.269

（续表）

物质B化学式和说明	状态	298.15 K,100 kPa		
		$\Delta_f H_m^\ominus$/(kJ·mol^{-1})	$\Delta_f G_m^\ominus$/(kJ·mol^{-1})	$S_m^\ominus$/(J·mol^{-1}·K^{-1})
Be^{2+}	g	2 993.23	—	—
Be^{2+}	ao	−382.8	−379.73	−129.7
BeO	cr	−609.6	−580.3	14.14
$Be(OH)_2$,新鲜沉淀	am	−897.9	—	—
$BeCO_3$	cr	−1 025.0	—	—
Bi	cr	0	0	56.74
Bi_2O_3	cr	−573.88	−493.7	151.5
$Bi(OH)_3$	cr	−711.3	—	—
$BiCl_3$	cr	−379.1	−315.0	177.0
BiOCl	cr	−366.9	−322.1	120.5
$BiONO_3$	cr	—	−280.2	—
Br	g	111.884	82.396	175.022
Br^-	ao	−121.55	−103.96	82.4
Br_2	l	0	0	152.231
Br_2	g	30.907	3.110	245.463
HBr	g	−36.40	−53.45	198.695
HBrO	ao	−113.0	−82.4	142.0
C,石墨	cr	0	0	5.740
C,金刚石	cr	1.895	2.900	2.377
CO	g	−110.525	−137.168	197.674
CO_2	g	−393.509	−394.359	213.74
CO_2	ao	−413.80	−385.98	117.6
CH_4	g	−74.81	−50.72	186.264
HCO_2H,甲酸	ao	−425.43	−372.3	163.
CH_3OH,甲醇	l	−238.66	−166.27	126.8
CH_3OH,甲醇	g	−200.66	−161.96	239.81
C_2H_2	g	226.73	209.20	200.94
C_2H_4	g	52.26	68.15	219.56
C_2H_6	g	−84.68	−32.82	229.60
CH_3CHO,乙醛	g	−166.19	−128.86	250.3
CH_3COOH	ao	−485.76	−396.46	178.7
C_2H_5OH	g	−235.10	−168.49	282.70
C_2H_5OH	ao	−288.3	−181.64	148.5
$(CH_3)_2O$,二甲醚	g	−184.05	−112.59	266.38
Ca α	cr	0	0	41.42
Ca	g	178.2	144.3	154.884
Ca^{2+}	g	1 925.90	—	—
Ca^{2+}	ao	−542.83	−553.58	−53.1
CaO	cr	−635.09	−604.03	39.75
CaH_2	cr	−186.2	−147.2	42.0

（续表）

物质B化学式和说明	状态	298.15 K,100 kPa		
		$\Delta_f H_m^{\ominus}/(kJ\cdot mol^{-1})$	$\Delta_f G_m^{\ominus}/(kJ\cdot mol^{-1})$	$S_m^{\ominus}/(J\cdot mol^{-1}\cdot K^{-1})$
$Ca(OH)_2$	cr	−986.09	−898.49	83.39
CaF_2	cr	−1 219.6	−1 167.3	68.87
$CaCl_2$	cr	−795.8	−748.1	104.6
$CaCl_2\cdot 6H_2O$	cr	−2 607.9	—	—
$CaSO_4\cdot 0.5H_2O$,粗晶的,α	cr	−1 576.74	−1 436.74	130.5
$CaSO_4\cdot 0.5H_2O$,细晶的,β	cr_2	−1 574.65	−1 435.78	134.3
$CaSO_4\cdot 2H_2O$,透石膏	cr	−2 022.63	−1 797.28	194.1
Ca_3N_2	cr	−431.0	—	—
$Ca_3(PO_4)_2$ β,低温型	cr	−4 120.8	−3 884.7	236.0
$Ca_3(PO_4)_2$ α,高温型	cr_2	−4 109.9	−3 875.5	240.91
$CaHPO_4$	cr	−1 814.39	−1 681.18	111.38
$CaHPO_4\cdot 2H_2O$	cr	−2 403.58	−2154.58	189.45
$Ca(H_2PO_4)_2$	cr	3 104.70	—	—
$Ca(H_2PO_4)_2\cdot H_2O$	cr	−3 409.67	−3 058.18	259.8
$Ca_{10}(PO_4)_6(OH)_2$,羟基磷灰石	cr	−13 477.0	−12 677.0	780.7
$Ca_{10}(PO_4)_6F_2$,氟磷灰石	cr	−13 744.0	−12 983.0	775.7
CaC_2	cr	−59.8	−64.9	69.96
$CaCO_3$,方解石	cr	−1 206.92	−1 128.79	92.9
CaC_2O_4,草酸钙	cr	−1 360.6	—	—
$CaC_2O_4\cdot H_2O$	cr	−1 674.86	−1 513.87	156.5
Cd γ	cr	0	0	51.76
CdO	cr	−258.2	−228.4	54.8
$Cd(OH)_2$,沉淀的	cr	−560.7	−473.6	96.0
CdS	cr	−161.9	−156.5	64.9
$CdCO_3$	cr	−750.6	−669.4	92.5
Ce	cr	0	0	72.0
Cl^-	ao	−167.159	−131.228	56.5
Cl_2	g	0	0	223.066
Cl	g	121.679	105.680	165.198
Cl^-	g	−233.13	—	—
HCl	g	−92.307	−95.299	186.908
HClO	ao	−120.9	−79.9	142.0
$HClO_2$	ao	−51.9	5.9	188.3
Co α,六方晶的	cr	0	0	30.04
$Co(OH)_2$,蓝色,沉淀的	cr	—	−450.1	—
$Co(OH)_2$,桃红色,沉淀的	cr_2	−539.7	−454.3	79.0
$Co(OH)_2$,桃红色,沉淀的,陈化的	cr_3	—	−458.1	—
$Co(OH)_3$	cr	−716.7	—	—
$CoCl_2$	cr	−312.5	−269.8	109.16

（续表）

物质B化学式和说明	状态	298.15 K，100 kPa		
		$\Delta_f H_m^\ominus$/(kJ·mol^{-1})	$\Delta_f G_m^\ominus$/(kJ·mol^{-1})	$S_m^\ominus$/(J·mol^{-1}·K^{-1})
$CoCl_2 \cdot 6H_2O$	cr	−2 115.4	−1 725.2	343.0
Cr	cr	0	0	23.77
CrO_3	cr	−589.5	—	—
Cr_2O_3	cr	−1 139.7	−1 058.1	81.2
$(NH_4)_2Cr_2O_7$	cr	−1 806.7	—	—
Ag_2CrO_4	cr	−731.74	−641.76	217.6
Cs	cr	0	0	85.23
Cs	g	76.065	49.121	175.595
Cs^+	g	457.964	—	—
Cs^+	ao	−258.28	−292.02	133.05
CsH	cr	−54.18	—	—
CsCl	cr	−443.04	−414.53	101.17
Cu	cr	0	0	33.150
CuO	cr	−157.3	−129.7	42.63
Cu_2O	cr	−168.6	−146.0	93.14
$Cu(OH)_2$	cr	−449.8	—	—
CuCl	cr	−137.2	−119.86	86.2
$CuCl_2$	cr	−220.1	−175.7	108.07
CuBr	cr	−104.6	−100.8	96.11
CuI	cr	−67.8	−69.5	96.7
CuS	cr	−53.1	−53.6	66.5
Cu_2S α	cr	−79.5	−86.2	120.9
$CuSO_4$	cr	−771.36	−661.8	109.0
$CuSO_4 \cdot 5H_2O$	cr	−2 279.65	−1 879.745	300.4
$Cu_2P_2O_7$	cr	—	−1 874.3	—
$CuCO_3 \cdot Cu(OH)_2$，孔雀石	cr	−1 051.4	−893.6	186.2
$CuCO_3 \cdot Cu(OH)_2$，蓝铜矿	cr	−1 632.2	−1 315.5	—
F	g	78.99	61.91	158.754
F^-	g	−255.39	—	—
F^-	ao	−332.63	−278.79	−13.8
F_2	g	0	0	202.78
HF	g	−271.1	−273.1	173.779
HF	ao	−320.08	−296.82	88.7
Fe	cr	0	0	27.28
Fe_2O_3，赤铁矿	cr	−824.2	−742.2	87.40
Fe_3O_4，磁铁矿	cr	−1 118.4	−1 015.4	146.4
$Fe(OH)_2$，沉淀的	cr	−569.0	−486.5	88.0
$Fe(OH)_3$，沉淀的	cr	−823.0	−696.5	106.7
$FeCl_3$	cr	−399.49	−334.00	142.3
FeS_2，黄铁矿	cr	−178.2	−166.9	52.93

（续表）

物质B化学式和说明	状态	298.15 K,100 kPa		
		$\Delta_f H_m^\ominus/(kJ \cdot mol^{-1})$	$\Delta_f G_m^\ominus/(kJ \cdot mol^{-1})$	$S_m^\ominus/(J \cdot mol^{-1} \cdot K^{-1})$
$FeSO_4 \cdot 7H_2O$	cr	−3 014.57	−2 509.87	409.2
$FeCO_3$,菱铁矿	cr	−740.57	−666.67	92.9
$Fe(CO)_5$	l	−774.0	−705.3	338.1
H	g	217.965	203.247	114.713
H^+	g	1 536.202	—	—
H^-	g	138.99	—	—
H^+	ao	0	0	0
H_2	g	0	0	130.684
OH^-	ao	−229.994	−157.244	−10.75
H_2O	l	−285.830	−237.129	69.91
H_2O	g	−241.818	−228.572	188.825
H_2O_2	l	−187.78	−120.35	109.6
H_2O_2	ao	−191.17	−134.03	143.9
He	g	0	0	126.150
Hg	l	0	0	76.02
Hg	g	61.317	31.820	174.96
HgO,红色,斜方晶的	cr	−90.83	−58.539	70.29
HgO,黄色	cr_2	−90.46	−58.409	71.1
$HgCl_2$	cr	−224.3	−178.6	146.0
$HgCl_2$	ao	−216.3	−173.2	155.0
Hg_2Cl_2	cr	−265.22	−210.745	192.5
HgI_2,红色	cr	−105.4	−101.7	180.0
Hg_2I_2	cr	−121.34	−111.00	233.5
HgS,红色	cr	−58.2	−50.6	82.4
HgS,黑色	cr	−53.6	−47.7	88.3
I	g	106.838	73.250	180.791
I^-	ao	−55.19	−51.57	111.3
I_2	cr	0	0	116.135
I_2	g	62.438	19.327	260.69
I_2	ao	22.6	16.40	137.2
HI	g	26.48	1.70	206.594
HIO	ao	−138.1	−99.1	95.4
HIO_3	ao	−211.3	−132.6	166.9
H_5IO_6	ao	−759.4	—	—
K	cr	0	0	64.18
K	g	89.24	60.59	160.336
K^+	g	514.26	—	—
K^+	ao	−252.38	−283.27	102.5
KO_2	cr	−284.93	−239.4	116.7
K_2O	cr	−361.5	—	—

（续表）

物质B化学式和说明	状态	298.15 K，100 kPa		
		$\Delta_f H_m^\ominus$/(kJ·mol^{-1})	$\Delta_f G_m^\ominus$/(kJ·mol^{-1})	$S_m^\ominus$/(J·mol^{-1}·K^{-1})
K_2O_2	cr	−494.1	−425.1	102.1
KH	cr	−57.74	—	—
KOH	cr	−424.764	−379.08	78.9
KF	cr	−567.27	−537.75	66.57
KCl	cr	−436.747	−409.14	82.59
$KClO_3$	cr	−397.73	−296.25	143.1
$KClO_4$	cr	−432.75	−303.09	151.0
KBr	cr	−393.798	−380.66	95.90
KI	cr	−327.900	−324.892	106.32
K_2SO_4	cr	−1 437.79	−1 321.37	175.56
$K_2S_2O_8$	cr	−1 916.1	−1 697.3	278.7
KNO_2，正交晶的	cr	−369.82	−306.55	152.09
KNO_3	cr	−494.63	−394.86	133.05
K_2CO_3	cr	−1 151.02	−1 063.5	155.52
$KHCO_3$	cr	−963.2	−863.5	115.5
KCN	cr	−113.0	−101.86	128.49
$KAl(SO_4)_2 \cdot 12H_2O$	cr	−6 061.8	−5141.0	687.4
$KMnO_4$	cr	−837.2	−737.6	171.71
K_2CrO_4	cr	−1 403.7	−1 295.7	200.12
$K_2Cr_2O_7$	cr	−2 061.5	−1 881.8	291.2
Kr	g	0	0	164.082
Li	cr	0	0	29.12
Li	g	159.37	126.66	138.77
Li^+	g	685.783	—	—
Li^+	ao	−278.49	−293.31	13.4
Li_2O	cr	−597.94	−561.18	37.57
LiH	cr	−90.54	−68.35	20.008
LiOH	cr	−484.93	−438.95	42.80
LiF	cr	−615.97	−587.71	35.65
LiCl	cr	−408.61	−384.37	59.33
Li_2CO_3	cr	−1 215.9	−1 132.06	90.37
Mg	cr	0	0	32.68
Mg	g	147.70	113.10	148.65
Mg^+	g	891.635	—	—
Mg^{2+}	g	2 348.504	—	—
Mg^{2+}	ao	−466.85	−454.8	−138.1
MgO，粗晶的（方镁石）	cr	−601.70	−569.43	26.94
MgO，细晶的	cr_2	−597.98	−565.95	27.91
MgH_2	cr	−75.3	−35.09	31.09
$Mg(OH)_2$	cr	−924.54	−833.51	63.18

（续表）

物质B化学式和说明	状态	298.15 K，100 kPa		
		$\Delta_f H_m^\ominus$/(kJ·mol^{-1})	$\Delta_f G_m^\ominus$/(kJ·mol^{-1})	$S_m^\ominus$/(J·mol^{-1}·K^{-1})
$Mg(OH)_2$，沉淀的	am	−920.5	—	—
MgF_2	cr	−1 123.4	−1 070.2	57.24
$MgCl_2$	cr	−641.32	−591.79	89.62
$MgSO_4 \cdot 7H_2O$	cr	−3 388.71	−2 871.5	372.0
$MgCO_3$，菱镁矿	cr	−1 095.8	−1 012.1	65.7
Mn(α)	cr	0	0	32.01
Mn^{2+}	ao	−220.75	−228.1	−73.6
MnO_2	cr	−520.03	−465.14	53.05
MnO_2，沉淀的	am	−502.5	—	—
$Mn(OH)_2$，沉淀的	am	−695.4	−615.0	99.2
$MnCl_2$	cr	−481.29	−440.50	118.24
$MnCl_2 \cdot 4H_2O$	cr	−1 687.4	−1 423.6	303.3
MnS，沉淀的，桃红色	am	−213.8	—	—
$MnSO_4$	cr	−1 065.25	−957.36	112.1
$MnSO_4 \cdot 7H_2O$	cr	−3 139.3	—	—
Mo	cr	0	0	28.66
MoO_3	cr	−745.09	−667.97	77.74
N	g	472.704	455.563	153.298
N_2	g	0	0	191.61
NO	g	90.25	86.55	210.761
NO_2	g	33.18	51.31	240.06
N_2O	g	82.05	104.20	219.85
N_2O_3	g	83.72	139.46	312.28
N_2O_4	l	−19.50	97.54	209.2
N_2O_4	g	9.16	97.89	304.29
N_2O_5	g	11.3	115.1	355.7
NH_3	g	−46.11	−16.45	192.45
NH_3	ao	−80.29	−26.50	111.3
N_2H_4	l	50.63	149.34	121.21
N_2H_4	ao	34.31	128.1	138.0
HN_3	ao	260.08	321.8	146.0
HNO_2	ao	−119.2	−50.6	135.6
NH_4NO_2	cr	−256.5	—	—
NH_4NO_3	cr	−365.56	−183.87	151.08
NH_4F	cr	−463.96	−348.68	71.96
NH_4Cl	cr	−314.43	−202.87	94.6
NH_4ClO_4	cr	−295.31	−88.75	186.2
$(NH_4)_2SO_4$	cr	−1 180.85	−901.67	220.1
$(NH_4)_2S_2O_8$	cr	−1 648.1	—	—
Na	cr	0	0	51.21

(续表)

物质B化学式和说明	状态	298.15 K,100 kPa		
		$\Delta_f H_m^\ominus$/(kJ·mol^{-1})	$\Delta_f G_m^\ominus$/(kJ·mol^{-1})	$S_m^\ominus$/(J·mol^{-1}·K^{-1})
Na	g	107.32	76.761	135.712
Na^+	g	609.358	—	—
Na^+	ao	−240.12	−261.905	59.0
NaO_2	cr	−260.2	−218.4	115.9
Na_2O	cr	−414.22	−375.46	75.06
Na_2O_2	cr	−510.87	−447.7	95.0
NaH	cr	−56.275	−33.46	40.016
NaOH	cr	−425.609	−379.494	64.455
NaOH	ai	−470.114	−419.150	48.1
NaF	cr	−573.647	−543.494	51.46
NaCl	cr	−411.153	−384.138	72.13
NaBr	cr	−361.062	−348.983	86.82
NaI	cr	−287.78	−286.06	98.53
$Na_2SO_4\cdot10H_2O$	cr	−4 327.26	−3 646.85	592.0
$Na_2S_2O_3\cdot5H_2O$	cr	−2 607.93	−2 229.8	372.0
$NaHSO_4\cdot H_2O$	cr	−1 421.7	−1 231.6	155.0
$NaNO_2$	cr	−358.65	−284.55	103.8
$NaNO_3$	cr	−467.85	−367.00	116.52
Na_3PO_4	cr	−1 917.40	−1 788.80	173.80
$Na_4P_2O_7$	cr	−3 188.0	−2 969.3	270.29
$Na_5P_3O_{10}\cdot6H_2O$	cr	−6 194.8	−5 540.8	611.3
$NaH_2PO_4\cdot2H_2O$	cr	−2 128.4	—	—
Na_2HPO_4	cr	−1 748.1	−1 608.2	150.50
$Na_2HPO_4\cdot12H_2O$	cr	−5 297.8	−4 467.8	633.83
Na_2CO_3	cr	−1 130.68	−1 044.44	134.98
$Na_2CO_3\cdot10H_2O$	cr	−4 081.32	−3 427.66	562.7
$NaHCO_3$	cr	−950.81	−851.0	101.7
$Na_2B_4O_7\cdot10H_2O$,硼砂	cr	−6 288.6	−5 516.0	586.0
Ne	g	0	0	146.328
Ni	cr	0	0	29.87
$Ni(OH)_2$	cr	−529.7	−447.2	88.0
$Ni(OH)_3$,沉淀的	cr	−669.0	—	—
$NiCl_2\cdot6H_2O$	cr	−2 103.17	−1 713.19	344.3
NiS	cr	−82.0	−79.5	52.97
NiS,沉淀的	cr_2	−74.4	—	—
$NiSO_4\cdot7H_2O$	cr	−2 976.33	−2 461.83	378.94
$NiCO_3$	cr	—	−612.5	—
$Ni(CO)_4$	l	−633.0	−588.2	313.4
$Ni(CO)_4$	g	−602.91	−587.23	410.6
O	g	249.170	231.731	161.055

（续表）

物质B化学式和说明	状态	298.15 K，100 kPa		
		$\Delta_f H_m^\ominus$/(kJ·mol^{-1})	$\Delta_f G_m^\ominus$/(kJ·mol^{-1})	$S_m^\ominus$/(J·mol^{-1}·K^{-1})
O_2	g	0	0	205.138
O_3	g	142.7	163.2	238.93
P，白色	cr	0	0	41.09
P，红色，三斜晶的	cr_2	−17.6	−12.1	22.80
P，黑色	cr_3	−39.3	—	—
P，红色	am	−7.5	—	—
P_4O_6	cr	−1 640.1	—	—
P_4O_{10}，六方晶的	cr	−2 984.0	−2 697.7	228.86
PH_3	g	5.4	13.4	210.23
H_3PO_4	cr	−1 279.0	−1 119.1	110.50
H_3PO_4	ao	−1 288.34	−1 142.54	158.2
$H_4P_2O_7$	ao	−2 268.6	−2 032.0	268.0
PF_3	g	−918.8	−897.5	273.24
PF_5	g	−1 595.8	—	—
PCl_3	l	−319.7	−272.3	217.1
PCl_3	g	−287.0	−267.8	311.78
PCl_5	cr	−443.5	—	—
PCl_5	g	−374.9	−305.0	364.58
Pb	cr	0	0	64.81
PbO，黄色	cr	−217.32	−187.89	68.70
PbO，红色	cr_2	−218.9	−188.93	66.5
PbO_2	cr	−277.4	−217.33	68.6
Pb_3O_4	cr	−718.4	−601.2	211.3
$Pb(OH)_2$，沉淀的	cr	−515.9	—	—
$PbCl_2$	cr	−359.41	−314.10	136.0
$PbCl_2$	ao	—	−297.16	—
$PbBr_2$	cr	−278.7	−261.92	161.5
$PbBr_2$	ao	—	−240.6	—
PbI_2	cr	−175.48	−173.64	174.85
PbI_2	ao	—	143.5	—
PbS	cr	−100.4	−98.7	91.2
$PbSO_4$	cr	−919.94	−813.14	148.57
$PbCO_3$	cr	−699.1	−625.5	131.0
Rb	cr	0	0	76.78
Rb	g	80.85	53.06	170.089
Rb^+	g	490.101	—	—
Rb^+	ao	−251.17	−283.98	121.50
RbO_2	cr	−278.7	—	—
Rb_2O	cr	−339.0	—	—
Rb_2O_2	cr	−472.0	—	—

（续表）

物质B化学式和说明	状态	298.15 K，100 kPa		
		$\Delta_f H_m^\ominus$/(kJ·mol^{-1})	$\Delta_f G_m^\ominus$/(kJ·mol^{-1})	$S_m^\ominus$/(J·mol^{-1}·K^{-1})
RbCl	cr	−435.35	−407.80	95.90
S，正交晶的	cr	0	0	31.80
S，单斜晶的	cr_2	0.33	—	—
S	g	278.805	238.250	167.821
S_8	g	102.3	49.63	430.98
SO_2	g	−296.830	−300.194	248.22
SO_2	ao	−322.980	−300.676	161.9
SO_3	g	−395.72	−371.06	256.76
SO_4^{2-} (H_2SO_4，ai)	ao	−909.27	−744.53	20.1
H_2S	g	−20.63	−33.56	205.79
H_2S	ao	−39.7	−27.83	121.0
SF_4	g	−774.9	−731.3	292.03
SF_6	g	−1 209.	−1 105.3	291.82
$Sb(OH)_3$	cr	—	685.2	—
$SbCl_3$	cr	−382.17	−323.67	184.1
SbOCl	cr	−374.0	—	—
Sb_2S_3，橙色	am	−147.3	—	—
Se，六方晶的，黑色	cr	0	0	42.442
Se，单斜晶的，红色	cr_2	6.7	—	—
H_2Se	ao	19.2	22.2	163.6
Si	cr	0	0	18.83
SiO_2，α，石英	cr	−910.94	−856.64	41.84
SiO_2	am	−903.49	−850.70	46.9
SiH_4	g	34.3	56.9	204.62
H_2SiO_3	ao	−1 182.8	−1 079.4	109.0
H_4SiO_4	cr	−1 481.1	−1 332.9	192.0
SiF_4	g	−1 614.94	−1 572.65	282.49
$SiCl_4$	l	−687.0	−619.84	239.7
$SiCl_4$	g	−657.01	−616.98	330.73
$SiBr_4$	l	−457.3	−443.9	277.8
SiI_4	cr	−189.5	—	—
SiC，β，立方晶的	cr	−65.3	−62.8	16.61
SiC，α，六方晶的	cr_2	−62.8	−60.2	16.48
Sn Ⅰ，白色	cr	0	0	51.55
Sn Ⅱ，灰色	cr_2	−2.09	0.13	41.14
SnO	cr	−285.8	−256.9	56.5
SnO_2	cr	−580.7	−519.6	52.3
$Sn(OH)_2$，沉淀的	cr	−561.1	−491.6	155.0
$Sn(OH)_4$，沉淀的	cr	−1 110.0	—	—
$SnCl_4$	l	−511.3	−440.1	258.6
$SnBr_4$	cr	−377.4	−350.2	264.4
SnS	cr	−100.0	−98.3	77.0
Sr，α	cr	0	0	52.3

（续表）

物质B化学式和说明	状态	298.15 K，100 kPa		
		$\Delta_f H_m^\ominus/(kJ \cdot mol^{-1})$	$\Delta_f G_m^\ominus/(kJ \cdot mol^{-1})$	$S_m^\ominus/(J \cdot mol^{-1} \cdot K^{-1})$
Sr	g	164.4	130.9	164.62
Sr^{2+}	g	1 790.54	—	—
Sr^{2+}	ao	−545.80	−559.84	−32.6
SrO	cr	−592.0	−561.9	54.4
$Sr(OH)_2$	cr	−959.0		
$SrCl_2$，α	cr	−828.9	−781.1	114.85
$SrSO_4$，沉淀的	cr_2	−1 449.8	—	—
$SrCO_3$，菱锶矿	cr	−1 220.1	−1 140.1	97.1
Ti	cr	0	0	30.63
TiO_2，锐钛矿	cr	−939.7	−884.5	49.92
TiO_2，金红石	cr_3	−944.7	−889.5	50.33
$TiCl_3$	cr	−720.9	−653.5	139.7
$TiCl_4$	l	−804.2	−737.2	252.34
$TiCl_4$	g	−763.2	−726.7	354.9
TlCl	cr	−204.14	−184.92	111.25
$TlCl_3$	ao	−315.1	−274.4	134.0
V	cr	0	0	28.91
VO	cr	−431.8	−404.2	38.9
V_2O_5	cr	−1 550.6	−1 419.5	131.0
W	cr	0	0	32.64
WO_3	cr	−842.87	−764.03	75.90
Xe	g	0	0	169.683
XeF_2	cr	(−164.0)	—	—
XeF_4	cr	(−261.5)	(−123.0)	—
XeF_6	cr	(−360.0)	—	—
XeO_3	cr	(402.0)	—	—
$XeOF_4$	l	(146.0)	—	
Zn	cr	0	0	41.63
Zn^{2+}	ao	−153.89	−147.06	−112.1
ZnO	cr	−348.28	−318.30	43.64
$ZnCl_2$	cr	−415.05	−369.398	111.46
ZnS，纤锌矿	cr	−192.63	—	—
ZnS，闪锌矿	cr_2	−205.98	−201.29	57.7
$ZnSO_4 \cdot 7H_2O$	cr	−3 077.75	−2 562.67	388.7
$ZnCO_3$	cr	−812.78	−731.52	82.4

本表数据取自 Wagman D. D et al.，《NBS化学热力学性质表》，刘天和、赵梦月译，中国标准出版社，1998。括号中的数据取自 Dean J. A. Lange's Handbook of Chemistry. 15th ed. 1999。

附录 2 酸、碱的解离常数

附表 2-1 弱酸的解离常数 (298.15 K)

弱酸	解离常数 $K_a^\ominus$
H_3AsO_4	$K_{a1}^\ominus=5.7\times10^{-3}$；$K_{a2}^\ominus=1.7\times10^{-7}$；$K_{a3}^\ominus=2.5\times10^{-12}$
H_3AsO_3	$K_{a1}^\ominus=5.9\times10^{-10}$
H_3BO_3	5.8×10^{-10}
HOBr	2.6×10^{-9}
H_2CO_3	$K_{a1}^\ominus=4.2\times10^{-7}$；$K_{a2}^\ominus=4.7\times10^{-11}$
HCN	5.8×10^{-10}
H_2CrO_4	($K_{a1}^\ominus=9.55$；$K_{a2}^\ominus=3.2\times10^{-7}$)
HOCl	2.8×10^{-8}
$HClO_2$	1.0×10^{-2}
HF	6.9×10^{-4}
HOI	2.4×10^{-11}
HIO_3	0.16
H_5IO_6	$K_{a1}^\ominus=4.4\times10^{-4}$；$K_{a2}^\ominus=2\times10^{-7}$；$K_{a3}^\ominus=6.3\times10^{-13}$①
HNO_2	6.0×10^{-4}
HN_3	2.4×10^{-5}
H_2O_2	$K_{a1}^\ominus=2.0\times10^{-12}$
H_3PO_4	$K_{a1}^\ominus=6.7\times10^{-3}$；$K_{a2}^\ominus=6.2\times10^{-8}$；$K_{a3}^\ominus=4.5\times10^{-13}$
$H_4P_2O_7$	$K_{a1}^\ominus=2.9\times10^{-2}$；$K_{a2}^\ominus=5.3\times10^{-3}$；$K_{a3}^\ominus=2.2\times10^{-7}$；$K_{a4}^\ominus=4.8\times10^{-10}$
H_2SO_4	$K_{a2}^\ominus=1.0\times10^{-2}$
H_2SO_3	$K_{a1}^\ominus=1.7\times10^{-2}$；$K_{a2}^\ominus=6.0\times10^{-8}$
H_2S	$K_{a1}^\ominus=8.9\times10^{-8}$；$K_{a2}^\ominus=7.1\times10^{-19}$②
HSCN	0.14
$H_2C_2O_4$(草酸)	$K_{a1}^\ominus=5.4\times10^{-2}$；$K_{a2}^\ominus=5.4\times10^{-5}$
HCOOH(甲酸)	1.8×10^{-4}
HAc(乙酸)	1.8×10^{-5}
$ClCH_2COOH$(氯乙酸)	1.4×10^{-3}
EDTA	$K_{a1}^\ominus=1.0\times10^{-2}$；$K_{a2}^\ominus=2.1\times10^{-3}$；$K_{a3}^\ominus=6.9\times10^{-7}$；$K_{a4}^\ominus=5.9\times10^{-11}$

①此数据取自于张青莲主编《无机化学丛书》第六卷，科学出版社，1995。

②本数据取自 Lide D R. CRC Handbook of Chemistry and Physics. 83th edition. 2002～2003.

附表 2-2 弱碱的解离常数 (298.15 K)

弱碱	解离常数 $K_b^\ominus$	弱碱	解离常数 $K_b^\ominus$
$NH_3\cdot H_2O$	1.8×10^{-5}	CH_3NH_2(甲胺)	4.2×10^{-4}
N_2H_4(联氨)	9.8×10^{-7}	$C_6H_5NH_2$(苯胺)	(4×10^{-10})
NH_2OH(羟氨)	9.1×10^{-9}		

说明：附录 2～附录 5 中的数据是根据 Wagman D. D et al.，《NBS 化学热力学性质表》(刘天和、赵梦月译，中国标准出版社，1998)中的数据计算得来的。括号中的数据取自于 Dean J A. Lange's Handbook of Chemistry. 15th ed. 1999。

附录3　溶度积常数

化学式	$K_{sp}^{\ominus}$	化学式	$K_{sp}^{\ominus}$
AgAc	1.9×10^{-3}	CuCN	3.5×10^{-20}
AgI	8.3×10^{-17}	CuI	1.2×10^{-12}
AgBr	5.3×10^{-13}	CuSCN	1.8×10^{-13}
AgCl	1.8×10^{-10}	$CuCO_3$	(1.4×10^{-10})
Ag_2CO_3	8.3×10^{-12}	$Cu(OH)_2$	(2.2×10^{-20})
Ag_2CrO_4	1.1×10^{-12}	$Cu_2P_2O_7$	7.6×10^{-16}
AgCN	5.9×10^{-17}	$FeCO_3$	3.1×10^{-11}
$Ag_2Cr_2O_7$	(2.0×10^{-7})	$Fe(OH)_2$	4.86×10^{-17}
$AgIO_3$	3.1×10^{-8}	$Fe(OH)_3$	2.8×10^{-39}
$AgNO_2$	3.0×10^{-5}	HgI_2	2.8×10^{-29}
Ag_3PO_4	8.7×10^{-17}	$HgBr_2$	6.3×10^{-20}
Ag_2SO_4	1.2×10^{-5}	Hg_2Cl_2	1.4×10^{-18}
Ag_2SO_3	1.5×10^{-14}	Hg_2I_2	5.3×10^{-29}
AgSCN	1.0×10^{-12}	Hg_2SO_4	7.9×10^{-7}
$Al(OH)_3$(无定形)	(1.3×10^{-33})	Li_2CO_3	8.1×10^{-4}
AuCl	(2.0×10^{-13})	LiF	1.8×10^{-3}
$AuCl_3$	(3.2×10^{-25})	Li_3PO_4	(3.2×10^{-9})
$BaCO_3$	2.6×10^{-9}	$MgCO_3$	6.8×10^{-6}
$BaCrO_4$	1.2×10^{-10}	MgF_2	7.4×10^{-11}
$BaSO_4$	1.1×10^{-10}	$Mg(OH)_2$	5.1×10^{-12}
$Be(OH)_2$-α	6.7×10^{-22}	$Mn(OH)_2$(am)	2.1×10^{-13}
$Bi(OH)_3$	(4×10^{-31})	$Ni(OH)_2$(新)	5.0×10^{-16}
BiOCl	1.6×10^{-8}	$Pb(OH)_2$	1.43×10^{-20}
$BiONO_3$	4.1×10^{-5}	$PbCO_3$	1.5×10^{-13}
$CaCO_3$	4.9×10^{-9}	$PbBr_2$	6.6×10^{-6}
$CaC_2O_4\cdot H_2O$	2.3×10^{-9}	$PbCl_2$	1.7×10^{-5}
CaF_2	1.5×10^{-10}	$PbCrO_4$	(2.8×10^{-13})
$Ca(OH)_2$	4.6×10^{-6}	PbI_2	8.4×10^{-9}
$CaHPO_4$	1.8×10^{-7}	$PbSO_4$	1.8×10^{-8}
$Ca_3(PO_4)_2$(低温)	2.1×10^{-33}	$Sn(OH)_2$	5.0×10^{-27}
$CaSO_4$	7.1×10^{-5}	$Sn(OH)_4$	(1×10^{-56})
$Cd(OH)_2$(沉淀)	5.3×10^{-15}	$SrCO_3$	5.6×10^{-10}
$Co(OH)_2$(陈)	2.3×10^{-16}	$SrCrO_4$	(2.2×10^{-5})
$Co(OH)_3$	(1.6×10^{-44})	$SrSO_4$	3.4×10^{-7}
$Cr(OH)_3$	(6.3×10^{-31})	$ZnCO_3$	1.2×10^{-10}
CuBr	6.9×10^{-9}	$Zn(OH)_2$	6.8×10^{-17}
CuCl	1.7×10^{-7}		

附录4　标准电极电势(298.15 K)

电极反应(氧化型$+ze^-\rightleftharpoons$还原型)	$E^\ominus$/V
$Li^+(aq)+e^-\rightleftharpoons Li(s)$	−3.040
$Cs^+(aq)+e^-\rightleftharpoons Cs(s)$	−3.027
$Rb^+(aq)+e^-\rightleftharpoons Rb(s)$	−2.943
$K^+(aq)+e^-\rightleftharpoons K(s)$	−2.936
$Ba^{2+}(aq)+2e^-\rightleftharpoons Ba(s)$	−2.906
$Sr^{2+}(aq)+2e^-\rightleftharpoons Sr(s)$	−2.899
$Ca^{2+}(aq)+2e^-\rightleftharpoons Ca(s)$	−2.869
$Na^+(aq)+e^-\rightleftharpoons Na(s)$	−2.714
$Mg^{2+}(aq)+2e^-\rightleftharpoons Mg(s)$	−2.357
$Be^{2+}(aq)+2e^-\rightleftharpoons Be(s)$	−1.968
$Al^{3+}(aq)+3e^-\rightleftharpoons Al(s)$	−1.68
$Mn^{2+}(aq)+2e^-\rightleftharpoons Mn(s)$	−1.182
$SiO_2(am)+4H^+(aq)+4e^-\rightleftharpoons Si(s)+2H_2O$	−0.975 4
* $SO_4^{2-}(aq)+H_2O(l)+2e^-\rightleftharpoons SO_3^{2-}(aq)+2OH^-(aq)$	−0.936 2
* $Fe(OH)_2(s)+2e^-\rightleftharpoons Fe(s)+2OH^-(aq)$	−0.891 4
$H_3BO_3(s)+3H^++3e^-\rightleftharpoons B(s)+3H_2O(l)$	−0.889 4
$Zn^{2+}(aq)+2e^-\rightleftharpoons Zn(s)$	−0.762 1
$Cr^{3+}(aq)+3e^-\rightleftharpoons Cr(s)$	(−0.74)
* $FeCO_3(s)+2e^-\rightleftharpoons Fe(s)+CO_3^{2-}(aq)$	−0.719 6
$2CO_2(g)+2H^+(aq)+2e^-\rightleftharpoons H_2C_2O_4(aq)$	−0.595 0
* $2SO_3^{2-}(aq)+3H_2O(l)+4e^-\rightleftharpoons S_2O_3^{2-}(aq)+6OH^-(aq)$	−0.565 9
$Ga^{3+}(aq)+3e^-\rightleftharpoons Ga(s)$	−0.549 3
* $Fe(OH)_3(s)+e^-\rightleftharpoons Fe(OH)_2(s)+OH^-(aq)$	−0.546 8
$Sb(s)+3H^+(aq)+3e^-\rightleftharpoons SbH_3(g)$	−0.510 4
$In^{3+}(aq)+2e^-\rightleftharpoons In^+(aq)$	−0.445
* $S(s)+2e^-\rightleftharpoons S^{2-}(aq)$	−0.445
$Cr^{3+}(aq)+e^-\rightleftharpoons Cr^{2+}(aq)$	(−0.41)
$Fe^{2+}(aq)+2e^-\rightleftharpoons Fe(s)$	−0.408 9
* $Ag(CN)_2^-(aq)+e^-\rightleftharpoons Ag(s)+2CN^-(aq)$	−0.407 3
$Cd^{2+}(aq)+2e^-\rightleftharpoons Cd(s)$	−0.402 2
$PbI_2(s)+2e^-\rightleftharpoons Pb(s)+2I^-(aq)$	−0.365 3
* $Cu_2O(s)+H_2O(l)+2e^-\rightleftharpoons 2Cu(s)+2OH^-(aq)$	−0.355 7
$PbSO_4(s)+2e^-\rightleftharpoons Pb(s)+SO_4^{2-}(aq)$	−0.355 5

（续表）

电极反应（氧化型 $+ze^- \rightleftharpoons$ 还原型）	$E^{\ominus}/V$
$In^{3+}(aq)+3e^- \rightleftharpoons In(s)$	−0.338
$Tl^+ + e^- \rightleftharpoons Tl(s)$	−0.335 8
$Co^{2+}(aq)+2e^- \rightleftharpoons Co(s)$	−0.282
$PbBr_2(s)+2e^- \rightleftharpoons Pb(s)+2Br^-(aq)$	−0.279 8
$PbCl_2(s)+2e^- \rightleftharpoons Pb(s)+2Cl^-(aq)$	−0.267 6
$As(s)+3H^+(aq)+3e^- \rightleftharpoons AsH_3(g)$	−0.238 1
$Ni^{2+}(aq)+2e^- \rightleftharpoons Ni(s)$	−0.236 3
$VO_2^+(aq)+4H^+ +5e^- \rightleftharpoons V(s)+2H_2O(l)$	−0.233 7
$CuI(s)+e^- \rightleftharpoons Cu(s)+I^-(aq)$	−0.185 8
$AgCN(s)+e^- \rightleftharpoons Ag(s)+CN^-(aq)$	−0.160 6
$AgI(s)+e^- \rightleftharpoons Ag(s)+I^-(aq)$	−0.151 5
$Sn^{2+}(aq)+2e^- \rightleftharpoons Sn(s)$	−0.141 0
$Pb^{2+}(aq)+2e^- \rightleftharpoons Pb(s)$	−0.126 6
$In^+(aq)+e^- = In(s)$	−0.125
* $CrO_4^{2-}(aq)+2H_2O(l)+3e^- \rightleftharpoons CrO_2^-(aq)+4OH^-(aq)$	(−0.12)
$Se(s)+2H^+(aq)+2e^- \rightleftharpoons H_2Se(aq)$	−0.115 0
* $2Cu(OH)_2(s)+2e^- \rightleftharpoons Cu_2O(s)+2OH^-(aq)+H_2O(l)$	(−0.08)
$MnO_2(s)+2H_2O(l)+2e^- \rightleftharpoons Mn(OH)_2(am)+2OH^-(aq)$	−0.051 4
$[HgI_4]^{2-}(aq)+2e^- \rightleftharpoons Hg(l)+4I^-(aq)$	−0.028 09
$2H^+(aq)+2e^- \rightleftharpoons H_2(g)$	0
* $NO_3^-(aq)+H_2O(l)+e^- \rightleftharpoons NO_2^-(aq)+2OH^-(aq)$	0.008 49
$S_4O_6^{2-}(aq)+2e^- \rightleftharpoons 2S_2O_3^{2-}(aq)$	0.023 84
$AgBr(s)+e^- \rightleftharpoons Ag(s)+Br^-(aq)$	0.073 17
$S(s)+2H^+(aq)+2e^- \rightleftharpoons H_2S(aq)$	0.144 2
$Sn^{4+}(aq)+2e^- \rightleftharpoons Sn^{2+}(aq)$	0.153 9
$SO_4^{2-}(aq)+4H^+(aq)+2e^- \rightleftharpoons H_2SO_3(aq)+H_2O(l)$	0.157 6
$Cu^{2+}(aq)+e^- \rightleftharpoons Cu^+(aq)$	0.160 7
$AgCl(a)+e^- \rightleftharpoons Ag(s)+Cl^-$	0.222 2
$[HgBr_4]^{2-}(aq)+2e^- \rightleftharpoons Hg(l)+4Br^-(aq)$	0.231 8
$HAsO_2(aq)+3H^+(aq)+3e^- \rightleftharpoons As(s)+2H_2O(l)$	0.247 3
$PbO_2(s)+H_2O(l)+2e^- \rightleftharpoons PbO(s,黄色)+2OH^-(aq)$	0.248 3
$Hg_2Cl_2(s)+2e^- \rightleftharpoons 2Hg(l)+2Cl^-(aq)$	0.268 0
$BiO^+(aq)+2H^+(aq)+3e^- \rightleftharpoons Bi(s)+H_2O(l)$	0.313 4
$Cu^{2+}(aq)+2e^- \rightleftharpoons Cu(s)$	0.339 4
* $Ag_2O(s)+H_2O(l)+2e^- \rightleftharpoons 2Ag(s)+2OH^-(aq)$	0.342 8
$[Fe(CN)_6]^{3-}(aq)+e^- \rightleftharpoons [Fe(CN)_6]^{4-}(aq)$	0.355 7

（续表）

电极反应（氧化型$+ze^-\rightleftharpoons$还原型）	$E^{\ominus}/V$
$[Ag(NH_3)_2]^+(aq)+e^- \rightleftharpoons Ag(s)+2NH_3(aq)$	0.371 9
* $ClO_4^-(aq)+H_2O(l)+2e^- \rightleftharpoons ClO_3^-(aq)+2OH^-(aq)$	0.397 9
* $O_2(g)+2H_2O(l)+4e^- \rightleftharpoons 4OH^-(aq)$	0.400 9
$2H_2SO_3(aq)+2H^+(aq)+4e^- \rightleftharpoons S_2O_3^{2-}(aq)+3H_2O(l)$	0.410 1
$Ag_2CrO_4(s)+2e^- \rightleftharpoons 2Ag(s)+CrO_4^{2-}(aq)$	0.445 6
$2BrO^-(aq)+2H_2O(l)+2e^- \rightleftharpoons Br_2(l)+4OH^-(aq)$	0.455 6
$H_2SO_3(aq)+4H^+(aq)+4e^- \rightleftharpoons S(s)+3H_2O(l)$	0.449 7
$Cu^+(aq)+e^- \rightleftharpoons Cu(s)$	0.518 0
$I_2(s)+2e^- \rightleftharpoons 2I^-(aq)$	0.534 5
$MnO_4^-(aq)+e^- \rightleftharpoons MnO_4^{2-}(aq)$	0.554 5
$H_3AsO_4(aq)+2H^+(aq)+2e^- \rightleftharpoons H_3AsO_3(aq)+H_2O(l)$	0.574 8
* $MnO_4^-(aq)+2H_2O(l)+3e^- \rightleftharpoons MnO_2(s)+4OH^-(aq)$	0.596 5
* $BrO_3^-(aq)+3H_2O(l)+6e^- \rightleftharpoons Br^-(aq)+6OH^-(aq)$	0.612 6
* $MnO_4^{2-}(aq)+2H_2O(l)+2e^- \rightleftharpoons MnO_2(s)+4OH^-(aq)$	0.617 5
$2HgCl_2(aq)+2e^- \rightleftharpoons Hg_2Cl_2(s)+2Cl^-(aq)$	0.657 1
* $ClO_2^-(aq)+H_2O(l)+2e^- \rightleftharpoons ClO^-(aq)+2OH^-(aq)$	0.680 7
$O_2(g)+2H^+(aq)+2e^- \rightleftharpoons H_2O_2(aq)$	0.694 5
$Fe^{3+}(aq)+e^- \rightleftharpoons Fe^{2+}(aq)$	0.769
$Hg_2^{2+}(aq)+2e^- \rightleftharpoons 2Hg(l)$	0.795 6
$NO_3^-(aq)+2H^+(aq)+e^- \rightleftharpoons NO_2(g)+H_2O(l)$	0.798 9
$Ag^+(aq)+e^- \rightleftharpoons Ag(s)$	0.799 1
$Hg^{2+}(aq)+2e^- \rightleftharpoons Hg(l)$	0.851 9
* $HO_2^-(aq)+H_2O(l)+2e^- \rightleftharpoons 3OH^-(aq)$	0.867 0
* $ClO^-(aq)+H_2O(l)+2e^- \rightleftharpoons Cl^-(aq)+2OH^-$	0.890 2
$2Hg^{2+}(aq)+2e^- \rightleftharpoons Hg_2^{2+}(aq)$	0.908 3
$NO_3^-(aq)+3H^+(aq)+2e^- \rightleftharpoons HNO_2(aq)+H_2O(l)$	0.927 5
$NO_3^-(aq)+4H^+(aq)+3e^- \rightleftharpoons NO(g)+2H_2O(l)$	0.963 7
$HNO_2(aq)+H^+(aq)+e^- \rightleftharpoons NO(g)+H_2O(l)$	1.04
$NO_2(g)+H^+(aq)+e^- \rightleftharpoons HNO_2(aq)$	1.056
* $ClO_2(aq)+e^- \rightleftharpoons ClO_2^-(aq)$	1.066
$Br_2(l)+2e^- \rightleftharpoons 2Br^-(aq)$	1.077 4
$ClO_3^-(aq)+3H^+(aq)+2e^- \rightleftharpoons HClO_2(aq)+H_2O(l)$	1.157
$ClO_2(aq)+H^+(aq)+e^- \rightleftharpoons HClO_2(aq)$	1.184
$2IO_3^-(aq)+12H^+(aq)+10e^- \rightleftharpoons I_2(s)+6H_2O(l)$	1.209
$ClO_4^-(aq)+2H^+(aq)+2e^- \rightleftharpoons ClO_3^-(aq)+H_2O(l)$	1.226
$O_2(g)+4H^+(aq)+4e^- \rightleftharpoons 2H_2O(l)$	1.229

（续表）

电极反应（氧化型$+ze^- \rightleftharpoons$还原型）	$E^{\ominus}/V$
$MnO_2(s)+4H^+(aq)+2e^- \rightleftharpoons Mn^{2+}(aq)+2H_2O(l)$	1.229 3
$^*O_3(g)+H_2O(l)+2e^- \rightleftharpoons O_2(g)+2OH^-(aq)$	1.247
$Tl^{3+}(aq)+2e^- \rightleftharpoons Tl^+(aq)$	1.280
$2HNO_2(aq)+4H^+(aq)+4e^- \rightleftharpoons N_2O(g)+3H_2O(l)$	1.311
$Cr_2O_7^{2-}(aq)+14H^+(aq)+6e^- \rightleftharpoons 2Cr^{3+}(aq)+7H_2O(l)$	(1.33)
$Cl_2(g)+2e^- \rightleftharpoons 2Cl^-(aq)$	1.360
$2HIO(aq)+2H^+(aq)+2e^- \rightleftharpoons I_2(s)+2H_2O(l)$	1.431
$PbO_2(s)+4H^+(aq)+2e^- \rightleftharpoons Pb^{2+}(aq)+2H_2O(l)$	1.458
$Au^{3+}(aq)+3e^- \rightleftharpoons Au(s)$	(1.50)
$Mn^{3+}(aq)+e^- \rightleftharpoons Mn^{2+}(aq)$	(1.51)
$MnO_4^-(aq)+8H^+(aq)+5e^- \rightleftharpoons Mn^{2+}(aq)+4H_2O(l)$	1.512
$2BrO_3^-(aq)+12H^+(aq)+10e^- \rightleftharpoons Br_2(l)+6H_2O(l)$	1.513
$Cu^{2+}(aq)+2CN^-(aq)+e^- \rightleftharpoons Cu(CN)_2^-(aq)$	1.580
$H_5IO_6(aq)+H^+(aq)+2e^- \rightleftharpoons IO_3^-(aq)+3H_2O(l)$	(1.60)
$2HBrO(aq)+2H^+(aq)+2e^- \rightleftharpoons Br_2(l)+2H_2O(l)$	1.604
$2HClO(aq)+2H^+(aq)+2e^- \rightleftharpoons Cl_2(g)+2H_2O(l)$	1.630
$HClO_2(aq)+2H^+(aq)+2e^- \rightleftharpoons HClO(aq)+H_2O(l)$	1.673
$Au^+(aq)+e^- \rightleftharpoons Au(s)$	(1.68)
$MnO_4^-(aq)+4H^+(aq)+3e^- \rightleftharpoons MnO_2(s)+2H_2O(l)$	1.700
$H_2O_2(aq)+2H^+(aq)+2e^- \rightleftharpoons 2H_2O(l)$	1.763
$S_2O_8^{2-}(aq)+2e^- \rightleftharpoons 2SO_4^{2-}(aq)$	1.939
$Co^{3+}(aq)+e^- \rightleftharpoons Co^{2+}(aq)$	1.95
$O_3(g)+2H^+(aq)+2e^- \rightleftharpoons O_2(g)+H_2O(l)$	2.075
$F_2(g)+2e^- \rightleftharpoons 2F^-(aq)$	2.889
$F_2(g)+2H^+(aq)+2e^- \rightleftharpoons 2HF(aq)$	3.076

附录 5　某些配离子的标准稳定常数(298.15 K)

配离子	$K_f^\ominus$	配离子	$K_f^\ominus$
$AgCl_2^-$	1.84×10^{5}	FeF_2^+	3.8×10^{11}
$AgBr_2^-$	1.93×10^{7}	$Fe(CN)_6^{3-}$	4.1×10^{52}
AgI_2^-	4.80×10^{10}	$Fe(CN)_6^{4-}$	4.2×10^{45}
$Ag(NH_3)^+$	2.07×10^{3}	$Fe(NCS)^{2+}$	9.1×10^{2}
$Ag(NH_3)_2^+$	1.67×10^{7}	$Fe(C_2O_4)_3^{3-}$	(1.6×10^{20})
$Ag(CN)_2^-$	2.48×10^{20}	$Fe(C_2O_4)_3^{4-}$	1.7×10^{5}
$Ag(SCN)_2^-$	2.04×10^{8}	$Fe(EDTA)^{2-}$	(2.1×10^{14})
$Ag(S_2O_3)_2^{3-}$	(2.9×10^{13})	$Fe(EDTA)^-$	(1.7×10^{24})
$Ag(EDTA)^{3-}$	(2.1×10^{7})	$HgCl^+$	5.73×10^{6}
$Al(OH)_4^-$	3.31×10^{33}	$HgCl_2$	1.46×10^{13}
AlF_6^{3-}	(6.9×10^{19})	$HgCl_3^-$	9.6×10^{13}
$Al(EDTA)^-$	(1.3×10^{16})	$HgCl_4^{2-}$	1.31×10^{15}
$BiCl_4^-$	7.96×10^{6}	$HgBr_4^{2-}$	9.22×10^{20}
$Ca(EDTA)^{2-}$	(1×10^{11})	HgI_4^{2-}	5.66×10^{29}
$Cd(NH_3)_4^{2+}$	2.78×10^{7}	HgS_2^{2-}	3.36×10^{51}
$Cd(CN)_4^{2-}$	1.95×10^{18}	$Hg(NH_3)_4^{2+}$	1.95×10^{19}
$Cd(OH)_4^{2-}$	1.20×10^{9}	$Hg(CN)_4^{2-}$	1.82×10^{41}
$CdBr_4^{2-}$	(5.0×10^{3})	$Hg(SCN)_4^{2-}$	4.98×10^{21}
$CdCl_4^{2-}$	(6.3×10^{2})	$Hg(EDTA)^{2-}$	(6.3×10^{21})
CdI_4^{2-}	4.05×10^{5}	$Ni(NH_3)_6^{2+}$	8.97×10^{8}
$Cd(EDTA)^{2-}$	(2.5×10^{16})	$Ni(CN)_4^{2-}$	1.31×10^{30}
$Co(NH_3)_4^{2+}$	1.16×10^{5}	$Ni(en)_3^{2+}$	2.1×10^{18}
$Co(NH_3)_6^{2+}$	1.3×10^{5}	$Ni(EDTA)^{2-}$	(3.6×10^{18})
$Co(NH_3)_6^{3+}$	(1.6×10^{35})	$Pb(OH)_3^-$	8.27×10^{13}
$Co(NCS)_4^{2-}$	(1.0×10^{3})	$PbCl_3^-$	27.2
$Co(EDTA)^{2-}$	(2.0×10^{16})	$PbBr_3^-$	15.5
$Co(EDTA)^-$	(1×10^{36})	PbI_3^-	2.67×10^{3}
$Cr(OH)_4^-$	(7.8×10^{29})	PbI_4^{2-}	1.66×10^{4}
$Cr(EDTA)^-$	(1.0×10^{23})	$Pb(CH_3CO_2)^+$	152.4
$CuCl_2^-$	6.91×10^{4}	$Pb(CH_3CO_2)_2$	826.3
$CuCl_3^{2-}$	4.55×10^{5}	$Pb(EDTA)^{2-}$	(2×10^{18})
CuI_2^-	(7.1×10^{8})	$PdCl_3^-$	2.10×10^{10}
$Cu(NH_3)_4^{2+}$	2.30×10^{12}	$PdBr_4^{2-}$	6.05×10^{13}
$Cu(P_2O_7)_2^{6-}$	8.24×10^{8}	PdI_4^{2-}	4.36×10^{22}
$Cu(C_2O_4)_2^{2-}$	2.35×10^{9}	$Pd(NH_3)_4^{2+}$	3.10×10^{25}
$Cu(CN)_2^-$	9.98×10^{23}	$PtCl_4^{2-}$	9.86×10^{15}
$Cu(CN)_3^{2-}$	4.21×10^{28}	$Sc(EDTA)^-$	1.3×10^{23}
$Cu(CN)_4^{3-}$	2.03×10^{30}	$Zn(OH)_4^{2-}$	2.83×10^{14}
$Cu(SCN)_4^{3-}$	8.66×10^{9}	$Zn(NH_3)_4^{2+}$	3.60×10^{8}
$Cu(EDTA)^{2-}$	(5.0×10^{18})	$Zn(CN)_4^{2-}$	5.71×10^{16}
FeF^{2+}	7.1×10^{6}	$Zn(EDTA)^{2-}$	(2.5×10^{16})

附录6 元素周期表

原子序数—— 92 U ——元素符号
元素名称—— 铀
注 * 的是人造元素
$5f^36d^17s^2$ ——外围电子的构型，括号指可能的构型
238.0 ——相对原子质量（加括号的数据为该放射性元素半衰期最长同位素的质量数）

族/周期	ⅠA 1	ⅡA 2	ⅢB 3	ⅣB 4	ⅤB 5	ⅥB 6	ⅦB 7	Ⅷ 8	Ⅷ 9	Ⅷ 10	ⅠB 11	ⅡB 12	ⅢA 13	ⅣA 14	ⅤA 15	ⅥA 16	ⅦA 17	0 18	电子层	0族电子数
1	1 H 氢 $1s^1$ 1.008																	2 He 氦 $1s^2$ 4.003	K	2
2	3 Li 锂 $2s^1$ 6.941	4 Be 铍 $2s^2$ 9.012											5 B 硼 $2s^22p^1$ 10.81	6 C 碳 $2s^22p^2$ 12.01	7 N 氮 $2s^22p^3$ 14.01	8 O 氧 $2s^22p^4$ 16.00	9 F 氟 $2s^22p^5$ 19.00	10 Ne 氖 $2s^22p^6$ 20.18	L K	8 2
3	11 Na 钠 $3s^1$ 22.99	12 Mg 镁 $3s^2$ 24.31											13 Al 铝 $3s^23p^1$ 26.98	14 Si 硅 $3s^23p^2$ 28.09	15 P 磷 $3s^23p^3$ 30.97	16 S 硫 $3s^23p^4$ 32.06	17 Cl 氯 $3s^23p^5$ 35.45	18 Ar 氩 $3s^23p^6$ 39.95	M L K	8 8 2
4	19 K 钾 $4s^1$ 39.10	20 Ca 钙 $4s^2$ 40.08	21 Sc 钪 $3d^14s^2$ 44.96	22 Ti 钛 $3d^24s^2$ 47.87	23 V 钒 $3d^34s^2$ 50.94	24 Cr 铬 $3d^54s^1$ 52.00	25 Mn 锰 $3d^54s^2$ 54.94	26 Fe 铁 $3d^64s^2$ 55.85	27 Co 钴 $3d^74s^2$ 58.93	28 Ni 镍 $3d^84s^2$ 58.69	29 Cu 铜 $3d^{10}4s^1$ 63.55	30 Zn 锌 $3d^{10}4s^2$ 65.41	31 Ga 镓 $4s^24p^1$ 69.72	32 Ge 锗 $4s^24p^2$ 72.64	33 As 砷 $4s^24p^3$ 74.92	34 Se 硒 $4s^24p^4$ 78.96	35 Br 溴 $4s^24p^5$ 79.90	36 Kr 氪 $4s^24p^6$ 83.80	N M L K	8 18 8 2
5	37 Rb 铷 $5s^1$ 85.47	38 Sr 锶 $5s^2$ 87.62	39 Y 钇 $4d^15s^2$ 88.91	40 Zr 锆 $4d^25s^2$ 91.22	41 Nb 铌 $4d^45s^1$ 92.91	42 Mo 钼 $4d^55s^1$ 95.94	43 Tc 锝 $4d^55s^2$ [98]	44 Ru 钌 $4d^75s^1$ 101.1	45 Rh 铑 $4d^85s^1$ 102.9	46 Pd 钯 $4d^{10}$ 106.4	47 Ag 银 $4d^{10}5s^1$ 107.9	48 Cd 镉 $4d^{10}5s^2$ 112.4	49 In 铟 $5s^25p^1$ 114.8	50 Sn 锡 $5s^25p^2$ 118.7	51 Sb 锑 $5s^25p^3$ 121.8	52 Te 碲 $5s^25p^4$ 127.6	53 I 碘 $5s^25p^5$ 126.9	54 Xe 氙 $5s^25p^6$ 131.3	O N M L K	8 18 18 8 2
6	55 Cs 铯 $6s^1$ 132.9	56 Ba 钡 $6s^2$ 137.3	57～71 La～Lu 镧系	72 Hf 铪 $5d^26s^2$ 178.5	73 Ta 钽 $5d^36s^2$ 180.9	74 W 钨 $5d^46s^2$ 183.8	75 Re 铼 $5d^56s^2$ 186.2	76 Os 锇 $5d^66s^2$ 190.2	77 Ir 铱 $5d^76s^2$ 192.2	78 Pt 铂 $5d^96s^1$ 195.1	79 Au 金 $5d^{10}6s^1$ 197.0	80 Hg 汞 $5d^{10}6s^2$ 200.6	81 Tl 铊 $6s^26p^1$ 204.4	82 Pb 铅 $6s^26p^2$ 207.2	83 Bi 铋 $6s^26p^3$ 209.0	84 Po 钋 $6s^26p^4$ [209]	85 At 砹 $6s^26p^5$ [210]	86 Rn 氡 $6s^26p^6$ [222]	P O N M L K	8 18 32 18 8 2
7	87 Fr 钫 $7s^1$ [223]	88 Ra 镭 $7s^2$ [226]	89～103 Ac～Lr 锕系	104 Rf 𬬻* $(6d^27s^2)$ [267]	105 Db 𬭊* $(6d^37s^2)$ [270]	106 Sg 𬭳* $(6d^47s^2)$ [269]	107 Bh 𬭛* $(6d^57s^2)$ [270]	108 Hs 𬭶* $(6d^67s^2)$ [270]	109 Mt 鿏* $(6d^77s^2)$ [278]	110 Ds 𫟼* $(6d^87s^2)$ [281]	111 Rg 𬬭* $(6d^{10}7s^1)$ [281]	112 Cn 鿔* $(6d^{10}7s^2)$ [285]	113 Nh 鿭* [286]	114 Fl 𫓧* $(7s^27p^2)$ [289]	115 Mc 镆* [289]	116 Lv 𫟷* $(7s^27p^4)$ [293]	117 Ts 鿬* [293]	118 Og 鿫* [294]	Q P O N M L K	8 18 32 32 18 8 2

镧系	57 La 镧 $5d^16s^2$ 138.9	58 Ce 铈 $4f^15d^16s^2$ 140.1	59 Pr 镨 $4f^36s^2$ 140.9	60 Nd 钕 $4f^46s^2$ 144.2	61 Pm 钷 $4f^56s^2$ [145]	62 Sm 钐 $4f^66s^2$ 150.4	63 Eu 铕 $4f^76s^2$ 152.0	64 Gd 钆 $4f^75d^16s^2$ 157.3	65 Tb 铽 $4f^96s^2$ 158.9	66 Dy 镝 $4f^{10}6s^2$ 162.5	67 Ho 钬 $4f^{11}6s^2$ 164.9	68 Er 铒 $4f^{12}6s^2$ 167.3	69 Tm 铥 $4f^{13}6s^2$ 168.9	70 Yb 镱 $4f^{14}6s^2$ 173.0	71 Lu 镥 $4f^{14}5d^16s^2$ 175.0
锕系	89 Ac 锕 $6d^17s^2$ [227]	90 Th 钍 $6d^27s^2$ 232.0	91 Pa 镤 $5f^26d^17s^2$ 231.0	92 U 铀 $5f^36d^17s^2$ 238.0	93 Np 镎 $5f^46d^17s^2$ [237]	94 Pu 钚 $5f^67s^2$ [244]	95 Am 镅* $5f^77s^2$ [243]	96 Cm 锔* $5f^76d^17s^2$ [247]	97 Bk 锫* $5f^97s^2$ [247]	98 Cf 锎* $5f^{10}7s^2$ [251]	99 Es 锿* $5f^{11}7s^2$ [252]	100 Fm 镄* $5f^{12}7s^2$ [257]	101 Md 钔* $(5f^{13}7s^2)$ [258]	102 No 锘* $(5f^{14}7s^2)$ [259]	103 Lr 铹* $(5f^{14}6d^17s^2)$ [262]

注：相对原子质量录自 2001 年国际原子量表，并全部取 4 位有效数字。